백신

중학 과학 1.1

장풍쌤의 중학 과학 백점 비법

 핵심 내용의 강의식 첨삭!

 탐구 & 보충 학습 개념 정복

 대표 유형 선별 & 풀이 비법 전수!

 빈출 자료 집중 분석!

 학교 시험 & 수행 평가 완벽 대비!

백신 중학 과학 1.1

초판 4쇄	2025년 12월 1일
초판 1쇄	2024년 11월 12일
펴낸곳	메가스터디(주)
펴낸이	손은진
개발 책임	배경윤
개발	이지애, 김윤희, 김수현, 이라영
디자인	(주)이츠북스, 디자인마인드
마케팅	엄재욱, 김세정, 김세빈
제작	이성재, 장병미
주소	서울시 서초구 효령로 304(서초동) 국제전자센터 24층
대표전화	1661.5431(내용 문의 02-6984-6915 / 구입 문의 02-6984-6868,9)
홈페이지	http://www.megastudybooks.com
출판사 신고 번호	제 2015-000159호
출간제안/원고투고	메가스터디북스 홈페이지 <투고 문의>에 등록

메가스터디BOOKS

'메가스터디북스'는 메가스터디㈜의 교육, 학습 전문 출판 브랜드입니다.
초중고 참고서는 물론, 어린이/청소년 교양서, 성인 학습서까지 다양한 도서를 출간하고 있습니다.

·**제품명** 백신 중학 과학 1-1
·**제조자명** 메가스터디㈜ ·**제조년월** 판권에 별도 표기 ·**제조국명** 대한민국 ·**사용연령** 11세 이상
·**주소 및 전화번호** 서울시 서초구 효령로 304(서초동) 국제전자센터 24층 / 1661-5431

중학교 과학의 완성을 위해 오늘도 노력하는 중학생 여러분, 반갑습니다.
과학의 정상을 향한 바람! 장풍입니다.

언제나 그랬듯이! 2022 개정 교육과정 중학교 과학의 기준이 되는 **2022개정 백신 중학 과학**을 새롭게 펴냈습니다.

20여 년간 강의하며 수많은 제자와 함께한 경험을 통해, 중학교 과학을 탄탄하게 다져놓아야 고등학교 과학의 기초와 틀이 잡히고 나아가 수능 준비의 초석이 된다는 것을 깊이 깨달았습니다. 장풍의 20년 강의 경험과 비법을 담아, 더 완성도 높은 교재로 만들었습니다.

백신 중학 과학은 2022개정 교육과정에 맞추어 폭넓은 배경지식과 사고력, 응용력을 키우는 데 중점을 두고 7종 교과서를 모두 분석하여 중요 내용을 종합적으로 담았으며, 개념 이해를 바탕으로 자연스럽게 암기가 되도록 했을 뿐 아니라 학생들이 궁금해 했던 내용을 집중적으로 학습할 수 있도록 구성했습니다.

끝으로, **중학교 과학이 탄탄하게 다져질수록 고등학교 과학이 더 쉬워진다는 것을 꼭 강조하고 싶습니다.** 백신 과학 시리즈를 통해 중등부터 고등, 수능까지 자연스럽게 연결되는 과학 학습이 될 수 있길 희망합니다.

자기 자신이 감동할 만큼 최선을 다해주시길 부탁드립니다.
저 역시 여러분을 위해 더욱 노력하겠습니다.

감사합니다.

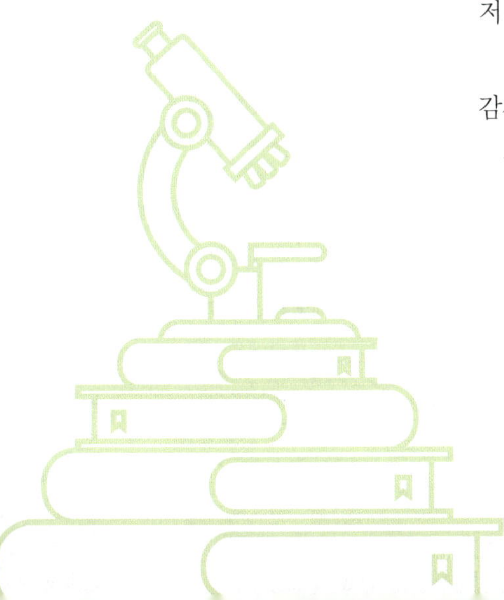

1 이해 쏙쏙~ 개념 학습!

---

❶ 교과서 개념 학습

새 교과서 7종을 철저히 분석하여 중요 개념을 꼭꼭 챙겨서 그림 자료와 함께 이해하기 쉽게 정리했습니다.

❷ 강의를 듣는 듯 친절한 첨삭 설명

어려운 용어, 보충 설명, 꼭 암기해야 할 내용을 첨삭해 주었습니다.

❸ 필수 바이타민

핵심 개념을 한눈에 파악할 수 있도록 개념도로 정리했습니다.

❹ 바로 복습

핵심 용어와 개념을 빈칸 채우기 문제와 OX 문제로 바로 복습해 보세요.

❺ 개념 알약

학습한 개념을 제대로 이해했는지 기본 문제로 확인해 보세요.

2 탐구 & 보충 학습으로 개념 완벽 정복!

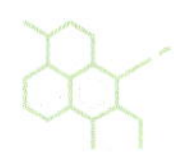
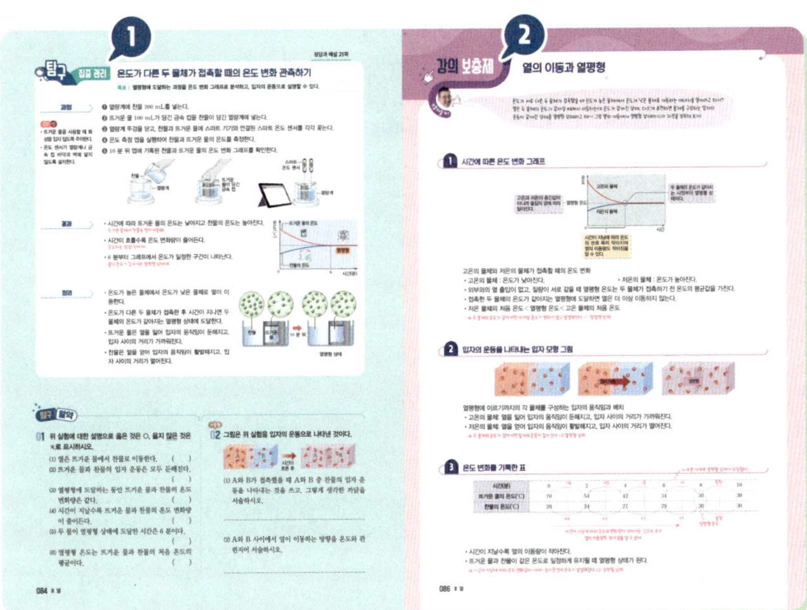

❶ 탐구 집중 관리

7종 교과서의 중요 탐구를 자세히 설명하고, 관련된 탐구 문제를 제시하여 어떤 형태의 탐구 문제가 출제되어도 자신있게 해결할 수 있도록 했습니다.

❷ 강의 보충제

이해하기 어려운 개념이나 본문에서 설명이 부족했던 부분을 자세하게 설명했습니다.

3 유형 잡고, 실전 문제로 실력 UP!

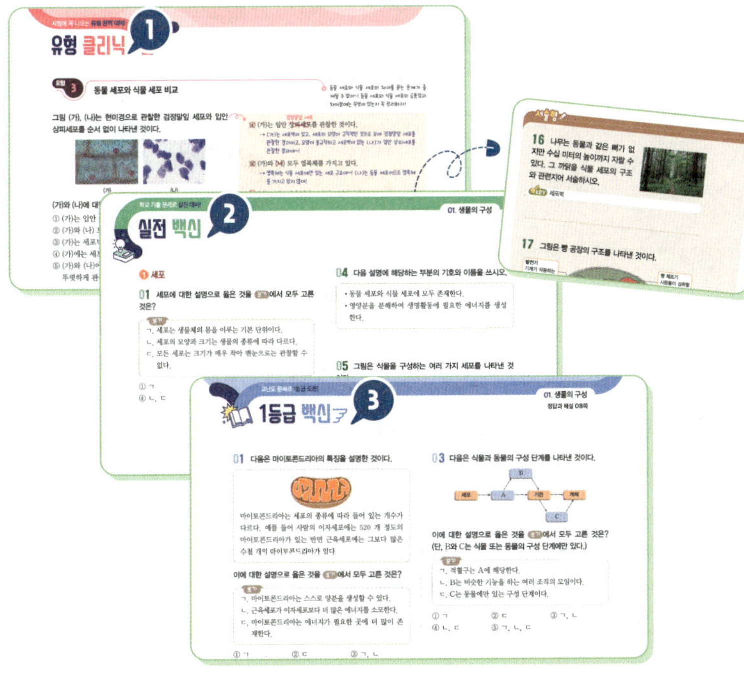

❶ 유형 클리닉

학교 기출 문제를 분석하여 자주 출제되는 대표 유형 문제를 선별하고 문제 접근 방식과 문제와 개념을 연결시키는 방법 등을 자세히 설명했습니다.

ZP point | 문제 풀 때 필요한 장풍 쌤만의 비법을 전수합니다.

❷ 실전 백신

학교 시험 실전 문제로 실력을 다질 수 있도록 했습니다. (중요)는 시험에 꼭 나오는 문제이므로 반드시 확인하세요.

❸ 1등급 백신

고난도 문제를 통해 실력을 한 단계 더 높여 보세요.

4 빈출 자료 & 대단원 문제

학교 시험에 자주 나오는 자료 마스터!
빈출 자료 집중진단 ①

Ⅱ. 생물의 구성과 다양성

1 세포의 구조와 기능

표는 세포 내 구조의 특징을 나타낸 것이고, 그림은 식물 세포와 동물 세포의 구조를 나타낸 것이다.

구분	특징
핵	세포의 생명활동 조절
세포질	핵과 세포막 사이를 채우는 부분
세포막	세포 보호, 물질 출입 조절
마이토콘드리아	생명활동에 필요한 에너지 생성
엽록체	광합성을 하여 양분 생성
세포벽	세포 형태 유지 및 보호

세포벽 — 마이토콘드리아
엽록체
식물 세포

다음 설명 중 옳은 것은 ○표, 옳지 <u>않은</u> 것은 ×표 하시오.

1 모든 생물의 기본 구성 단위는 세포이다. (○ ×)

2 엽록체는 생명활동에 필요한 에너지를 생성한다. (○ ×)

3 세포벽은 세포를 보호하고, 물질의 출입을 조절한다. (○ ×)

4 식물 세포는 세포벽이 있어 세포 모양이 규칙적이다. (○ ×)

5 세포의 모양과 크기는 세포의 기능과 관계없이 일정하다.

대단원 종합 문제로 시험 만점 대비!
CT 대단원 문제 ②
Comprehensive Test

Ⅱ. 생물의 구성과 다양성

메타인지	각 중단원별 부족한 부분을 체크해 보고 부족한 단원은 꼭 복습하세요.													
01 생물의 구성	01	02	03	04	05	25								
02 생물의 다양성	06	07	08	09	26	27	28	29						
03 생물의 분류	10	11	12	13	14	15	16	17	18	30	31	32	33	
04 생물다양성보전	19	20	21	22	23	24	34							

01 그림은 어떤 세포의 모식도이다. 각 부분에 대한 설명으로 옳은 것은?

A
B
C
D
E

① 동물 세포의 모식도이다.
② A에서는 생명활동에 필요한 에너지를 생산한다.
③ B와 E는 식물 세포에만 존재하는 세포 구조이다.
④ C는 생명활동을 조절한다.
⑤ D는 세포의 형태를 유지한다.

04 그림은 생물을 구성하는 다양한 세포를 나타낸 것이다.

(가)   (나)   (다)

이에 대한 설명으로 옳은 것을 보기 에서 모두 고른 것은?

보기
ㄱ. (가)와 (나)에는 세포벽이 있다.
ㄴ. (다)는 혈관을 따라 몸속을 이동
ㄷ. 세포의 모양은 세포의 기능과

① ㄱ   ② ㄷ   ③ ㄱ, ㄴ

서술형 ③

21 그림과 같이 찬물과 뜨거운 물에 녹차 티백을 넣었더니 뜨거운 물에서 더 잘 우러났다. 그 까닭을 입자 운동과 관련지어 서술하시오.

찬물   뜨거운 물

KEY 온도↑ ⇒ 입자 운동↑

---

❶ 빈출 자료 집중 진단

학교 시험 문제를 분석하여 자주 출제되는 자료를 선별하고 OX 문제로 정리했습니다.

❷ 대단원 문제

다양한 실전 문제로 지금까지 쌓아온 실력을 점검하고 부족한 부분을 채우도록 합시다.

❸ 서술형 문제

다양한 서술형 문제를 완벽하게 소화하여 과학 100점에 도전해 봅시다.

5 수행평가 대비

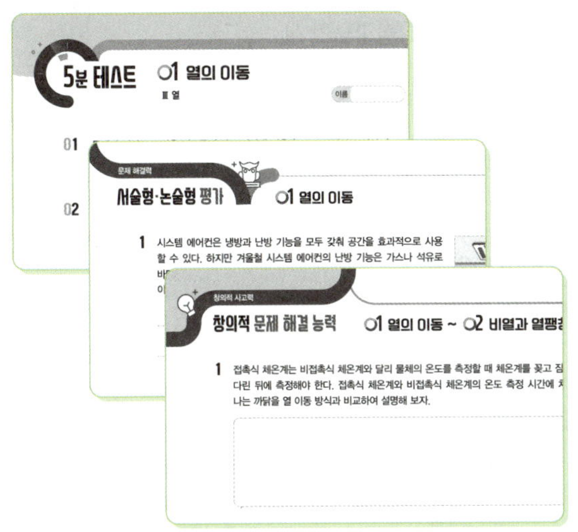

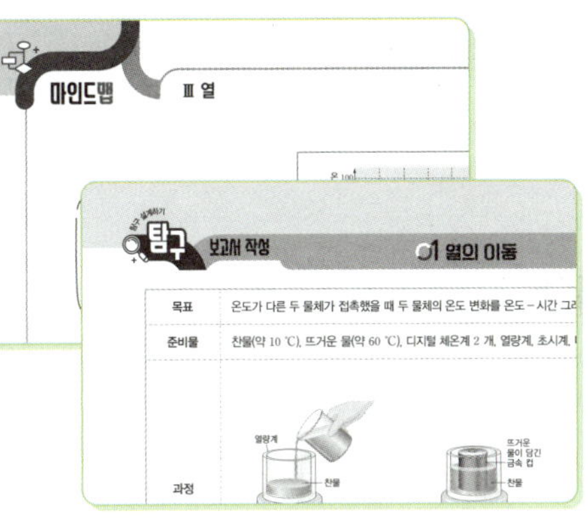

5분 테스트 | 서술형·논술형 평가 | 창의적 문제 해결 능력 | 마인드맵 | 탐구 보고서 작성

학교에서 실시되는 수행평가 중 가장 많이 실시되는 형태로 구성했습니다. 진도 교재와 함께 학습해 나가면 어떤 형태의 수행평가도 모두 대비할 수 있습니다.

6 중간·기말고사 대비

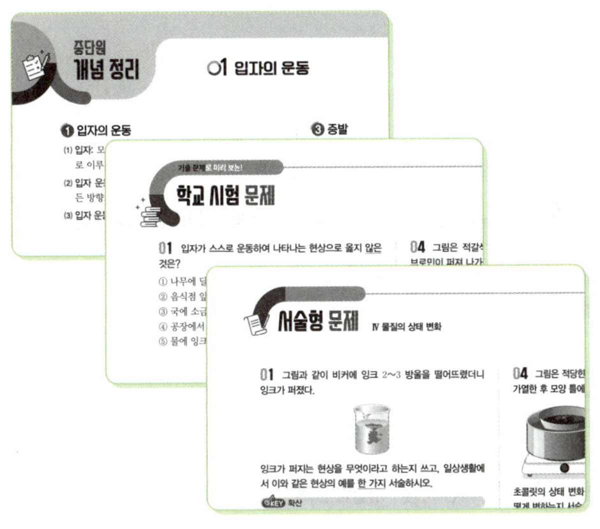

중단원 개념 정리

시험 직전 중단원 핵심 개념을 정리해 볼 수 있도록 했습니다.

학교 시험 문제

학교 시험에 자주 출제되었던 문제로 구성하여 실제 시험에 대비할 수 있도록 했습니다.

서술형 문제

대단원별 주요 서술형 문제를 집중 연습할 수 있도록 KEY와 함께 수록했습니다.

I

과학과 인류의 지속가능한 삶

이 단원을 공부하기 전에 이전 학년에서 배운 개념을 알고 있는지 확인해 보세요.

초4

자원: 사람이 생활하는 데 필요한 모든 것을 말하며, ❶◻◻◻◻ 자원과 ❷◻◻◻◻ 자원 등으로 나뉜다.

초5

지속가능한 에너지 이용: ❸◻◻◻◻에 피해를 주지 않도록 공장에 정화 시설을 설치하거나 태양열 같은 자연을 이용한다.

초6

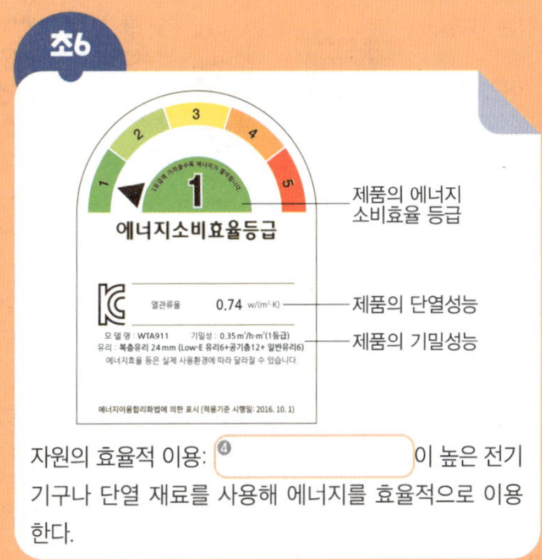

자원의 효율적 이용: ❹◻◻◻◻◻◻◻◻이 높은 전기기구나 단열 재료를 사용해 에너지를 효율적으로 이용한다.

이 단원 연계 개념은…

초등 3~6학년 〉 **중학교 1학년** 〉 **고1 통합과학 1, 2**

4학년
· 기후변화와 우리 생활

5학년
· 자원과 에너지

· 과학적 탐구 방법
· 과학기술의 영향
· 과학과 지속가능한 사회

통합과학 2
· 환경과 에너지

01 과학과 인류의 지속가능한 삶

❶ 과학적 탐구 방법

1 과학적 탐구: 자연이나 일상생활에서 나타나는 현상에 대해 의문을 품고, 이를 해결하기 위해 여러 가지 방법으로 답을 찾는 과학적 과정이다.

(1) 가설을 설정하여 검증하는 과학적 탐구 방법

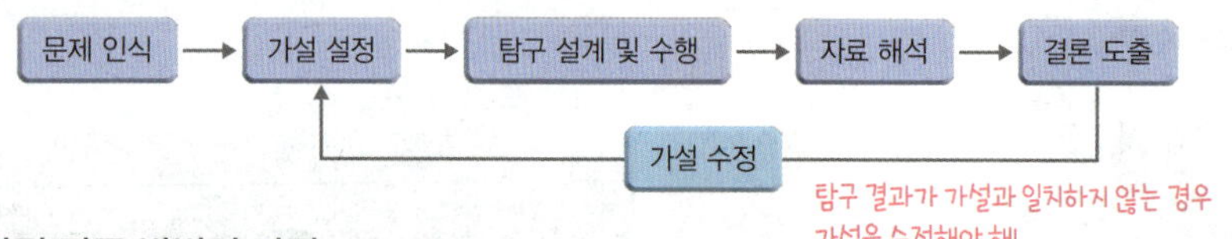

(2) 과학적 탐구 방법의 과정

과학적 탐구 방법의 과정		예 에이크만의 과학적 탐구	
① 문제 인식	자연이나 일상생활에서 어떤 현상을 관찰하고 의문을 품는다. ➡ 탐구 문제는 질문 형식으로 명확하고 간결하게 정한다.		❶각기병에 걸린 닭이 나은 것을 보고 '닭이 어떻게 나았을까?'하는 의문을 품었다.
② ❷가설 설정	문제를 해결할 수 있는 ❶가설을 설정한다. ➡ 지식과 경험을 바탕으로 탐구 문제에 대한 잠정적인 결론을 내린다.		닭의 모이가 ❺백미에서 ❻현미로 바뀐 것을 알게 되어 '현미에 각기병을 낫게 하는 물질이 들어 있다.'라고 가설을 세웠다.
③ 탐구 설계 및 수행	가설이 옳은지 옳지 않은지 확인하는 탐구 계획을 세우고 실험을 진행한다. ➡ 여러 ❸변인을 통제하며 탐구를 수행한다.		건강한 닭을 두 무리로 나누어 한 무리는 백미만, 다른 한 무리는 현미만 먹이면서 각기병 증상이 나타나는지 관찰했다. 다르게 한 조건이야~
④ 자료 해석	탐구를 수행하여 얻은 자료를 정리하고 분석해 결과를 얻는다. ➡ 실험 결과를 표와 그래프로 정리하면 자료 사이의 관계나 규칙을 한눈에 비교할 수 있다.		백미만 먹인 닭은 각기병에 걸리고 현미만 먹인 닭은 건강했다. 또한 각기병에 걸린 닭에게 현미를 주었더니 건강해지는 것을 확인했다.
⑤ 결론 도출	탐구 결과로부터 가설이 맞는지 판단하고 탐구의 결론을 내린다. ➡ 결론이 가설과 맞지 않으면 탐구 수행 과정을 점검하고 가설을 수정하여 다시 탐구를 설계한다.		실험 결과를 통해 '현미에는 각기병을 낫게 하는 물질이 들어 있다.'라는 결론을 내렸다.

2 탐구 계획서 작성

(1) 탐구 문제 설정: 주변에서 일어나는 현상을 살펴보고 의문이 생겼거나 탐구를 하여 자세히 알고 싶은 것을 선택해 탐구 문제를 정한다.

탐구 문제를 정할 때 고려할 점
• 탐구할 내용이 분명하게 드러나야 한다.　• 정해진 기간 내에 끝낼 수 있어야 한다. • 스스로 탐구 수행이 가능해야 한다.　• 탐구는 구체적이고 범위가 좁아야 한다. • 우리 몸에 해로운 영향을 주지 않아야 한다.

(2) 탐구 설계: 탐구 순서와 준비물, 탐구를 수행할 장소와 기간, 주의할 점을 생각하여 탐구를 설계한다.

(3) 탐구 계획서 작성: 탐구 문제를 해결할 수 있도록 탐구 동기, 가설, 탐구 설계 내용 등을 정리하여 탐구 계획서를 작성한다.

정리신

에이크만(Eijkman, C., 1858~1930)

네덜란드의 의학자로 과학적 탐구 방법으로 동물을 실험하여 각기병의 원인을 밝혀냈다.

❷ 적합한 가설 설정

① 이해하기 쉽고 간결하게 표현해야 한다.
② 탐구 과정으로 옳은지 옳지 않은지를 확인할 수 있어야 한다.
③ 탐구를 수행하며 알아보려는 내용이 분명히 드러나야 한다.

변인 통제

실험에서 다르게 해야 할 조건과 같게 해야 할 조건을 확인하고 통제하는 것이다. 탐구로 알아내려는 조건 이외에 다른 조건을 모두 같게 유지하지 않으면 탐구 결과가 어떤 요인에 의해 나타난 것인지 정확하게 알 수 없다.

과학자의 연구 태도

과학자는 연구 결과를 조작하지 않아야 하며 정확하게 발표해야 한다. 또한 연구 대상에 대한 편견이 없어야 하며 자원을 현명하게 사용해야 한다.

용어신

❶ 가설
어떤 현상을 설명하려고 미리 세운 가정
❸ 변인
탐구의 조건이나 결과와 같이 실험과 관련된 요인
❹ 각기병
바이타민 B_1이 부족하여 나타나는 다리가 심하게 아프고 부어서 제대로 걸을 수 없는 질병
❺ 백미
벼의 모든 껍질을 벗겨낸 쌀
❻ 현미
벼의 겉껍질만 벗겨낸 쌀

필수 바이타민

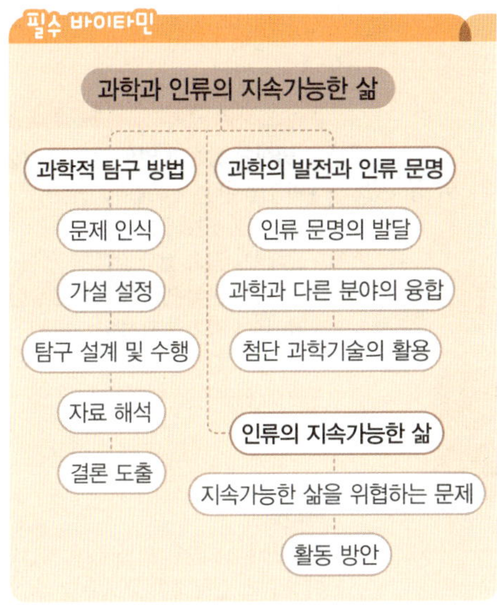

바로 복습

빈칸 채우기 문제

01 과학적 탐구 방법 중 일상생활에서 발견한 어떤 현상에 대해 의문을 품는 단계는 ＿＿ ＿＿ 과정이다.

02 탐구 문제를 해결하기 위해 내리는 잠정적인 결론을 ＿＿＿ 이라고 한다.

03 ＿＿＿ ＿＿＿ 및 수행 과정에서는 가설이 옳은지 검증하기 위한 탐구 계획을 세우고 실험을 진행한다.

04 실험에서 ＿＿＿ 통제는 같게 할 조건과 다르게 할 조건을 확인하고 통제하는 것이다.

05 탐구 과정에서 얻은 자료를 표나 그래프로 정리하여 관련성과 규칙성을 찾는 과정은 ＿＿ ＿＿ 이다.

○✕ 문제

06 탐구는 과학자만이 할 수 있는 활동이다. 　　　　　(　)

07 실험 결과가 가설과 다르면 가설을 수정하여 탐구를 다시 수행한다. 　(　)

08 탐구를 수행할 때 예상과 다른 결과가 나오면 결과를 수정하여 기록한다. 　(　)

09 탐구 문제를 정할 때는 탐구할 내용이 분명하게 드러나지 않더라도 흥미로운 주제를 정해야 한다. 　　　　　(　)

10 탐구 결과가 어떤 요인에 의해 나타난 것인지 정확하게 알아보기 위해 실험을 할 때 변인을 통제해야 한다. 　(　)

[01~03] 다음은 과학적 탐구 방법을 순서 없이 나열한 것이다.

(가) 자료 해석　　　　(나) 결론 도출　　　　(다) 문제 인식
(라) 가설 설정　　　　(마) 탐구 설계 및 수행

01 (가)~(마)를 과학적 탐구 방법의 과정에 맞게 순서대로 나열하시오.

02 (가)~(마) 중 탐구 과정을 통해 얻은 자료를 정리하고 분석하는 과정을 고르시오.

03 (가)~(마) 중 탐구 문제를 해결하기 위해 잠정적인 결론을 내리는 과정을 고르시오.

04 다음은 에이크만의 과학적 탐구 과정의 일부를 나타낸 것이다.

> 에이크만은 각기병에 걸린 닭을 관찰하던 중 닭의 모이가 백미에서 현미로 바뀌면서 각기병 증상이 사라진 것을 발견하고 ㉠'현미 속에는 각기병을 예방하는 물질이 들어 있는 것이 아닐까?'라는 의문을 가졌다.

㉠에 해당하는 과학적 탐구 과정 단계를 쓰시오.

05 다음은 '음료수에 넣은 얼음이 녹는 데 걸리는 시간이 왜 다를까?'에 대한 문제를 해결하기 위해 작성한 탐구 계획서이다.

탐구 계획서	
문제 인식	음료수에 넣은 얼음이 녹는 데 걸리는 시간이 왜 다를까?
가설	음료수의 종류에 따라 얼음이 녹는 데 걸리는 시간이 다를 것이다.
준비물	여러 종류의 음료수, 비커, 얼음, 온도계, 초시계
실험 과정	1. 비커에 각각 다른 음료수를 담는다. 2. 비커에 얼음을 넣고, 넣은 직후부터 얼음이 녹을 때까지 걸린 시간을 측정한다.
변인 통제	• 다르게 해야 할 조건: (가) • 같게 해야 할 조건: (나)

가설이 옳은지 확인하기 위해 다르게 해야 할 조건 (가)와 같게 해야 할 조건 (나)를 보기에서 모두 고르시오.

> **보기**
> ㄱ. 비커의 크기　　ㄴ. 음료수의 처음 온도　ㄷ. 음료수의 양
> ㄹ. 음료수의 종류　ㅁ. 얼음의 개수　　　　ㅂ. 얼음의 모양과 크기

② 과학의 발전과 인류 문명

1 과학의 발전과 인류 문명의 발달: 과학적 원리를 이용한 기술의 발달과 기기의 발명으로 과학이 발전되면서 인류 문명에 영향을 미쳤다.

(1) 과학의 발전이 인류 문명에 미친 영향

① 과학적 원리 발견

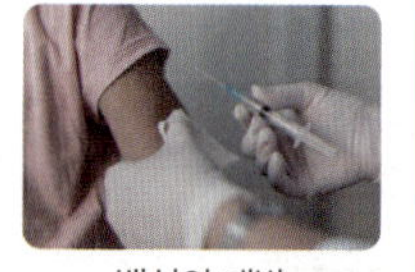

태양 중심설	망원경으로 천체를 관측하여 태양 중심설의 증거를 발견하면서 경험 중심의 과학적 사고를 중요시하게 되었다.
백신과 항생제	백신의 원리를 발견하여 질병을 예방하고, 세균에 감염되었을 때 치료할 수 있는 항생제가 개발되어 질병을 치료하면서 인류의 평균 수명이 늘어났다.

백신의 개발

② 기술 발달

암모니아 생산 기술	암모니아 합성법이 개발된 후 질소 비료를 대량 생산할 수 있게 되면서 식량 생산력이 증가하였다. 하버가 개발하였지~
정보 통신 기술	인공위성과 인터넷 등의 정보 통신 기술의 발달로 세계 여러 나라의 정보를 쉽고 빠르게 이용할 수 있게 되었으며 위성 위치 확인 시스템(GPS) 기술이 개발되어 내비게이션과 같은 기기로 실시간으로 위치를 확인할 수 있게 되었다.
농업 기술	드론이나 기계를 이용한 농업 기술이 발전하여 식량 생산량이 증가하였다.

③ 기기 발명

증기 기관	증기 기관의 발명으로 기차나 배로 많은 물건을 먼 곳까지 옮길 수 있게 되어 산업이 크게 발달하였다.	증기 기관차
전지와 발전기	전기 에너지를 생산하는 발전기와 저장하는 전지가 발명되어 산업용 기계, 전기 자동차 등 일상생활에서 다양한 전기 제품을 사용할 수 있게 되었다.	전기 에너지 이용
교통 수단	고속열차, 자동차 등으로 먼 거리를 과거보다 빠르게 이동하면서 생활 영역이 더 넓어지게 되었고, 비행기의 개발로 인류가 하늘로 이동할 수 있게 되어 군사, 운송, 우주 개발 분야가 발전했다.	비행기

(2) 과학과 다른 분야의 융합: 과학의 원리는 기술, 공학, 예술, 수학 등 여러 분야와 융합하여 인류 문명과 문화가 발달하는 데 큰 영향을 미친다.

2 첨단 과학기술과 미래 사회

(1) 첨단 과학기술의 활용: 첨단 과학기술을 활용하면서 생활 방식이 변화하고 생활이 더 편리해졌다.

인공지능 (AI)	• 컴퓨터가 인간처럼 학습하고 일을 처리할 수 있는 지능을 가지는 기술 • 활용: 자율주행 자동차, 로봇 공학, 맞춤형 의료 진단 및 치료, 대화 프로그램 등
사물 인터넷 (IoT)	• 무선 통신으로 우리 주변의 사물을 연결하여 상호 작용하고 정보를 교환하는 기술 • 활용: 스마트폰을 이용한 가전제품 원격제어

(2) 첨단 과학기술이 가져올 미래 사회의 변화: 반려 동물 로봇, 드론 배송, 에어 택시 등

---

❶ 과학의 발전과 인류 문명의 발달
- 약 170 만 년 전: 불의 사용
- B.C. 12 세기: 철기 사용
- 13 세기: 금속 활자 발명
- 17 세기: 만유 인력 법칙 발견(뉴턴)
- 18 세기: 증기 기관 발명
- 19 세기: 진화론 발표(다윈)
- 현재: 인공지능, 빅데이터 시대

페니실린

최초의 항생제인 페니실린이 개발되어 폐렴과 같은 질병을 치료할 수 있게 되었다.

드론 농약 살포

❷ 증기 기관과 산업 혁명

증기 기관은 물을 끓여 수증기를 만들고, 부피가 증가한 수증기가 피스톤을 움직이게 하는 장치이다. 증기 기관의 발명은 산업 혁명에 영향을 미쳐 농업 중심 사회에서 공업 중심 사회로 사회의 모습이 크게 달라지게 되었다.

전화기의 발전

전화기는 소리, 자석, 전기와 관련된 과학적 원리를 바탕으로 개발되었다. 전화기가 발명되어 거리의 제약 없이 소통이 가능해졌고 생활이 편리해졌으며 이후 정보 통신 기술의 발달로 현재 스마트폰을 사용할 수 있게 되었다.

인공위성과 과학의 발전

과학적 원리	• 속력과 이동 거리의 관계 • 천체가 물체를 당기는 힘 • 전파의 원리
기술의 발달	• 우주선을 우주로 쏘아 올리는 기술 • 위성 위치 확인 시스템 (GPS)
기기의 발명	• 인공위성 • 내비게이션

바로 복습

빈칸 채우기 문제

11 과학은 과학적 원리를 이용한 ＿＿＿ ＿＿＿,
기기 발명을 통해 발전하였다.

12 망원경으로 천체를 관측하면서 ＿＿＿
＿＿＿＿의 증거를 발견하였다.

13 인공지능과 사물 인터넷과 같은 ＿＿＿
＿＿＿이 우리 생활에 활용된다.

14 ＿＿＿＿＿＿은 컴퓨터가 인간처럼 학습하고
일을 처리할 수 있는 기술이다.

15 무선 통신으로 주변의 사물을 연결하는 ＿＿＿
＿＿＿＿ 기술을 통해 스마트폰으로 가전제품
을 원격제어할 수 있다.

○× 문제

16 과학은 기술, 공학, 예술, 수학 등 여러 가지 분
야와 융합하여 인류 문명을 발달시킨다. (　　)

17 증기 기관의 발명으로 멀리 떨어진 사람과 실
시간으로 대화할 수 있게 되었다. 　　(　　)

18 백신과 항생제의 개발로 인류의 평균 수명이
감소되었다. 　　　　(　　)

06 과학적 원리 발견과 기술 발달, 기기 발명 사례가 인류 문명에 미친 영향
으로 가장 적절한 것을 선으로 연결하시오.

(1) 암모니아 생산 기술 발달 ·　　　　· ㉠ 질병 예방

(2) 증기 기관 발명 ·　　　　· ㉡ 교통 발달

(3) 백신 원리 발견 ·　　　　· ㉢ 식량 생산량 증가

07 다음은 인류 문명에 영향을 미친 과학 기기의 발명에 대한 설명을 나타
낸 것이다. 빈칸에 알맞은 말을 쓰시오.

> (㉠　　　　)는/은 물을 끓여 만든 수증기가 피스톤을 움직이게 하
> 는 장치로, 기차나 배의 동력원으로 사용되어 교통에 큰 변화를 가
> 져왔다. 또한 기계의 동력원으로도 사용되어 수공업 중심의 사회에
> 서 기계가 생산의 중심이 되는 산업 사회로의 변화를 가져왔으며,
> 이를 (㉡　　　　)(이)라고 한다.

08 다음은 어떤 기기에 적용된 과학 원리에 대한 설명이다.

> • 속력과 이동 거리의 관계를 이용하여 우주로 기기를 쏘아 올린다.
> • 천체가 물체를 당기는 힘의 원리를 이용하여 지구 주위를 돌게
> 　한다.
> • 이 기기에서 보내는 전파 신호를 이용하여 사용자의 위치를 계산
> 　할 수 있다.

이 설명에 해당하는 것은?

① 인공지능　　　② 인공위성　　　③ 내비게이션

④ X선　　　　　⑤ 드론

09 다음은 어떤 첨단 과학기술에 대한 설명이다.

> 세탁기에 스마트폰을 갖다 대면 세탁기
> 의 동작 상태나 오작동 여부를 확인할
> 수 있고, 맞춤형 세탁 코스로 세탁을 하
> 기도 한다. 이에 사용되는 과학기술을
> (　　　)(이)라고 한다.

빈칸에 알맞은 말은?

① 드론　　　　　② 증강 현실　　　③ 메타버스

④ 나노 백신　　　⑤ 사물 인터넷

③ 지속가능한 삶

1 지속가능한 삶: 현재의 생활을 유지하고 발전시키면서 더 나은 환경을 만들어, 미래 세대를 위해 자원을 유지하고 지구의 환경을 보전하는 삶

2 지속가능한 삶을 위협하는 문제

(1) 환경 문제

환경오염	일회용품, 어업 활동으로 버려진 플라스틱 쓰레기가 육지에서 바다로 흘러 들어가 해양 생태계를 위협한다.
지구 온난화	공장, 자동차 등에서 발생하는 온실 기체로 인해 지구 온난화가 가속화되고 있다.
기후 변화	기후 변화에 의해 지구 곳곳에서 홍수나 가뭄, 폭우와 폭설 등의 기상 이변이 나타난다.

해양 오염

사막화

폭우

(2) 에너지 부족 문제: [1]화석 연료의 지나친 사용으로 석탄, 석유 등의 지하자원이 빠르게 줄어들고 있다.

3 지속가능한 삶을 위한 과학기술의 역할: 과학기술은 환경오염, 지구 온난화, 기후 변화, 자원 고갈 등의 문제를 해결하는 데 중요한 역할을 한다.

(1) 신재생 에너지 개발: 햇빛, 바람, 물, 수소 등 지속가능한 에너지원을 개발한다.

태양광 발전	태양 빛을 이용하여 에너지를 얻는다.
풍력 발전	바람을 이용하여 에너지를 얻는다.
수소 연료 전지	수소를 이용하여 에너지를 얻는다.

(2) 환경오염 물질을 줄이는 노력: 오염 물질의 발생량을 줄이거나 방출된 오염 물질을 효율적으로 제거하는 기술을 개발하고 있다.

전기 자동차	화석 연료 사용과 이산화 탄소 배출량을 줄인다.
탄소 포집 장치	온실 기체인 이산화 탄소를 수집한 후 제거해 지구 온난화를 막는다.
해양 쓰레기 수거 로봇	바다의 쓰레기를 모아서 제거한다.

태양광 발전

수소 연료 전지차

전기 자동차

4 지속가능한 삶을 위한 활동 방안

개인적 차원	사회적 차원
• 에너지 효율이 높은 등급의 전기 제품을 사용하고 사용하지 않는 전기 제품은 플러그를 뽑아 둔다. • 자가용 대신 대중교통이나 자전거와 같은 친환경 운송 수단을 이용한다. • 재활용품을 버릴 때는 분리배출 한다. • 사용하지 않는 물건을 다른 사람과 나눈다. • 일회용 비닐봉지 대신 장바구니를 사용한다. • [2]업사이클링 제품을 이용한다. • 환경보전 캠페인에 참여한다.	• 생태 습지나 환경 공원을 조성한다. • 전기 자동차와 같은 친환경 제품을 개발하고 사용을 장려한다. • 오염 물질을 적게 배출하고 재생 가능한 에너지원을 개발 및 보급한다. • 기후 변화 협약과 같은 국제 협력을 맺는다.

---

❶ 화석 연료

오래전 지구에 살던 생명체가 땅속에 묻혀서 생성된 연료로 석탄, 석유, 천연가스 등이 있다.

지속가능 발전 목표

2015년 UN총회에서는 인류의 지속가능한 삶을 위한 17개의 목표를 세웠다. 국제 사회는 과학기술을 활용하여 지속가능한 목표에 도달하기 위해 노력해야 한다.

❷ 업사이클링

업그레이드(upgrade)와 리사이클링(recycling)이 합쳐진 단어로 버려지는 제품에 새로운 가치를 더해 전혀 다른 제품으로 다시 생산하는 것을 말한다. 우리말로는 '새활용'이라고 하며 버려지는 현수막으로 만든 가방, 병뚜껑으로 만든 열쇠고리 등의 제품이 있다.

사회 차원의 활동

단체에서 주관하는 행사에 참여하는 것, 시민 단체에 가입하여 활동하는 것, 같은 생각을 가진 사람과 모여서 다른 사람들에게 생각을 알리는 것 등은 모두 사회 차원의 활동에 해당한다.

빈칸 채우기 문제

19 ___________ ___은 현재의 삶을 유지하고 발전하면서 미래 세대를 위해 고민하고 실천하는 삶이다.

20 환경오염, 에너지 부족, 기후 변화 등의 문제를 해결하는 데 ________ 을 활용하고 있다.

21 에너지 부족 문제를 해결하기 위해 햇빛, 바람, 물, 수소 등의 지속가능한 에너지원을 이용하는 ＿＿＿ ＿＿＿ 를 개발하고 있다.

○✕ 문제

22 과학기술은 인류가 직면한 환경 문제와 에너지 부족 문제를 해결하는 데 중요한 역할을 한다. ( )

23 태양광 발전보다 석탄이나 석유를 이용한 발전이 지속가능한 삶에 더 적합하다. ( )

24 일회용품 사용을 줄이는 것은 지속가능한 삶을 위한 활동에 해당한다. ( )

25 지속가능한 삶을 위해서는 개인적 차원과 사회적 차원의 활동 방안을 모두 실천해야 한다. ( )

10 빈칸에 알맞은 말을 쓰시오.

> 과학기술의 발전으로 인류 문명이 빠르게 발전되었으나 현재 인류는 여러 가지 문제들을 겪고 있다. 우리가 살고 있는 지구는 다음 세대에게 물려주어야 하므로 소중히 지켜야 한다. 인류의 생활을 발전시키면서도 미래 세대가 이용할 수 있는 자원을 유지하고, 지구의 환경을 보전할 때 비로소 ( )이 가능해진다.

11 과학기술의 발전으로 인해 발생하는 문제점을 보기에서 모두 고르시오.

> 보기
> ㄱ. 수질 오염 ㄴ. 문화 발달 ㄷ. 식량 생산량 증가
> ㄹ. 지하자원 고갈 ㅁ. 인간의 수명 증가 ㅂ. 지구 온난화

12 지속가능한 삶에 대한 설명으로 옳은 것은 ○, 옳지 않은 것은 ×로 표시하시오.

(1) 지속가능한 삶을 위해서 자원의 사용량을 늘려야 한다. ( )
(2) 더 나은 환경을 만들고 지구의 환경을 보전하는 삶이다. ( )
(3) 미래 세대를 위해 우리의 현재 생활을 포기하는 삶이다. ( )
(4) 과학기술의 발전은 지속가능한 삶에 긍정적인 영향만을 미친다. ( )

13 지속가능한 삶을 위한 활동 방안으로 옳은 것을 보기에서 모두 고르시오.

> 보기
> ㄱ. 사용하지 않는 물건들을 필요한 사람에게 나누어준다.
> ㄴ. 에너지 효율이 낮은 등급의 전기 제품을 구입한다.
> ㄷ. 전기 제품을 사용하지 않더라도 플러그를 꽂아 둔다.
> ㄹ. 오염 물질을 적게 배출하고 재생 가능한 에너지원을 개발한다.

탐구 집중 관리 — 탐구 계획서 작성하기

목표 | 주변에서 일어나는 현상을 바탕으로 탐구할 문제를 발견하고 탐구 계획서를 작성할 수 있다.

과정

주의 신
· 탐구 계획서를 작성할 때 안전한 실험이 될 수 있도록 계획한다.

❶ **[탐구 문제 정하기]** 주변에서 일어나는 현상에서 의문이나 호기심을 가졌던 것을 선택해 탐구 문제를 정한다.
➡ 햇빛을 똑같이 받았을 때 흰옷을 입은 사람보다 검은 옷을 입은 사람이 더 덥게 느낀다.

❷ **[가설 설정하기]** 탐구 문제를 해결하기 위한 과학적 탐구 방법을 생각하고 설정한다.
➡ 햇빛을 받았을 때 물체의 색깔에 따라 온도 변화가 다르게 나타날 것이다.

❸ **[탐구 설계하기]** 가설을 확인하기 위해 다르게 해야 할 조건, 같게 해야 할 조건, 측정해야 할 것을 찾고 실험 과정을 구체적으로 정한다.
· 다르게 해야 할 조건: 색종이의 색깔
· 같게 해야 할 조건: 장소, 처음 물의 온도, 유리컵의 종류와 크기, 물의 부피
· 측정해야 할 것: 물의 온도 변화

결과

❹ **[탐구 계획서 작성하기]** 실험 과정을 정리하고 탐구 계획서를 작성한다.

<table>
<tr><td colspan="2" align="center">탐구 계획서
1학년 1반 장풍식</td></tr>
<tr><td>탐구 문제</td><td>흰옷을 입은 사람보다 검은 옷을 입은 사람이 더 덥게 느낀다.</td></tr>
<tr><td>탐구 동기</td><td>운동장에 함께 서 있는데 흰옷을 입은 친구보다 검은 옷을 입은 내가 덥게 느끼는 까닭이 궁금해졌다.</td></tr>
<tr><td>가설</td><td>햇빛을 받았을 때 검은색, 파란색, 흰색 순으로 온도가 높아질 것이다.</td></tr>
<tr><td>준비물</td><td>물, 유리컵 3 개, 색종이(흰색, 검은색, 파란색), 디지털 온도계</td></tr>
<tr><td>변인 통제</td><td>· 다르게 해야 할 조건: 색종이의 색깔
· 같게 해야 할 조건: 장소, 처음 물의 온도, 유리컵의 종류와 크기, 물의 부피</td></tr>
<tr><td>실험 과정</td><td>1. 유리컵을 각각 흰색, 검은색, 파란색 색종이로 감싼다.
2. 각 유리컵에 물 200 mL를 넣고 물의 온도를 측정한다.
3. 유리컵 3 개를 동일하게 햇빛이 잘 비치는 곳에 놓아두고 유리컵 속 물의 온도를 30 분 간격으로 3 번 측정한다.   흰색   검은색   파란색</td></tr>
<tr><td>주의할 점</td><td>유리컵이 깨지지 않게 조심한다.</td></tr>
</table>

탐구 알약

01 다음은 과학적 탐구 방법을 나타낸 것이다.

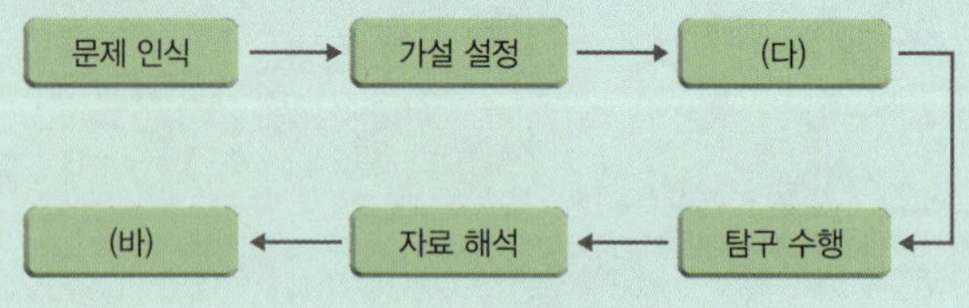

(다)와 (바)에 알맞은 탐구 과정을 쓰시오.

서술형
02 다음은 탐구 계획서를 작성한 대로 탐구를 수행하여 얻은 실험 결과를 나타낸 것이다.

컵의 색깔	흰색	검은색	파란색
처음 물의 온도(℃)	25.0	25.0	25.0
30 분 후 물의 온도(℃)	28.0	30.5	29.0
60 분 후 물의 온도(℃)	31.0	34.0	32.0
90 분 후 물의 온도(℃)	33.5	39.5	35.5

이 자료를 바탕으로 가설이 맞는지 확인하고, 그렇게 생각한 까닭을 서술하시오.

과학과 인류 문명

첨단 과학기술은 이전에 사용하던 전통적인 과학기술과는 구별되는 새로운 과학기술이야. 우리 생활에서 첨단 과학기술이 어떻게 활용되고 있는지 자세히 살펴보자. 또, 첨단 과학기술은 지금도 계속 발달하고 있어. 첨단 과학기술이 발달되면 미래 사회는 아마 지금과는 다른 모습일 거야. 미래 사회가 어떻게 달라질지 예측해 보자.

1 첨단 과학기술의 활용

인공지능(AI)

인공지능(AI)은 컴퓨터가 사람과 같은 지능으로 학습하고 일을 처리할 수 있게 만드는 기술이다. 인공지능은 사람과 대화하는 프로그램이나 자율주행 자동차, 로봇 등에 이용되고 있으며 의료, 예술, 교육 등 여러 분야에 활용될 수 있다.

자율주행 자동차는 스스로 주행이 가능하며, 인공지능이 활용되어 운전자가 조작하지 않아도 주변 상황에 스스로 대처할 수 있다.

음식을 옮기거나 길을 안내하는 로봇에 인공지능이 활용된다.

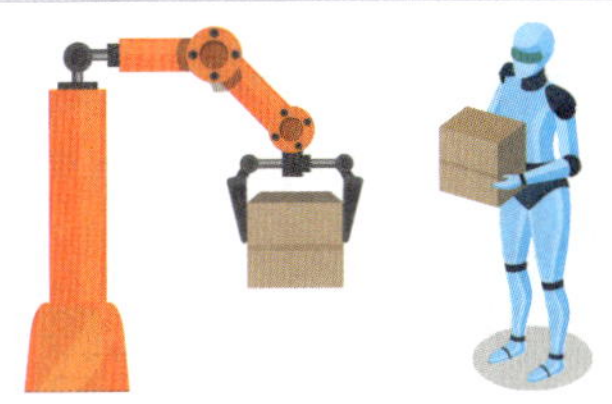

산업 현장에서 사용하는 로봇은 무거운 물품을 쉽게 옮길 수 있고 자동으로 물품을 분류할 수 있다.

사물 인터넷(IoT)	증강 현실(AR)	메타버스	나노 백신
각종 사물에 센서와 통신 기능을 넣어 인터넷에 연결하는 기술이다. 가전제품을 사물 인터넷으로 연결해 두면 집 밖에서도 가전제품을 제어할 수 있다.	실제 현실 사진이나 영상에 가상의 정보를 겹쳐서 하나의 영상으로 실제 존재하는 것처럼 보이게 하는 기술이다.	가상 공간에서 현실처럼 소통하면서 사회와 문화를 체험하고 다양한 활동을 할 수 있는 기술이다.	백신을 10 억분의 1 m인 나노 크기의 입자에 넣은 것으로 기존 백신보다 효과가 뛰어나다.

2 첨단 과학기술이 가져올 미래 사회의 변화

유형 클리닉

유형 1 과학적 탐구 방법의 과정

과학적 탐구 방법 과정의 순서와 내용을 물어보는 문제가 자주 출제돼!

과학적 탐구 방법의 과정에 대한 설명으로 옳은 것은?

① 문제 인식: 탐구 문제에 대한 답이 될 수 있는 가설을 세운다.

② 가설 설정: 자연 현상이나 사물을 관찰하는 과정에서 의문점을 발견한다.

③ 탐구 설계 및 수행: 가설이 옳은지 검증하기 위해 실험 계획을 세우고 여러 변인을 통제하며 탐구를 수행한다.

④ 자료 해석: 탐구 결과로 결론을 내리고 처음 세운 가설이 맞는지 판단한다.

⑤ 결론 도출: 탐구를 통해 얻은 자료를 표나 그래프로 정리하여 규칙성을 찾는다.

가설 설정
✗ 문제 인식: 탐구 문제에 대한 답이 될 수 있는 가설을 세운다.
→ 문제 인식 과정은 자연이나 일상생활에서 어떤 현상을 관찰하면서 의문을 품는 과정이야.

문제 인식
✗ 가설 설정: 자연 현상이나 사물을 관찰하는 과정에서 의문점을 발견한다.
→ 가설 설정 과정에서는 탐구 문제에 대한 잠정적인 결론을 내려야 해.

③ 탐구 설계 및 수행: 가설이 옳은지 검증하기 위해 실험 계획을 세우고 여러 변인을 통제하며 탐구를 수행한다.
→ 탐구 설계 및 수행 과정에서는 가설이 옳은지 옳지 않은지를 확인하는 탐구 계획을 세우고 실험을 진행해야 해.

결론 도출
✗ 자료 해석: 탐구 결과로 결론을 내리고 처음 세운 가설이 맞는지 판단한다.
→ 자료 해석 과정에서는 탐구를 수행하여 얻은 자료를 표와 그래프로 정리한 후 분석해서 자료 사이의 관계나 규칙을 찾고 결과를 얻어야 하지!

자료 해석
✗ 결론 도출: 탐구를 통해 얻은 자료를 표나 그래프로 정리하여 규칙성을 찾는다.
→ 결론 도출 과정에서는 실험 결과를 근거로 결론을 내리고 처음에 세운 가설이 옳은지 옳지 않은지를 판단해야 해 ~

답 ③

ZP point

문제 인식 → 가설 설정 → 탐구 설계 및 수행 → 자료 해석 → 결론 도출

유형 2 과학의 발전과 인류 문명의 발달

각 분야에서의 과학의 발전이 인류 문명에 미친 영향에 대해 잘 알아두자~

과학의 발전이 인류 문명의 발달에 미친 영향에 대한 설명으로 옳지 않은 것은?

① 증기 기관의 발명으로 사람과 물자의 이동이 빨라졌다.

② 인터넷의 발달로 많은 정보를 빠르고 쉽게 찾을 수 있게 되었다.

③ 암모니아 합성 기술이 발달되면서 인류의 식량 생산량이 증가하였다.

④ 페니실린과 같은 백신의 개발로 여러 가지 질병을 예방할 수 있게 되었다.

⑤ 전화기가 발명되어 사람들이 직접 만나지 않아도 소통할 수 있게 되었다.

① 증기 기관의 발명으로 사람과 물자의 이동이 빨라졌다.
→ 증기 기관은 운송 수단을 발달시켰고, 증기 기관을 이용한 기계 사용으로 제품의 대량 생산이 가능해지면서 산업 혁명이 일어나게 되었어!

② 인터넷의 발달로 많은 정보를 빠르고 쉽게 찾을 수 있게 되었다.
→ 인터넷의 발달로 세계 곳곳의 다양한 정보를 실시간으로 이용할 수 있게 되었지!

③ 암모니아 합성 기술이 발달되면서 인류의 식량 생산량이 증가하였다.
→ 암모니아 합성 기술을 이용하여 질소 비료를 대량으로 생산할 수 있게 되었고, 화학 비료의 개발로 농산물의 품질도 증가했어.

✗ 페니실린과 같은 ~~백신~~의 개발로 여러 가지 질병을 ~~예방~~할 수 있게 되었다. **항생제** **치료**
→ 페니실린은 백신이 아니라 최초의 항생제야. 페니실린과 같은 항생제가 개발되어 폐렴과 같은 질병을 치료할 수 있게 되었어.

⑤ 전화기가 발명되어 사람들이 직접 만나지 않아도 소통할 수 있게 되었다.
→ 전화기가 발명되면서 직접 만나지 않고도 거리의 제약 없이 소통할 수 있게 되었지!

답 ④

ZP point

페니실린: 최초의 항생제 ➡ 질병 치료!

실전 백신

❶ 과학적 탐구 방법

(중요)

01 다음 설명에 해당하는 과학적 탐구 과정은?

> 이미 알고 있는 지식이나 경험을 바탕으로 탐구 문제를 해결하기 위해 잠정적인 결론을 내린다.

① 문제 인식　　　　② 가설 설정
③ 탐구 설계　　　　④ 자료 해석
⑤ 결론 도출

02 다음은 에이크만이 각기병을 낫게 하는 물질을 찾아내는 과학적 탐구 과정을 나타낸 것이다. 이 중 자료 해석에 해당하는 것은?

①  
각기병에 걸린 닭이 나은 것을 보고 '닭이 어떻게 나았을까?'하는 의문을 품었다.

② 
닭의 모이가 백미에서 현미로 바뀐 것을 알게 되어 '현미에 각기병을 낫게 하는 물질이 들어 있다.'라고 가설을 세웠다.

③  
건강한 닭을 두 무리로 나누어 한 무리는 백미만, 다른 한 무리는 현미만 먹이면서 각기병 증상이 나타나는지 관찰했다.

④ 
백미만 먹인 닭은 각기병에 걸리고 현미만 먹인 닭은 건강했다. 또한 각기병에 걸린 닭에게 현미를 주었더니 건강해지는 것을 확인했다.

⑤  
실험 결과를 통해 '현미에는 각기병을 낫게 하는 물질이 들어 있다.'라는 결론을 내렸다.

(중요)

03 실험 결과를 바탕으로 가설이 맞는지 확인하고 결론을 내리는 과정에서 가설이 틀린 것을 알았을 때 해야 하는 것으로 옳은 것을 [보기]에서 모두 고른 것은?

> **보기**
> ㄱ. 탐구 결과를 가설에 맞게 수정한다.
> ㄴ. 탐구 수행 과정에서 실수가 없었는지 점검한다.
> ㄷ. 가설이 왜 틀렸는지 분석하고 새로운 가설을 세운다.
> ㄹ. 가설과 일치하는 결과가 나올 때까지 실험을 반복한다.

① ㄱ, ㄴ　　　② ㄱ, ㄷ　　　③ ㄴ, ㄷ
④ ㄴ, ㄹ　　　⑤ ㄷ, ㄹ

(신유형)

[04~05] 다음은 이탈리아의 생물학자 레디(Redi. F., 1626~1697)가 파리가 어떻게 생겨나는지를 알아보기 위해 실험한 과정을 순서 없이 나열한 것이다.

> (가) '고기 조각에서 구더기는 우연히 발생한 것인가?'라는 의문을 가졌다.
> (나) '고기 조각에 생긴 구더기는 파리로부터 발생하였다.'라는 결론을 내렸다.
> (다) 한쪽 병에는 고기 조각을 넣고 뚜껑을 덮지 않았고, 다른 쪽 병에는 고기 조각을 넣고 천으로 덮은 후 그대로 방치하였다.
> (라) '고기 조각에 생기는 구더기는 파리로부터 생길 것이다.'라는 가설을 세웠다.
> (마) 뚜껑을 덮지 않은 병에서는 구더기가 발생하였으나 입구를 천으로 덮은 병에서는 구더기가 발생하지 않았다.

04 (가)~(마) 각각에 해당하는 과학적 탐구 방법으로 옳은 것은?

① (가) : 가설 설정　　　② (나) : 결론 도출
③ (다) : 자료 해석　　　④ (라) : 문제 인식
⑤ (마) : 탐구 설계 및 수행

05 (가)~(마)를 과학적 탐구 과정의 순서대로 옳게 나열한 것은?

① (가)-(나)-(다)-(라)-(마)
② (가)-(라)-(다)-(마)-(나)
③ (다)-(마)-(나)-(가)-(라)
④ (라)-(마)-(가)-(나)-(다)
⑤ (마)-(라)-(가)-(다)-(나)

[06~07] 다음은 풍식이가 수행한 탐구 과정의 일부이다.

운동장에서 종이비행기를 접어 날리다가 ㉠ '왜 종이비행기의 크기에 따라 비행시간이 달라질까?'라는 의문을 가졌다. 풍식이는 종이비행기의 크기가 클수록 비행시간이 길어질 것이라고 생각하고 이 생각이 맞는지 확인하기 위한 탐구 계획을 세웠다.

06 ㉠에 해당하는 과학적 탐구 과정은?

① 문제 인식
② 가설 설정
③ 탐구 수행
④ 자료 해석
⑤ 결론 도출

(신유형)

07 변인을 통제하기 위해 같게 해야 할 조건과 다르게 해야 할 조건을 보기 에서 골라 옳게 짝 지은 것은?

보기
ㄱ. 종이비행기의 크기
ㄴ. 종이비행기를 접는 방법
ㄷ. 종이비행기를 날리는 방법
ㄹ. 종이비행기를 던지는 힘의 세기

	같게 해야 할 조건	다르게 해야 할 조건
①	ㄱ	ㄴ, ㄷ, ㄹ
②	ㄱ, ㄴ, ㄷ	ㄹ
③	ㄴ	ㄱ, ㄷ, ㄹ
④	ㄴ, ㄷ, ㄹ	ㄱ
⑤	ㄷ, ㄹ	ㄱ, ㄴ

❷ 과학의 발전과 인류 문명

08 과학 원리에 대한 설명으로 옳지 <u>않은</u> 것은?

① 인류는 과학적 탐구 방법으로 새로운 과학적 원리를 발견해왔다.
② 과학 원리가 더 많이 밝혀지면서 인류 문명이 크게 발전하였다.
③ 과학 원리를 이용하여 기술의 발달과 기기의 발명이 이루어진다.
④ 과학 원리는 기술, 공학, 예술 등의 다른 분야와는 융합하지 못한다.
⑤ 불꽃놀이는 각각 다른 물질이 다양한 색깔의 빛을 내는 과학 원리를 적용하여 만든 것이다.

09 그림 (가)~(다)는 과학의 발전이 인류 문명에 미친 영향의 사례를 나타낸 것이다.

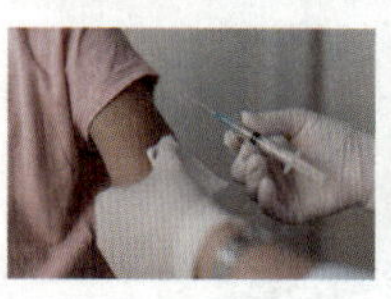  

(가)　　　　　　(나)　　　　　　(다)

이에 대한 설명으로 옳은 것을 보기 에서 모두 고른 것은?

보기
ㄱ. (가)로 인해 인류의 평균 수명이 연장되었다.
ㄴ. (나)로 인해 농산물의 품질이 향상되었다.
ㄷ. (다)로 인해 먼 거리까지 많은 물건을 빠르게 운반할 수 있게 되었다.

① ㄱ
② ㄴ
③ ㄱ, ㄷ
④ ㄴ, ㄷ
⑤ ㄱ, ㄴ, ㄷ

10 다음은 암모니아 합성 기술에 대한 설명이다.

하버(Haver, F., 1868~1934)는 20 세기 초 암모니아를 합성하는 방법을 발견했다. 하버는 공기 중에 존재하는 수소 기체와 질소 기체를 이용하여 암모니아를 대량으로 합성했고 합성된 암모니아로 질소 비료를 만들 수 있게 되었다.

이에 대한 설명으로 옳은 것을 보기 에서 모두 고른 것은?

보기
ㄱ. 암모니아 합성 기술로 농업 생산력이 크게 증가되었다.
ㄴ. 암모니아 합성 기술을 통해 질병에 대한 정밀한 진단이 가능해졌다.
ㄷ. 암모니아 합성 기술로 항생제를 개발하여 결핵과 같은 질병을 치료하는 데 사용했다.

① ㄱ
② ㄴ
③ ㄷ
④ ㄱ, ㄴ
⑤ ㄴ, ㄷ

11 다음은 인류 문명에 영향을 미친 과학의 발전 사례들을 나타낸 것이다.

(가) 세균에 감염되었을 때 치료할 수 있게 되었다.
(나) 먼 거리를 과거보다 빠르게 이동할 수 있게 되었다.
(다) 세계 여러 나라의 정보를 쉽고 빠르게 이용할 수 있게 되었다.

사례에 해당하는 기술 또는 기기를 옳게 짝 지은 것은?

	(가)	(나)	(다)
①	백신	인공위성	컴퓨터
②	백신	고속 열차	인터넷
③	항생제	인공위성	컴퓨터
④	항생제	고속 열차	인터넷
⑤	항생제	드론	컴퓨터

12 다음 설명과 관련 있는 첨단 과학기술은?

- 이 기술은 컴퓨터가 인간처럼 학습하고 일을 처리할 수 있게 만드는 것이다.
- 이 기술이 적용된 자동차는 운전자가 차량을 조작하지 않아도 다양한 센서에 감지되는 정보를 이용하여 스스로 주행 상황을 판단하고 제어할 수 있다.

① 증강 현실(AR) ② 인공지능(AI) ③ 메타버스
④ 증기 기관　　　⑤ 사물 인터넷(IoT)

③ 지속가능한 삶

(중요)

13 지속가능한 삶에 대한 설명으로 옳은 것은?

① 지속가능한 삶을 위해 화석 연료의 사용량을 늘려야 한다.
② 지속가능한 삶을 위해 개인적 차원의 활동 방안만 실천하면 된다.
③ 업사이클링 제품을 이용하는 것은 지속가능한 삶을 위한 활동이다.
④ 미래 세대와는 상관없이 현재 세대의 편의를 위해 자원을 이용하는 삶이다.
⑤ 지속가능한 삶을 위해서는 현재 세대가 누리는 생활의 편리성을 모두 포기해야 한다.

14 다음은 인류가 직면한 환경 문제에 대한 내용이다.

플라스틱은 가볍고 여러 가지 형태의 물건을 만들 수 있어 널리 이용되고 있다. 하지만 수백 년이 지나도 썩지 않아서 문제가 되고 있  다. 세계 곳곳에서 버려진 플라스틱 쓰레기는 바닷물을 타고 수천 km를 이동해 북태평양으로 모여든다. 이 플라스틱으로 인해 환경이 파괴되고 해양 생태계가 무너지고 있다.

이러한 문제를 해결할 수 있는 지속가능한 삶을 위한 방안에 대한 설명으로 옳은 것을 보기 에서 모두 고른 것은?

보기
ㄱ. 플라스틱으로 만들어진 일회용품 사용을 줄인다.
ㄴ. 플라스틱을 분해하는 미생물을 연구하여 상용화한다.
ㄷ. 해양 쓰레기 수거 로봇을 개발하여 바다에 모인 플라스틱을 제거한다.

① ㄱ　　　　　② ㄴ　　　　　③ ㄱ, ㄷ
④ ㄴ, ㄷ　　　⑤ ㄱ, ㄴ, ㄷ

서술형

15 과학적 탐구 과정을 통해 실험을 진행할 때 변인을 통제하는 까닭을 서술하시오.

KEY 탐구 결과

16 다음은 풍식이가 수행한 탐구 과정의 일부이다.

요리 재료로 사용하고 남은 감자를 창가에 두었더니 황갈색이었던 감자가 초록색으로 변한 모습을 관찰하고 감자의 색이 왜 초록색으로 변했는지 궁금해졌다. 이 의문을 해결하기 위해 상자 2 개에 감자를 각각 담은 다음 한 상자는 뚜껑을 닫아 빛이 들지 않게 하고, 다른 한 상자는 빛이 들어오게 했다. 그리고 감자의 색깔 변화를 관찰하여 가설이 옳은지를 판단하였다.

풍식이가 설정한 가설이 무엇인지 서술하시오.

KEY 빛

17 그림 (가)는 석탄이나 석유를 이용한 화력 발전을, (나)는 태양 빛을 이용한 태양광 발전을 나타낸 것이다.

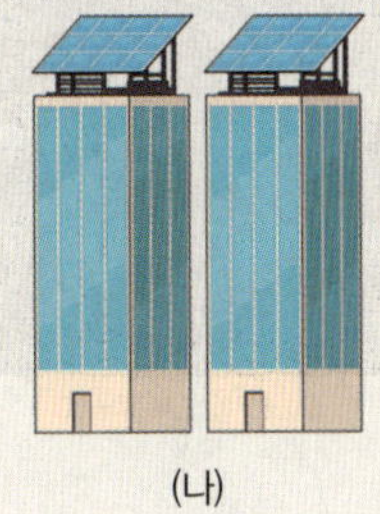

(가)와 (나) 중 지속가능한 삶에 더 적합한 것을 쓰고, 그렇게 생각한 까닭을 서술하시오.

KEY 자원 고갈, 대기오염

1등급 백신

01 다음은 풍식이가 작성한 탐구 계획서의 일부이다.

[가설 설정]
배즙에는 단백질을 분해하는 물질이 들어 있다.

[탐구 설계 및 수행]
시험관 A에는 배즙과 단백질이 주성분인 달걀흰자를 넣고, 시험관 B에는 (가)를 넣은 후 10 분이 지난 뒤 단백질이 분해되었는지 확인한다.

구분	넣은 물질	온도
시험관 A	배즙, 달걀흰자	25 ℃
시험관 B	(가)	(나)

(가)와 (나)에 들어갈 내용을 옳게 짝 지은 것은?

	(가)	(나)
①	배즙, 달걀흰자	25 ℃
②	배즙, 달걀흰자	35 ℃
③	달걀흰자	25 ℃
④	달걀흰자	35 ℃
⑤	달걀흰자	15 ℃

02 그림 (가)와 (나)는 지동설과 천동설을 순서 없이 나타낸 것이다.

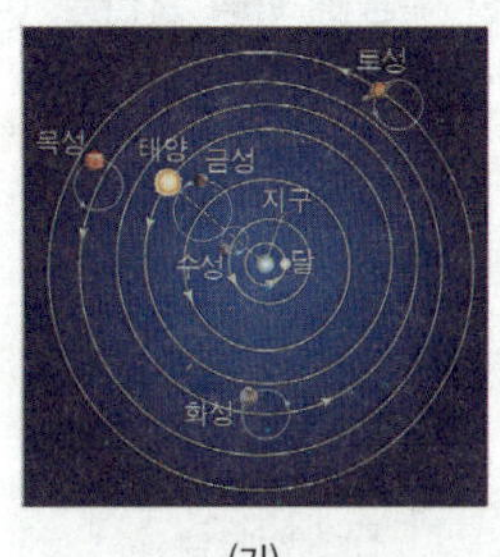
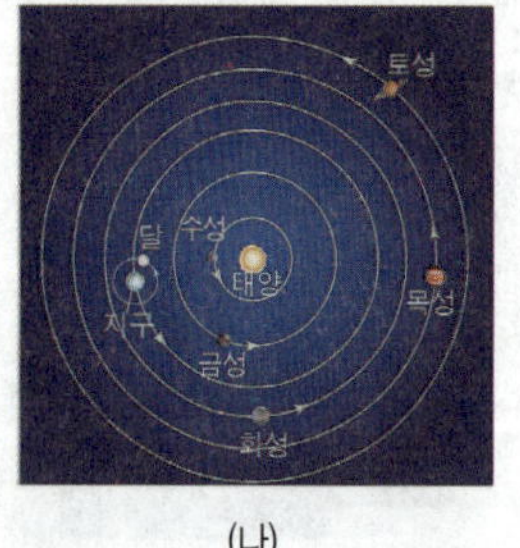

(가)   (나)

이에 대한 설명으로 옳은 것을 보기 에서 모두 고른 것은?

보기
ㄱ. (가)는 코페르니쿠스가 주장한 가설이다.
ㄴ. 망원경으로 천체를 관측하여 인류의 천체관이 (가)에서 (나)로 변화하였다.
ㄷ. (나)를 통해 경험 중심의 과학적 사고를 중요시하게 되었다.

① ㄴ   ② ㄷ   ③ ㄱ, ㄴ
④ ㄱ, ㄷ   ⑤ ㄴ, ㄷ

03 다음은 어떤 기기의 작동 원리에 대한 설명이다.

물을 끓여서 생성된 수증기가 피스톤을 들어 올리고 피스톤이 올라가면 실린더 내부에 차가운 물이 채워진다. 차가운 물에 의해 수증기의 온도가 낮아져서 다시 물이 되면 피스톤이 내려간다. 이와 같은 과정을 반복하여 피스톤이 계속 위아래로 움직이게 된다.

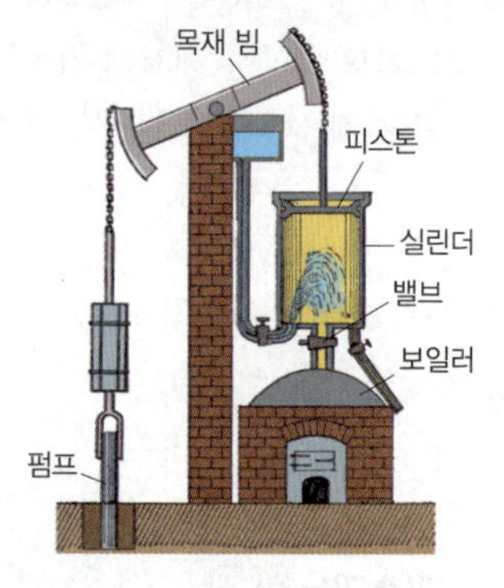

이에 대한 설명으로 옳은 것을 보기 에서 모두 고른 것은?

보기
ㄱ. 수증기에 의해 피스톤이 움직인다.
ㄴ. 이 기기의 발명과 발달은 산업 혁명의 원동력이 되었다.
ㄷ. 이 기기의 발명으로 공장에서 제품을 소량 생산하게 되었다.

① ㄱ   ② ㄴ   ③ ㄱ, ㄴ
④ ㄱ, ㄷ   ⑤ ㄴ, ㄷ

04 다음은 풍식이가 쓴 일기의 내용이다.

오늘은 친구와 밖에서 만나기로 했다. 약속 장소로 가는 길에 시간이 얼마나 남았는지 궁금해서 스마트폰 비서를 호출하여 시간을 물어보았다. 친구와 가구 매장에서 마음에 드는 책상을 발견하고 애플리케이션으로 내 방에 책상을 배치해 보면서 어울리는지 확인해 보았다. 구경 중에 집에 에어컨을 끄지 않고 나온 것이 생각나 스마트폰으로 에어컨을 껐다. 돌아다니다보니 배가 고파서 친구와 식당에 갔다. 음식을 주문했는데 로봇이 음식을 가져다 주어 너무 신기했다.

풍식이가 사용한 첨단 과학기술을 보기 에서 모두 고른 것은?

보기
ㄱ. 인공지능(AI)   ㄴ. 메타버스
ㄷ. 증강 현실(AR)   ㄹ. 사물 인터넷(IoT)

① ㄱ, ㄴ   ② ㄱ, ㄹ   ③ ㄴ, ㄷ
④ ㄱ, ㄷ, ㄹ   ⑤ ㄴ, ㄷ, ㄹ

빈출 자료 집중진단

1 과학적 탐구 방법

그림은 과학적 탐구 방법의 과정을 나타낸 것이다.

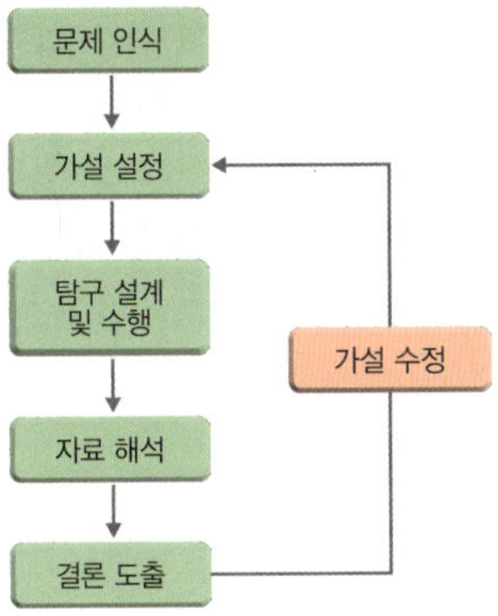

문제 인식
↓
가설 설정
↓
탐구 설계 및 수행
↓
자료 해석
↓
결론 도출

가설 수정

다음 설명 중 옳은 것은 ○표, 옳지 <u>않은</u> 것은 ×표 하시오.

1 과학적 탐구 방법 중 자연이나 일상생활에 나타나는 현상에 의문을 품는 것은 문제 인식 단계이다. (○ ×)

2 과학적 탐구 방법에서 변인은 어떤 현상을 설명하기 위해 미리 가정하는 것이다. (○ ×)

3 과학적 탐구를 할 때 탐구 문제를 정하고 탐구 동기, 가설, 탐구 설계 등의 내용을 포함한 탐구 계획서를 작성한다. (○ ×)

4 과학적 탐구 과정에서 한번 세운 가설은 절대 수정할 수 없다. (○ ×)

2 과학의 발전과 인류 문명

그림은 과학의 발전이 인류 문명 발달에 영향을 미친 사례를 나타낸 것이다.

(가)

(나)

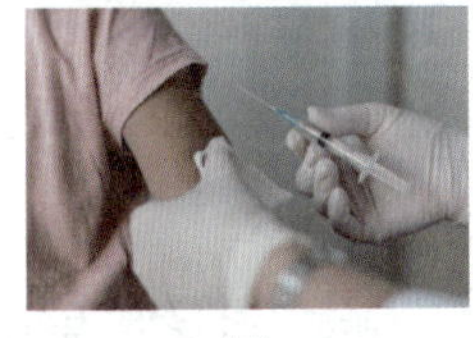
(다)

(라)

다음 설명 중 옳은 것은 ○표, 옳지 <u>않은</u> 것은 ×표 하시오.

1 (가)가 개발되어 먼 곳까지 물건을 빠르게 운반할 수 있게 되었다. (○ ×)

2 (나)의 발달로 일상생활에서 다양한 전기 제품을 사용할 수 있게 되었다. (○ ×)

3 (다)가 개발되어 컴퓨터, 휴대 전화 등의 기기가 발달되었다. (○ ×)

4 (라)로 인해 질병을 극복할 수 있게 되었고 인류의 평균 수명이 연장되었다. (○ ×)

5 과학 원리는 기술, 기기와 서로 영향을 주고 받으며 발전한다. (○ ×)

3 지속가능한 삶

그림은 인류의 지속가능한 삶을 위하여 과학기술을 이용한 예를 나타낸 것이다.

(가)

(나)

다음 설명 중 옳은 것은 ○표, 옳지 <u>않은</u> 것은 ×표 하시오.

1 (가)에서는 태양 빛을 이용하여 에너지를 얻는다. (○ ×)

2 (나)와 같이 전기 자동차를 사용하면 이산화 탄소 배출량이 늘어난다. (○ ×)

3 (가)는 신재생 에너지 개발 과정이고, (나)는 환경오염 물질을 줄이려는 과정이다. (○ ×)

CT 대단원 문제
Comprehensive Test

01 다음은 과학적 탐구 방법의 과정에 대한 설명이다.

> (가) 탐구 문제에 대한 잠정적인 결론을 내린다.
> (나) 자료를 분석, 해석한다.
> (다) 탐구 계획을 세우고 실험을 설계한다.
> (라) 가설이 맞는지 판단하고 결론을 내린다.
> (마) 자연이나 일상생활에서 관찰하고 의문을 품는다.

(가)~(마)를 과학적 탐구 방법의 과정의 순서대로 옳게 나열한 것은?

① (가)−(나)−(다)−(라)−(마)
② (나)−(가)−(다)−(마)−(라)
③ (다)−(마)−(나)−(가)−(라)
④ (마)−(가)−(다)−(나)−(라)
⑤ (마)−(라)−(가)−(다)−(나)

02 다음은 파스퇴르의 탄저병 백신 실험에 대한 내용이다.

> 파스퇴르는 탄저병 백신을 개발하기 위해 양 50 마리를 두 그룹으로 나누어 실험했다. 25 마리의 양에게는 탄저병 백신을 접종하고, 나머지 25 마리의 양에는 탄저병 백신을 접종하지 않았다. 4 주 후에는 모든 양에게 탄저균을 주사했다. 그 결과 백신을 접종하지 않은 25 마리의 양은 모두 죽었으나 백신을 접종한 양은 모두 살아남았다.

이에 대한 설명으로 옳은 것을 **보기** 에서 모두 고른 것은?

> **보기**
> ㄱ. 실험의 통제 변인 중 다르게 한 조건은 탄저병 백신의 접종 여부이다.
> ㄴ. 파스퇴르는 '탄저병 백신은 탄저병을 예방하는 효과가 있을 것이다.'라고 가설을 세웠다.
> ㄷ. 실험 결과가 파스퇴르가 세운 가설과 다르므로 가설을 수정하여 다시 실험해야 한다.

① ㄱ   ② ㄷ   ③ ㄱ, ㄴ
④ ㄴ, ㄷ   ⑤ ㄱ, ㄴ, ㄷ

03 과학적 탐구에 대한 설명으로 옳은 것은?

① 과학자만 할 수 있다.
② 실험실과 같은 실내에서만 이루어진다.
③ 연구 결과는 얼마든지 조작해도 문제없다.
④ 일반적으로 가설을 설정하고 탐구 과정을 통해 설정한 가설을 검증하는 방법을 이용한다.
⑤ 탐구 과정에서 가설이 틀린 것으로 판단되었을 때 탐구 자료를 가설에 맞게 수정해야 한다.

04 과학이 인류 문명에 미친 영향으로 옳지 <u>않은</u> 것은?

① 전화기가 발명되어 거리의 제약 없이 소통이 가능해졌다.
② 스마트 기기를 이용하여 어디서나 정보를 검색할 수 있다.
③ 인공지능(AI)을 이용한 스피커로 원하는 음악을 재생할 수 있다.
④ 페니실린의 발견으로 결핵과 같은 질병을 치료할 수 있게 되었다.
⑤ 증기 기관의 발명으로 공업 중심 사회가 농업 중심 사회로 바뀌게 되었다.

05 다음은 망원경의 발달에 대한 설명을 나타낸 것이다.

> • 코페르니쿠스는 망원경으로 천체를 관측하여 태양을 중심으로 지구를 비롯한 행성이 돌고 있다는 것을 알아냈다.
> • 우주 망원경으로 지상에서는 관측할 수 없었던 많은 관측 자료를 수집하여 우주 항공 기술을 발전시켰다.

망원경의 발달이 인류 문명에 미친 영향으로 옳은 것을 **보기** 에서 모두 고른 것은?

> **보기**
> ㄱ. 우주관이 변화하였다.
> ㄴ. 생물체를 보는 관점이 달라졌다.
> ㄷ. 경험 중심의 과학적 사고를 중시하게 되었다.

① ㄱ   ② ㄷ   ③ ㄱ, ㄴ
④ ㄱ, ㄷ   ⑤ ㄴ, ㄷ

06 다음은 어떤 과학기술에 대한 내용이다.

독일의 인쇄 업자인 쿠텐베르크(Johannes Gutenberg)는 납에 금속 원료들을 적절한 비율로 섞어서 녹인 다음, 글자를 새긴 틀에 부어 활자를 만들어내는 인쇄 방법을 고안해냈다.

이와 같은 과학기술이 인류 문명에 미친 영향으로 가장 적합한 것은?

① 지식과 정보가 빠르게 확산되었다.
② 전 세계적인 네트워크가 형성되었다.
③ 거리의 제약 없이 소통이 가능해졌다.
④ 어디서든 정보를 검색할 수 있게 되었다.
⑤ 자연 현상을 이해하고 그 변화를 예측할 수 있게 되었다.

07 첨단 과학기술에 대한 설명으로 옳지 <u>않은</u> 것은?

① 메타버스를 이용해 가상 공간에서 현실처럼 소통할 수 있다.
② 나노 백신은 백신을 기존보다 큰 크기의 입자에 넣은 것이다.
③ 기계가 인간처럼 지능을 가지는 것을 인공지능(AI)이라고 한다.
④ 사물 인터넷(IoT)은 사람과 사물뿐만 아니라 사물과 사물 사이에서도 정보를 주고 받을 수 있다.
⑤ 인공지능(AI) 기술이 적용된 자율주행 자동차는 운전자가 조작하지 않아도 스스로 주행이 가능하다.

08 과학기술의 발전으로 인해 나타나는 부정적인 영향으로 옳지 <u>않은</u> 것은?

① 화석 연료의 지나친 사용으로 대기오염이 나타난다.
② 플라스틱과 일회용품 쓰레기가 해양 생태계를 위협하고 있다.
③ 신재생 에너지가 개발되어 에너지 자원 고갈 문제가 해결되고 있다.
④ 인터넷의 발달로 개인 정보들이 무분별하게 유출되는 문제가 나타난다.
⑤ 공장과 자동차에서 발생하는 온실 기체로 인해 지구 온난화가 가속화되고 있다.

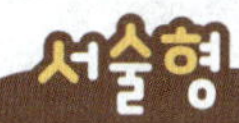

09 다음은 풍식이가 종이 헬리콥터를 날리는 과정에서 생긴 의문점을 해결하기 위해 작성한 탐구 계획서이다.

탐구 계획서	
문제 인식	같은 높이에서 종이 헬리콥터를 날렸을 때 먼저 떨어지는 종이 헬리콥터가 있는 것을 보고 의문을 가졌다.
가설 설정	(가)
실험 과정	1. 날개 길이를 다르게 하여 종이 헬리콥터 2개를 만든다. 2. 2개의 종이 헬리콥터를 같은 높이에서 날린다. 3. 종이 헬리콥터가 바닥에 떨어지는 데 걸리는 시간을 측정한다.
변인 통제	• 다르게 해야 할 조건: 날개 길이 • 같게 해야 할 조건: 날개 너비, 꼬리 길이, 클립 수

(가)에 들어갈 말을 쓰고, 그렇게 생각한 까닭을 서술하시오.

KEY 날개 길이

---

10 그림과 같은 스마트 기기의 이용은 우리의 생활에 많은 영향을 미쳤다. 스마트 기기의 이용이 우리 생활에 미친 편리한 점을 <u>두 가지만</u> 서술하시오.

KEY 정보, 영상

---

11 지속가능한 삶이 무엇인지 쓰고, 지속가능한 삶을 위한 활동 방안 중 개인적 실천 방안을 <u>두 가지 이상</u> 서술하시오.

KEY 미래 세대, 환경보전

생물의 구성과 다양성

이 단원을 공부하기 전에 이전 학년에서 배운 개념을 알고 있는지 확인해 보세요.

초5

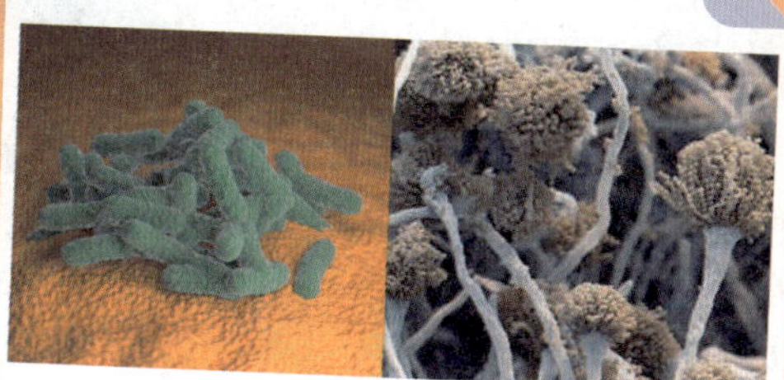

대장균   누룩곰팡이

곰팡이와 버섯 같은 생물을 ❶ [ ] 라고 하고, ❷ [ ] 은 균류나 원생생물보다 크기가 더 작고 생김새가 단순한 생물이다.

초5

❸ [ ] : 어떤 장소에 사는 생물이 다른 생물 및 비생물요소와 서로 영향을 주고 받는 체계

초6

❹ [ ] : 생물을 이루는 기본 단위로, 한 생물의 몸 안에서도 크기와 모양, 하는 일이 다양하다.

이 단원 연계 개념은...

답 ❶ 균류 ❷ 세균 ❸ 생태계 ❹ 세포

초등 3~6학년 ❯ 중학교 1학년 ❯ 고1 통합과학 1, 2

5학년
- 다양한 생물과 우리 생활
- 생물과 환경

6학년
- 식물의 구조와 기능

중학교 1학년
- 세포와 생물 구성 단계
- 변이와 생물다양성
- 생물다양성보전의 중요성

통합과학 1
- 시스템과 상호작용

통합과학 2
- 변화와 다양성

01 생물의 구성

❶ 세포

1 세포: 생물체를 구성하는 **구조적 · 기능적 기본 단위** 　생물의 몸을 이루는 가장 작은 단위야~!

(1) 구조적 기본 단위: 생물의 몸은 수많은 세포가 모여 이루어진다.

(2) 기능적 기본 단위: 세포 안에서 생물이 살아가는 데 필요한 물질과 에너지를 만드는 생명활동이 일어난다. 　생물이 살아가는 데 필요한 모든 활동을 말해!

2 단세포생물과 다세포생물 　살아가는 데 필요한 모든 생명활동이 하나의 세포에서 일어나~!

(1) 단세포생물: 몸이 하나의 세포로 이루어진 생물　예 아메바, 짚신벌레, 유글레나 등

(2) 다세포생물: 몸이 여러 개의 세포로 이루어진 생물　예 사람, 개, 소나무 등
　세포들은 맡은 역할에 따라 고유한 기능을 수행해~!

3 세포의 구조

구분	특징	식물 세포	동물 세포
핵	생물의 모양, 특성 등을 결정하는 ❶유전물질(DNA)이 들어 있으며, 세포의 생명활동 조절	○	○
세포질	핵과 세포막 사이를 채우는 부분으로 여러 가지 ❷세포소기관을 포함하는 곳	○	○
세포막	세포를 둘러 싸고 있는 얇은 막. 세포 안을 보호하고 세포 안과 밖으로 물질의 출입 조절	○	○
마이토콘드리아	영양소를 분해하여 생명활동에 필요한 에너지를 생성하는 장소	○	○
엽록체	햇빛을 받아 양분을 만드는 광합성이 일어나는 장소	○	×
세포벽	세포막의 밖을 둘러싸고 있는 단단한 벽. 세포의 형태를 유지하고 세포를 보호함	○	×
구조			

　식물 세포에만 있어~!

4 세포의 종류에 따른 특징

(1) 한 생물 내에서도 몸의 부위에 따라 세포의 종류가 다양하다.

(2) 세포는 현미경으로만 볼 수 있는 것부터 맨눈으로 볼 수 있는 것까지 크기가 매우 다양하다.

(3) 세포의 종류에 따라 세포의 모양, 크기, 기능이 다양하다.
　생물은 신경세포, 백혈구, 상피세포 등 특징이 다른 다양한 세포로 이루어져 있어서 여러 가지 생명활동을 할 수 있어~

구분	❸신경세포	적혈구	상피세포
모양	나뭇가지처럼 여러 방향으로 가늘고 길게 뻗은 모양	가운데가 오목한 원반 모양	넓고 얇게 퍼진 모양
기능	여러 방향에서 신호를 받아들이고, 한 곳에서 다른 곳으로 신호를 빠르게 전달한다.	혈관을 따라 이동하며, 온몸에 산소를 운반한다.	몸의 표면이나 몸속 기관 안쪽 표면을 덮어 보호한다.

최초의 세포 발견

17 세기 영국의 과학자 로버트 훅 (Hooke, R., 1635~1703)은 자신이 만든 현미경을 이용하여 코르크 조각을 관찰하였다. 그 과정에서 작은 방처럼 생긴 수많은 구멍이 뚫린 구조를 발견하고, 각각의 구멍을 '세포(cell)'라고 이름 붙였다. 이후 훅이 관찰한 것은 세포벽으로 밝혀졌다.

현미경으로 관찰한 세포

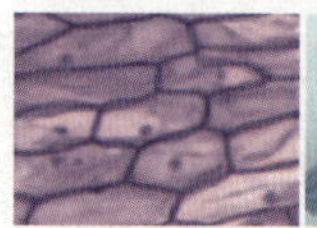 

양파의 표피세포　　사람의 상피세포
(식물 세포)　　　　(동물 세포)

다양한 모양과 크기의 세포

세포는 대부분 신경세포, 적혈구처럼 현미경을 이용해야 관찰할 수 있을 만큼 크기가 작다. 하지만 달걀, 타조 알, 개구리알과 같이 맨눈으로 볼 수 있을 만큼 크기가 큰 세포도 있다.

❶ 유전물질

세포가 생명활동을 하는 데 필요한 정보를 저장하고 있는 물질

❷ 세포소기관

핵, 마이토콘드리아, 엽록체와 같이 세포 내에서 특정한 기능을 하는 세포 내 구성 요소

❸ 신경

몸의 각 부분에서 신호를 전달하는 기능을 담당하는 구조, 생물이 주위의 환경과 자극을 감지하고 이에 대처하는 기관

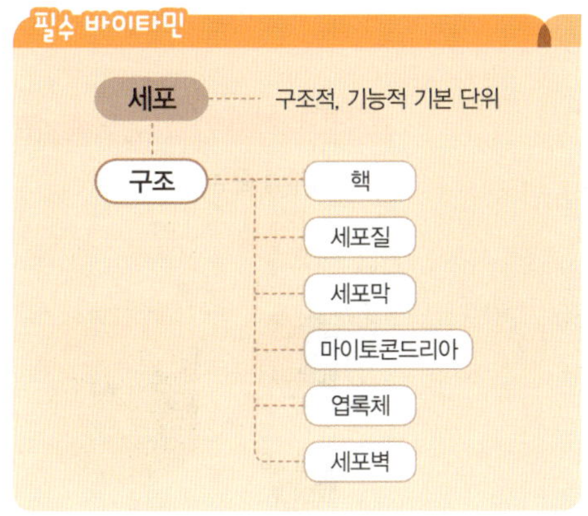

01 세포에 대한 설명으로 옳은 것은 ○, 옳지 않은 것은 ×로 표시하시오.

(1) 생물체의 몸을 이루는 기본 단위이다. ( )

(2) 모든 세포는 세포막과 세포질을 가진다. ( )

(3) 세포는 기능에 따라 모양과 크기가 다르다. ( )

(4) 모든 생물은 여러 개의 세포로 이루어져 있다. ( )

[**02~03**] 그림은 식물 세포의 구조를 나타낸 것이다.

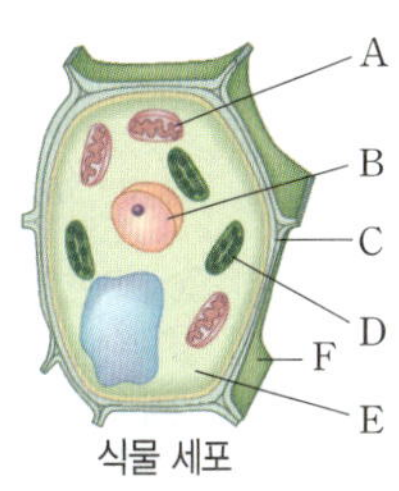

02 다음 설명에 해당하는 구조의 기호와 이름을 쓰시오.

(1) 핵과 세포막 사이를 채우는 부분이다. ( )

(2) 유전물질이 들어 있고, 세포의 생명활동을 조절한다.
( )

(3) 생명활동에 필요한 에너지를 생성한다. ( )

(4) 빛을 이용하여 광합성을 한다. ( )

(5) 세포막을 둘러싸고 있는 단단한 벽이다. ( )

(6) 세포 안과 밖의 물질 출입을 조절한다. ( )

빈칸 채우기 문제

01 생물체를 구성하는 구조적 · 기능적 기본 단위
는 _____ 이다.

02 유전물질이 들어 있으며, 생명활동의 중심이 되
는 것은 __ 이다.

03 동물 세포와 달리 식물 세포에만 있는 구조는
_____ 과 _____ 이다.

04 생명활동에 필요한 에너지를 생성하는 장소는
_____ 이다.

05 식물은 동물과 달리 _____ 가 있어 양분을
스스로 만들 수 있다.

06 가운데가 오목한 원반 모양으로 모세혈관을 따
라 이동하기 적합한 세포는 _____ 이다.

03 식물 세포에만 존재하는 세포 구조의 기호와 이름을 <u>모두</u> 쓰시오.

[**04~05**] 그림은 신경세포, 적혈구, 상피세포를 순서 없이 나타낸 것이다.

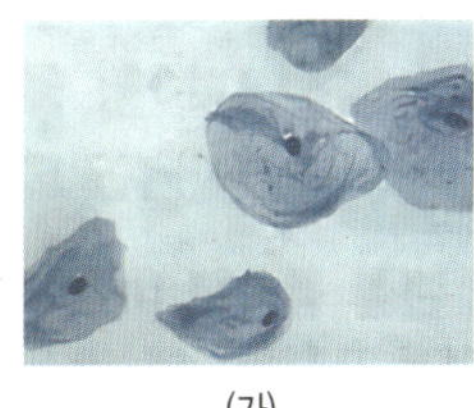
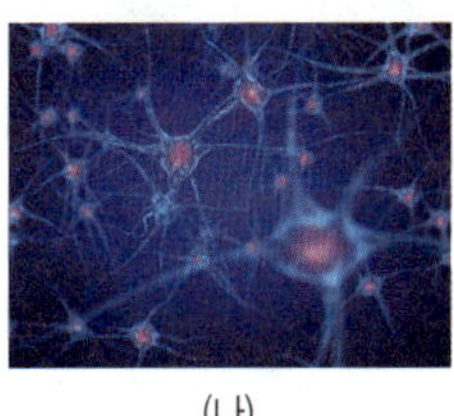
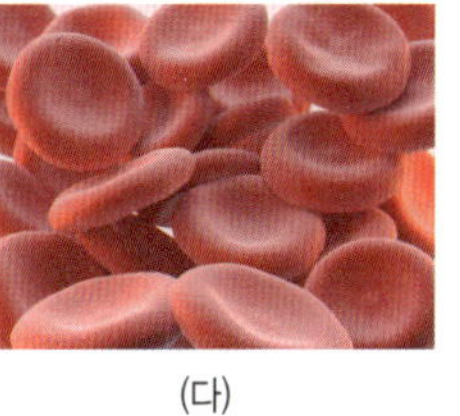

(가)   (나)   (다)

04 (가)~(다)의 세포 이름을 각각 쓰시오.

(가): ( )   (나): ( )   (다): ( )

○× **문제**

07 마이토콘드리아는 동물 세포에만 존재한다.
( )

08 식물 세포는 세포벽이 있어 세포의 모양을 일
정하게 유지할 수 있다. ( )

09 동물의 몸을 구성하는 모든 세포는 모양과 크
기가 같다. ( )

10 신경세포는 납작하고 평평한 모양으로 몸을 보
호하기에 적합하다. ( )

05 다음 설명에 해당하는 것을 (가)~(다)에서 골라 기호를 쓰시오.

(1) 둥글고 가운데가 오목한 원반 모양이다. ( )

(2) 혈관을 따라 이동하며 온몸에 산소를 운반한다. ( )

(3) 몸속 표면이나 몸속 기관 안쪽 표면을 덮어 보호한다. ( )

(4) 나뭇가지처럼 여러 방향으로 가늘고 길게 뻗은 모양이다. ( )

② 생물의 구성 단계

1 생물의 구성 단계: 생물들은 다양한 모양과 기능을 가진 세포들이 모여 일정한 단계를 거쳐 [1]유기적으로 이루어진다.

세포 → 조직 → 기관 → 개체

2 동물의 구성 단계: 세포 → 조직 → 기관 → 기관계 → 개체

세포	조직	기관	기관계	개체
생물체를 구성하는 기본 단위 예 근육세포, 상피세포, 신경세포 등	모양과 기능이 같은 세포들의 모임 예 근육조직, 상피조직, 신경조직 등	여러 조직이 모여 고유한 모양과 기능을 가짐 예 심장, 위, 작은창자, 큰창자 등	서로 관련된 기능을 담당하는 기관들의 모임 예 소화계, 순환계, 호흡계, 배설계 등	생명활동이 가능한 독립적인 하나의 생물체 예 사람, 개, 원숭이 등

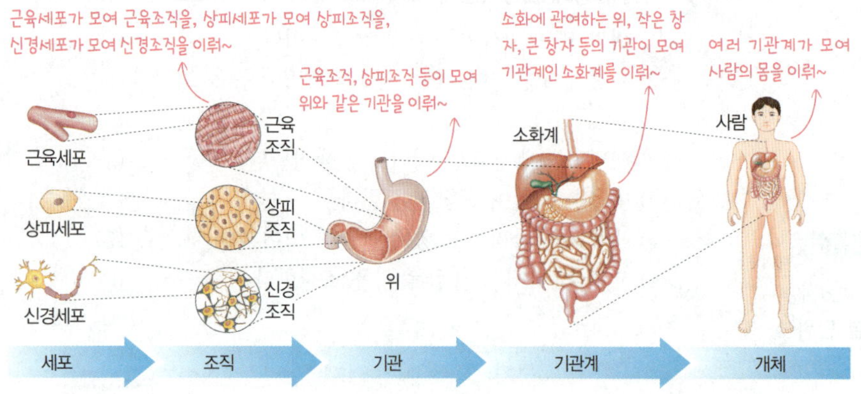

3 식물의 구성 단계: 세포 → 조직 → ②조직계 → 기관 → 개체

세포	조직	조직계	기관	개체
생물체를 구성하는 기본 단위 예 표피세포, 잎살세포, 물관세포 등	모양과 기능이 같은 세포들의 모임 예 표피조직, 울타리조직, 해면조직 등	비슷한 기능을 하는 여러 조직들의 모임 예 표피조직계, 관다발조직계, 기본조직계 등	여러 조직계가 모여 고유한 모양과 기능을 가짐 예 잎, 줄기, 뿌리 등	생명활동이 가능한 독립적인 하나의 생물체 예 소나무, 해바라기, 장미 등

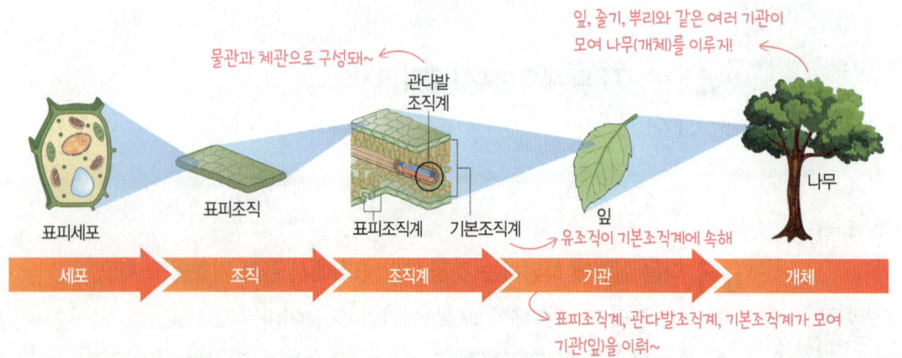

바로 복습

빈칸 채우기 문제

11 동물과 식물에 모두 존재하며, 모양과 기능이 같은 세포들의 모임은 ＿＿＿ 이다.

12 여러 조직이 모여 고유한 모양과 기능을 갖춘 단계를 ＿＿＿ 이라고 한다.

13 동물의 구성 단계는 세포 → 조직 → 기관 → ＿＿＿＿＿ → 개체 순이다.

14 식물의 구성 단계는 세포 → 조직 → ＿＿＿＿＿ → ＿＿＿ → 개체 순이다.

15 생물의 구성 단계에서 동물 세포에만 있는 구성 단계는 ＿＿＿＿＿ 이고, 식물 세포에만 있는 구성 단계는 ＿＿＿＿＿ 이다.

○✕ 문제

16 비슷한 기능을 하는 여러 조직들의 모임을 기관계라고 한다. （　　）

17 조직은 생물체를 구성하는 기본 단위이다. （　　）

18 사람의 위, 심장은 기관에 해당한다. （　　）

19 식물에는 물관조직과 체관조직이 모인 조직계가 있다. （　　）

20 사람 몸을 구성하는 하나의 요소에 문제가 생겨도 사람 개체 전체에는 전혀 영향을 미치지 않는다. （　　）

06 그림 (가)~(마)는 사람 몸의 구성 단계를 순서 없이 나타낸 것이다.

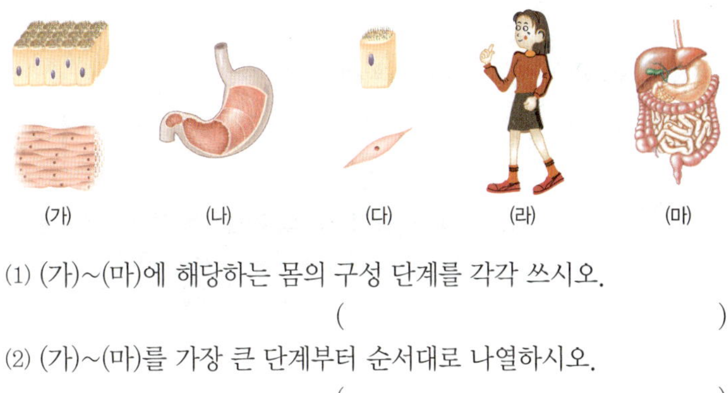

(가)　　(나)　　(다)　　(라)　　(마)

(1) (가)~(마)에 해당하는 몸의 구성 단계를 각각 쓰시오.

（　　　　　　　　）

(2) (가)~(마)를 가장 큰 단계부터 순서대로 나열하시오.

（　　　　　　　　）

07 식물의 각 구조와 그에 해당하는 설명을 선으로 옳게 연결하시오.

(1) 잎　　　　　　　　• 　• ㉠ 조직계가 모여 일정한 기능을 함

(2) 나무　　　　　　　• 　• ㉡ 모양과 기능이 같은 세포들의 모임

(3) 표피조직　　　　　• 　• ㉢ 생명활동이 가능한 독립적인 하나의 생물체

(4) 관다발조직계　　　• 　• ㉣ 비슷한 기능을 하는 여러 조직들의 모임

08 다음은 생물의 구성 단계에 대해 풍식이와 풍돌이가 나눈 대화의 일부이다.

> 풍식: 조직은 식물과 동물에서 모두 볼 수 있는 구성 단계야.
> 풍돌: 맞아~ 동물에서만 볼 수 있는 구성 단계에는 기관계가 있지!
> 풍식: 소화계, 순환계, 호흡계가 모여서 （　　　　　）를 이루지!

빈칸에 들어갈 말을 쓰시오.

09 그림 (가)와 (나)는 동물과 식물의 구성 단계를 순서 없이 나타낸 것이다.

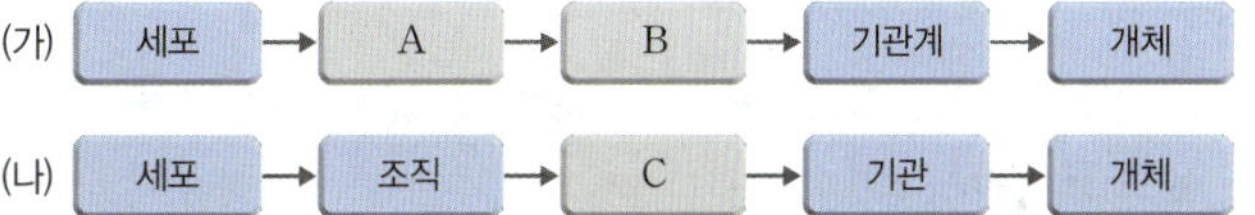

이에 대한 설명으로 옳은 것을 **보기**에서 모두 고르시오.

> **보기**
> ㄱ. (나)는 동물의 구성 단계이다.
> ㄴ. A는 기관이다.
> ㄷ. 사람의 심장은 B에 해당한다.
> ㄹ. C는 식물에만 있는 구성 단계이다.

 집중 관리 세포 관찰하기

목표 | 현미경을 이용하여 세포를 관찰하고 세포의 특징을 설명할 수 있다.

탐구 ❶ 입안 상피세포 관찰

과정

주의 신
- 염색약이 피부나 눈에 묻지 않도록 주의한다.
- 덮개 유리가 깨져 손이 다치지 않도록 주의한다.

❶ 면봉으로 입안의 볼 안쪽을 가볍게 긁어낸 후 면봉을 받침 유리 위에 문지른다.
❷ 메틸렌 블루 용액을 1 방울 떨어뜨리고 1 분 정도 놓아둔다.
❸ 덮개 유리를 비스듬히 기울여서 천천히 덮는다.
❹ 거름종이로 현미경 표본을 감싸고 손가락으로 지그시 눌러 여분의 용액을 제거한다.
❺ ❹의 표본을 현미경으로 관찰하고, 스마트 기기를 접안렌즈에 고정하여 표본을 촬영한다.

탐구 ❷ 검정말잎 세포 관찰

과정

   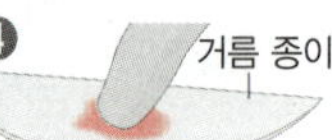

❶ 검정말잎을 하나씩 떼어 2 개의 받침 유리 위에 각각 올려놓는다.
❷ 하나의 검정말잎에 물을 1 방울 떨어뜨린 후 덮개 유리를 비스듬히 기울여서 천천히 덮는다.
❸ 다른 검정말잎에 아세트올세인 용액을 1 방울 떨어뜨리고 5 분 정도 놓아둔 후 덮개 유리를 덮는다.
❹ 거름종이로 ❷와 ❸에서 만든 현미경 표본을 각각 감싸고 손가락으로 가볍게 눌러 여분의 용액을 제거한다.
❺ ❹의 표본을 현미경으로 관찰하고, 스마트 기기를 접안렌즈에 고정하여 표본을 촬영한다.

탐구 ❶, ❷ 결과 & 정리

입안 상피세포	검정말잎 세포	
핵	엽록체 / 세포벽	세포벽 / 핵 / 엽록체
메틸렌 블루 용액으로 염색한 세포	염색 안 한 세포	염색한 세포
• 푸르게 염색된 핵이 뚜렷하게 관찰된다. • 세포들이 불규칙적으로 흩어져 있다. • 핵, 세포질, 세포막이 관찰된다.	• 염색한 세포에만 붉게 염색된 핵이 뚜렷하게 관찰된다. • 세포들이 규칙적으로 배열되어 있다. • 핵, 세포질, 엽록체, 세포벽 관찰된다.	

1. 세포를 관찰할 때 염색하는 까닭: 핵을 염색하여 뚜렷하게 관찰하기 위해서이다.
2. 동물 세포(입안 상피세포)와 식물 세포(검정말잎 세포)의 비교

구분	핵	세포벽	엽록체	세포 모양
동물 세포	있음	없음	없음	불규칙적
식물 세포	있음	있음	있음	규칙적

 알약

01 위 실험에 대한 설명으로 옳은 것은 ○, 옳지 <u>않은</u> 것은 ×로 표시하시오.

(1) 두 세포에서 모두 핵이 관찰된다. ( )
(2) 입안 상피세포에서는 엽록체가 관찰되지 않는다. ( )
(3) 세포를 염색하는 까닭은 엽록체를 뚜렷하게 관찰하기 위해서이다. ( )

02 그림은 입안 상피세포와 검정말잎 세포를 염색한 후 현미경으로 관찰한 결과를 나타낸 것이다.

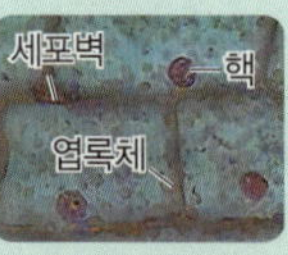

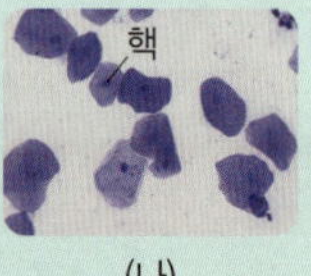

(1) (가)에서는 관찰되지만 (나)에서는 관찰되지 않는 것이 무엇인지 쓰시오.
(2) (가)와 달리 (나)의 세포가 불규칙적인 모양을 갖는 까닭을 쓰시오.

세포의 구조와 기능

세포는 종류에 따라 하는 일이 다르기 때문에 모양과 크기가 다양하지만, 기본적인 구조는 같아!
세포의 기본적인 구성요소와 기능을 살펴보고, 다양한 세포의 종류를 알아보자!

1 세포 구성요소의 기능

생명활동이 일어나는 세포를 빵을 만드는 공장에 비유하면 세포의 각 구조는 어디에 해당하는지 알아보자.

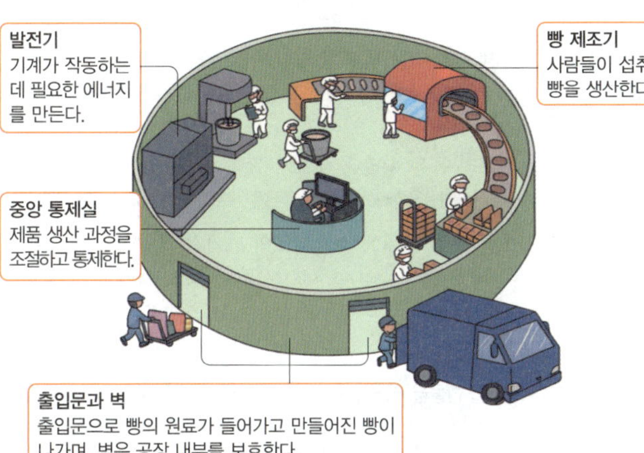

공장	기능	세포
중앙 통제실	활동 조절	핵
출입문	물질 출입 조절	세포막
벽	내부 보호	세포벽
발전기	에너지 생산	마이토콘드리아
빵 제조기	양분 생산	엽록체

2 여러 가지 세포의 구조와 기능의 관계

생물을 이루는 기본 단위인 세포의 종류는 매우 다양하다. 하나의 생물 내에서도 몸의 부위에 따라 세포의 종류가 다양하며, 세포의 종류에 따라 모양, 크기, 기능이 다양하다.

유형 클리닉

유형 1　생물의 기본 단위

생물의 기본 단위인 세포의 전반적인 내용을 알고 있는지 확인하는 문제가 출제돼~!

세포에 대한 설명으로 옳지 않은 것은?

① 생명활동이 일어나는 기본 단위이다.
② 모든 세포는 세포막과 세포질을 가진다.
③ 세포를 처음 발견한 사람은 로버트 훅이다.
④ 우리 몸은 수많은 세포가 모여 이루어져 있다.
⑤ 한 생물체 내에서는 세포의 크기와 모양이 모두 같다.

① 생명활동이 일어나는 기본 단위이다.
　→ 세포는 생물을 이루는 구조적·기능적 기본 단위야~!

② 모든 세포는 세포막과 세포질을 가진다.
　→ 모든 세포는 공통적으로 핵, 세포질, 세포막, 마이토콘드리아를 가지고 있어~!

③ 세포를 처음 발견한 사람은 로버트 훅이다.
　→ 로버트 훅은 직접 만든 현미경으로 코르크 조각을 관찰하여 '세포'를 처음 발견한 사람이야~

④ 우리 몸은 수많은 세포가 모여 이루어져 있다.
　→ 인간은 다세포생물이므로 수많은 세포가 모여 이루어져 있지!

⑤ 한 생물체 내에서는 세포의 크기와 모양이 모두 <s>같다.</s> 다양하다
　→ 한 생물체 내에서도 세포의 종류에 따라 모양과 크기가 다양해!

답 ⑤

ZP point
세포: 생물을 이루는 구조적·기능적 기본 단위

유형 2　세포의 구조

식물 세포와 동물 세포에서 구조의 이름과 기능은 꼭! 완벽하게 암기하자!

그림은 식물 세포와 동물 세포의 구조를 나타낸 것이다.

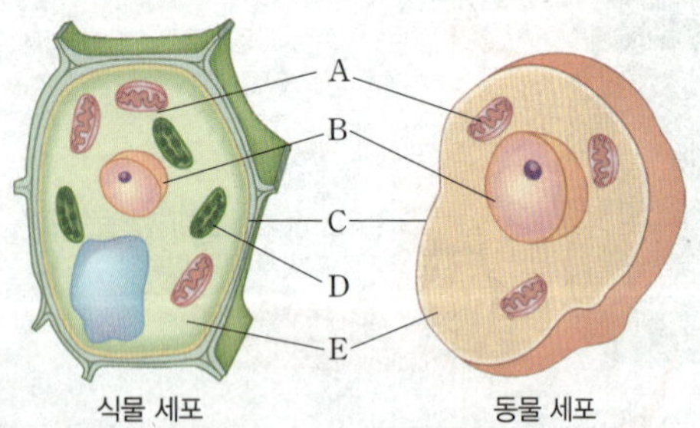

각 구조의 이름과 설명으로 옳은 것은?

① A – 엽록체: 햇빛을 받아 광합성이 일어나는 장소
② B – 핵: 유전물질(DNA)이 들어 있으며, 생명활동의 중심
③ C – 세포벽: 세포막의 바깥쪽을 둘러싼 단단한 벽
④ D – 마이토콘드리아: 생명활동에 필요한 에너지를 생성하는 장소
⑤ E – 세포막: 핵과 세포막 사이를 채우는 부분으로 세포소기관 포함하는 부분

① A – 엽록체: 햇빛을 받아 광합성이 일어나는 장소
　→ A는 생명활동에 필요한 에너지를 얻는 장소인 마이토콘드리아야~!

② B – 핵: 유전물질(DNA)이 들어 있으며, 생명활동의 중심
　→ B는 핵으로, 생명활동의 중심이고 유전물질을 포함하고 있어.

③ C – 세포벽: 세포막의 바깥쪽을 둘러싼 단단한 벽
　→ C는 세포막으로, 세포를 둘러싼 얇은 막이야! 세포 안팎으로 물질의 출입을 조절하지!

④ D – 마이토콘드리아: 생명활동에 필요한 에너지를 생성하는 장소
　→ D는 햇빛을 받아 광합성이 일어나는 장소인 엽록체야. 엽록체는 식물 세포에만 존재하지!

⑤ E – 세포막: 핵과 세포막 사이를 채우는 부분으로 세포소기관 포함하는 부분
　→ E는 세포질로, 세포에서 핵을 제외한 나머지 부분을 말해! 세포소기관을 포함하지~!

답 ②

ZP point
세포의 구조: 핵, 세포질, 세포막, 마이토콘드리아, 엽록체, 세포벽
➡ 식물 세포에만 존재하는 세포 구조: 엽록체, 세포벽

유형 클리닉

  동물 세포와 식물 세포 비교

> 동물 세포와 식물 세포의 차이를 묻는 문제가 출제될 수 있어~! 동물 세포와 식물 세포의 공통점과 차이점에는 무엇이 있는지 꼭 정리하자!

그림 (가), (나)는 현미경으로 관찰한 검정말잎 세포와 입안 상피세포를 순서 없이 나타낸 것이다.

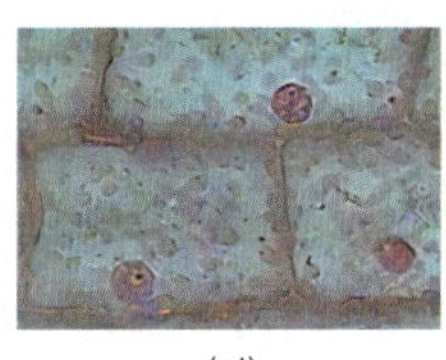
(가)

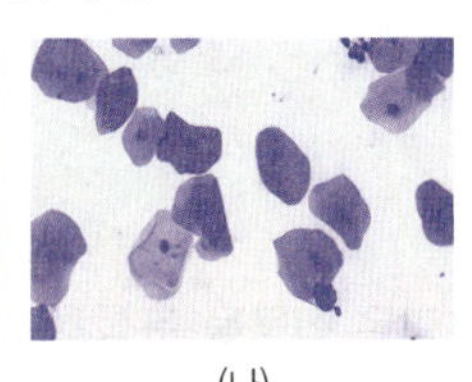
(나)

(가)와 (나)에 대한 설명으로 옳은 것은?

① (가)는 입안 상피세포를 관찰한 것이다.
② (가)와 (나) 모두 엽록체를 가지고 있다.
③ (가)는 세포벽이 있어 모양이 규칙적이다.
④ (가)에는 세포질이 있지만 (나)에는 세포질이 없다.
⑤ (가)와 (나)에서 세포를 염색한 것은 마이토콘드리아를 뚜렷하게 관찰하기 위한 것이다.

검정말잎 세포

① (가)는 입안 상피세포를 관찰한 것이다.
→ (가)는 세포벽이 있고, 세포의 모양이 규칙적인 것으로 보아 검정말잎 세포를 관찰한 결과이고, 모양이 불규칙하고 세포벽이 없는 (나)가 입안 상피세포를 관찰한 결과야~!

② (가)와 (나) 모두 엽록체를 가지고 있다.
→ 엽록체는 식물 세포에만 있는 세포 구조야~! (나)는 동물 세포이므로 엽록체를 가지고 있지 않아!

③ (가)는 세포벽이 있어 모양이 규칙적이다.
→ (가)는 식물 세포로 세포벽이 있어 모양이 규칙적이지!

④ (가)에는 세포질이 있지만 (나)에는 세포질이 없다. (있다)
→ 세포질은 동물 세포와 식물 세포 모두 가지고 있는 세포 구조야~!

⑤ (가)와 (나)에서 세포를 염색한 것은 마이토콘드리아를 뚜렷하게 관찰하기 위한 것이다. (핵)
→ (가)와 (나) 모두 핵을 뚜렷하게 관찰하기 위해 세포를 염색한 거야~!

답 ③

ZP point

구분	핵	세포벽	엽록체	세포 모양
동물 세포	있음	없음	없음	불규칙적
식물 세포	있음	있음	있음	규칙적

  식물의 구성 단계

> 동물과 식물의 구성 단계를 각각 기억하는 것은 기본! 동물과 식물의 구성 단계 차이에 대해서도 꼭 알아두자~!

그림은 식물의 구성 단계를 순서 없이 나타낸 것이다.

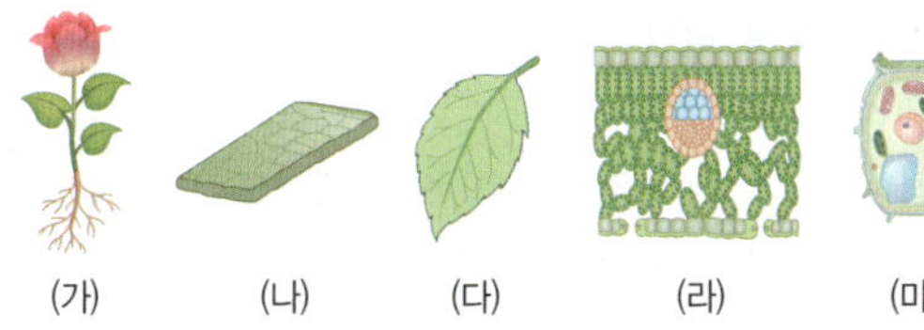

이에 대한 설명으로 옳은 것은?

① (나)는 생물을 구성하는 기본 단위이다.
② 식물에만 있는 구성 단계는 (라)이다.
③ (마)는 모양과 기능이 같은 세포의 모임이다.
④ 식물의 구성 단계는 세포 → 조직 → 기관 → 기관계 → 개체순이다.
⑤ 위 그림을 식물의 구성 단계 순으로 배열하면 (나) → (마) → (다) → (라) → (가)이다.

(가)는 개체, (나)는 조직, (다)는 기관, (라)는 조직계, (마)는 세포야~!

① (나)는 생물을 구성하는 기본 단위이다.
→ (나)는 조직으로, 모양과 기능이 같은 세포들의 모임이야.

② 식물에만 있는 구성 단계는 (라)이다.
→ (라)는 조직계로, 동물의 구성 단계에는 없고 식물의 구성 단계에만 있어~!

③ (마)는 모양과 기능이 같은 세포의 모임이다.
→ (마)는 생물체를 구성하는 기본 단위인 '세포'야

④ 식물의 구성 단계는 세포 → 조직 → 기관 → 기관계 → 개체 순이다.
→ 식물의 구성 단계는 세포 → 조직 → 조직계 → 기관 → 개체 순이야.

⑤ 위 그림을 식물의 구성 단계 순으로 배열하면 (나) → (마) → (다) → (라) → (가)이다.
→ 식물의 구성 단계 순으로 배열하면 (마) → (나) → (라) → (다) → (가)야~

답 ②

ZP point

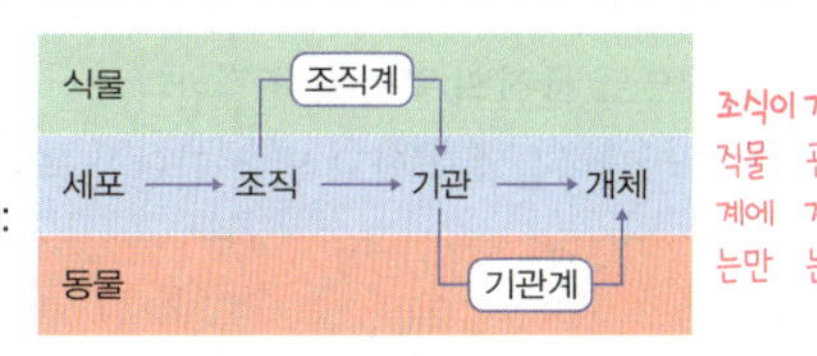

실전 백신

① 세포

01 세포에 대한 설명으로 옳은 것을 [보기]에서 모두 고른 것은?

> [보기]
> ㄱ. 세포는 생물체의 몸을 이루는 기본 단위이다.
> ㄴ. 세포의 모양과 크기는 생물의 종류에 따라 다르다.
> ㄷ. 모든 세포는 크기가 매우 작아 맨눈으로는 관찰할 수 없다.

① ㄱ
② ㄷ
③ ㄱ, ㄴ
④ ㄴ, ㄷ
⑤ ㄱ, ㄴ, ㄷ

(중요)
[02~04] 그림은 식물 세포의 구조를 나타낸 것이다.

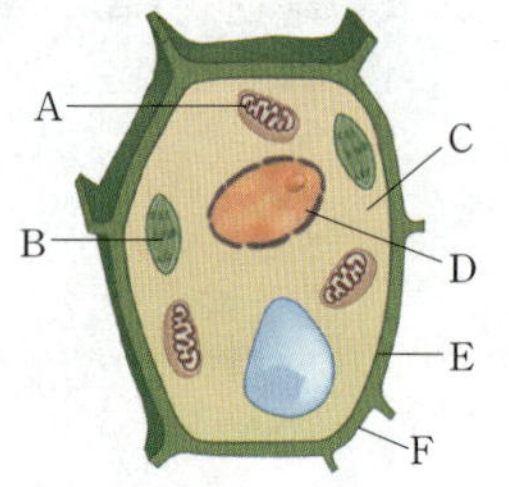

02 각 부분에 대한 설명으로 옳은 것은?

① A는 광합성이 일어나는 곳으로 식물 세포에만 있다.
② B에서 생명활동에 필요한 에너지를 생성한다.
③ C가 있어 세포의 형태가 일정하게 유지된다.
④ D는 유전물질이 들어 있으며, 생명활동의 중심이다.
⑤ E는 핵을 제외한 나머지 부분으로 여러 가지 세포소기관이 들어 있다.

03 F에 대한 설명으로 옳은 것을 [보기]에서 모두 고른 것은?

> [보기]
> ㄱ. 식물 세포에만 존재한다.
> ㄴ. 세포 안팎으로 물질의 출입을 조절한다.
> ㄷ. 세포막의 바깥쪽을 둘러싸고 있는 단단한 벽이다.

① ㄷ
② ㄱ, ㄴ
③ ㄱ, ㄷ
④ ㄴ, ㄷ
⑤ ㄱ, ㄴ, ㄷ

04 다음 설명에 해당하는 부분의 기호와 이름을 쓰시오.

> • 동물 세포와 식물 세포에 모두 존재한다.
> • 영양분을 분해하여 생명활동에 필요한 에너지를 생성한다.

05 그림은 식물을 구성하는 여러 가지 세포를 나타낸 것이다.

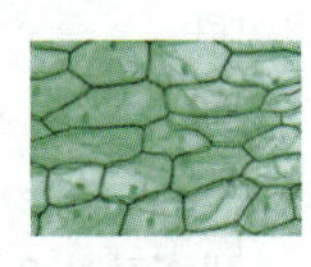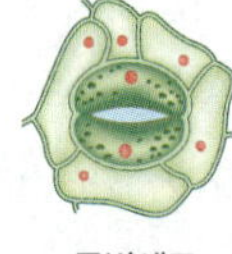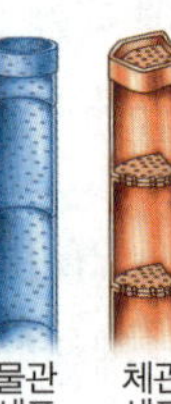

이 그림을 통해 알 수 있는 사실로 옳은 것은?

① 식물체는 하나의 세포로 이루어져 있다.
② 세포의 구조는 달라도 세포의 기능은 같다.
③ 한 식물을 구성하는 세포의 크기는 모두 같다.
④ 세포는 하는 일에 따라 모양과 크기가 다양하다.
⑤ 식물체를 구성하는 세포의 모양은 거의 비슷하다.

(신유형)
06 다음은 검정말잎 세포를 현미경으로 관찰하기 위한 실험 과정을 나타낸 것이다.

> (가) 검정말잎을 하나씩 떼어 2개의 받침 유리 위에 각각 올려놓는다.
> (나) 하나의 검정말잎에 물을 1방울 떨어뜨린 후 덮개 유리를 비스듬히 기울여서 천천히 덮는다.
> (다) 다른 하나의 검정말잎에 아세트올세인 용액을 1방울 떨어뜨리고 5분 정도 놓아둔 후 덮개 유리를 덮는다.
> (라) 거름종이로 표본을 감싸 여분의 용액을 제거한 후 현미경으로 관찰한다.

이에 대한 설명으로 옳은 것을 [보기]에서 모두 고른 것은?

> [보기]
> ㄱ. (나)의 표본은 핵이 뚜렷하게 관찰된다.
> ㄴ. (다) 과정을 생략하면 엽록체가 잘 보이지 않는다.
> ㄷ. (라)에서 세포가 규칙적으로 배열된 것을 관찰할 수 있다.

① ㄱ
② ㄷ
③ ㄱ, ㄷ
④ ㄴ, ㄷ
⑤ ㄱ, ㄴ, ㄷ

[07~08] 그림 (가)와 (나)는 양파 표피세포와 입안 상피세포를 현미경으로 관찰한 결과를 순서 없이 나타낸 것이다.

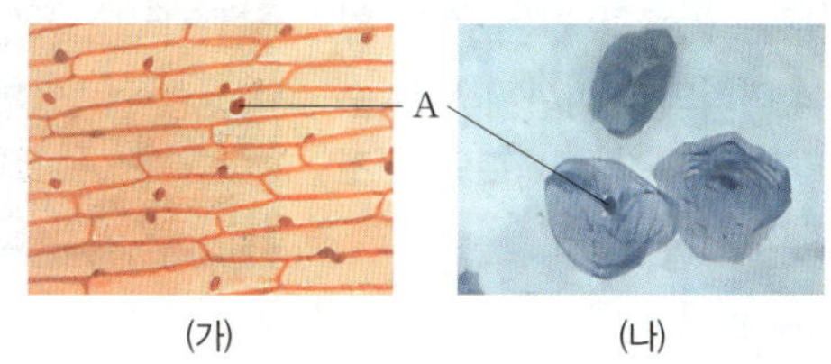

(가)   (나)

07 (가)와 (나)를 비교한 것으로 옳지 <u>않은</u> 것은?

	구분	(가)	(나)
①	세포벽	있음	없음
②	핵	없음	있음
③	세포 모양	규칙적	불규칙적
④	염색액	아세트올세인 용액	메틸렌 블루 용액
⑤	세포 종류	식물 세포	동물 세포

08 이에 대한 설명으로 옳은 것을 보기 에서 모두 고른 것은?

> **보기**
> ㄱ. (가)는 입안 상피세포를 관찰한 결과이다.
> ㄴ. (가)와 (나)에서 세포막과 핵이 공통적으로 관찰된다.
> ㄷ. A는 세포의 활동에 필요한 에너지를 만드는 역할을 한다.

① ㄱ   ② ㄴ   ③ ㄱ, ㄷ
④ ㄴ, ㄷ   ⑤ ㄱ, ㄴ, ㄷ

09 그림은 생물을 구성하는 세포를 나타낸 것이다.

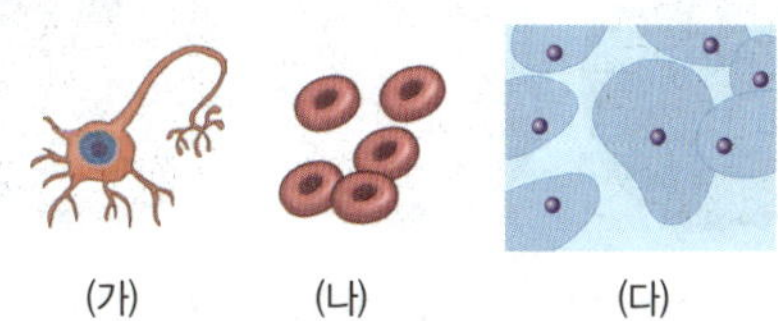

(가)   (나)   (다)

이에 대한 설명으로 옳은 것을 <u>모두</u> 고르면?

① (가)는 기관의 표면을 덮어 보호하는 데 적합한 구조이다.
② (나)는 산소를 운반하는 데 적합한 구조이다.
③ (다)는 신호를 전달하는 데 적합한 구조이다.
④ (가)~(다)의 기능은 모두 같다.
⑤ (가)~(다)는 모두 세포막을 가지고 있다.

2 생물의 구성 단계

10 그림은 동물의 구성 단계를 순서 없이 나타낸 것이다.

(가)   (나)   (다)   (라)   (마)

이에 대한 설명으로 옳은 것은 ?

① (가)는 서로 관련된 기능을 수행하는 기관들의 모임이다.
② 상피조직은 (나)와 같은 단계에 해당된다.
③ (다)는 생명체를 구성하는 기본 단위이다.
④ (마)는 동물에만 있는 구성 단계이다.
⑤ 동물의 구성 단계를 작은 것부터 순서대로 배열하면 (나) → (마) → (다) → (가) → (라)이다.

11 다음은 동물의 구성 단계를 나타낸 것이다.

> 세포 → A → B → C → 개체

이에 대한 설명으로 옳지 <u>않은</u> 것은?

① 적혈구는 세포 단계에 해당한다.
② B는 모두 동일한 세포로 구성된다.
③ 혈액은 A, 위와 이자는 B 단계에 해당한다.
④ 신경계, 면역계, 호흡계 등은 C 단계에 해당한다.
⑤ 연관된 기능을 수행하는 B가 모여 C를 구성한다.

12 생물의 구성 단계에 대한 설명으로 옳지 <u>않은</u> 것은?

① 생물체를 구성하는 기본 단위는 세포이다.
② 여러 조직이나 조직계가 모여 기관을 이룬다.
③ 개체는 생명활동이 가능한 독립적인 하나의 생물체이다.
④ 서로 관련된 기능을 담당하는 기관들이 모여 기관계를 이룬다.
⑤ 식물은 세포 → 조직계 → 기관 → 개체의 단계로 이루어져 있다.

[13~14] 그림은 식물의 구성 단계를 순서 없이 나타낸 것이다.

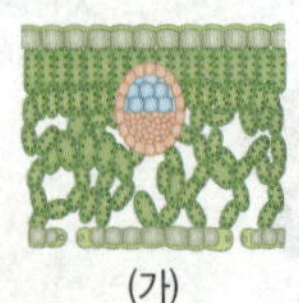   

(가) (나) (다) (라)

13 각 단계의 이름을 옳게 짝 지은 것은?

	(가)	(나)	(다)	(라)
①	기관	개체	세포	조직계
②	세포	기관	조직계	개체
③	개체	조직계	기관	세포
④	조직계	개체	세포	기관
⑤	조직계	세포	개체	기관

14 위 그림에 대한 설명으로 옳은 것은?

① (가)는 생명활동이 가능한 독립적인 생물체이다.
② (나)는 생물체를 구성하는 기본 단위이다.
③ (다)는 비슷한 기능을 하는 조직의 모임이다.
④ (라)와 같은 구성 단계는 동물에서는 찾을 수 없다.
⑤ 식물의 구성 단계를 작은 것부터 배열하면 (다) → (가) → (라) → (나) 순이다.

15 다음은 생물의 구성 단계를 나타낸 것이다.

동물 세포 ⟶ 조직 ⟶ A ⟶ B ⟶ 개체

식물 세포 ⟶ 조직 ⟶ C ⟶ D ⟶ 개체

이에 대한 설명으로 옳은 것을 보기 에서 모두 고른 것은?

보기
ㄱ. A와 D는 공통된 구성 단계이다.
ㄴ. 사람의 코는 B에 해당한다.
ㄷ. C는 식물에서만 존재하는 구성 단계이다.

① ㄱ   ② ㄴ   ③ ㄱ, ㄷ
④ ㄴ, ㄷ   ⑤ ㄱ, ㄴ, ㄷ

16 나무는 동물과 같은 뼈가 없지만 수십 미터의 높이까지 자랄 수 있다. 그 까닭을 식물 세포의 구조와 관련지어 서술하시오.

KEY 세포벽

17 그림은 빵 공장의 구조를 나타낸 것이다.

(1) 빵 공장의 중앙 통제실은 세포 구조 중 어떤 것에 비유할 수 있는지 쓰고, 그 까닭을 서술하시오.

KEY 생명활동 조절

(2) 빵 공장의 발전기는 세포 구조 중 어떤 것에 비유할 수 있는지 쓰고, 그 까닭을 서술하시오.

KEY 에너지 발생

18 그림은 생물을 이루는 여러 가지 세포를 나타낸 것이다.

  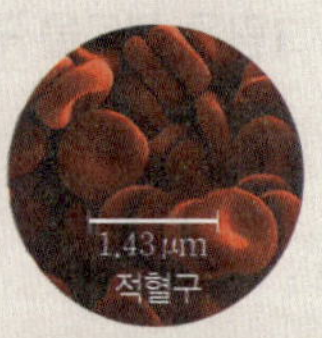

몸의 외부와 내부에서 발생한 자극을 전달하기 적합한 세포를 고르고, 그렇게 생각한 까닭을 서술하시오.

KEY 길게 뻗은 모양

1등급 백신

01 다음은 마이토콘드리아의 특징을 설명한 것이다.

마이토콘드리아는 세포의 종류에 따라 들어 있는 개수가 다르다. 예를 들어 사람의 이자세포에는 520 개 정도의 마이토콘드리아가 있는 반면 근육세포에는 그보다 많은 수천 개의 마이토콘드리아가 있다.

이에 대한 설명으로 옳은 것을 보기 에서 모두 고른 것은?

보기
ㄱ. 마이토콘드리아는 스스로 양분을 생성할 수 있다.
ㄴ. 근육세포가 이자세포보다 더 많은 에너지를 소모한다.
ㄷ. 마이토콘드리아는 에너지가 필요한 곳에 더 많이 존재한다.

① ㄱ   ② ㄷ   ③ ㄱ, ㄴ
④ ㄴ, ㄷ   ⑤ ㄱ, ㄴ, ㄷ

02 그림은 현미경으로 관찰한 동물 세포와 식물 세포를 순서 없이 나타낸 것이다.

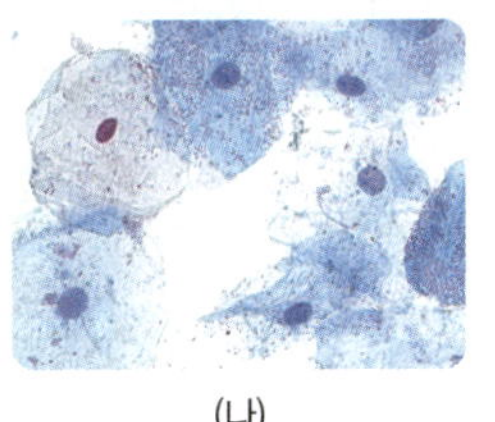

(가)   (나)

이에 대한 설명으로 옳은 것을 보기 에서 모두 고른 것은? (단, 식물 세포를 관찰할 때 염색액은 사용하지 않았다.)

보기
ㄱ. (가)에서는 다수의 엽록체가 관찰된다.
ㄴ. (가)와 (나)에서 모두 핵이 뚜렷하게 관찰된다.
ㄷ. (가)에는 세포막이 있고, (나)에는 세포막이 없다.

① ㄱ   ② ㄷ   ③ ㄱ, ㄴ
④ ㄴ, ㄷ   ⑤ ㄱ, ㄴ, ㄷ

03 다음은 식물과 동물의 구성 단계를 나타낸 것이다.

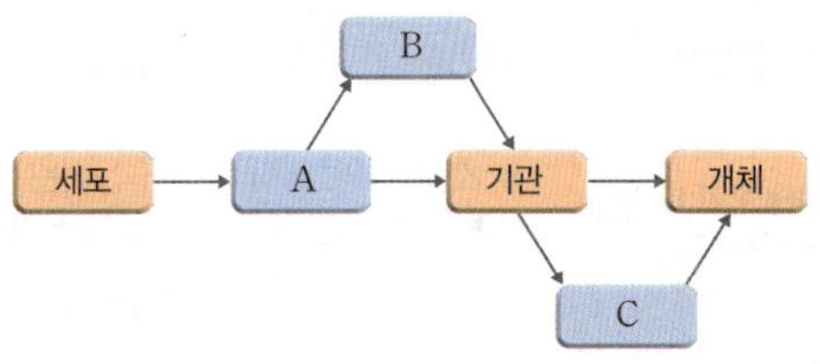

이에 대한 설명으로 옳은 것을 보기 에서 모두 고른 것은? (단, B와 C는 식물 또는 동물의 구성 단계에만 있다.)

보기
ㄱ. 적혈구는 A에 해당한다.
ㄴ. B는 비슷한 기능을 하는 여러 조직의 모임이다.
ㄷ. C는 동물에만 있는 구성 단계이다.

① ㄱ   ② ㄷ   ③ ㄱ, ㄴ
④ ㄴ, ㄷ   ⑤ ㄱ, ㄴ, ㄷ

04 그림 (가)는 식물체의 일부를, (나)는 인체의 일부를 나타낸 것이다.

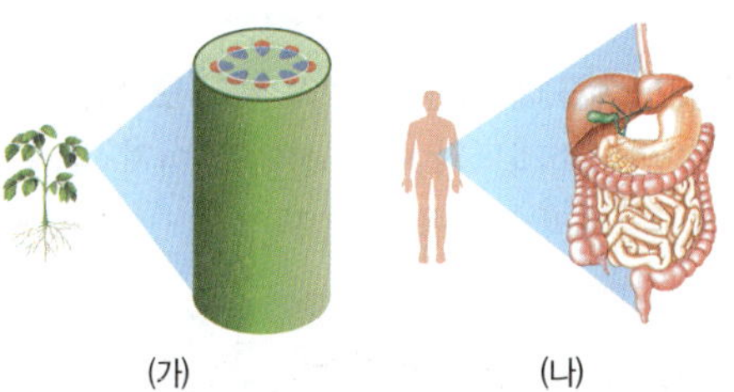

(가)   (나)

이에 대한 설명으로 옳은 것을 보기 에서 모두 고른 것은?

보기
ㄱ. (가)에는 물을 수송하는 조직이 있다.
ㄴ. (나)에는 근육세포가 있다.
ㄷ. (가)는 기관, (나)는 기관계이다.

① ㄱ   ② ㄷ   ③ ㄱ, ㄴ
④ ㄴ, ㄷ   ⑤ ㄱ, ㄴ, ㄷ

O2 생물의 다양성

① 생물다양성

1 생물다양성: 특정 지역에 살고 있는 생물의 다양한 정도

생태계의 다양함	숲, 갯벌, 사막, 바다 등 지구상에는 여러 생태계가 존재하며, 각 환경에 맞게 적응하여 다양한 생물이 살고 있다. ➡ 생태계가 다양할수록 생물다양성이 높다.
생물 종류의 다양함	한 생태계에 살고 있는 생물의 수가 많고, 여러 종류의 생물이 고르게 분포할수록 생물다양성이 높다. 한두 종류의 생물의 수가 많은 것보다 여러 종류의 생물이 고르게 분포할 때 생물다양성이 더 높아
같은 종류의 생물 사이에서 나타나는 특징의 다양함	같은 종류의 생물 사이에서 몸의 생김새, 색깔, 크기와 같은 특징이 다양할수록 생물다양성이 높다.

생태계의 다양함

생물 종류의 다양함

같은 종류의 생물 사이에서 나타나는 특징의 다양함

2 생물다양성의 형성

(1) 변이: 같은 종류의 생물 중 개체에 따라 나타나는 특성의 차이

① 변이는 생물의 생존과 번식에 영향을 미칠 수 있다.

> 변이가 다양할수록 급격한 환경 변화에도 생물이 살아남을 확률이 높아져!

② 빛, 온도, 물, 먹이 종류 등 환경이 달라지면 생존에 유리한 변이도 달라진다.

조개껍데기의 무늬와 색깔

얼룩말의 줄무늬

무당벌레의 무늬

코스모스의 꽃잎 색

(2) 생물다양성 형성 과정: 생물의 변이와 환경에 적응하는 과정을 통해 생물다양성이 높아진다.

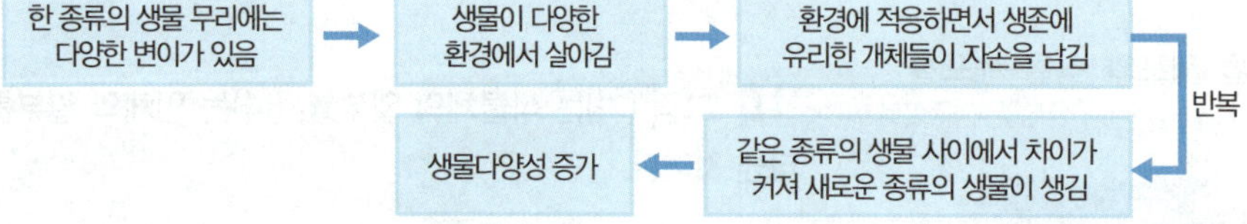

(3) 갈라파고스제도에 사는 핀치의 부리 모양이 다양해진 과정: 원래 같은 종이었던 핀치는 갈라파고스제도의 여러 섬에 흩어져 살게 되었는데, 각 섬의 먹이 종류에 따라 서로 다른 부리 모양을 갖게 되었다.

---

① 생물다양성 비교

논   아마존 강 유역

논은 한 종류의 생태계로 이루어져 있고, 아마존 강 유역은 강, 숲, 늪지대 등 다양한 생태계로 이루어져 있다. 생태계가 다양할수록 살고 있는 생물의 종류가 다양하므로 아마존 강 유역이 논보다 생물다양성이 높다.

❸ 서식지의 기온에 따른 여우의 모습

북극여우   사막여우

· 북극여우: 귀가 작고 몸집이 커 몸의 열을 쉽게 빼앗기지 않는다. ➡ 낮은 기온에 적응한 결과

· 사막여우: 귀가 크고 몸집이 작아 몸의 열을 방출하기 쉽다. ➡ 높은 기온에 적응한 결과

❹ 먹이에 따른 핀치의 부리 모양

열매를 먹는 핀치   선인장을 먹는 핀치

식물을 먹는 핀치

❷ 생태계

생물은 일정한 장소에서 빛, 온도 등과 같은 환경 및 다른 생물과 영향을 주고 받으며 살아가는데, 이러한 체계를 생태계라고 한다.

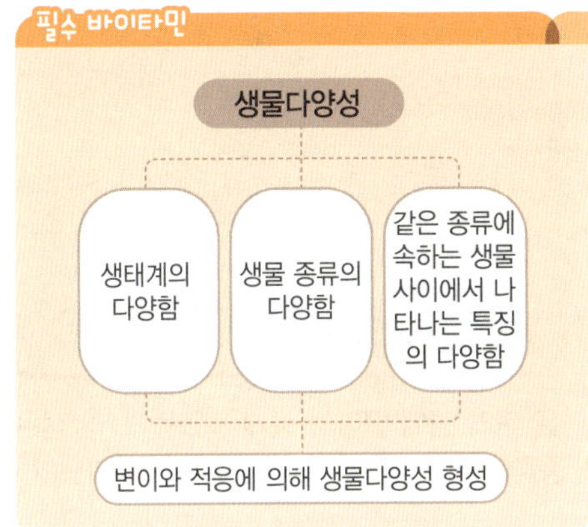

01 다음 글의 빈칸에 알맞은 말을 쓰시오.

> 지구 곳곳의 다양한 환경에 많은 종류의 생물이 살고 있는데, 이를 (㉠   )이라고 한다. 또한, 같은 종류의 생물 사이에서 나타나는 조금씩 다른 특성을 (㉡   )라고 하며, 이 (㉡   )에 의해 환경 변화에 (㉢   )해 살아남을 수 있다.

02 오른쪽 그림은 다양한 생김새의 사람들을 나타낸 것이다. 이와 같이 같은 종류의 생물이지만 개체마다 다양한 특성을 가지는 것을 무엇이라고 하는지 쓰시오.

03 그림은 갈라파고스제도에 사는 핀치의 모습을 나타낸 것이다.

부리 모양 변화에 가장 중요한 영향을 미친 환경적 특성으로 옳은 것은?

① 먹이의 종류
② 천적의 종류
③ 서식지의 온도
④ 서식지 주위의 색
⑤ 주로 활동하는 시간

빈칸 채우기 문제

01 다양한 환경에서 다양한 생물이 살고 있는 정도를 ＿＿＿＿＿ 이라고 한다.

02 생물다양성은 ＿＿＿＿ 가 다양할수록, 생물의 ＿＿ 가 많을수록, 같은 종류에 속한 생물의 특징이 다양할수록 높다.

03 생물다양성은 생물의 ＿＿ 와 환경에 ＿＿ 하는 과정을 통해 높아진다.

○✕ 문제

04 일정한 지역에 사는 생물의 종류가 다양할수록 생물다양성이 높게 나타난다. (   )

05 같은 종류 생물은 생김새나 크기가 모두 같다. (   )

06 환경이 변하면 생존에 유리한 변이도 달라진다. (   )

07 같은 부모에서 태어난 고양이의 털 색이 다양한 것은 변이의 예이다. (   )

08 다른 종류의 생물 사이에서 나타나는 서로 다른 특징을 변이라고 한다. (   )

04 그림은 서로 다른 지역 (가)와 (나)의 모습을 나타낸 것이다.

(가) 배추밭   (나) 열대우림

(가)와 (나) 중에 생물다양성이 더 높은 지역을 쓰시오.

05 다음은 생물다양성 형성 과정을 나타낸 것이다.

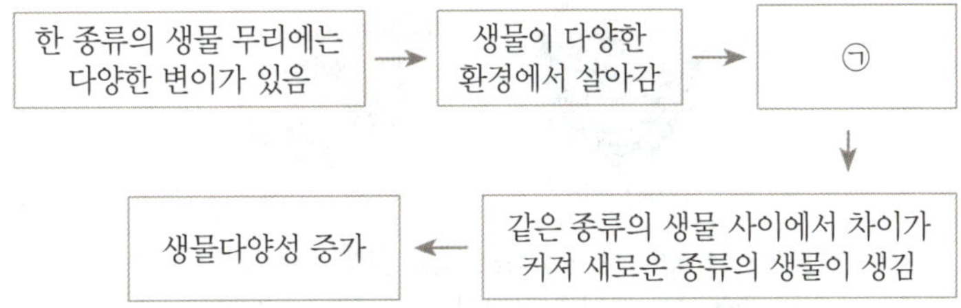

㉠에 들어갈 알맞은 말을 쓰시오.

생물다양성의 형성

생물은 빛, 온도, 물, 먹이 등과 같은 환경에 적응하며 살아가! 생물이 다양한 환경에 적응하면서
변이의 차이가 점점 커질 수 있지! 다양한 환경에 적응한 생물에는 어떤 것들이 있을까?

1 갈라파고스땅거북 – 먹이의 종류

목이 짧은 종류만 있었던 갈라파고스땅거북 무리는 갈라파고스제도의 환경이 다른 여러 섬에 떨어져 살게 되었는데, 각 섬은
환경에 따라 먹이의 종류가 달랐다. 그 결과 갈라파고스땅거북은 각 섬의 먹이의 종류에 적응하면서 목이 긴 종류가 나타났다.

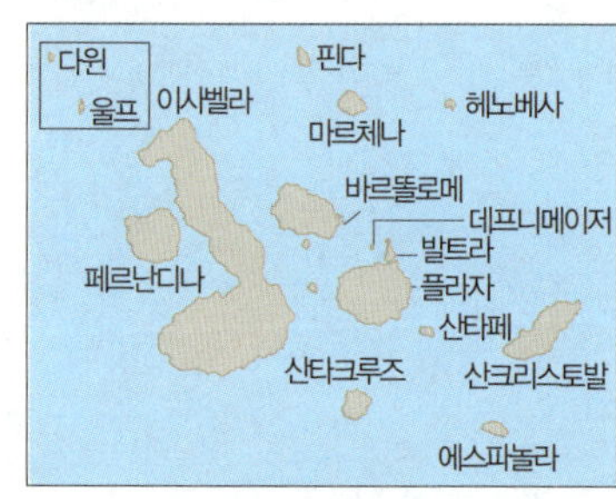

갈라파고스제도

❶ 키 작은 풀이 많은 곳에 살던 갈라파고스땅거북 무리는 목이 짧았지만, 다른 거북보다 목이 조금 더 긴 변이를 지닌 거북도 있었다.

❷ 갈라파고스땅거북들은 환경이 다른 섬으로 흩어져 살게 되었는데, 목이 조금 더 긴 거북은 키가 큰 선인장이 자라는 환경에서 살아남기에 유리했다.

❸ 이 거북은 목이 짧은 거북보다 더 많이 살아남아 자손을 남겼고, 이 과정이 오랜 세월 동안 반복되어 오늘날과 같이 목이 긴 종류가 나타났다.

2 북극토끼와 캘리포니아멧토끼 – 기온

북극토끼

캘리포니아멧토끼

북극에 사는 북극토끼와 사막에 사는 캘리포니아멧토끼는 살고 있는 환경의 온도에 적응하여 몸의 형태가 변하였다. 북극토끼는 기온이 낮은 환경에서 몸의 열을 쉽게 빼앗기지 않기 위해 몸집이 크고 귀가 작게 변한 반면, 캘리포니아멧토끼는 기온이 높은 환경에서 몸의 열을 쉽게 방출하기 위해 몸집에 비해 귀가 크게 변하였다.

3 열대우림 식물과 선인장 – 강수량

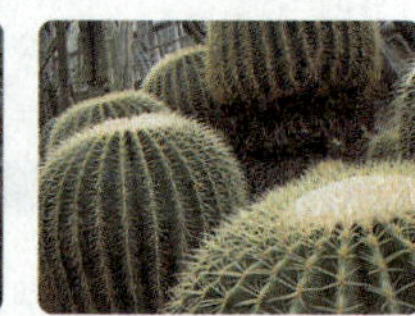

열대우림 식물   선인장

강수량이 많고 기온이 높은 열대우림 식물들은 잎이 크고 넓은 반면, 강수량이 극히 적은 사막 지역에 사는 선인장은 물의 증발을 막기 위해 잎은 가시 모양으로 변하고 줄기는 두껍게 변하였다.

4 물살이 센 곳과 약한 곳의 소라 – 물살의 세기

물살이 센 곳   물살이 약한 곳

물살이 센 곳에 사는 소라는 물에 쉽게 떠내려가지 않기 위해 껍데기에 뿔이 발달했지만, 물살이 약한 곳에 사는 소라는 껍데기에 뿔이 없다.

5 봄 호랑나비와 여름 호랑나비 – 계절

봄형   여름형

계절에 따른 환경의 차이로 봄에 태어난 호랑나비는 여름에 태어난 호랑나비에 비해 몸의 크기가 작고 색깔도 연하다.

다양한 생태계에서 살아가는 생물

지구에는 바다, 갯벌, 사막, 열대우림, 극지방 등 다양한 생태계가 존재해~! 생태계마다 환경이 다르며, 하나의 생태계에는 그 환경에 적응한 다양한 생물이 살고 있지! 각 생태계에는 어떤 특징을 가진 생물들이 살고 있을까?

1 바다

지구 표면의 약 70 % 이상을 차지하는 바다에는 플랑크톤 같은 맨눈으로 볼 수 없는 생물부터 지구에서 가장 큰 포유류인 고래까지 다양한 생물이 살고 있다. 바다는 강물과 바다가 만나는 하구에서부터 깊은 대양, 심해에 이르기까지 세계 생물 서식지의 약 90 %를 차지한다. 아주 깊은 바다인 심해는 사람이 직접 들어가는 데 한계가 있어 탐색이 어려우며, 최신 기술인 무인 잠수정을 이용하는 등의 다양한 노력에도 불구하고 아직은 알아내지 못한 부분이 많은 미지의 영역이다.

바다의 생물

2 갯벌

바닷물이 들어오고 나가고를 반복하는 갯벌은 일정한 주기를 갖고 바다와 육지로 변화하는 특성 때문에 특이하고 다양한 생물이 생태계를 이루고 있다. 특히 바닷물이 빠져나가는 썰물 때 드러나는 작은 생물들을 섭취하기 위해 해양 생물뿐만 아니라 육상 생물들도 갯벌에 찾아오기 때문에 더욱 다양한 생물들이 생태계를 이루게 된다. 갯벌은 다양한 생물의 서식지 역할뿐만 아니라 서식하는 여러 생물들이 유기물을 섭취하므로 강이나 하천으로부터 바다로 유입되는 오염 물질을 없애 주는 정화 기능도 한다.

갯벌의 생물

3 열대 사막

사막은 강수량이 적은 건조한 지역이며, 사막의 대부분을 구성하는 모래는 비열이 작아서 낮과 밤의 일교차가 크다. 이 때문에 생물은 가끔 내리는 비를 저장하고 몸에서 수분이 빠져나가지 않도록 몸이 변화하였으며, 뜨거운 낮 시간의 활동을 줄이기 위해 야행성으로 진화한 생물이 많이 관찰된다. 대부분이 건조한 모래 지역인 사막에도 지하수가 솟아 생성되는 오아시스 주변에는 또 다른 특징을 가진 다양한 생물들이 살아가고 있다.

열대 사막의 생물

4 열대우림

1 년 내내 온도와 습도가 높은 열대우림은 육지 표면의 7 %를 차지하고 그 안에는 지구 생물의 80 %에 달하는 다양한 생물이 살고 있어 보존 가치가 높다. 연 강수량이 많고 온도가 1 년 내내 18 ℃ 이상이기 때문에 식물이 자라기 매우 적합한 환경으로 잎이 넓은 크고 작은 나무와 덩굴 식물이 우거진 울창한 숲을 이루고 있다. 지구 전체로 보았을 때 이 거대한 숲에서 일어나는 이산화 탄소의 감소 효과가 무척 중요하기 때문에 열대우림은 지구의 허파라고도 불린다.

열대우림의 생물

5 온대혼합림

우리나라와 같은 따뜻한 기후의 온대혼합림은 침엽수와 활엽수가 섞여 있어 혼합림이라고 불린다. 기온이 온화하고 강수량이 적당하며, 산맥과 평야, 해안 지대 등 다양한 지형에 나타나기 때문에 많은 생물과 인간이 거주하기에 적합하다.

온대혼합림의 생물

6 극지방

극지방은 기온이 낮고 대부분 얼음으로 된 지역이기 때문에 다양한 생물이 추위에 적응하여 살아간다. 남극에는 짧게나마 여름이 있어 그 기간 동안 얼음으로 덮였던 땅이 드러나는데, 이때 다양한 식물이 관찰된다. 계절의 차이에 따라 변화가 있지만 평균 기온이 아주 낮은 지역인 극지방에서 살아가는 생물들은 대부분 몸의 열을 주위로 빼앗기지 않는 방향으로 환경에 적응하여 진화했다. 그러나 최근 지구 온난화로 인해 평균 기온이 상승하면서 생태계 파괴가 극심하다.

극지방의 생물

유형 클리닉

유형 1 생물다양성의 의미

> 생물다양성의 의미를 묻는 문제는 반드시 출제돼! 생물다양성의 정의를 정확히 알고, 어떤 개념을 포함하는지까지 기억해야 정답을 골라낼 수 있어!

생물다양성에 대한 설명으로 옳은 것을 <u>모두</u> 고르면?

① 생태계가 다양할수록 생물다양성이 높다.
② 생물다양성은 지역에 따라 차이가 나지 않는다.
③ 특정 지역에 살고 있는 생물의 다양한 정도를 생물다양성이라고 한다.
④ 생물다양성이 높으면 다양한 생물이 살고 있으므로 생태계가 불안정하다.
⑤ 같은 종류의 생물 사이에 나타나는 특성이 다양한 것은 생물다양성에 해당하지 않는다.

① 생태계가 다양할수록 생물다양성이 높다.
→ 생태계에 따라 그 안에서 생활하는 생물의 종류가 다르기 때문에 생태계가 다양할수록 생물다양성이 높아!

② 생물다양성은 지역에 따라 ~~차이가 나지 않는다.~~ 차이가 난다
→ 지역에 따라 환경이 다르기 때문에 생물의 종류에 차이가 생길 수 있어!

③ 특정 지역에 살고 있는 생물의 다양한 정도를 생물다양성이라고 한다.
→ 생태계가 다양할수록, 생물의 종류가 다양할수록, 같은 종류의 생물 사이에 나타나는 특성이 다양할수록 생물다양성이 높아져~!

④ 생물다양성이 높으면 다양한 생물이 살고 있으므로 생태계가 ~~불안정하다.~~ 안정하다
→ 생물다양성이 높으면 환경 변화에 대해 더 안정적으로 적응할 수 있어서 생태계가 안정적으로 유지되지!

⑤ 같은 종류의 생물 사이에 나타나는 특성이 다양한 것은 생물다양성에 ~~해당하지 않는다.~~ 해당한다
→ 생물다양성은 생태계의 다양함, 생물 종류의 다양함, 같은 종류에 속하는 생물 사이에서 나타나는 특징의 다양함을 포함해~!

답 ①, ③

ZP point

생물다양성 ⊃ 같은 종류에 속하는 생물 사이에서 나타나는 특징의 다양함, 생물 종류의 다양함, 생태계의 다양함

유형 2 생물다양성의 형성

> 생물다양성이 증가하는 과정을 묻는 문제야! 충분히 나올 수 있는 내용이니까 꼭 기억해 두자!

그림은 갈라파고스제도의 핀치 종류가 다양해진 과정을 나타낸 것이다.

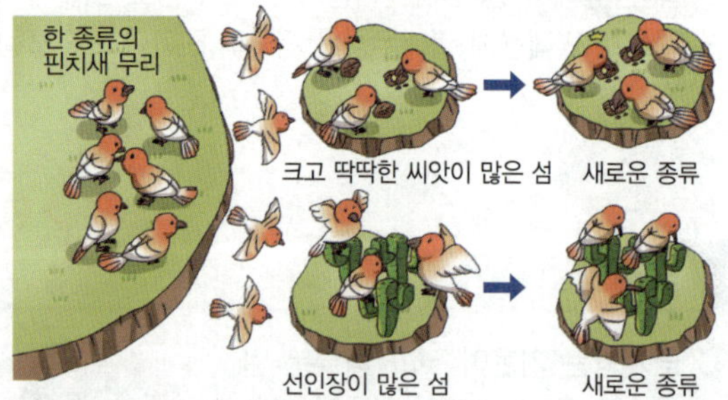

이에 대한 설명으로 옳은 것을 <u>모두</u> 고르면?

① 결과적으로 생물다양성이 감소하게 된다.
② 비슷한 환경에서 살아갈 때 나타나는 모습이다.
③ 원래 한 종류였던 핀치새 사이에 변이가 있었다.
④ 핀치새의 부리 모양을 결정한 환경 요인은 천적의 종류이다.
⑤ 생존에 유리한 변이를 가진 개체들이 자손을 형성해 생긴 결과이다.

① 결과적으로 생물다양성이 ~~감소하게~~ 증가 된다.
→ 다양한 환경에 적응하면서 핀치새의 종류가 다양해졌으니까 생물다양성이 증가하게 되지!

② ~~비슷한~~ 다른 환경에서 살아갈 때 나타나는 모습이다.
→ 서로 다른 환경에서 살아갈 때 적응한 모습이 다르게 나타나!

③ 원래 한 종류였던 핀치새 사이에 변이가 있었다.
→ 한 종류의 핀치새의 부리 크기와 모양에 조금씩 다른 변이가 있었고, 이 핀치새들이 각기 다른 먹이 환경에 적응하면서 생존에 유리한 변이를 가진 개체들이 살아남게 된 거지~!

④ 핀치새의 부리 모양을 결정한 환경 요인은 ~~천적의~~ 먹이 종류이다.
→ 각 섬에 있는 다른 먹이 환경에 따라 적응한 결과 핀치 부리의 모양이 바뀐 거야!

⑤ 생존에 유리한 변이를 가진 개체들이 자손을 형성해 생긴 결과이다.
→ 변이에 의해 생긴 특성 중 환경에 적합하여 생존에 유리한 변이를 가진 개체가 많이 살아남아 자손을 형성하고, 이 과정이 반복되어 새로운 종이 나타나게 된 거야!

답 ③, ⑤

ZP point

변이 + 환경 적응, 자손 형성 —반복→ 생물다양성 증가

실전 백신

① 생물다양성

01 (중요) 생물다양성에 대한 설명으로 옳지 <u>않은</u> 것은?

① 생물다양성이란 특정 지역에 살고 있는 생물의 다양한 정도를 나타낸다.

② 변이가 일어나고, 생물이 환경에 적응하는 과정에서 생물다양성이 증가한다.

③ 생물들이 살고 있는 생태계가 얼마나 다양한지는 생물다양성에 포함되지 않는다.

④ 변이로 인해 나타나는 같은 종의 개체들 사이의 특성 차이도 생물다양성에 포함된다.

⑤ 한 생태계 내에서 얼마나 많은 종류의 생물이 살고 있는지의 정도도 생물다양성에 포함된다.

02 그림은 두 종류의 여우를 나타낸 것이다.

사막여우

북극여우

어떤 환경적 특성 때문에 그림과 같이 서로 다른 모습으로 변하였는지 쓰시오.

03 그림은 어느 두 지역에 살고 있는 생물의 개체수와 종류를 조사한 결과를 나타낸 것이다.

(가) (나)

이에 대한 설명으로 옳은 것을 보기 에서 모두 고른 것은?

> 보기
> ㄱ. (가)는 (나)보다 생물 종류가 더 다양하다.
> ㄴ. (가)는 (나)보다 환경 변화에 대해 안정하다.
> ㄷ. (가)와 (나)에 생물의 수가 같으므로 두 지역의 생물다양성은 같다.

① ㄱ   ② ㄷ   ③ ㄱ, ㄴ
④ ㄴ, ㄷ   ⑤ ㄱ, ㄴ, ㄷ

04 그림은 생물다양성이 포함하는 세 가지 다양함을 나타낸 것이다.

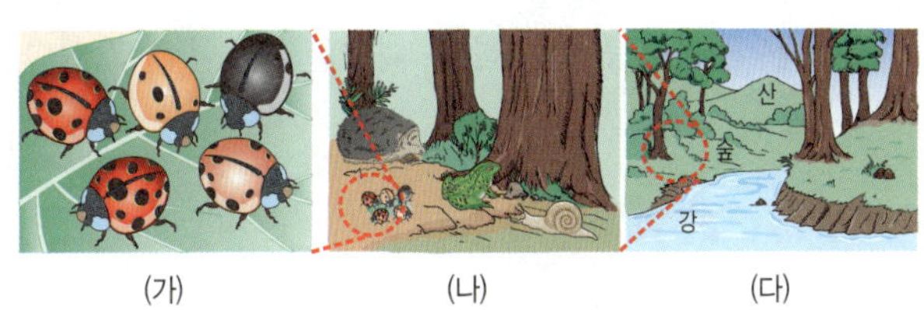
(가) (나) (다)

이에 대한 설명으로 옳은 것을 보기 에서 모두 고른 것은?

> 보기
> ㄱ. (가)의 다양함이 증가할수록 멸종될 가능성이 낮다.
> ㄴ. (나)의 예로 얼룩말의 줄무늬가 개체마다 다른 것을 들 수 있다.
> ㄷ. (다)의 다양함과 (나)의 다양함은 서로 관계가 없다.

① ㄱ   ② ㄴ   ③ ㄱ, ㄷ
④ ㄴ, ㄷ   ⑤ ㄱ, ㄴ, ㄷ

05 (중요) 다음은 목이 긴 갈라파고스땅거북이 나타나게 된 과정이다.

> (가) 목이 짧은 갈라파고스땅거북 무리 중에는 다른 거북들보다 목이 조금 긴 거북도 있었다.
> (나) 목의 길이가 다양한 거북들이 갈라파고스제도의 여러 섬에 흩어져 살게 되었고, 목이 긴 거북은 키가 큰 선인장이 자라는 환경에서 살아남기에 유리하였다.
> (다) 키가 큰 선인장이 자라는 환경에서 목이 긴 거북은 목이 짧은 거북보다 자손을 많이 남기게 되었고, 이 과정이 반복되어 목이 긴 거북 종류가 나타나게 되었다.

(가) (나) (다)

이에 대한 설명으로 옳은 것을 보기 에서 모두 고른 것은?

> 보기
> ㄱ. (가)는 갈라파고스땅거북의 변이를 설명한 것이다.
> ㄴ. (나)는 환경에 대한 적응 과정이다.
> ㄷ. (다)의 결과 생물다양성이 높아졌다.

① ㄱ   ② ㄷ   ③ ㄱ, ㄴ
④ ㄴ, ㄷ   ⑤ ㄱ, ㄴ, ㄷ

(중요)

06 생물의 변이에 해당하는 것을 <u>모두</u> 고르면?

① 참새와 비둘기의 생김새가 다르다.
② 옥수수의 모양과 색깔이 다양하다.
③ 얼룩말의 무늬의 색과 간격이 조금씩 다르다.
④ 바다에 사는 생물과 산에 사는 생물의 종류가 다르다.
⑤ 호수에는 잉어, 붕어, 자라 등 다양한 생물이 살고 있다.

07 그림은 어떤 생태계에 환경 변화가 일어나기 전과 후의 생물 A~E 종류의 개체수를 나타낸 것이다. 이에 대한 설명으로 옳은 것은?

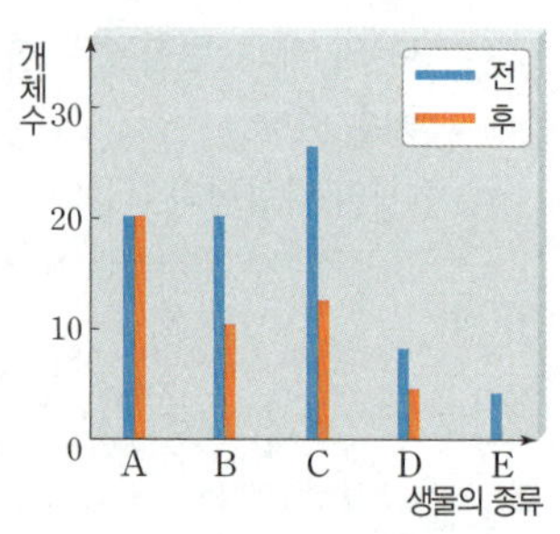

① A 종류의 생물은 모두 사라졌다.
② 환경 변화 후에 생물다양성이 증가했다.
③ A~E 생물 사이의 특성의 차이를 변이라고 한다.
④ 모든 종류의 생물에서 개체수가 감소한 것은 아니다.
⑤ 생물다양성이 더 컸다면 환경 변화가 일어났을 때 더 불안정했을 것이다.

08 갈라파고스제도에 사는 핀치의 부리 모양은 원래 비슷했지만, 지금은 그림과 같이 다양하게 변하였다. 이에 대한 설명으로 옳은 것을 보기 에서 모두 고른 것은?

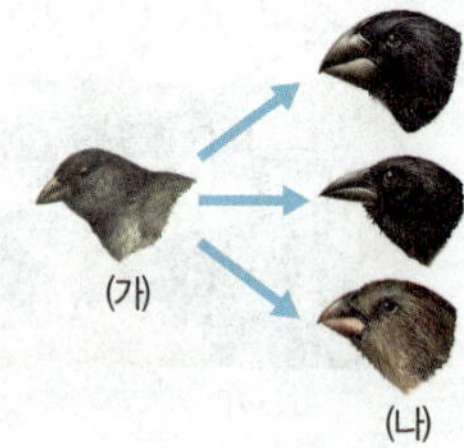

보기

ㄱ. 생물다양성은 (가)보다 (나)에서 더 크다.
ㄴ. (나)의 핀치의 부리 모양이 다양해진 직접적 요인은 먹이의 종류이다.
ㄷ. (가)에서 (나)가 되는 과정은 아주 짧은 시간에도 가능하다.

① ㄱ   ② ㄷ   ③ ㄱ, ㄴ
④ ㄱ, ㄷ   ⑤ ㄴ, ㄷ

09 그림은 어느 두 지역에 살고 있는 생물의 개체수와 종류를 조사한 결과를 나타낸 것이다.

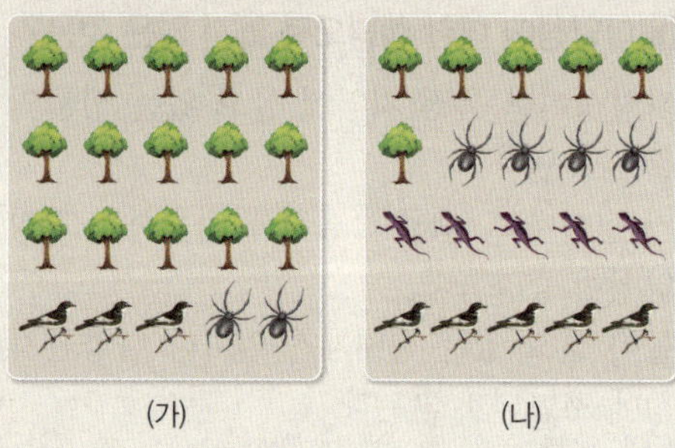

(가)와 (나) 중에 생물다양성이 더 높은 지역을 쓰고, 그 까닭을 쓰시오.

KEY 생물의 종류

(중요)

10 그림과 같이 무당벌레의 무늬는 개체마다 조금씩 다르다. 이와 같이 같은 종류의 생물 사이에서 나타나는 서로 다른 특징이 무엇인지 쓰고, 이에 해당하는 예를 한 가지만 서술하시오.

KEY 개체들 사이의 차이

11 그림과 같이 북극에 사는 북극토끼는 사막에 사는 캘리포니아멧토끼에 비해 몸집이 크고, 귀가 작으며, 캘리포니아멧토끼는 몸집에 비해 귀가 크다. 이와 같이 서식하는 지역에 따라 토끼의 모습이 차이나는 까닭을 서술하시오.

KEY 변이, 환경, 적응

1등급 백신

01 그림은 같은 고양이 무리의 크기에 따른 고양이 귀 크기의 종류 수를 나타낸 것이다.

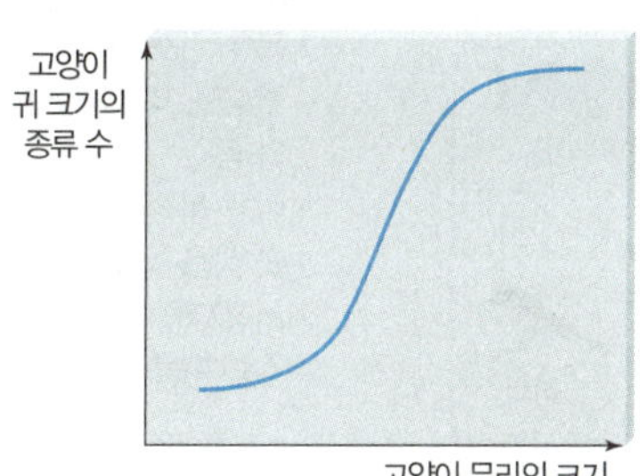

이에 대한 설명으로 옳은 것을 보기 에서 모두 고른 것은?

보기
ㄱ. 고양이 귀 크기의 종류 수는 변이에 의해 증가한다.
ㄴ. 고양이 무리의 크기가 커지면 커질수록 귀 크기의 종류 수는 무한히 증가한다.
ㄷ. 고양이 무리의 크기가 커질수록 환경의 변화에 대한 안정성이 커져 고양이 귀의 크기가 균일해진다.

① ㄱ　　　　② ㄷ　　　　③ ㄱ, ㄴ
④ ㄴ, ㄷ　　　⑤ ㄱ, ㄴ, ㄷ

02 그림은 환경 변화에 따른 생물의 변화를 단순하게 나타낸 것이다.

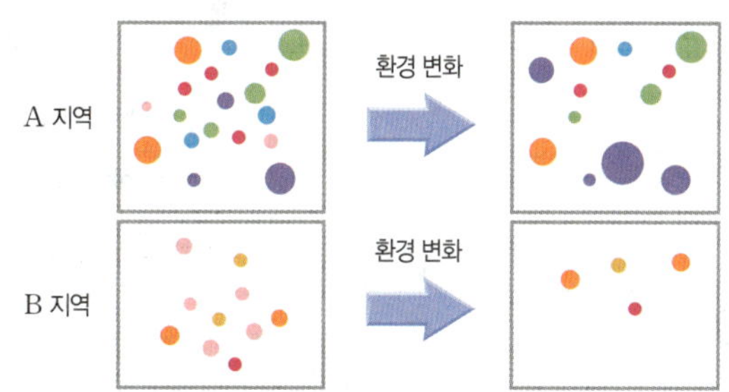

이에 대한 설명으로 옳지 <u>않은</u> 것을 <u>모두</u> 고르면? (단, 각각의 원은 각 개체를 의미하며, 같은 색의 원은 같은 종류의 생물이고, 크기는 특성의 차이를 나타낸다.)

① A 지역은 B 지역보다 생물다양성이 높다.
② 같은 색의 공의 크기가 각기 다른 것은 변이의 결과이다.
③ A 지역은 B 지역에 비해 환경 변화에 대한 적응력이 높다.
④ A 지역과 B 지역 모두 환경 변화를 겪으며 생물다양성이 증가했다.
⑤ 환경 변화를 겪으며 A 지역과 B 지역의 모든 종류의 생물은 개체수가 감소하였다.

03 표는 A, B 두 지역의 생물 종 a～e의 개체수를, 그림은 생물다양성이 증가할 때 전염병의 발병률이 감소하는 것을 나타낸 것이다.

종	A 지역	B 지역
a	21	9
b	32	2
c	16	60
d	13	30
e	11	0

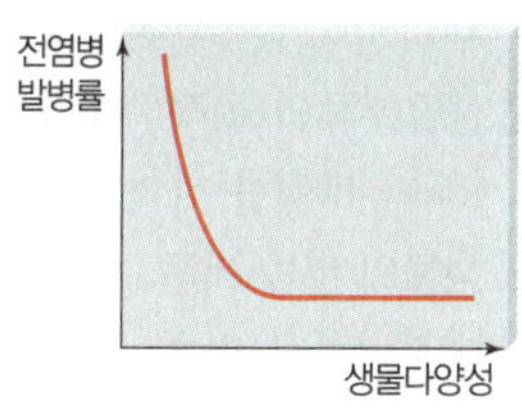

이에 대한 설명으로 옳은 것을 보기 에서 모두 고른 것은? (단, A, B 두 지역에서 a～e를 제외한 다른 생물의 개체수는 모두 같다.)

보기
ㄱ. 생물다양성은 A 지역에서 더 높다.
ㄴ. B 지역은 A 지역에 비해 환경 변화에 강하다.
ㄷ. A 지역은 B 지역에 비해 전염병 발병률이 높을 것이다.

① ㄱ　　　　② ㄷ　　　　③ ㄱ, ㄴ
④ ㄴ, ㄷ　　　⑤ ㄱ, ㄴ, ㄷ

서술형
04 그림은 서식지가 다른 세 펭귄의 키와 몸무게를, 표는 세 펭귄의 겉넓이, 부피, 사는 지역의 온도를 나타낸 것이다.

구분	갈라파고스펭귄	훔볼트펭귄	황제펭귄
겉넓이	1 m^2	2 m^2	4 m^2
부피	1 m^3	3 m^3	7 m^3
서식지 온도($^\circ$C)	30	20	-20

세 펭귄의 크기를 결정한 환경적 요인과 그렇게 생각한 까닭을 겉넓이를 부피로 나눈 값과 관련지어 서술하시오. (단, 겉넓이를 부피로 나눈 값이 작을수록 체온의 손실이 적다.)

KEY 온도, 열 손실, 몸집의 크기

03 생물의 분류

① 생물분류의 목적과 기준

1 생물의 분류: 다양한 생물을 어떤 기준에 대한 공통점과 차이점에 따라 무리지어 나누는 것

2 생물분류의 목적: 생물 사이의 가깝고 먼 관계를 파악하기 위해서이다.

3 생물의 분류 기준: 몸의 구조, 광합성 여부, 번식 방법, 한살이 등 생물이 갖는 고유의 특징을 기준으로 정하여 생물을 분류한다.

생물 분류를 해 놓으면 수많은 종류의 생물을 체계적으로 연구할 수 있어서 생물다양성을 이해하는 데 도움이 돼~! 또, 새로운 생물이 발견됐을 때 같은 무리에 속하는 생물의 특징을 미루어 어느 위치에 존재할지 쉽게 가늠할 수 있지!

생물의 고유한 특성이 아닌 사람의 편의에 따라 분류하게 되면 분류하는 사람에 따라 분류 결과가 달라질 수 있어~!

4 생물분류 과정: 생물 고유의 특징 관찰하기 → 공통점과 차이점 찾기 → 분류 기준 정하기 → 비슷한 생물끼리 무리를 지어 나누기

② 생물의 분류체계

1 종: 생물분류의 기본 단위로, 자연 상태에서 짝짓기하여 ❶생식 능력이 있는 자손을 낳을 수 있는 생물의 무리이다.

암말 × 수탕나귀 → 노새	테리어 / 불도그 / 불테리어
말과 당나귀의 짝짓기로 태어난 노새는 생식 능력이 없다. ➡ 말과 당나귀는 서로 다른 종이다.	테리어와 불도그의 짝짓기로 태어난 불테리어는 생식 능력이 있다. ➡ 테리어와 불도그는 같은 종이다.

2 생물의 분류 단계: 종 < 속 < 과 < 목 < 강 < 문 < 계

(1) 비슷한 특징을 가진 종끼리 모여서 하나의 속을 이루고, 비슷한 특징을 가진 속이 모여 하나의 과를 이룬다. 이와 같이 생물의 분류는 계층적으로 나뉘어 있다.

(2) '종'에서 '계'로 갈수록 같은 분류 단계에 속한 생물이 다양해진다.

(3) '계'에서 '종'으로 갈수록 세부적으로 나누어지며, 작은 분류 단계에 같이 속할수록 가까운 관계이다.

사람 편의에 따른 분류

- 분류 기준: 사람이 먹을 수 있는가, 서식지, 먹이, 사람이 키울 수 있는가 등
- 이용 목적에 따른 분류: 약용 식물과 식용 식물
- 서식지에 따른 분류 : 육상 동물과 수중 동물

생물 사이의 멀고 가까운 관계

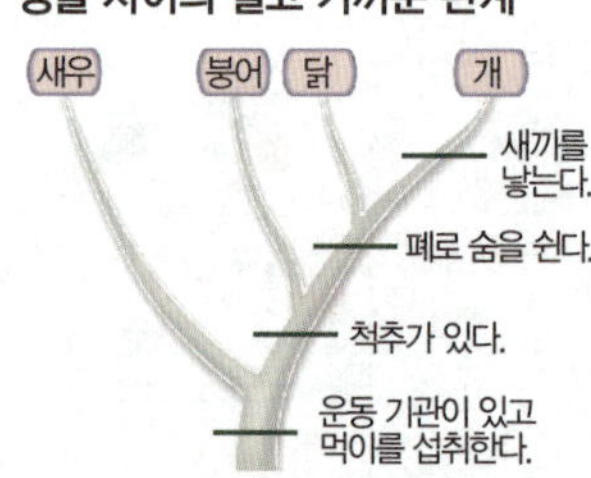

새우, 닭, 개는 운동 기관이 있고, 먹이를 섭취하는 공통점이 있다. 그러나 개와 닭은 이 특징 외에 척추가 있고, 폐로 숨을 쉬는 공통점이 있으므로 새우보다 더 가까운 관계이다.

❶ 생식

생물이 자신과 닮은 개체를 만들어 종족을 유지하는 것

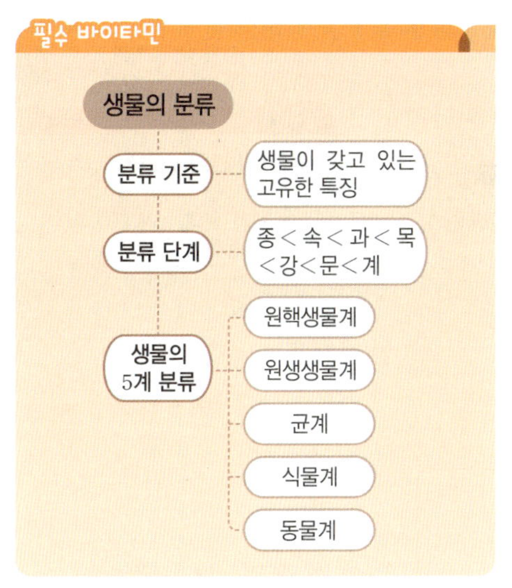

01 생물이 가지고 있는 고유의 특징으로 분류할 때 기준이 될 수 있는 것은?

① 물속에 사는 생물인가?
② 주로 고기를 먹는 생물인가?
③ 핵막으로 둘러싸인 핵이 있는가?
④ 사람에게 가축화되어 함께 사는 생물인가?
⑤ 사람에게 도움이 되는 물질을 가지고 있는 생물인가?

02 다음은 풍식이가 생물종과 관련하여 조사한 내용이다.

> • 풍진개는 진돗개와 풍산개 사이에서 태어난 개체이다. 풍진개는 성장하여 새끼를 낳을 수 있다.
> • 노새는 암말과 수탕나귀 사이에서 태어난 개체이다. 노새는 성장하여 새끼를 낳을 수 없다.

이에 대한 설명으로 옳은 것은 ○, 옳지 <u>않은</u> 것은 ×로 표시하시오.

(1) 말과 당나귀는 다른 종이다. (　　)
(2) 노새는 독립적인 생물종이다. (　　)
(3) 진돗개와 풍산개는 같은 종이다. (　　)
(4) 생물의 생김새가 비슷하면 같은 종으로 분류한다. (　　)

03 생물의 분류에 대한 설명으로 옳은 것을 [보기]에서 <u>모두</u> 골라 기호를 쓰시오.

> **보기**
> ㄱ. 가장 작은 분류 단계는 계이다.
> ㄴ. 하나의 속에는 여러 과가 속해 있다.
> ㄷ. 같은 속에 속해 있는 두 생물은 같은 강에 속한다.

04 표는 사람, 개, 고양이, 원숭이의 분류 단계를 나타낸 것이다.

종	사람	개	고양이	원숭이
속	사람속	개속	고양이속	원숭이속
과	사람과	개과	고양잇과	원숭잇과
목	영장목	식육목	식육목	영장목
강	포유강	포유강	포유강	포유강
문	척삭동물문	척삭동물문	척삭동물문	척삭동물문
계	동물계	동물계	동물계	동물계

이에 대한 설명으로 옳지 <u>않은</u> 것은?

① 개는 사람보다 고양이와 가깝다.
② 개와 고양이는 같은 과에 속한다.
③ 사람과 개는 목 단계에서 갈라졌다.
④ 사람은 개보다 원숭이와 더 가깝다.
⑤ 개와 고양이, 사람은 모두 같은 강에 속해 있다.

빈칸 채우기 문제

01 다양한 생물을 어떤 기준을 정해 공통점과 차이점에 따라 무리지어 나누는 것을 ＿＿＿라고 한다.

02 생물은 몸의 구조, 광합성 여부, 생식 방법 등 생물이 가지고 있는 ＿＿＿＿＿ ＿＿＿＿을 기준으로 분류한다.

03 자연 상태에서 짝짓기하여 생식 능력이 있는 자손을 얻을 수 있으며, 생물 분류의 기본이 되는 단위를 ＿＿이라고 한다.

04 생물의 분류 단계는 다음과 같다.

　＿＿ < 속 < ＿＿ < 목 < ＿＿ < 문 < ＿＿

○× 문제

05 생물을 사람의 편의에 따라 분류하면 분류 결과가 달라질 수 있다. (　　)

06 종에서 계로 갈수록 같은 분류 단계에 속한 생물들 사이의 관계가 가깝다. (　　)

07 같은 문에 속하는 생물은 모두 같은 목에 속한다. (　　)

08 계에서 종으로 갈수록 생물은 세부적으로 나누어진다. (　　)

03 생물의 분류

❸ 생물의 5계 분류

1 5계 분류법: 원핵생물계, 원생생물계, 균계, 식물계, 동물계의 5 가지 계로 분류할 수 있다. ➡ 5계를 분류하는 기준에는 세포 내 핵(핵막)의 유무, 세포벽의 유무, 광합성 여부, 기관 발달 정도 등이 있다.

2 생물의 분류

(1) 원핵생물계: 핵막으로 구분된 뚜렷한 핵이 없는 단세포생물로, 세균(박테리아)이라고도 한다.

특징	① 핵막이 없어 뚜렷한 핵이 없다. 생명활동에 필요한 유전물질은 세포질 내에 존재해! ② 대부분 세포 하나가 하나의 개체인 ❶단세포생물이다. 세포 여러 개가 모여 한 덩어리를 이루어 ③ 세포벽이 있어 세포의 모양을 유지하고 세포 내부를 보호한다. 살아가기도 하지~! ④ 대부분 광합성을 하지 않지만, 일부는 광합성을 하기도 한다. 염주말과 남세균은 원핵 생물계에
예	속하면서 광합성을 하는 생물이야~! 염주말, 남세균, 유산균, 젖산균, ❷대장균, 폐렴균, 포도상구균 등  남세균　유산균　대장균　폐렴균　포도상구균 유산균과 같은 유익균도 있고, 대장균, 폐렴균 같은 병원균도 있어!

(2) 원생생물계: 핵막으로 구분된 핵이 있는 세포로 이루어진 생물 중 균계, 식물계, 동물계에 속하지 않는 생물이다. 원생생물은 주로 물속에서 살아~!

특징	① 핵막으로 둘러싸인 뚜렷한 핵이 있다. ② 대부분 단세포생물이지만, ❸다세포생물도 있다. ③ 조직이나 기관이 발달하지 않았다. ④ 세포벽이 있는 생물도, 없는 생물도 있다. ⑤ 광합성을 하는 생물도 있고 광합성을 하지 않는 생물도 있다. 다시마, 미역과 같은 원생생물과 식물은 둘 다 광합성을 하지만, 원생생물은 식물과 달리 뿌리, 줄기, 잎과 같은 기관이 발달하지 않아서 서로 다른 계로 분류하는 거야~
예	단세포 원생생물: 아메바, ❹짚신벌레, 유글레나 등 / 다세포 원생생물: 미역, 다시마 등 광합성을 해!  아메바　짚신벌레　유글레나　미역　다시마 단세포생물이고, 운동성이 있어~

(3) 균계: 핵막으로 구분된 핵이 있고, 광합성을 하지 못하며 운동성을 가지지 않은 생물이다.

특징	① 핵막으로 구분된 핵이 있는 세포로 이루어져 있으며, 대부분 다세포생물이다. ② 대부분 몸이 실모양의 ❺균사가 얽힌 구조로 되어 있고, 균사에 세포벽이 존재한다. ③ 운동성이 없고, 광합성을 하지 못한다. ④ 다른 생물의 사체나 배설물을 분해하여 양분을 얻는다.
예	버섯류, 곰팡이류, 효모 등  표고버섯　송이버섯　누룩곰팡이　푸른곰팡이　효모 버섯류　곰팡이류　균계에 속하지만 단세포생물!!

분류체계의 변화

> 18 세기, 린네 : 2계 분류체계
> 동물계, 식물계

↓

> 19 세기, 헤켈 : 3계 분류체계
> 동물계, 식물계, 원생생물계

↓

> 20 세기, 휘태커 : 5계 분류체계
> 동물계, 식물계, 원생생물계,
> 원핵생물계, 균계

18 세기에 린네는 생물을 동물계와 식물계로 분류하는 '생물분류체계'를 최초로 제안했다. 이후, 현미경과 같은 과학 기술이 발달함에 따라 생물의 분류체계는 계속 변화하고 발전해 왔다.

❸ **대장균과 짚신벌레**

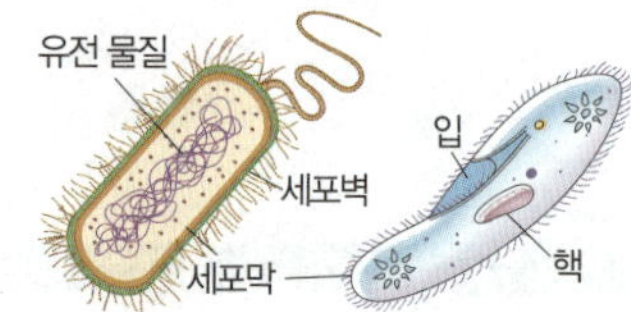

원핵생물계에 속하는 대장균은 핵막이 없어서 유전물질이 세포 전체에 퍼져 있고 핵을 관찰할 수 없다. 반면 원생생물계에 속하는 짚신벌레는 막으로 둘러싸인 핵이 뚜렷하게 관찰된다.

❹ **균사**

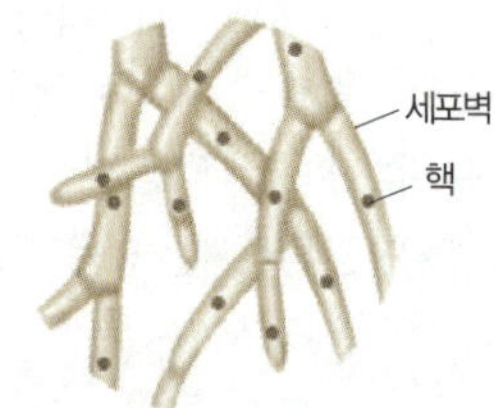

버섯, 곰팡이를 비롯한 균계의 몸을 이루는 가느다란 실 모양의 구조로, 세포벽이 있는 여러 개의 세포로 이루어진다. 엽록소가 없어 흰색이며, 다른 생물로부터 영양분을 흡수하는 작용을 한다.

❶ **단세포생물**
한 개의 세포로 이루어진 생물

❷ **다세포생물**
여러 개의 세포로 이루어져 있는 생물

바로 복습

빈칸 채우기 문제

09 생물은 ＿＿＿＿＿＿, ＿＿＿＿＿＿, ＿＿＿, ＿＿＿＿, ＿＿＿ 의 5개의 계로 나눌 수 있다.

10 원핵생물계는 ＿＿＿ 으로 둘러싸인 뚜렷한 핵이 없으며, 대부분 1 개의 세포로 이루어진 ＿＿＿＿ 생물이다.

11 원생생물계에 속하는 생물은 균계, 식물계, ＿＿＿＿ 에 속하지 않는 생물로, 핵막으로 구분된 ＿ 이 있는 세포로 이루어져 있다.

12 균계는 핵막으로 둘러싸인 ＿ 이 있는 생물 무리로, 엽록체가 없어 ＿＿＿＿ 을 하지 못하며, 대부분 몸이 ＿＿＿ 로 되어 있다.

○✕ 문제

13 원핵생물계에 속하는 생물에는 세포벽이 있다. (　　)

14 원생생물계에 속하는 생물에는 핵막으로 구분된 핵이 없다. (　　)

15 유글레나는 광합성을 하지만, 식물과 달리 조직이나 기관이 발달하지 않았다. (　　)

16 아메바, 짚신벌레는 원핵생물계의 대표적인 예이다. (　　)

17 균계는 세포벽을 가지고 있다. (　　)

05 그림 (가)는 원핵생물계의 생물을 이루는 세포를, (나)는 동물계의 생물을 이루는 세포를 나타낸 것이다. 두 세포의 가장 큰 차이점을 쓰시오.

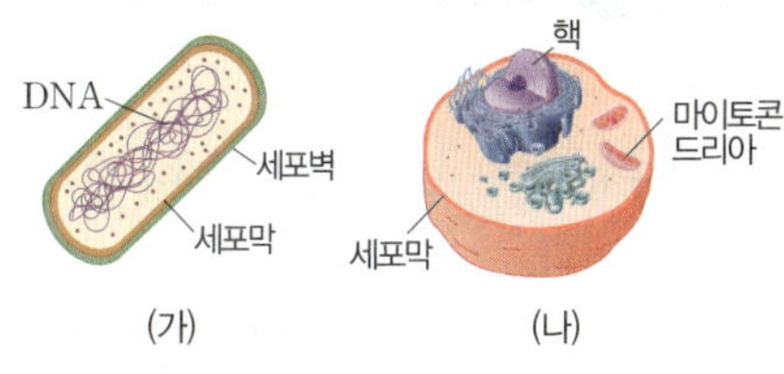

06 그림은 몇 가지 생물을 (가)와 (나) 두 무리로 분류한 것이다.

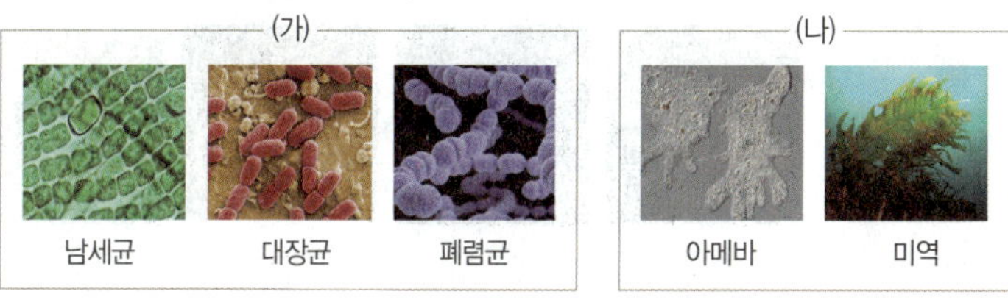

(가)와 (나)를 분류하는 기준으로 가장 타당한 것은?

① 서식지 　② 번식 방법 　③ 핵막의 유무
④ 균사의 유무 　⑤ 광합성 여부

07 원생생물계의 특성으로 옳은 것을 모두 고르면?

① 기관이 발달했다.
② 광합성을 하지 않는 생물도 있다.
③ 모두 세포벽을 가지고 있지 않다.
④ 대부분 단세포생물이나, 다세포생물도 포함되어 있다.
⑤ 원생생물계의 대표적인 예로는 염주말, 유산균, 폐렴균 등이 있다.

08 그림은 곰팡이와 버섯을 나타낸 것이다. 균류의 몸을 구성하고 있는 실 같은 구조를 무엇이라고 하는지 쓰시오.

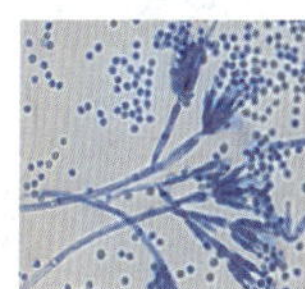

09 다음은 풍식이가 생물 (가)~(다)의 특징을 정리한 것이다.

> (가) 세포에 핵이 있고, 균계, 식물계, 동물계에 속하지 않는다.
> (나) 세포에 핵이 없고, 세포벽이 있다.
> (다) 세포에 핵이 있고, 죽은 생물의 몸을 분해하여 양분을 얻는다.

각 특징을 가지는 생물이 속하는 계를 옳게 짝 지은 것은?

	(가)	(나)	(다)
①	원핵생물계	균계	원생생물계
②	원핵생물계	원생생물계	균계
③	원생생물계	균계	원핵생물계
④	원생생물계	원핵생물계	균계
⑤	균계	원핵생물계	원생생물계

(4) **식물계**: 핵막으로 구분된 핵이 있는 세포로 이루어진 생물로, 광합성을 하는 다세포 생물이다.

특징	① 핵이 있으며, 다세포생물이다. ② 세포에 세포벽이 있다. ③ 엽록체가 있어 광합성을 통해 스스로 영양분을 생산한다. ④ 대부분 뿌리, 줄기, 잎과 같은 기관이 발달해 있다. ⑤ 운동성이 없다.
예	이끼류, 고사리, 쇠뜨기, 소나무, 은행나무, 보리 등

우산이끼　고사리　쇠뜨기　해바라기　은행나무

(5) **동물계**: 핵막으로 구분된 핵이 있는 세포로 이루어진 생물로, 운동성이 있는 다세포 생물이다.

특징	① 핵이 있으며, 세포벽이 없는 다세포생물이다. ② 운동성이 있다. ③ 엽록체가 없어 광합성을 하지 못해 다른 생물을 먹이로 삼아 영양분을 얻는다. ④ 대부분 몸에 기관이 발달되어 있어 다양한 기능을 수행한다.
예	해파리, 메뚜기, 금붕어, 갈매기, 호랑이, 사람 등

해파리　메뚜기　금붕어　갈매기　호랑이

3 생물 5계의 특징 정리

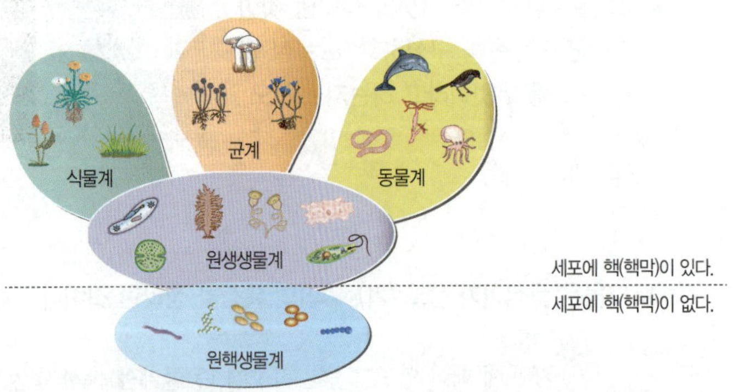

남세균을 제외한 대부분의 생물들은 광합성을 하지 않아!

유글레나, 미역, 다시마는 광합성을 하지만 아메바, 짚신벌레는 광합성을 하지 않아!

구분	핵(핵막)	세포벽	광합성	세포 수	운동성	예
원핵생물계	×	○	대부분 안 함	단세포	○, ×	대장균
원생생물계	○	○, ×	○, ×	대부분 단세포	○, ×	아메바
균계	○	○	×	대부분 다세포	×	곰팡이
식물계	○	○	○	다세포	×	민들레
동물계	○	×	×	다세포	○	호랑이

세포벽이 있는 생물도 있고 없는 생물도 있어!

운동성이 있는 생물도 있고 없는 생물도 있어!

빈칸 채우기 문제

18 식물계는 핵막으로 둘러싸인 핵이 있으며, 대부분 뿌리, 줄기, 잎과 같은 ______ 이 발달한 생물 무리이다. ______ 이 없어 한곳에 뿌리를 내리고 생활한다.

19 ______ 에 속하는 생물은 핵이 있으며 세포벽이 없는 다세포생물이다. 엽록체가 없어 먹이를 섭취하여 양분을 얻는다.

○✕ 문제

20 균계와 식물계에 속하는 생물들은 모두 세포벽이 있다. 　　　　(　)

21 육지에 사는 생물은 모두 동물계에 속한다. 　　　　(　)

22 효모는 단세포생물로 아메바와 같은 원생생물계에 속한다. 　　　　(　)

23 광합성을 하는 염주말은 식물계에 속한다. 　　　　(　)

10 보기 는 여러 가지 생물을 나타낸 것이다.

보기
ㄱ. 표고버섯	ㄴ. 남세균	ㄷ. 효모
ㄹ. 메뚜기	ㅁ. 푸른곰팡이	ㅂ. 고사리
ㅅ. 이끼	ㅇ. 폐렴균	ㅈ. 해파리

다음 계에 속하는 생물을 보기 에서 찾아 기호를 쓰시오.

(1) 원핵생물계: (　　　)　　(2) 균계: (　　　)

(3) 식물계: (　　　)　　(4) 동물계: (　　　)

11 그림은 생물의 5계 분류 체계를 나타낸 것이다.

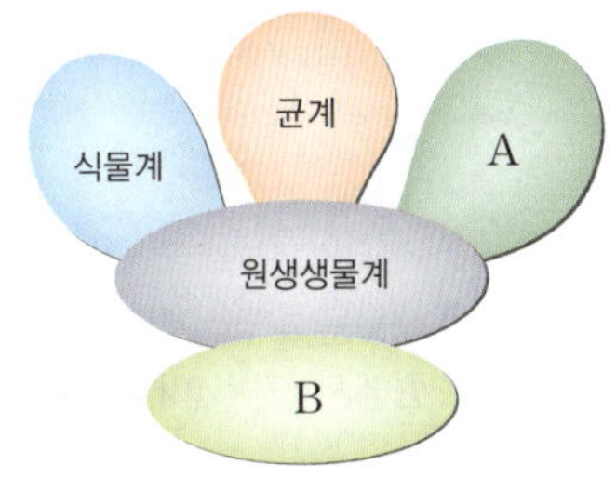

이에 대한 설명으로 옳은 것을 보기 에서 모두 골라 기호를 쓰시오.

보기
ㄱ. A, B의 생물들은 모두 광합성을 한다.
ㄴ. A와 B에 속하는 생물은 핵의 유무에서 차이가 있다.
ㄷ. B에 속하는 대표적인 생물로는 아메바, 짚신벌레 등이 있다.

12 동물계와 구분되는 식물계의 특성으로 옳은 것을 모두 고르면?

① 핵막을 가지지 않는다.
② 세포벽이 없어 외부 충격에 취약하다.
③ 광합성을 하여 스스로 양분을 합성한다.
④ 운동성이 없어서 한곳에서 뿌리를 내리고 생활한다.
⑤ 대부분 단세포생물이나 다세포생물도 포함되어 있다.

13 다음은 동물계와 균계의 공통점과 차이점을 설명한 것이다.

동물계와 균계의 생물은 모두 엽록체가 (㉠). 따라서 영양분을 (㉡)에서 얻어야 한다. 이때 동물계의 생물은 생물체 (㉢)에서 소화를 시키는 반면, 균계의 생물은 생물체 (㉣)에서 분해하는 방식을 사용한다.

빈칸에 들어갈 말을 옳게 짝 지은 것은?

	㉠	㉡	㉢	㉣
①	있다	외부	외부	내부
②	있다	내부	내부	외부
③	없다	내부	외부	내부
④	없다	외부	내부	외부
⑤	없다	외부	외부	내부

탐구 집중 관리 — 생물을 계 수준에서 분류하기

목표 | 우리 주변의 다양한 생물을 계 수준에서 분류할 수 있다.

과정

주의 신
· 생물 카드의 특징에는 그 생물이 속하는 계의 특징이 포함되도록 한다.

❶ 여러 가지 생물의 특징을 조사하여 생물 카드를 만든다.

메뚜기
· 핵막으로 구분된 핵이 있다.
· 세포벽이 없다.
· 다세포생물이다.
· 광합성을 하지 않는다.
· 기관이 발달하였다.

푸른곰팡이
· 핵막으로 구분된 핵이 있다.
· 세포벽이 있다.
· 다세포생물이다.
· 광합성을 하지 않는다.
· 몸이 균사로 이루어져 있다.

고사리
· 핵막으로 구분된 핵이 있다.
· 세포벽이 있다.
· 다세포생물이다.
· 광합성을 한다.
· 기관이 발달하였다.

대장균
· 핵막으로 구분된 핵이 없다.
· 세포벽이 있다.
· 단세포생물이다.
· 광합성을 하지 않는다.
· 복통과 설사를 일으킨다.

미역
· 핵막으로 구분된 핵이 있다.
· 세포벽이 있다.
· 다세포생물이다.
· 광합성을 한다.
· 기관이 발달하지 않았다.

은행나무
· 핵막으로 구분된 핵이 있다.
· 세포벽이 있다.
· 다세포생물이다.
· 광합성을 한다.
· 기관이 발달하였다.

❷ 생물을 5개의 계로 분류하는 과정을 나타낸 그림에서 (가)~(마)에 해당하는 계의 이름을 써 본다.

❸ 과정 ❶의 생물들을 오른쪽 그림에 제시된 분류 기준에 따라 분류해 보고, 각 생물들이 속하는 계의 이름을 써 본다.

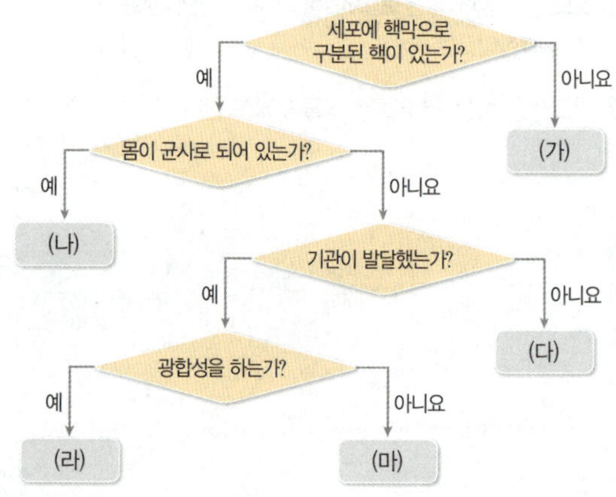

결과

· (가)는 원핵생물계, (나)는 균계, (다)는 원생생물계, (라)는 식물계, (마)는 동물계이다.

(가) 원핵생물계	(나) 균계	(다) 원생생물계	(라) 식물계	(마) 동물계
대장균	푸른곰팡이	미역	고사리, 은행나무	메뚜기

정리

· 생물은 핵막으로 구분된 핵의 유무, 세포 수, 균사의 유무, 기관의 발달 유무, 광합성 여부 등에 따라 원핵생물계, 원생생물계, 균계, 식물계, 동물계로 분류할 수 있다.

01 위 탐구에 대한 설명으로 옳은 것은 ○, 옳지 <u>않은</u> 것은 ×로 표시하시오.

(1) 원핵생물계는 핵막으로 구분된 핵이 없다. (　　)

(2) 미역과 고사리는 같은 계에 속한다. (　　)

(3) 균계에 속하는 생물은 세포 내 핵이 존재하고, 몸이 균사로 이루어져 있다. (　　)

(4) 식물계에 속하는 생물은 모두 다세포생물이다. (　　)

(5) 동물계에 속하는 생물은 광합성을 하며, 기관이 발달하지 않았다. (　　)

서술형

02 그림은 서로 다른 계에 속하는 송이버섯과 해바라기의 모습을 나타낸 것이다. 두 생물을 구분할 수 있는 기준을 <u>한 가지</u> 서술하시오.

송이버섯

해바라기

KEY 광합성, 균사, 기관

유형 클리닉 

유형 1 · 분류의 의미와 분류 단계

생물의 분류에 대한 특징을 묻는 문제 유형은 반드시 출제돼! 생물을 어떻게 분류하는지, 어떤 단계로 분류하는지 알아야 해!

생물의 분류에 대한 설명으로 옳은 것을 <u>모두</u> 고르면?

① 생물분류의 기본 단위는 종이다.
② 생물의 분류 단계는 계<문<강<목<과<속<종이다.
③ 다른 종끼리 교배하여 태어난 자손은 생식 능력이 있다.
④ 더 큰 단계에 함께 속할수록 더 가까운 관계에 있는 생물이다.
⑤ 생물을 분류하려면 먼저 생물을 관찰하여 공통점과 차이점을 찾아 구분해야 한다.

① 생물분류의 기본 단위는 종이다.
  → 자연 상태에서 짝짓기하여 생식 능력이 있는 자손을 낳을 수 있는 생물의 무리를 종이라 하고, 종은 생물 분류의 기본 단위야!

② 생물의 분류 단계는 계<문<강<목<과<속<종이다.
  → 생물의 분류 단계는 종<속<과<목<강<문<계야!

③ 다른 종끼리 교배하여 태어난 자손은 생식 능력이 있다. **(없다)**
  → 다른 종끼리 교배하여 태어난 자손은 생식 능력이 없어! 말과 당나귀 사이에서 태어난 노새가 생식 능력이 없는 것처럼 말이지!

④ 더 큰(작은) 단계에 함께 속할수록 더 가까운 관계에 있는 생물이다.
  → 더 작은 분류 단계에 함께 속할수록 더 가까운 관계에 있는 생물이야!

⑤ 생물을 분류하려면 먼저 생물을 관찰하여 공통점과 차이점을 찾아 구분해야 한다.
  → 생물을 분류하기 위해서는 그 생물이 어떤 특성을 가지고 있는지를 파악해서, 비슷한 특징을 가지고 있는 생물의 무리에 넣어주어야 하지!

답 ①, ⑤

ZP point

분류의 기본 단위=종
종<속<과<목<강<문<계

유형 2 · 생물의 5계 분류

생물의 5계 분류에서 각 계의 특성을 묻는 문제는 반드시 출제되니까 꼭 기억해 두자!

그림은 생물의 5계 분류체계를 나타낸 것이다.

이에 대한 설명으로 옳은 것을 <보기>에서 모두 고른 것은?

보기

ㄱ. 균계와 식물계의 차이는 광합성의 여부이다.
ㄴ. 동물계와 원생생물계의 차이는 운동성의 유무이다.
ㄷ. 원핵생물계와 나머지 계의 차이는 핵막으로 구분된 핵의 유무이다.

ㄱ. 균계와 식물계의 차이는 광합성의 여부이다.
  → 식물계는 엽록체가 있어 광합성을 할 수 있는 반면, 균계는 엽록체가 없어 광합성을 할 수 없어!

ㄴ. 동물계와 원생생물계의 차이는 운동성의 유무이다.
  → 동물계의 생물들은 운동성이 있고, 원생생물계의 생물들 중 일부도 운동성이 있기 때문에 둘을 나누는 것은 운동성이 아니야!

ㄷ. 원핵생물계와 나머지 계의 차이는 핵막으로 구분된 핵의 유무이다.
  → 원핵생물계는 핵막으로 구분된 핵이 없지만, 나머지 계는 핵막으로 구분된 핵이 있는 생물들이지!

답 ③

① ㄱ   ② ㄴ   ③ ㄱ, ㄷ
④ ㄴ, ㄷ   ⑤ ㄱ, ㄴ, ㄷ

ZP point

- 원핵생물계: 핵막으로 구분된 핵이 없는 세균류
- 원생생물계: 핵막으로 구분된 핵이 있고, 기관이 발달하지 않은 다양한 생물
- 균계: 몸이 균사로 이루어진 곰팡이, 버섯 등
- 식물계: 기관이 발달하고, 광합성을 하는 생물
- 동물계: 기관이 발달하고, 운동성이 있으며, 먹이를 섭취하는 생물

실전 백신

① 생물분류의 목적과 기준

01 (중요) 생물의 분류에 대한 설명으로 옳지 <u>않은</u> 것은?

① 생물을 특정 기준에 따라 나누는 것이다.
② 비슷한 특징을 지닌 목을 모아 속으로 묶을 수 있다.
③ 생물을 분류하는 고유한 특징에는 몸의 구조, 광합성 여부 등이 있다.
④ 생물을 분류하는 목적은 생물 사이의 가깝고 먼 관계를 밝히기 위해서이다.
⑤ 생물이 가지고 있는 고유의 특징을 기준으로 하여 생물을 나누면 분류하는 사람에 따라 분류 결과가 달라지지 않는다.

02 그림은 어떤 지역에 살고 있는 생물을 나타낸 것이다.

새

지렁이

보리

송이버섯

이에 대한 설명으로 옳은 것을 보기 에서 모두 고른 것은?

보기
ㄱ. 이 생물들을 광합성 유무로 분류하면 〈새, 지렁이, 송이버섯〉은 같은 무리에 속한다.
ㄴ. 이 생물들을 〈새〉와 〈지렁이, 보리, 송이버섯〉으로 나눴다면 분류 기준은 비행 가능 여부이다.
ㄷ. '집에서 키우기 쉬운 것'을 기준으로 분류한다면 사람마다 결과가 분류 결과가 다를 수 있다.

① ㄱ   ② ㄷ   ③ ㄱ, ㄴ
④ ㄴ, ㄷ   ⑤ ㄱ, ㄴ, ㄷ

03 생물 고유의 특징을 분류 기준으로 정하고자 할 때 기준으로 옳은 것은?

① 잡식성인가?
② 광합성을 하는가?
③ 지상에서 살고 있는가?
④ 경제적으로 도움이 되는가?
⑤ 사람이 유용하게 쓸 수 있는가?

[**04~05**] (신유형) 그림 (가)~(마)는 5종의 가상의 생물을 나타낸 것이다.

(가)

(나)

(다)

(라)

(마)

04 가상의 생물을 (가), (라), (마) 무리와 (나), (다) 무리로 분류하였다면 그 분류 기준으로 옳은 것은?

① 눈 모양   ② 얼굴의 형태   ③ 더듬이의 수
④ 더듬이 모양   ⑤ 다리의 유무

05 가상의 생물을 (가), (다) 무리와 (나), (마) 무리와 (라)로 분류하였다면 그 분류 기준으로 옳은 것은?

① 눈 모양   ② 얼굴의 형태   ③ 더듬이의 수
④ 더듬이 모양   ⑤ 다리의 유무

② 생물의 분류체계

06 (중요) 다음은 생물의 분류 단계를 나타낸 것이다.

계 > 문 > 강 > 목 > 과 > 속 > (가)

(가)에 대한 설명으로 옳은 것을 보기 에서 모두 고른 것은?

보기
ㄱ. 생물을 분류하는 기본 단위이다.
ㄴ. (가)의 수준에서 다른 무리에 속하는 생물들이라도 같은 속으로 분류될 수 있다.
ㄷ. (가)의 수준에서 다른 무리에 속하는 생물 사이에서 태어난 자손은 생식 능력이 있다.

① ㄱ   ② ㄷ   ③ ㄱ, ㄴ
④ ㄴ, ㄷ   ⑤ ㄱ, ㄴ, ㄷ

07 생물의 분류 단계에 대한 설명으로 옳은 것을 <u>모두</u> 고르면?

① 강은 문보다 상위 분류 단계이다.
② 여러 개의 속이 모여 하나의 과를 이룬다.
③ 같은 강에 속하는 생물은 같은 목에 속한다.
④ 다른 종의 생물이라도 같은 속으로 분류될 수 있다.
⑤ 자연 상태에서 짝짓기를 하여 자손을 낳을 수 있으면 같은 종이다.

08 표는 개, 늑대, 여우의 분류 단계를 나타낸 것이다.

분류 단계	개	늑대	여우
종	개	늑대	여우
속	개속	개속	여우속
과	개과	개과	개과
목	식육목	식육목	식육목
강	포유강	㉠	포유강
문	척삭동물문	척삭동물문	척삭동물문
계	동물계	동물계	동물계

이에 대한 설명으로 옳지 <u>않은</u> 것은?

① ㉠에 들어갈 말은 포유강이다.
② 포유강은 척삭동물문에 속한다.
③ 개, 늑대, 여우는 모두 같은 과에 속한다.
④ 개는 여우보다 늑대와 더 가까운 관계에 있다.
⑤ 개, 늑대, 여우가 같은 조상으로부터 갈라져 나왔다면 가장 먼저 갈라져 나온 것은 늑대이다.

❸ 생물의 5계 분류

09 다음은 생물의 5계 중 어느 계에 대한 설명이다.

> 이 계에 속하는 생물은 세포에 핵막이 있는 핵이 있으며, 대부분 단세포생물이다. 균사를 갖지 않으며, 광합성을 할 수 있지만 식물계에 속하지는 않는다.

이 생물계에 속하는 생물은?

① 남세균　　② 호랑이　　③ 단풍나무
④ 유글레나　　⑤ 누룩곰팡이

10 그림은 생물의 5계 분류체계를 나타낸 것이다.

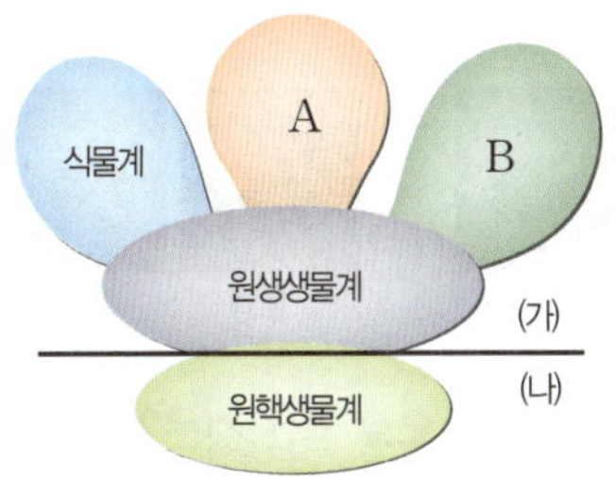

이에 대한 설명으로 옳은 것은? (단, A는 세포벽이 있다.)

① A의 생물은 모두 다세포생물이다.
② B의 생물은 운동 기관이 발달하지 않았다.
③ A와 B의 생물은 광합성을 할 수 없다.
④ A와 B를 나누는 기준은 핵막의 유무이다.
⑤ (가)와 (나)를 나누는 기준은 광합성의 여부이다.

11 동물계에 대한 설명으로 옳은 것을 <u>모두</u> 고르면?

① 운동 기관이 발달하여 운동성이 있다.
② 세포벽을 가지고 있어 안정성이 높다.
③ 해파리, 아메바, 사슴벌레가 속해 있다.
④ 엽록체가 있지만 광합성을 하지 않는다.
⑤ 세포에는 핵막으로 구분된 뚜렷한 핵이 있다.

12 그림은 여러 생물의 모습을 나타낸 것이다.

  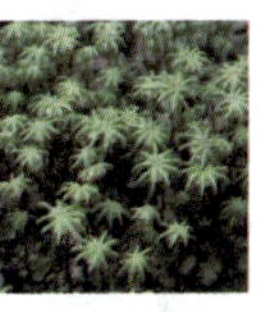

(가) 푸른곰팡이　　(나) 미역　　(다) 우산이끼

각 생물이 속하는 계를 옳게 짝 지은 것은?

	(가)	(나)	(다)
①	균계	원핵생물계	원생생물계
②	균계	원생생물계	식물계
③	원핵생물계	원생생물계	식물계
④	원생생물계	원핵생물계	균계
⑤	원생생물계	식물계	균계

(중요)

13 다음은 생물을 두 무리 (가)와 (나)로 분류한 것이다.

(가)와 (나)의 분류 기준으로 옳은 것은?

① 핵막의 유무
② 운동성의 유무
③ 광합성의 여부
④ 세포벽의 유무
⑤ 몸을 이루는 세포의 수

14 표는 생물 A~C의 특성을 나타낸 것이다.

생물	A	B	C
핵(핵막)	○	○	○
엽록체	○	×	×
다세포	○	○	○
세포벽	○	×	○
균사	×	×	○
기관	○	○	×

생물 A~C가 속하는 계를 옳게 짝 지은 것은?

	A	B	C
①	식물계	동물계	균계
②	식물계	균계	동물계
③	동물계	식물계	균계
④	원생생물계	동물계	균계
⑤	원생생물계	동물계	식물계

15 테리어와 불도그 사이에서 태어난 불테리어는 번식 능력이 있다. 테리어와 불도그는 같은 종인지 다른 종인지 쓰고, 그렇게 생각한 까닭을 서술하시오.

KEY 종, 번식 능력, 자손

16 그림은 균계의 생물과 동물계의 생물이 양분을 얻는 방법을 나타낸 것이다.

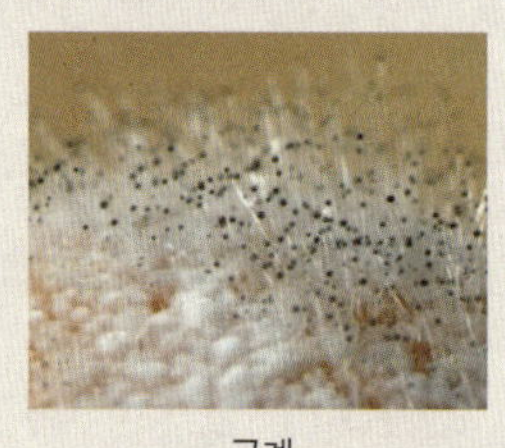
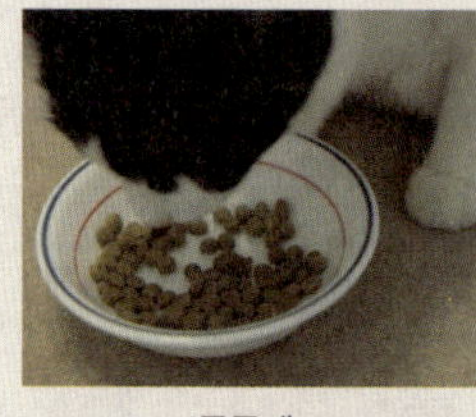

두 계의 공통점과 차이점을 양분의 획득 방식과 관련지어 서술하시오.

KEY 광합성, 체내, 체외

17 그림은 6 종류의 생물을 계 수준에서 분류한 결과를 나타낸 것이다.

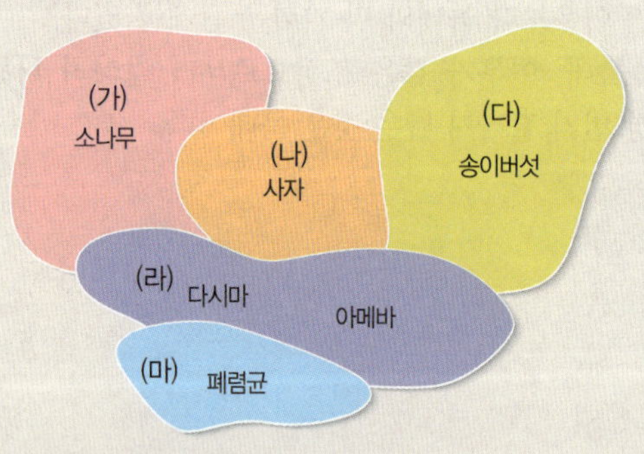

(1) (가)~(마) 중 사람이 속하는 생물 무리의 기호를 쓰고, 그 무리의 이름을 쓰시오.

(2) (나)와 (다) 무리의 차이점을 <u>두 가지</u> 서술하시오.

KEY 동물계, 균계

1등급 백신

01 그림과 같이 생물 A~C를 특징 (가)~(라)에 따라 분류하였다.

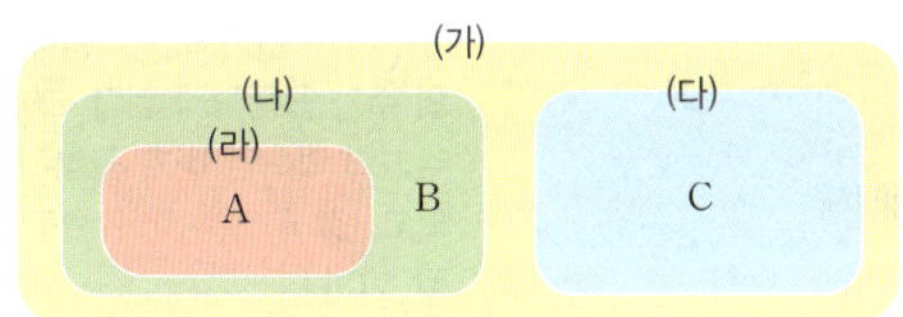

이에 대한 설명으로 옳은 것을 보기 에서 모두 고른 것은?

보기
ㄱ. A는 C보다 B와 더 가까운 관계에 있다.
ㄴ. (가)는 A~C를 분류하는 기준이 될 수 있다.
ㄷ. C는 (가)에 속하는 생물의 특징을 모두 갖는다.

① ㄱ   ② ㄴ   ③ ㄷ
④ ㄱ, ㄷ   ⑤ ㄴ, ㄷ

02 그림은 효모, 우산이끼, 메뚜기의 공통점과 차이점을 나타낸 것이다.

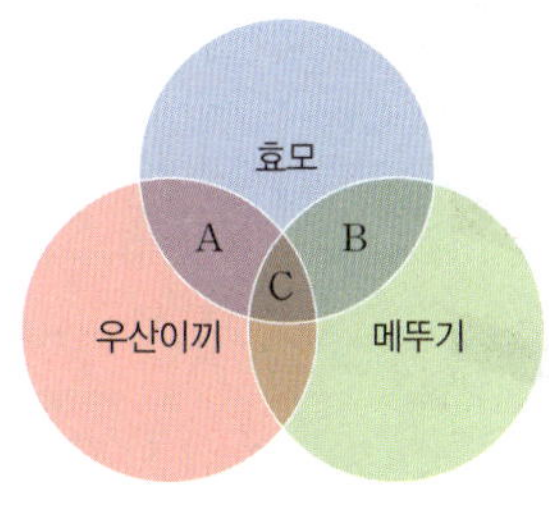

이에 대한 설명으로 옳은 것을 보기 에서 모두 고른 것은?

보기
ㄱ. '광합성을 통해 스스로 양분을 생산한다.'는 A에 해당한다.
ㄴ. '몸이 여러 개의 세포로 이루어져 있다.'는 B에 해당한다.
ㄷ. '핵막으로 둘러싸인 뚜렷한 핵이 있다.'는 C에 해당한다.

① ㄱ   ② ㄴ   ③ ㄷ
④ ㄱ, ㄷ   ⑤ ㄴ, ㄷ

03 표는 여러 계의 특성을 조사하여 나타낸 것이다.

생물	세포 수	핵(핵막)	광합성	세포벽
(가)	대부분 다세포	○	×	○
(나)	단세포	×	○	○
(다)	대부분 단세포	○	○, ×	○
(라)	다세포	○	○	○

이에 대한 설명으로 옳은 것을 모두 고르면? (단, (가)~(라)는 서로 다른 계를 나타낸다.)

① (가)의 생물은 몸이 균사로 이루어져 있다.
② (나)의 종류에는 유글레나가 포함된다.
③ (다)는 기관이 발달해 있다.
④ (라)는 운동성을 가지고 있다.
⑤ (가)~(라) 중 동물계는 존재하지 않는다.

04 그림은 여러 기준에 따라 생물을 계 수준에서 분류하는 과정을 나타낸 것이다.

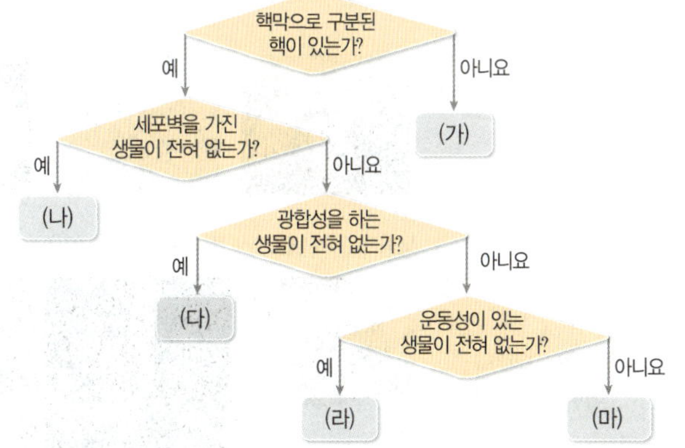

이에 대한 설명으로 옳은 것은? (단, (가)~(마)는 각각 생물의 분류체계에 따른 5가지 계이다.)

① (가)에 속하는 생물로 유글레나가 있다.
② 아메바는 (나)에 속하는 생물 중 하나이다.
③ (다)에 속하는 생물들은 운동성이 없고 대부분이 다세포생물이다.
④ (라)에 속하는 생물들은 균사와 세포벽이 존재하며 운동성이 없다.
⑤ (라)와 (마)를 구분할 때, 기준을 '대부분 단세포생물인가?'로 바꿔도 결과는 같다.

04 생물다양성보전

① 생물다양성의 중요성

1 ●생태계평형 유지: 생물다양성이 높을수록 생태계의 ●먹이그물이 복잡하여 멸종될 가능성이 낮아지고 생태계평형이 더 안정적으로 유지된다.

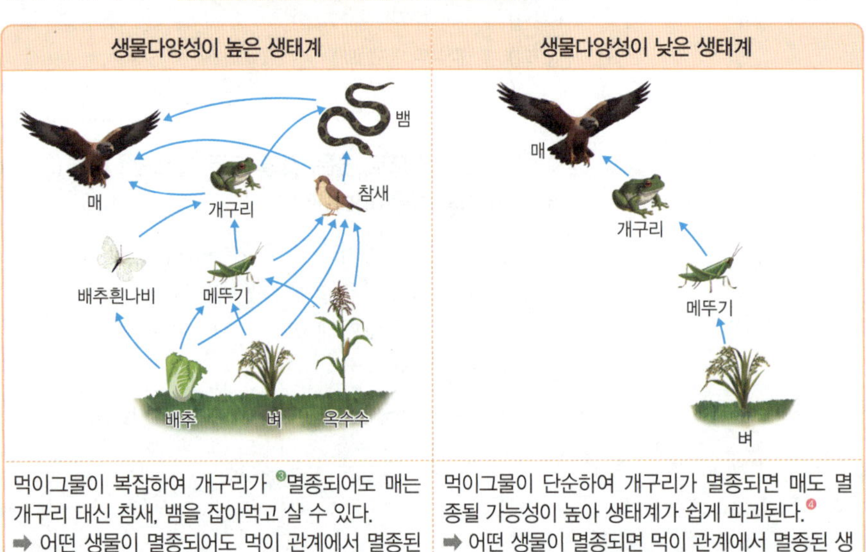

생물다양성이 높은 생태계	생물다양성이 낮은 생태계
먹이그물이 복잡하여 개구리가 ●멸종되어도 매는 개구리 대신 참새, 뱀을 잡아먹고 살 수 있다. ➡ 어떤 생물이 멸종되어도 먹이 관계에서 멸종된 생물을 대체하는 생물이 있어 생태계가 안정적으로 유지된다.	먹이그물이 단순하여 개구리가 멸종되면 매도 멸종될 가능성이 높아 생태계가 쉽게 파괴된다.● ➡ 어떤 생물이 멸종되면 먹이 관계에서 멸종된 생물을 대체하는 생물이 없으므로 생태계가 쉽게 파괴된다.

2 생물다양성이 주는 혜택

	생물로부터 식량, 섬유, 의약품, 목재, 산업용 재료 등 생활에 필요한 다양한 재료를 제공받는다.			
생활에 필요한 재료 제공	**식량**	**●의약품**	**섬유**	**한지**
	벼, 보리, 밀 등	푸른곰팡이, 주목, 버드나무 등	목화, 누에고치 등	닥나무

생물의 몸 구조나 생활 모습을 보고 아이디어를 얻어 유용한 도구를 발명한다.

산업용 재료나 아이디어 제공	▲ 빛을 반사하는 고양이의 눈을 보고 도로 반사판을 발명하였다. ▲ 옷에 붙어 잘 떨어지지 않는 도꼬마리를 보고 밸크로를 창안하였다.
휴식 공간과 관광 자원 제공	• 생물다양성이 보전된 생태계는 맑은 공기, 비옥한 토양, 깨끗한 물을 제공한다. • 휴식과 여가 생활을 위한 공간이 되며, 관광자원으로 활용될 수 있다.

3 생물다양성보전의 필요성

(1) 생물은 그 자체로 소중한 가치를 지닌다.

(2) 모든 생물은 생태계의 구성원으로서 지구에서 살아갈 권리가 있다.

(3) 생물다양성이 감소하면 생태계가 쉽게 파괴되고, 인간을 포함한 생물의 생존이 위태로워질 수 있다. ➡ 생물다양성을 보전하는 것은 생태계를 안정적으로 유지하고 지구 환경을 보전하여 지속가능한 삶을 살기 위해 반드시 필요하다.

정리쏙

❹ 먹이그물에서 개체수의 변화
개구리가 멸종되면 처음에는 메뚜기의 수가 급증하게 된다. 그에 따라 메뚜기의 먹이인 벼가 급격히 감소하게 되고, 결국 메뚜기의 수도 감소하게 될 것이다.

❺ 생물로부터 얻는 의약품
• 푸른곰팡이: 항생제의 원료
• 주목: 항암제의 원료
• 버드나무: 진통 해열제의 원료

주목나무   버드나무

용어쏙

① 생태계평형
생태계를 이루는 생물의 종류와 수가 크게 변하지 않고 안정된 상태를 유지하는 것

② 먹이그물
여러 생물의 먹고 먹히는 관계가 서로 그물처럼 복잡하게 얽혀 있는 것

③ 멸종
생태계에서 특정 생물종이 사라지는 것

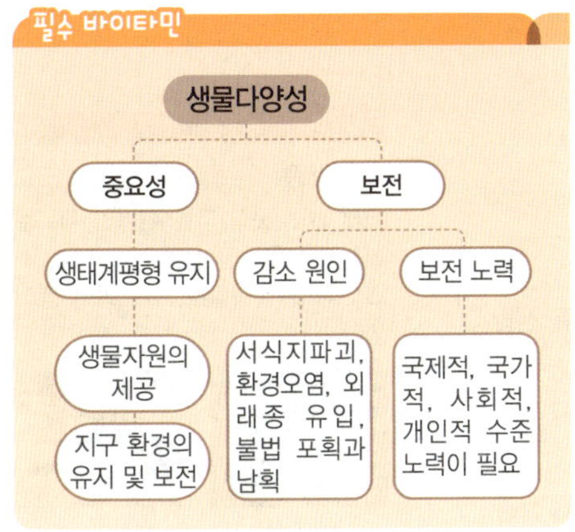

필수 바이타민

[01~02] 그림은 두 종류의 생태계를 나타낸 것이다.

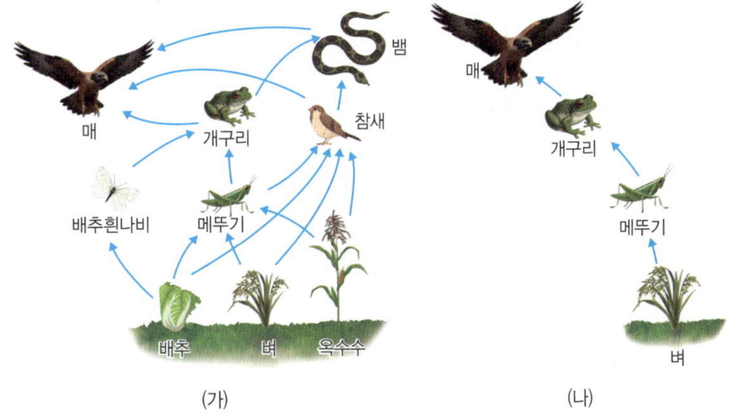

01 빈칸에 들어갈 알맞은 말을 고르시오.

> (가)는 (나)보다 생물다양성이 (㉠ 높, 낮)고 먹이그물이 (㉡ 복잡, 단순)하므로 생물종이 멸종될 가능성이 (㉢ 높, 낮)다. 따라서 생태계평형이 (㉣ 쉽게 깨진다, 잘 유지된다).

02 (가)와 (나) 중 개구리가 멸종되었을 때 매도 멸종될 가능성이 높은 생태계를 고르시오.

03 생물다양성이 주는 혜택에 대한 설명으로 옳은 것은 ○, 옳지 <u>않은</u> 것은 ×로 표시하시오.
(1) 벼, 밀 등의 식량을 얻는다. ( )
(2) 숲은 휴양림으로 이용된다. ( )
(3) 생물의 모습을 모방하여 새로운 제품을 개발한다. ( )
(4) 곰팡이와 같이 작은 생물은 인간에게 생활에 필요한 재료를 제공하지 않는다. ( )
(5) 주목나무에서 추출한 물질은 항암제를 만드는 원료로 사용된다. ( )

바로 복습

빈칸 채우기 문제

01 생물다양성이 높을수록 복잡하게 얽힌 ＿＿＿ ＿＿＿ 이 형성되어 생태계평형이 더 안정적으로 유지된다.

02 생물다양성이 ＿＿＿ 생태계에서는 어떤 생물이 사라지면 해당 생물을 먹이로 하는 생물이 멸종될 가능성이 크다.

04 다음은 갯벌의 기능 중 하나를 나타낸 것이다.

> 갯벌에는 여러 미생물들이 살고 있다. 이 중 호기성 세균 등 여러 미생물은 갯벌로 유입되는 물에 남아있는 농약, 축산 폐기물 등 오염 물질을 분해하여 살아간다. 이러한 미생물들에 의해 육상에서 바다로  연결되는 길목인 갯벌에서 수질 개선 효과가 발생하므로 바닷물로는 깨끗한 물만 유입된다.

○× 문제

03 먹이그물이 단순하면 생태계가 쉽게 파괴된다. ( )

04 생물다양성이 높을수록 식량, 섬유 등 생활에 필요한 자원을 얻는 데 유리하다. ( )

05 생물다양성이 높으면 먹이 관계가 복잡하여 생태계평형을 유지하기가 어렵다. ( )

이와 관련하여 생물다양성을 보전해야 하는 까닭을 쓰시오.

② 생물다양성 유지

1 생물다양성의 감소 원인: 생물다양성이 빠르게 감소하는 주요 원인은 인간의 과도한 활동과 관련이 깊다.

서식지파괴	무분별한 개발로 생물의 서식지가 파괴되거나 분리되면 서식지를 잃은 생물의 개체수가 급격히 감소한다. 생물다양성 감소의 가장 심각한 원인이야~
불법 포획과 ❶남획	야생 동물을 불법적으로 포획하거나 번식으로 개체수를 회복하지 못할 만큼 남획하면 생물이 멸종되거나 멸종될 위기에 놓인다.
❷외래종 유입	천적이 없는 외래종이 유입되면, 폭발적으로 개체수가 늘어나기 때문에 토종 생물을 위협하여 생물다양성이 감소한다.
환경오염	인간의 활동으로 환경이 오염되면 오염에 약한 생물들이 사라진다.
기후 변화	지구 평균 기온과 수온 상승으로 인해 서식지 환경이 변하거나 사라져 생물다양성이 감소한다.

서식지파괴
경작지와 목재 등을 얻기 위해 파괴되고 있는 숲

불법 포획과 남획
인간은 무분별한 사냥으로 멸종 위기종이 된 대륙 사슴

환경오염
환경이 오염되어 생존을 위협 받는 오리

기후 변화
기온 상승으로 빙하가 녹아 멸종 위기에 놓인 북극곰

2 생물다양성보전 방안

(1) 개인적 차원의 노력

① 희귀동물을 애완용으로 기르지 않는다.

② 자연환경을 훼손하지 않고 보호하고 가꾼다.

③ 쓰레기 줍기로 야생 동물의 서식지를 보호한다.

④ 일회용품 사용을 줄이고, 재활용품을 올바르게 분리 배출하여 환경오염을 줄인다.

(2) 국가 및 지역 사회적 차원의 노력

① 멸종 위기 생물을 지정하고, 멸종 위기 생물 복원 사업을 진행한다.

② 외래종의 무분별한 유입을 방지하고, 개체수를 감시하고 조절한다.

③ 생태통로를 건설하거나 국립공원과 같은 보호 구역을 지정하여 관리한다.

④ 쓰레기 배출량을 줄이고 환경 정화 시설을 설치하여 환경오염을 정화시킨다.

⑤ 캠페인 활동, 환경 캠프 운영 등으로 생물다양성의 중요성을 알린다.

(3) 국제적 차원의 노력: 생물다양성보전에 대한 협약을 맺어 국가 간 야생 동물 보호 및 생물자원을 공동 관리한다.

① **생물다양성 협약**: 생물종 감소가 가속화됨에 따라 지구상의 다양한 생물을 보호하기 위한 협약으로, 이 협약은 생물다양성보전 및 생물자원의 지속 가능한 이용 등을 목적으로 한다.

② **야생 동식물의 국제 거래에 관한 협약**(CITES): 멸종 위기에 처해 있는 야생 동식물의 국제 거래를 규제하는 국가 간 약속으로, 이 협약을 통해 서식지에서 야생 동식물의 무질서한 채취와 포획을 억제함으로써 멸종 위기로부터 보호할 수 있다.

③ **람사르 협약**: 물새 서식지로서 국제적으로 중요한 습지에 관한 협약이다.

분리수거

캠페인 활동

국립공원

멸종 위기종 복원 사업

정리신

❷ 외래종

원래 살던 곳과 다른 환경인 새로운 서식지로 유입된 생물로, 가시박, 배스, 유리알락하늘소, 뉴트리아 등이 있다.

가시박

붉은귀거북

유리알락하늘소

뉴트리아

생물다양성 감소 원인과 대책

- 서식지파괴 : 지나친 개발 자제, 보호 구역 지정, 소형 동물 사다리 설치, 생태 통로 설치
- 불법 포획과 남획 : 불법 포획 및 거래 단속 강화, 멸종 위기종 지정, 법률 강화
- 외래종 유입 : 무분별한 유입 방지, 유입 경로 관리 및 퇴치
- 환경오염 및 기후 변화 : 환경 정화 시설 설치, 쓰레기 배출량 줄이기, 다회용품 사용, 신재생 에너지 사용

❸ 생태통로

숲 가운데에 도로를 만들면 야생 동물의 서식지가 단절되어 내부 서식지의 크기가 줄어들고, 생물종의 이동을 제한하여 생물다양성이 감소한다. 생태통로는 이러한 현상을 최소화시켜 생물다양성을 보전시킨다.

종자 은행

우리나라는 종자 은행을 만들어 우리나라 고유의 우수한 종자를 보관하고 배양하여 보급한다.

용어신

❶ 남획

생물을 과도하게 많이 잡는 행위

빈칸 채우기 문제

06 생물다양성이 감소하는 원인은 ______ 유입, ________, 불법 포획과 ____, 환경오염, 기후 변화 등이 있다.

07 외래종은 ____이 없을 경우 과도하게 번식하여 기존에 살고 있던 생물의 생존을 위협하고, 먹이그물에 변화를 일으켜 ______ ____을 파괴할 수 있다.

08 국가 수준에서 생물다양성을 보전하기 위한 방법 중의 하나는 개체수가 줄어든 동물을 ______ ____으로 지정하여 불법 포획을 막는 것이다.

09 개인 수준에서 생물다양성을 보전하기 위한 방법 중 하나는 ____ ____을 애완동물로 기르지 않는 것이다.

○✕ 문제

10 생물다양성이 감소하는 가장 큰 원인은 서식지 파괴이다. (　　)

11 서식지가 분리되면 서식지가 다양해져 생물 다양성이 증가한다. (　　)

12 생물다양성보존을 위해 외래종을 유입시켜 생물 다양성을 높여야 한다. (　　)

13 개인적 차원에서 분리수거를 하는 것은 생물다양성 유지에 도움이 된다. (　　)

05 다음은 생물다양성이 감소하는 사례를 나타낸 것이다.

> 큰입배스는 아메리카 남동부에 사는 생물로, 우리나라에 유입된 뒤 천적이나 경쟁자가 없어 폭발적으로 개체 수가 늘어났다. 토종의 어린 개체들 
> 을 잡아먹기 때문에 토종 생물의 수가 줄어들어 생태계의 다양성이 감소하는 원인 중의 하나가 되고 있다.

이와 같은 생물다양성의 감소 원인을 쓰시오.

06 생물다양성을 감소하게 하는 원인으로 옳지 <u>않은</u> 것은?
① 외래종을 무단으로 방류한다.
② 열대우림을 개발하여 경제를 발전시킨다.
③ 수익을 위해 어떤 생물을 지나치게 많이 잡는다.
④ 쓰레기를 분리수거 하지 않고 태워서 없애버린다.
⑤ 도로를 낼 때 생태계를 연결하는 생태통로를 만든다.

07 생물다양성의 감소 원인과 이를 막기 위한 노력으로 옳은 것을 보기에서 골라 기호를 쓰시오.

> **보기**
> ㄱ. 생태통로 설치　　　　ㄴ. 멸종 위기 생물 지정
> ㄷ. 환경 정화 시설 설치　　ㄹ. 외래종의 무분별한 유입 방지

(1) 남획: (　　)　　　　(2) 환경오염: (　　)
(3) 외래종 유입: (　　)　　(4) 서식지파괴: (　　)

08 생물다양성을 보전하기 위한 활동 중 국가 및 지역 사회 차원의 활동으로 옳은 것을 보기에서 모두 골라 기호를 쓰시오.

> **보기**
> ㄱ. 국립공원 지정　　　　ㄴ. 생태통로 건설
> ㄷ. 일회용품 사용 줄이기　ㄹ. 멸종 위기종 복원
> ㅁ. 쓰레기 분리수거하기　ㅂ. 생물다양성 협약 체결

유형 클리닉

유형 1 　생물다양성의 중요성

생물다양성이 생태계평형에 미치는 영향에 대해 묻는 문제가 출제될 수 있어! 꼭 기억해 두자!!

그림은 두 종류의 생태계 (가)와 (나)를 나타낸 것이다.

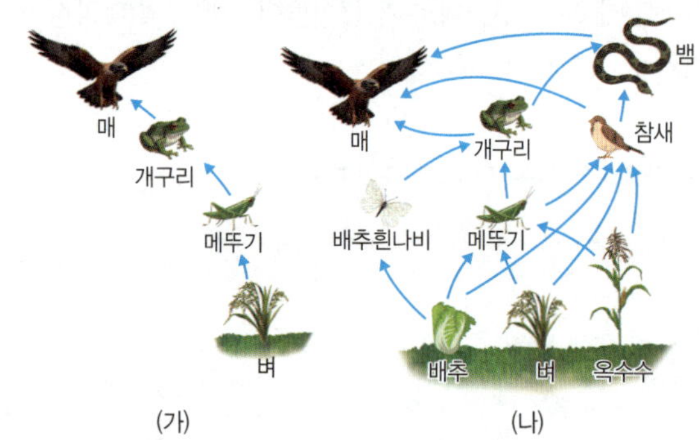

이에 대한 설명으로 옳은 것을 보기 에서 모두 고른 것은?

보기
ㄱ. 생물다양성은 (가)보다 (나)가 높다.
ㄴ. (가)는 (나)보다 안정된 생태계이다.
ㄷ. (가)와 (나)에 살충제를 사용하면 (가)는 (나)보다 생태계평형이 쉽게 깨질 수 있다.

① ㄱ　　　　② ㄴ　　　　③ ㄱ, ㄷ
④ ㄴ, ㄷ　　　⑤ ㄱ, ㄴ, ㄷ

ㄱ. 생물다양성은 (가)보다 (나)가 높다.
→ (나)가 (가)보다 생물의 종류가 많기 때문에 생물다양성은 (가)보다 (나)가 높아~

ㄴ. (가)는 (나)보다 안정된 생태계이다. [(나) (가)]
→ 생물다양성이 높을수록 안정된 생태계야~. (나)가 (가)보다 생물다양성이 높기 때문에 (나)가 (가)보다 안정된 생태계인 거지~!

ㄷ. (가)와 (나)에 살충제를 사용하면 (가)는 (나)보다 생태계평형이 쉽게 깨질 수 있다.
→ 살충제를 사용하면 (가)와 (나) 생태계에서 메뚜기가 사라질 수 있어. 메뚜기가 사라지면 (가)에서 개구리와 개구리를 먹는 매도 사라져 생태계평형이 깨지게 되지~. 하지만 (나)에서는 메뚜기가 사라져도 참새나 뱀을 통해 생태계평형이 유지되는 거야~!

답 ③

ZP point
생물다양성이 높을수록 먹이사슬이 복잡하게 얽혀 생태계평형이 안정적으로 유지된다.

유형 2 　생물다양성의 감소 원인

생물다양성을 감소시키는 여러 가지 원인에는 무엇이 있는지 알아야 해.

다음은 생물다양성을 감소시키는 원인을 나타낸 것이다.

(가) 환경오염　　　　　(나) 외래종 유입
(다) 서식지파괴　　　　(라) 불법 포획 및 남획

각 생물다양성의 감소 원인에 해당하는 사례로 옳지 않은 것은?

① (가) – 산성비로 인해 하천에 사는 어류의 수가 감소하였다.
② (나) – 식용으로 큰입배스를 들여와 하천에 방류하였다.
③ (나) – 사람들이 명태를 마구 잡아들여 국산 명태가 사라졌다.
④ (다) – 산을 허물어 도로를 건설하였다.
⑤ (라) – 상아를 얻기 위해 사냥이 금지되어 있는 아프리카코끼리를 몰래 잡아서 아프리카코끼리가 멸종 위기에 놓이게 되었다.

① (가) – 산성비로 인해 하천에 사는 어류의 수가 감소하였다.
→ 산성비로 인해 하천이 산성화되는 것은 환경오염의 예야~! 환경이 오염되면 오염에 민감한 생물의 수가 줄어들거나 멸종하게 돼!

② (나) – 식용으로 큰입배스를 들여와 하천에 방류하였다.
→ 큰입배스는 북아메리카 대륙이 원산지인 생물로, '외래종 유입'에 해당하는 사례야. 큰입배스는 천적이 없어 개체수가 폭발적으로 늘어 토착 생물의 생존을 위협하고 있어!

③ (나) – 사람들이 명태를 마구 잡아들여 국산 명태가 사라졌다.
→ 외래종 유입에 의한 생물다양성 감소는 새로운 서식지로 유입된 생물이 먹이그물을 변화시켜서 일어나는 것이야. 명태를 마구 잡아들여서 명태가 사라지게 된 것은 남획에 해당하는 사례야~!

④ (다) – 산을 허물어 도로를 건설하였다.
→ 산은 다양한 생물들이 살고 있는 서식지 중 하나야. 도로 건설을 위해 산을 허문 것은 생물이 살고 있는 서식지파괴에 해당하는 사례지!

⑤ (라) – 상아를 얻기 위해 사냥이 금지되어 있는 아프리카코끼리를 몰래 잡아서 아프리카코끼리가 멸종 위기에 놓이게 되었다.
→ 번식으로 개체수를 회복하지 못할 만큼 아프리카코끼리를 잡아서 멸종 위기에 놓였으므로, '남획'에 해당하는 사례야~!

답 ③

ZP point
생물다양성의 감소 원인: 서식지파괴, 불법 포획 및 남획, 외래종 유입, 환경오염, 기후 변화

실전 백신

❶ 생물다양성의 중요성

01 그림은 (가)와 (나) 두 생태계의 먹이 관계를 나타낸 것이다.

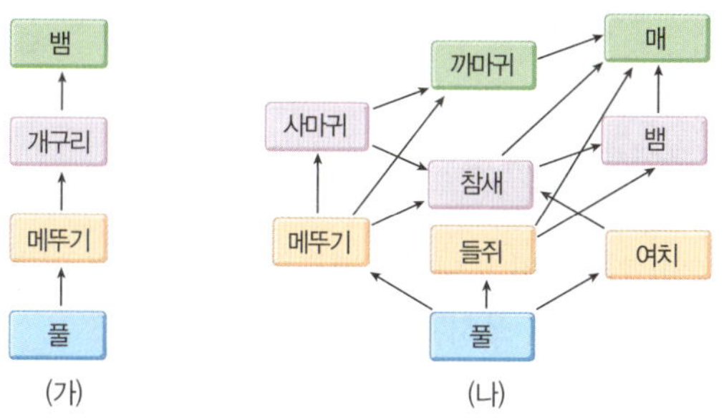

이에 대한 설명으로 옳은 것은?

① (가)가 (나)보다 생물다양성이 높다.
② (가)에서 메뚜기가 사라져도 개구리는 생존한다.
③ (나)에서 참새가 사라진다면 매는 멸종할 것이다.
④ (나)에서 외래종이 유입되면 (가)처럼 될 수 있다.
⑤ (가)는 (나)보다 생태계를 안정적으로 유지할 수 있다.

02 생물다양성이 우리에게 주는 혜택으로 옳지 <u>않은</u> 것은?

① 섬유, 목재 등의 자원을 얻는다.
② 맑은 공기와 깨끗한 물을 얻는다.
③ 산과 바다에서 여가 활동을 즐긴다.
④ 환경오염 물질을 분해하여 깨끗한 환경을 유지하게 해 준다.
⑤ 의약품은 인위적으로 만드는 것으로, 생물에서 재료를 얻지 않는다.

03 (중요) 생물다양성을 보전해야 하는 까닭으로 옳은 것을 보기에서 모두 고른 것은?

> **보기**
> ㄱ. 사람에게 도움이 되는 생물만 남겨 효율성을 높이기 위해서
> ㄴ. 생물다양성이 높을수록 멸종의 위험성 또한 높아지기 때문에
> ㄷ. 사람이 아닌 생물들도 생태계에서 함께 살고 있는 동반자이기 때문에

① ㄱ   ② ㄴ   ③ ㄷ
④ ㄱ, ㄷ   ⑤ ㄴ, ㄷ

❷ 생물다양성 유지

04 다음은 미국 옐로스톤 지방에서 일어난 일이다.

> (가) 미국 옐로스톤 지방에는 엘크를 잡아먹는 늑대와 풀을 뜯어먹는 엘크가 살고 있었다.
> (나) 옐로스톤에 사람이 정착하게 되면서, 소나 양 등 가축의 보호를 위해 사람들은 늑대를 사냥하기 시작했고, 결국 1930년대 늑대가 멸종했다.
> (다) 그러자 옐로스톤 지방의 생태계에 변화가 생기기 시작했다. 엘크를 잡아먹는 늑대가 사라지자 엘크는 폭발적으로 개체수가 늘어나기 시작했고, 늘어난 엘크는 옐로스톤 지방의 풀을 뜯어먹고, 그 후에는 나무의 잎도 뜯어먹어 생태계가 파괴되었다.
> (라) 결국 생태계를 살리기 위해서 캐나다에 살던 같은 종의 늑대가 방사되었고, 현재 생태계가 다시 회복되었다.

이에 대한 설명으로 옳은 것을 보기에서 모두 고른 것은?

> **보기**
> ㄱ. (가)보다 (다)에서 생물다양성이 높다.
> ㄴ. (나)에서는 인간에게 해를 입히는 늑대가 줄어들었으므로 생물다양성의 측면에서 바람직하다.
> ㄷ. (라)는 생물다양성을 복원한 사례이다.

① ㄱ   ② ㄴ   ③ ㄷ
④ ㄱ, ㄷ   ⑤ ㄴ, ㄷ

05 (중요) 그림은 우리나라에 서식하고 있는 외래종의 모습을 나타낸 것이다.

가시박   배스

이에 대한 설명으로 옳은 것을 보기에서 모두 고른 것은?

> **보기**
> ㄱ. 원래 살던 곳을 벗어나 다른 곳에서 사는 생물이다.
> ㄴ. 먹이그물에 변화를 일으켜 생태계평형을 깨뜨릴 수 있다.
> ㄷ. 천적이 없어 과도하게 번식하여 토종 생물의 생존을 위협할 수 있다.

① ㄴ   ② ㄷ   ③ ㄱ, ㄴ
④ ㄱ, ㄷ   ⑤ ㄱ, ㄴ, ㄷ

06 생물다양성이 감소하는 원인에 대한 설명으로 옳지 <u>않</u>은 것은?

① 인간의 활동과는 관계가 없다.
② 환경오염으로 인해 생물다양성이 감소한다.
③ 배스와 같은 외래종을 들여오면 생물다양성이 감소한다.
④ 목재를 얻기 위해 열대우림을 파괴하면 생물다양성이 감소한다.
⑤ 뿔을 얻기 위해 코뿔소를 무분별하게 사냥하면 생물다양성이 감소한다.

07 그림은 생물다양성의 감소 원인을 나타낸 것이다.

(가) 환경오염

(나) 불법 포획

(다) 외래종 유입

(라) 서식지파괴

원인과 대책을 옳게 짝 지은 것을 <u>모두</u> 고르면?

① (가) − 생물의 포획량 규제
② (나) − 생태통로 설치
③ (다) − 환경 정화 운동 실시
④ (라) − 생태통로 건설
⑤ (라) − 보호 제한 구역 설정

08 생물다양성을 유지하기 위한 노력으로 옳지 <u>않은</u> 것은?

① 자연 환경을 훼손하지 않고 보호한다.
② 여러 국가들이 생물다양성의 보전을 위한 협약에 가입한다.
③ 국가에서 생태적으로 가치 있는 장소를 국립공원으로 지정하여 보호한다.
④ 국가에서 멸종 위기에 처해 있는 종을 멸종 위기종으로 지정하여 보호한다.
⑤ 지방자치단체 차원에서 생물다양성을 증가시키기 위해 기존에는 없던 새로운 종을 외국으로부터 도입한다.

09 다음은 가시박에 대한 설명이다.

> 가시박(학명:*Sicyos angulatus*)은 북아메리카가 원산지로 1680 년에 우리나라로 유입되었다. 3~4 개로 갈라진 덩굴손을 이용하여 다른 토종 식물의 잎과 가지를 덮어 광합성을 방해해 죽게 만든다. 번식력이 매우 강해 '식물계의 황소개구리'라 불린다. 우리나라에서는 2009 년 환경부에서 생태계 교란종으로 지정하였다.

이와 같이 가시박이 과도하게 번식하게 된 까닭과 이로 인해 발생하는 문제점을 쓰시오.

 KEY 천적, 생물다양성

10 (가)는 어떤 습지를 개발하려고 하는 건설업체 사장의 인터뷰 내용이고, (나)는 환경 단체에서 조사한 이 습지 생태계의 가치이다.

> (가) 이 습지를 개발하게 되면, 연간 50 억 원의 관광 수입이 기대됩니다. 수익은 지역 사회의 발전으로 이어지며, 토지를 공업용으로 이용하여 공장을 세우면 연간 35 억 원의 이익 또한 기대할 수 있습니다.
>
> (나) 습지 생태계의 가치
>
> | 구분 | 어업 이익 | 환경 정화 | 관광 자원 |
> |---|---|---|---|
> | 금액 | 21 억 원 | 48 억 원 | 33 억 원 |

이 습지 생태계를 개발하는 것이 이득일지, 보전하는 것이 이득일지를 주어진 자료와 관련지어 서술하시오.

 KEY 관광 수입 + 공장 수익 < 습지 생태계의 가치

11 인간은 생물로부터 생활에 필요한 재료 등 혜택을 받으며 살아가고 있다. 생물다양성이 감소하였을 때 인간에게 생길 수 있는 문제점을 <u>두 가지 이상</u> 서술하시오.

KEY 의식주, 의약품, 휴식

1등급 백신

01 (신유형) 그림 (가)는 생물다양성이 다른 A, B 두 지역의 먹이 관계를, (나)는 환경오염 정도에 따른 개구리의 개체수를 나타낸 것이다.

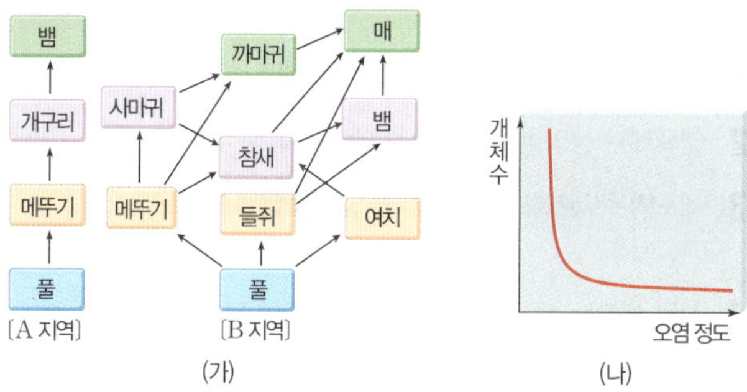

이에 대한 설명으로 옳은 것을 **보기** 에서 모두 고른 것은?

보기

ㄱ. A, B 지역 중 먹이그물이 복잡한 것은 B 지역이다.
ㄴ. 개구리는 환경이 오염되어도 개체수의 변화가 없다.
ㄷ. 환경오염이 진행되었을 때, 생태계의 먹이그물은 A 지역보다 B 지역에서 더 안정하다.

① ㄱ　　　　② ㄴ　　　　③ ㄱ, ㄷ
④ ㄴ, ㄷ　　　⑤ ㄱ, ㄴ, ㄷ

02 (서술형) 그림 (가)는 바다에 해파리가 증가하기 전과 후의 먹이 사슬을 나타낸 것이고, (나)는 어업 기술의 발달에 따른 변화를 설명한 것이다.

(나) 과거에는 어업 기술 등이 발달하지 않아 어류의 급감이 일어나지 않았으나, 현대에는 어업 기술이 발달하여 소형 어류의 수가 급감하였다. 또한, 참치와 같은 대형 어류에 대한 수요가 증가하여 소형 어류뿐만 아니라 대형 어류의 남획 등이 문제가 되고 있다.

소형 어류는 해파리의 알을 잡아먹고, 참치와 같은 대형 어류는 해파리를 잡아먹는 천적이다. 과거에 비해 현대에 해파리의 수가 급증하는 까닭을 남획과 관련지어 서술하시오.

KEY 남획, 천적

03 다음은 아프리카 빅토리아 호수에서 일어난 일을 나타낸 것이다.

(가) 빅토리아 호수는 아프리카에 있는 3대 호수 중 하나이다. 이 호수에는 1950 년 전까지는 ㉠시클리드라는 물고기가 약 300 종 살고 있었다.

(나) 그러나 1950 년대 영국인이 낚시를 목적으로 들여온 ㉡나일퍼치가 자기보다 작은 물고기인 시클리드를 닥치는 대로 잡아먹어 시클리드의 종류는 감소하기 시작했다.

(다) 동시에 주변 지역에서 인구가 유입되고, 이러한 움직임에 발맞춰 상업적 농업이 대규모로 시작되면서 사용된 화학 비료가 호수로 흘러들어갔다.

(라) 또한, 농업을 하지 못하는 사람들은 호수에서 여러 물고기를 잡으며 생계를 유지했는데, 이 과정에서 줄어들고 있던 시클리드의 종류가 급감하여 결국 원래의 30 % 정도의 종류만 남게 되었다.

이에 대한 설명으로 옳지 <u>않은</u> 것은?

① ㉠은 토종 생물이다.
② ㉡의 유입으로 생태계 교란이 일어났다.
③ 시클리드의 종류가 감소한 까닭 중 하나는 환경오염이다.
④ 시클리드의 종류가 감소한 까닭으로 남획은 포함되지 않는다.
⑤ 여러 가지 이유가 복합적으로 작용하여 시클리드 종류가 감소하였다.

04 (서술형) 그림 (가)는 도로 건설로 생물의 서식지가 둘로 나누어진 것을, (나)는 서식지 크기에 따른 생물종의 개체수를 나타낸 것이다.

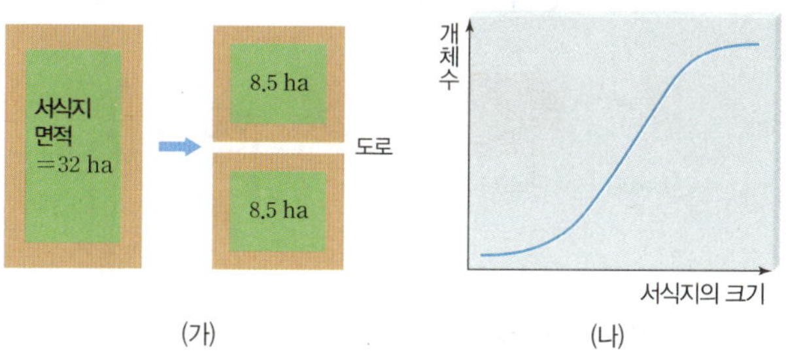

서식지가 분리되었을 때 생물다양성이 감소하는 까닭을 (나)의 서식지의 크기와 개체수의 관계를 이용하여 서술하시오.

KEY 서식지의 크기↓ ➡ 생물다양성↓

빈출 자료 집중진단

1 세포의 구조와 기능

표는 세포 내 구조의 특징을 나타낸 것이고, 그림은 식물 세포와 동물 세포의 구조를 나타낸 것이다.

구분	특징
핵	세포의 생명활동 조절
세포질	핵과 세포막 사이를 채우는 부분
세포막	세포 보호, 물질 출입 조절
마이토콘드리아	생명활동에 필요한 에너지 생성
엽록체	광합성을 하여 양분 생성
세포벽	세포 형태 유지 및 보호

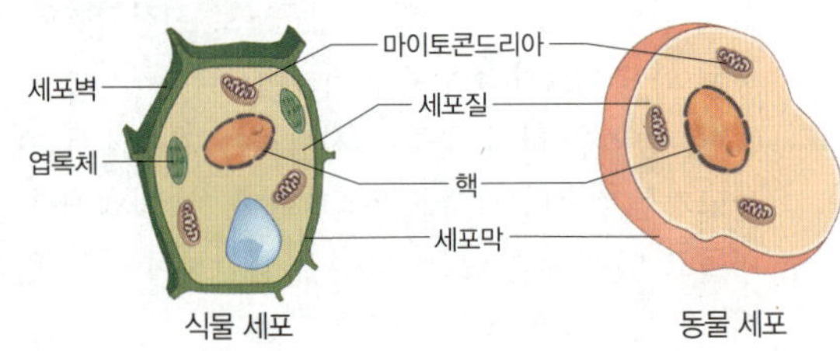

다음 설명 중 옳은 것은 ○표, 옳지 않은 것은 ×표 하시오.

1 모든 생물의 기본 구성 단위는 세포이다. (○ ×)

2 엽록체는 생명활동에 필요한 에너지를 생성한다. (○ ×)

3 세포벽은 세포를 보호하고, 물질의 출입을 조절한다. (○ ×)

4 식물 세포는 세포벽이 있어 세포 모양이 규칙적이다. (○ ×)

5 세포의 모양과 크기는 세포의 기능과 관계없이 일정하다. (○ ×)

6 식물 세포에만 존재하는 세포 구조는 엽록체와 세포막이다. (○ ×)

7 핵, 세포질, 세포막은 동물 세포와 식물 세포에 모두 존재한다. (○ ×)

8 넓고 얇게 퍼진 모양으로, 몸을 보호하는 데 알맞은 세포는 상피세포이다. (○ ×)

2 생물의 구성 단계

그림은 동물과 식물의 구성 단계를 나타낸 것이다.

동물의 구성 단계

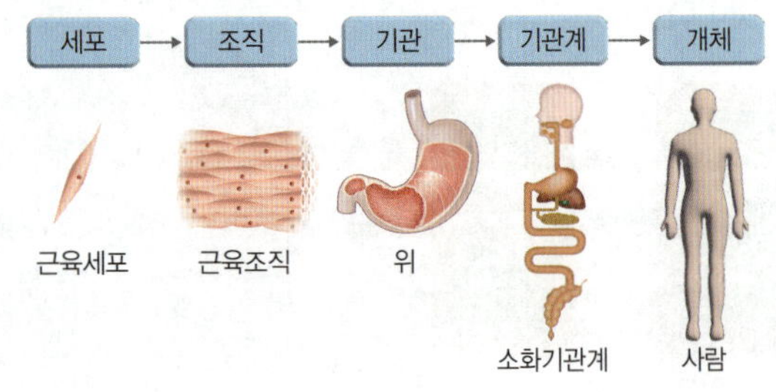

식물의 구성 단계

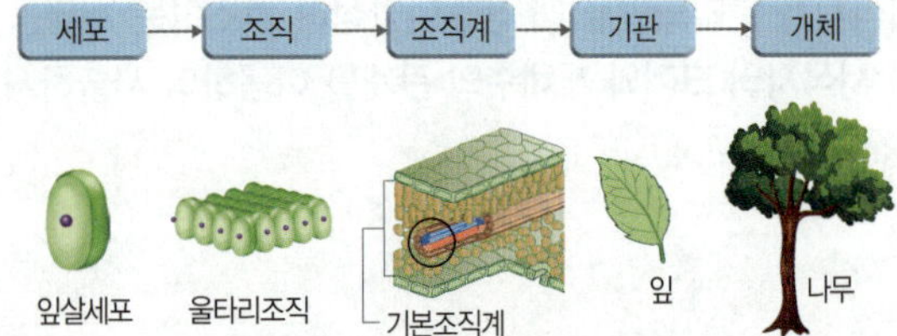

다음 설명 중 옳은 것은 ○표, 옳지 않은 것은 ×표 하시오.

1 독립적인 생명활동이 이루어지는 단계는 조직이다. (○ ×)

2 위, 폐, 간, 소장은 조직의 예이다. (○ ×)

3 조직계는 식물계에만 있는 구성 단계이다. (○ ×)

4 순환계는 심장, 혈관, 혈액으로 이루어져 있다. (○ ×)

5 동물의 구성 단계는 세포 → 조직 → 기관 → 기관계 → 개체이다. (○ ×)

6 식물의 구성 단계는 세포 → 조직 → 조직계 → 기관 → 개체이다. (○ ×)

7 식물의 뿌리, 줄기, 잎은 식물의 구성 단계 중 조직계에 해당한다. (○ ×)

3 생물다양성

그림은 생물다양성의 세 가지 의미를 나타낸 것이다.

다음 설명 중 옳은 것은 ○표, 옳지 않은 것은 ×표 하시오.

1 갯벌보다 배추 밭의 생물다양성이 더 높다. (○ ×)

2 생물다양성이 높을수록 환경의 변화에 민감하다. (○ ×)

3 생태계의 다양함은 생물다양성과는 관계가 없다. (○ ×)

4 같은 생태계에서는 지역이 달라져도 생물다양성은 같다.
(○ ×)

5 같은 종류의 생물에서도 생김새와 특성이 다양할수록 생물
다양성이 높다. (○ ×)

6 초원, 사막, 바다, 숲, 갯벌 등 생물이 살아가는 다양한 환경
을 생태계라고 한다. (○ ×)

7 여러 종류의 생물이 고르게 분포하는 것보다 한 종류의 생
물이 대부분을 차지할 때 생물다양성이 더 높다. (○ ×)

4 생물다양성의 형성

○ 변이

그림은 변이의 예시를 나타낸 것이다.

조개껍데기의 무늬와 색깔   얼룩말의 줄무늬   무당벌레의 무늬

○ 생물다양성

그림은 생물다양성 형성 과정을 나타낸 것이다.

① 

키 작은 풀이 많은 곳에 살던 갈라파고
스땅거북 무리는 목이 짧았지만, 다른
거북보다 목이 조금 더 긴 변이를 지닌
거북도 있었다.

② 

갈라파고스땅거북들은 환경이 다른 섬
으로 흩어져 살게 되었는데, 목이 조금
더 긴 거북은 키가 큰 선인장이 자라는
환경에서 살아남기에 유리했다.

③ 
이 거북은 목이 짧은 거북보다 더 많이
살아남아 자손을 남겼고, 이 과정이 오
랜 세월 동안 반복되어 오늘날과 같이
목이 긴 종류가 나타났다.

다음 설명 중 옳은 것은 ○표, 옳지 않은 것은 ×표 하시오.

1 다른 종류의 생물 사이에 나타나는 서로 다른 특징을 변이
라고 한다. (○ ×)

2 변이는 생물의 종류가 다양해진 주요 원인이다. (○ ×)

3 생물이 빛, 온도, 먹이 종류 등 환경에 적응하면서 변이가
점점 다양해질 수 있다. (○ ×)

4 강아지와 고양이의 생김새가 다른 것은 변이의 예이다.
(○ ×)

5 생물다양성이 형성될 때 생물들이 환경에 적응하는 과정이
필요하다. (○ ×)

6 갈라파고스땅거북 무리는 다른 섬에 흩어져 살게 된 후에
변이가 생겨났다. (○ ×)

7 같은 종류의 생물 사이에서 나타나는 특징의 차이가 커
지게 되면 다른 종류의 생물 무리로 나누어질 수 있다.
(○ ×)

빈출 자료 집중진단

5 생물의 분류

그림은 고양이를 분류 단계에 따라 나타낸 것이다.

다음 설명 중 옳은 것은 ○표, 옳지 않은 것은 ×표 하시오.

1 생물의 분류는 사람이 하므로 사람의 편의에 따라 분류하는 것을 원칙으로 한다. ○ ×

2 생물 분류의 기본 단위는 종이다. ○ ×

3 어떤 두 생물이 서로 교배를 하여 자손을 낳을 수 있다면 이 두 생물은 같은 종이다. ○ ×

4 같은 과에 속하는 생물은 모두 같은 강에 속한다. ○ ×

5 생물을 분류할 때 '계'에서 '종'으로 갈수록 생물 사이의 관계가 가깝다. ○ ×

6 생물의 5계 분류

그림은 5계 분류를, 표는 각 계의 특징을 나타낸 것이다.

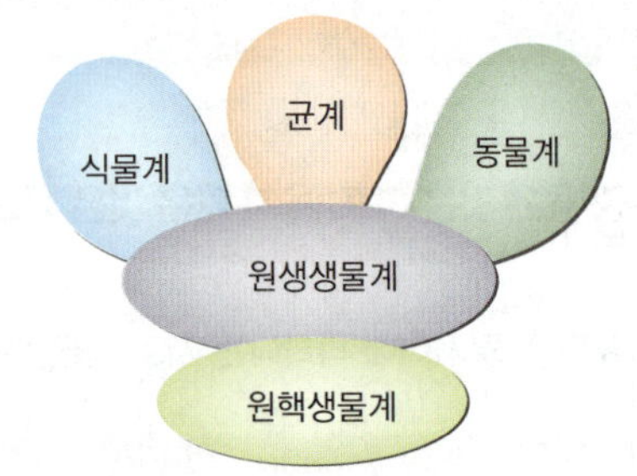

구분	핵(핵막)	세포벽	광합성	세포 수	운동성	예
원핵생물계	×	○	대부분 안 한다	단세포	○, ×	대장균
원생생물계		○, ×	○, ×	대부분 단세포		아메바
균계	○	○	×	대부분 다세포	×	곰팡이
식물계			○	다세포		민들레
동물계		×	×		○	호랑이

다음 설명 중 옳은 것은 ○표, 옳지 않은 것은 ×표 하시오.

1 원핵생물계는 대부분 단세포생물이다. ○ ×

2 원핵생물계에 속하는 생물은 광합성을 하지 않는다. ○ ×

3 원생생물계는 조직이나 기관이 발달되어 있다. ○ ×

4 아메바, 짚신벌레, 유글레나는 원핵생물계에 속하는 생물이다. ○ ×

5 균계의 생물 중 단세포생물도 존재하는데, 대표적인 예로 효모가 있다. ○ ×

6 균계와 식물계에 속하는 생물의 세포에는 세포벽이 있다. ○ ×

7 동물계와 균계의 생물에는 엽록체가 없다. ○ ×

8 식물계 생물에는 균사가 존재한다. ○ ×

9 생물 5계에서 동물계만 운동성을 가지고 있다. ○ ×

10 세포에 핵이 있는 생물 중 균계, 식물계, 동물계 중 어느 것에도 속하지 않는 것은 원생생물계이다. ○ ×

7 생물다양성의 중요성

그림 (가)와 (나)는 두 종류의 생태계를 나타낸 것이다.

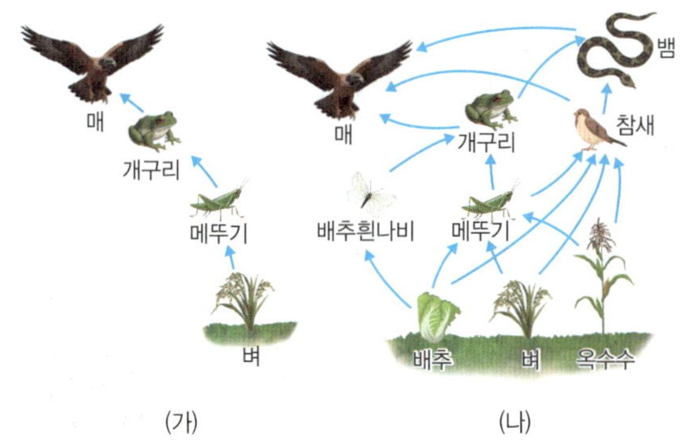

다음 설명 중 옳은 것은 ○표, 옳지 <u>않은</u> 것은 ×표 하시오.

1 (나)보다 (가)가 안정된 생태계이다. ○ ×

2 생물다양성은 (가)가 (나)보다 높다. ○ ×

3 (가)에서 벼의 수가 줄어들면 메뚜기는 멸종할 확률이 높다. ○ ×

4 생물의 종류가 많아지면 생물종이 멸종할 확률이 높아진다. ○ ×

5 두 생태계 모두 개구리가 사라지면 매가 멸종될 수 있다. ○ ×

6 먹이사슬이 복잡한 생태계가 먹이사슬이 단순한 생태계보다 안정적으로 유지될 수 있다. ○ ×

8 생물다양성의 감소 원인과 대책

그림은 생물다양성의 감소 원인을 나타낸 것이다.

서식지파괴

불법 포획과 남획

외래종 붉은귀거북

환경오염

다음 설명 중 옳은 것은 ○표, 옳지 <u>않은</u> 것은 ×표 하시오.

1 서식지가 파괴되면 생물다양성이 감소한다. ○ ×

2 외래종이 유입되면 먹이그물에 변화를 일으켜 종의 수가 늘어나게 된다. ○ ×

3 생태통로 설치 등의 방법을 통해 개인 수준에서 생물다양성을 보전할 수 있다. ○ ×

4 갯벌을 매립하여 작물이 자랄 수 있는 농지를 만들면 생물다양성을 보전할 수 있다. ○ ×

5 개인 수준에서 쓰레기 배출량을 줄이는 것도 생물다양성을 보전하는 노력이 될 수 있다. ○ ×

6 야생 동물의 남획을 막기 위해서는 국가에서 종의 보호를 위한 법령을 제정하여 시행해야 한다. ○ ×

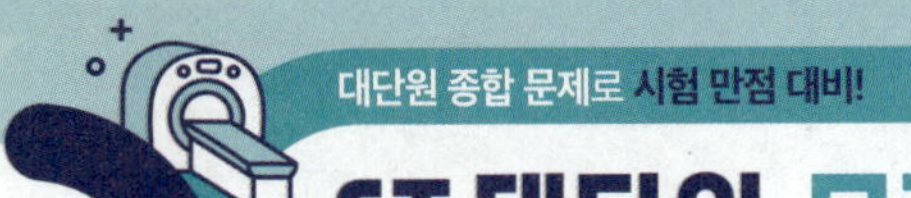

CT 대단원 문제
Comprehensive **T**est

메타인지	각 중단원별 부족한 부분을 체크해 보고 부족한 단원은 꼭~ 복습하세요.												
O1 생물의 구성	01	02	03	04	05	25							
O2 생물의 다양성	06	07	08	09	26	27	28	29					
O3 생물의 분류	10	11	12	13	14	15	16	17	18	30	31	32	33
O4 생물다양성보전	19	20	21	22	23	24	34						

01 그림은 어떤 세포의 모식도이다. 각 부분에 대한 설명으로 옳은 것은?

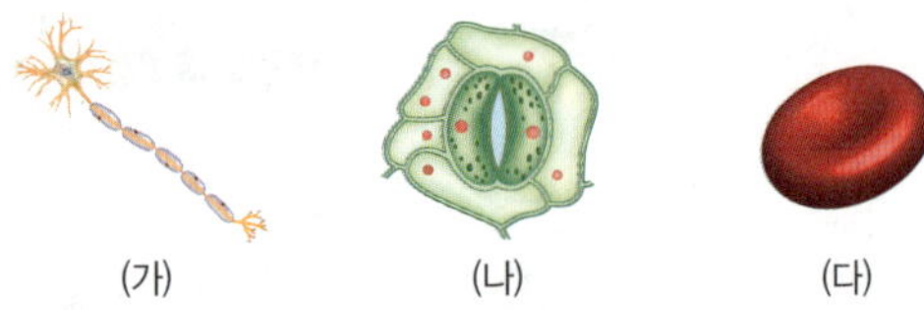

① 동물 세포의 모식도이다.
② A에서는 생명활동에 필요한 에너지를 생산한다.
③ B와 E는 식물 세포에만 존재하는 세포 구조이다.
④ C는 생명활동을 조절한다.
⑤ D는 세포의 형태를 유지한다.

[02~03] 그림은 입안 상피세포와 검정말잎 세포의 구조를 나타낸 것이다.

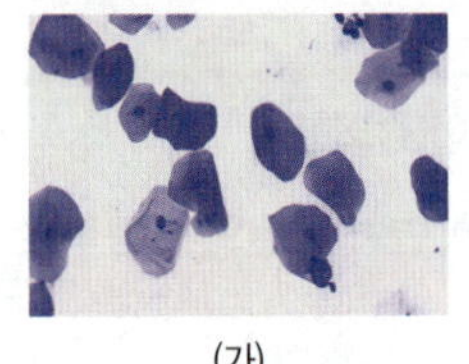
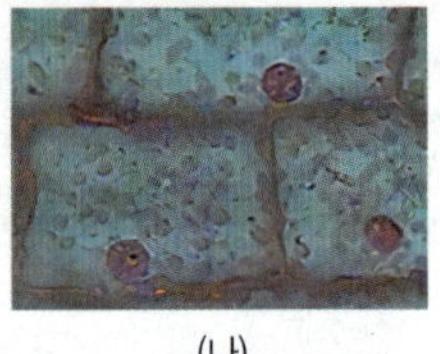

(가) (나)

02 이에 대한 설명으로 옳지 <u>않은</u> 것은?

① 염색되는 부분은 (가)와 (나) 모두 같다.
② (가)는 푸른색으로, (나)는 붉은색으로 염색된다.
③ (가)는 입안 상피세포이고, (나)는 검정말잎 세포이다.
④ (가)는 세포막이 존재하지 않기 때문에 모양이 불규칙적이다.
⑤ (가)는 메틸렌 블루 용액으로, (나)는 아세트올세인 용액으로 염색한다.

03 (가)와 (나)에서 공통적으로 관찰되는 세포 구조는?

① 핵, 세포질
② 핵, 세포벽
③ 세포질, 엽록체
④ 세포막, 세포벽
⑤ 엽록체, 세포벽

04 그림은 생물을 구성하는 다양한 세포를 나타낸 것이다.

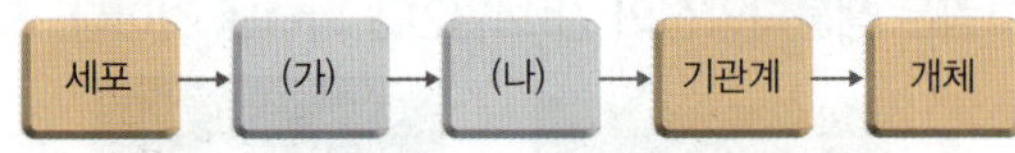

(가) (나) (다)

이에 대한 설명으로 옳은 것을 보기 에서 모두 고른 것은?

> **보기**
> ㄱ. (가)와 (나)에는 세포벽이 있다.
> ㄴ. (다)는 혈관을 따라 몸속을 이동하기 적합한 구조이다.
> ㄷ. 세포의 모양은 세포의 기능과 관련이 있다.

① ㄱ ② ㄷ ③ ㄱ, ㄴ ④ ㄱ, ㄷ ⑤ ㄴ, ㄷ

05 다음은 생물의 구성 단계를 나타낸 것이다.

세포 → (가) → (나) → 기관계 → 개체

이에 대한 설명으로 옳은 것을 보기 에서 모두 고른 것은?

> **보기**
> ㄱ. 동물의 구성 단계이다.
> ㄴ. 상피조직은 (가)에 해당한다.
> ㄷ. (나)는 동일한 기능을 하는 한 가지 조직으로 이루어진다.

① ㄱ ② ㄴ ③ ㄱ, ㄴ ④ ㄴ, ㄷ ⑤ ㄱ, ㄴ, ㄷ

06 다음은 생물다양성에 대한 학생들의 대화 내용이다.

대화 내용이 옳은 학생을 모두 고른 것은?

① A ② B ③ C ④ A, B ⑤ A, C

07 다음은 오스트레일리아에서 서식하는 가시두더지와 오리너구리의 모습과 특성을 나타낸 것이다.

가시두더지와 오리너구리는 모두 알을 낳는 포유류이며, 가시두더지는 흰개미, 개미, 지렁이 등을, 오리너구리는 가재, 지렁이, 수서 곤충 및 조개를 먹고 살아간다. 가시두더지는 열대 산악 지대에서 살아가지만, 오리너구리는 물가에서 살아가는 것이 특징이다.

두 생물의 특성이 달라진 요인으로 가장 적절한 것은?

① 천적의 종류　　② 먹이의 종류　　③ 서식지의 온도
④ 서식지의 환경　　⑤ 주로 활동하는 시간

08 생물다양성에 대한 설명으로 옳은 것을 보기 에서 모두 고른 것은?

보기
ㄱ. 생물다양성이 높을수록 생물의 멸종 가능성이 높다.
ㄴ. 변이는 생물다양성을 형성하는 데 중요한 역할을 한다.
ㄷ. 생태계가 다양한 정도는 생물다양성에 영향을 끼치지 않는다.

① ㄱ　　　　② ㄴ　　　　③ ㄱ, ㄷ
④ ㄴ, ㄷ　　　　⑤ ㄱ, ㄴ, ㄷ

09 그림은 갈라파고스제도의 각 섬에 서식하는 핀치의 먹이에 따른 부리 모양을 나타낸 것이다.

이를 통해 알 수 있는 사실로 옳은 것을 보기 에서 모두 고른 것은?

보기
ㄱ. 지구상에 존재하는 생물종의 다양함을 나타낸다.
ㄴ. 변이에 따라 핀치의 적응력과 생존력이 달라서 부리 모양이 다양해졌다.
ㄷ. 각 섬에 서식하는 핀치가 서로 이동하여 교배한 결과 부리 모양이 다양해졌다.

① ㄱ　　　　② ㄷ　　　　③ ㄱ, ㄴ
④ ㄴ, ㄷ　　　　⑤ ㄱ, ㄴ, ㄷ

10 종에 대한 설명으로 옳은 것을 보기 에서 모두 고른 것은?

보기
ㄱ. 생물 분류 단계 중 가장 작은 단계이다.
ㄴ. 생김새와 생활 방식이 비슷한 생물 무리이다.
ㄷ. 자연 상태에서 짝짓기하여 번식 능력이 있는 자손을 얻을 수 있는 무리를 말한다.

① ㄱ　　　　② ㄷ　　　　③ ㄱ, ㄴ
④ ㄴ, ㄷ　　　　⑤ ㄱ, ㄴ, ㄷ

11 다음은 어떤 생물의 특징을 설명한 것이다.

· 대부분 세포가 핵막으로 구분된 핵이 있는 다세포생물이다.
· 세포에 엽록체가 없어 광합성을 할 수 없다.
· 운동성이 없으며, 균사가 얽힌 구조가 나타난다.

이와 같은 특징을 가진 생물이 속하는 계는?

① 균계　　　　② 식물계　　　　③ 동물계
④ 원핵생물계　　⑤ 원생생물계

12 그림은 생물을 5계로 분류한 것을 나타낸 것이다.

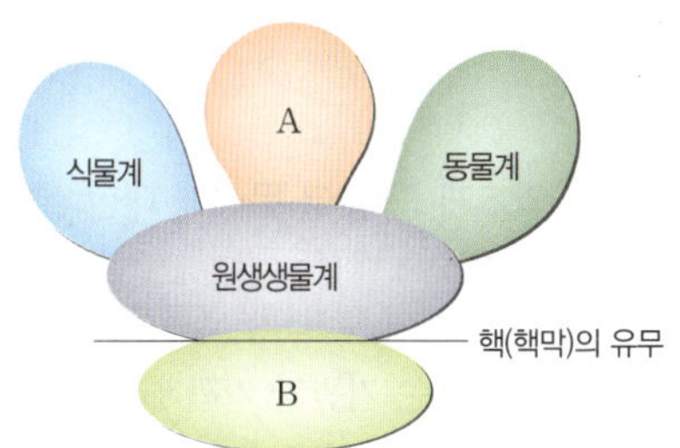

이에 대한 설명으로 옳은 것을 보기 에서 모두 고른 것은?

보기
ㄱ. A에 속하는 생물은 대부분 단세포로 이루어져 있다.
ㄴ. B에 속하는 생물은 핵이 없는 단세포생물로, 세포질 내에 유전물질이 있다.
ㄷ. A와 B의 생물은 세포벽이 있다.

① ㄱ　　　　② ㄷ　　　　③ ㄱ, ㄴ
④ ㄱ, ㄷ　　　　⑤ ㄴ, ㄷ

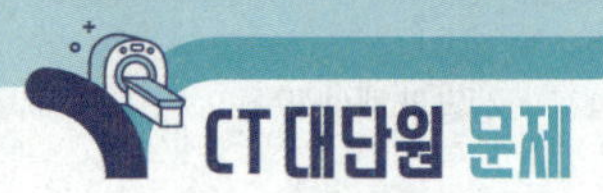

13 그림은 여러 종류의 생물을 나타낸 것이다.

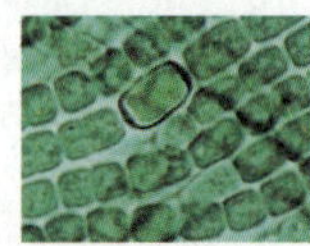 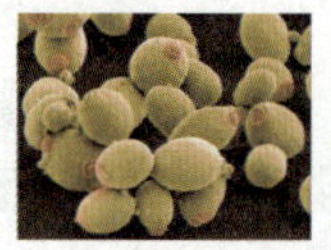 

각 생물이 속하는 계를 옳게 짝 지은 것은?

	남세균	효모	다시마
①	균계	균계	식물계
②	균계	원핵생물계	식물계
③	원핵생물계	원생생물계	균계
④	원핵생물계	균계	원생생물계
⑤	원생생물계	균계	식물계

14 (중요) 생물 5계의 특징에 대한 설명으로 옳은 것은?

① 원생생물계: 핵막이 없어 세포질 내에 유전물질이 퍼져 있다.

② 식물계: 세포벽이 있으며, 운동성이 없지만 기관이 발달되어 있다.

③ 동물계: 대부분 단세포생물이며, 운동성이 있다.

④ 균계: 세포벽이 없는 다세포생물로, 감각, 신경, 소화 등 특정 기능을 하는 기관계가 발달하였다.

⑤ 원핵생물계: 엽록체가 없어 광합성을 하지 못하고 유기물을 흡수하여 살아가며, 대부분 균사가 존재한다.

15 다음은 생물의 5계 중 일부 무리에 대한 설명이다.

> (가) 핵막으로 구분된 핵이 있으며, 엽록체와 세포벽이 없고, 특정 기능을 하는 기관과 기관계가 발달하였다.
>
> (나) 핵막으로 구분된 핵이 있으며, 대부분 단세포생물이나 다세포생물도 있다. 기관이 발달하지 않았다.

(가)와 (나)에 속하는 생물의 예를 옳게 짝 지은 것은?

	(가)	(나)
①	개구리, 사자	대장균, 염주말
②	짚신벌레, 미역	표고버섯, 효모
③	호랑이, 원숭이	아메바, 해캄
④	우산이끼, 소나무	유산균, 폐렴균
⑤	누룩곰팡이, 송이버섯	오징어, 지렁이

16 (중요) 그림은 여러 가지 생물을 분류하는 과정을 나타낸 것이다.

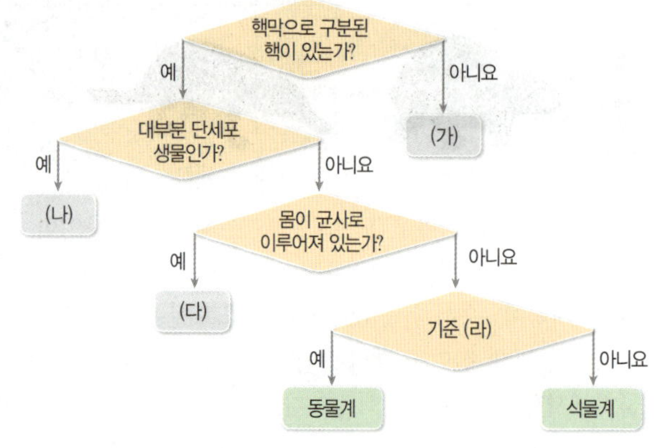

이에 대한 설명으로 옳은 것은?

① (가)의 생물은 대부분 세포벽을 가지고 있지 않다.

② (나)의 생물은 모두 광합성을 하는 생물이다.

③ (다)의 생물은 광합성을 할 수 있다.

④ (라)에는 '운동 기관이 발달해 있는가?'가 들어갈 수 있다.

⑤ (가)~(다)의 생물은 운동성을 가지고 있다.

[17~18] 표는 생물 5계의 특징을 비교하여 나타낸 것이다.

구분	핵(핵막)	운동성	광합성
A	없다.	있다./없다.	한다./못한다.
B			
식물계	있다.	없다.	한다.
균계			못한다.
C		있다.	

17 A~C에 해당하는 계의 이름을 쓰시오.

18 A~C에 해당하는 생물의 예를 옳게 짝 지은 것은?

	A	B	C
①	효모	해파리	짚신벌레
②	대장균	다시마	해면
③	아메바	효모	해파리
④	해파리	우산이끼	짚신벌레
⑤	아메바	검은빵곰팡이	해면

19 생물다양성이 주는 혜택에 대한 설명으로 옳지 <u>않은</u> 것은?

① 목재는 집을 지을 재료로 이용된다.
② 쌀, 옥수수, 밀 등을 재배하여 식량을 얻는다.
③ 목화나 누에고치로부터 의복의 재료를 얻는다.
④ 울창한 숲은 휴식 공간인 휴양림으로 이용된다.
⑤ 주목나무에서 추출한 물질은 컴퓨터의 부품으로 이용된다.

20 그림 (가)는 도로에 의해 숲이 분리된 것을, (나)는 도로에 의해 분리된 숲을 생태통로로 연결한 모습을 나타낸 것이다.

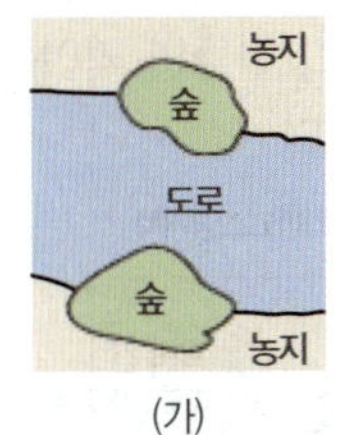

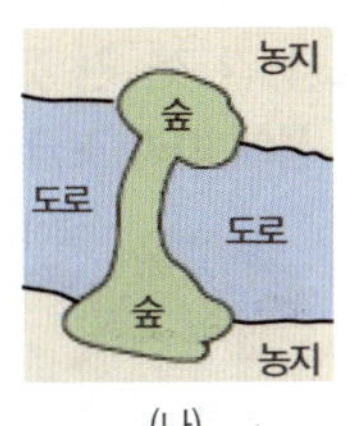

이에 대한 설명으로 옳은 것을 보기 에서 모두 고른 것은?

보기
ㄱ. 생태계의 평형은 (나)보다 (가)에서 안정하다.
ㄴ. 생태통로는 서식지의 감소를 방지하기 위한 생태계보전 방법이다.
ㄷ. 숲이 도로에 의해 분리되면 서식지가 2 개로 늘어나므로 생물다양성이 증가한다.

① ㄱ   ② ㄴ   ③ ㄷ
④ ㄱ, ㄷ   ⑤ ㄴ, ㄷ

21 생물다양성에 위협을 주는 요인으로 옳지 <u>않은</u> 것은?

① 농경지 개간
② 어획 기술의 발전
③ 철도와 도로의 건설
④ 개인 집 마당에 텃밭 조성
⑤ 천적이 없는 외래종의 도입

22 표는 (가), (나) 두 지역에서 살아가는 생물들의 수를 나타낸 것이다.

구분	(가)	(나)
A 생물	2	12
B 생물	3	1
C 생물	5	2
D 생물	6	4
E 생물	4	1

이에 대한 설명으로 옳은 것을 보기 에서 모두 고른 것은? (단, A∼E는 서로 다른 종이다.)

보기
ㄱ. (가)와 (나) 지역의 생물종 수는 같다.
ㄴ. E 생물의 멸종 가능성은 (가) 보다 (나) 지역에서 높다.
ㄷ. (가) 지역은 (나) 지역에 비해 환경 변화에 대한 안정성이 높다.

① ㄱ   ② ㄴ   ③ ㄱ, ㄷ
④ ㄴ, ㄷ   ⑤ ㄱ, ㄴ, ㄷ

23 남획을 조장하는 인간의 활동에 해당하지 <u>않는</u> 것은?

① 희귀 애완동물의 보편화
② 어선의 대형화 및 고성능화
③ 인공 부화로 태어난 치어의 방류
④ 식용, 약재 등 생물자원의 새로운 가치 창출
⑤ 채집가, 수집가, 애호가에 의한 야생 동식물의 매매

24 생물다양성을 보전하기 위한 방법으로 옳은 것은?

① 외래종을 도입하여 종다양성을 증가시킨다.
② 생태통로를 건설하여 분할된 서식지를 이어 준다.
③ 농작물의 우수한 품질을 유지하기 위해 단일 품종만 재배한다.
④ 잡아먹히는 생물의 멸종을 막기 위해 포식자를 생태계에서 제거한다.
⑤ 생태계의 종류를 늘리기 위해 서식지를 작은 크기로 분할하여 수를 늘린다.

서술형

25 그림은 식물 세포와 동물 세포의 구조를 나타낸 것이다. 식물은 음식물을 섭취하지 않는데 반해 동물은 음식물을 섭취해야 하는 까닭을 세포 구조와 관련하여 서술하시오.

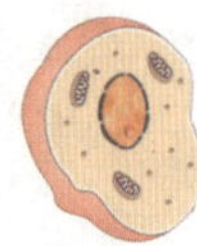

KEY 광합성

26 다음은 바나나의 품종에 대한 설명이다.

> 1960년대 Tropical Race 1이라는 곰팡이 균에 의해 당시 대부분의 농가에서 재배되던 그로미셸이란 품종이 거의 멸종되어 버리자, 맛은 덜하지만 질병에 강한 캐번디시가 대체 품종으로 선택되었고, 현재 거의 모든 농가에서 캐번디시를 재배하고 있다. 그러나 이 캐번디시도 변이가 거의 없어 Tropical Race 4라는 곰팡이 균에 의해 멸종될 가능성이 높다.

(1) 캐번디시가 멸종될 가능성이 높은 까닭을 서술하시오.

KEY 변이, 급격한 환경 변화

(2) 농가에서 바나나의 멸종을 막기 위해 할 수 있는 일을 서술하시오.

KEY 특성, 생물 종류의 다양성

27 그림은 생물다양성이 형성되는 과정을 나타낸 것이다.

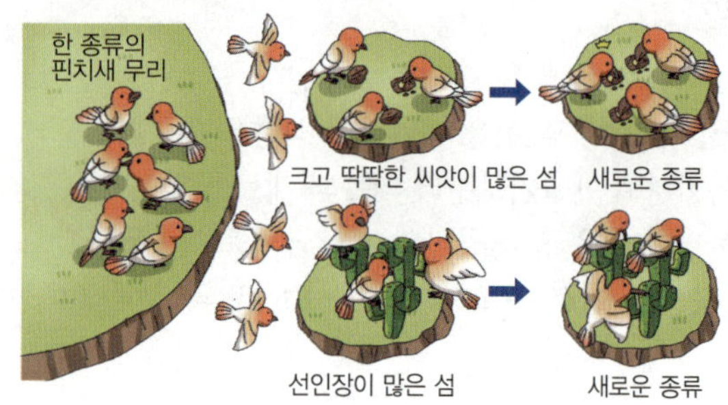

새의 종류가 다양해지는 과정을 설명하시오.

KEY 변이, 적응, 반복

28 그림은 갈라파고스제도의 각 섬에 서식하는 갈라파고스땅거북의 모습을 나타낸 것이다. 갈라파고스땅거북은 목이 짧은 것, 조금 긴 것, 긴 것이 있고, 이들의 먹이는 풀, 선인장, 과일 등 섬에 따라 조금씩 다르다.

이를 통해 알 수 있는 사실을 서술하시오.

KEY 서로 다른 환경

29 그림은 습지와 밭을 나타낸 것이다.

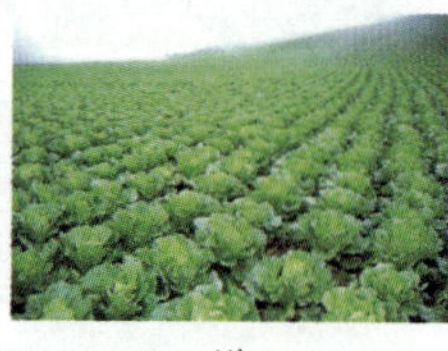

(1) 습지와 밭 중에서 생물다양성이 더 큰 곳을 쓰시오.

(2) (1)과 같이 생각한 까닭을 서술하시오.

KEY 생물의 종류

30 그림은 생물의 5계 분류체계를 나타낸 것이다.

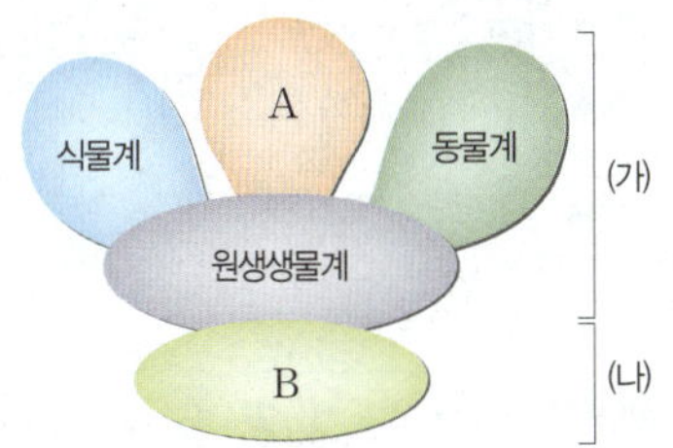

(1) A와 B는 무엇인지 쓰시오. (단, A는 균사를 가진 생물이 포함된다.)

(2) (가)와 (나)의 차이는 무엇인지 서술하시오.

KEY 핵(핵막)

31 그림은 말과 얼룩말 사이에서 태어난 조스(Zorse)를 나타낸 것이다. 조스는 말을 닮았지만, 다리와 등 부위에 얼룩말처럼 줄무늬가 있으며, 새끼를 낳지 못한다. 말과 얼룩말은 같은 종인지 다른 종인지 쓰고, 그렇게 생각한 까닭을 쓰시오.

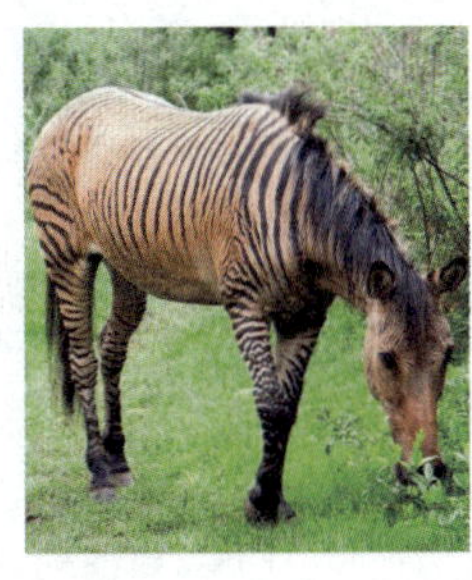

KEY 생식 능력

32 그림은 기린과 버섯을 나타낸 것이다.

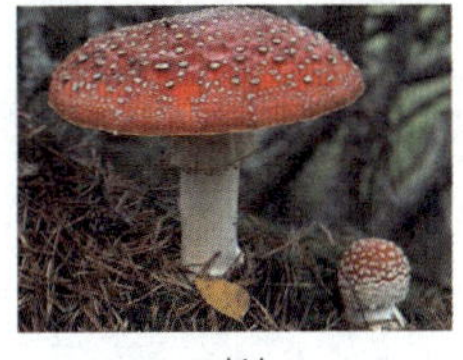

기린   버섯

두 생물의 공통점과 차이점을 각 생물이 속하는 무리의 특성과 연관 지어 서술하시오.

KEY 핵막으로 구분된 핵, 광합성, 운동성, 영양분

(1) 공통점:

(2) 차이점:

33 표는 풍식이가 발견한 어떤 생물의 특성을 나타낸 것이다. 풍식이는 이 생물을 식물계의 생물이라고 판단하였으나, 선생님께서는 식물계의 생물이 아니라고 하셨다.

핵(핵막)	○
세포 수	다세포
엽록체	○
세포벽	○
균사	×
운동성	○
발견 위치	물가

(1) 이 생물이 식물계에 속하지 <u>않는</u> 까닭을 서술하시오.

KEY 운동성

(2) 이 생물은 어떤 계에 속하는지 서술하시오.

KEY 핵 ○, 엽록체 ○, 세포벽 ○, 운동성 ○

34 그림 (가)는 생물 종류가 적은 생태계를, (나)는 생물 종류가 다양한 생태계를 나타낸 것이다.

(1) 환경 변화가 생겨 메뚜기가 멸종되었을 때 각 생태계에서 멸종될 수 있는 종을 <u>모두</u> 쓰시오.

(2) (1)의 사실로부터 알 수 있는 생물다양성과 생태계평형 간의 관계를 서술하시오.

KEY 먹이사슬, 생태계평형

열

이 단원을 공부하기 전에 이전 학년에서 배운 개념을 알고 있는지 확인해 보세요.

초5

❶ [ ] : 물체의 뜨겁고 차가운 정도를 숫자와 ℃(섭씨도)를 함께 사용하여 나타낸다.

초5

열의 이동: 열은 온도가 ❷ [ ] 곳에서 ❸ [ ] 곳으로 이동한다.

초5

단열: 두 물체 사이에서 ❹ [ ] 을 막아 온도를 유지한다.

이 단원 연계 개념은...

정답 ❶ 온도 ❷ 높은 ❸ 낮은 ❹ 열의 이동

초등 3~6학년		중학교 1학년		물리학
5학년 • 열과 우리 생활	>	• 열평형 • 전도, 대류, 복사 • 비열과 열팽창	>	• 열과 에너지 전환 • 에너지 보존

01 열의 이동

❶ 온도와 입자 운동

1 입자: 물질은 눈에 보이지 않는 매우 작은 입자로 구성되어 있다.

(1) **입자 모형**: 물질을 구성하는 입자는 직접 관찰하기 어려워 둥근 공과 같은 간단한 모형으로 나타낸다.

입자 운동의 활발한 정도는))의 개수 차이로 나타내~

입자 모형

(2) 입자는 가만히 있지 않고 끊임없이 스스로 움직인다.

(3) 물질을 구성하는 입자의 움직임이 활발할수록 입자 사이의 거리가 대체로 멀어진다.

2 온도: 물질의 차갑고 따뜻한 정도를 숫자로 나타낸 값으로, 단위는 °C(섭씨도), K(켈빈)을 사용한다.

3 온도와 입자 운동: 물질의 온도가 낮으면 물질을 구성하는 입자의 운동이 둔하고, 온도가 높으면 물질을 구성하는 입자의 운동이 활발하다.

➡ 온도는 물질을 구성하는 입자의 운동이 활발한 정도를 나타낸다.

4 온도에 따른 물 입자의 움직임과 배치

찬물	뜨거운 물
물 입자의 움직임이 둔하고 물 입자 사이의 거리가 대체로 가깝다.	물 입자의 움직임이 활발하고 물 입자 사이의 거리가 대체로 멀다.

❷ 열평형

1 열평형: 온도가 서로 다른 두 물체가 접촉할 때, 온도가 높은 물체에서 온도가 낮은 물체로 열이 이동하여 두 물체의 온도가 같아진 상태

두 물체의 온도차가 클수록 이동하는 열이 많아!

(1) **온도가 다른 두 물체가 접촉할 때의 온도 변화**: 찬물이 담긴 열량계에 뜨거운 물이 담긴 금속 컵을 넣으면 뜨거운 물의 온도는 낮아지고 찬물의 온도는 높아진다. ➡ 뜨거운 물에서 찬물로 열이 이동한다.

(2) **열평형과 입자 운동**: 접촉한 두 물체가 열평형에 이르기까지 각 물체를 구성하는 입자의 움직임과 배치가 달라진다.

① 온도가 높은 물체는 열을 잃어 입자 운동이 둔해지고 입자 사이의 거리가 가까워진다.

② 온도가 낮은 물체는 열을 얻어 입자 운동이 활발해지고 입자 사이의 거리가 멀어진다.

③ 시간이 흐른 후, 두 물체는 입자의 운동 정도가 같아진 열평형 상태에 도달한다.

2 열평형을 이용한 예

(1) 음식을 냉장고에 넣어 차갑게 보관한다.

(2) 갓 삶은 뜨거운 달걀을 찬물에 넣어 식힌다.

(3) 체온계를 사람의 몸에 접촉하여 체온을 측정한다.

❶ 섭씨온도[단위: °C]

1 기압에서 물의 어는점을 0 °C, 끓는점을 100 °C로 하고 그 사이를 100 등분한 온도

절대 온도[단위: K]

물질을 이루는 입자의 운동이 활발한 정도를 수치로 나타낸 것으로, 과학에서는 −273 °C를 0 K(켈빈)으로 정한 절대 온도를 사용한다.

❷ 온도와 입자 운동

찬물과 뜨거운 물에 잉크를 동시에 떨어뜨리면 찬물에서는 잉크가 천천히 퍼지고 뜨거운 물에서는 잉크가 빨리 퍼진다. 물이 차가울 때는 물 입자가 둔하게 움직이지만, 뜨거울 때는 물 입자가 활발하게 움직여 잉크 입자와 잘 섞이기 때문이다.

가열하지 않고 물의 온도 높이기

보온병에 물을 넣고 힘껏 흔들면 보온병에 든 물의 온도가 높아진다. 물질에 마찰을 일으키거나 충격을 주면 물질을 구성하는 입자의 움직임이 활발해지면서 물질의 온도가 높아지기 때문이다.

❺ 열평형과 입자 운동

구분	고온 물체	저온 물체
열	잃음	얻음
입자 운동	둔해짐	활발해짐
온도	낮아짐	높아짐

❸ 열

온도가 서로 다른 두 물체가 접촉했을 때, 온도가 높은 물체에서 온도가 낮은 물체로 이동하는 에너지

❹ 열량계

물질이 가지고 있는 열의 양을 측정하기 위한 장치

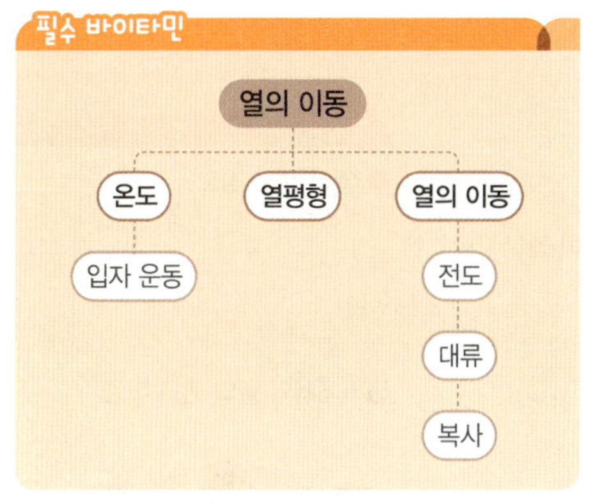

01 물체의 온도와 입자 운동이 서로 관련 있는 것을 옳게 연결하시오.

(1) 온도가 낮은 물체 • • ㉠ 입자의 운동이 활발하다.

(2) 온도가 높은 물체 • • ㉡ 입자의 운동이 둔하다.

02 그림은 물을 가열하는 동안에 물 입자가 운동하는 모습을 나타낸 것이다.

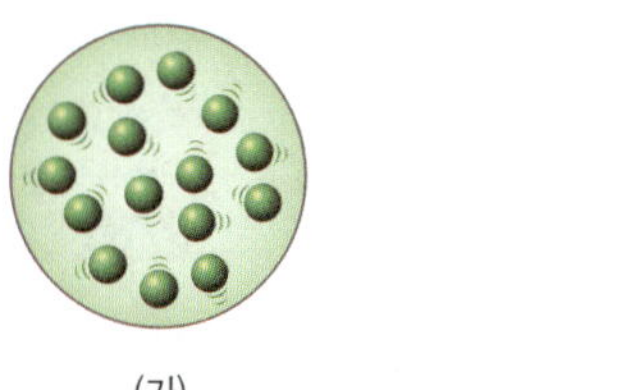

(1) (가)와 (나) 중 입자의 운동이 더 활발한 것을 쓰시오.

(2) (가)와 (나) 중 물의 온도가 더 낮은 것을 쓰시오.

03 온도와 열에 대한 설명으로 옳은 것을 **보기**에서 **모두** 고르시오.

> **보기**
> ㄱ. 섭씨온도의 단위는 ℃, 절대 온도의 단위는 K이다.
> ㄴ. 온도가 낮을수록 물체를 구성하는 입자들의 운동이 활발하다.
> ㄷ. 열은 온도가 높은 물체에서 낮은 물체로 이동하는 에너지이다.

바로 복습

빈칸 채우기 문제

01 물질은 눈에 보이지 않는 작은 ______로 이루어져 있다.

02 물질의 차갑고 따뜻한 정도를 나타낸 것을 ______라고 한다.

03 온도가 ______수록 물체를 구성하는 입자의 운동이 활발하다.

04 온도가 서로 다른 두 물체가 접촉하여 두 물체의 온도가 같아진 상태를 ______이라고 한다.

05 온도가 서로 다른 두 물체가 접촉하면 온도가 __은 물체에서 온도가 __은 물체로 열이 이동한다.

04 그림은 온도에 따라 입자의 움직임 정도가 다른 두 물체가 접촉하는 순간을 나타낸 것이다. ㉠과 ㉡ 중 열의 이동 방향으로 옳은 것을 고르시오.

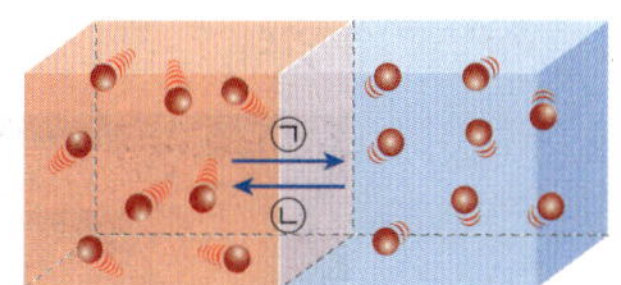

○× 문제

06 열을 얻으면 물체의 온도가 낮아진다. (　　)

07 온도의 단위는 주로 ℃를 사용한다. (　　)

08 차가운 물은 뜨거운 물보다 물 입자 사이의 거리가 대체로 가깝다. (　　)

09 온도가 높아지면 물질을 구성하는 입자의 개수가 많아진다. (　　)

10 차가운 물과 뜨거운 물이 접촉하면 뜨거운 물은 입자의 움직임이 둔해진다. (　　)

05 그림은 온도가 서로 다른 두 물체 A와 B가 접촉했을 때 열평형에 도달하는 과정을 온도와 시간의 관계로 나타낸 것이다. 이에 대한 설명으로 옳은 것은 ○, 옳지 않은 것은 ×로 표시하시오. (단, 외부와의 열 출입은 무시한다.)

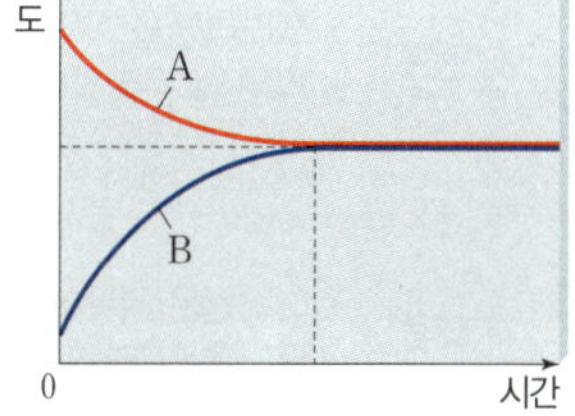

(1) A에서 B로 열이 이동한다. (　　)

(2) A의 온도는 점점 낮아지고, B의 온도는 점점 높아진다. (　　)

(3) A에서 입자의 운동은 활발해지고, B에서 입자의 운동은 둔해진다. (　　)

  **3 열의 이동**

1 열의 이동 방법

(1) 전도: 물체를 구성하는 입자의 움직임이 이웃한 입자에 차례로 전달되어 열이 이동하는 현상

① 입자가 직접 이동하지 않고, 입자의 움직임이 전달된다.

② 열이 전도되는 정도는 물질의 종류에 따라 다르며 구리, 철과 같은 금속이 유리나 나무보다 열을 빠르게 전달한다.

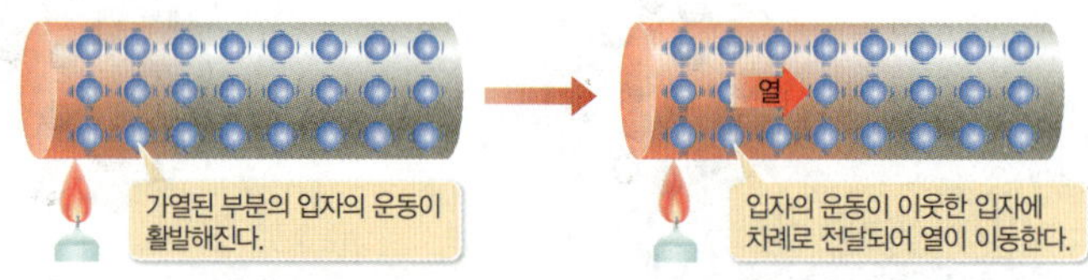

(2) 대류: 물질을 구성하는 입자가 직접 이동하면서 열이 이동하는 현상

① 입자가 직접 이동하므로 액체나 기체처럼 흐르는 성질이 있는 물질에서 일어난다.

② 물이 든 냄비의 아래쪽을 가열하면 뜨거워진 물은 위로 올라가고 위에 있던 물이 아래로 내려오면서 물 전체가 뜨거워진다.

③ 냉난방기를 작동하면 대류에 의해 공기 입자가 이동하면서 열을 전달하므로 방 전체가 골고루 시원해지거나 따뜻해진다. ➡ 차가운 공기는 입자 사이의 거리가 가까워서 주변 공기보다 밀도가 커서 아래로 내려가고, 따뜻한 공기는 입자 사이의 거리가 멀어서 주변 공기보다 밀도가 작아 위로 올라간다.

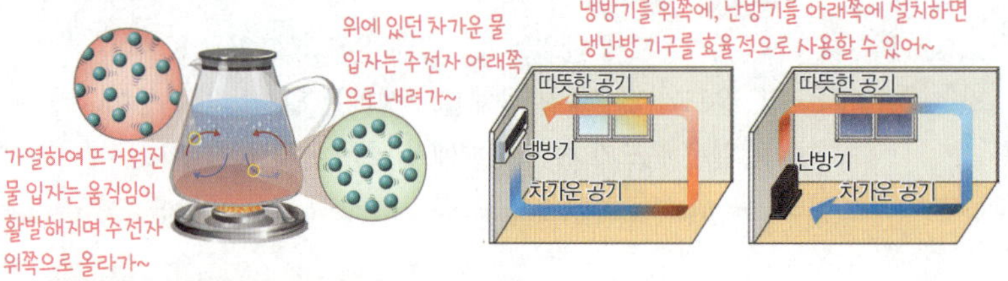

(3) 복사: 물질을 거치지 않고 열이 직접 이동하는 현상

① 모든 물체는 온도의 높고 낮음과 관계없이 복사의 형태로 열을 방출한다.

② 사람의 몸에서도 복사의 형태로 열이 방출되며 열화상 카메라로 촬영하여 체온을 측정할 수 있다.

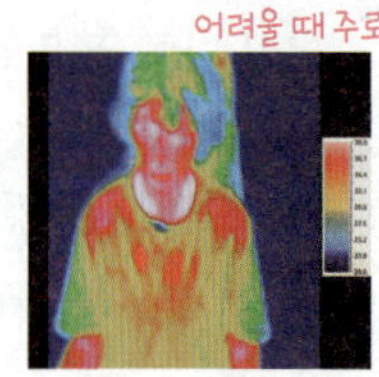

2 열의 이동의 예

전도	• 손난로를 쥐고 있으면 손이 따뜻해진다. • 프라이팬을 가열하면 프라이팬 전체가 뜨거워진다. • 추운 날 운동장에 있는 나무 의자보다 철봉이 더 차갑게 느껴진다. 공기와 열평형을 이루므로 나무 의자와 철봉의 온도는 같지만 철이 나무보다 열을 잘 전도해서 손에서 철봉으로 열이 빠르게 이동하기 때문이야~
대류	• 에어컨은 위쪽에, 난로는 아래쪽에 설치한다. • 무더운 날 땅 위의 공기가 데워져 올라가면서 아지랑이가 나타난다.
복사	• 햇빛이 비치는 곳은 그늘진 곳보다 더 따뜻하다. • 열화상 카메라가 달린 드론으로 화재 현장의 불씨를 포착한다. 열화상 카메라는 물체에서 복사의 형태로 이동하는 열을 감지해~

---

❶ 열의 전도 정도

나무 < 플라스틱 < 유리 < 철 < 알루미늄 < 구리 < 은 순으로 열이 잘 전도된다.

냄비에서의 열의 전도 이용

냄비의 바닥 부분은 열을 빠르게 전달하여 음식이 잘 익을 수 있도록 금속으로 만들고, 냄비의 손잡이는 안전하게 잡을 수 있도록 열을 느리게 전달하는 나무, 플라스틱 등으로 만든다.

열의 이동 방법 비유

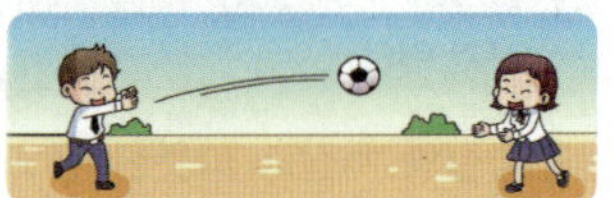

• 전도: 이웃한 사람에게 공을 전달한다.

• 대류: 공을 직접 들고 간다.

• 복사: 공을 던진다.

다양한 열의 이동

열이 이동할 때는 대체로 전도, 대류, 복사 중 한 가지 방법으로만 이동하지 않고 한 번에 두세 가지 방법으로 이동한다.

• 전도: 난로에서 열이 전도되어 주전자가 아래쪽부터 따뜻해진다.

• 대류: 주전자 아래쪽 물이 데워져 대류에 의해 위로 올라간다.

• 복사: 뜨거운 난로 근처에 있으면 열이 복사로 이동하여 따뜻해진다.

❷ 열화상 카메라

물체로부터 나오는 열을 감지해 온도에 따라 여러 가지 색깔로 나타내는 카메라

빈칸 채우기 문제

11 온도가 다른 두 물체가 접촉했을 때, ___ 이 이동한다.

12 입자의 움직임이 이웃한 입자에 차례로 전달되어 열이 이동하는 방법은 _____ 이다.

13 _____ 는 액체나 기체 물질을 구성하는 입자가 직접 이동하면서 열을 전달하는 방법이다.

14 다른 물질의 도움 없이 열이 직접 이동하는 방법은 _____ 이다.

15 열화상 카메라로 촬영할 때 물체에서 나오는 _____ 열을 이용하여 온도를 색깔로 나타낸다.

○× 문제

16 금속보다 플라스틱에서 열이 빠르게 전도된다. ( )

17 대류에 의해 열이 이동할 때 물질을 이루는 입자가 직접 이동한다. ( )

18 열은 물질의 도움 없이도 직접 이동할 수 있다. ( )

19 전도는 주로 고체에서 일어나는 열의 이동 방법이다. ( )

20 난로 앞에 있을 때 난로를 향한 얼굴이 등보다 더 따뜻한 것은 열이 복사의 방법으로 전달되기 때문이다. ( )

06 그림은 열이 전달되는 모습을 나타낸 것이다.

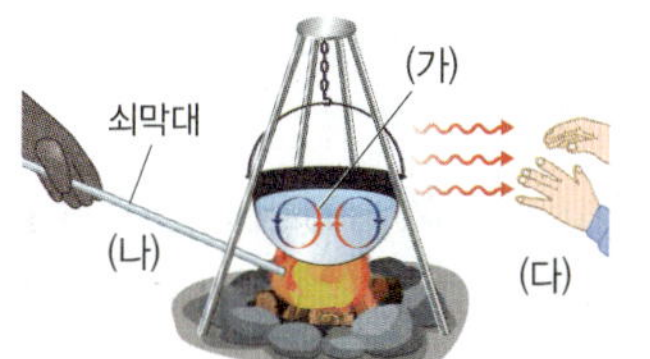

(가)~(다)에서 열의 이동 방법을 각각 쓰시오.

07 열의 이동 방법에 대한 설명으로 옳은 것은 ○, 옳지 않은 것은 ×로 표시하시오.

(1) 전도는 접촉해 있는 물체 사이에서만 일어날 수 있다. ( )

(2) 고체에서 주로 일어나는 열의 이동 방법은 대류이다. ( )

(3) 복사는 입자가 직접 이동하면서 열을 전달하는 방법이다. ( )

08 다음은 냄비 속에 물을 넣고 가열할 때에 대한 설명을 나타낸 것이다. 빈칸에 알맞은 말을 쓰시오.

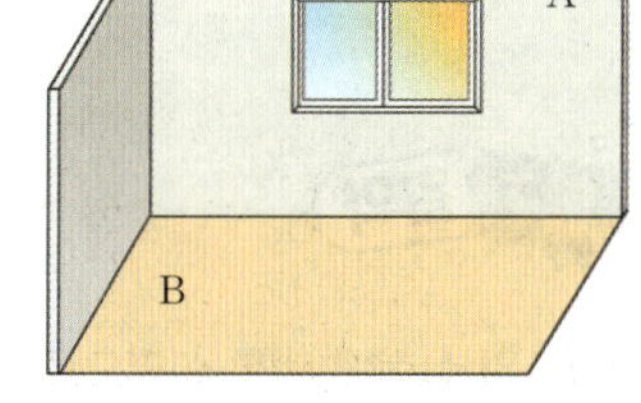

냄비의 아래쪽을 가열하면 (㉠　　　) 에 의해 냄비 표면에 열이 전달되며, 냄비 속 뜨거워진 물은 (㉡　　　)로 올라가고 상대적으로 차가운 물은 (㉢　　　)로 내려가면서 (㉣　　　)에 의해 냄비 속의 물이 전체적으로 뜨거워지게 된다. 이때 냄비 가까이에 있는 숟가락은 (㉤　　　)에 의해 온도가 높아진다.

09 그림은 냉난방 기구를 설치하려고 하는 방 안의 모습을 나타낸 것이다.

(1) A와 B 중 냉방을 효율적으로 하기 위해 냉방기를 설치하기 적합한 곳을 쓰시오. ( )

(2) 냉방기를 적합한 곳에 설치한 후 방 안에서 냉방을 할 때, 공기의 대류 과정을 설명하시오.
( )

(3) A와 B 중 중 난방을 효율적으로 하기 위해 난방기를 설치하기 적합한 곳을 쓰시오. ( )

(4) 난방기를 적합한 곳에 설치한 후 방 안에서 난방을 할 때, 공기의 대류 과정을 설명하시오.
( )

10 다음 현상에서 주로 일어나는 열의 이동 방법을 쓰시오.

(1) 전기장판 위에 있으면 몸이 따뜻해진다. ( )

(2) 에어프라이어를 이용하여 음식을 따뜻하게 데운다. ( )

(3) 난로 앞에 있으면 난로를 향한 얼굴이 등보다 따뜻하다. ( )

탐구 집중 관리 | 온도가 다른 두 물체가 접촉할 때의 온도 변화 관측하기

목표 | 열평형에 도달하는 과정을 온도 변화 그래프로 분석하고, 입자의 운동으로 설명할 수 있다.

과정

주의 신
• 뜨거운 물을 사용할 때 화상을 입지 않도록 주의한다.
• 온도 센서가 열량계나 금속 컵 바닥과 벽에 닿지 않도록 설치한다.

❶ 열량계에 찬물 200 mL를 넣는다.

❷ 뜨거운 물 100 mL가 담긴 금속 컵을 찬물이 담긴 열량계에 넣는다.

❸ 열량계 뚜껑을 닫고, 찬물과 뜨거운 물에 스마트 기기와 연결된 스마트 온도 센서를 각각 꽂는다.

❹ 온도 측정 앱을 실행하여 찬물과 뜨거운 물의 온도를 측정한다.

❺ 10 분 뒤 앱에 기록된 찬물과 뜨거운 물의 온도 변화 그래프를 확인한다.

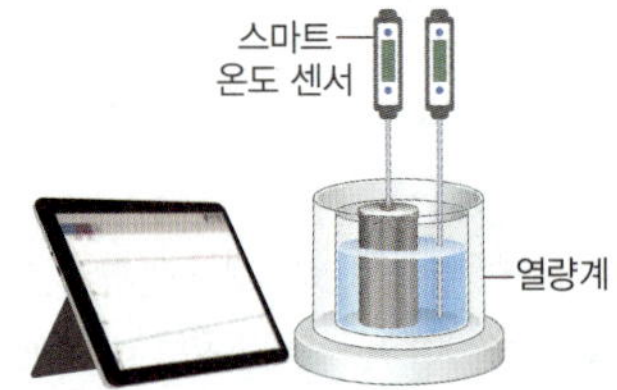

결과

• 시간에 따라 뜨거운 물의 온도는 낮아지고 찬물의 온도는 높아진다.
  뜨거운 물에서 찬물로 열이 이동해!

• 시간이 흐를수록 온도 변화량이 줄어든다.
  온도차는 점점 작아져!

• 6 분부터 그래프에서 온도가 일정한 구간이 나타난다.
  물의 온도가 같아지는 열평형 상태야!

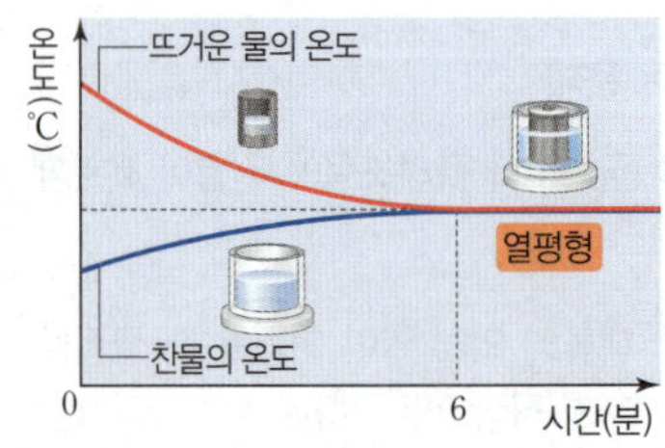

정리

• 온도가 높은 물체에서 온도가 낮은 물체로 열이 이동한다.

• 온도가 다른 두 물체가 접촉한 후 시간이 지나면 두 물체의 온도가 같아지는 열평형 상태에 도달한다.

• 뜨거운 물은 열을 잃어 입자의 움직임이 둔해지고, 입자 사이의 거리가 가까워진다.

• 찬물은 열을 얻어 입자의 움직임이 활발해지고, 입자 사이의 거리가 멀어진다.

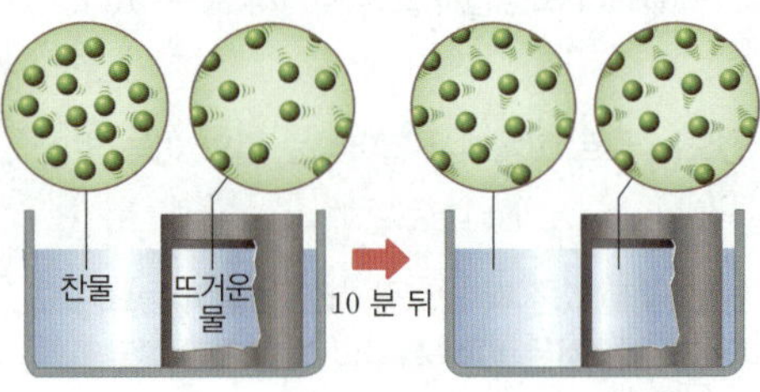

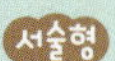

탐구 알약

01 위 실험에 대한 설명으로 옳은 것은 ○, 옳지 않은 것은 ×로 표시하시오.

(1) 열은 뜨거운 물에서 찬물로 이동한다. ( )

(2) 뜨거운 물과 찬물의 입자 운동은 모두 둔해진다. ( )

(3) 열평형에 도달하는 동안 뜨거운 물과 찬물의 온도 변화량은 같다. ( )

(4) 시간이 지날수록 뜨거운 물과 찬물의 온도 변화량이 줄어든다. ( )

(5) 두 물이 열평형 상태에 도달한 시간은 6 분이다. ( )

(6) 열평형 온도는 뜨거운 물과 찬물의 처음 온도의 평균이다. ( )

서술형
02 그림은 위 실험을 입자의 운동으로 나타낸 것이다.

(1) A와 B가 접촉했을 때 A와 B 중 찬물의 입자 운동을 나타내는 것을 쓰고, 그렇게 생각한 까닭을 서술하시오.

(2) A와 B 사이에서 열이 이동하는 방향을 온도와 관련지어 서술하시오.

탐구 집중 관리 열화상 카메라를 이용하여 물체에서 열의 전도 비교하기

목표 | 열화상 카메라를 이용하여 고체에서 열의 이동 현상을 비교할 수 있다.

탐구 ❶ **구리 막대, 알루미늄 막대, 유리 막대에서의 열의 전도 비교**

과정

주의 신
· 가열 장치를 사용할 때 화재에 유의하고, 화상을 입지 않도록 주의한다.
· 열화상 카메라로 촬영할 때 온도가 높을수록 막대가 빨갛게 나타난다.

❶ 구리 막대, 알루미늄 막대, 유리 막대를 스탠드에 고정한 후 한쪽 끝을 가열한다.

❷ 열화상 카메라를 스마트 기기에 연결한 후 막대의 모습을 2 분 간격으로 촬영한다.

❸ 촬영한 사진을 보면서 세 막대에서 일어나는 색깔 변화를 관찰한다.

결과 & 정리

· 가열한 부분과 가까운 쪽부터 막대의 색깔이 변한다.
➡ 가열한 부분에서 활발해진 입자의 운동이 이웃한 입자에 전달되는 방식으로 열이 전달된다.
· 시간에 따라 구리 막대 > 알루미늄 막대 > 유리 막대 순서로 색의 변화가 나타난다.
➡ 열이 전도되는 빠르기는 물질에 따라 다르며 구리, 알루미늄, 유리 순서로 열이 잘 전도된다.

탐구 ❷ **플라스틱판과 금속판에서의 열의 전도 비교**

과정

❶ 양면 접착테이프를 이용하여 플라스틱판과 금속판의 한쪽 면에 각각 검은색 종이를 붙인다.

❷ 뜨거운 물을 담은 비커에 금속 추 2 개를 넣는다.

❸ 시간이 지난 뒤에 뜨거운 물에서 금속 추 2 개를 집게로 꺼낸다.

❹ 플라스틱판과 금속판을 뜨거운 금속 추 위에 각각 올려놓고, 열화상 카메라로 두 판의 온도 변화를 동영상으로 촬영한다.

결과 & 정리

· 플라스틱판과 금속판의 온도가 시간이 지남에 따라 높아진다. ➡ 열은 금속 추에서 플라스틱판과 금속판으로 전도된다.
· 플라스틱판보다 금속판의 온도가 더 빠르게 높아진다. ➡ 금속이 플라스틱보다 열을 빠르게 전달한다.

탐구 알약

03 그림과 같이 열변색 붙임딱지를 붙인 알루미늄 막대, 구리 막대, 유리 막대를 스탠드에 고정한 뒤 막대의 한쪽 끝을 가열하였더니 열변색 붙임딱지의 색깔이 변했다.

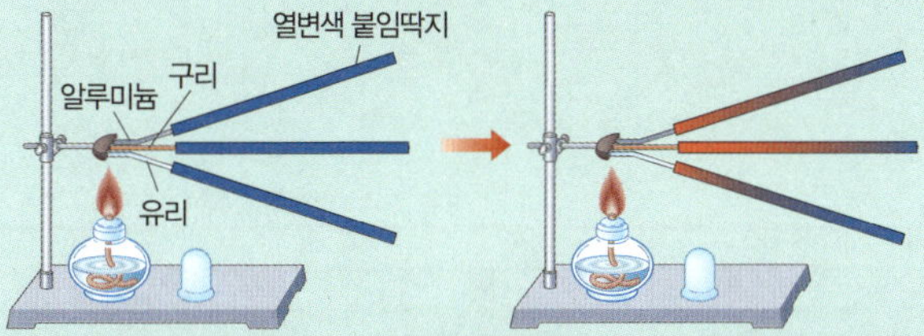

이에 대한 설명으로 옳은 것을 **보기** 에서 모두 고른 것은?

보기
ㄱ. 막대의 입자가 직접 이동하여 열을 전달한다.
ㄴ. 가열한 부분과 가까운 쪽부터 열변색 붙임딱지의 색이 변한다.
ㄷ. 열은 구리 > 알루미늄 > 유리 순서로 잘 이동한다.

① ㄱ　　② ㄴ　　③ ㄷ　　④ ㄱ, ㄷ　⑤ ㄴ, ㄷ

04 [탐구 2]에 대한 설명으로 옳은 것은 ○, 옳지 <u>않은</u> 것은 ×로 표시하시오.

(1) 뜨거운 물에 금속 추를 넣으면 뜨거운 물에서 금속 추로 열이 이동한다. (　　)
(2) 금속 추가 가열되면 금속 추를 구성하는 입자 사이의 거리가 가까워진다. (　　)
(3) 금속 추가 가열되면 금속 추를 구성하는 입자의 개수가 많아진다. (　　)
(4) 뜨거운 금속 추를 이루는 입자의 움직임이 플라스틱판과 금속판을 이루는 입자에 전달된다. (　　)
(5) 열은 플라스틱판보다 금속판에서 더 잘 이동한다. (　　)

열의 이동과 열평형

온도가 서로 다른 두 물체가 접촉했을 때 온도가 높은 물체에서 온도가 낮은 물체로 이동하는 에너지를 열이라고 하지? 열은 두 물체의 온도가 같아질 때까지 이동하는데 온도가 같아진 상태, 다르게 표현하면 물체를 구성하는 입자의 운동이 같아진 상태를 열평형 상태라고 해~! 그럼 열의 이동에서 열평형 상태까지의 과정을 정복해 보자!

1 시간에 따른 온도 변화 그래프

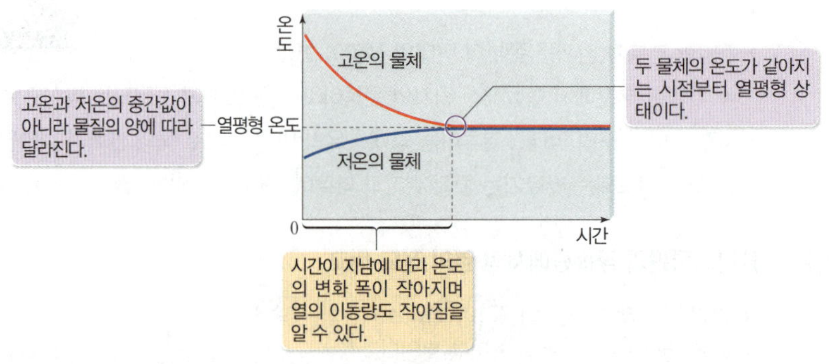

고온의 물체와 저온의 물체가 접촉할 때의 온도 변화
- 고온의 물체 : 온도가 낮아진다.
- 저온의 물체 : 온도가 높아진다.
- 외부와의 열 출입이 없고, 질량이 서로 같을 때 열평형 온도는 두 물체가 접촉하기 전 온도의 평균값을 가진다.
- 접촉한 두 물체의 온도가 같아지는 열평형에 도달하면 열은 더 이상 이동하지 않는다.
- 저온 물체의 처음 온도 < 열평형 온도 < 고온 물체의 처음 온도
  → 두 물체의 온도가 같아지면 더 이상 온도가 변하지 않고 일정해진다. ⇨ 열평형 상태

2 입자의 운동을 나타내는 입자 모형 그림

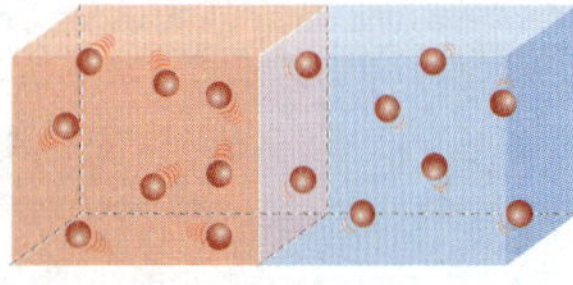

열평형에 이르기까지의 각 물체를 구성하는 입자의 움직임과 배치
- 고온의 물체: 열을 잃어 입자의 움직임이 둔해지고, 입자 사이의 거리가 가까워진다.
- 저온의 물체: 열을 얻어 입자의 움직임이 활발해지고, 입자 사이의 거리가 멀어진다.
  → 두 물체의 온도가 같아지면 입자의 운동이 같아진다. ⇨ 열평형 상태

3 온도 변화를 기록한 표

6~8 분 사이에 열평형 상태에 도달했어.

시간(분)	0	2	4	6	8	10
뜨거운 물의 온도(℃)	70	54	42	34	30	30
찬물의 온도(℃)	20	24	27	29	30	30

(뜨거운 물: -16, -12, -8, -4, 일정 / 찬물: +4, +3, +2, +1, 일정 / 열평형 온도)

시간이 지남에 따라 온도의 변화량이 작아지는 것으로 보아 열의 이동량도 작아짐을 알 수 있어.

- 시간이 지날수록 열의 이동량이 작아진다.
- 뜨거운 물과 찬물이 같은 온도로 일정하게 유지될 때 열평형 상태가 된다.
  → 시간이 지남에 따라 온도 변화량이 서서히 줄어들면서 온도가 일정해진다. ⇨ 열평형 상태

유형 클리닉

유형 1 열평형

시간에 따른 온도 변화 그래프를 보고 열평형에 대해서 물어보는 문제가 자주 출제돼!

그림은 온도가 서로 다른 물체 A와 B가 접촉했을 때, A와 B의 온도 변화를 시간에 따라 나타낸 것이다.

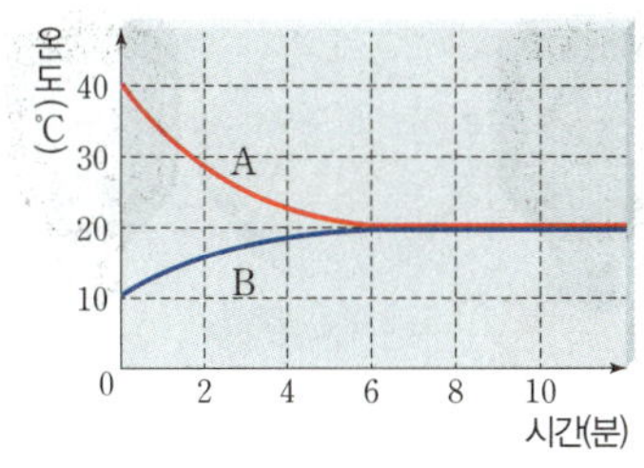

이에 대한 설명으로 옳지 <u>않은</u> 것은? (단, 외부와의 열 출입은 무시한다.)

① 0~6 분까지 A는 열을 잃는다.
② 0~6 분까지 열은 A에서 B로 이동한다.
③ 열평형 상태에 도달하는 데 걸리는 시간은 6 분이다.
④ 0~6 분까지 A의 입자 운동은 둔해지고, B의 입자 운동은 활발해진다.
⑤ 열평형 온도는 A와 B가 접촉하기 전 A와 B의 온도의 중간값이다.

---

① 0~6 분까지 A는 열을 잃는다.
→ A는 0~6 분 동안 열을 잃어서 40 ℃에서 20 ℃로 온도가 낮아졌어.

② 0~6 분까지 열은 A에서 B로 이동한다.
→ 0 분일 때 A의 온도는 40 ℃, B의 온도는 10 ℃야! 온도가 서로 다른 물체가 접촉하면 고온의 물체에서 저온의 물체로 열이 이동해~ 따라서 0~6 분 동안 A에서 B로 열이 이동하겠지!

③ 열평형 상태에 도달하는 데 걸리는 시간은 6 분이다.
→ 0~6 분 동안 A의 온도는 낮아지고 B의 온도는 높아지면서 6 분일 때 A와 B의 온도가 같아지는 열평형 상태에 도달했어.

④ 0~6 분까지 A의 입자 운동은 둔해지고, B의 입자 운동은 활발해진다.
→ 0~6 분까지 A의 온도는 낮아졌으니까 입자 운동이 둔해지고 입자 사이의 거리는 가까워져! B의 온도는 높아졌으니까 입자 운동이 활발해지고 입자 사이의 거리는 멀어지는 거야 ~

⑤ 열평형 온도는 A와 B가 접촉하기 전 A와 B의 온도의 중간값이다.
→ 접촉하기 전 A의 온도는 40 ℃이고 B의 온도는 10 ℃이므로 중간값은 25 ℃이지만 그래프에서 열평형 온도는 25 ℃보다 낮은 20 ℃야!

답 ⑤

ZP point

두 개의 선 합체! ➡ 열평형 상태에 도달

유형 2 열의 이동

다양한 열의 이동 방식에 대해 물어보는 문제가 출제돼~

그림은 열의 이동 방법을 나타낸 것이다.

이에 대한 설명으로 옳은 것은?

① (가)는 전도에 의한 열의 이동이다.
② (가)에서 움직임이 활발한 입자는 위로, 움직임이 둔한 입자는 아래로 이동한다.
③ (나)에서 물질을 구성하는 입자가 직접 이동하여 열을 전달한다.
④ (나)는 에어컨을 켰을 때 방 전체가 시원해지는 것과 열의 이동 방법이 같다.
⑤ (다)는 전기장판 위에 앉아 있을 때 엉덩이가 따뜻해지는 것과 열의 이동 방법이 같다.

---

① (가)는 <s>전도</s> 대류 에 의한 열의 이동이다.
→ 냄비 아래쪽이 가열되어 뜨거운 물이 위로 올라가고 찬물이 아래로 내려오면서 물의 온도가 전체적으로 높아지는 것은 대류에 의한 열의 이동이야.

② (가)에서 움직임이 활발한 입자는 위로, 움직임이 둔한 입자는 아래로 이동한다.
→ 가열되어 뜨거워진 물 입자는 움직임이 활발해지면서 위쪽으로 올라가고 위에 있던 차가운 물 입자는 상대적으로 움직임이 둔하므로 아래쪽으로 이동해!

③ (나)에서 물질을 구성하는 입자가 <s>직접 이동</s>하여 열을 전달한다.
→ (나)는 전도에 의한 열의 이동을 나타내! 모닥불에 의해 쇠막대의 한 부분이 가열되면 쇠막대를 이루는 입자가 제자리에서 활발하게 진동하면서 주변의 다른 입자에 열을 전달하는거야! 입자는 움직이지 않고 입자의 움직임이 전달되는 것이지 ~

④ (나)는 에어컨을 켰을 때 방 전체가 시원해지는 것과 열의 이동 방법이 <s>같다</s> 다르다.
→ 에어컨을 켜면 차가워진 공기는 아래로 내려가고 상대적으로 따뜻한 공기는 위로 올라가면서 방 전체가 시원해져. (나)는 전도로, 에어컨을 켜는 것은 공기 입자가 이동하는 대류에 의한 열의 이동이므로 방법이 서로 달라.

⑤ (다)는 전기장판 위에 앉아 있을 때 엉덩이가 따뜻해지는 것과 열의 이동 방법이 <s>같다</s> 다르다.
→ (다)와 같이 모닥불 근처에 손을 가까이 했을 때 따뜻함을 느끼는 것은 복사의 방법으로 전달되는 열의 이동 때문이지! 전기장판 위에 앉으면 장판에 닿아 있는 옷을 따라 따뜻해지는데 이것은 전도에 의해 나타나는 현상이야!

답 ②

ZP point

전도: 입자 이동✕, 대류: 입자 이동○, 복사: 열이 직접 이동

실전 백신

❶ 온도와 입자 운동

01 온도에 대한 설명으로 옳지 **않은** 것은?

① 뜨거운 물에서는 입자의 운동이 활발하다.
② 온도가 낮은 물체는 입자의 운동이 둔하다.
③ 온도의 단위는 ℃(섭씨도), K(켈빈)을 사용한다.
④ 온도는 사람의 감각으로 정확하게 측정할 수 있다.
⑤ 물체의 차갑고 뜨거운 정도를 숫자로 나타낸 것이다.

[**02~03**] 그림 (가)~(다)는 물을 가열하는 동안 물 입자의 운동 상태 변화를 순서없이 나타낸 것이다.

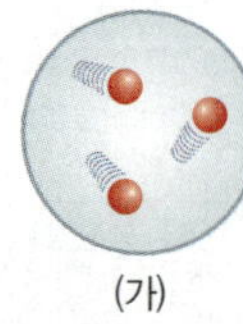 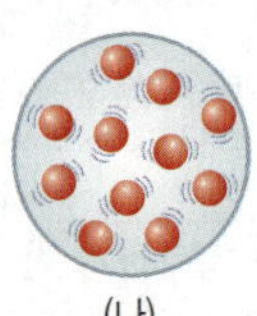 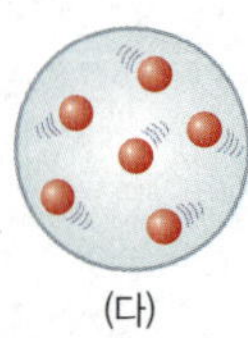

(가)   (나)   (다)

02 물의 온도를 비교한 것으로 옳은 것은?

① (가)>(나)>(다) ② (가)>(다)>(나)
③ (나)>(가)>(다) ④ (다)>(가)>(나)
⑤ (다)>(나)>(가)

03 물의 온도를 비교한 근거로 옳은 것은?

① 온도와 입자의 운동은 관련이 없다.
② 온도가 높을수록 입자의 크기가 크다.
③ 온도가 낮을수록 입자의 크기가 크다.
④ 온도가 높을수록 입자의 운동이 활발하다.
⑤ 온도가 낮을수록 입자의 운동이 활발하다.

04 그림은 찬물과 뜨거운 물에 잉크를 동시에 넣어서 잉크가 퍼질 때, 입자의 움직임을 나타낸 것이다.

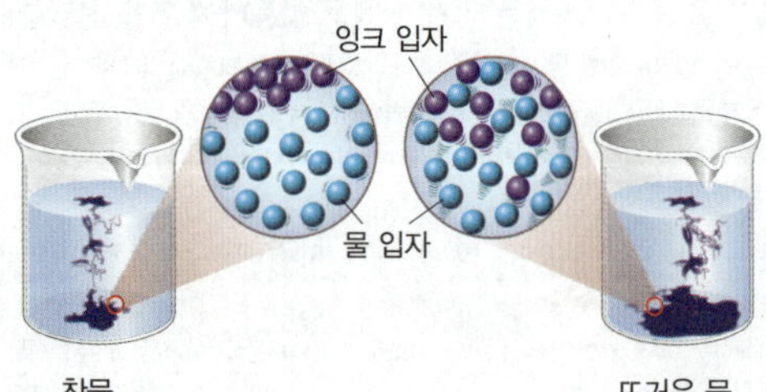

이에 대한 설명으로 옳은 것을 보기 에서 모두 고른 것은?

> ㄱ. 찬물보다 뜨거운 물에서 잉크가 빨리 퍼진다.
> ㄴ. 물 입자는 스스로 움직이는 운동을 한다.
> ㄷ. 물 입자가 활발하게 움직일수록 잉크 입자와 잘 섞인다.

① ㄱ   ② ㄴ   ③ ㄱ, ㄷ
④ ㄴ, ㄷ   ⑤ ㄱ, ㄴ, ㄷ

❷ 열평형

05 그림은 뜨거운 달걀을 찬물에 넣어 식히는 과정을 열화상 카메라로 관찰하는 모습을 나타낸 것이다.

이에 대한 설명으로 옳은 것을 보기 에서 모두 고른 것은?

> ㄱ. 물을 이루는 입자의 운동은 점차 둔해진다.
> ㄴ. 시간이 흐른 뒤 달걀과 물은 열평형을 이룬다.
> ㄷ. 열화상 카메라는 달걀과 물에서 전도의 형태로 방출하는 열을 감지한다.

① ㄴ   ② ㄷ   ③ ㄱ, ㄴ
④ ㄱ, ㄷ   ⑤ ㄴ, ㄷ

[**06~07**] 그림은 온도가 서로 다른 두 물체 ㉠과 ㉡을 접촉시켰을 때 시간에 따른 온도 변화를 나타낸 것이다. (단, 외부와의 열 출입은 무시한다.)

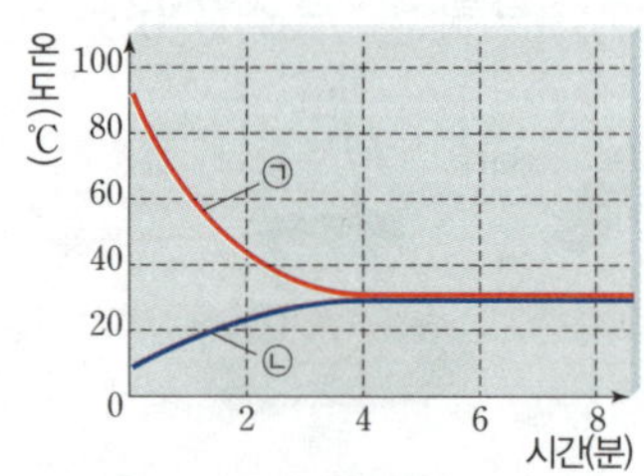

06 이에 대한 설명으로 옳지 **않은** 것은?

① ㉠ 입자의 운동은 점점 느려진다.
② ㉠은 고온, ㉡은 저온의 물체이다.
③ 열은 ㉠에서 ㉡으로 이동한다.
④ 열평형 온도는 ㉠과 ㉡의 처음 온도의 평균이다.
⑤ 시간이 지날수록 ㉠과 ㉡ 사이에 이동하는 열의 양은 점점 감소한다.

07 ㉠과 ㉡이 열평형 상태에 도달한 시간은 몇 분인가?

① 약 1 분   ② 약 2 분   ③ 약 4 분
④ 약 6 분   ⑤ 약 8 분

08 그림과 같이 80 ℃의 물(A) 100 g이 담긴 금속 컵을 20 ℃의 물(B) 100 g이 담긴 열량계에 넣고 물의 온도 변화를 측정하였다.

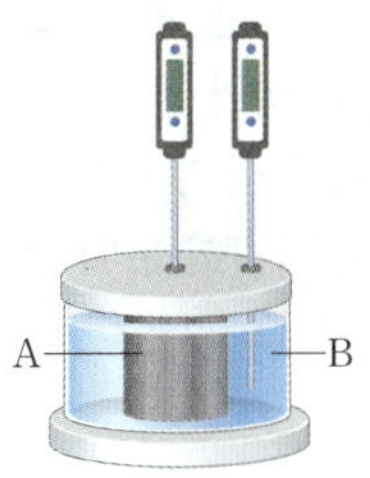

A와 B에 대한 설명으로 옳은 것을 보기 에서 모두 고른 것은?

보기
ㄱ. A의 온도가 점차 낮아진다.
ㄴ. B를 구성하는 입자의 운동이 점점 둔해진다.
ㄷ. 충분한 시간이 지난 후 A와 B의 온도는 같아진다.

① ㄱ　　　　② ㄴ　　　　③ ㄷ
④ ㄱ, ㄷ　　　⑤ ㄴ, ㄷ

09 표는 뜨거운 물이 든 비커를 찬물이 든 수조에 넣은 후, 각각의 온도를 측정한 결과를 나타낸 것이다.

시간(분)	0	2	4	6	8	10
뜨거운 물의 온도(℃)	70	54	42	34	30	30
찬물의 온도(℃)	20	24	27	29	30	30

이에 대한 설명으로 옳은 것을 보기 에서 모두 고른 것은? (단, 외부와의 열 출입은 무시한다.)

보기
ㄱ. 열평형 온도는 30 ℃이다.
ㄴ. 열평형 상태에 도달하는 데 10 분이 걸린다.
ㄷ. 열은 뜨거운 물에서 찬물로 이동한다.
ㄹ. 뜨거운 물이 얻은 열량과 찬물이 잃은 열량은 서로 같다.

① ㄱ, ㄷ　　② ㄱ, ㄹ　　③ ㄴ, ㄷ
④ ㄴ, ㄹ　　⑤ ㄷ, ㄹ

③ 열의 이동

10 그림은 고체 막대에서 열이 전달되는 모습을 나타낸 것이다. 이에 대한 설명으로 옳은 것을 보기 에서 모두 고른 것은?

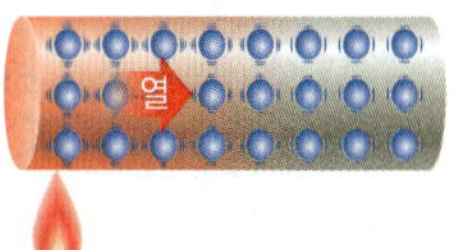

보기
ㄱ. 전도에 의해 열이 이동한다.
ㄴ. 입자가 직접 이동하면서 열이 이동한다.
ㄷ. 뜨거운 국에 담긴 금속 숟가락 전체가 뜨거워지는 것과 같은 열의 이동 방법이다.

① ㄱ　　　　② ㄴ　　　　③ ㄱ, ㄷ
④ ㄴ, ㄷ　　　⑤ ㄱ, ㄴ, ㄷ

[11~12] 그림과 같이 고온의 물체 A와 저온의 물체 B를 접촉시켰다. (단, 외부와의 열 출입은 무시한다.)

(중요)
11 열의 이동 방향과 두 물체의 입자 운동의 변화를 옳게 짝 지은 것은?

	열의 이동	A의 입자 운동	B의 입자 운동
①	A → B	둔해진다.	둔해진다.
②	A → B	둔해진다.	활발해진다.
③	A → B	활발해진다.	둔해진다.
④	B → A	둔해진다.	활발해진다.
⑤	B → A	활발해진다.	둔해진다.

12 A에서 일어날 변화로 옳은 것을 보기 에서 모두 고른 것은?

보기
ㄱ. 온도가 점점 낮아진다.
ㄴ. 물체를 구성하는 입자의 크기가 증가한다.
ㄷ. 시간이 지나면 B의 온도보다 더 낮아진다.

① ㄱ　　　　② ㄴ　　　　③ ㄷ
④ ㄱ, ㄷ　　　⑤ ㄴ, ㄷ

13 풍식이는 난로 앞에 서 있었을 때 따뜻함을 느꼈다. 이와 같은 방법으로 열이 전달되는 예를 <u>모두</u> 고르면?

① 적외선 카메라로 사진을 찍는다.
② 에어컨을 켜면 방 전체가 시원해진다.
③ 찬물에 손을 담그면 차갑게 느껴진다.
④ 물이 끓고 있는 주전자의 손잡이를 만지면 뜨겁다.
⑤ 양지에 있는 눈이 음지에 있는 눈보다 빨리 녹는다.

14 그림의 A~C는 열의 이동 방법을 나타낸 것이다. A~C와 관계가 있는 현상으로 옳지 <u>않은</u> 것은?

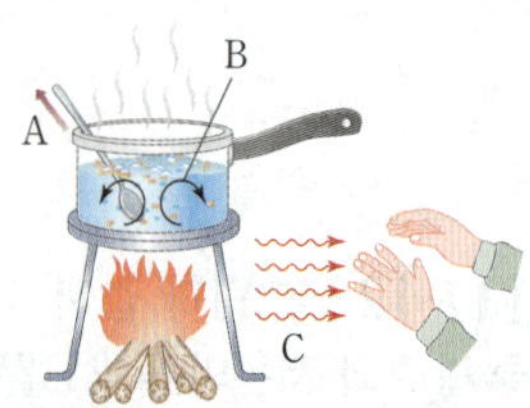

① A – 온돌방의 바닥을 만지면 따뜻하다.
② A – 겨울철 금속 손잡이를 잡으면 차갑게 느껴진다.
③ B – 태양열에 의해 지구 대기의 순환 운동이 일어난다.
④ C – 에어컨을 켜면 방 안 전체가 시원해진다.
⑤ C – 태양열이 우주 공간을 지나 지구에 도달한다.

(중요)
15 그림은 열의 이동을 공이 전달되는 것으로 비유한 것이다.

A, B, C에 해당하는 열의 이동 방법을 옳게 짝 지은 것은?

	A	B	C			A	B	C
①	전도	대류	복사		②	전도	복사	대류
③	대류	전도	복사		④	복사	대류	전도
⑤	복사	전도	대류					

서술형

16 그림과 같이 갓 삶은 달걀을 찬물에 넣어두었더니 시간이 흐른 뒤 달걀과 물의 온도가 같아졌다. 이와 같이 접촉한 달걀과 물의 온도가 같아지는 상태를 무엇이라 하는지 쓰고, 달걀과 물의 온도가 같아지는 까닭을 열의 이동과 관련지어 서술하시오.

KEY 온도, 열평형

(중요)
17 그림은 추운 날 공원에 놓여 있는 나무 의자와 금속 의자에 앉는 모습을 나타낸 것이다.

앉았을 때 더 차갑게 느껴지는 의자가 무엇인지 쓰고, 그 까닭을 서술하시오.

KEY 전도

18 그림은 냄비 안의 물이 끓고 있는 모습을 나타낸 것이다.

냄비 안의 물에서 일어나는 열의 이동 방법을 쓰고, 물이 끓는 원리를 열의 이동과 관련지어 서술하시오.

KEY 따뜻한 물↑, 찬물↓, 대류

1등급 백신

01 그림과 같이 열기구 속 공기를 가열하면 열기구가 부풀면서 떠오른다. 이에 대한 설명으로 옳은 것을 보기에서 모두 고른 것은?

[보기]
ㄱ. 열기구 속의 공기는 열기구 밖의 공기보다 온도가 높다.
ㄴ. 열기구 속의 공기 입자 운동이 열기구 밖의 공기보다 활발하다.
ㄷ. 열기구가 부풀어 오르는 것은 열기구 속 공기 입자의 개수가 많아지기 때문이다.

① ㄱ ② ㄴ ③ ㄷ ④ ㄱ, ㄴ ⑤ ㄴ, ㄷ

02 다음은 열평형을 이용한 실험 과정과 그 결과를 나타낸 것이다.

[실험 과정]
(가) 나무판, 유리판, 구리판을 상온에서 충분한 시간 동안 놓아 두고 같은 온도로 만든다.
(나) 손으로 만져서 나무판, 유리판, 구리판의 상대적인 온도를 비교한다.
(다) 그림과 같이 온도가 같은 나무판, 유리판, 구리판 위에 동일한 얼음을 올려놓고 녹는 속도를 비교한 후 판을 손으로 만져 상대적인 온도를 비교한다.

[실험 결과]
• ㉠ 이 가장 차갑게 느껴진다.
• 얼음이 녹는 속도 : 구리판＞유리판＞나무판

이에 대한 설명으로 옳은 것을 보기에서 모두 고른 것은?

[보기]
ㄱ. (가)에서 나무판, 유리판, 구리판은 각각 공기와 열평형 상태에 도달한다.
ㄴ. (나)의 결과 ㉠은 유리판이 적절하다.
ㄷ. (다)에서 전도의 방법으로 열이 이동한다.
ㄹ. 구리판에서 열의 이동이 가장 느리다.

① ㄱ, ㄴ ② ㄱ, ㄷ ③ ㄴ, ㄷ ④ ㄴ, ㄹ ⑤ ㄷ, ㄹ

03 그림 (가)~(다)는 온도가 서로 다른 네 물체 A~D 중 두 물체를 접촉시켰을 때 열의 이동 방향을 나타낸 것이다.

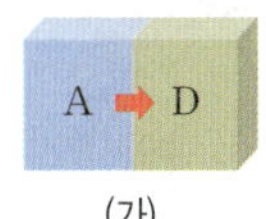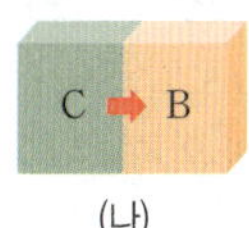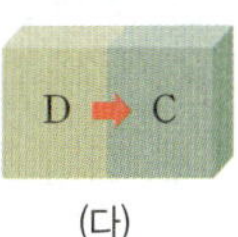

접촉하기 전 A~D의 온도를 옳게 비교한 것은? (단, (가), (다)에서 D의 온도는 같고 (나), (다)에서 C의 온도는 같다.)

① A＞B＞D＞C ② A＞C＞B＞D
③ A＞D＞C＞B ④ B＞C＞D＞A
⑤ B＞D＞A＞C

04 그림과 같이 사각 유리관에 물을 가득 채운 후, 유리관의 왼쪽 아래에 알코올램프를 켜고 유리관 입구에 잉크를 떨어뜨린 후 변화를 관찰하였다.

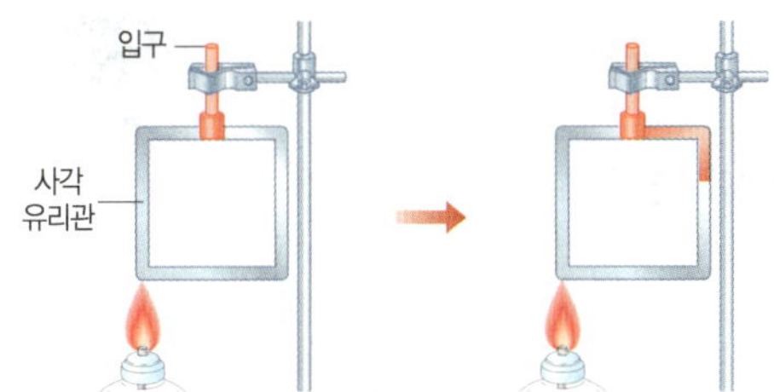

이에 대한 설명으로 옳은 것을 보기에서 모두 고른 것은?

[보기]
ㄱ. 물은 시계 방향으로 순환한다.
ㄴ. 물 입자들이 직접 이동하여 열을 전달한다.
ㄷ. 알코올램프의 위치를 유리관 오른쪽 아래로 바꿔서 실험해도 물의 순환 방향은 같다.

① ㄱ ② ㄴ ③ ㄷ ④ ㄱ, ㄴ ⑤ ㄴ, ㄷ

05 그림은 단열 효과를 높이기 위해서 사용하는 이중창의 구조를 나타낸 것이다. 이중창은 유리와 유리 사이에 공기층이 있으며, 아래쪽에 습기를 제거하는 흡습제가 들어 있다. 이에 대한 설명으로 옳은 것을 보기에서 모두 고른 것은?

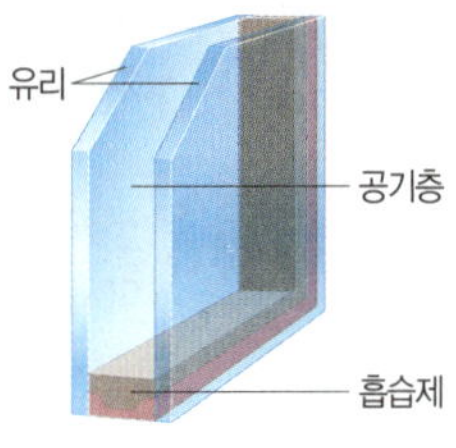

[보기]
ㄱ. 공기층은 대류에 의한 열의 이동을 막아 준다.
ㄴ. 흡습제는 기온이 낮아졌을 때 이슬이 맺히는 것을 막아 준다.
ㄷ. 공기 대신 유리와 유리 사이를 진공으로 만들면 단열 효과가 더 좋아진다.

① ㄱ ② ㄴ ③ ㄷ ④ ㄱ, ㄷ ⑤ ㄴ, ㄷ

02 비열과 열팽창

① 비열

1 열량: 온도가 다른 두 물체 사이에서 온도 차에 의해 이동하는 열의 양
(1) 단위: J(줄), kcal(킬로칼로리)
(2) 같은 시간 동안 더 많은 열량을 가하면 물체의 온도가 더 많이 변한다.

2 비열: 어떤 물질 1 kg의 온도를 1 ℃ 높이는 데 필요한 열량
(1) 단위: $J/(kg \cdot ℃)$, $kcal/(kg \cdot ℃)$ 물의 비열은 1 kcal/(kg·℃)로 물 1 kg의 온도를 1 ℃ 높이는 데 필요한 열량은 1 kcal야~
(2) **비열의 특징**
① 비열은 물질의 종류에 따라 고유한 값을 가진다. ➡ 물질 구분에 사용할 수 있다.
② 비열이 큰 물질일수록 온도를 높이는 데 더 많은 열량이 필요하다. ➡ 비열이 큰 물질은 온도가 잘 변하지 않고 비열이 작은 물질은 온도가 잘 변한다.

└ 비열이 큰 물질은 천천히 데워지고 천천히 식지만 비열이 작은 물질은 빨리 데워지고 빨리 식지~

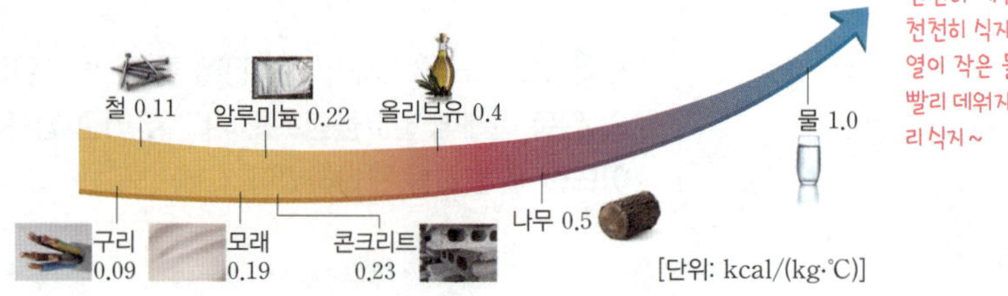

여러 가지 물질의 비열

(3) **①열량, 비열, 온도 변화의 관계**

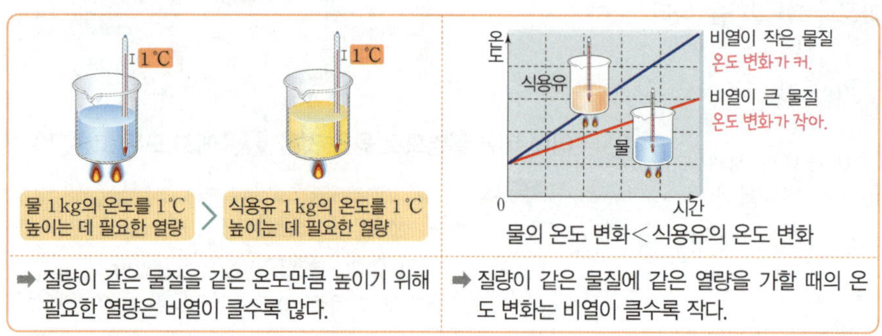

➡ 질량이 같은 물질을 같은 온도만큼 높이기 위해 필요한 열량은 비열이 클수록 많다.
➡ 질량이 같은 물질에 같은 열량을 가할 때의 온도 변화는 비열이 클수록 작다.

3 비열의 활용
(1) **비열이 큰 물질을 활용하는 예**

②냉각수	비열이 큰 ③물이 많이 포함되어 있어 온도 변화가 잘 일어나지 않으므로 자동차 엔진이 지나치게 뜨거워지는 것을 막는다.	
찜질팩	뜨거운 물이나 찬물은 온도가 오랫동안 유지되므로 찜질팩 속에 물을 넣어서 사용한다.	
뚝배기	비열이 큰 도자기로 이루어져 있어 음식을 익히는 데 시간이 오래 걸리지만 음식을 오랫동안 따뜻하게 유지할 수 있다.	
전통 한옥	비열이 큰 나무로 지은 전통 한옥은 금속이나 콘크리트로 지어진 건물에 비해 쉽게 데워지거나 차가워지지 않아 여름에는 시원하고, 겨울에는 따뜻하다.	

(2) **비열이 작은 물질을 활용하는 예**

난방용 온수관	비열이 작은 물질로 만들어져 있어 따뜻한 물이 지나가면 온수관이 빠르게 따뜻해지면서 바닥에 열을 전달한다.
프라이팬	비열이 작은 금속으로 만들어져 있어 열을 가하면 빠르게 뜨거워지면서 음식을 익힌다.

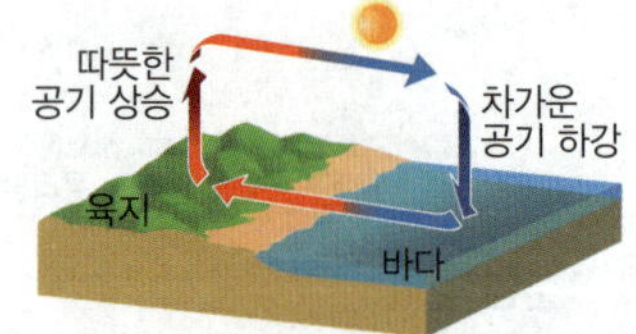

물체의 질량이 같을 때, 물체에 가한 열량이 클수록 온도 변화가 크다.
➡ 열량 ∝ 온도 변화

❶ **열량, 비열, 온도 변화의 관계**
· 열량(Q)＝비열(c)×질량(m) ×온도 변화(Δt)
· 비열(c)＝$\dfrac{열량(Q)}{질량(m)×온도 변화(\Delta t)}$

❸ **물의 비열**
물은 다른 물질보다 비열이 커서 같은 열량을 가해도 온도가 잘 변하지 않는다. 우리 몸의 약 50~70 %는 물로 구성되어 있으며, 사람의 몸을 이루는 물이 체온을 일정하게 유지하는 데 도움을 준다.

바닷가의 모래와 바닷물
무더운 여름 날 햇빛이 비치는 바닷가의 모래는 매우 뜨겁지만 바닷물은 시원하다. 바닷물의 비열이 모래보다 커서 같은 양의 열을 받아도 바닷물의 온도 변화가 모래보다 작기 때문이다.

해풍과 육풍

모래의 비열이 물보다 작으므로 낮에는 육지의 온도가 바다의 온도보다 빨리 높아진다. 낮에는 따뜻한 육지 공기가 상승하고 차가운 바다 공기는 내려오면서 바다에서 육지로 해풍이 분다. 반대로 밤에는 육지가 빨리 식으므로 따뜻한 바다 공기가 상승하고 차가운 육지 공기는 내려오면서 육지에서 바다로 육풍이 분다.

❷ **냉각수**
온도가 높아진 기계를 차갑게 식히는 데 쓰는 물

필수 바이타민

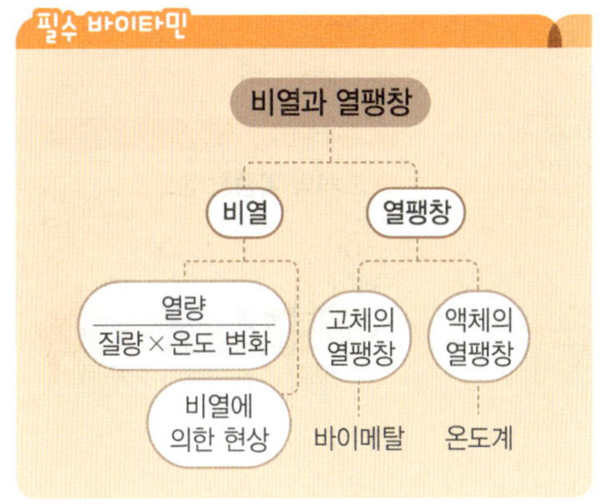

01 그림과 같이 각각 물 1 kg이 들어 있는 비커를 같은 시간 동안 가열하였다.

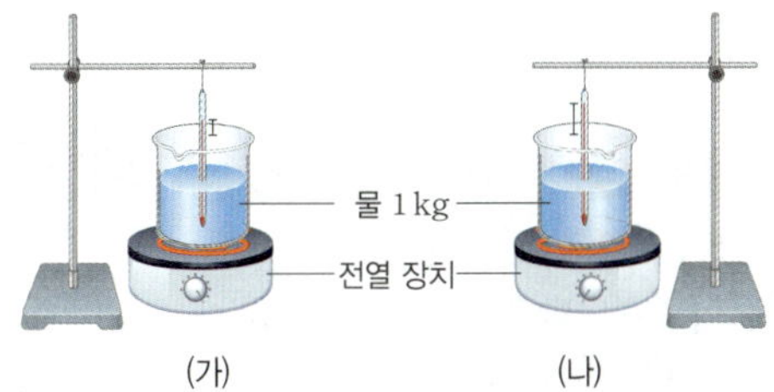

(가)의 온도는 1 ℃, (나)의 온도는 2 ℃ 높아졌을 때 (가)와 (나) 중 가한 열량이 큰 것을 고르시오.

02 열량과 비열에 대한 설명으로 옳은 것은 ○, 옳지 <u>않은</u> 것은 ×로 표시하시오.

(1) 열량의 단위는 kcal이다.　　　　　　　　(　　)

(2) 비열이 큰 물질일수록 온도 변화가 크다.　　(　　)

(3) 비열은 물질의 종류에 따라 다른 값을 가진다.　(　　)

(4) 물 1 kg의 온도를 1 ℃ 높이려면 1 kcal의 열량이 필요하다.

　　　　　　　　　　　　　　　　　　　　(　　)

(5) 질량이 같은 두 물질을 가열할 때 비열이 작을수록 같은 온도를 높이는 데 더 많은 열량이 필요하다.　(　　)

03 그림은 질량이 같은 두 액체 A와 B를 같은 세기의 불꽃으로 가열했을 때, A와 B의 시간에 따른 온도 변화를 나타낸 것이다.

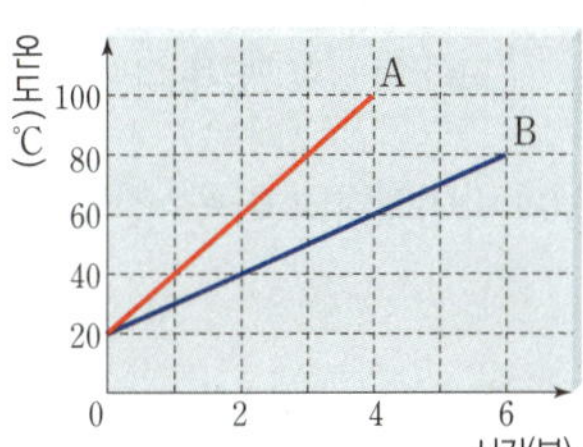

(1) A와 B 중 같은 시간 동안 온도 변화가 큰 것을 고르시오.

(2) A와 B 중 온도를 60℃까지 높이는 데 걸리는 시간이 더 짧은 것을 고르시오.

(3) A와 B 중 비열이 큰 것을 고르시오.

04 표는 여러 가지 금속들의 비열을 나타낸 것이다.

금속	철	납	알루미늄	구리
비열 (kcal/(kg · ℃))	0.11	0.03	0.21	0.09

질량이 같은 금속들을 같은 시간 동안 같은 세기의 불꽃으로 가열했을 때 온도 변화가 가장 클 것으로 예상되는 금속을 쓰시오.

05 비열에 의한 현상과 이용에 대한 설명으로 옳은 것을 보기에서 <u>모두</u> 고르시오.

> **보기**
> ㄱ. 햇빛이 비치는 바닷가의 모래는 물보다 더 따뜻하다.
> ㄴ. 물은 비열이 커서 과열된 기계의 온도를 낮추는 냉각수로 이용된다.
> ㄷ. 프라이팬은 음식을 빠르게 익힐 수 있도록 비열이 큰 물질로 만든다.
> ㄹ. 뚝배기는 비열이 작아서 데우는 데 시간이 오래 걸리지만 쉽게 식지 않는다.

바로 복습

빈칸 채우기 문제

01 온도가 다른 두 물체 사이에서 이동한 열의 양을 ＿＿＿ 이라고 한다.

02 어떤 물질 1 kg의 온도를 1 ℃ 높이는 데 필요한 열량을 ＿＿＿ 이라고 한다.

03 물 1 kg의 온도를 1 ℃ 높이는 데 필요한 열량은 ＿ kcal이다.

04 비열이 ＿ 면 온도가 잘 변하지 않는다.

05 질량이 같은 물질에 같은 열량을 가했을 때 비열이 ＿＿＿ 물질일수록 온도 변화가 크다.

○× 문제

06 비열은 온도 차에 의해 이동하는 열의 양이다.　(　　)

07 같은 물질에 같은 열량을 가할 때 질량이 작을수록 온도 변화가 크다.　(　　)

08 물은 다른 물질에 비해 비열이 작다.　(　　)

09 같은 종류의 물질은 비열이 같다.　(　　)

10 비열이 큰 물질일수록 온도를 높이는 데 적은 열량이 필요하다.　(　　)

② 열팽창

1 열팽창: 물질의 온도가 높아질 때 물질의 길이나 부피가 늘어나는 현상

(1) 원인: 물질이 열을 받으면 물질을 이루는 입자의 운동이 활발해져 입자와 입자 사이의 거리가 멀어지기 때문

(2) 열팽창 정도 온도 변화가 클수록 열팽창 정도가 커~

① 물질의 종류마다 열팽창 정도가 다르다.
고체는 액체에 비해 열팽창 정도가 작아!
② 물질의 상태에 따라 열팽창 정도가 다르다. ➡ 고체 < 액체 ≪ 기체

2 ❶고체의 열팽창: 열에 의해 고체의 길이가 길어지고 부피가 커지는 현상

(1) 바이메탈: 열팽창 정도가 다른 두 금속을 붙여 만든 장치로, 온도에 따라 휘어지는 방향이 달라지는 것을 이용하여 온도 조절 장치의 부품으로 사용한다.
➡ 두 금속의 열팽창 정도 차가 클수록 많이 휘어진다.

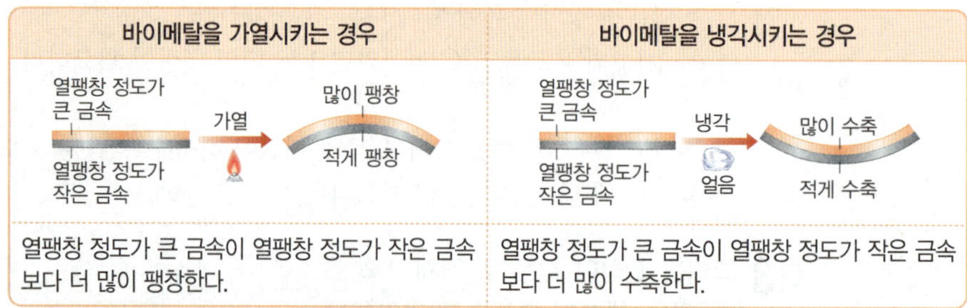

바이메탈을 가열시키는 경우	바이메탈을 냉각시키는 경우
열팽창 정도가 큰 금속 / 가열 / 많이 팽창 / 열팽창 정도가 작은 금속 / 적게 팽창	열팽창 정도가 큰 금속 / 냉각 / 얼음 / 많이 수축 / 열팽창 정도가 작은 금속 / 적게 수축
열팽창 정도가 큰 금속이 열팽창 정도가 작은 금속보다 더 많이 팽창한다.	열팽창 정도가 큰 금속이 열팽창 정도가 작은 금속보다 더 많이 수축한다.

(2) 바이메탈의 이용: 전기 다리미, 화재 경보기, 토스터, 전기 밥솥 등

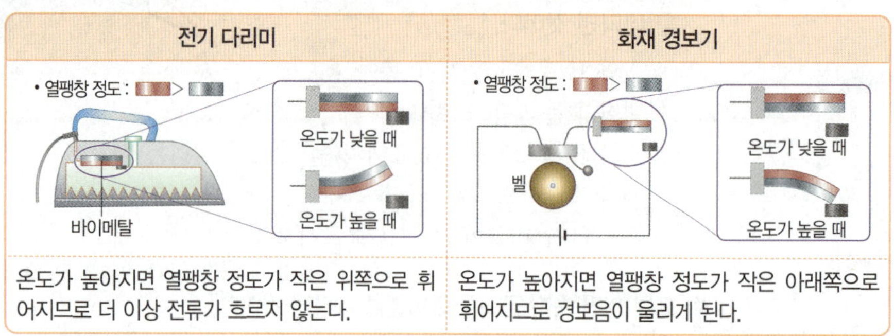

전기 다리미	화재 경보기
• 열팽창 정도 : / 바이메탈 / 온도가 낮을 때 / 온도가 높을 때	• 열팽창 정도 : / 벨 / 온도가 낮을 때 / 온도가 높을 때
온도가 높아지면 열팽창 정도가 작은 위쪽으로 휘어지므로 더 이상 전류가 흐르지 않는다.	온도가 높아지면 열팽창 정도가 작은 아래쪽으로 휘어지므로 경보음이 울리게 된다.

3 ❷액체의 열팽창: 열에 의해 물이나 알코올과 같은 액체의 부피가 커지는 현상

(1) 액체 온도계: 온도가 높아지면 온도계 속 액체의 부피가 커져 눈금이 올라가고, 온도가 낮아지면 온도계 속 액체의 부피가 작아져 눈금이 내려간다. 온도에 따라 일정한 비율로 부피가 변하는 알코올이나 수은을 사용해~

➡ 액체 온도계에 사용되는 액체는 열팽창 정도가 커야 한다.

(2) 음료수 병: 액체의 열팽창으로 음료수 병이 깨지는 것을 방지하기 위해 음료수 병에 음료수를 가득 채우지 않는다.

4 ❸열팽창과 우리 생활

구부러진 가스관	다리 이음매의 틈	철근과 콘크리트 구조물	내열 유리
가스관			
온도가 높아지면 가스관이 파손될 수 있으므로 중간에 구부러진 부분을 만든다.	여름철 온도가 높아져 다리가 휘거나 갈라지는 것을 막기 위해 다리의 중간에 틈을 만든다.	철근은 콘크리트와 열팽창 정도가 비슷해 온도 변화에도 건물에 균열이 잘 생기지 않는다.	일반 유리보다 열팽창 정도가 작아서 가열하거나 냉각해도 잘 깨지지 않는다.

정리신

❶ 고체의 열팽창 정도

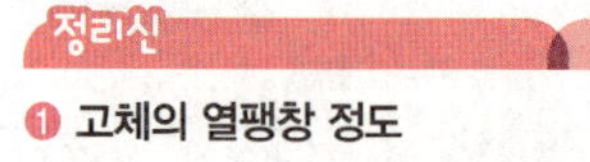

금속 구의 열팽창

금속 구의 온도가 높아지면 금속 구의 부피가 커지므로 가열 전에는 금속 고리를 통과했던 금속 구가 가열 후에는 금속 고리를 통과하지 못한다.

액체가 새지 않는 나무통

가열하여 열팽창된 금속 테를 나무통에 끼우면 금속 테의 온도가 낮아지면서 점점 수축하고 나무통이 단단하게 조여져서 액체가 새지 않는다.

❷ 액체의 열팽창 정도

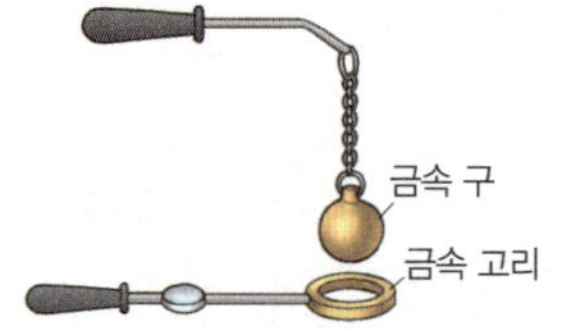

기체의 열팽창

기체는 고체나 액체에 비해 열팽창 정도가 훨씬 크다. 또한 고체와 액체는 물질의 종류에 따라 열팽창 정도가 다르지만 기체는 압력이 일정할 경우 기체의 부피가 온도가 높아질 때 일정하게 증가하므로 물질의 종류에 상관없이 열팽창 정도가 같다.

❸ 열팽창과 우리 생활

• 전깃줄: 여름에는 전깃줄이 늘어나고 겨울에는 팽팽해지므로 줄을 여유 있게 설치한다.
• 안경테: 열팽창 정도가 작은 물질로 만들어져 온도가 변해도 모양이 잘 변하지 않는다.
• 치아 충전재: 치아와 열팽창 정도가 비슷한 재료를 사용한다.

빈칸 채우기 문제

11 물질의 온도가 높아지면 물질을 이루는 입자의 운동이 ____ 해진다.

12 물질이 열을 받으면 입자의 운동이 활발해져 입자 사이의 거리가 ____ 진다.

13 물질에 열을 가할 때 물질의 길이가 길어지고 부피가 커지는 현상을 ______ 이라고 한다.

14 ______은 열팽창 정도가 서로 다른 두 금속을 붙여 만든 장치이다.

15 ___는 고체나 액체에 비해 열팽창 정도가 훨씬 크다.

○✕ 문제

16 물질에 열을 가하면 부피가 커진다. (   )

17 고체는 가열해도 입자 사이의 거리가 변하지 않는다. (   )

18 고체는 액체보다 열팽창 정도가 크다. (   )

19 바이메탈을 가열하면 열팽창 정도가 큰 쪽으로 휘어진다. (   )

20 가열된 가스관이 휘어져 파손되는 것을 막기 위해 가스관 중간에 구부러진 부분을 만든다. (   )

06 빈칸에 공통으로 들어갈 알맞은 말을 쓰시오.

> 물질에 열을 가하면 물질의 길이가 길어지고 부피가 커지는 (   )이 일어난다. 물질의 종류나 상태에 따라 (   ) 정도는 다르며, 온도 변화가 클수록 (   ) 정도가 크다.

07 그림은 열팽창 정도가 서로 다른 두 금속 A와 B로 만든 바이메탈을 가열했을 때의 모습을 나타낸 것이다.

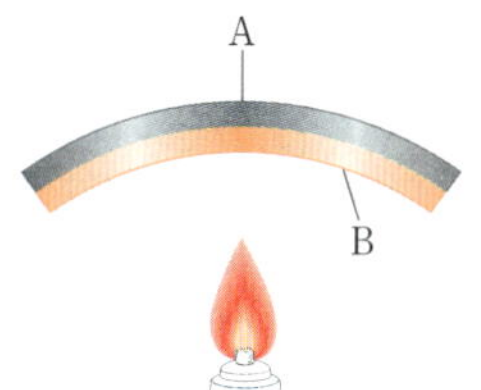

(1) A와 B 중 열팽창 정도가 큰 것을 쓰시오.

(2) 바이메탈을 냉각했을 때 A와 B 중 어느 쪽으로 휘어지는지 쓰시오.

08 그림은 알코올 온도계와 수은 온도계를 나타낸 것이다. 이에 대한 설명으로 옳은 것은 ○, 옳지 <u>않은</u> 것은 ✕로 표시하시오.

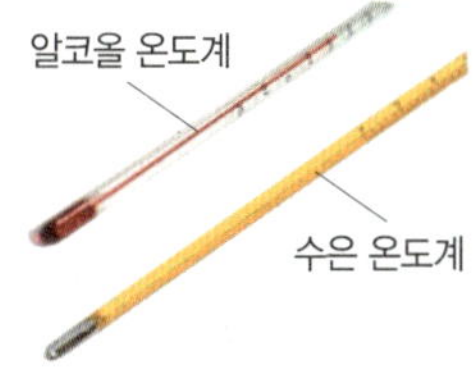

(1) 알코올과 수은은 열팽창 정도가 작다. (   )

(2) 액체가 열팽창하는 현상을 이용하여 온도를 측정한다. (   )

(3) 온도가 높아지면 알코올이나 수은의 질량이 커진다. (   )

(4) 알코올과 수은은 온도에 따라 일정한 비율로 부피가 변한다. (   )

09 그림과 같이 동일한 부피의 세 액체를 뜨거운 물에 넣었더니 부피가 각각 커졌다. 이에 대한 설명으로 옳은 것은 ○, 옳지 <u>않은</u> 것은 ✕로 표시하시오.

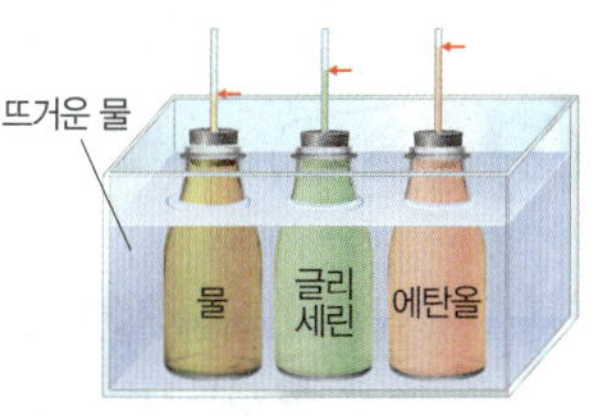

(1) 액체의 종류에 따라 열팽창하는 정도가 다르다. (   )

(2) 액체를 이루는 입자 사이의 거리가 멀어진다. (   )

(3) 세 액체 중 열팽창 정도가 가장 큰 것은 물이다. (   )

(4) 세 액체를 찬물에 넣었을 때 에탄올의 부피가 가장 많이 감소한다. (   )

10 열팽창에 의한 현상과 이용에 대한 설명으로 옳은 것을 보기 에서 <u>모두</u> 고르시오.

> **보기**
> ㄱ. 다리나 철로의 이음매 부분에 틈을 만든다.
> ㄴ. 국이 담긴 그릇에 넣어 둔 숟가락의 손잡이가 따뜻해진다.
> ㄷ. 뜨거운 물을 넣은 찜질팩의 온도가 오랫동안 따뜻하게 유지된다.
> ㄹ. 겨울철에는 전깃줄이 팽팽해지고 여름철에는 전깃줄이 늘어진다.

집중 관리 온도 센서를 이용하여 액체의 비열 비교

목표 | 질량이 같은 두 액체의 비열을 비교할 수 있다.

과정

주의 신
- 가열 장치를 사용할 때 화재에 유의하고 화상을 입지 않도록 주의한다.
- 온도 센서의 끝 부분이 금속 비커의 바닥에 닿지 않도록 주의한다.
- 식용유의 온도가 빠르게 올라가지 않도록 적절한 세기로 가열한다.

❶ 금속 비커 2 개에 물 100 g, 식용유 100 g을 각각 넣고 가열 장치 위에 올려 놓는다.

❷ 물과 식용유가 담긴 금속 비커에 온도 센서를 장치하고 스마트 기기의 앱과 연결한다.

❸ 가열 장치를 켜서 물과 식용유의 온도 변화를 5 분 정도 측정한다.

❹ 온도 센서와 연결된 앱에서 시간에 따른 물과 식용유의 온도 변화 그래프를 확인한다.

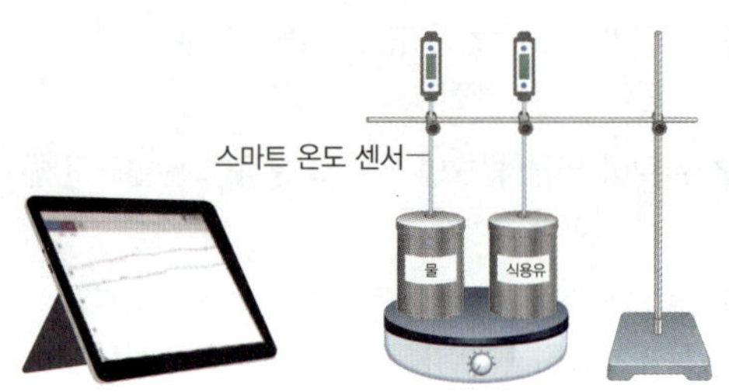

결과

- 같은 시간 동안 가열했을 때 식용유의 온도 변화가 물의 온도 변화보다 크다.

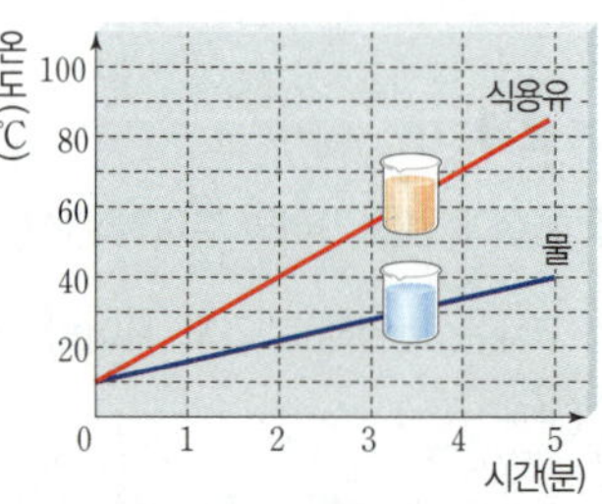

정리

- 같은 시간 동안 가열했을 때 물과 식용유가 받은 열량은 같지만, 식용유의 온도 변화가 물의 온도 변화보다 크다.
- 같은 질량의 물질에 같은 열량을 가했을 때 온도 변화가 작은 물의 비열이 온도 변화가 큰 식용유의 비열보다 크다.
- 같은 질량의 물질을 같은 온도만큼 높이려면 물질의 비열이 클수록 많은 열량이 필요하다.

탐구 알약

01 위 실험에 대한 설명으로 옳은 것은 ○, 옳지 않은 것은 ×로 표시하시오. (단, 외부로 방출되는 열량은 무시한다.)

(1) 같은 시간 동안 가열했을 때 물의 온도 변화보다 식용유의 온도 변화가 더 크다. ( )

(2) 5 분 후 식용유가 얻은 열량은 물이 얻은 열량보다 많다. ( )

(3) 온도를 1 ℃ 높이는 데 필요한 열량은 식용유가 물보다 많다. ( )

(4) 물의 비열은 식용유의 비열보다 작다. ( )

(5) 물과 식용유의 질량만 2 배로 바꾸어서 같은 실험을 하면, 같은 시간 동안 물과 식용유의 온도 변화는 작아진다. ( )

02 그림은 질량이 같은 두 물질 A와 B를 같은 세기의 불꽃으로 가열했을 때 시간에 따른 온도 변화를 나타낸 것이다. (단, 외부로 방출되는 열량은 무시한다.)

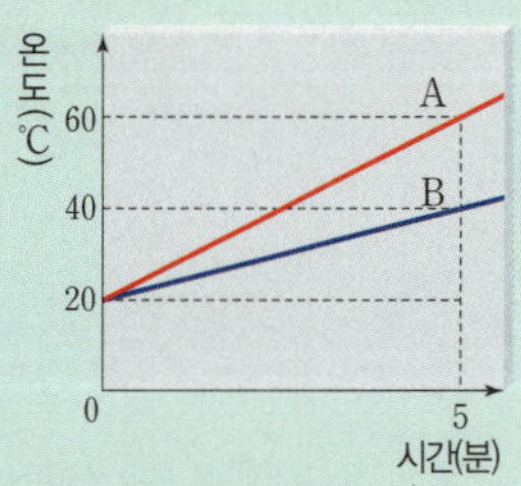

(1) A와 B가 5 분 동안 얻은 열량의 비를 구하고, 그렇게 생각한 까닭을 서술하시오.

(2) A와 B의 비열의 비를 구하는 과정을 서술하시오.

탐구 집중 관리 여러 가지 물질의 열팽창

목표 | 온도에 따른 고체와 액체의 부피 변화를 관찰하고 비교할 수 있다.

탐구 ❶ 고체의 열팽창

과정

주의 신
• 가열 장치를 사용할 때 화재에 유의하고 화상을 입지 않도록 주의한다.
• 가열 시 종이가 타지 않도록 가열 장치와 적절한 거리를 유지한다.

❶ 알루미늄박에 종이를 붙인 후 길게 잘라 알루미늄 테이프를 만든다.

❷ 알루미늄 테이프를 종이 쪽으로 접은 후 철사에 매달아 가열 장치 위에 가까이 가져간다.

❸ 알루미늄 테이프를 알루미늄박 쪽으로 접은 후 철사에 매달아 가열 장치 위에 가까이 가져간다.

❹ 과정 ❷와 ❸에서 알루미늄 테이프가 어떻게 되는지 확인한다.

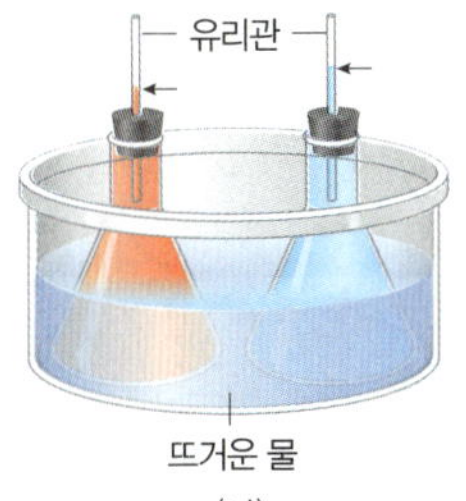

결과

• 과정 ❷에서 알루미늄 테이프는 오므라든다.
• 과정 ❸에서는 알루미늄 테이프는 벌어진다.
➡ 가열하면 열을 받은 알루미늄 테이프가 종이 쪽으로 휘어진다.

탐구 ❷ 액체의 열팽창

과정

주의 신
• 수조에 뜨거운 물을 붓기 전 물과 에탄올의 온도와 부피가 같아야 한다.
• 뜨거운 물을 다룰 때 화상을 입지 않도록 조심한다.

❶ 그림 (가)와 같이 2 개의 삼각 플라스크에 각각 물과 에탄올을 가득 채우고 물에는 빨간색 잉크를, 에탄올에는 파란색 잉크를 섞는다.

❷ 삼각 플라스크의 입구를 유리관을 꽂은 고무마개로 막고 두 유리관으로 올라온 액체의 처음 높이를 확인한다.

❸ 그림 (나)와 같이 삼각 플라스크를 수조에 넣고 수조에 뜨거운 물을 부은 후 유리관 속 액체의 높이 변화를 관찰한다.

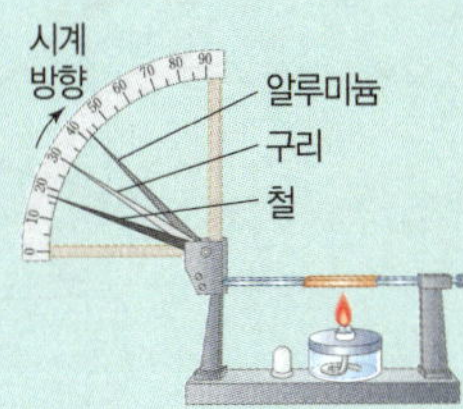

결과

• 물과 에탄올에 열을 가하면 부피가 커져서 유리관 속 액체의 높이가 처음 높이보다 높아진다.
• 유리관 속 액체의 높이 변화는 물보다 에탄올이 더 크다.

탐구❶,❷ 정리

• 고체와 액체는 열을 받았을 때 부피가 커진다.
• 고체와 액체의 종류에 따라 온도가 높아질 때 열팽창 정도가 다르다.

탐구 알약

03 위 실험에 대한 설명으로 옳은 것은 ○, 옳지 않은 것은 ×로 표시하시오.

(1) 온도가 높아질 때 열팽창 정도는 물질에 따라 다르다. ( )

(2) 고체가 열을 받으면 고체를 이루는 입자 사이의 거리가 멀어진다. ( )

(3) [탐구 1]에서 종이의 열팽창 정도가 알루미늄의 열팽창 정도보다 크다. ( )

(4) [탐구 2]에서 물의 열팽창 정도는 에탄올의 열팽창 정도보다 크다. ( )

(5) [탐구 2]에서 액체를 냉각하면 열팽창 정도가 큰 액체의 부피가 더 많이 작아진다. ( )

04 그림과 같이 알루미늄, 구리, 철 막대의 끝을 열팽창 측정 장치의 바늘에 연결하고 가열하였더니 바늘이 시계 방향으로 회전했다. 이에 대한 설명으로 옳은 것을 보기 에서 모두 고른 것은? (단, 금속 막대의 길이가 많이 늘어날수록 바늘이 많이 회전한다.)

보기
ㄱ. 열에 의해 금속 막대의 길이가 길어진다.
ㄴ. 물질의 종류에 따라 금속 막대가 늘어나는 정도가 달라진다.
ㄷ. 열팽창 정도는 철>구리>알루미늄 순이다.

① ㄱ   ② ㄴ   ③ ㄷ   ④ ㄱ, ㄴ ⑤ ㄴ, ㄷ

유형 클리닉

유형 1 비열

시간에 따른 온도 변화 그래프를 보고 비열을 비교할 수 있어야 해!

그림은 질량이 같은 두 액체 A와 B를 같은 세기의 불꽃으로 가열했을 때, 시간에 따른 온도 변화를 나타낸 것이다. 이에 대한 설명으로 옳지 <u>않은</u> 것은? (단, 외부와의 열 출입은 무시한다.)

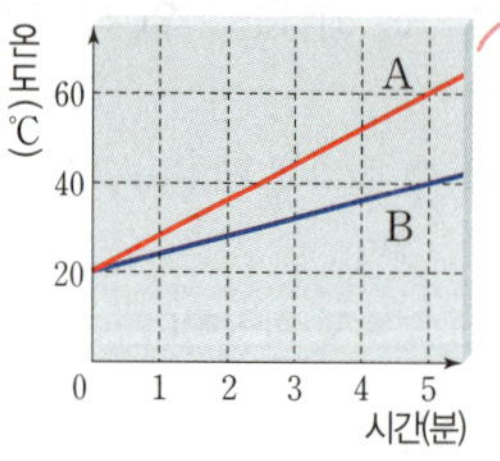

① 5분 동안 얻은 열량은 A가 B보다 크다.
② 같은 시간 동안 A의 온도 변화가 B보다 크다.
③ 비열은 A가 B보다 작다.
④ 같은 온도만큼 높이기 위해 필요한 열량은 A가 B보다 적다.
⑤ A와 B는 서로 다른 종류의 물질이다.

A와 B가 같다
① 5분 동안 얻은 열량은 A가 B보다 ~~크다~~.
→ 같은 시간 동안 같은 세기의 불꽃으로 두 액체를 가열했으니까 A와 B가 얻은 열량은 같아!

② 같은 시간 동안 A의 온도 변화가 B보다 크다.
→ 5분 동안 A의 온도 변화는 (60-20) ℃=40 ℃이고, B의 온도 변화는 (40-20) ℃=20 ℃야. 따라서 온도 변화는 A가 B보다 크지!

③ 비열은 A가 B보다 작다.
→ 비열이 작을수록 온도 변화가 커져! 같은 시간 동안 같은 양의 열을 가해 주었을 때 A가 B보다 온도 변화가 더 크니까 비열은 A가 B보다 작아.

④ 같은 온도만큼 높이기 위해 필요한 열량은 A가 B보다 적다.
→ 비열이 큰 물질일수록 온도를 높이는 데 더 많은 열량이 필요하지. A의 비열이 B보다 작으니까 같은 온도만큼 높이기 위해서 필요한 열량이 적어. 그래프에서도 A는 약 2.5분에 40 ℃가 되었고, B는 5분에 40 ℃에 도달한 것을 확인할 수 있어!

⑤ A와 B는 서로 다른 종류의 물질이다.
→ A와 B의 비열이 다르니까 A와 B는 서로 다른 종류의 물질이야.

답 ①

ZP point

비열↑ ➡ 온도 변화↓

유형 2 온도 변화와 비열

앞에서 배운 열평형과 비열을 함께 물어보는 문제가 출제될 수 있어! 온도 – 시간 그래프를 보고 두 물질의 비열을 비교할 수 있어야 해~

그림은 질량이 같은 두 물질 A와 B가 접촉했을 때 두 물질의 시간에 따른 온도 변화를 나타낸 것이다.

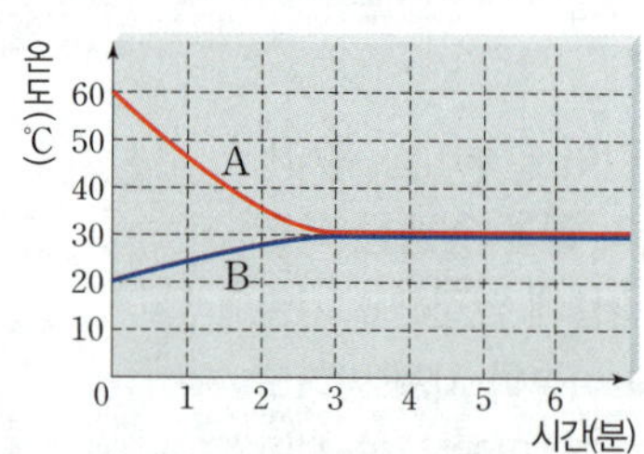

이에 대한 설명으로 옳은 것을 보기 에서 모두 고른 것은? (단, 외부와의 열 출입은 무시한다.)

보기
ㄱ. A가 잃은 열량은 B가 얻은 열량과 같다.
ㄴ. 온도 변화는 A가 B보다 크다.
ㄷ. 비열은 A가 B보다 크다.

① ㄱ   ② ㄴ   ③ ㄷ
④ ㄱ, ㄴ   ⑤ ㄴ, ㄷ

ㄱ. A가 잃은 열량은 B가 얻은 열량과 같다.
→ 온도가 60 ℃인 A와 온도가 20 ℃인 B를 접촉했더니 3분 후 열평형 상태에 도달하지? 열이 A에서 B로 이동했고, 외부와의 열 출입은 무시하므로 A가 잃은 열량과 B가 얻은 열량은 같아!

ㄴ. 온도 변화는 A가 B보다 크다.
→ 3분 후 A와 B가 30 ℃에서 온도가 같아졌으므로 열평형 온도는 30 ℃야! 이때 A는 60 ℃에서 30 ℃가 되었으니까 30 ℃만큼 온도가 낮아졌고, B는 20 ℃에서 30 ℃가 되었으니까 10 ℃만큼 온도가 높아졌지~ 따라서 온도 변화는 A가 B보다 커!

B가 A
ㄷ. 비열은 ~~A가 B~~보다 크다.
→ 두 물질의 질량이 같고, 두 물질에 가해진 열량이 같으므로 비열은 온도 변화에 반비례해~ 온도 변화는 A가 B보다 크니까 비열은 B가 A보다 크겠지!

답 ④

ZP point

온도 – 시간 그래프: 온도 변화↑ ➡ 비열↓

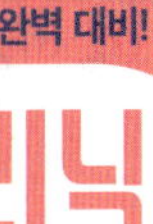

유형 클리닉

유형 3 고체의 열팽창

+ 바이메탈을 가열하면 열팽창 정도가 작은 금속 쪽으로 휘어지고, 바이메탈을 냉각하면 열팽창 정도가 큰 쪽으로 휘어진다는 것을 꼭 기억해 두자~

그림 (가)~(다)는 크기가 같은 세 금속 A~C를 붙여서 만든 바이메탈을 가열하였을 때의 모습을 나타낸 것이다.

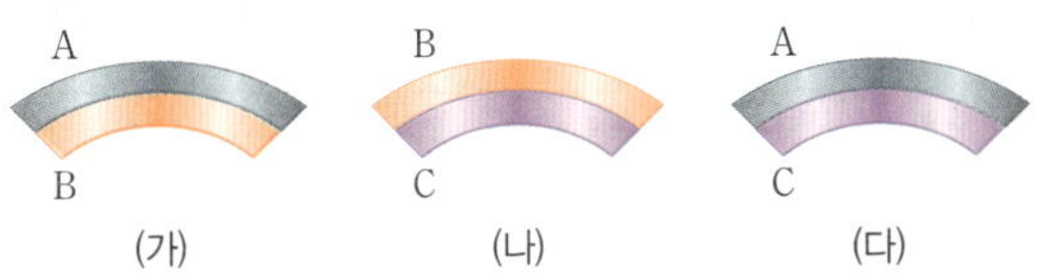

이에 대한 설명으로 옳은 것을 보기 에서 모두 고른 것은?

보기
ㄱ. A~C 중 열팽창 정도가 가장 큰 금속은 A이다.
ㄴ. (가)를 냉각하면 길이는 A가 B보다 많이 줄어든다.
ㄷ. (다)를 냉각하면 C 쪽으로 휘어진다.

① ㄱ
② ㄷ
③ ㄱ, ㄴ
④ ㄴ, ㄷ
⑤ ㄱ, ㄴ, ㄷ

ㄱ. A~C 중 열팽창 정도가 가장 큰 금속은 A이다.
→ 바이메탈을 가열하면 열팽창 정도가 큰 금속은 많이 팽창하고, 열팽창 정도가 작은 금속은 적게 팽창하므로 열팽창 정도가 작은 금속 쪽으로 휘어지게 돼~ 가열했을 때 (가)는 B 쪽으로 휘어졌으니까 열팽창 정도는 A>B, (나)는 C 쪽으로 휘어졌으니까 열팽창 정도는 B>C, (다)는 C 쪽으로 휘어졌으니까 열팽창 정도는 A>C겠지?~ 따라서 열팽창 정도는 A>B>C이므로 열팽창 정도가 가장 큰 금속은 A야~

ㄴ. (가)를 냉각하면 길이는 A가 B보다 많이 줄어든다.
→ 바이메탈을 냉각하면 열팽창 정도가 큰 쪽이 많이 수축하게 돼! 따라서 (가)에서 열팽창 정도가 큰 금속은 A니까 냉각하면 길이는 A가 B보다 많이 줄어들어~

ㄷ. (다)를 냉각하면 ~~C~~ A 쪽으로 휘어진다.
→ 바이메탈을 냉각하면 열팽창 정도가 큰 쪽이 많이 수축해서 더 짧아지므로 열팽창 정도가 큰 쪽으로 휘어지게 돼! (다)에서 열팽창 정도가 큰 쪽은 A니까 냉각하면 A 쪽으로 휘어지겠지!

답 ③

ZP point
바이메탈 가열: 열팽창 정도가 작은 쪽으로 휘어짐!
바이메탈 냉각: 열팽창 정도가 큰 쪽으로 휘어짐!

유형 4 액체의 열팽창

+ 열팽창 정도에 따른 부피 변화를 비교하는 문제가 출제될 수 있어! 열팽창에서 입자의 운동과 입자 사이의 거리가 어떻게 변하는지도 꼭 기억해 두자~

그림 (가)는 실온에서 부피가 같은 세 액체 A~C를, (나)는 A~C를 뜨거운 물이 들어 있는 수조에 넣었을 때 부피 변화를 나타낸 것이다.

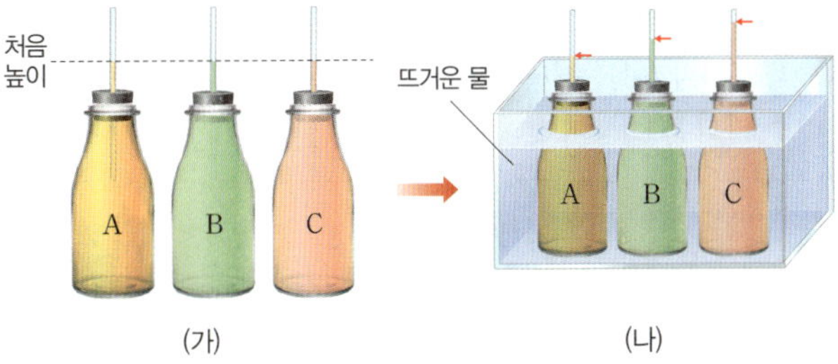

이에 대한 설명으로 옳은 것을 보기 에서 모두 고른 것은?

보기
ㄱ. 열팽창 정도는 C>B>A이다.
ㄴ. A~C의 입자 운동은 (가)보다 (나)에서 더 활발하다.
ㄷ. A~C의 입자 사이의 거리는 (가)보다 (나)에서 더 멀다.

① ㄱ
② ㄴ
③ ㄱ, ㄷ
④ ㄴ, ㄷ
⑤ ㄱ, ㄴ, ㄷ

ㄱ. 열팽창 정도는 C>B>A이다.
→ 부피가 많이 커질수록 열팽창 정도가 크겠지? 뜨거운 물이 들어 있는 수조에 넣었을 때 유리관 속 액체의 높이는 C>B>A이니까 열팽창 정도도 C>B>A야~

ㄴ. A~C의 입자 운동은 (가)보다 (나)에서 더 활발하다.
→ (나)에서 A~C를 뜨거운 물이 든 수조에 넣었지~? 이때 수조의 뜨거운 물에서 액체로 열이 전달되어 온도가 높아지므로 A~C의 입자 운동은 (가)보다 활발해지게 돼~

ㄷ. A~C의 입자 사이의 거리는 (가)보다 (나)에서 더 멀다.
→ 액체가 열을 받아서 입자의 운동이 활발해지면 입자 사이의 거리가 멀어지면서 부피가 커지게 되겠지~ 따라서 (가)보다는 (나)에서 A~C의 입자 사이의 거리가 멀어~

답 ⑤

ZP point
액체 가열: 입자 운동 활발 ➡ 입자 사이의 거리↑ ➡ 부피↑

실전 백신

① 비열

01 비열에 대한 설명으로 옳은 것은?

① 물질의 질량이 클수록 비열이 커진다.
② 물질의 종류와 상관없이 값이 일정하다.
③ 어떤 물질 1 kg의 온도를 1 ℃ 높이는 데 필요한 열량이다.
④ 질량이 같을 때, 비열이 클수록 온도를 높이는 데 더 적은 열량이 필요하다.
⑤ 질량이 같을 때, 같은 열량을 가하면 비열이 큰 물질일수록 온도 변화가 크다.

02 표는 물질 A~D의 비열을 나타낸 것이다.

물질	A	B	C	D
비열(kcal/(kg · ℃))	0.1	0.4	0.2	1

같은 질량의 A~D에 같은 열량을 가했을 때, 온도 변화의 정도를 옳게 비교한 것은? (단, 물질의 상태 변화는 없다.)

① A>B>C>D
② A>B>D>C
③ A>C>B>D
④ D>B>C>A
⑤ D>C>B>A

03 그림은 질량이 같은 두 액체 A와 B를 같은 세기의 불꽃으로 가열했을 때, 시간에 따른 온도 변화를 나타낸 것이다. 이에 대한 설명으로 옳은 것을 보기 에서 모두 고른 것은?

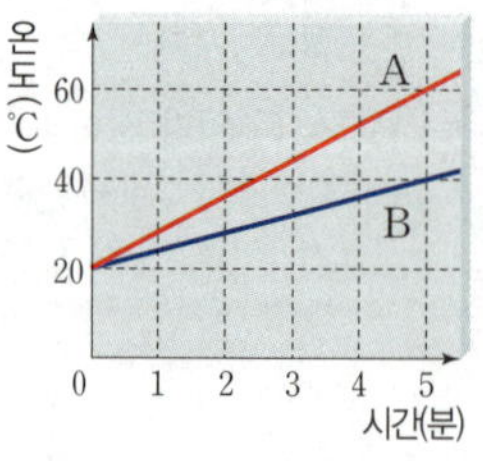

보기

ㄱ. 비열은 A가 B보다 크다.
ㄴ. 같은 시간 동안 A의 온도 변화가 B보다 크다.
ㄷ. 같은 온도만큼 높이는 데 필요한 열량은 A가 B보다 크다.

① ㄱ
② ㄴ
③ ㄷ
④ ㄱ, ㄴ
⑤ ㄴ, ㄷ

04 그림과 같이 물 100 g과 식용유 100 g을 가열 장치 위에 함께 올려놓고 동시에 가열하면서 온도 변화를 측정한 결과가 표와 같았다.

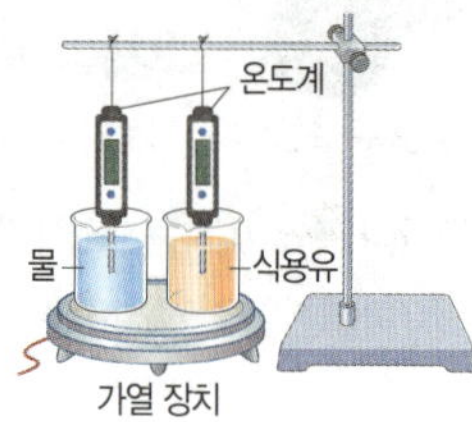

시간(분)		0	5	10
온도(℃)	A	20	24	28
	B	20	28	36

이에 대한 설명으로 옳지 않은 것은?

① A는 물, B는 식용유이다.
② A의 비열이 B보다 크다.
③ A와 B에 가해지는 열량은 같다.
④ 같은 시간 동안 A의 온도 변화가 B보다 작다.
⑤ 같은 양의 A와 B의 온도를 1 ℃ 높이기 위해서는 A보다 B에 더 많은 열량을 가해야 한다.

05 그림 (가)는 낮에 해안가에서 바람이 부는 과정을, (나)는 밤에 해안가에서 바람이 부는 과정을 나타낸 것이다.

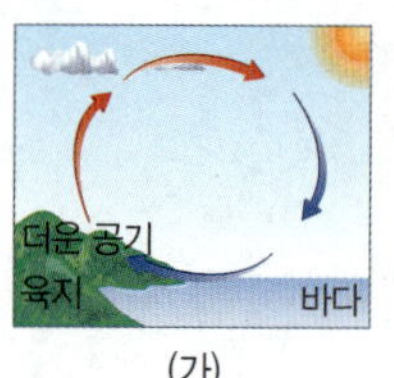

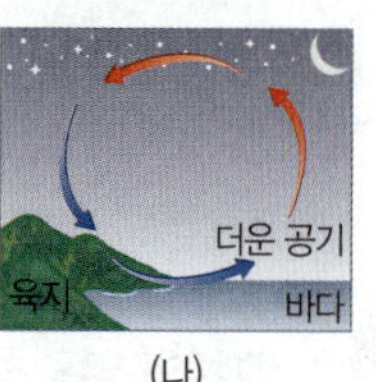

이에 대한 설명으로 옳은 것을 보기 에서 모두 고른 것은?

보기

ㄱ. 태양의 열에너지가 복사의 방법으로 바다와 육지에 전달된다.
ㄴ. (나)는 육지에서 바다로 바람이 분다.
ㄷ. (가)와 (나)는 육지와 바다의 비열이 다르기 때문에 나타나는 현상이다.

① ㄱ
② ㄴ
③ ㄱ, ㄷ
④ ㄴ, ㄷ
⑤ ㄱ, ㄴ, ㄷ

06 일상생활에서 비열을 이용한 예가 아닌 것은?

① 프라이팬을 가열하면 프라이팬 손잡이까지 뜨거워진다.
② 따뜻한 물을 찜질팩에 넣어서 온도를 오랫동안 유지한다.
③ 뚝배기에 담긴 국은 금속 냄비에 담긴 국에 비해 잘 식지 않는다.
④ 자동차에 냉각수를 넣어서 자동차 엔진이 과열되는 것을 막는다.
⑤ 햇빛이 비치는 낮에는 바닷가 모래의 온도가 바닷물보다 더 높다.

② 열팽창

07 금속 막대에 열을 가했을 때 금속 막대의 길이가 길어지는 까닭으로 옳은 것은?

① 금속의 상태가 변하기 때문
② 열이 금속의 성질을 변화시키기 때문
③ 금속을 이루는 입자의 크기가 커지기 때문
④ 금속을 이루는 입자들의 운동이 활발해지기 때문
⑤ 금속 입자 사이의 거리가 가열 전보다 가까워지기 때문

08 그림은 금속 구가 금속 고리에 꽉 끼어 통과하지 못하는 모습을 나타낸 것이다.

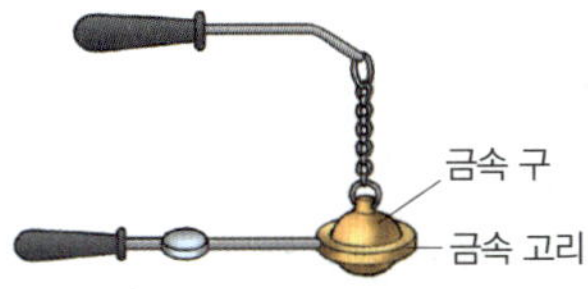

이에 대한 설명으로 옳은 것을 보기 에서 모두 고른 것은? (단, 금속 구와 금속 고리는 같은 금속이다.)

> **보기**
> ㄱ. 금속 구를 냉각하면 금속 구가 통과할 수 있다.
> ㄴ. 금속 고리를 냉각하면 금속 구가 통과할 수 있다.
> ㄷ. 금속 고리를 가열하면 금속 구가 통과할 수 있다.

① ㄱ   ② ㄴ   ③ ㄱ, ㄷ
④ ㄴ, ㄷ   ⑤ ㄱ, ㄴ, ㄷ

09 그림은 종이에 알루미늄박을 붙인 알루미늄 테이프를 종이 쪽으로 접은 후 가열한 모습을 나타낸 것이다.

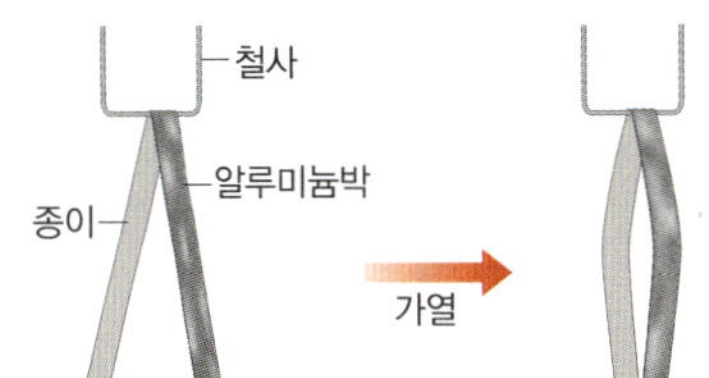

이에 대한 설명으로 옳은 것을 보기 에서 모두 고른 것은?

> **보기**
> ㄱ. 열팽창에 의해 나타나는 현상이다.
> ㄴ. 종이가 알루미늄보다 열팽창 정도가 크다.
> ㄷ. 가열하면 알루미늄 테이프를 구성하는 입자의 운동이 활발해진다.

① ㄱ   ② ㄴ   ③ ㄷ   ④ ㄱ, ㄷ   ⑤ ㄴ, ㄷ

10 그림과 같이 구멍과 틈이 있는 철판에 열을 고르게 가했을 때, 철판의 변화로 옳은 것은?

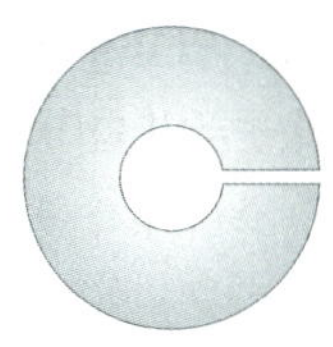

① 가운데 구멍이 커지고, 철판 틈이 넓어진다.
② 가운데 구멍이 커지고, 철판 틈이 좁아진다.
③ 가운데 구멍이 작아지고, 철판 틈이 넓어진다.
④ 가운데 구멍이 작아지고, 철판 틈이 좁아진다.
⑤ 가운데 구멍과 철판 틈의 크기는 그대로이고, 철판의 전체적인 크기만 커진다.

11 그림은 바이메탈을 이용한 화재 경보기의 회로를 나타낸 것이다. 화재가 발생하면 전체 회로가 연결되어 경보음이 울리게 된다.

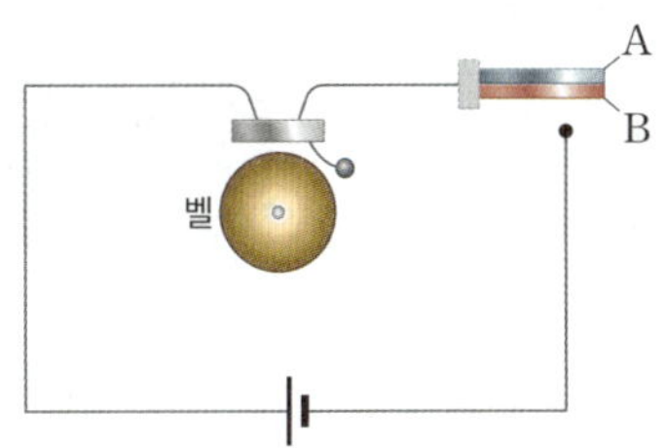

이에 대한 설명으로 옳은 것을 보기 에서 모두 고른 것은?

> **보기**
> ㄱ. 열팽창 정도는 A가 B보다 크다.
> ㄴ. 냉각하면 A의 길이가 B보다 많이 줄어든다.
> ㄷ. A 쪽을 가열하면 화재 경보기의 경보음이 울리지 않는다.

① ㄱ   ② ㄷ   ③ ㄱ, ㄴ
④ ㄴ, ㄷ   ⑤ ㄱ, ㄴ, ㄷ

12 그림은 온도가 같은 세 액체 A~C를 같은 부피만큼 삼각 플라스크에 넣고 뜨거운 물에 충분한 시간 동안 담가두었을 때의 모습을 나타낸 것이다. 이에 대한 설명으로 옳지 <u>않은</u> 것은?

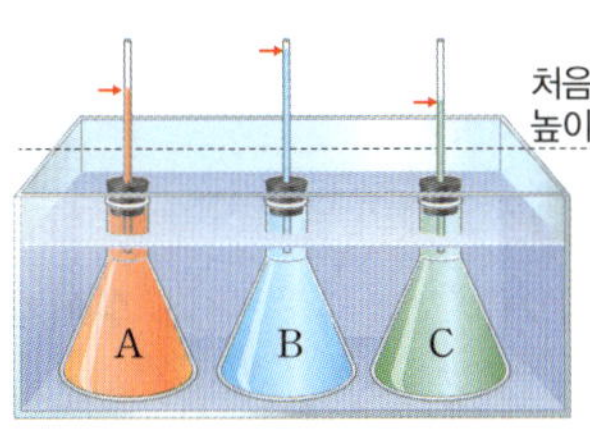

① B의 열팽창 정도가 가장 크다.
② 열은 뜨거운 물에서 액체 A~C로 이동한다.
③ 세 액체는 모두 입자 사이의 거리가 멀어진다.
④ 충분한 시간이 흐른 뒤 세 액체의 온도는 모두 같아진다.
⑤ 세 액체를 모두 얼음물에 담그면 C의 부피가 가장 많이 줄어든다.

13 알코올 온도계의 아랫부분을 손으로 감쌌을 때 온도계의 눈금이 올라가는 까닭으로 옳은 것은?

① 유리가 수축하기 때문
② 알코올의 밀도가 증가하기 때문
③ 손의 열팽창 정도가 알코올보다 크기 때문
④ 알코올 입자의 운동이 더 활발해졌기 때문
⑤ 알코올 입자 사이의 거리가 더 가까워졌기 때문

(중요)
14 그림과 같이 겨울에는 팽팽했던 전깃줄이 여름에는 느슨해진다.

겨울 / 여름

이에 대한 설명으로 옳은 것을 보기 에서 모두 고른 것은?

보기
ㄱ. 고체의 열팽창에 의한 현상이다.
ㄴ. 겨울에는 여름보다 전깃줄을 이루는 입자 사이의 거리가 가깝다.
ㄷ. 바닷가에서 낮과 밤에 부는 바람의 방향이 바뀌는 것과 같은 원인이다.

① ㄱ　　　　　② ㄷ　　　　　③ ㄱ, ㄴ
④ ㄴ, ㄷ　　　　⑤ ㄱ, ㄴ, ㄷ

15 고체의 열팽창을 이용하는 예로 옳지 <u>않은</u> 것은?

① 기차선로가 늘어나 휘어지는 것을 방지하기 위해서 틈을 두어 연결한다.
② 온풍기는 높은 곳에 설치하는 것보다 낮은 곳에 설치하는 것이 더 효율적이다.
③ 더운 여름날 다리가 휘어지는 것을 막기 위해 다리 이음새 사이에 공간을 둔다.
④ 송유관이 온도에 따라 늘어나거나 줄어들면서 손상되는 것을 막기 위해 송유관을 구부려 놓는다.
⑤ 유리병의 금속 뚜껑이 열리지 않을 때 뚜껑을 뜨거운 물에 담그면 뚜껑이 느슨해져서 쉽게 열 수 있다.

서술형

16 그림은 질량이 같은 두 물질 A와 B를 같은 세기의 불꽃으로 가열했을 때 시간에 따른 온도 변화를 나타낸 것이다. A와 B 중 비열이 작은 물질을 쓰고, 그렇게 생각한 까닭을 서술하시오.

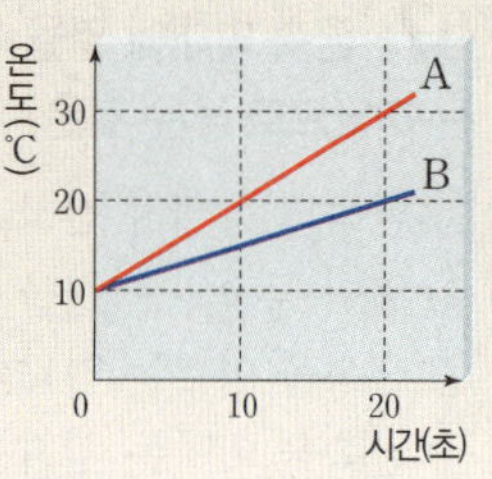

KEY 온도 변화 $\propto \dfrac{1}{비열}$

17 그림은 열팽창 정도가 서로 다른 두 금속 A와 B로 이루어진 바이메탈을 가열했을 때의 모습을 나타낸 것이다. 바이메탈이 A 쪽으로 휘어졌을 때 열팽창 정도가 더 큰 금속을 쓰고, 그렇게 생각한 까닭을 서술하시오.

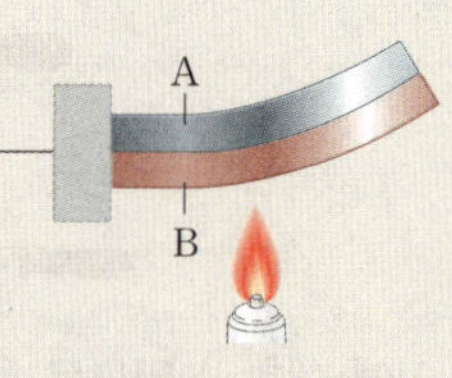

KEY 열팽창 정도↑ ➡ 더 많이 휘어짐

18 그림은 2개의 삼각 플라스크에 각각 물과 에탄올을 가득 채우고 뜨거운 물이 담겨 있는 수조에 넣은 모습을 나타낸 것이다. 이때 각각의 유리관 위로 올라온 액체의 처음 높이는 같았다.

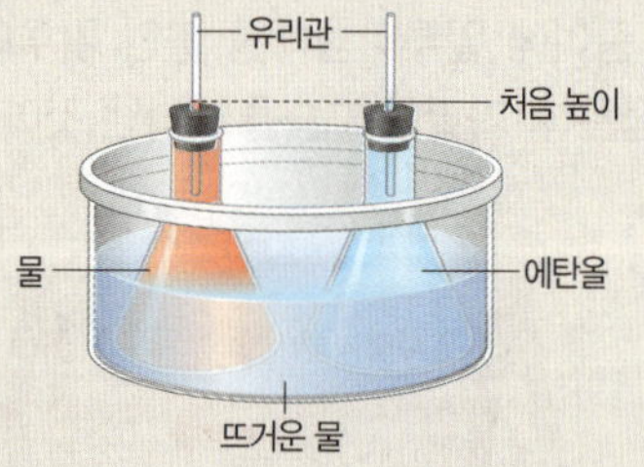

시간이 흐른 후, 각각의 유리관 속 액체의 높이 변화에 대해 서술하시오. (단, 열팽창 정도는 에탄올이 물보다 크다.)

KEY 액체 가열 ➡ 액체 부피↑, 열팽창 정도↑ ➡ 액체 부피↑

[01~02] 다음은 물의 온도 변화를 이용하여 금속 도막의 비열을 측정하는 실험 과정과 결과를 나타낸 것이다.

[실험 과정]
⑴ 금속 도막의 질량을 측정한다.
⑵ 물 200 g을 열량계에 넣은 후 물의 온도를 측정한다.
⑶ 그림 (가)와 같이 금속 도막을 물이 담긴 비커에 넣고 가열하여 물이 충분히 끓을 때 금속 도막의 온도를 측정한다.
⑷ 금속 도막을 꺼낸 후, 그림 (나)와 같이 빠르게 열량계 속의 물에 넣고 온도 변화를 관찰하면서 온도가 일정해졌을 때 온도를 측정한다.
⑸ 금속 도막의 비열을 계산한다.

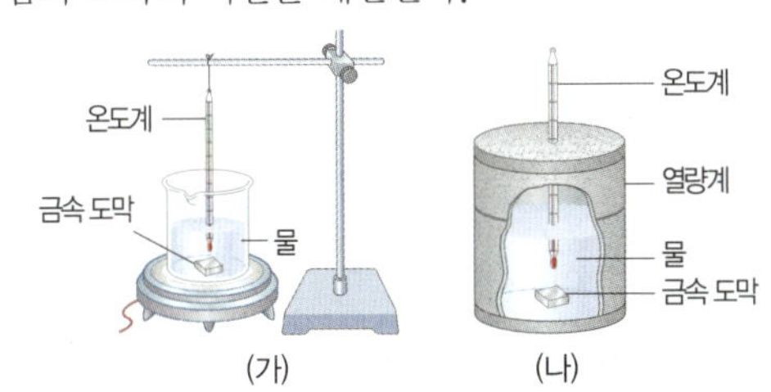

[실험 결과]

구분	질량(g)	처음 온도(℃)	나중 온도(℃)
금속 도막	100	100	14.8
열량계 속 물	200	10	14.8

01 위 실험에서 금속 도막의 비열을 측정하는 원리로 옳지 않은 것을 모두 고르면? (단, 외부와의 열 출입은 무시한다.)
① 비커의 물과 금속 도막은 열평형을 이룬다.
② 금속 도막과 열량계 속의 물은 열평형을 이룬다.
③ 열량계 속의 물과 비커의 물은 열평형을 이룬다.
④ 비커의 물이 잃은 열량과 금속 도막이 얻은 열량은 서로 같다.
⑤ 금속 도막이 잃은 열량과 열량계 속 물이 얻은 열량은 서로 같다.

02 표는 여러 금속의 비열을 나타낸 것이다.

금속	철	납	은	구리	알루미늄
비열(kcal/(kg · ℃))	0.11	0.03	0.05	0.09	0.21

위 실험에서 사용한 금속 도막으로 옳은 것은? (단, 물의 비열은 1 kcal/(kg · ℃)이고, 소수점 셋째 자리에서 반올림하여 계산한다.)
① 철　　　　② 납　　　　③ 은
④ 구리　　　⑤ 알루미늄

03 그림은 질량이 서로 다른 뜨거운 물 A와 차가운 물 B가 접촉할 때 시간에 따른 온도 변화를 나타낸 것이다.

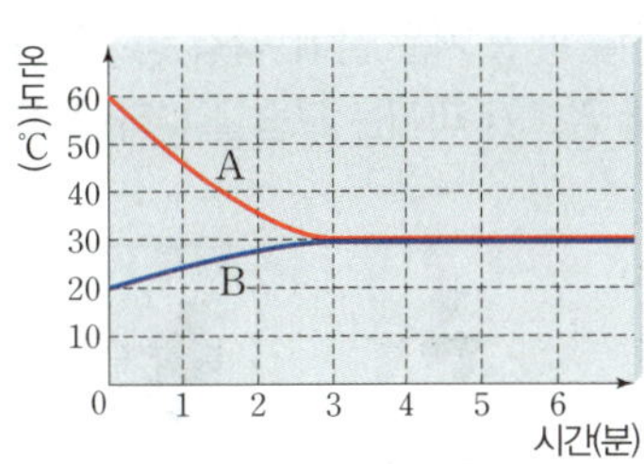

이에 대한 설명으로 옳은 것을 보기 에서 모두 고른 것은? (단, 물의 비열은 1 kcal/(kg · ℃)이며, 외부와의 열 출입은 없다.)

보기
ㄱ. 질량은 A가 B보다 작다.
ㄴ. 같은 열량을 가해 주었을 때 A와 B의 온도 변화는 같다.
ㄷ. 열평형 상태가 될 때까지 A와 B 사이에 이동하는 열의 양은 점점 줄어든다.

① ㄱ　　　　② ㄴ　　　　③ ㄱ, ㄷ
④ ㄴ, ㄷ　　⑤ ㄱ, ㄴ, ㄷ

04 그림과 같이 둥근바닥 플라스크에 물을 채운 후 가열하였더니 물의 높이가 화살표로 표시한 부분과 같았다.

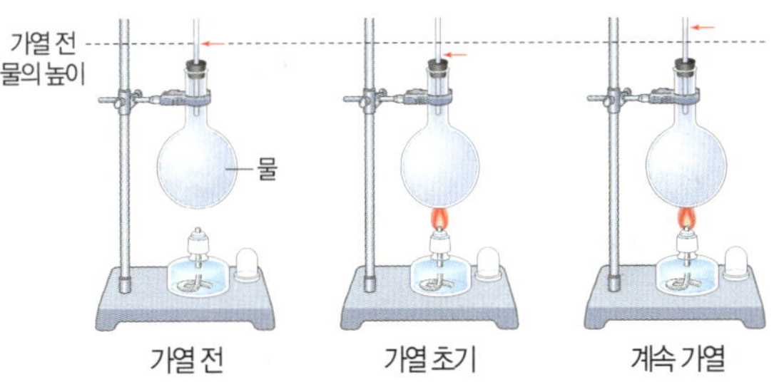

이에 대한 설명으로 옳은 것을 보기 에서 모두 고른 것은?

보기
ㄱ. 물이 팽창하여 물의 높이가 높아졌다.
ㄴ. 음료수 병에 음료수를 가득 채우지 않는 것과 관계가 있다.
ㄷ. 가열 초기에 물의 높이가 조금 낮아지는 것은 둥근바닥 플라스크의 크기가 커지기 때문이다.

① ㄱ　　　　② ㄷ　　　　③ ㄱ, ㄴ
④ ㄴ, ㄷ　　⑤ ㄱ, ㄴ, ㄷ

빈출 자료 집중진단

1 온도와 입자 운동

다음은 찬물과 뜨거운 물에 각각 잉크를 동시에 떨어뜨렸을 때 잉크가 퍼지는 모습을 나타낸 것이다.

(가)　　　(나)

다음 설명 중 옳은 것은 ○표, 옳지 <u>않은</u> 것은 ×표 하시오.

1 (가)는 뜨거운 물, (나)는 찬물에서 잉크가 퍼지는 모습이다.　(○ | ×)

2 (가)에서는 잉크가 퍼지지 않는다.　(○ | ×)

3 (가)보다 (나)에서 물 입자가 활발하게 움직인다.　(○ | ×)

4 온도가 높을수록 입자의 운동이 활발하다.　(○ | ×)

2 열평형

그림은 온도가 높은 물체 A와 온도가 낮은 물체 B가 접촉한 모습을 나타낸 것이다. (단, 외부와의 열 출입은 무시한다.)

다음 설명 중 옳은 것은 ○표, 옳지 <u>않은</u> 것은 ×표 하시오.

1 A에서 B로 열이 이동한다.　(○ | ×)

2 A의 입자 운동은 점점 활발해진다.　(○ | ×)

3 B의 입자 운동은 점점 둔해진다.　(○ | ×)

4 시간이 지나면 A와 B는 열평형을 이룬다.　(○ | ×)

5 A가 잃은 열의 양과 B가 얻은 열의 양은 같다.　(○ | ×)

6 충분한 시간이 지나면 A의 온도는 B의 온도보다 낮아진다.　(○ | ×)

3 열의 이동

그림의 A~C는 열이 전달되는 모습을 나타낸 것이다.

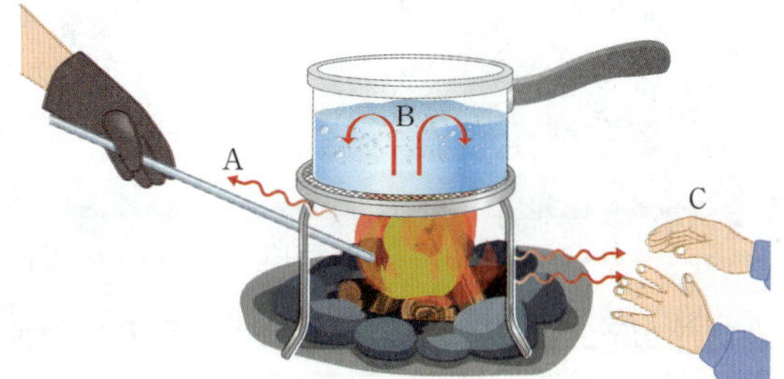

다음 설명 중 옳은 것은 ○표, 옳지 <u>않은</u> 것은 ×표 하시오.

1 A는 대류에 의한 열의 이동이다.　(○ | ×)

2 B는 전도에 의한 열의 이동이다.　(○ | ×)

3 C는 복사에 의한 열의 이동이다.　(○ | ×)

4 A에서 물체를 구성하는 입자의 움직임이 이웃한 입자에 차례로 전달되어 열이 이동한다.　(○ | ×)

5 A에서 금속 막대를 구성하는 입자의 운동이 둔해진다.　(○ | ×)

6 B에서 움직임이 활발한 입자는 위로, 움직임이 둔한 입자는 아래로 이동한다.　(○ | ×)

7 C는 그늘보다 햇볕 아래가 더 따뜻한 것과 열의 전달 방법이 같다.　(○ | ×)

4 질량이 같은 물질의 비열 비교

그림은 질량이 같은 두 액체 A와 B를 같은 세기의 불꽃으로 가열했을 때, 시간에 따른 온도 변화를 나타낸 것이다. (단, 외부와의 열 출입은 무시한다.)

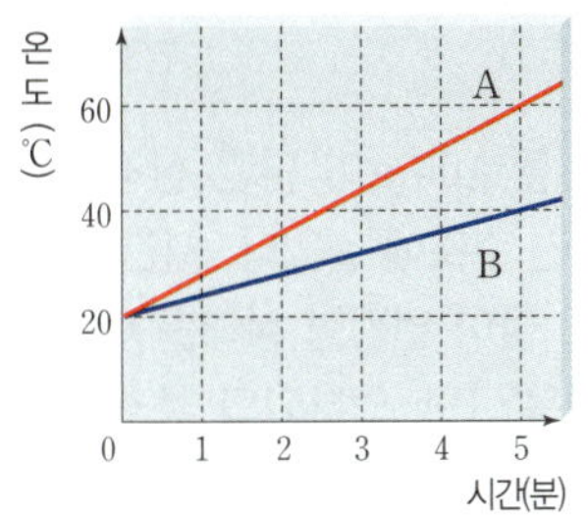

다음 설명 중 옳은 것은 ○표, 옳지 않은 것은 ×표 하시오.

1 비열은 물질 1 kg의 온도를 1 ℃ 높이는 데 필요한 열량이다. (○ ×)

2 물질의 종류에 상관없이 액체의 비열은 모두 동일하다. (○ ×)

3 비열이 큰 물질일수록 열을 얻거나 잃을 때 온도 변화가 크다. (○ ×)

4 보일러나 자동차 냉각 장치에 물을 이용하는 것은 물의 큰 비열을 활용한 예이다. (○ ×)

5 같은 시간 동안 A의 온도 변화가 B보다 크다. (○ ×)

6 5 분 동안 A와 B가 얻은 열량은 같다. (○ ×)

7 비열은 B가 A보다 크다. (○ ×)

8 같은 온도에 도달하는 데 필요한 열량은 A가 B보다 많다. (○ ×)

5 고체와 액체의 열팽창

○ **고체의 열팽창**

그림은 종류가 다른 두 금속 A, B를 붙여서 만든 바이메탈을 가열했을 때 바이메탈이 휘어진 모습을 나타낸 것이다.

○ **액체의 열팽창**

그림은 실온에 두었던 부피가 같은 두 액체 C, D를 각각 플라스크에 담은 후 뜨거운 물에 충분히 담가두었을 때 유리관으로 올라오는 액체의 높이가 달라진 모습을 나타낸 것이다.

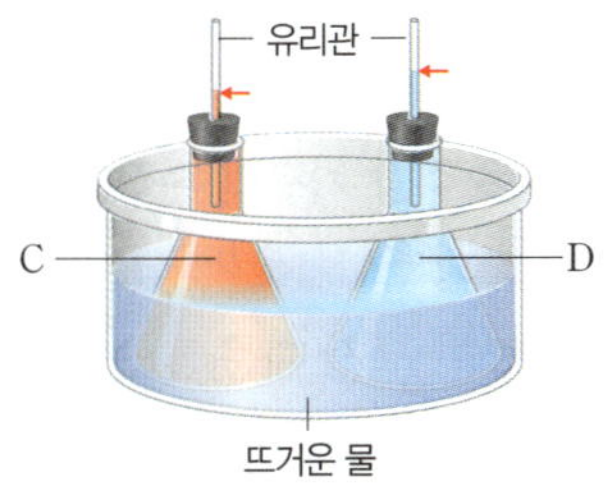

다음 설명 중 옳은 것은 ○표, 옳지 않은 것은 ×표 하시오.

1 바이메탈은 두 금속이 열팽창하는 정도가 다른 것을 이용한 것이다. (○ ×)

2 바이메탈을 가열하면 질량이 큰 금속 쪽으로 휘어진다. (○ ×)

3 바이메탈을 가열하면 A의 길이가 B보다 더 많이 늘어난다. (○ ×)

4 열팽창 정도는 A가 B보다 크다. (○ ×)

5 바이메탈을 냉각하면 B 쪽으로 휘어진다. (○ ×)

6 알코올 온도계로 온도를 측정할 수 있는 것은 액체의 열팽창을 이용한 예이다. (○ ×)

7 C와 D에서 뜨거운 물로 열이 이동한다. (○ ×)

8 뜨거운 물에 넣기 전보다 C와 D의 입자 운동이 활발해진다. (○ ×)

9 뜨거운 물에 넣기 전보다 C와 D의 입자 사이의 거리가 가까워진다. (○ ×)

10 열팽창 정도는 D가 C보다 크다. (○ ×)

CT 대단원 문제
Comprehensive Test

메타인지	각 중단원별 부족한 부분을 체크해 보고 부족한 단원은 꼭~ 복습하세요.												
O1 열의 이동	01	02	03	04	05	06	07	08	09	21	22	23	24
O2 비열과 열팽창	10	11	12	13	14	15	16	17	18	19	20	25	26
	27	28											

01 온도와 열에 대한 설명으로 옳지 <u>않은</u> 것은?

① 온도의 단위로 °C(섭씨도), K(켈빈)이 있다.
② 열은 온도가 높은 곳에서 낮은 곳으로 이동한다.
③ 물체에 열을 가하면 입자들의 운동이 활발해진다.
④ 온도가 높아지면 물질을 이루는 입자 개수가 많아진다.
⑤ 접촉한 두 물체의 온도 차이가 클수록 이동하는 열의 양이 많다.

02 그림은 온도가 서로 다른 두 물체 A와 B를 접촉시켜 시간이 흐른 후 입자의 운동 변화를 나타낸 것이다.

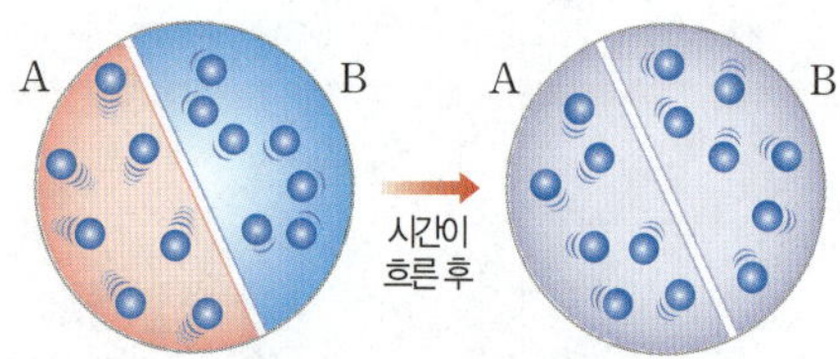

이에 대한 설명으로 옳은 것을 보기 에서 모두 고른 것은? (단, 외부와의 열 출입은 무시한다.)

보기
ㄱ. 처음 온도는 B가 더 높다.
ㄴ. 열은 B에서 A로 이동한다.
ㄷ. 시간이 흐른 후 A와 B의 온도는 같다.

① ㄱ   ② ㄴ   ③ ㄷ   ④ ㄱ, ㄷ   ⑤ ㄴ, ㄷ

03 그림은 온도가 서로 다른 두 물체 A와 B를 접촉시켰을 때 시간에 따른 온도 변화를 나타낸 것이다. 이에 대한 설명으로 옳지 않은 것은? (단, 외부와의 열 출입은 무시한다.)

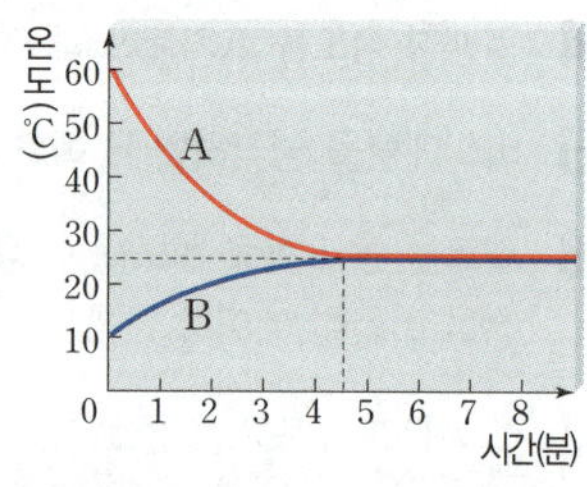

① 열은 A에서 B로 이동한다.
② A의 온도 변화가 B보다 크다.
③ 4~5분 사이에 두 물체는 열평형 상태에 도달한다.
④ 열평형 이후에는 A보다 B의 입자 운동이 더 활발하다.
⑤ 열평형 이후 A와 B는 더 이상 열의 이동이 없는 상태가 된다.

04 70 °C인 물 100 g이 담긴 삼각 플라스크를 10 °C인 물 400 g이 담긴 수조에 넣었다. 시간이 흘러 삼각 플라스크의 물과 수조의 물이 열평형 상태를 이루었을 때, 열평형 온도로 적절한 것은? (단, 외부와의 열 출입은 무시한다.)

① 10 °C   ② 22 °C   ③ 40 °C   ④ 55 °C   ⑤ 70 °C

05 그림과 같이 구리 막대, 알루미늄 막대, 유리 막대를 동시에 가열하는 모습을 열화상 카메라로 촬영하였더니 구리, 알루미늄, 유리 순으로 색이 변했다. 이에 대한 설명으로 옳지 <u>않은</u> 것은?

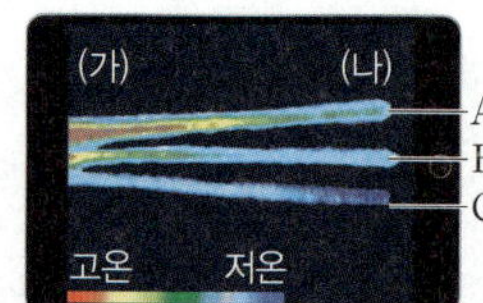

① 구리 막대는 A이다.
② 열은 A>B>C 순서로 잘 이동한다.
③ 열은 (가)에서 (나) 방향으로 이동한다.
④ 막대를 이루는 입자가 직접 이동하여 열을 전달한다.
⑤ 열화상 카메라는 복사의 방법으로 이동하는 열을 감지한다.

06 겨울 날 운동장에 있는 금속으로 된 철봉에 매달릴 때 철봉이 손에 닿으면 차갑게 느껴지는 경우에 대한 설명으로 옳지 <u>않은</u> 것은?

① 철봉에서 손으로 냉기가 이동한다.
② 손과 철봉의 온도 차에 의한 것이다.
③ 손의 열이 철봉으로 빠르게 빠져나간다.
④ 금속이 열을 잘 전달하는 물질이기 때문이다.
⑤ 열은 입자의 운동이 활발한 물체에서 입자의 운동이 둔한 물체로 이동한다.

07 금속으로 만든 주방 기구의 손잡이를 플라스틱으로 만드는 까닭으로 옳은 것은?

① 플라스틱의 비열이 크기 때문
② 복사에 의한 열의 이동을 막기 때문
③ 플라스틱이 금속보다 단단하기 때문
④ 플라스틱이 열팽창을 하지 않기 때문
⑤ 손으로 열이 잘 전달되지 않게 하기 때문

[08~09] 그림은 열의 이동 방법을 비유적으로 나타낸 것이다.

08 A에 나타난 열의 이동 방법에 대한 설명으로 옳은 것을 보기 에서 모두 고른 것은?

> **보기**
> ㄱ. 복사에 의한 열의 이동을 비유하여 나타낸 것이다.
> ㄴ. 햇볕을 쬐면 몸이 따뜻해지는 현상과 관련이 있다.
> ㄷ. 다른 물질을 거치지 않고 열이 직접 이동하여 전달된다.

① ㄱ   ② ㄷ   ③ ㄱ, ㄴ
④ ㄴ, ㄷ   ⑤ ㄱ, ㄴ, ㄷ

09 B와 같은 방법으로 열이 이동하는 현상으로 옳은 것은?

① 난로의 앞에서 따뜻함을 느낀다.
② 에어컨을 켜면 방 전체가 시원해진다.
③ 뜨거운 물에 넣은 숟가락이 따뜻해진다.
④ 음료수 병에 음료수를 가득 채우지 않는다.
⑤ 뚝배기는 데우는 데 오래 걸리지만 쉽게 식지 않는다.

10 표는 여러 가지 물질의 비열을 나타낸 것이다.

물질	물	구리	철	알루미늄
비열(kcal/(kg · ℃))	1	0.09	0.11	0.21

이에 대한 설명으로 옳지 <u>않은</u> 것은? (단, 물질의 질량은 모두 같다.)

① 비열은 물질마다 고유한 값을 가진다.
② 물은 구리, 철, 알루미늄에 비해 비열이 매우 크다.
③ 물 1 kg의 온도를 1 ℃ 높이는 데 필요한 열량은 1 kcal이다.
④ 같은 온도만큼 높이는 데 필요한 열량이 가장 큰 것은 물이다.
⑤ 질량이 같을 때 가열 시 온도가 가장 빠르게 높아지는 것은 철이다.

11 그림은 질량이 같은 두 물체 A와 B를 서로 접촉시킬 때 시간에 따른 온도 변화를 나타낸 것이다. 이에 대한 설명으로 옳은 것을 보기 에서 모두 고른 것은? (단, 외부와의 열 출입은 무시한다.)

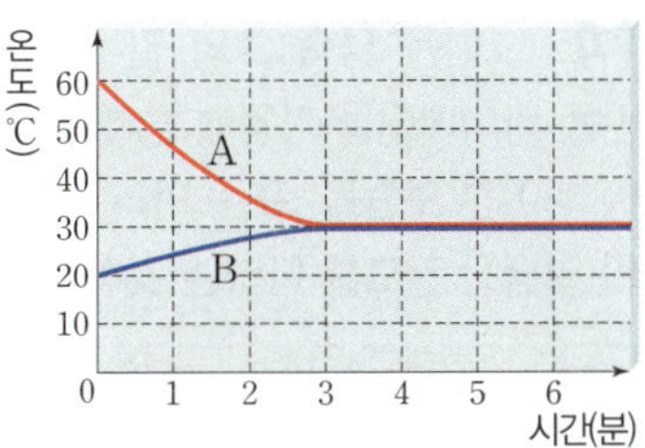

> **보기**
> ㄱ. 약 3분부터 열평형 상태가 된다.
> ㄴ. A가 잃은 열량은 B가 얻은 열량과 같다.
> ㄷ. 비열은 A가 B보다 크다.

① ㄱ   ② ㄷ   ③ ㄱ, ㄴ
④ ㄴ, ㄷ   ⑤ ㄱ, ㄴ, ㄷ

12 다음은 비열이 큰 물질과 작은 물질을 일상생활에서 활용한 예이다.

> (가) 프라이팬으로 음식을 빠르게 익힌다.
> (나) 난방용 온수관이 빠르게 따뜻해지면서 바닥에 열을 전달한다.
> (다) 나무로 지어진 전통 한옥은 여름에는 시원하고 겨울에는 따뜻하다.
> (라) 열이 많이 발생하는 대용량 정보 저장 장치를 바닷속에 보관하여 식힌다.

비열이 작은 물질을 활용한 예와 비열이 큰 물질을 활용한 예에 해당하는 것을 옳게 짝 지은 것은?

	비열이 작은 물질	비열이 큰 물질
①	(가), (나)	(다), (라)
②	(가), (다)	(나), (라)
③	(가), (라)	(나), (다)
④	(나), (다)	(가), (라)
⑤	(나), (라)	(가), (다)

13 열팽창에 대한 설명으로 옳지 <u>않은</u> 것은?

① 열팽창이 일어날 때 입자의 개수가 변한다.
② 바이메탈은 고체의 열팽창을 이용한 것이다.
③ 일반적인 열팽창 정도는 고체 < 액체 < 기체 순이다.
④ 온도가 높아지면 물질을 이루는 입자 사이의 거리가 멀어져 물질의 부피가 커진다.
⑤ 비커에 물을 채운 후 가열하면 물의 열팽창뿐만 아니라 비커의 열팽창도 일어난다.

14 그림은 금속 A와 알루미늄으로 만든 바이메탈을 가열했을 때 바이메탈이 휘어진 모습을, 표는 여러 가지 금속의 열팽창 정도를 나타낸 것이다.

물질	마그네슘	알루미늄	은	구리	금	강철
열팽창 정도	26	23	18	17	14	11

금속 A로 적절한 것은?

① 금　　　　　② 은　　　　　③ 구리
④ 강철　　　　⑤ 마그네슘

15 그림은 서로 다른 금속 A~D를 사용하여 세 가지 바이메탈을 만든 후, 가열 또는 냉각했을 때 바이메탈이 휘어진 모습을 나타낸 것이다.

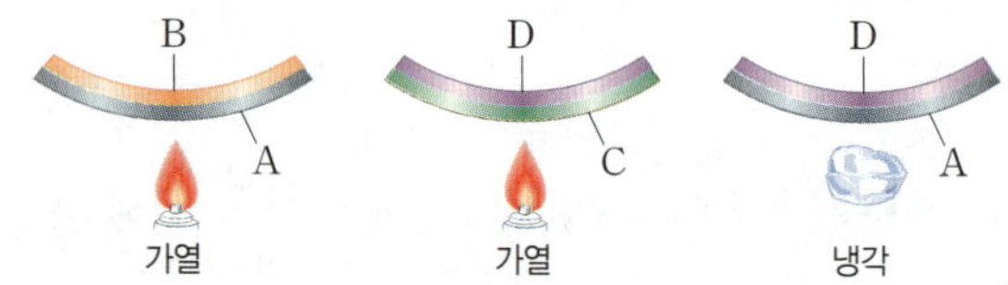

A~D의 열팽창 정도를 옳게 비교한 것은?

① A>B>C>D　　　　② A>C>D>B
③ B>D>A>C　　　　④ C>D>A>B
⑤ C>D>B>A

16 그림은 여러 가지 액체를 시험관에 가득 넣고 유리관을 끼운 고무마개로 막은 후 뜨거운 물에 담갔을 때, 유리관 속 액체의 높이를 화살표로 나타낸 것이다.

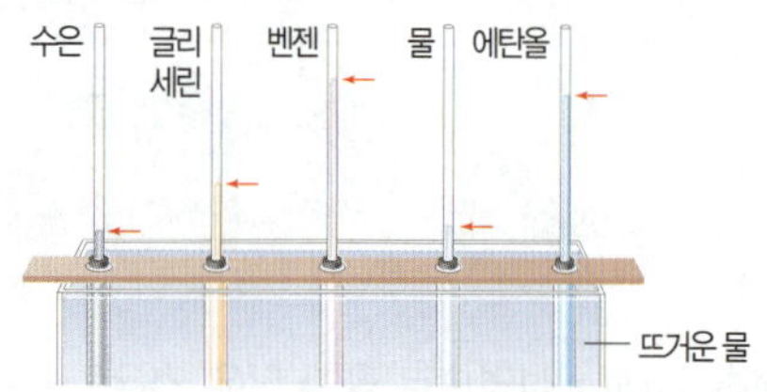

이와 같이 액체의 높이가 각각 다르게 나타나는 까닭으로 옳은 것은?

① 액체의 종류에 따라 비열이 다르기 때문
② 액체의 종류에 따라 끓는점이 다르기 때문
③ 액체의 종류에 따라 얻은 열량이 다르기 때문
④ 액체의 종류에 따라 입자의 크기가 다르기 때문
⑤ 액체의 종류에 따라 열팽창 정도가 다르기 때문

17 여름에 일어날 수 있는 열팽창 현상으로 옳지 <u>않은</u> 것은?

① 철탑의 높이가 높아진다.
② 기차선로의 틈이 넓어진다.
③ 수은 온도계의 눈금이 높아진다.
④ 음료수 병 속 음료수의 높이가 높아진다.
⑤ 전봇대에 연결된 전깃줄이 아래로 늘어진다.

18 치과에서 충치 치료를 할 때 치아 충전재로 금을 사용하는 까닭으로 옳은 것은?

① 치아의 비열이 금보다 크기 때문
② 금의 비열이 치아보다 크기 때문
③ 금의 열팽창 정도가 치아보다 작기 때문
④ 금의 열팽창 정도가 치아보다 크기 때문
⑤ 금과 치아의 열팽창 정도가 비슷하기 때문

[**19~20**] 그림은 열팽창 정도가 큰 금속 자를 나타낸 것이다. 이 자는 18 ℃에서 정확한 길이를 잴 수 있다.

19 이 자를 사용하여 영하 5 ℃일 때 어떤 물체의 길이를 재었더니 21.1 cm로 측정되었다. 영하 5 ℃일 때 이 물체의 실제 길이에 대한 설명으로 옳은 것은? (단, 물체의 열팽창 정도는 무시한다.)

① 실제 길이는 21.1 cm와 같다.
② 자의 눈금이 늘어나 실제 길이는 21.1 cm보다 짧다.
③ 자의 눈금이 늘어나 실제 길이는 21.1 cm보다 길다.
④ 자의 눈금이 줄어들어 실제 길이는 21.1 cm보다 짧다.
⑤ 자의 눈금이 줄어들어 실제 길이는 21.1 cm보다 길다.

20 이 자를 사용하여 30 ℃일 때 어떤 물체의 길이를 재었더니 13.2 cm로 측정되었다. 30 ℃에서 이 물체의 실제 길이에 대한 설명으로 옳은 것은? (단, 물체의 열팽창 정도는 무시한다.)

① 실제 길이는 13.2 cm와 같다.
② 자의 눈금이 늘어나 실제 길이는 13.2 cm보다 짧다.
③ 자의 눈금이 늘어나 실제 길이는 13.2 cm보다 길다.
④ 자의 눈금이 줄어들어 실제 길이는 13.2 cm보다 짧다.
⑤ 자의 눈금이 줄어들어 실제 길이는 13.2 cm보다 길다.

21 그림과 같이 찬물과 뜨거운 물에 녹차 티백을 넣었더니 뜨거운 물에서 더 잘 우러났다. 그 까닭을 입자 운동과 관련지어 서술하시오.

찬물　　　　뜨거운 물

KEY 온도↑ ➡ 입자 운동↑

22 사람의 체온을 측정할 때 액체 온도계를 겨드랑이에 넣고 잠시 기다리는 까닭을 서술하시오.

KEY 체온, 열평형

23 그림은 열의 이동 방법을 비유하여 나타낸 것이다.

A~C에 해당하는 열의 이동 방법을 각각 쓰고, 그 특징을 서술하시오.

KEY 전도: 이웃한 입자로 입자의 운동 전달,
대류: 입자 직접 이동, 복사: 열 직접 이동

24 실내에 냉방기와 난방기를 설치하려고 한다. 이를 효율적으로 사용하기 위해 각각 어떤 위치에 설치하는 것이 좋을지 열의 이동과 관련지어 서술하시오.

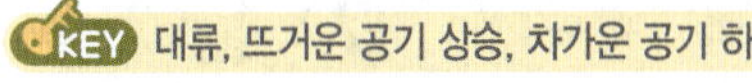
KEY 대류, 뜨거운 공기 상승, 차가운 공기 하강

25 찜질팩 속은 물과 같이 비열이 큰 물질로 채워져 있다. 찜질팩 속에 비열이 큰 물질을 사용하는 까닭을 서술하시오.

KEY 비열↑ ➡ 온도 변화↓

26 그림은 뜨거운 익힌 음식이 담긴 구리 냄비와 뚝배기를 나타낸 것이다.

구리 냄비　　　　뚝배기

같은 온도의 음식이 담겨 있을 때 뚝배기에 담겨 있는 음식을 더 오랫동안 따뜻하게 먹을 수 있는 까닭을 서술하시오.

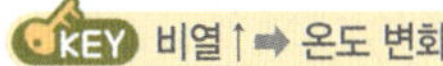
KEY 비열↑➡ 온도 변화↓

27 그림과 같이 나무로 만든 바퀴에 꼭 맞게 금속 테를 씌우면 바퀴를 튼튼하게 사용할 수 있다. 이때 바퀴에 꼭 맞게 금속 테를 씌울 수 있는 방법을 금속의 열팽창과 관련지어 서술하시오.

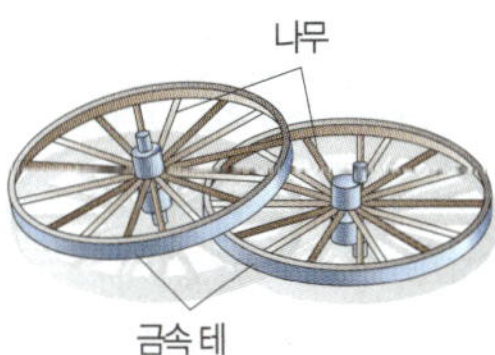

KEY 가열: 부피↑, 냉각: 부피↓

28 그림은 알코올 온도계를 나타낸 것이다. 알코올 온도계에 사용하는 에탄올은 온도에 따라 눈금의 위치가 변한다. 그 까닭을 액체의 열팽창 및 부피 변화와 관련지어 서술하시오.

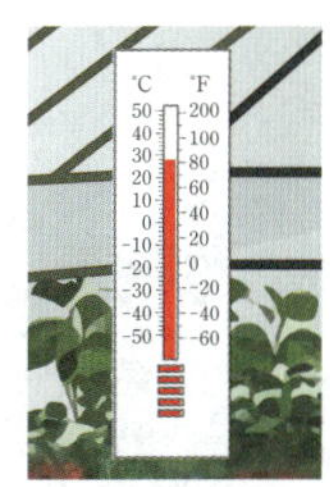
KEY 온도↑➡ 부피↑, 온도↓➡ 부피↓

IV

물질의 상태 변화

이 단원을 공부하기 전에 이전 학년에서 배운 개념을 알고 있는지 확인해 보세요.

초3

물체와 물질: 모양이 있고 공간을 차지하는 것은 ❶ [　　], 물체를 만드는 재료는 ❷ [　　]이다.

초4

물질의 세 가지 상태: 지구상의 물질은 대부분 ❸ [　　], ❹ [　　], ❺ [　　]의 세 가지 상태로 존재한다.

초4

물의 상태 변화: 물의 고체 상태를 ❻ [　　], 기체 상태를 ❼ [　　]라고 한다.

이 단원 연계 개념은... 

답 ❶ 물체 ❷ 물질 ❸ 고체 ❹ 액체 ❺ 기체 ❻ 얼음 ❼ 수증기

초등 3~4학년		중학교 1학년		고등 물질과 에너지
• 물체와 물질 • 물질의 세 가지 상태 • 물의 상태 변화	›	• 입자 운동 • 물질의 상태와 입자 모형 • 상태 변화와 열에너지	›	• 물질의 세 가지 상태

01 입자의 운동

① 입자의 운동

1 입자: 우리 주변의 모든 물질은 매우 작은 입자로 이루어져 있다.

2 입자 운동: 물질을 이루는 입자는 스스로 끊임없이 운동한다. ➡ 입자는 모든 방향으로 불규칙하고 무질서하게 움직인다.

> 확산과 증발은 입자 운동의 증거가 되는 현상이야.

> 기체를 불어넣은 고무풍선의 크기가 줄어드는 것은 고무풍선 속 기체 입자들이 고무풍선 벽을 이루는 입자들 사이의 틈으로 빠져나가기 때문이야.

② 확산

1 ❶확산: 물질을 이루는 입자가 스스로 운동하여 모든 방향으로 퍼져 나가는 현상

향수의 확산 현상

> **암모니아의 확산 현상**
> 만능 지시약 종이를 빨대 길이의 $\frac{2}{3}$ 정도로 잘라 빨대 속에 넣고 빨대의 한쪽을 마개로 막은 다음, 다른 마개에 암모니아수를 1 방울 떨어뜨린 솜을 넣고 빨대의 반대쪽 끝을 막으면서 변화를 관찰한다. 만능 지시약 종이는 암모니아와 만나면 푸른색으로 변해.
> ➡ 만능 지시약 종이는 솜을 넣은 마개에 가까운 곳부터 반응해 푸른색으로 변한다. 암모니아 입자가 스스로 이동하여 만능지시약 쪽으로 확산하기 때문이야.

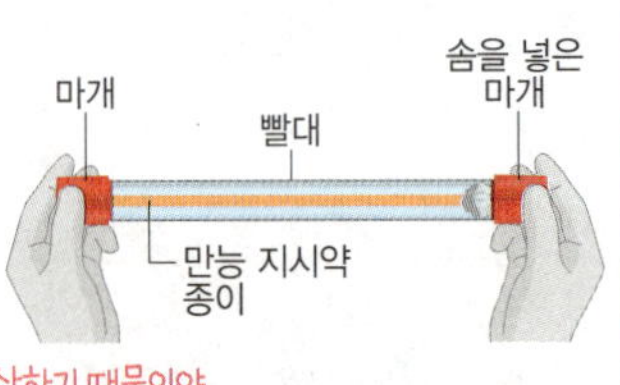

마개 / 빨대 / 솜을 넣은 마개 / 만능 지시약 종이

2 생활 속의 확산 현상

액체에서의 확산	① 차 티백을 물에 넣으면 물 전체에 차가 우러난다. ② 물에 잉크를 떨어뜨리면 물 전체가 잉크 색으로 변한다. ③ 냉면에 식초를 넣으면 국물 전체에서 신맛을 느낄 수 있다. ④ 설탕 덩어리를 물에 넣고 저어 주지 않아도 물 전체에서 단맛이 난다. 설탕 입자뿐만 아니라 물 입자도 스스로 운동해~! ⑤ 홍차에 우유를 넣어 밀크 티를 만든다.	밀크 티
기체에서의 확산	① 마약 탐지견이 냄새로 마약을 찾는다. ② 모기향을 피우면 모기를 쫓을 수 있다. ③ 꽃 가게에 들어가면 꽃향기로 가득하다. ④ 굴뚝에서 나온 연기가 사방으로 퍼진다. ⑤ 울창한 숲길을 걸으면 피톤치드 냄새를 맡을 수 있다. ⑥ 파스를 붙인 사람 주변에서 파스 냄새가 난다.	파스

③ 증발

1 ❷증발: 입자가 스스로 운동하여 액체 표면에서 기체로 변하는 현상

아세톤의 증발 현상

> **아세톤의 증발**
> ➡ 거름종이에 떨어뜨린 아세톤 입자들은 액체 표면에서 기체로 변하여 공기 중으로 날아가므로 거름종이의 ❸질량이 감소한다.

2 생활 속의 증발 현상

(1) 감을 말려 곶감을 만든다.

(2) 꺼내 놓은 빵이 딱딱해진다.

(3) 가뭄으로 논바닥이 갈라진다.

(4) 젖은 빨래나 머리카락이 마른다.

(5) 풀잎에 맺혀 있던 이슬이 낮이 되면 사라진다.

(6) 염전에서 바닷물을 증발시켜 소금(천일염)을 얻는다.

딱딱해진 빵 / 염전

입자 운동의 증거가 아닌 현상
- 파동: 종소리가 멀리 퍼져 나간다.
- 복사(다른 물질을 거치지 않고 열이 직접 이동): 난로 주변이 따뜻해진다.
- 중력에 의한 이동: 높은 곳에서 낮은 곳으로 물이 흐른다.

❶ 확산이 빠르게 진행되는 조건
- 온도가 높을수록
- 입자의 질량이 작을수록
- 물질의 상태: 고체<액체<기체
- 일어나는 곳: 액체 속<기체 속<진공 속

증발과 끓음의 비교
증발과 끓음은 모두 액체가 기체로 변하는 현상이지만, 다음과 같은 차이가 있다.

증발	끓음
액체 표면에서 일어난다.	액체 전체(표면＋내부)에서 일어난다.
모든 온도에서 일어난다.	액체가 끓기 시작하는 온도 이상에서 일어난다.
입자가 스스로 운동하여 발생한다.	외부에서 열을 흡수하여 발생한다.

자리끼

밤에 자다 깼을 때 마시기 위해 잠자리의 머리맡에 준비해 두는 물로, 목마름도 해결해 주지만 물이 증발하면서 방 안의 습도를 조절한다.

❷ 증발이 빠르게 진행되는 조건
- 온도가 높을수록
- 습도가 낮을수록
- 바람이 강할수록
- 표면적이 넓을수록

❸ 질량
장소가 달라져도 변하지 않는 물체의 고유한 양

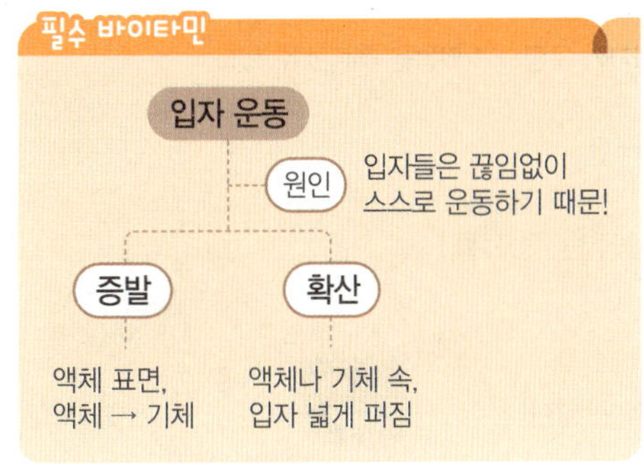

01 입자 운동에 대한 설명으로 옳은 것은 ○, 옳지 <u>않은</u> 것은 ×로 표시하시오.

(1) 입자는 위에서 아래로만 움직인다. ( )

(2) 입자는 끊임없이 스스로 움직인다. ( )

(3) 증발과 확산은 입자 운동의 증거이다. ( )

(4) 우리 주변의 모든 물질은 입자로 이루어져 있다. ( )

02 확산에 대한 설명으로 옳은 것은 ○, 옳지 <u>않은</u> 것은 ×로 표시하시오.

(1) 확산하는 입자는 모든 방향으로 움직인다. ( )

(2) 확산은 액체 상태에서만 일어난다. ( )

(3) 확산은 온도가 높을수록, 입자의 질량이 작을수록 잘 일어난다. ( )

03 다음 현상이 나타나는 공통적인 까닭으로 옳은 것은?

> • 꽃 가게에 들어가면 꽃향기로 가득하다.
> • 부엌에서 음식을 하면 냄새가 온 집 안에 퍼진다.
> • 냉면에 식초를 넣으면 국물 전체에서 신맛을 느낄 수 있다.

① 물질을 이루는 입자들이 서로 뭉치기 때문이다.

② 입자들이 스스로 운동하여 넓게 퍼지기 때문이다.

③ 물질을 이루는 입자들이 한 방향으로 움직이기 때문이다.

④ 물질을 이루는 입자들이 주변에서 에너지를 얻어 운동하기 때문이다.

⑤ 표면에 있던 입자들이 스스로 운동하여 액체에서 기체로 변하기 때문이다.

04 그림은 껍질을 벗긴 감을 말려서 곶감을 만드는 모습을 나타낸 것이다. 이와 같은 원리로 설명할 수 있는 현상을 보기 에서 모두 고르시오.

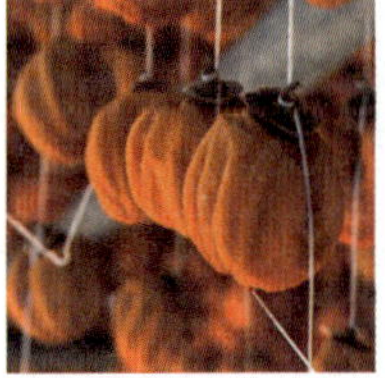

> 보기
> ㄱ. 여름에 모기향을 피워서 모기를 쫓는다.
> ㄴ. 염전에서 바닷물을 증발시켜 소금을 만든다.
> ㄷ. 새벽에 풀잎에 맺혀 있던 이슬이 낮이 되면 사라진다.

05 보기 는 생활 속에서 볼 수 있는 현상들이다.

> 보기
> ㄱ. 난로 주변이 따뜻해진다.
> ㄴ. 꺼내 놓은 빵이 딱딱해진다.
> ㄷ. 종소리가 멀리 퍼져 나간다.
> ㄹ. 굴뚝에서 나온 연기가 사방으로 퍼진다.
> ㅁ. 마약 탐지견이 냄새를 맡아 마약을 찾는다.

물음에 알맞은 답을 기호로 쓰시오.

(1) 물질을 구성하는 입자가 스스로 운동하기 때문에 나타나는 현상을 모두 고르시오. ( )

(2) 확산으로 인해 나타나는 현상을 각각 고르시오. ( )

(3) 증발로 인해 나타나는 현상을 각각 고르시오. ( )

빈칸 채우기 문제

01 물질은 눈에 보이지 않는 매우 작은 _____로 이루어져 있다.

02 물질을 구성하는 입자는 <u>스스로</u> 끊임없이 모든 방향으로 움직이는 _______ 을 한다.

03 액체나 기체 속에서 모여 있던 입자들이 넓게 퍼져 나가는 현상은 ____ 이다.

04 물질을 구성하는 입자가 <u>스스로</u> 운동하여 액체의 표면에서 기체로 변하는 현상은 ____ 이다.

05 향수의 향기가 먼 곳까지 퍼지는 현상은 물질을 이루는 입자가 스스로 _____ 하기 때문에 일어나는 현상이다.

○× 문제

06 확산이 일어날 때 입자는 모든 방향으로 퍼져 나간다. ( )

07 아세톤을 떨어뜨린 거름종이가 가벼워지는 것은 증발 현상 때문이다. ( )

08 진공 상태에서 확산은 일어나지 않는다. ( )

09 증발이 일어나면 입자는 사라진다. ( )

10 증발은 모든 온도에서 일어난다. ( )

 집중 관리 잉크와 향수의 확산

목표 | 잉크와 향수의 확산 현상을 관찰하고 물질을 구성하는 입자가 운동하고 있음을 추론할 수 있다.

탐구 ❶ 잉크의 확산 현상 관찰하기

과정

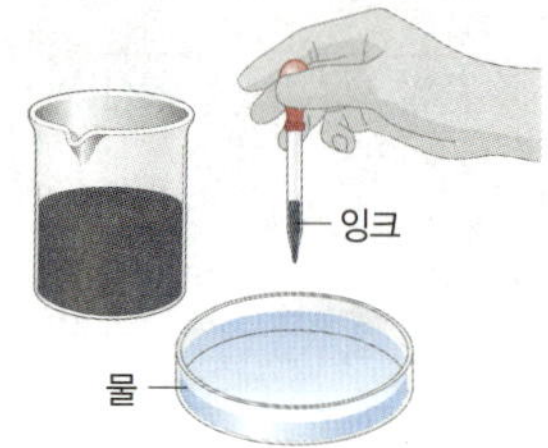

❶ 스마트 기기를 이용하여 동영상을 촬영할 준비를 한 다음, 물이 반 정도 들어 있는 페트리 접시에 잉크를 한 방울 떨어뜨린다.

❷ 잉크를 떨어뜨린 즉시 동영상 촬영을 시작한다.

❸ 촬영한 동영상을 보면서 페트리 접시 안에서 나타나는 변화를 관찰한다.

주의 신
- 유리 기구를 다룰 때 깨지지 않게 조심한다.
- 실험하는 동안 페트리 접시의 물이 흔들리지 않도록 주의한다.

탐구 ❷ 향수의 확산 현상 관찰하기

과정

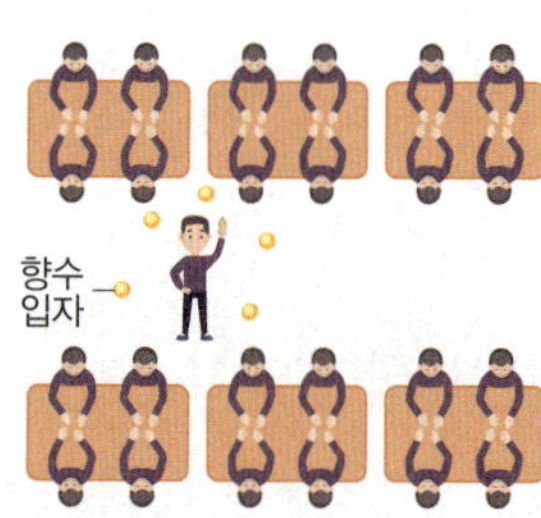

❶ 스마트 기기를 거치대에 고정하여 동영상 촬영을 시작하고, 제자리에 앉아 모두 눈을 감는다.

❷ 향수병을 가진 학생 1명이 교실 한 지점에 선다.

❸ 학생이 위를 향해 향수를 뿌리고, 앉아 있는 학생들은 향수 냄새를 맡는 즉시 손을 든다.

❹ 촬영한 동영상을 보면서 손을 든 순서를 확인한다.

주의 신
정확한 결과를 위해 활동을 시작하기 전 창문을 닫고, 냉난방기의 전원을 끈다.

탐구 ❶, ❷ 결과 & 정리

잉크의 확산 현상	향수의 확산 현상
잉크 입자는 모든 방향으로 퍼져 물 전체가 잉크 색으로 변한다.	시간이 지남에 따라 향수를 뿌린 곳에서 가까운 자리에 있는 학생부터 손을 들고, 충분한 시간이 지난 후 참여한 모든 학생이 손을 든다.

잉크 입자와 향수 입자는 모든 방향으로 퍼져 나간다.

탐구 알약

01 위 실험에 대한 설명으로 옳은 것은 ○, 옳지 <u>않은</u> 것은 ×로 표시하시오.

⑴ 입자가 스스로 운동하기 때문에 나타나는 현상이다. ( )

⑵ 확산은 액체와 기체에서 모두 일어난다. ( )

⑶ 숲에서 걸을 때 피톤치드 냄새를 맡는 것과 같은 원리이다. ( )

⑷ 진공 속보다 기체 속에서 확산이 더 잘 일어난다. ( )

⑸ 교실이 현재보다 넓어지면 확산 현상은 일어나지 않는다. ( )

서술형

02 위 실험과 같은 결과가 나오는 까닭을 서술하시오.

 **KEY** 입자의 운동

서술형

03 만약 물질을 구성하는 입자의 운동이 모두 멈춘다면 위 실험에서 어떤 결과가 나올 수 있는지 서술하시오.

KEY 잉크가 떨어진 모양, 향수 냄새

탐구 집중 관리 아세톤의 증발 현상

목표 | 아세톤의 증발 현상을 관찰하고 입자 운동으로 설명할 수 있다.

과정

주의 신
• 실험하는 동안 창문을 열어 환기가 되도록 하고, 아세톤을 흡입하지 않도록 주의한다.
• 아세톤을 다룰 때 마스크를 착용하고, 아세톤이 눈이나 피부에 닿지 않게 주의한다.

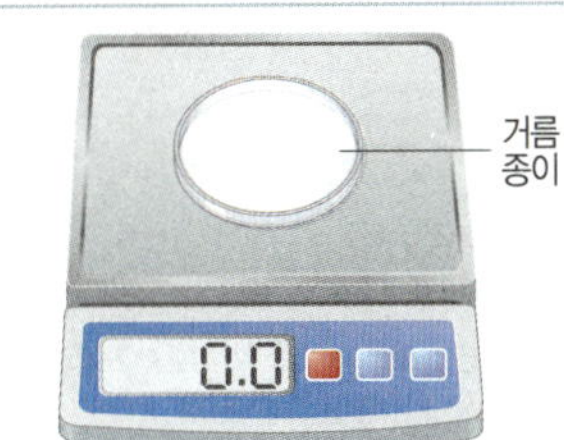

❶ 전자저울 위에 거름종이가 놓인 페트리 접시를 올려놓고 영점 조정을 한다.

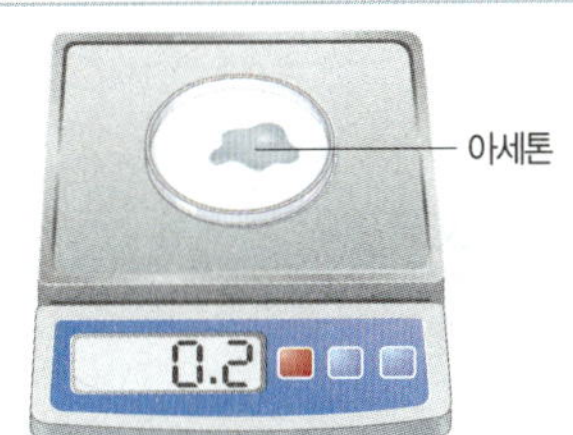

❷ 스포이트를 사용해 거름종이에 아세톤을 5~6 방울 정도 떨어뜨린다. 에탄올, 손 소독제, 향수로도 같은 결과를 얻을 수 있어!

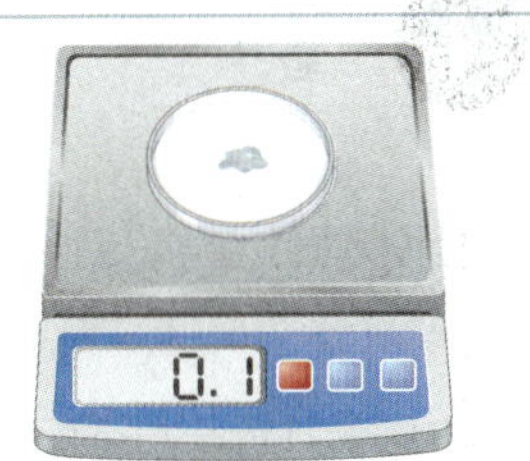

❸ 시간이 지남에 따라 아세톤의 변화와 질량의 변화를 관찰하고, 입자 운동을 모형으로 나타낸다.

결과

• 시간이 지나면서 거름종이 위에 있던 아세톤의 흔적이 점점 없어지고, 거름종이에 묻은 아세톤의 질량이 점점 감소하여 결국 0이 된다.
• 거름종이 주위에서 아세톤 냄새가 난다.
• 시간에 따른 아세톤 입자의 운동 모형은 다음과 같다.

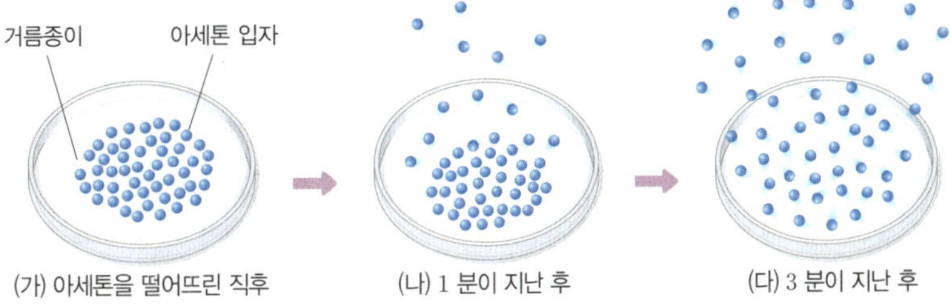

정리

• 거름종이 위의 아세톤 입자들이 스스로 운동하여 증발하기 때문에 질량이 점점 감소한다.
• 액체에서 떨어져 나와 기체로 변한 아세톤 입자들이 스스로 운동하여 공기 중으로 확산하기 때문에 주위에서 아세톤 냄새를 맡을 수 있다.
➡ 아세톤 입자는 스스로 운동하여 액체에서 기체로 증발하고, 공기 중으로 확산한다.

탐구 알약

04 위 실험에 대한 설명으로 옳은 것은 ○, 옳지 <u>않은</u> 것은 ×로 표시하시오.

(1) 거름종이에 떨어뜨린 아세톤은 액체에서 기체로 변한다. ( )
(2) 거름종이 주위에서 아세톤 냄새가 나는 것은 증발 현상의 예이다. ( )
(3) 가뭄으로 땅바닥이 갈라지는 현상과 같은 원리이다. ( )
(4) 시간이 지날수록 거름종이 위 아세톤의 질량이 감소하는 것은 아세톤 입자가 사라지기 때문이다. ( )
(5) 거름종이 위 아세톤 입자의 수는 줄어든다. ( )

05 서술형 그림은 전자저울 위에 거름종이를 깐 페트리 접시를 올려놓고, 영점을 조정한 다음 거름종이에 향수를 2~3 방울 떨어뜨린 모습을 나타낸 것이다.

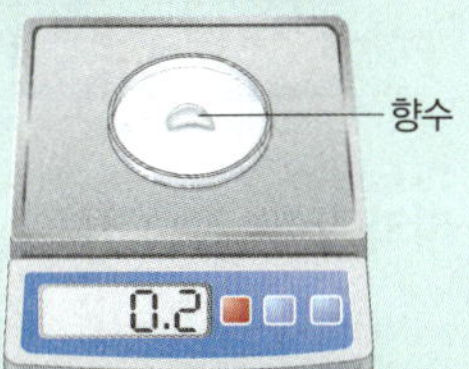

시간이 지남에 따라 전자저울의 숫자가 어떻게 변하는지 쓰고, 그 까닭을 입자 운동과 관련지어 서술하시오.

KEY 입자 운동, 증발

유형 클리닉

유형 1 확산

+ 확산 현상이 어떻게 일어나는지와 그 예시를 잘 알고 있어야 해! 확산과 증발의 특징을 헷갈리지 않게 잘 정리해 두자~

확산 현상에 대한 설명으로 옳은 것을 <u>모두</u> 고르면?

① 액체에서만 일어나는 현상이다.
② 바람이 불 때만 일어난다.
③ 파스를 붙인 사람 주변에서 파스 냄새가 나는 것은 확산 현상의 예이다.
④ 확산하는 입자는 물질 속에 섞여 들어가며 입자 수가 증가한다.
⑤ 물질을 구성하는 입자가 스스로 운동하기 때문에 일어나는 현상이다.

액체 또는 기체
✗ 액체에서만 일어나는 현상이다.
→ 확산은 물질을 이루고 있는 입자가 스스로 운동해서 퍼지는 현상이야! 기체에서도 확산은 일어날 수 있어~

바람과 상관없이
✗ 바람이 불 때만 일어난다.
→ 확산 현상은 물질을 구성하는 입자가 스스로 운동하여 퍼져 나가는 현상으로, 바람이 불지 않아도 일어나!

③ 파스를 붙인 사람 주변에서 파스 냄새가 나는 것은 확산 현상의 예이다.
→ 파스 냄새 입자가 모든 방향으로 퍼져 나가 확산하므로 파스를 붙인 사람 주변에서 파스 냄새가 나~

변하지 않는다
✗ 확산하는 입자는 물질 속에 섞여 들어가며 입자 수가 증가한다.
→ 확산하는 입자는 물질 속으로 섞여 들어가면서 입자가 모든 방향으로 퍼져 나가지만, 입자 수가 증가하거나 감소하지는 않아~

⑤ 물질을 구성하는 입자가 스스로 운동하기 때문에 일어나는 현상이다.
→ 확산은 물질을 구성하는 입자가 스스로 운동해 모든 방향으로 퍼져 나가기 때문에 일어나는 현상이야~

답 ③, ⑤

ZP point
확산 ➡ 입자가 <u>스스로</u> 운동하여 모든 방향으로 퍼져 나가는 현상

유형 2 증발

+ 증발은 입자가 스스로 운동해서 액체 표면에서 기체로 변하는 현상이야~! 증발이 일어날 때 어떤 변화가 생기는지 잘 기억하도록 하자!

그림과 같이 전자저울 위의 거름종이에 향기가 나는 손 소독제를 뿌려 관찰하였다.

시간이 지남에 따라 나타나는 현상에 대한 설명으로 옳은 것은?

① 전자저울의 숫자는 증가한다.
② 손 소독제는 거름종이에 흡수되어 사라진다.
③ 거름종이에 남은 손 소독제 입자 개수는 일정하다.
④ 거름종이가 손 소독제에 젖은 흔적의 크기는 점점 작아진다.
⑤ 공기 중에 존재하는 아세톤 입자의 수가 점점 감소한다.

감소
✗ 전자저울의 숫자는 증가한다.
→ 거름종이에 뿌린 손 소독제 입자는 액체에서 기체로 변해서 공기 중으로 날아가기 때문에 전자저울의 숫자는 줄어들어!

✗ 손 소독제는 거름종이에 흡수되어 사라진다.
→ 손 소독제 입자는 공기 중으로 날아가는 것이지 흡수되어 사라지는 게 아니야~

감소한다
✗ 거름종이에 남은 손 소독제 입자 개수는 일정하다.
→ 손 소독제 입자는 거름종이 위에서 공기 중으로 날아가기 때문에 거름종이에 남은 입자 수가 감소해!

④ 거름종이가 손 소독제에 젖은 흔적의 크기는 점점 작아진다.
→ 거름종이가 손 소독제에 젖은 흔적의 크기는 손 소독제 입자가 공기 중으로 날아가면서 점점 작아져~

증가
✗ 공기 중에 존재하는 아세톤 입자의 수가 점점 감소한다.
→ 아세톤 입자가 스스로 운동하여 액체에서 기체로 변하여 공기 중으로 퍼져 나가므로, 공기 중에 존재하는 아세톤 입자의 수는 점점 증가해~!

답 ④

ZP point
증발 ➡ 입자가 스스로 운동하여 액체 표면에서 기체로 변하는 현상

실전 백신

❶ 입자의 운동

01 입자가 스스로 끊임없이 운동하여 일어나는 현상이 **아닌** 것은?

① 젖은 빨래가 마른다.
② 어항의 물이 줄어든다.
③ 꽃집을 지나갈 때 꽃향기가 난다.
④ 난로를 켜고 있으면 주변이 따뜻해진다.
⑤ 손등에 바른 알코올이 시간이 지나면 사라진다.

02 물질을 이루는 입자의 운동에 대한 설명으로 옳은 것을 보기 에서 모두 고른 것은?

> [보기]
> ㄱ. 입자는 스스로 끊임없이 움직인다.
> ㄴ. 입자는 한 방향으로만 운동한다.
> ㄷ. 시간이 지남에 따라 기체를 불어 넣은 고무풍선이 작아지는 것은 고무풍선 속 기체 입자가 사라지기 때문이다.

① ㄱ   ② ㄴ   ③ ㄱ, ㄴ
④ ㄴ, ㄷ   ⑤ ㄱ, ㄴ, ㄷ

❷ 확산

03 그림은 향수병 뚜껑을 열어놓았을 때 향기가 퍼지는 모습을 나타낸 것이다.

이 현상에 대한 설명으로 옳은 것을 보기 에서 모두 고른 것은?

> [보기]
> ㄱ. 온도가 낮을수록 향기가 더 잘 퍼진다.
> ㄴ. 모기향을 피워 모기를 쫓아내는 것과 같은 원리이다.
> ㄷ. 냉면에 식초를 넣으면 냉면 전체에서 신맛이 나는 것과 같은 원리이다.

① ㄱ   ② ㄷ   ③ ㄱ, ㄴ
④ ㄴ, ㄷ   ⑤ ㄱ, ㄴ, ㄷ

04 다음 현상에 대한 설명으로 옳은 것을 모두 고르면?

> (가) 국에 소금을 넣으면 국 전체의 간이 맞는다.
> (나) 물에 물감을 떨어뜨리면 물 전체의 색이 물감 색으로 변한다.

① (가)와 (나)는 모두 확산의 예이다.
② (가)에서 소금 입자의 크기는 작아진다.
③ 입자 운동의 증거가 될 수 있는 현상이다.
④ (나)에서 물 입자는 스스로 운동하지 않는다.
⑤ 시간이 지날수록 어항 속의 물이 줄어드는 것과 같은 현상이다.

05 다음은 암모니아의 확산을 확인하기 위한 실험을 나타낸 것이다.

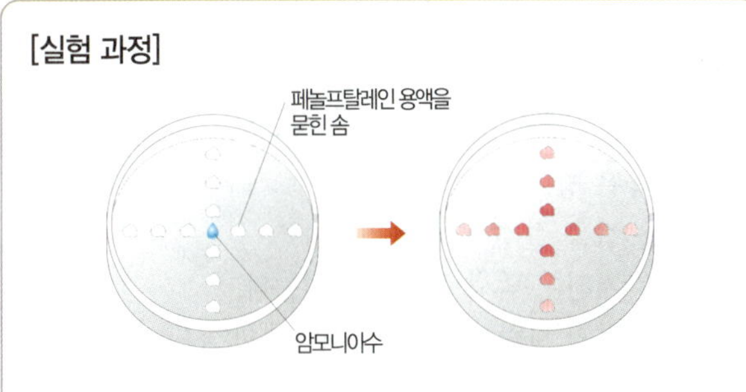

[실험 결과]
페트리 접시 가운데에서 가까운 솜부터 붉게 변하고, 네 방향 모두 멀어질수록 색이 옅어졌다.

위 실험을 통해 알아보고자 한 사실로 가장 적절한 것은? (단, 페놀프탈레인 용액은 암모니아와 만나면 붉은색으로 변한다.)

① 암모니아 입자는 좌우로 퍼져 나간다.
② 확산은 모든 방향으로 일어난다.
③ 확산은 액체 상태에서만 일어난다.
④ 확산은 시간이 지날수록 빠르게 일어난다.
⑤ 확산은 솜이 모두 변한 시점까지만 일어난다.

06 확산 현상의 예로 옳지 **않은** 것은?

① 물이 높은 곳에서 아래로 떨어진다.
② 물에 차 티백을 넣으면 차가 우러난다.
③ 굴뚝에서 나온 연기가 사방으로 퍼져 나간다.
④ 여름에 모기향을 피우면 모기를 쫓을 수 있다.
⑤ 국물에 간장을 넣으면 국물 전체에서 간장 맛이 느껴진다.

❸ 증발

07 증발에 대해 잘못 이해하고 있는 학생은?

① 풍식: 증발은 모든 온도에서 일어나.
② 풍돌: 증발은 액체 표면에서만 일어나.
③ 풍만: 증발하면서 입자 사이의 거리는 증가해.
④ 장풍: 풀잎에 맺힌 이슬이 낮이 되면 사라지는 것은 증발 현상 중 하나야.
⑤ 풍순: 증발은 액체가 끓기 시작하는 온도 이상에서만 나타나는 현상이야.

08 증발과 관련된 현상으로 옳은 것은?

① 꺼내 놓은 빵이 딱딱해진다.
② 차가운 컵을 쥔 손이 차가워진다.
③ 마약 탐지견이 냄새로 마약을 찾는다.
④ 파스를 붙인 사람 근처에서 파스 냄새가 난다.
⑤ 물이 담긴 비커에 잉크를 떨어뜨리면 물 전체가 잉크색으로 변한다.

09 그림과 같은 입자 모형으로 설명할 수 있는 현상으로 옳지 <u>않은</u> 것은?

① 가뭄으로 논바닥이 갈라진다.
② 굴뚝에서 연기가 퍼져 나간다.
③ 젖은 빨래를 햇빛 아래에 두면 마른다.
④ 오징어를 오래 보관하기 위해 햇빛에 말린다.
⑤ 염전에서 바닷물을 가두어 소금을 얻는다.

10 그림 (가)는 거름종이에 페놀프탈레인 용액을 떨어뜨린 뒤 유리 막대에 일정한 간격으로 붙여 시험관에 넣고, 암모니아수를 묻힌 솜을 고무마개에 고정하여 입구를 막은 모습을 나타낸 것이다. (나)는 (가)에서 시험관의 방향만 다르게 한 것이다.

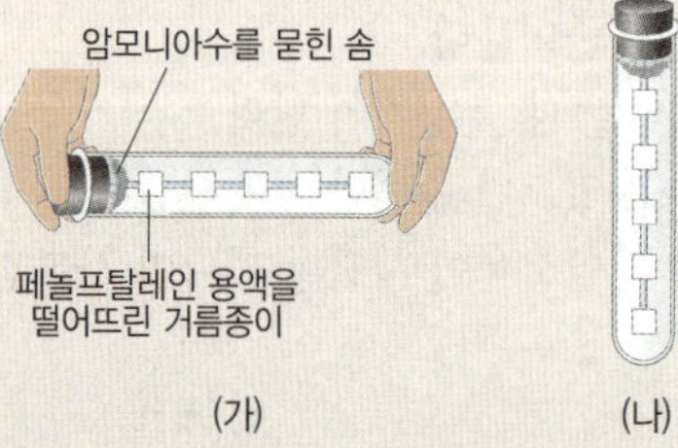

(가)와 (나)에서 거름종이의 색깔이 변하는 속도를 까닭과 함께 비교하여 서술하시오. (단, 페놀프탈레인 용액은 암모니아와 만나면 붉은색으로 변한다.)

🔑 **KEY** 입자, 속도, 확산

11 그림은 염전의 모습을 나타낸 것이다. 염전에서 소금을 얻을 수 있는 원리를 서술하시오.

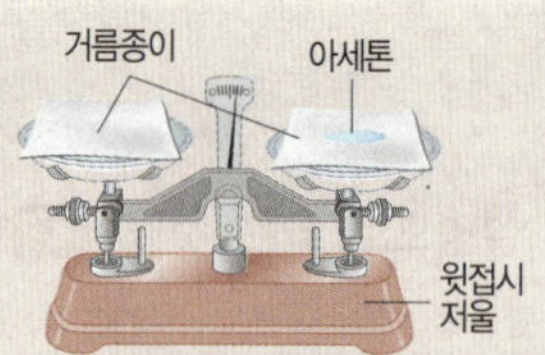

🔑 **KEY** 햇빛, 증발

12 그림과 같이 윗접시저울의 양쪽 접시에 거름종이를 올려놓고 수평을 맞춘 후 저울의 오른쪽 거름종이에 아세톤을 몇 방울 떨어뜨렸더니 윗접시저울이 오른쪽으로 기울어졌다가 점차 수평이 되었다.

윗접시저울이 다시 수평으로 돌아오는 까닭을 입자 운동과 관련지어 서술하시오.

🔑 **KEY** 입자, 액체, 기체

1등급 백신

01 그림은 유리 막대에 고정시킨 솜에 페놀프탈레인 용액을 떨어뜨린 후, 암모니아수가 담긴 시험관에 넣고 입구를 고무마개로 막아 솜의 색 변화를 관찰하는 실험을 나타낸 것이다.

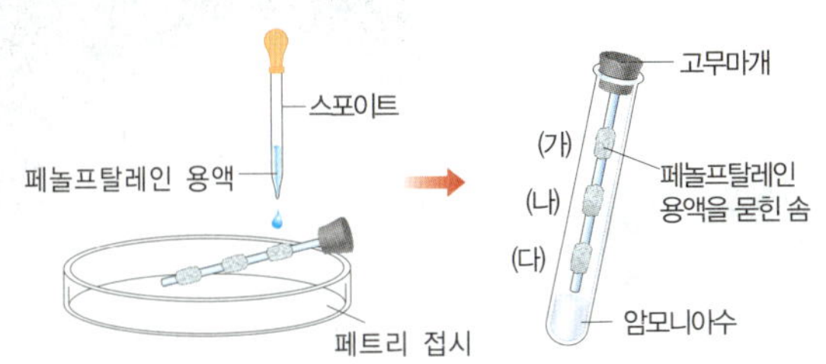

이에 대한 설명으로 옳지 <u>않은</u> 것은? (단, 페놀프탈레인 용액은 암모니아와 만나면 붉은색으로 변한다.)

① 솜은 붉게 변한다.
② 확산은 위쪽으로만 일어난다.
③ 증발은 암모니아수의 표면에서 일어난다.
④ 솜의 색을 변하게 하는 것은 암모니아 입자이다.
⑤ 페놀프탈레인 용액을 묻힌 솜의 색이 변하는 순서는 (다) → (나) → (가)이다.

02 그림과 같이 윗접시저울의 양쪽에 같은 질량의 물과 에탄올을 떨어뜨린 다음, 얼마 후에 저울의 눈금을 관찰했더니 저울이 물을 떨어뜨린 쪽으로 기울었다.

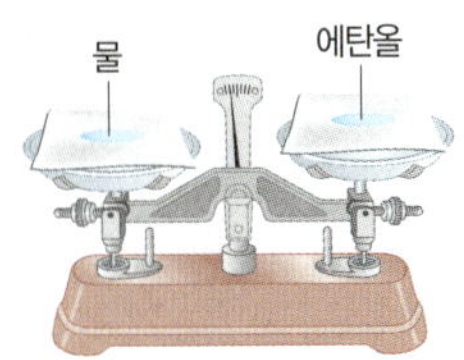

이에 대한 설명으로 옳은 것을 [보기]에서 모두 고른 것은?

보기
ㄱ. 거름종이 위 물과 에탄올의 질량은 모두 줄어든다. ㄴ. 기온이 낮을 때보다 높을 때 더 빨리 물을 떨어뜨린 쪽으로 기울어진다. ㄷ. 에탄올의 증발 속도는 물의 증발 속도보다 빠르다.

① ㄱ   ② ㄷ   ③ ㄱ, ㄴ
④ ㄴ, ㄷ   ⑤ ㄱ, ㄴ, ㄷ

03 그림은 증발과 끓음의 입자 모형을 순서 없이 나타낸 것이다.

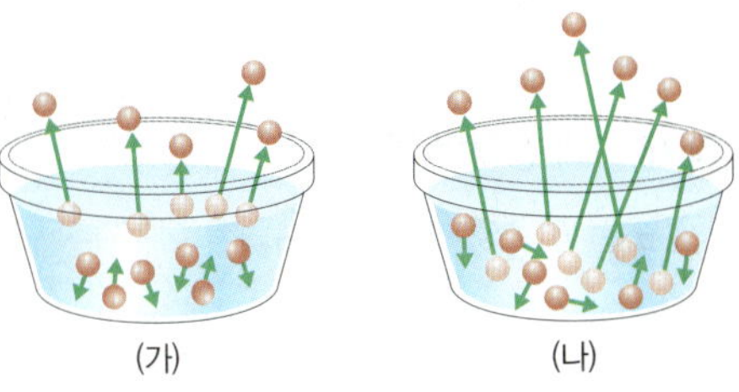

이에 대한 설명으로 옳지 <u>않은</u> 것을 <u>모두</u> 고르면?

① (가)는 끓음, (나)는 증발 모형이다.
② (가)는 액체 표면에서 일어난다.
③ (가)와 (나)는 모든 온도에서 나타난다.
④ (가)는 외부에서 열을 가하지 않아도 나타나는 현상이다.
⑤ (가)와 (나)는 모두 액체가 기체로 변하는 현상이다.

04 다음은 입자의 운동을 알아보는 실험이다.

[실험 과정]
(가) 2 개의 페트리 접시에 초록색 만능 지시약을 십자 모양이 되도록 같은 간격으로 떨어뜨린다.
(나) 한 페트리 접시의 중심에는 진한 암모니아수를 한 방울 떨어뜨리고, 다른 페트리 접시의 중심에는 진한 염산을 한 방울 떨어뜨린 후 즉시 페트리 접시의 뚜껑을 닫는다.
(다) 1 분 후 만능 지시약의 색 변화를 관찰한다.

[실험 결과]

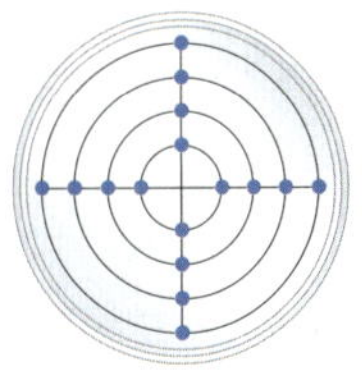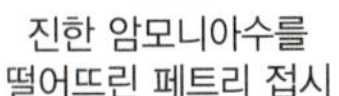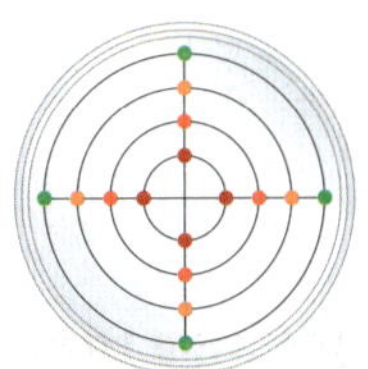

진한 암모니아수를   진한 염산을 떨어뜨린
떨어뜨린 페트리 접시   페트리 접시

이에 대한 설명으로 옳은 것을 [보기]에서 모두 고른 것은? (단, 만능 지시약 용액은 암모니아와 만나면 푸른색으로 변하고, 염산과 만나면 붉은색으로 변한다.)

보기
ㄱ. 암모니아는 확산하지만 염산은 확산하지 않았다. ㄴ. 암모니아 입자보다 염화 수소 입자의 질량이 작다. ㄷ. 시간이 더 지나면 진한 염산을 떨어뜨린 페트리 접시의 만능 지시약 색이 모두 붉게 변할 것이다.

① ㄱ   ② ㄷ   ③ ㄱ, ㄴ
④ ㄴ, ㄷ   ⑤ ㄱ, ㄴ, ㄷ

02 물질의 상태 변화

1 물질의 세 가지 상태

1 물질의 세 가지 상태: 대부분의 물질은 고체, 액체, 기체의 세 가지 상태 중 한 가지 상태로 존재한다.

2 [1]물질의 세 가지 상태의 특징

기체의 부피는 온도와 압력에 따라 크게 달라져~

구분	고체	액체	기체
모양과 부피		200 mL 200 mL	
	모양 일정	모양 변함	모양 변함
	부피 일정	부피 일정	부피 변함
흐르는 성질	없음	있음	있음
기타	단단함	—	담는 용기를 가득 채움
예	얼음, 설탕, 드라이아이스 등	물, 아세톤, 식초, 식용유 등	공기, 수증기, 산소, 헬륨 등

기체 상태인 이산화 탄소가 $-78.5\,℃$ 이하에서 고체 상태로 된 물질이야~!

3 [2]물질의 상태에 따른 입자 배열: 물질의 상태에 따라 입자의 배열과 운동이 다르다.

구분	고체	액체	기체
입자 모형			
입자 사이의 거리	매우 가까움	비교적 가까움	매우 멂
입자 배열	매우 규칙적	불규칙	매우 불규칙
입자 운동	제자리에서 진동	비교적 자유로움	매우 활발
압축할 때	압축되지 않음 입자 사이의 거리가 매우 가깝기 때문이야~!	거의 압축되지 않음 입자 사이의 거리가 고체보다는 멀지만 그래도 가깝기 때문이지~!	쉽게 압축됨 입자 사이의 거리가 매우 멀기 때문이야~!

2 물질의 상태 변화

1 물질의 상태 변화

(1) **상태 변화:** 물질이 한 가지 상태에서 다른 상태로 변화하는 현상

(2) **상태 변화의 원인:** 물질의 상태는 [3]온도나 [4]압력의 영향에 따라 변하는데, 주로 온도에 따라 변한다. 물질의 온도가 높아지면 입자 운동이 활발해지면서 입자 배열이 불규칙적으로 변하고, 온도가 낮아지면 입자 운동은 둔해지고 입자 배열은 규칙적으로 변하면서 상태 변화가 일어나는 거야~!

2 상태 변화의 종류

(1) **기화:** 액체 → 기체

(2) **액화:** 기체 → 액체

(3) **융해:** 고체 → 액체

(4) **응고:** 액체 → 고체

(5) **승화:** 고체 → 기체 또는 기체 → 고체

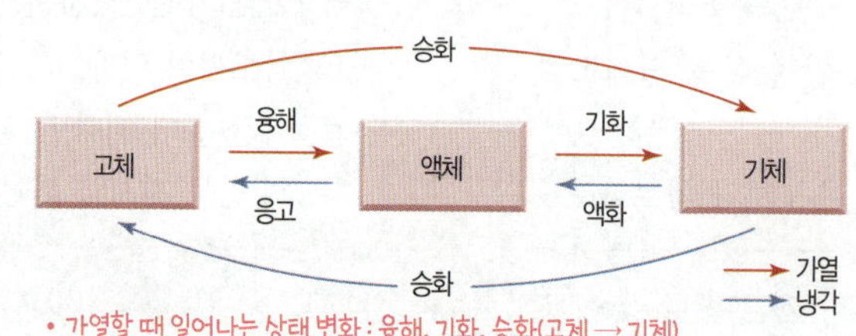

밀가루의 상태 설탕, 모래 등도 고체!

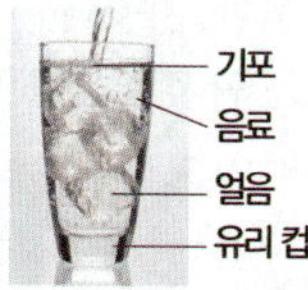

밀가루와 같은 가루 물질은 용기에 따라 모양이 달라지고 흐르는 성질이 있어 액체처럼 보이지만 알갱이 하나하나의 모양이 변하지 않으므로 고체이다.

❶ 세 가지 상태의 물질

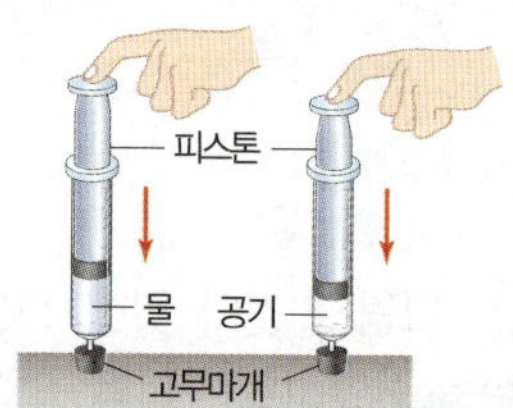

• 고체: 얼음, 유리 컵
• 액체: 음료
• 기체: 기포

❷ 물질의 상태에 따른 입자 배열의 비교

• 규칙성: 고체>액체>기체
• 거리: 기체>액체>고체
• 인력: 고체>액체>기체

물과 공기의 압축 정도 비교

주사기에 각각 같은 부피의 물과 공기를 넣고 고무마개로 막은 뒤 피스톤을 눌러보면 물은 거의 압축되지 않으나 공기는 쉽게 압축된다. 이는 물보다 공기의 입자 사이의 거리가 멀어 입자 사이에 빈 공간이 많기 때문이다.

❸ 온도에 따른 물질의 상태 변화

• 온도↑: 고체 → 액체 → 기체
• 온도↓: 기체 → 액체 → 고체

❹ 압력에 따른 물질의 상태 변화

대부분의 물질은 압력이 높아지면 기체 → 액체 → 고체로 상태가 변하지만 얼음에 압력을 가하면 고체 → 액체로 상태가 변한다.

예 얼음판 위에서 스케이트를 타면 압력에 의해 얼음이 녹아 물이 되어 스케이트가 잘 미끄러진다.

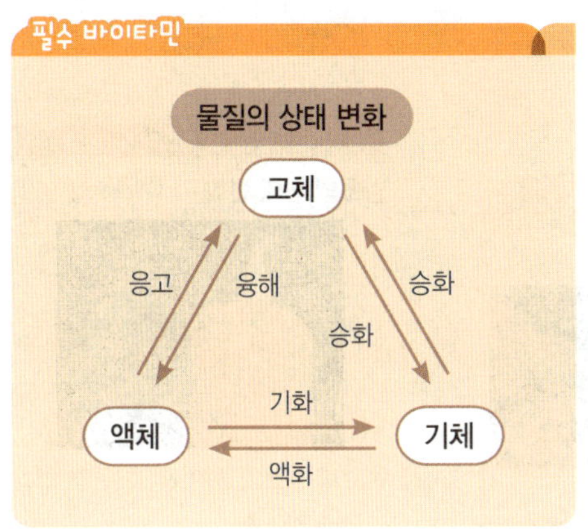

01 다음 설명에 해당하는 물질의 상태를 쓰시오.

> 입자 사이의 거리가 매우 멀어 입자 사이의 인력이 거의 작용하지 않아 매우 자유롭고 활발한 운동을 한다. 흐르는 성질이 있으며 용기에 따라 모양과 부피가 달라진다.

02 고체에 해당하는 물질을 <u>모두</u> 고르면?

① 물　　② 얼음　　③ 수증기　　④ 설탕　　⑤ 아세톤

03 물질의 세 가지 상태에 대한 설명으로 옳은 것은 ○, 옳지 <u>않은</u> 것은 × 로 표시하시오.

(1) 기체 상태의 물질은 쉽게 압축된다. (　　)
(2) 고체 상태의 물질은 일정한 형태를 가진다. (　　)
(3) 고체, 액체, 기체 상태는 모두 흐르는 성질이 있다. (　　)
(4) 비커에 든 물을 삼각 플라스크에 옮겨 담으면 물의 부피가 달라진다. (　　)
(5) 비커에 든 얼음을 삼각 플라스크에 옮겨 담으면 얼음의 모양이 달라진다. (　　)

[**04~06**] 그림은 물질의 세 가지 상태를 입자 모형으로 나타낸 것이다.

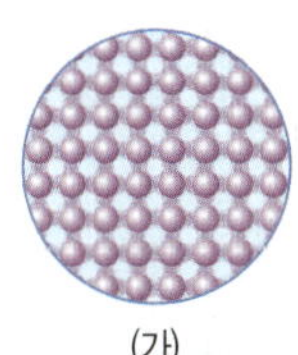 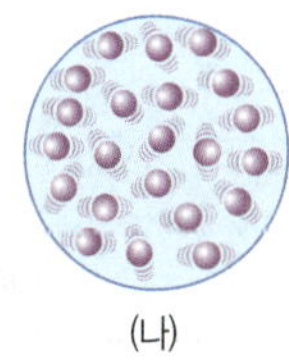 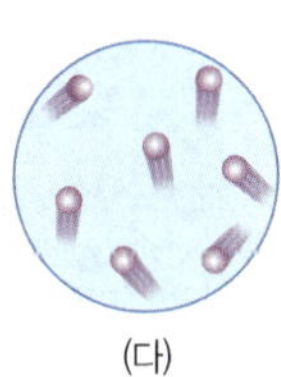

(가)　　　　　　(나)　　　　　　(다)

04 (가)~(다)에 해당하는 물질의 상태를 쓰시오.

05 다음 설명에 알맞은 입자 모형을 골라 기호를 쓰시오.

(1) 입자 사이의 거리가 매우 멀고, 입자 배열이 매우 불규칙하다. (　　)
(2) 입자들의 움직임은 비교적 자유로우나 압축하기 어렵다. (　　)

06 입자 사이의 거리를 옳게 비교한 것은?

① (가)>(나)>(다)　　　　② (가)>(다)>(나)
③ (나)>(가)>(다)　　　　④ (나)>(다)>(가)
⑤ (다)>(나)>(가)

07 물질의 상태가 변하는 현상으로 옳은 것을 보기 에서 <u>모두</u> 고르시오.

> 보기
> ㄱ. 기화　　ㄴ. 승화　　ㄷ. 액화　　ㄹ. 응고

빈칸 채우기 문제

01 액체는 담는 용기에 따라 ＿＿＿은 달라지지 만, ＿＿＿는 용기에 상관없이 일정하다.

02 입자 사이의 거리는 ＿＿＿ 상태에서 가장 가깝 고, ＿＿＿ 상태에서 가장 멀다.

03 물질이 한 가지 상태에서 다른 상태로 변하는 현상을 물질의 ＿＿＿＿＿ 라고 한다.

04 물질의 상태가 액체에서 고체로 변하는 현상을 ＿＿＿라고 한다.

05 물질의 상태가 기체에서 액체로 변하는 현상을 ＿＿＿라고 한다.

○✕ 문제

06 액체는 담는 용기에 따라 모양과 부피가 변한다. (　　)

07 일반적으로 입자 사이의 거리는 기체>액체> 고체이다. (　　)

08 고체 상태의 입자들은 제자리에서 진동하며, 쉽 게 압축된다. (　　)

09 기화는 액체가 기체로 변하는 현상이다. (　　)

10 융해, 기화, 고체에서 기체로의 승화는 물체를 가열할 때 일어나는 상태 변화이다. (　　)

3 상태 변화의 예

가열할 때(온도가 높아질 때)	냉각할 때(온도가 낮아질 때)
융해(고체 → 액체)	**응고(액체 → 고체)**
• 아이스크림이 녹는다. • 용광로에서 철이 녹는다. • 뜨거운 프라이팬 위에서 버터가 녹는다.	• 마그마가 굳어 암석이 된다. • 겨울철 처마 끝에 고드름이 생긴다. • 뜨거운 고깃국을 식히면 기름이 굳는다.
기화(액체 → 기체)	**액화(기체 → 액체)**
• 젖은 빨래가 마른다. • 찌개를 끓일수록 국물이 줄어든다. • 가뭄이 들어 논바닥이 갈라진다.	• 호수 주변에 안개가 생긴다. • 새벽 풀잎에 이슬이 맺힌다. • 목욕탕 유리에 김이 서린다. • 뜨거운 차를 따를 때 하얀 김이 서린다.
승화(고체 → 기체)	**승화(기체 → 고체)**
• 드라이아이스가 점점 작아진다. • 겨울철 그늘에 있는 눈사람의 크기가 작아진다. • 냉동실에 넣어 둔 얼음이 점점 작아진다.	• 냉동실에 성에가 생긴다. • 늦가을 새벽에 서리가 내린다. • 추운 겨울철 유리창에 성에가 생긴다.

③ 물질의 상태 변화에 따른 여러 가지 변화

1 입자 배열 변화: 상태 변화가 일어날 때 입자의 종류가 아닌 ==입자 배열이 달라진다.==

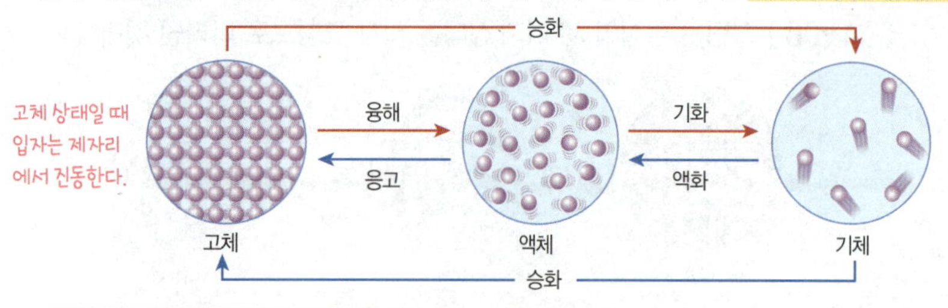

상태 변화	융해, 기화, 승화(고체 → 기체)	응고, 액화, 승화(기체 → 고체)
입자 운동	활발해짐	둔해짐
입자 배열	불규칙해짐	규칙적으로 배열
입자 사이의 거리	멀어짐	가까워짐
부피	증가(물은 예외)	감소(물은 예외)

2 질량과 성질 변화: 물질의 상태가 변해도 물질의 ==질량과 성질은 변하지 않는다.== ➡ 상태 변화가 일어나도 물질을 이루는 입자의 종류나 개수, 모양, 크기 등이 변하지 않기 때문이다.

3 부피 변화: 물질의 상태가 변하면 ==부피가 변한다.== ➡ 상태 변화가 일어나면서 물질을 이루는 입자 사이의 거리가 달라지기 때문이다.

(1) 대부분의 물질: ==고체 < 액체 ≪ 기체== 순으로 부피가 증가한다.

① **부피가 증가하는 경우:** 융해, 기화, 승화(고체 → 기체)

② **부피가 감소하는 경우:** 응고, 액화, 승화(기체 → 고체)

(2) 물: ==물(액체) < 얼음(고체) ≪ 수증기(기체)== 순으로 부피가 증가한다.

① **부피가 증가하는 경우:** 응고(물 → 얼음), 기화(물 → 수증기), 승화(얼음 → 수증기)

② **부피가 감소하는 경우:** 융해(얼음 → 물), 액화(수증기 → 물), 승화(수증기 → 얼음)

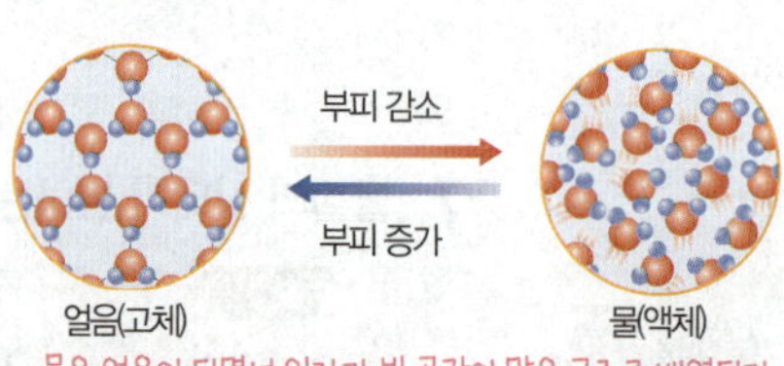

물은 얼음이 되면서 입자가 빈 공간이 많은 구조로 배열되기 때문에 입자 사이의 거리가 멀어져 부피가 커져~!

양초의 상태 변화

• 고체 양초가 녹아서 촛농(액체)이 된다. ➡ 융해
• 촛농이 심지를 타고 올라가 기체가 되어 탄다. ➡ 기화
• 촛농이 흘러내려 굳는다. ➡ 응고

아이오딘의 승화

비커 안의 고체 아이오딘 가열 → 기체 아이오딘으로 상태 변화 → 차가운 플라스크 표면에 닿음 → 고체 아이오딘으로 상태 변화

상태 변화 시 입자 사이의 인력
• 융해, 기화, 승화(고체 → 기체): 약해짐
• 응고, 액화, 승화(기체 → 고체): 강해짐

수증기와 김
수증기는 기체 상태의 물질로 우리 눈에 보이지 않지만, 김은 수증기가 공기 중에서 냉각되어 작은 물방울로 액화한 것으로, 우리 눈에 하얗게 보인다.

물질의 상태가 변할 때 변하는 것과 변하지 않는 것
• 변하는 것 : 입자 사이의 거리, 입자의 배열, 입자의 운동 → 물질의 부피
• 변하지 않는 것 : 입자의 종류, 입자의 개수, 입자의 크기 → 물질의 성질과 질량

❶ 융해 vs 용해
융해는 고체에서 액체로 물질의 상태가 변하는 것을 말하고, 용해는 소금이 물에 녹아 소금물이 되는 것처럼 용질이 용매에 녹아서 골고루 섞이는 것을 말한다.

바로 복습

빈칸 채우기 문제

11 젖은 빨래가 마르는 것은 액체가 기체로 변하는 _____ 현상의 예이다.

12 구름 속 수증기가 얼어 눈 결정이 되는 것은 기체가 고체로 변하는 _____ 현상의 예이다.

13 물질의 상태가 달라질 때 물질의 성질과 _____은 변하지 않는다.

14 물의 부피는 융해할 때 _____지고, 응고할 때 __진다.

15 대부분의 물질은 가열하면 _____ → _____ → _____로 상태가 변한다.

○✕ 문제

16 목욕탕 유리에 서리는 김은 기체 상태이다. (　　)

17 액체에서 기체로 상태가 변할 때 부피가 커지는 까닭은 입자 사이의 거리가 멀어지기 때문이다. (　　)

18 찬 음료가 든 컵의 표면에 물방울이 맺히는 것은 응고 현상의 예이다. (　　)

19 겨울철 유리창에 성에가 생기는 것은 액화 현상의 예이다. (　　)

08 그림은 물질의 상태 변화 과정을 입자 모형으로 나타낸 것이다.

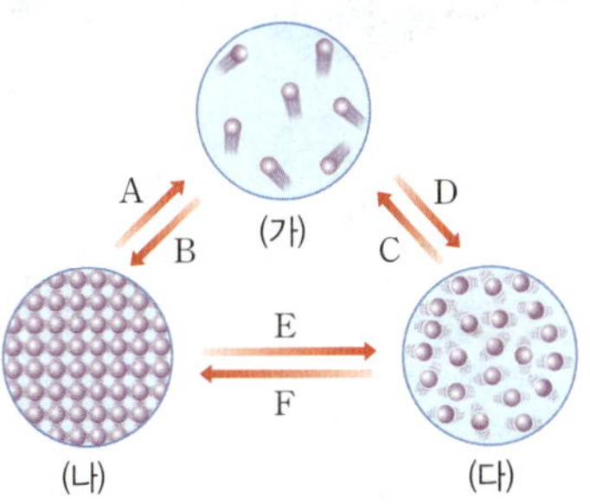

(1) (가)~(다)에 해당하는 물질의 상태를 쓰시오.

(2) A~F에 해당하는 물질의 상태 변화를 쓰시오.

[09~11] 보기 는 물질의 상태 변화가 일어나는 여러 가지 현상을 나타낸 것이다.

> **보기**
> ㄱ. 드라이아이스가 작아진다.
> ㄴ. 새벽 풀잎에 이슬이 맺힌다.
> ㄷ. 양초에 불을 붙이면 촛농이 흘러내린다.
> ㄹ. 처마 밑에 고드름이 생긴다.
> ㅁ. 어항 속의 물이 점점 줄어든다.
> ㅂ. 겨울철 유리창에 성에가 낀다.

09 보기 에서 일어나는 상태 변화를 각각 쓰시오.

ㄱ: (　　　　) 　 ㄴ: (　　　　) 　 ㄷ: (　　　　)

ㄹ: (　　　　) 　 ㅁ: (　　　　) 　 ㅂ: (　　　　)

10 물질의 상태 변화 후 부피가 커지는 현상을 보기 에서 <u>모두</u> 고르시오.

11 물질의 입자 운동이 활발해지면서 나타나는 현상을 보기 에서 <u>모두</u> 고르시오.

12 물질의 상태 변화에 대한 설명으로 옳은 것은 ○, 옳지 <u>않은</u> 것은 ×로 표시하시오.

(1) 물질의 온도가 높아질수록 입자 운동이 활발해진다. (　　)

(2) 기화 현상이 일어날 때 입자는 불규칙적으로 배열된다. (　　)

(3) 얼음 200 g을 모두 녹이면 물 200 g이 된다. (　　)

(4) 물 100 mL를 가열하면 수증기 100 mL가 된다. (　　)

(5) 같은 부피의 액체 양초와 물을 각각 응고시키면 응고된 후의 부피도 서로 같다. (　　)

탐구 집중 관리 물의 상태 변화

목표 | 물질의 상태 변화를 관찰하고, 상태가 변해도 물질의 성질은 변하지 않음을 설명할 수 있다.

과정

주의 신
- 뜨거운 물을 사용할 때 화상을 입지 않도록 주의한다.
- 유리 기구를 다룰 때 깨지지 않게 조심한다.

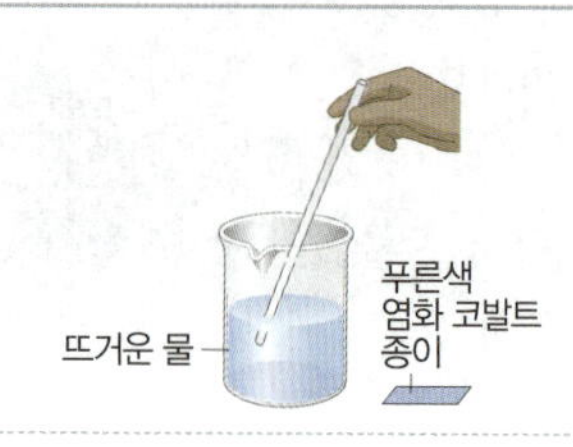

❶ 비커에 뜨거운 물을 반 정도 담고, 유리 막대로 물을 찍어 푸른색 염화 코발트 종이에 묻혀 본다.

푸른색 염화 코발트 종이는 물을 흡수하면 붉은색을 띠어~!

❷ 과정 ❶의 비커 위에 얼음이 담긴 시계 접시를 올려놓고 변화를 관찰한다.

❸ 시계 접시 아래쪽에 맺힌 액체 방울에 푸른색 염화 코발트 종이를 대어 보고 색 변화를 관찰한다.

결과

- 과정 ❶에서 비커의 물을 푸른색 염화 코발트 종이에 묻히면 종이가 붉은색으로 변한다.
- 과정 ❸의 액체 방울을 푸른색 염화 코발트 종이에 묻히면 종이가 붉은색으로 변한다.

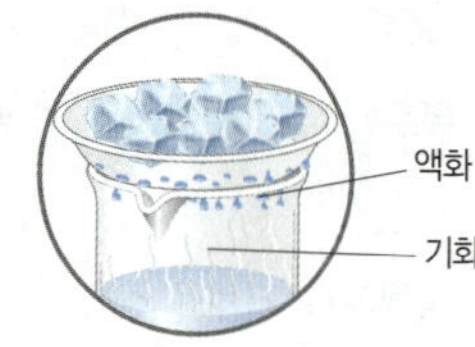

정리

- 과정 ❶과 ❸에서 푸른색 염화 코발트 종이의 색이 붉은색으로 변하였으므로, 시계 접시 아래쪽에 맺힌 액체 방울은 물이라는 것을 알 수 있다.
  ➡ 뜨거운 물은 수증기로 변했다가 시계 접시 아래쪽에서 액화하여 액체인 물로 변한다.
- 물질의 상태 변화가 일어날 때 물질의 성질은 변하지 않는다.
  ➡ 물질을 이루는 입자의 종류와 개수, 크기 등은 변하지 않기 때문이다.

01 위 실험에 대한 설명으로 옳은 것은 ◯, 옳지 <u>않은</u> 것은 ✕로 표시하시오.

(1) 비커 속 물은 승화한다. (　　)
(2) 얼음이 담긴 시계 접시 아래쪽에서는 수증기가 액화한다. (　　)
(3) 얼음이 녹을 때 입자 배열이 불규칙해진다. (　　)
(4) 시계 접시 위에 담긴 얼음이 녹은 물을 푸른색 염화 코발트 종이에 묻히면 색 변화가 나타나지 않는다. (　　)
(5) 위 실험을 통해 물질의 상태 변화가 일어날 때 물질의 성질이 변하지 않는다는 것을 알 수 있다. (　　)

02 물질의 상태 변화를 일으키는 주된 요인은 무엇인지 쓰시오.

03 물의 상태 변화가 일어날 때 변하지 않는 것을 <u>두 가지 이상</u> 쓰시오.

서술형
04 과정 ❸에서 시계 접시 아래쪽에 생긴 액체 방울은 어떻게 생성된 것인지 물질의 상태 변화와 관련지어 서술하시오.

KEY 기화, 액화

 **집중 관리** # 얼음과 드라이아이스의 상태 변화

목표 | 물질의 상태가 변할 때 질량과 부피 변화를 측정하고, 그 결과를 입자 모형으로 설명할 수 있다.

과정

주의 신
· 드라이아이스를 넣은 주머니가 너무 부풀지 않도록 작은 조각을 넣는다.
· 드라이아이스를 다룰 때는 반드시 면장갑을 낀다.
· 실험하는 동안 창문을 열어 환기가 되도록 한다.

❶ 2개의 비닐 주머니에 핀셋으로 얼음 조각과 드라이아이스 조각을 각각 넣는다.
❷ 비닐 주머니에서 공기를 최대한 빼고 입구를 막는다.
❸ 비닐 주머니 안의 얼음과 드라이아이스 조각이 각각 어떻게 변하는지 관찰한다.

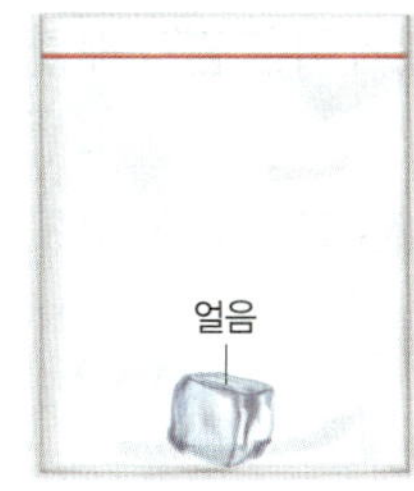
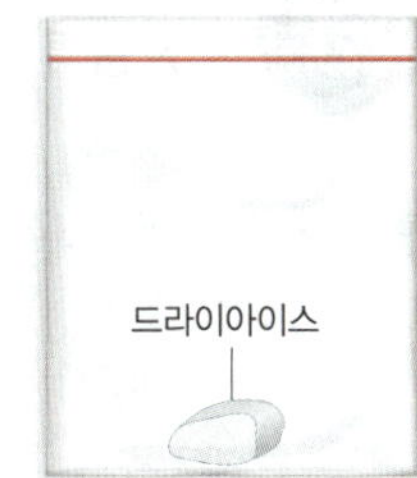

결과

· 과정 ❸에서 얼음은 물로 바뀌며 크기가 작아진다.
· 과정 ❸에서 드라이아이스의 크기가 작아지고, 비닐 주머니가 부풀어 오른다.

정리

· 비닐 주머니 속에서 일어난 얼음과 드라이아이스의 상태 변화를 입자 모형으로 표현하면 다음과 같다.

얼음의 상태 변화 · 드라이아이스 상태 변화

· 고체인 얼음이 액체인 물로 융해한다.
· 고체 상태의 드라이아이스가 이산화 탄소 기체로 승화하면서 부피가 커지므로, 비닐 주머니가 부풀어 오른다.
  ➡ 드라이아이스가 승화하면서 입자 배열이 매우 불규칙적으로 변하고, 입자 사이의 거리가 멀어지기 때문이다.

05 위 실험에 대한 설명으로 옳은 것은 ○, 옳지 <u>않은</u> 것은 ×로 표시하시오.

(1) 실온에서 드라이아이스는 고체에서 기체로 승화한다. ( )
(2) 드라이아이스를 넣은 비닐 주머니가 부풀어 오른 까닭은 입자의 개수가 증가했기 때문이다. ( )
(3) 승화가 일어나면서 드라이아이스의 크기는 줄어든다. ( )
(4) 냉동실에 넣어 둔 얼음이 조금씩 작아지는 것은 드라이아이스의 상태 변화와 관련이 있다. ( )
(5) 유리컵에 드라이아이스를 넣고 컵 입구를 비누막으로 막으면 비누막이 부풀어 오를 것이다. ( )

서술형

06 그림과 같이 공기를 모두 빼낸 비닐 주머니에 얼음과 드라이아이스를 각각 넣은 다음 전자저울 위에 올려놓고 변화를 관찰하였다.

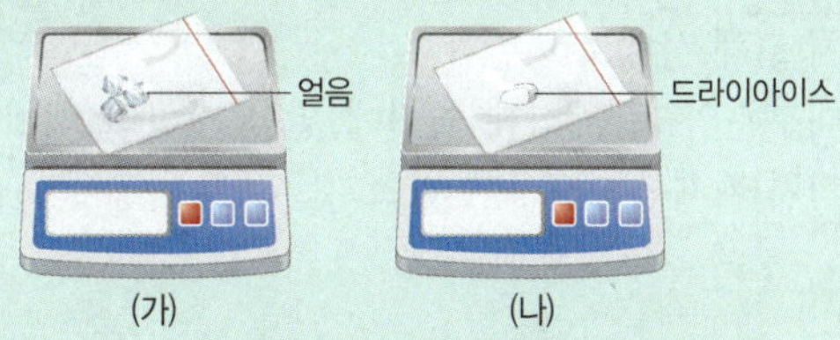

(가)와 (나)에서 나타나는 상태 변화의 종류를 쓰고, 전자저울의 숫자는 어떻게 변화하는지 서술하시오.

____

____

유형 클리닉

유형 1 — 물질의 상태에 따른 입자 배열과 입자 운동

물질의 상태에 따른 입자 배열과 입자 운동을 연계해서 묻는 문제는 자주 출제되니까 꼭 기억해 둘 것~!

그림 (가)~(다)는 서로 다른 물질의 상태를 입자 모형으로 나타낸 것이다.

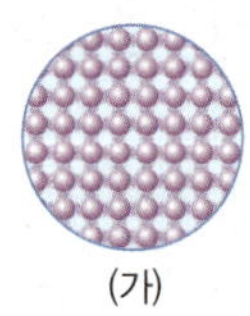 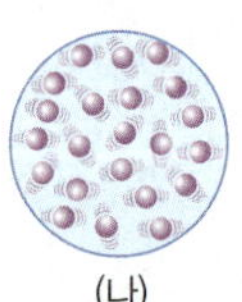 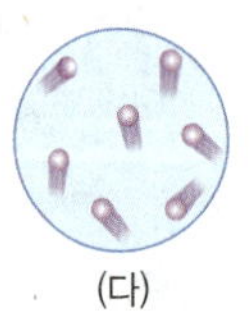

(가)   (나)   (다)

이에 대한 설명으로 옳은 것을 보기 에서 모두 고른 것은?

보기
ㄱ. (가)의 입자는 매우 활발한 운동을 한다.
ㄴ. 실온에서 물을 이루는 입자의 배열은 (나)와 같다.
ㄷ. (다)는 담는 용기에 따라 물질의 모양과 부피가 달라진다.

① ㄱ   ② ㄴ   ③ ㄷ
④ ㄱ, ㄴ   ⑤ ㄴ, ㄷ

자유롭게 움직이지 못하고 제자리에서 진동만
ㄱ. (가)의 입자는 매우 활발한 운동을 한다.
→ (가)는 입자 사이의 거리가 매우 가까운 것으로 보아 고체야~! 고체 상태에서 입자는 자유롭게 움직이지 못하고 제자리에서 진동만 해~!

ㄴ. 실온에서 물을 이루는 입자의 배열은 (나)와 같다.
→ (나)는 입자 사이의 거리가 (다)보다 비교적 가까운 것으로 보아 액체야~! 실온에서 물은 액체 상태로 존재하니까 입자의 배열은 (나)와 같지!

ㄷ. (다)는 담는 용기에 따라 물질의 모양과 부피가 달라진다.
→ (다)는 입자 사이의 거리가 매우 먼 것으로 보아 기체야~! 기체는 담는 용기에 따라 모양과 부피가 달라지는 특징이 있지~!

답 ⑤

ZP point
입자 사이의 거리: 고체 < 액체 < 기체(단, 물은 제외)

유형 2 — 물질의 상태 변화

물질의 상태 변화에 대한 문제는 반드시 출제돼~! 물질의 상태 변화 종류와 특징을 헷갈리지 않게 잘 기억하고 있어야 해!

물질의 상태 변화에 대한 설명으로 옳지 않은 것은?
① 액화는 기체가 액체로 상태가 변하는 것이다.
② 물질의 상태가 변할 때 물질의 성질이 변한다.
③ 물질은 주로 온도의 영향을 받아 상태가 변한다.
④ 대부분의 기체 상태 물질을 냉각시키면 액체 상태를 거쳐 고체 상태로 변한다.
⑤ 대부분의 고체 상태 물질에 열을 가하면 액체 상태를 거쳐 기체 상태로 변한다.

① 액화는 기체가 액체로 상태가 변하는 것이다.
→ 액화는 기체가 액체로 상태가 변하는 것을 말해~! 반대로 액체가 기체로 상태가 변하는 것은 기화야!

변하지 않는다
② 물질의 상태가 변할 때 물질의 성질이 변한다.
→ 물질의 상태가 변할 때 물질의 성질은 변하지 않아~! 물질을 이루는 입자의 배열만 변하지~

③ 물질은 주로 온도의 영향을 받아 상태가 변한다.
→ 물질은 압력이나 온도의 영향을 받아 상태가 변해~! 하지만 우리 주변의 압력은 거의 일정하기 때문에 주로 온도의 영향을 받아서 상태가 변해~!

④ 대부분의 기체 상태 물질을 냉각시키면 액체 상태를 거쳐 고체 상태로 변한다.
→ 대부분의 물질은 냉각시키면 기체 → 액체 → 고체로 상태가 변해!

⑤ 대부분의 고체 상태 물질에 열을 가하면 액체 상태를 거쳐 기체 상태로 변한다.
→ 대부분의 물질은 열을 가하면 고체 → 액체 → 기체로 상태가 변해~!

답 ②

ZP point
온도↑: 고체 → 액체 → 기체

유형 클리닉

유형 3 물질의 상태 변화 과정

+ 물질의 상태 변화 과정과 각 과정에 해당하는 현상을 잘 알고 있는지 묻는 문제가 출제될 수 있어~ 예시를 잘 알아두자!

그림은 물질의 상태 변화 과정을 나타낸 것이다.

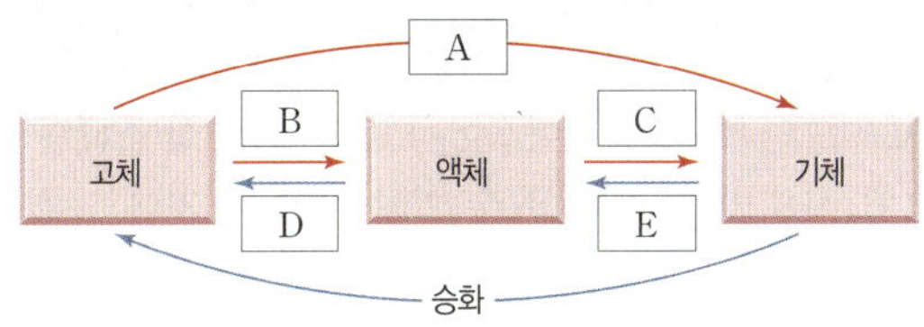

A~E 과정에 해당하는 현상을 짝 지은 것으로 옳지 <u>않은</u> 것은?

① A ─ 드라이아이스의 크기가 점점 작아진다.
② B ─ 손에 쥐고 있던 초콜릿이 녹아 흐른다.
③ C ─ 풀잎에 맺힌 이슬이 해가 뜨면 사라진다.
④ D ─ 추운 날 숨을 내쉬면 하얗게 입김이 나온다.
⑤ E ─ 뜨거운 차를 마실 때 안경이 뿌옇게 흐려진다.

① A ─ 드라이아이스의 크기가 점점 작아진다.
→ A 과정은 고체가 기체로 변하는 승화 현상이야~! 고체 상태인 드라이아이스는 액체 상태를 거치지 않고 기체 상태인 이산화 탄소로 상태 변화해!

② B ─ 손에 쥐고 있던 초콜릿이 녹아 흐른다.
→ B 과정은 고체가 액체로 변하는 융해 현상이야~! 고체 상태인 초콜릿은 손의 열에 의해 액체로 변해 녹아 흐르게 되지!

③ C ─ 풀잎에 맺힌 이슬이 해가 뜨면 사라진다.
→ C 과정은 액체가 기체로 변하는 기화 현상이야~! 액체 상태의 이슬은 해가 뜨면 열에 의해 기체 상태인 수증기로 변해 눈에 보이지 않게 돼~!

④ D ─ 추운 날 숨을 내쉬면 하얗게 입김이 나온다. (E)
→ D 과정은 액체가 고체로 변하는 응고 현상이야!! 입김은 날숨에 섞여 있던 수증기가 추운 날씨에 냉각되어 작은 물방울로 변해 눈에 보이게 되는 것이므로 액화 현상인 E에 해당해!

⑤ E ─ 뜨거운 차를 마실 때 안경이 뿌옇게 흐려진다.
→ E 과정은 기체가 액체로 변하는 액화 현상이야~! 뜨거운 차에서 발생한 수증기가 안경의 유리와 닿으면 냉각되어 작은 물방울로 변해 안경을 뿌옇게 만들지~!

답 ④

ZP point

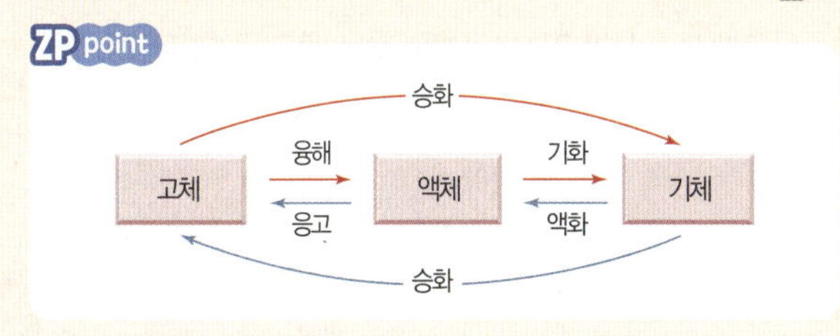

유형 4 물질의 상태 변화에 따른 여러 가지 변화

+ 물질의 상태가 변할 때 변하는 것과 변하지 않는 것을 구분하는 문제가 출제될 수 있어! 상태 변화가 일어날 때 입자 사이의 거리가 어떻게 변하는지 알아두자~

그림은 액체 상태의 양초가 서서히 식어 고체 상태의 양초가 된 모습을 나타낸 것이다.

이때 일어난 변화에 대한 설명으로 옳은 것을 보기 에서 모두 고른 것은?

보기
ㄱ. 양초의 질량과 부피가 변한다.
ㄴ. 양초를 이루는 입자의 개수가 감소한다.
ㄷ. 양초를 이루는 입자 사이의 거리가 가까워진다.

질량은 일정
ㄱ. 양초의 질량과 부피가 변한다.
→ 양초가 액체에서 고체로 응고할 때 양초의 질량은 일정하고 부피는 변해! 양초의 상태가 변하면서 양초를 이루는 입자의 배열이 달라지기 때문이야~

일정하다
ㄴ. 양초를 이루는 입자의 개수가 감소한다.
→ 물질의 상태가 변할 때 물질의 입자 배열은 달라지지만 입자의 종류와 크기, 개수 등은 변하지 않아~!

ㄷ. 양초를 이루는 입자 사이의 거리가 가까워진다.
→ 물을 제외하고 액체 상태의 물질은 고체 상태의 물질보다 입자 사이의 거리가 멀어~ 따라서 액체 상태의 양초가 식어서 고체 상태의 양초가 될 때 양초를 이루는 입자 사이의 거리는 가까워지지!

답 ②

ZP point
물질의 상태 변화 시
- 변하는 것: 물질의 부피, 입자 배열, 입자 사이의 거리 등
- 변하지 않는 것: 물질의 질량과 성질, 입자의 개수와 크기 및 종류 등

① ㄱ　　　　② ㄷ　　　　③ ㄱ, ㄴ
④ ㄴ, ㄷ　　　⑤ ㄱ, ㄴ, ㄷ

실전 백신

❶ 물질의 세 가지 상태

[01~03] 그림은 물질의 세 가지 상태를 입자 모형으로 나타낸 것이다.

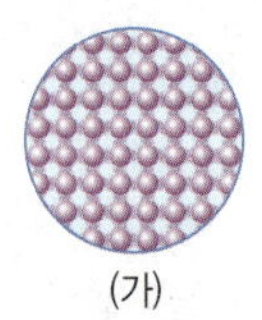 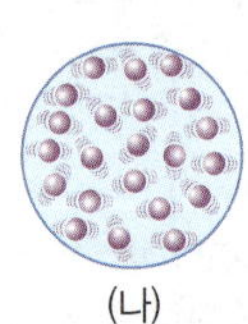 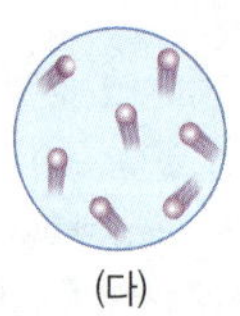

01 (가)의 입자 배열을 갖는 물질에 대한 설명으로 옳지 않은 것은?

① 고체이다.
② 밀가루, 드라이아이스 등이 해당된다.
③ 흐르는 성질이 있으며 쉽게 압축된다.
④ 일정한 형태를 지니며, 대부분 단단하다.
⑤ 용기에 상관없이 모양과 부피가 일정하다.

02 실온에서 (나)의 입자 배열을 갖는 물질을 모두 고르면?

① 설탕   ② 식초   ③ 산소
④ 수증기   ⑤ 에탄올

(중요)
03 (다)의 입자 배열을 갖는 물질의 특성에 대한 설명으로 옳은 것을 보기에서 모두 고른 것은?

보기
ㄱ. (가)~(다) 중 입자 운동이 가장 둔하다.
ㄴ. 압축시킬 때 거의 압축되지 않는다.
ㄷ. 용기에 따라 모양과 부피가 달라진다.

① ㄱ   ② ㄴ   ③ ㄷ
④ ㄱ, ㄷ   ⑤ ㄴ, ㄷ

04 다음 물질들의 공통점으로 옳은 것은?

얼음   소금   암석

① 흐르는 성질이 있다.
② 입자 배열이 규칙적이다.
③ 입자의 운동이 매우 활발하다.
④ 담는 용기에 따라 부피가 변한다.
⑤ 담는 용기에 따라 모양이 변한다.

❷ 물질의 상태 변화

05 물질의 상태 변화에 대한 설명으로 옳지 않은 것은?

① 온도나 압력의 영향을 받는다.
② 물질의 상태가 변할 때 입자의 종류가 달라진다.
③ 마그마가 굳어 화성암이 되는 것은 응고 현상에 해당한다.
④ 고체 상태의 물질이 바로 기체가 되는 것을 승화라고 한다.
⑤ 겨울철 유리창에 성에가 생기는 것은 승화 현상에 해당한다.

06 그림은 물질의 상태 변화를 나타낸 것이다.

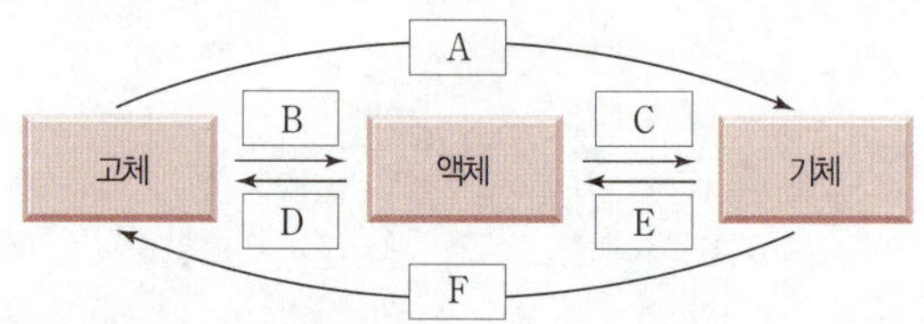

A~F 중 물질에 열을 가할 때 일어나는 상태 변화를 모두 고른 것은?

① A, F   ② A, B, C   ③ D, E, F
④ B, C, D, E   ⑤ A, B, C, D, E, F

(중요)
07 (가)~(라)는 우리 주변에서 일어나는 여러 가지 현상을 나타낸 것이다.

(가) 가뭄이 들어 논바닥이 갈라진다.
(나) 겨울철 그늘에 있는 눈사람의 크기가 작아진다.
(다) 새벽에 호수 주변에 안개가 자욱하게 낀다.
(라) 겨울 내내 꽁꽁 얼어 있던 호수가 봄이 되어 녹는다.

(가)~(라)에서 각각 일어나는 상태 변화를 옳게 짝 지은 것은?

	(가)	(나)	(다)	(라)
①	승화	융해	승화	응고
②	승화	응고	융해	승화
③	융해	기화	응고	액화
④	기화	승화	액화	융해
⑤	응고	액화	기화	승화

08 다음은 고드름에 대한 설명이다.

지붕에 쌓인 눈이 녹아 처마에서 떨어질 때 낮은 기온에 의해 물이 처마 끝에서부터 얼어 점점 아래쪽으로 향해 뻗어나가 끝이 뾰족한 막대기 모양의 고드름이 된다.

고드름이 만들어질 때 일어나는 상태 변화로 옳은 것은?

① 융해, 응고   ② 융해, 액화   ③ 액화, 응고
④ 승화, 액화   ⑤ 승화, 응고

(중요)
09 그림 (가)와 (나)는 나뭇잎에 생긴 이슬과 서리의 모습을 나타낸 것이다.

(가) 이슬   (나) 서리

이에 대한 설명으로 옳은 것을 보기 에서 모두 고른 것은?

보기
ㄱ. (가)는 액화 현상에 의해 생긴 것이다.
ㄴ. (나)는 낮은 온도에 의해 물이 응고된 것이다.
ㄷ. (가)와 (나)는 동일한 상태의 물질이 서로 다르게 상태 변화한 것이다.

① ㄱ   ② ㄴ   ③ ㄱ, ㄷ
④ ㄴ, ㄷ   ⑤ ㄱ, ㄴ, ㄷ

10 그림은 공기를 뺀 비닐봉지 안에 얼음과 드라이아이스 조각을 각각 넣고 고무줄로 밀봉한 모습을 나타낸 것이다.

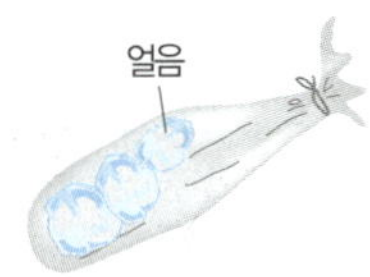 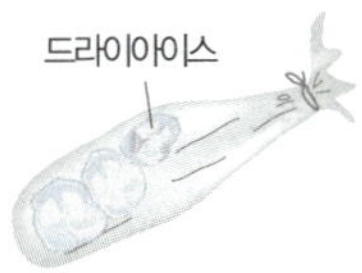

얼음과 드라이아이스를 넣은 비닐봉지에 따뜻한 바람을 불어 주었을 때 공통적으로 관찰할 수 있는 현상으로 옳은 것은?

① 질량이 감소한다.
② 비닐봉지가 부풀어 오른다.
③ 비닐봉지 안에 액체가 생성된다.
④ 얼음과 드라이아이스 조각의 크기가 커진다.
⑤ 비닐봉지의 모양을 바꾸면 안에 든 물질의 모양이 달라진다.

③ 물질의 상태에 따른 여러 가지 변화

(중요)
11 그림은 물질의 상태 변화를 입자 모형으로 나타낸 것이다.

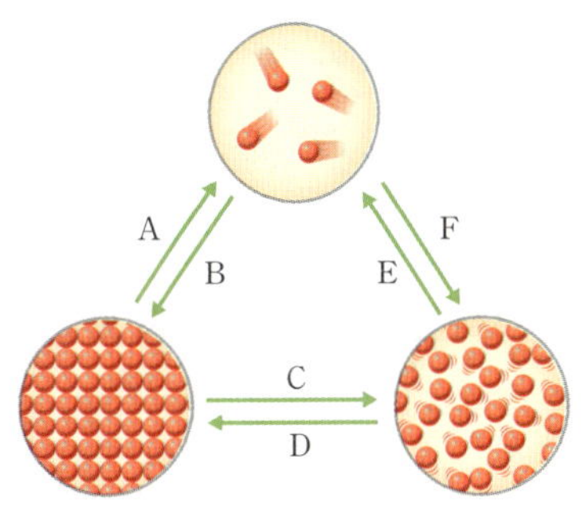

이에 대한 설명으로 옳은 것을 모두 고르면?

① A와 E 과정에서 입자 배열의 규칙성은 약해진다.
② B 과정에서 입자의 개수가 감소한다.
③ 냉각할 때 일어나는 상태 변화는 B, D, F이다.
④ 목욕탕 유리에 김이 서리는 현상은 C이다.
⑤ F 과정에서 물질의 부피가 증가한다.

(중요)
12 다음은 양초의 상태 변화에 따른 질량과 부피 변화를 알아보는 실험 과정을 나타낸 것이다.

(가) 고체 양초를 잘게 잘라 비커에 넣고 가열하여 녹인다.
(나) 액체 상태의 양초의 부피를 비커에 표시하고, 질량을 측정한다.
(다) 액체 상태의 양초를 냉각시켜 굳힌 후의 부피를 비커에 표시하고, 질량을 측정한다.

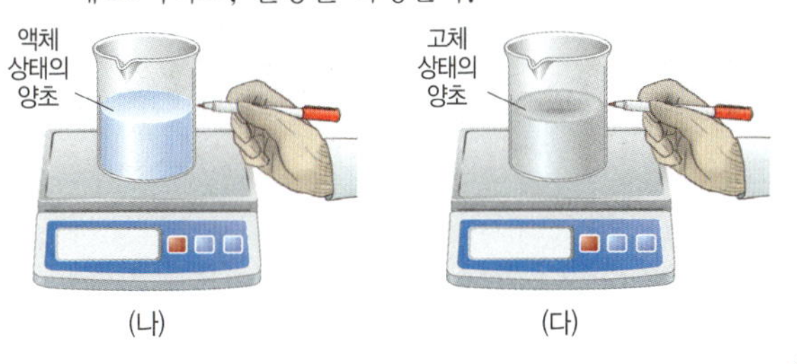

이에 대한 설명으로 옳은 것을 보기 에서 모두 고른 것은?

보기
ㄱ. (가)에서 액화 현상이 일어난다.
ㄴ. 양초의 질량은 (나)가 (다)보다 크다.
ㄷ. 양초의 부피는 (나)가 (다)보다 크다.

① ㄱ   ② ㄴ   ③ ㄷ
④ ㄱ, ㄷ   ⑤ ㄴ, ㄷ

13

그림은 물의 상태 변화에 따른 성질의 변화를 알아보기 위한 실험 과정을 나타낸 것이다.

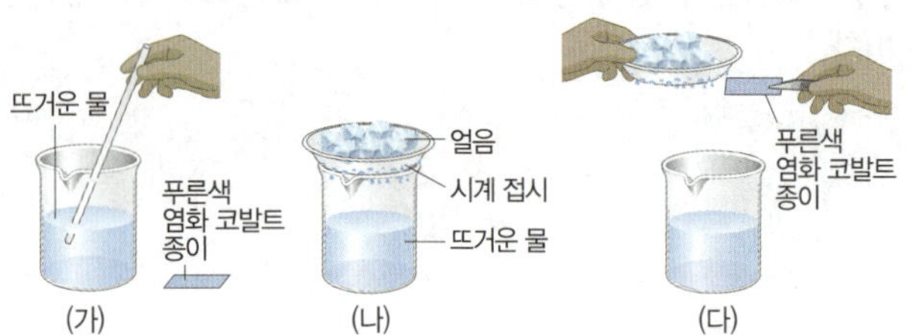

이에 대한 설명으로 옳은 것을 보기 에서 모두 고른 것은?

보기
ㄱ. (가)에서 물은 푸른색 염화 코발트 종이를 붉게 변화시킨다.
ㄴ. (나)에서 비커 속의 물은 기체가 된다.
ㄷ. (다)에서 시계 접시의 아랫면에 생긴 물방울은 (가)에서의 물과 성질이 같다.

① ㄱ
② ㄴ
③ ㄱ, ㄷ
④ ㄴ, ㄷ
⑤ ㄱ, ㄴ, ㄷ

14

그림 (가)와 같이 비닐장갑에 아세톤을 조금 넣고 입구를 잘 막은 후, 뜨거운 물을 부었더니 (나)와 같은 변화가 나타났다.

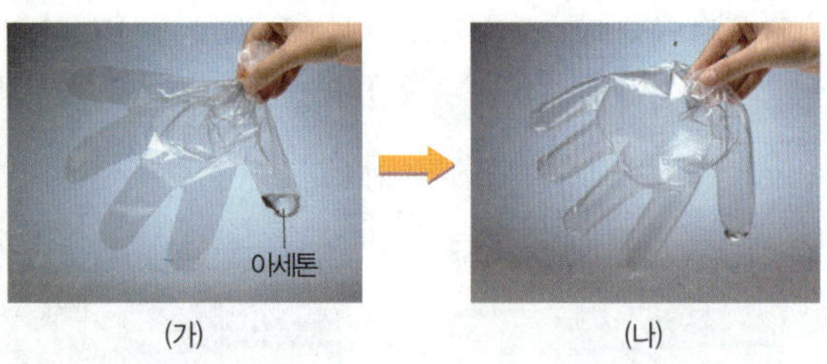

이런 변화가 나타난 원인에 대한 설명으로 옳은 것은?

① 비닐장갑 안에 있던 아세톤이 승화하였기 때문이다.
② 비닐장갑 안에 있던 아세톤 입자의 질량이 증가했기 때문이다.
③ 비닐장갑 안에 있던 아세톤 입자의 크기가 커졌기 때문이다.
④ 비닐장갑 안에 있던 아세톤 입자의 개수가 증가했기 때문이다.
⑤ 비닐장갑 안에 있던 아세톤 입자 사이의 거리가 멀어졌기 때문이다.

서술형

15

그림은 주사기에 같은 부피의 물과 공기를 각각 넣고 주사기의 입구를 고무마개로 막은 모습을 나타낸 것이다. 주사기의 피스톤을 누를 때 주사기 안의 물과 공기의 부피가 어떻게 변하는지 각각 쓰고, 그렇게 생각한 까닭을 서술하시오.

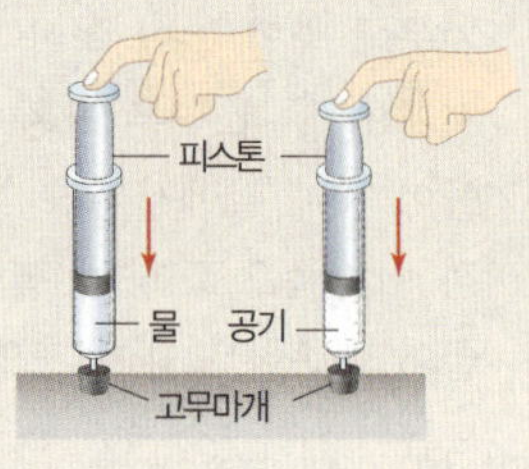

KEY 액체 입자 사이의 거리 < 기체 입자 사이의 거리

16

그림은 연소 중인 양초의 모습을 나타낸 것이다.

(가)~(다)에서 일어나는 상태 변화 과정을 서술하시오.

KEY 기화, 융해, 응고

17

추운 곳에 오래 있다가 따뜻한 실내로 들어가거나 뜨거운 음식을 먹을 때 안경에 김이 서린다. 이때 뜨거운 바람을 불면 김을 제거할 수 있다. 김이 서리는 까닭과 제거 방법을 상태 변화와 관련지어 서술하시오.

KEY 액화, 기화, 수증기

1등급 백신

01 물질의 상태 변화가 일어나는 현상으로 옳지 <u>않은</u> 것을 <u>모두</u> 고르면?

① 찌개를 오래 끓였더니 국물의 양이 줄어들었다.

② 물을 끓이면 주전자의 입구로 하얀 연기가 나온다.

③ 냉면에 식초를 떨어뜨리면 국물 전체에서 신맛이 난다.

④ 설탕을 물에 넣고 저어 주었더니 설탕이 눈에 보이지 않게 되었다.

⑤ 뜨거운 음식이 담긴 그릇의 입구를 랩으로 씌워 음식을 식혔더니 랩 안쪽에 물방울이 맺혔다.

02 다음은 생활에서 볼 수 있는 물질의 상태 변화를 나타낸 것이다.

> (가) 젖은 머리카락을 헤어 드라이어로 말린다.
> (나) 창문에 김이 서린다.
> (다) 용광로에서 철이 녹는다.
> (라) 마그마가 굳어 암석이 된다.

(가)~(라)의 상태 변화를 두 가지로 분류할 때, 분류 기준(a)과 분류 결과(b, c)를 옳게 짝 지은 것은?

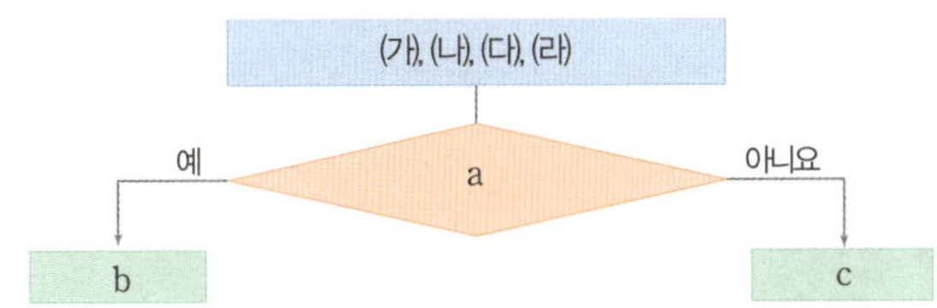

① a: 물질의 온도가 높아져 일어난 상태 변화인가?
　b: (가)　　　　　c: (나), (다), (라)

② a: 상태 변화 후 입자의 배열이 변하였는가?
　b: (가), (나)　　　c: (다), (라)

③ a: 상태 변화 후 입자 사이의 거리가 멀어졌는가?
　b: (가), (다)　　　c: (나), (라)

④ a: 상태 변화 후 물질의 성질이 변하였는가?
　b: (가), (나), (다)　c: (라)

⑤ a: 상태 변화 후 입자의 운동이 활발해졌는가?
　b: (나), (다), (라)　c: (가)

03 그림은 고체 아이오딘을 담은 비커 위에 얼음물이 담긴 둥근바닥 플라스크를 올려놓고 비커를 가열하는 모습을 나타낸 것이다. 이에 대한 설명으로 옳은 것은?

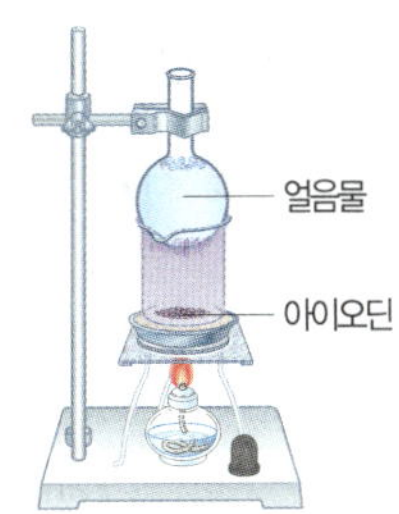

① 비커 내부에서는 두 종류의 승화 현상이 모두 일어난다.

② 비커의 바닥에서는 고체 아이오딘의 융해 현상이 일어난다.

③ 가열하는 동안 아이오딘은 고체 → 액체 → 기체 순으로 상태가 변한다.

④ 둥근바닥 플라스크에 들어 있는 얼음물은 아이오딘의 액화를 돕는 역할을 한다.

⑤ 비커의 바닥에 있는 아이오딘과 둥근바닥 플라스크의 아랫면에 붙은 아이오딘의 성질은 다르다.

（신유형）
04 다음은 암석의 풍화 작용에 대한 설명이다.

> 지표면에 노출된 암석의 크고 작은 틈에 스며든 물이 ㉠기온의 변화로 인해 ㉡얼었다가 녹았다가를 반복하다 보면 ㉢암석의 틈이 넓어져 결국 부서진다.

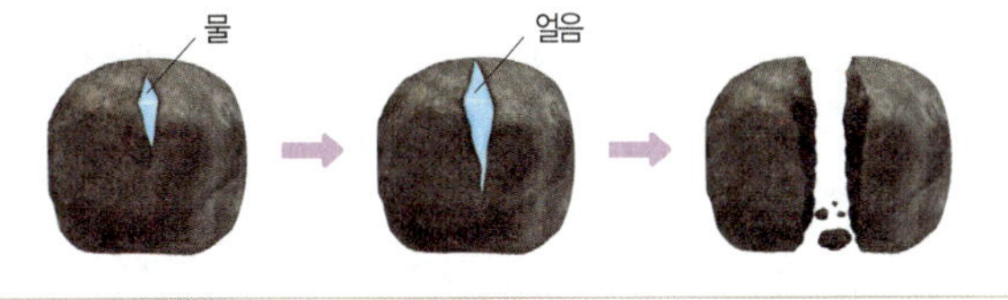

이에 대한 설명으로 옳은 것을 〔보기〕에서 모두 고른 것은?

> **보기**
> ㄱ. ㉠에 의해 물은 응고와 융해를 반복한다.
> ㄴ. ㉡에서 물 입자 사이의 인력은 약해진다.
> ㄷ. ㉢의 요인은 얼음의 부피가 물의 부피보다 크기 때문이다.

① ㄱ　　　　② ㄴ　　　　③ ㄱ, ㄷ

④ ㄴ, ㄷ　　　⑤ ㄱ, ㄴ, ㄷ

03 상태 변화와 열에너지

1 열에너지를 흡수하는 상태 변화 융해, 기화, 승화(고체 → 기체)가 여기에 해당해~!

1 물질을 가열할 때 온도 변화: 물질을 가열하면 온도가 점점 높아지다가 일정해지는 구간이 나타나는데, 이 구간에서 물질의 상태 변화가 일어난다.

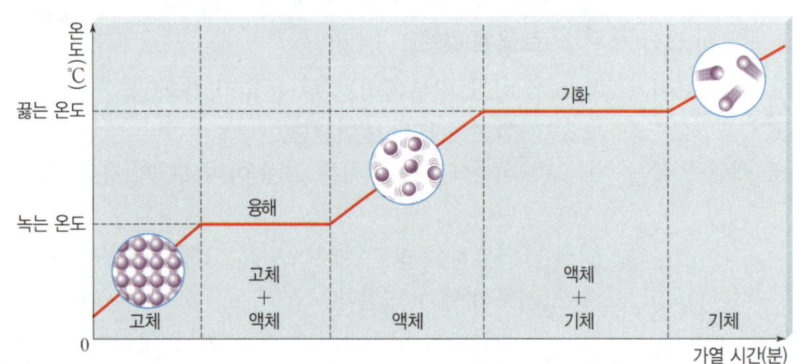

- **녹는 온도**: 고체가 액체로 상태가 변할 때 일정하게 유지되는 온도
- **끓는 온도**: 액체가 기체로 상태가 변할 때 일정하게 유지되는 온도

2 물질을 가열할 때 입자 운동의 변화: 물질은 열에너지를 흡수하여 입자 운동이 활발해지고 입자 사이의 거리가 멀어져 입자가 불규칙적으로 배열된다.

3 상태 변화가 일어나는 동안 온도가 일정하게 유지되는 까닭: 흡수한 열에너지가 물질의 온도를 높이는 데 쓰이지 않고 입자 배열을 변화시켜 상태 변화하는 데 모두 사용되기 때문이다.

4 열에너지를 흡수하는 상태 변화: 융해(고체 → 액체), 기화(액체 → 기체), 승화(고체 → 기체)

2 열에너지를 방출하는 상태 변화 응고, 액화, 승화(기체 → 고체)가 여기에 해당해~!

1 물질을 냉각할 때의 온도 변화: 물질을 냉각하면 온도가 낮아지다가 일정해지는 구간이 나타나는데, 이 구간에서 물질의 상태 변화가 일어난다.

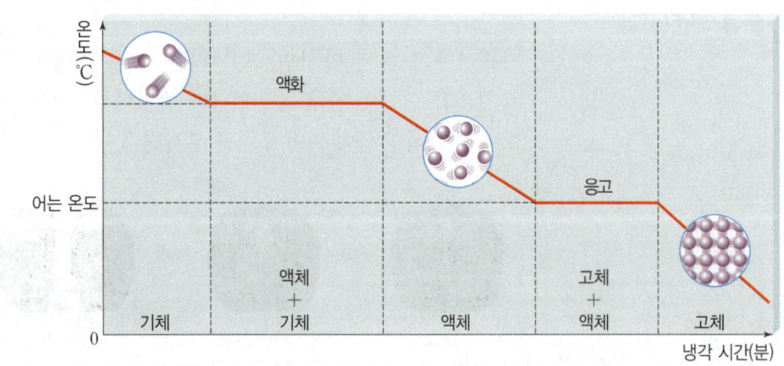

- **어는 온도**: 액체가 고체로 상태가 변할 때 일정하게 유지되는 온도

2 물질을 냉각할 때 입자 운동의 변화: 물질은 열에너지를 방출하여 입자 운동이 둔해지고 입자 사이의 거리가 가까워져 입자가 규칙적으로 배열된다.

3 상태 변화가 일어나는 동안 온도가 일정하게 유지되는 까닭: 물질의 상태가 변하는 동안 열에너지를 방출하여 온도가 낮아지는 것을 막기 때문이다.

4 열에너지를 방출하는 상태 변화: 응고(액체 → 고체), 액화(기체 → 액체), 승화(기체 → 고체)

물의 끓는 온도와 녹는 온도
- 물이 수증기로 상태가 변할 때의 온도＝물의 끓는 온도＝100 ℃
- 물이 얼음으로 상태가 변할 때의 온도＝물의 어는 온도＝0 ℃
- 얼음이 물로 상태가 변할 때의 온도＝얼음의 녹는 온도＝0 ℃

열에너지와 입자 사이의 인력 변화
- 열에너지를 흡수할 때: 인력 감소
- 열에너지를 방출할 때: 인력 증가

② 녹는 온도(어는 온도), 끓는 온도

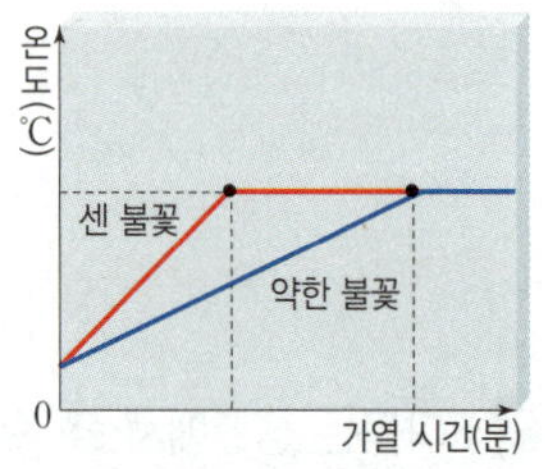

- 녹는 온도(어는 온도), 끓는 온도는 물질의 종류에 따라 다르다.
- 불꽃의 세기가 달라지거나 물질의 양이 달라져도 물질의 녹는 온도, 끓는 온도에 도달하는 시간이 달라질 뿐 녹는 온도와 끓는 온도는 일정하다.

온도에 따른 물질의 상태
물질은 녹는 온도보다 낮은 온도에서는 고체 상태, 녹는 온도와 끓는 온도 사이의 온도에서는 액체 상태, 끓는 온도보다 높은 온도에서는 기체 상태로 존재한다.

예 얼음의 녹는 온도는 0 ℃ 물의 끓는 온도는 100 ℃이다. 따라서 0 ℃ 이하에서는 고체 상태인 얼음, 0~100 ℃에서는 액체 상태인 물, 100 ℃ 이상에서는 기체 상태인 수증기로 존재한다.

① 열에너지
온도가 다른 두 물체 사이에서 이동하는 에너지로, 물질의 온도나 상태를 변화시킨다.

필수 바이타민

상태 변화와 열에너지

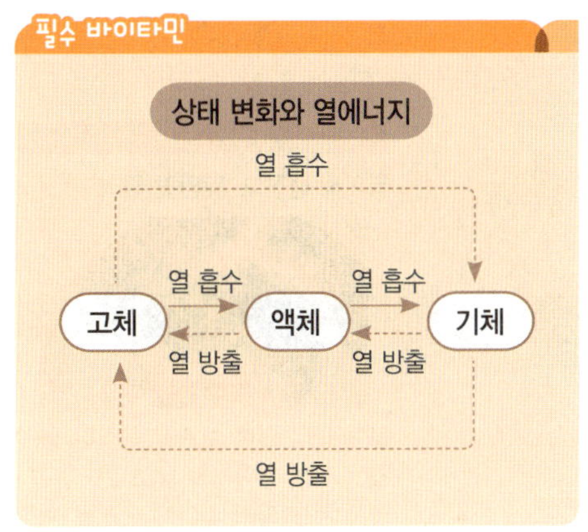

바로 복습

빈칸 채우기 문제

01 융해, 기화, ＿＿에서 ＿＿로의 승화가 일어날 때 물질은 주위로부터 열에너지를 ＿＿ 한다.

02 물은 기화하면서 열에너지를 ＿＿ 한다.

03 물질을 가열할 때 온도가 일정한 구간이 나타나는 까닭은 기해진 열에너지가 모두 물질의 ＿＿ ＿＿에 사용되기 때문이다.

04 응고, 액화, ＿＿에서 ＿＿로의 승화가 일어날 때 물질은 주위로 열에너지를 ＿＿ 한다.

05 액체가 고체로 상태가 변하는 동안 입자 배열은 ＿＿＿으로 변한다.

○✕ 문제

06 물질을 가열하여 상태가 변하는 동안 온도는 일정하게 유지된다. (　　)

07 액체가 응고할 때 열에너지를 흡수하므로 온도가 일정하게 유지된다. (　　)

08 물질이 열에너지를 방출하여 상태가 변할 때 입자 사이의 거리는 멀어진다. (　　)

09 물질을 가열할 때 온도가 일정하게 나타나는 구간에서는 물질의 상태가 두 가지로 나타난다. (　　)

10 열에너지를 방출하는 상태 변화가 일어날 때 물질을 이루는 입자의 배열은 규칙적으로 변한다. (　　)

01 상태 변화와 열에너지의 출입에 대한 설명으로 옳은 것은 ○, 옳지 않은 것은 ×로 표시하시오.

(1) 물질이 기화하는 동안 물질의 온도는 계속 높아진다. (　　)

(2) 응고 현상이 일어날 때 물질의 온도는 일정하게 유지된다. (　　)

(3) 액화가 일어나는 동안 물질은 열에너지를 흡수한다. (　　)

(4) 고체에서 기체로의 승화가 일어나는 동안 물질은 열에너지를 흡수한다. (　　)

(5) 물질이 끓는 온도는 물질의 종류에 따라 다르다. (　　)

02 그림은 어떤 고체 물질을 가열하면서 측정한 온도 변화를 나타낸 것이다.

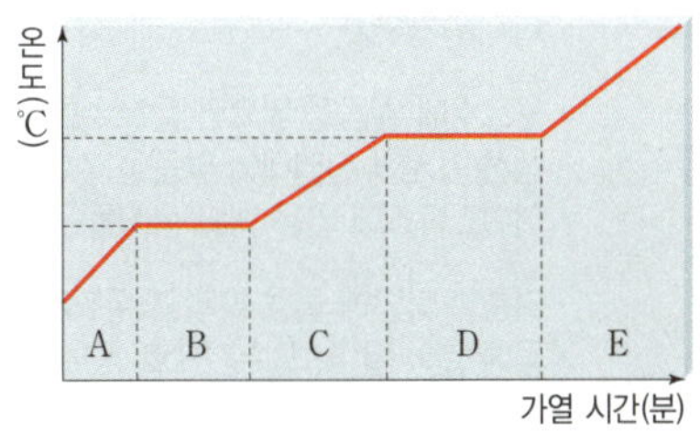

(1) A~E 구간에 존재하는 물질의 상태를 각각 쓰시오.
(　　　　　　)

(2) A~E 구간 중 물질의 상태 변화가 일어나는 구간을 모두 쓰고, 어떤 종류의 상태 변화가 일어나는지 쓰시오.
(　　　　　　)

(3) A~E 구간 중 입자 사이의 거리가 가장 먼 구간을 쓰시오.
(　　　　　　)

03 그림은 수증기의 냉각 곡선을 나타낸 것이다. (단, 수증기를 냉각할 때 외부 물질의 출입을 막기 위해 마개를 막고 실험하였다.)

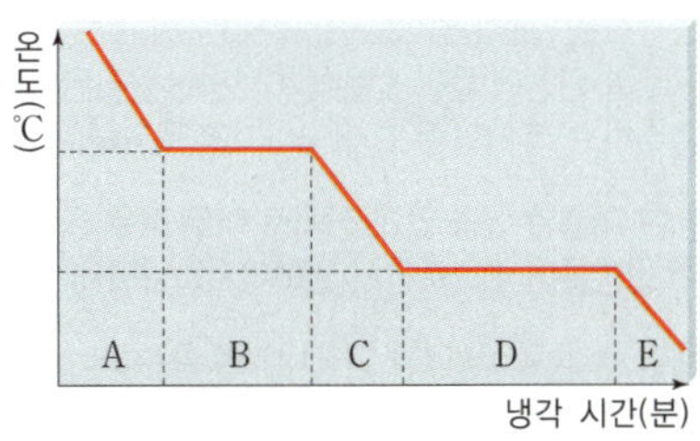

(1) A~E 구간에 존재하는 물질의 상태를 각각 쓰시오.
(　　　　　　)

(2) A~E 구간 중 물질의 상태 변화가 일어나는 구간을 모두 쓰고, 어떤 종류의 상태 변화가 일어나는지 쓰시오.
(　　　　　　)

03 상태 변화와 열에너지

❸ 상태 변화에 따른 열에너지의 이용

1 상태 변화와 열에너지의 출입: 물질의 상태가 변할 때 주위로부터 열에너지를 흡수하거나 주위로 열에너지를 방출한다.

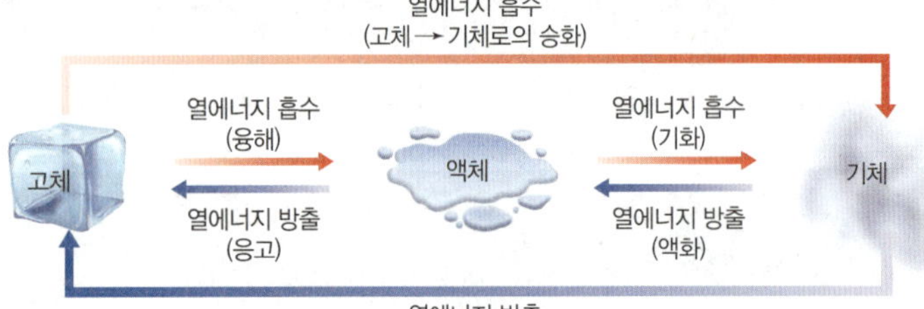

2 열에너지를 흡수하는 상태 변화의 이용: 융해, 기화, 승화(고체 → 기체)가 일어날 때 주위로부터 열에너지를 흡수하므로 주위의 온도가 낮아진다.

융해열 흡수	• 음료수에 얼음을 넣으면 음료수를 시원하게 마실 수 있다. • 생선 가게의 진열대에 얼음을 깔아 생선을 시원하게 보관한다. • 아이스박스에 얼음 팩과 음식물을 함께 넣어 음식물을 시원하게 보관한다.
기화열 흡수	• 여름철 마당에 물을 뿌리면 주위가 시원해진다. • 몸에 열이 날 때 물수건으로 몸을 닦아 주면 체온이 낮아진다. • 물놀이를 하고 밖으로 나오면 몸에 묻은 물이 마르며 몸이 시원해진다. • 사막에서 물을 시원하게 보관하려고 작은 구멍이 뚫린 양가죽 물통을 이용한다.
승화열 흡수 (고체 → 기체)	아이스크림을 포장할 때, 드라이아이스를 함께 넣으면 아이스크림을 녹지 않게 보관할 수 있다.

3 열에너지를 방출하는 상태 변화의 이용: 응고, 액화, 승화(기체 → 고체)가 일어날 때 주위로 열에너지를 방출하므로 주위의 온도가 높아진다.

응고열 방출	• 액체 파라핀을 이용하여 온열 치료를 한다. *(액체 파라핀에 손을 넣었다가 빼내면 파라핀이 고체로 응고하면서 열에너지를 방출하여 따뜻한 온기를 유지한다.)* • 이글루 내부에 물을 뿌리면 내부의 온도가 따뜻해진다. • 날씨가 갑자기 추워지면 오렌지 나무에 물을 뿌려 오렌지의 ❶냉해를 막는다.
액화열 방출	• 목욕탕 안이 습기 때문에 후텁지근하다. • 증기 오븐을 이용하여 식품을 조리한다. • 소나기가 내리기 전 날씨가 후텁지근하다. • 여름날 냉방이 잘 된 곳에서 밖으로 나가면 후텁지근하게 느껴진다.
승화열 방출 (기체 → 고체)	눈이 내리는 날은 날씨가 포근해진다. *(구름 속의 수증기가 얼음으로 승화하면서 열에너지를 방출해 포근하게 느껴져~)*

4 상태 변화 과정에서 출입하는 열에너지의 이용

우주복 안감	우주복 안감에 들어 있는 상태 변화 물질은 주위의 온도가 높아지면 융해하며 열에너지를 흡수하고, 주위의 온도가 낮아지면 응고하며 열에너지를 방출한다. *(우주인의 체온을 일정하게 유지!)*
인공 안개	더운 여름날 인공 안개 장치로 매우 작은 물방울을 분사 ➡ 물방울이 기화하면서 열에너지를 흡수해 주변의 온도가 낮아진다.
❸냉장고	증발기: 액체 ❸냉매가 열에너지를 흡수하며 기화 ➡ 냉장고 안이 차가워진다. 응축기: 기체 냉매가 열에너지를 방출하면서 액화 ➡ 냉장고 뒤쪽이 따뜻해진다.
❹에어컨	실내기: 액체 냉매가 열에너지를 흡수하며 기화 ➡ 차가운 바람이 실내 온도를 낮춘다. 실외기: 기체 냉매가 열에너지를 방출하며 액화 ➡ 뜨거운 바람이 발생한다.
❺증기 난방기	보일러: 물이 열에너지를 흡수하며 수증기로 기화 방열기: 보일러에서 생성된 수증기가 열에너지를 방출하며 액화 ➡ 건물 내부를 따뜻하게 한다.
식물의 증산 작용	식물의 잎에서 증산 작용이 일어날 때 물이 수증기로 기화하며 열에너지를 흡수한다.

정리신

항아리 냉장고 '팟인팟 쿨러'

큰 항아리 안에 보관할 음식이 들어 있는 작은 항아리를 넣고 큰 항아리와 작은 항아리 사이에 모래를 채워 넣은 후, 모래에 물을 뿌려 주면 젖은 모래의 물이 기화하면서 작은 항아리 속의 열을 흡수하여 온도를 낮춘다.

드라이아이스의 상태 변화에 의한 현상

드라이아이스가 기체로 승화할 때 열에너지를 흡수하면서 주위의 온도가 낮아져 공기 중의 수증기가 물로 액화하여 하얀 연기로 눈에 보이게 된다.

❸ **냉장고의 구조**

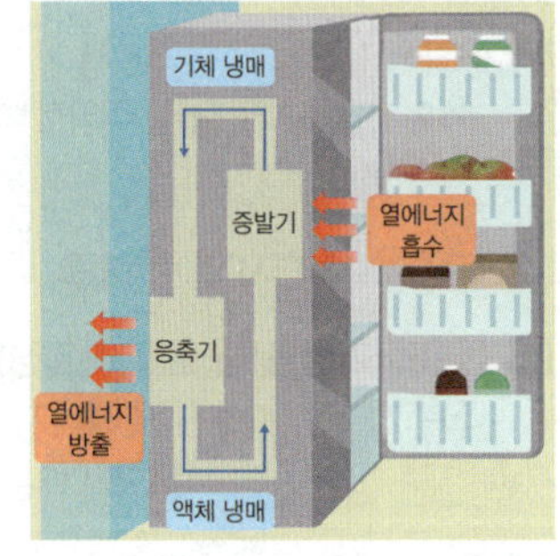

❹ **에어컨의 구조**

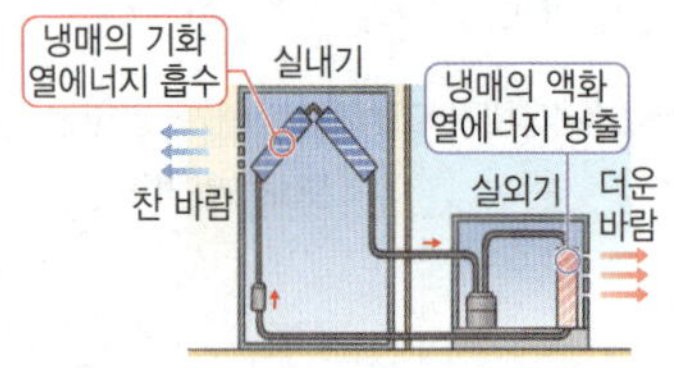

❺ **증기 난방기의 구조**

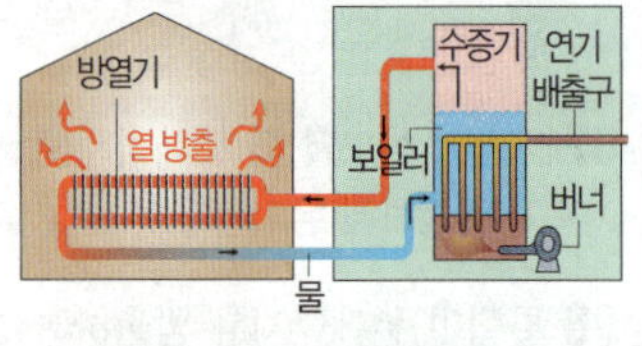

용어신

❶ **냉해**
갑자기 추워지거나 햇볕이 부족하여 농작물 등이 입는 피해

❸ **냉매**
에어컨이나 냉장고 등에서 기화와 액화를 반복하며 열에너지를 출입시키는 물질

빈칸 채우기 문제

11 열에너지를 흡수하는 상태 변화가 일어날 때 주위의 온도는 ＿＿진다.

12 열에너지를 방출하는 상태 변화가 일어날 때 주위의 온도는 ＿＿진다.

13 아이스크림과 드라이아이스를 같이 포장하는 것은 열에너지를 ＿＿하는 상태 변화를 이용한 것이다.

14 에어컨 실내기의 냉매가 ＿＿하여 주변 열을 흡수하므로 실내 온도가 낮아진다.

15 냉장고의 증발기에서는 ＿＿ 냉매가 기화하면서 열에너지를 ＿＿한다.

○✕ 문제

16 고체에서 액체로 물질의 상태가 변할 때 주변으로 열에너지를 방출한다. (　　)

17 응고, 액화, 고체에서 기체로의 승화가 일어날 때 열에너지를 방출한다. (　　)

18 눈이 내리는 날 날씨가 포근하게 느껴지는 것은 수증기가 얼음으로 승화하며 열을 방출하기 때문이다. (　　)

19 파라핀 온열 치료는 액체 파라핀이 응고하면서 방출한 열에너지를 이용한다. (　　)

20 여름날 인공 안개 장치를 통해 열에너지를 흡수하여 주변 온도를 낮춘다. (　　)

[04~05] 그림은 물질의 상태 변화를 나타낸 것이다.

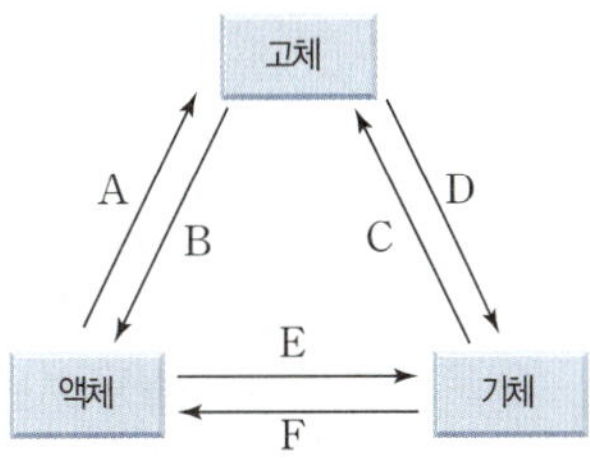

04 A~F 중 주위의 온도가 낮아지는 상태 변화를 <u>모두</u> 고르시오.

05 다음 현상과 가장 관련 있는 상태 변화를 A~F에서 고르시오.

(1) 날씨가 추워지면 오렌지 나무에 물을 뿌린다. (　　)
(2) 이글루 내부에 물을 뿌리면 내부의 온도가 높아진다. (　　)
(3) 아이스크림 케이크를 드라이아이스가 든 박스에 포장한다. (　　)
(4) 겨울철 눈이 내리면 날씨가 포근해진다. (　　)
(5) 열이 날 때 물수건으로 몸을 닦아 주면 체온이 낮아진다. (　　)

06 다음 현상에서 일어나는 상태 변화의 종류와 열에너지의 출입 방향을 쓰시오.

(1) 여름철 마당에 물을 뿌리면 시원해진다. (　　　　　　)
(2) 비가 오기 전 날씨가 후텁지근하다. (　　　　　　)
(3) 음료수에 얼음을 넣어 시원하게 마신다. (　　　　　　)
(4) 액체 파라핀을 이용하여 온열 찜질을 한다. (　　　　　　)
(5) 폭포 근처에 가면 시원하다. (　　　　　　)

07 표는 에어컨과 증기 난방기의 원리를 나타낸 것이다. 빈칸에 알맞은 말을 고르시오.

(1) 에어컨의 원리

구분	실내기	실외기
냉매의 상태 변화	(① 기화, 액화)	(③ 기화, 액화)
주위의 온도 변화	실내 온도가 (② 낮아, 높아)진다.	(④ 따뜻한, 차가운) 바람이 발생한다.

(2) 증기 난방기의 원리

구분	보일러	방열기
물의 상태 변화	(① 기화, 액화)	(③ 기화, 액화)
에너지 출입	열에너지 (② 흡수, 방출)	열에너지 (④ 흡수, 방출)

탐구 집중 관리 | 물을 가열할 때의 온도 변화

목표 | 물을 가열할 때 온도를 측정하여 그래프로 나타내고, 상태가 변할 때 온도가 일정한 까닭을 설명할 수 있다.

과정

주의 신
- 내열 장갑을 착용하여 화상의 위험으로부터 신체를 보호한다.
- 물 가열 시 갑자기 끓어 넘치는 것을 방지하기 위해 끓임쪽을 넣어 준다.

❶ 삼각 플라스크에 물을 $\frac{1}{3}$ 정도 넣고 끓임쪽을 넣는다.

❷ 온도 센서를 삼각 플라스크 속 물에 넣어 스탠드와 집게로 고정하고 스마트 기기를 연결한다.

❸ 온도 측정 앱을 실행한 뒤 가열 장치로 물을 가열하면서 1 분 간격으로 온도를 측정하여 표에 기록하고, 앱에 나타난 시간–온도 그래프를 확인한다.

끓임쪽: 액체를 끓일 때 액체가 갑자기 끓어오르는 것을 막기 위해 넣는 돌이나 사기 조각

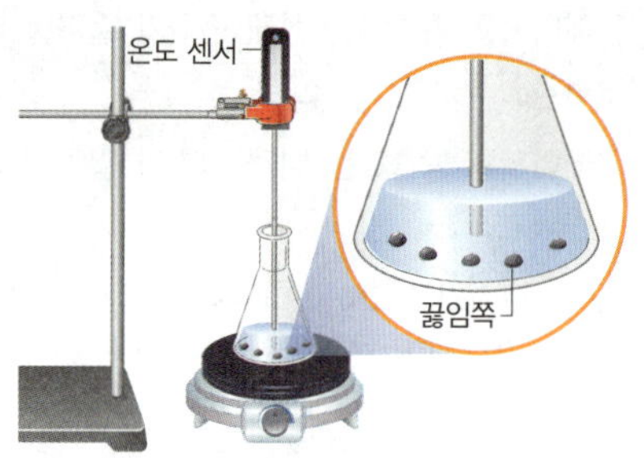

결과

- 물의 온도는 점점 높아지다가 약 100 ℃에서 온도가 높아지지 않고 일정하게 유지된다.

시간(분)	0	1	2	3	4	5
온도(℃)	50.0	56.0	62.1	68.1	74.0	80.1
시간(분)	6	7	8	9	10	11
온도(℃)	86.1	92.0	97.8	100.0	100.0	100.0

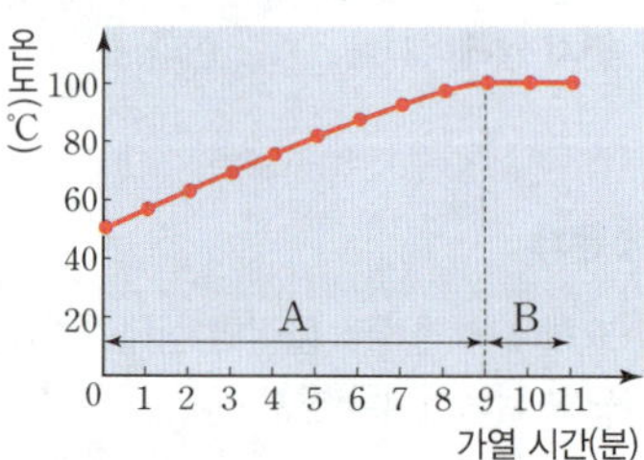

정리

- 표와 그래프를 통해 물의 상태 변화가 일어나는 온도는 약 100 ℃로 추측할 수 있다.
  - 물의 온도가 100 ℃ 이전일 때(A 구간): 가해 준 열에너지가 물의 온도를 높이는 데 사용된다.
  - 물의 온도가 100 ℃ 이후일 때(B 구간): 가해 준 열에너지가 물의 상태를 변화시키는 데 사용된다.
- 물질을 가열하면 온도가 높아지다가 일정한 구간이 나타나며, 이 구간에서 물질은 상태 변화한다.
  ➡ 물이 기화하며 열에너지를 흡수한다.

탐구 알약

01 위 실험에 대한 설명으로 옳은 것은 ○, 옳지 <u>않은</u> 것은 ×로 표시하시오.

(1) 물을 가열하면 온도가 계속 높아진다. (　　)

(2) 물이 상태 변화하는 온도는 약 100 ℃이다. (　　)

(3) 9 분까지 가해 준 열에너지는 물의 상태를 변화시키는 데 사용된다. (　　)

(4) 9 분 이후 물은 열에너지를 흡수한다. (　　)

(5) 온도가 일정한 구간에서 물은 액체와 기체가 함께 존재한다. (　　)

02 A 구간에서 물은 어떤 상태로 존재하는지 쓰시오.

03 B 구간에서 물이 어떤 상태 변화를 하는지 종류를 쓰고, 열에너지의 출입 방향을 쓰시오.

서술형
04 B 구간에서 온도가 더 이상 높아지지 않고 일정하게 유지되는 까닭을 서술하시오.

KEY 상태 변화, 열에너지 흡수

탐구 집중 관리 물을 냉각할 때의 온도 변화

목표 | 물을 냉각할 때 온도를 측정하여 그래프로 나타내고, 상태가 변할 때 온도가 일정한 까닭을 설명할 수 있다.

과정

얼음과 소금을 약 3 : 1의 질량비로 섞으면 온도를 약 −20 ℃까지 낮출 수 있어~!

❶ 잘게 부순 얼음과 소금을 3 : 1의 질량비로 섞어 비커에 넣는다.

❷ 시험관에 물을 $\frac{1}{3}$ 정도 넣고, 과정 ❶의 비커 속 얼음에 시험관을 넣는다.

❸ 온도 센서를 시험관에 설치한 뒤 온도 변화를 측정한다.

주의 신

· 유리 기구를 다룰 때 깨지지 않도록 조심한다.
· 온도 센서의 끝이 시험관 바닥에 닿지 않게 주의한다.

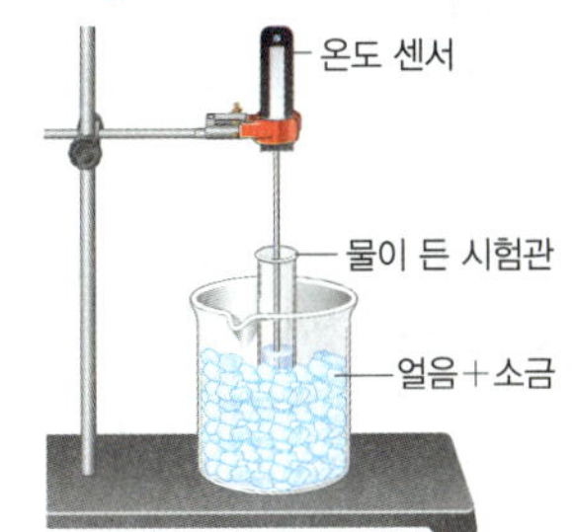

결과

· 물의 온도는 점점 낮아지다가 약 0 ℃에서 일정하게 유지되며, 충분한 시간이 지난 후 온도는 다시 낮아진다.

시간(분)	0	1	2	3	4	5	6	7
온도(℃)	23	5	0.5	0	0	0	0	0
시간(분)	8	9	10	11	12	13	14	15
온도(℃)	0	0	−0.5	−2.4	−5.1	−8.1	−10.5	−13.5

정리

· A 구간: 열에너지를 잃어 물의 온도가 낮아지며 액체 상태로 존재한다.
· B 구간: 물이 어는 동안 열에너지를 방출하므로 냉각해도 온도가 0 ℃에서 일정하게 유지된다. ➡ 온도가 일정한 B 구간에서는 액체 상태의 물과 고체 상태의 물이 함께 존재한다.
· C 구간: 얼음의 온도가 낮아지며, 이때 물은 모두 고체 상태로 존재힌다.

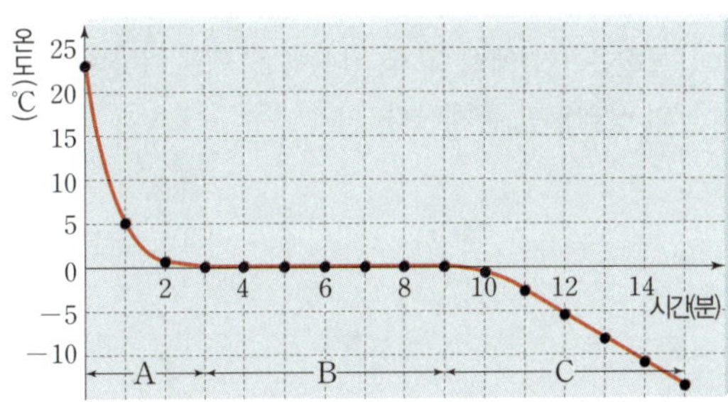

05 위 실험에 대한 설명으로 옳은 것은 O, 옳지 <u>않은</u> 것은 ×로 표시하시오.

⑴ A 구간에서 물의 상태 변화가 일어난다. (   )
⑵ B 구간에는 시험관 안에 물과 얼음이 함께 존재한다. (   )
⑶ C 구간에서 갖고 있는 열에너지가 가장 크다. (   )
⑷ 입자 사이의 운동은 C 구간보다 A 구간에서 활발하다. (   )
⑸ 물이 어는 동안에는 열에너지를 흡수한다. (   )

06 A~C 구간 중 다음 현상에서 이용한 열에너지가 출입하는 구간을 쓰시오.

겨울철 과일 창고 안에 물 항아리를 놓아두어 과일이 어는 것을 막는다.

서술형

07 B 구간에서 온도가 더 이상 낮아지지 않고 일정하게 유지되는 까닭을 서술하시오.

KEY 상태 변화, 열에너지 방출

유형 클리닉

유형 1 물질의 상태 변화와 온도 변화

+ 물질을 가열할 때나 냉각할 때의 온도 변화 그래 프를 제시하고 각 구간에서의 물질의 상태와 그 특징을 묻는 문제는 반드시 출제돼~!

그림은 어떤 고체 물질을 가열, 냉각하면서 측정한 온도 변화를 나타낸 것이다.

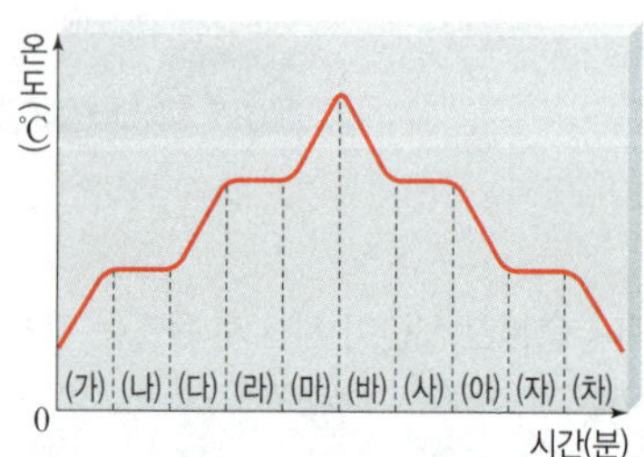

이에 대한 설명으로 옳은 것을 보기 에서 모두 고른 것은?

보기
ㄱ. (나), (라), (사), (자) 구간에서 물질의 상태가 변한다.
ㄴ. 고체와 액체 상태가 함께 나타나는 구간은 (나)와 (자)이다.
ㄷ. 물질은 (가)에서 고체, (다)에서 액체, (바)에서 기체 의 상태로만 존재한다.

① ㄱ   ② ㄷ   ③ ㄱ, ㄴ
④ ㄴ, ㄷ   ⑤ ㄱ, ㄴ, ㄷ

ㄱ (나), (라), (사), (자) 구간에서 물질의 상태가 변한다.
→ 물질이 상태 변화하는 구간에서는 온도가 일정하게 유지돼~! (나), (라), (사), (자) 구간은 온도가 일정하지? 따라서 물질의 상태가 변하는 구간이 라는 것을 알 수 있어~

ㄴ 고체와 액체 상태가 함께 나타나는 구간은 (나)와 (자)이다.
→ 고체인 물질이 액체로 융해하는 (나) 구간과 액체인 물질이 고체로 응고하는 (자)에서 고체와 액체 상태가 함께 나타나!

ㄷ 물질은 (가)에서 고체, (다)에서 액체, (바)에서 기체의 상태 로만 존재한다.
→ 대부분의 고체 물질을 가열하면 액체를 거쳐 기체가 되고, 기체 물질을 냉 각하면 액체를 거쳐 고체가 돼~! 따라서 (가), (차)에서는 고체, (다), (아)에서는 액체, (마), (바)에서는 기체 상태로 존재해~!

답 ⑤

ZP point
물질의 가열·냉각 시 온도가 일정한 구간 ➡ 물질의 상태 변화

유형 2 상태 변화와 열에너지

+ 물질의 상태 변화에 따른 온도 변화와 열에너지 의 출입 방향을 물어보는 문제가 물질의 입자 배열 변화와 관련지어 출제되기도 해~!

그림은 물질의 상태 변화를 입자 모형으로 나타낸 것이다.

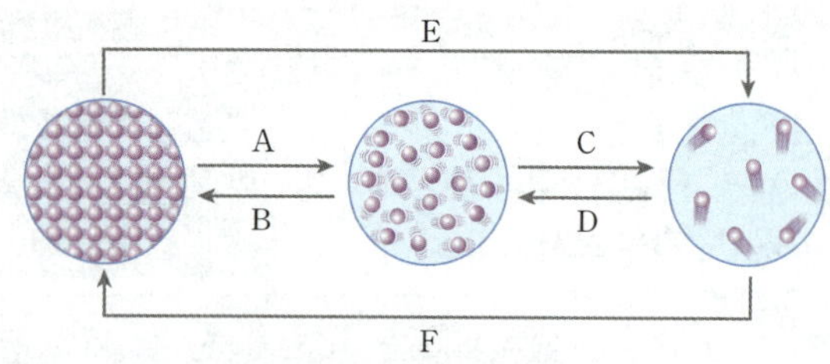

이에 대한 설명으로 옳지 않은 것은?
① A 과정에서 물질의 온도는 높아진다.
② B 과정에서 물질은 고체와 액체 상태로 존재한다.
③ C 과정에서 물질은 열에너지를 흡수한다.
④ 열에너지를 방출하는 상태 변화는 B, D, F이다.
⑤ 주위의 온도가 낮아지는 상태 변화는 A, C, E이다.

일정하다
① A 과정에서 물질의 온도는 ~~높아진다~~.
→ 물질의 상태 변화가 일어날 때 물질의 온도는 변하지 않아~

② B 과정에서 물질은 고체와 액체 상태로 존재한다.
→ B는 액체가 고체로 변하는 응고 현상이야~! 응고 현상이 일어나는 동안 물질 은 고체와 액체 상태로 모두 존재해.

③ C 과정에서 물질은 열에너지를 흡수한다.
→ C는 액체가 기체로 변하는 기화 현상이야~ 기화 현상이 일어나는 동안 물질 은 열에너지를 흡수해!

④ 열에너지를 방출하는 상태 변화는 B, D, F이다.
→ 열에너지를 방출하는 상태 변화가 일어나면 입자 사이의 거리는 가까워져! 입자 사이의 거리가 가까워지는 과정은 B, D, F이지!

⑤ 주위의 온도가 낮아지는 상태 변화는 A, C, E이다.
→ 열에너지를 흡수하는 상태 변화가 일어나면 주위의 온도가 낮아지고 입자 사 이의 거리가 멀어져~ 입자 사이의 거리가 멀어지는 과정은 A, C, E지~!

답 ①

ZP point
열에너지를 흡수하는 상태 변화: 주위의 온도 ↓
열에너지를 방출하는 상태 변화: 주위의 온도 ↑

유형 클리닉

유형 3 물질의 상태 변화 시 열에너지의 출입 이용

> 물질의 상태 변화에 따른 열에너지의 출입을 이용한 사례를 제시하고 이용하는 열에너지의 종류나 열에너지의 출입 방향을 묻는 경우가 많아~

물질이 상태 변화할 때 출입하는 열에너지를 이용한 사례들 중 이용하는 열에너지의 출입 방향이 나머지와 <u>다른</u> 것은?

① 더운 여름날 마당에 물을 뿌려놓는다.
② 음식물을 아이스 팩과 함께 보관한다.
③ 날씨가 추워지면 오렌지 나무에 물을 뿌린다.
④ 아이스크림을 포장할 때 드라이아이스를 함께 넣는다.
⑤ 사막에서는 여러 개의 작은 구멍이 뚫려 있는 양가죽 물통에 물을 보관한다.

① 더운 여름날 마당에 물을 뿌려놓는다.
→ 마당에 뿌려놓은 물이 기화하면서 주위로부터 열에너지를 흡수해 주위가 시원해져~

② 음식물을 아이스 팩과 함께 보관한다.
→ 얼음이 융해할 때 주위로부터 열에너지를 흡수하기 때문에 음식물을 시원하게 보관할 수 있어~

③ 날씨가 추워지면 오렌지 나무에 물을 뿌린다. → 열에너지의 방출
→ 추운 날씨에 오렌지 나무에 물을 뿌리면 물이 응고하면서 열에너지를 방출해 오렌지의 냉해를 방지할 수 있어!

④ 아이스크림을 포장할 때 드라이아이스를 함께 넣는다.
→ 드라이아이스가 기체로 승화할 때 주위로부터 열에너지를 흡수하기 때문에 아이스크림을 녹지 않게 보관할 수 있어~

⑤ 사막에서는 여러 개의 작은 구멍이 뚫려 있는 양가죽 물통에 물을 보관한다.
→ 양가죽 물통에 있는 작은 구멍을 빠져 나간 물이 기화할 때 주위로부터 열에너지를 흡수하기 때문에 물을 시원하게 보관할 수 있어~

답 ③

ZP point

융해, 기화, 승화(고체 → 기체): 열에너지 흡수
응고, 액화, 승화(기체 → 고체): 열에너지 방출

유형 4 냉장고와 증기 난방기의 원리

> 물질의 상태 변화 시 출입하는 열에너지를 이용한 냉장고, 증기 난방기, 에어컨에서의 물질의 상태 변화를 물어보는 문제가 자주 출제돼!

그림은 냉장고와 증기 난방기의 구조를 나타낸 것이다.

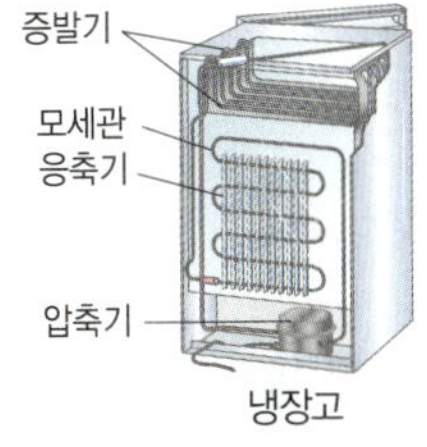

이에 대한 설명으로 옳은 것을 보기 에서 모두 고른 것은?

보기
ㄱ. 냉장고의 응축기에서는 열에너지를 흡수하는 상태 변화가 일어난다.
ㄴ. 보일러에서는 냉장고의 증발기에서 일어나는 상태 변화와 같은 상태 변화가 일어난다.
ㄷ. 방 안의 방열기에서 일어나는 상태 변화로 비가 오기 전 날씨가 후텁지근한 까닭을 설명할 수 있다.

ㄱ. 냉장고의 응축기에서는 열에너지를 흡수(방출)하는 상태 변화가 일어난다.
→ 냉장고의 응축기에서는 액화가 일어나! 액화가 일어날 때 열에너지를 방출해서 냉장고 뒤의 온도가 높아지지~

ㄴ. 보일러에서는 냉장고의 증발기에서 일어나는 상태 변화와 같은 상태 변화가 일어난다.
→ 보일러에서는 물의 기화가 일어나 수증기가 생성돼~ 냉장고의 증발기에서도 기화가 일어나 냉장고 내부의 온도가 낮아지지!

ㄷ. 방 안의 방열기에서 일어나는 상태 변화로 비가 오기 전 날씨가 후텁지근한 까닭을 설명할 수 있다.
→ 방 안의 방열기에서는 보일러에서 발생한 수증기가 액화하면서 열에너지를 방출해 방 안의 온도를 높이지~ 비가 오기 전 날씨가 후텁지근한 것은 공기 중의 수증기가 물방울이 되면서 열에너지를 방출하기 때문이야~

답 ⑤

① ㄱ   ② ㄴ   ③ ㄷ
④ ㄱ, ㄴ   ⑤ ㄴ, ㄷ

ZP point

기화(열에너지 흡수): 냉장고의 증발기, 증기 난방기의 보일러
액화(열에너지 방출): 냉장고의 응축기, 증기 난방기의 방열기

실전 백신

❶ 열에너지를 흡수하는 상태 변화

01 물질의 상태 변화와 열에너지에 대한 설명으로 옳지 않은 것은?

① 물질이 기화할 때 주위의 온도가 낮아진다.
② 기체가 고체로 승화할 때 열에너지를 흡수한다.
③ 고체가 액체로 상태가 변할 때 융해하며 열에너지를 흡수한다.
④ 액체를 가열할 때 온도가 높아지다가 일정하게 유지되는 구간이 존재한다.
⑤ 열에너지를 흡수하는 상태 변화가 일어나면 물질의 입자 배열이 불규칙해진다.

[02~03] 그림은 어떤 액체 상태의 물질을 비커에 넣고 가열하면서 12 분 동안 1 분 간격으로 측정한 온도를 나타낸 것이다.

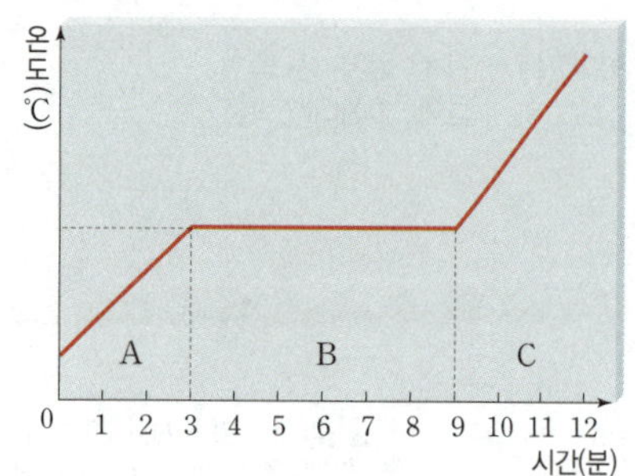

02 A~C 구간에서 존재하는 물질의 상태를 옳게 짝 지은 것은?

	A	B	C
①	액체	액체＋고체	고체
②	액체	액체＋기체	기체
③	액체＋고체	고체	고체
④	액체＋기체	액체＋기체	기체
⑤	액체＋기체	기체	기체

03 이에 대한 설명으로 옳은 것은?

① 물질이 상태 변화하는 동안 주위의 온도는 높아진다.
② 입자 배열은 A 구간에서 가장 규칙적이다.
③ A 구간에서 가해 준 열에너지는 물질의 상태를 변화시키는 데 사용된다.
④ B 구간에서 가해 준 열에너지는 물질의 온도를 높이는 데 사용된다.
⑤ 입자 사이의 거리는 C 구간에서 가장 가깝다.

04 그림은 물을 가열할 때 물의 온도 변화를 측정한 결과를 나타낸 것이다.

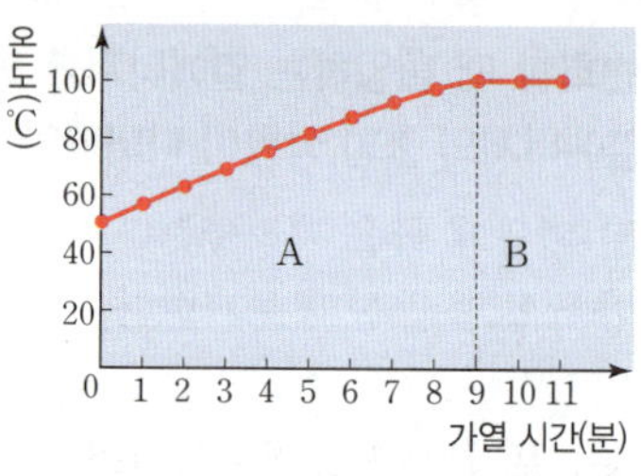

이 실험에 대한 설명으로 옳지 않은 것은?

① 물은 열에너지를 흡수하면서 상태 변화한다.
② 시간이 지날수록 입자는 불규칙적으로 배열된다.
③ 물은 A 구간에서 액체, B 구간에서 기체로 존재한다.
④ B 구간에서는 물과 수증기가 함께 존재한다.
⑤ B 구간에서 온도가 일정하게 유지되는 까닭은 물질이 흡수한 열에너지를 상태 변화하는 데 모두 사용하기 때문이다.

❷ 열에너지를 방출하는 상태 변화

05 어떤 물질이 액체에서 고체로 상태가 변할 때 나타나는 현상으로 옳지 않은 것은?

① 열에너지를 방출한다.
② 입자의 운동이 활발해진다.
③ 일반적으로 물질의 부피가 감소한다.
④ 입자 사이의 거리가 가까워진다.
⑤ 입자의 배열이 규칙적으로 변한다.

[06~07] 그림은 밀폐된 용기에서 어떤 기체 물질을 냉각하면서 측정한 온도 변화를 나타낸 것이다.

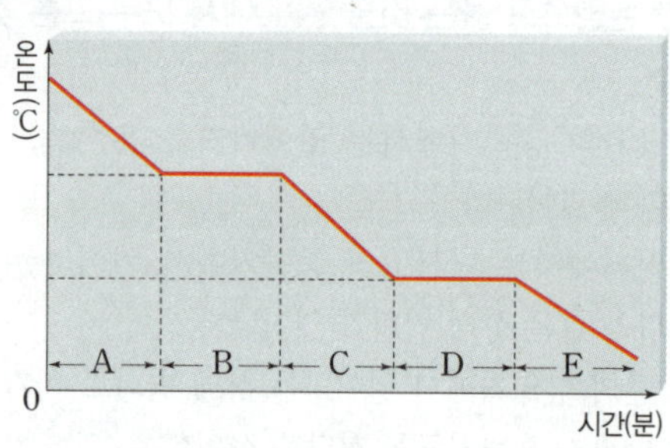

06 냉동실에 넣은 물이 어는 것과 같은 현상이 일어나는 구간은?

① A　　② B　　③ C　　④ D　　⑤ E

07　이에 대한 설명으로 옳은 것을 보기 에서 모두 고른 것은?

ㄱ. B 구간에서 열에너지를 방출한다.
ㄴ. C 구간에서 물질은 액체 상태로 존재한다.
ㄷ. D 구간에서 물질은 두 가지 상태로 존재한다.

① ㄱ　　　　② ㄴ　　　　③ ㄱ, ㄷ
④ ㄴ, ㄷ　　⑤ ㄱ, ㄴ, ㄷ

(중요)
08　그림은 물을 냉각할 때의 온도 변화를 2 분 간격으로 측정하여 나타낸 것이다.

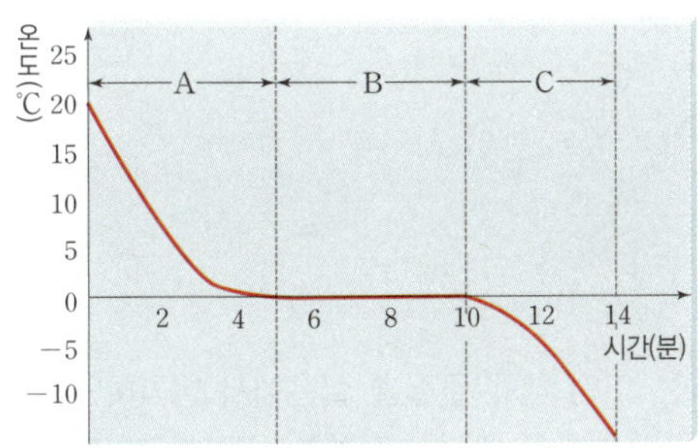

이에 대한 설명으로 옳은 것은?

① 물의 상태 변화가 일어나는 온도는 20 ℃이다.
② 물은 승화하며 열에너지를 방출한다.
③ 물은 B 구간에서 고체, C 구간에서 액체로만 존재한다.
④ 물 입자는 시간이 지날수록 불규칙적으로 배열된다.
⑤ B 구간에서 온도가 일정하게 유지되는 것은 상태 변화 하는 동안 열에너지가 방출되기 때문이다.

③ 상태 변화에 따른 열에너지의 이용

(중요)
09　열에너지를 흡수하는 상태 변화가 일어나는 현상을 보기 에서 모두 고른 것은?

ㄱ. 눈이 내리는 날에는 날씨가 포근하다.
ㄴ. 비가 오기 전에는 날씨가 후텁지근하다.
ㄷ. 샤워를 하고 나오면 몸이 서늘해짐을 느낀다.

① ㄱ　　　　② ㄷ　　　　③ ㄱ, ㄴ
④ ㄴ, ㄷ　　⑤ ㄱ, ㄴ, ㄷ

10　그림 (가)는 아무것도 장치하지 않은 온도계를 실온에 그대로 놓아둔 것이고, (나)는 온도계의 맨 아랫부분을 에탄올을 적신 솜으로 감싼 후 실온에 놓아둔 것이다.

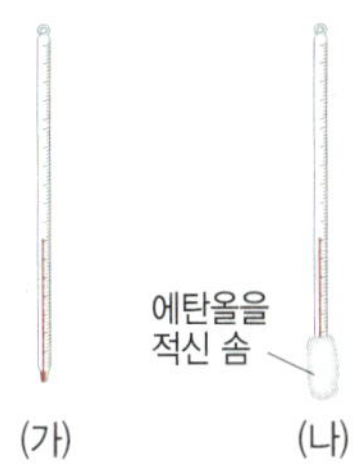

시간이 흐른 후 온도계의 눈금을 확인하였을 때 (가)와 (나) 중 ㉠더 낮은 온도가 측정되는 온도계와 ㉡그 원인이 되는 상태 변화의 종류를 옳게 짝 지은 것은? (단, 처음 솜에 묻힌 에탄올의 온도는 실온과 같다.)

	㉠	㉡		㉠	㉡
①	(가)	승화	②	(가)	응고
③	(나)	액화	④	(나)	기화
⑤	동일하다.	응고			

11　그림과 같이 눈과 얼음을 이용하여 만든 얼음집(이글루)의 안쪽 벽면에 물을 뿌리면 이글루 내부의 온도가 따뜻해진다.

이와 관련된 상태 변화에 대한 설명으로 옳은 것을 보기 에서 모두 고른 것은?

ㄱ. 이글루 벽면에 뿌린 물은 입자 배열이 규칙적으로 변한다.
ㄴ. 이글루 벽면에 뿌린 물은 액화하여 열을 방출한다.
ㄷ. 구름에서 눈이 생성될 때 출입하는 열에너지와 같은 방향으로 열에너지가 출입한다.

① ㄱ　　　　② ㄴ　　　　③ ㄷ
④ ㄱ, ㄷ　　⑤ ㄴ, ㄷ

12 상태 변화가 일어날 때 출입하는 열에너지의 종류가 나머지와 다른 것은?

① 여름철 마당에 물을 뿌리면 주위가 시원해진다.
② 여름철 인공 안개 장치를 통해 주변 온도를 낮춘다.
③ 몸에 열이 날 때 물수건으로 몸을 닦아 주면 체온이 낮아진다.
④ 사막에서 물을 시원하게 보관하기 위해 양가죽 물통을 활용한다.
⑤ 아이스크림을 포장할 때 드라이아이스를 넣으면 아이스크림이 녹는 것을 막을 수 있다.

13 그림은 에어컨의 구조를 나타낸 것이다.

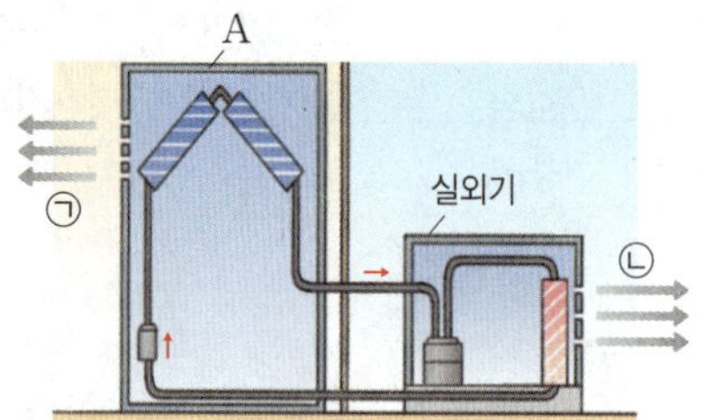

이에 대한 설명으로 옳은 것은?

① A에서는 액화가 일어난다.
② A에서 냉매는 열에너지를 흡수한다.
③ 실외기에서는 기체 냉매가 승화한다.
④ ㉠은 따뜻한 바람이다.
⑤ ㉡은 차가운 바람이다.

14 그림은 냉장고와 증기 난방기의 구조를 나타낸 것이다.

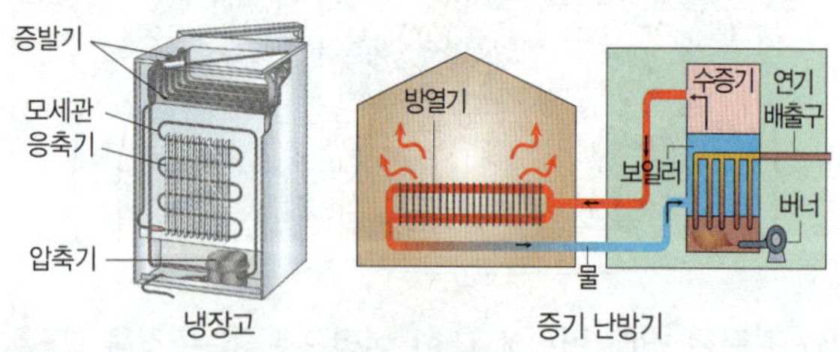

냉장고와 증기 난방기에서 일어나는 상태 변화의 종류가 같은 부분끼리 옳게 짝 지은 것을 보기 에서 모두 고른 것은?

보기	
냉장고	증기 난방기
ㄱ. 증발기	보일러
ㄴ. 응축기	방열기
ㄷ. 응축기	보일러

① ㄱ   ② ㄷ   ③ ㄱ, ㄴ
④ ㄴ, ㄷ   ⑤ ㄱ, ㄴ, ㄷ

15 그림은 어떤 고체 물질을 가열하여 모두 녹인 후 다시 냉각할 때의 온도 변화를 나타낸 것이다.

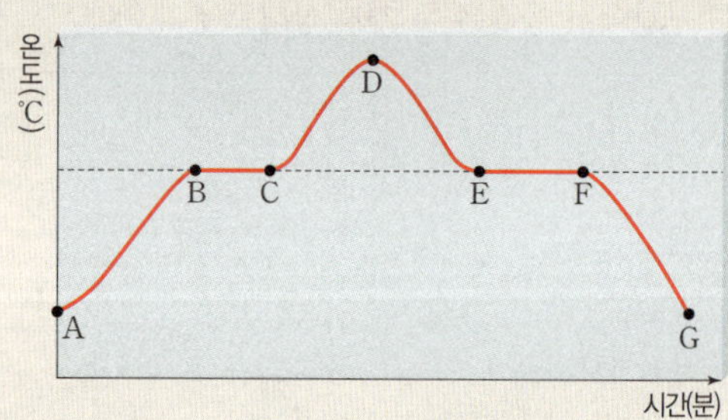

상태 변화가 일어나는 동안 열에너지를 흡수하는 구간을 쓰고, 그렇게 생각한 까닭을 서술하시오.

KEY 고체, 액체

16 표는 어떤 액체 물질을 실온에서 냉각하면서 1 분 간격으로 온도 변화를 측정한 결과를 나타낸 것이다.

시간(분)	0	1	2	3	4	5	6	7
온도(℃)	85.7	74.2	68.3	67.0	67.0	67.0	66.4	63.1

이 물질이 상태 변화하는 온도는 몇 ℃인지 쓰고, 그렇게 생각한 까닭을 서술하시오.

KEY 응고, 열에너지

17 아이스박스에 얼음 팩과 음식물을 함께 넣으면 음식물을 시원하게 보관할 수 있는 까닭을 열에너지 출입과 관련지어 서술하시오.

KEY 융해

1등급 백신

(신유형)

01 그림 (가)는 고체 상태의 로르산을 비커 안의 물을 끓여 중탕하면서 온도를 측정하는 과정을, (나)는 액체 상태의 로르산을 냉각하면서 온도를 측정하는 과정을 나타낸 것이다.

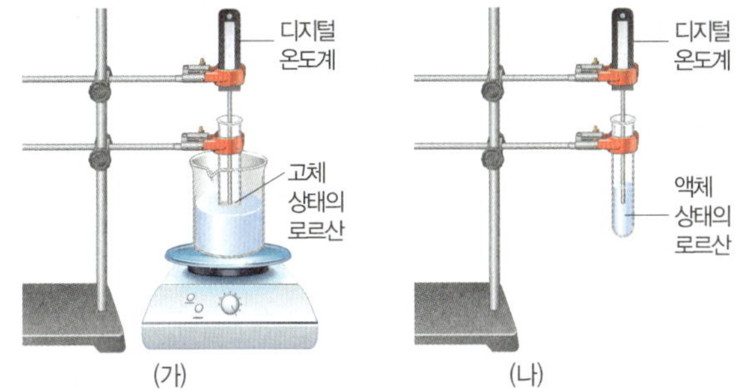

이에 대한 설명으로 옳은 것은?

① (가)에서 로르산의 온도는 계속 높아진다.
② (나)를 통해 로르산이 액체에서 고체로 변하는 온도를 알아낼 수 있다.
③ (가)의 로르산에서는 열에너지를 방출하는 상태 변화가 일어난다.
④ (나)의 로르산에서는 열에너지를 흡수하는 상태 변화가 일어난다.
⑤ (가)의 비커 안의 물에서는 열에너지를 방출하는 상태 변화가 일어난다.

02 그림은 종이로 만든 냄비에 라면을 끓이는 모습을 나타낸 것이다.

이에 대한 설명으로 옳지 <u>않은</u> 것은?

① 물이 끓는 동안 열에너지를 흡수한다.
② 종이가 타는 온도는 물이 끓는 온도보다 높다.
③ 가해 준 열은 종이에 전혀 전달되지 않는다.
④ 가해 준 열은 물 입자 사이의 거리를 넓히는 데 쓰인다.
⑤ 가해 준 열은 물의 입자 운동을 활발하게 하는 데 사용된다.

03 그림은 드라이아이스를 이용한 무대 효과를 나타낸 것이다.

이에 대한 설명으로 옳지 <u>않은</u> 것은?

① 두 종류의 상태 변화가 일어난다.
② 드라이아이스 주위의 수증기는 액체가 된다.
③ 드라이아이스는 열에너지를 흡수하며 기체가 된다.
④ 눈에 보이는 하얀색의 연기는 이산화 탄소 기체이다.
⑤ 눈에 보이는 하얀색의 연기는 열에너지를 방출하는 상태 변화에 의해 생긴 것이다.

04 그림은 물을 냉각하면서 온도를 측정한 냉각 곡선을 나타낸 것이다.

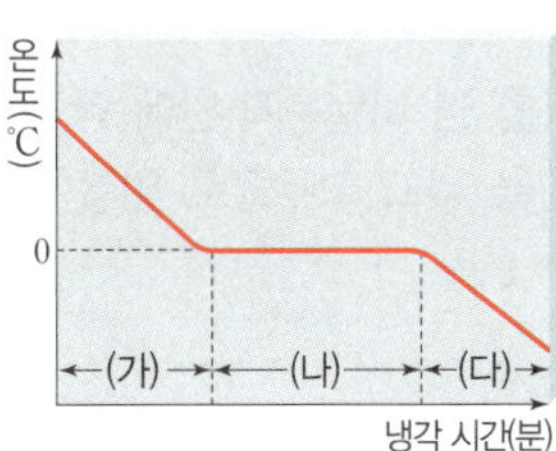

이에 대한 설명으로 옳은 것을 보기 에서 모두 고른 것은?

> **보기**
> ㄱ. 물의 질량은 (가) 구간에서 가장 크다.
> ㄴ. (나) 구간에서 출입하는 열에너지는 항아리 냉장고의 원리와 관련이 깊다.
> ㄷ. 물의 부피는 (다) 구간에서 가장 크다.

① ㄱ   ② ㄷ   ③ ㄱ, ㄴ
④ ㄴ, ㄷ   ⑤ ㄱ, ㄴ, ㄷ

빈출 자료 집중진단

1 확산과 증발

그림 (가)와 (나)는 각각 우리 주변에서 볼 수 있는 확산과 증발 현상의 예를 나타낸 것이다.

(가)

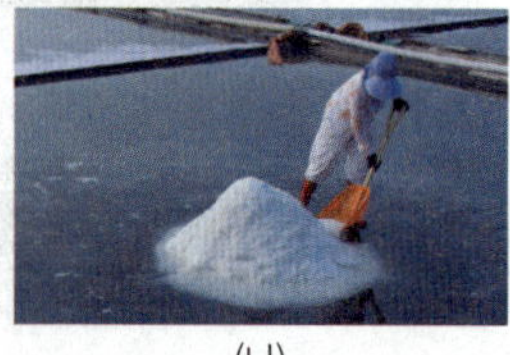

(나)

다음 설명 중 옳은 것은 ○표, 옳지 <u>않은</u> 것은 ×표 하시오.

1 (가)는 액체나 기체 속에서 입자들이 넓게 퍼져 나가는 현상을 이용한 예이다. (○ : ×)

2 (가)에서 입자는 아래에서 위로 퍼져 나간다. (○ : ×)

3 (나)는 액체 전체에서 일어난다. (○ : ×)

4 (나)는 젖은 빨래가 마르는 현상과 원리가 같다. (○ : ×)

5 (가)와 (나)는 모두 입자가 <u>스스로 운동</u>하기 때문에 나타나는 현상이다. (○ : ×)

2 물질의 상태 변화

물질의 상태에 따른 입자 배열을 모형으로 나타낸 것이다.

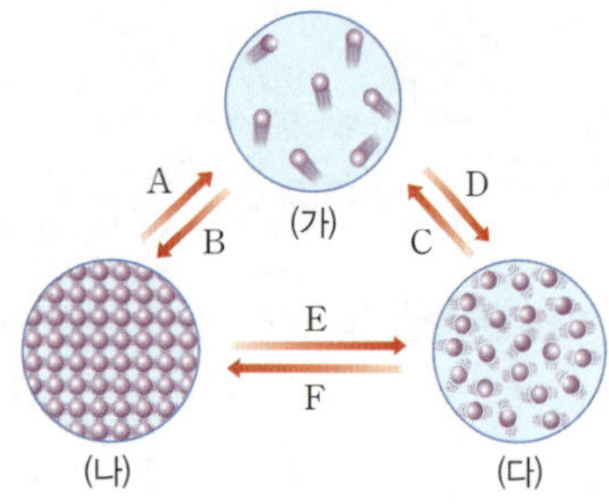

다음 설명 중 옳은 것은 ○표, 옳지 <u>않은</u> 것은 ×표 하시오.

1 A, C, E 과정에서 입자가 규칙적으로 배열된다. (○ : ×)

2 물질의 상태가 변할 때 물질의 성질이 변한다. (○ : ×)

3 풀잎에 이슬이 맺힐 때 일어나는 상태 변화는 D이다. (○ : ×)

4 손에 올려 둔 초콜릿이 녹을 때 일어나는 상태 변화는 E이다. (○ : ×)

5 물의 부피는 (나)<(다)<(가) 순으로 증가한다. (○ : ×)

3 물질의 상태 변화에 따른 여러 가지 변화

그림은 공기를 뺀 비닐봉지 안에 각각 얼음과 드라이아이스 조각을 넣고 고무줄로 밀봉한 모습을 나타낸 것이다.

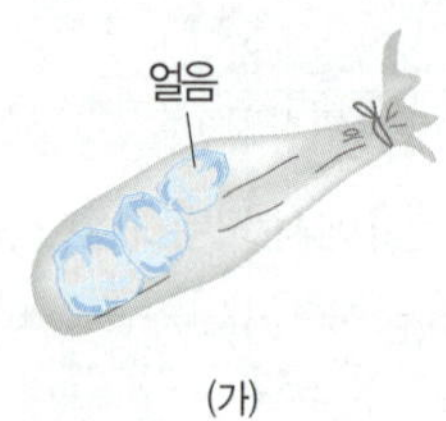

(가)

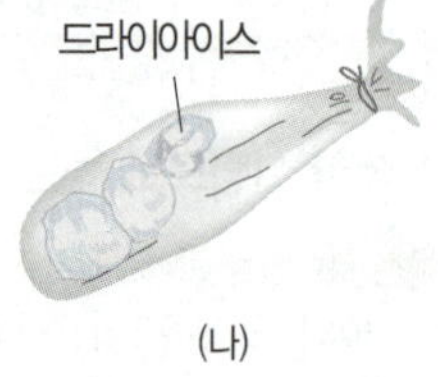

(나)

다음 설명 중 시간에 지남에 따라 두 비닐봉지에서 일어나는 변화에 대한 설명으로 옳은 것은 ○표, 옳지 <u>않은</u> 것은 ×표 하시오.

1 (가)와 (나)의 비닐봉지에는 모두 액체가 생성된다. (○ : ×)

2 (가)는 융해, (나)는 고체에서 기체로의 승화가 일어난다. (○ : ×)

3 뜨거운 바람을 가해 주었을 때 비닐봉지의 부피는 (가)보다 (나)가 크다. (○ : ×)

4 (나)에서 물질의 입자 사이의 거리는 증가한다. (○ : ×)

5 얼음 입자와 드라이아이스 입자의 개수가 증가한다. (○ : ×)

4 물질의 상태 변화와 온도 변화

그림은 어떤 고체 물질의 가열 곡선을 나타낸 것이다.

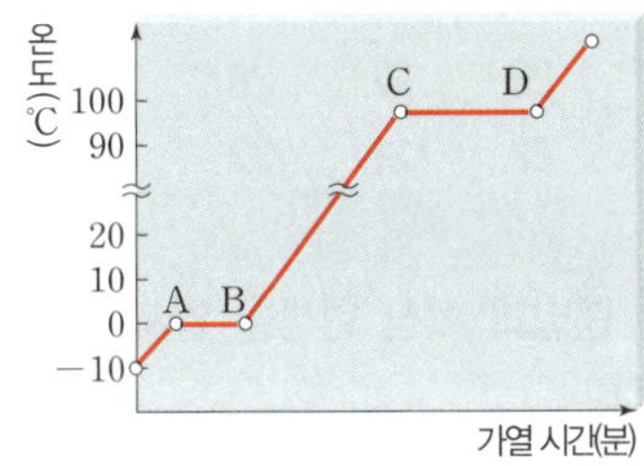

다음 설명 중 옳은 것은 ○표, 옳지 <u>않은</u> 것은 ×표 하시오.

1 AB 구간에서 입자 운동이 활발해지고 입자 배열은 불규칙적으로 변한다. (○ ㅣ ×)

2 CD 구간에서 물질이 열에너지를 흡수한다. (○ ㅣ ×)

3 액체 상태의 물질이 존재하는 구간은 AB 구간, BC 구간, CD 구간이다. (○ ㅣ ×)

4 AB 구간과 CD 구간에서 온도가 일정하게 유지되는 까닭은 방출한 열에너지가 상태 변화하는 데 모두 사용되기 때문이다. (○ ㅣ ×)

5 상태 변화와 열에너지

그림은 물질의 상태 변화를 나타낸 것이다.

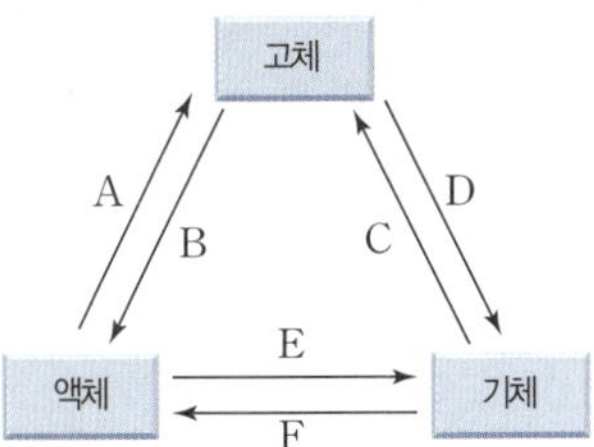

다음 설명 중 옳은 것은 ○표, 옳지 <u>않은</u> 것은 ×표 하시오.

1 A가 일어나는 동안 주위의 온도가 낮아진다. (○ ㅣ ×)

2 B와 D가 일어나는 동안 입자 사이의 거리는 멀어진다. (○ ㅣ ×)

3 C와 F는 열에너지를 방출하는 상태 변화이다. (○ ㅣ ×)

4 E기 일어나는 동안 물질은 액체 상태로만 존재한다. (○ ㅣ ×)

5 얼음이 녹는 동안 열에너지를 흡수한다. (○ ㅣ ×)

6 비가 오기 전 날씨가 후텁지근한 것은 F와 관련이 있다. (○ ㅣ ×)

6 상태 변화에 따른 열에너지 이용

그림은 에어컨의 구조를 나타낸 것이다.

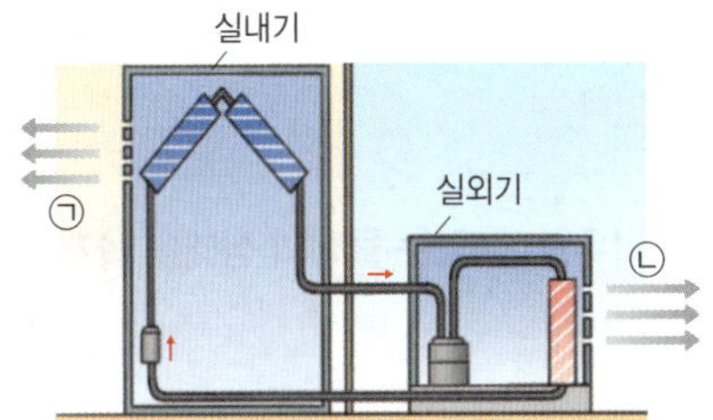

다음 설명 중 옳은 것은 ○표, 옳지 <u>않은</u> 것은 ×표 하시오.

1 실내기에서는 액체 냉매가 기체로 기화하며 열에너지를 흡수한다. (○ ㅣ ×)

2 ㉠은 따뜻한 바람, ㉡은 찬 바람이다. (○ ㅣ ×)

3 실외기에서는 기체 냉매가 액화하며 열에너지를 방출한다. (○ ㅣ ×)

4 실외기에서 일어나는 상태 변화는 증기 오븐을 이용하여 식품을 조리하는 것과 관련이 있다. 

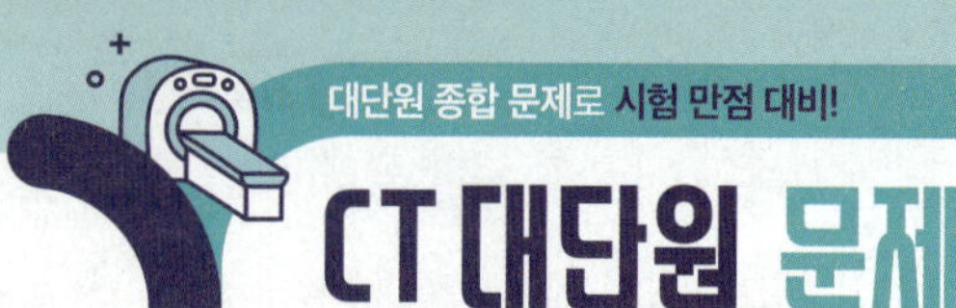

CT 대단원 문제
Comprehensive **T**est

메타인지	각 중단원별 부족한 부분을 체크해 보고 부족한 단원은 꼭~ 복습하세요.													
O1 입자의 운동	01	02	03	04	23	24								
O2 물질의 상태 변화	05	06	07	08	09	10	11	12	25	26	27	28	29	30
O3 상태 변화와 열에너지	13	14	15	16	17	18	19	20	21	22	31	32	33	34	35

01 입자 운동에 대한 설명으로 옳지 <u>않은</u> 것은?

① 입자는 정지해 있지 않고 끊임없이 운동한다.
② 입자는 한쪽 방향으로만 운동한다.
③ 물질을 이루는 입자들이 스스로 움직이는 현상이다.
④ 입자 운동이 활발할수록 입자 사이의 거리는 멀어진다.
⑤ 확산과 증발은 입자 운동의 증거가 되는 현상이다.

02 입자들이 스스로 운동하기 때문에 나타나는 현상으로 옳지 <u>않은</u> 것을 <u>모두</u> 고르면?

① 풀잎에 이슬이 맺힌다.
② 얼굴에 난 땀이 저절로 마른다.
③ 피자 가게 근처에서 피자 냄새가 난다.
④ 바닥에 떨어진 물방울의 크기가 점점 작아진다.
⑤ 체육관 안에서 소리를 지르면 체육관 전체가 울린다.

03 그림은 어떤 액체의 입자 운동을 모형으로 나타낸 것이다.

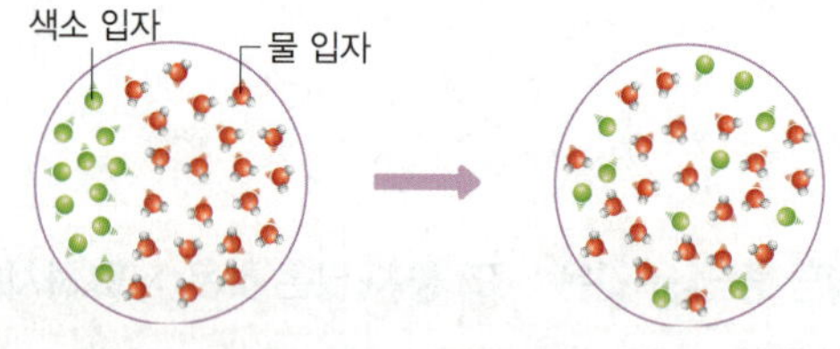

이에 대한 설명으로 옳은 것을 보기 에서 모두 고른 것은?

보기

ㄱ. 입자들이 스스로 운동하여 나타난 현상이다.
ㄴ. 색소 입자는 오른쪽으로만, 물 입자는 왼쪽으로만 퍼진다.
ㄷ. 색소 입자의 질량이 작을수록 입자의 이동이 더 잘 일어난다.

① ㄱ   ② ㄴ   ③ ㄱ, ㄷ
④ ㄴ, ㄷ   ⑤ ㄱ, ㄴ, ㄷ

04 그림은 증발과 확산 현상을 입자 모형으로 순서 없이 나타낸 것이다.

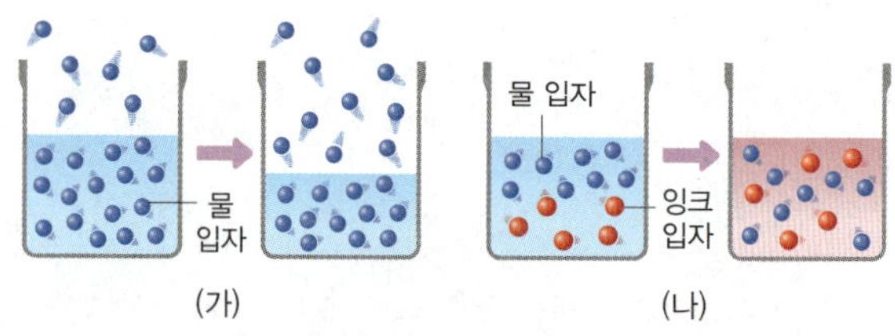

이에 대한 설명으로 옳지 <u>않은</u> 것은?

① (가)는 증발, (나)는 확산이다.
② 빨래가 마르는 것은 (가)와 관련이 있다.
③ 상온에 둔 빵이 딱딱해지는 것은 (나)와 관련이 있다.
④ (가)와 (나)는 입자가 스스로 운동하기 때문에 일어나는 현상이다.
⑤ 고깃집에서 나는 고기 냄새를 멀리서도 맡을 수 있는 것은 (나)와 관련이 있다.

05 다음은 학교에서 볼 수 있는 학생들의 모습을 나타낸 것이다.

(가) 수업 시간에 학생들이 질서 정연하게 의자에 앉아 있다.
(나) 쉬는 시간에 학생들이 교실과 복도를 걸어다니고 있다.
(다) 점심 시간에 학생들이 운동장에서 자유롭게 뛰어다니고 있다.

(가)~(다)로 비유할 수 있는 물질의 상태를 옳게 짝 지은 것은?

	(가)	(나)	(다)
①	고체	액체	기체
②	고체	기체	액체
③	액체	고체	기체
④	기체	고체	액체
⑤	기체	액체	고체

06 물질의 세 가지 상태에 대한 설명으로 옳지 <u>않은</u> 것은?

① 담는 용기에 관계없이 일정한 형태를 갖는 것은 고체이다.
② 액체는 담는 용기에 따라 부피가 달라진다.
③ 기체는 입자 사이의 거리가 가장 멀다.
④ 압축했을 때 가장 쉽게 압축되는 것은 기체이다.
⑤ 기체는 입자가 매우 자유롭고 활발한 운동을 한다.

07 빈칸에 알맞은 말을 보기 에서 모두 고른 것은?

> 물질의 상태가 변하는 동안 (　　　)은/는 변하지 않는다.

보기
ㄱ. 물질의 부피　　　　ㄴ. 물질의 질량
ㄷ. 물질의 성질　　　　ㄹ. 입자 사이의 인력
ㅁ. 입자 사이의 거리　　ㅂ. 입자의 운동

① ㄱ, ㄴ　　　② ㄱ, ㄹ　　　③ ㄴ, ㄷ
④ ㄷ, ㄹ　　　⑤ ㅁ, ㅂ

[08~09] 그림은 물질의 상태 변화를 입자 모형으로 나타낸 것이다.

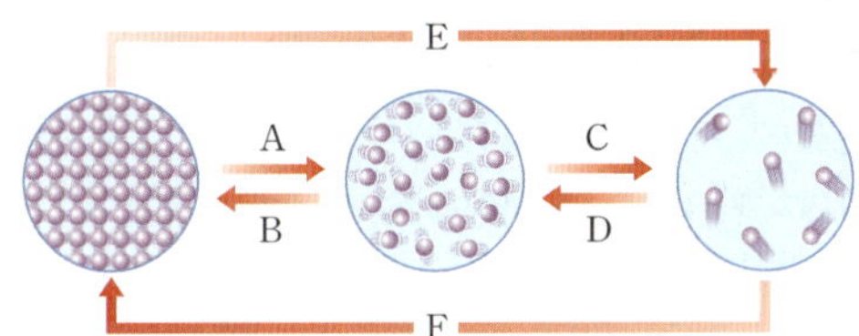

08 각 과정에 해당하는 상태 변화에 대한 설명으로 옳지 <u>않은</u> 것은?

① A: 응고 현상이다.
② B: 입자의 운동이 둔해진다.
③ C: 입자 배열이 자유로워진다.
④ D: 기체에서 액체로 상태가 변하는 액화이다.
⑤ E: 실온에 있는 드라이아이스에서 일어나는 상태 변화이다.

09 각각의 상태 변화와 현상을 옳게 짝 지은 것은?

① A — 호수의 수면 위로 안개가 생긴다.
② B — 겨울철 차가운 유리창에 성에가 낀다.
③ C — 목욕탕의 거울에 김이 서려서 뿌옇게 흐려진다.
④ D — 풀잎에 맺혀 있던 이슬이 오후에 사라진다.
⑤ F — 추운 겨울날 구름 속에서 눈이 만들어진다.

10 그림은 물이 담긴 비커 위에 얼음이 담긴 시계 접시를 올려놓고 비커를 가열하는 모습을 나타낸 것이다. 시간이 지나 B에 액체 방울이 맺힌 것을 확인하고 알코올램프의 불을 끈 후 A~C에 각각 푸른색 염화 코발트 종이를 대어 보았다.

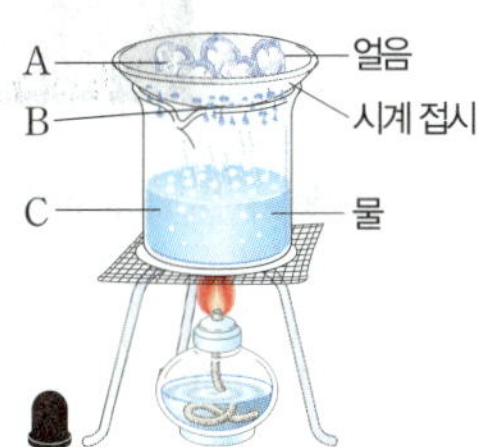

이에 대한 설명으로 옳지 <u>않은</u> 것은?

① A에서는 얼음이 융해한다.
② B에 맺힌 액체 방울은 얼음이 녹아 생긴 것이다.
③ C에서는 열에너지를 흡수하는 상태 변화가 일어난다.
④ A~C의 물질은 모두 푸른색 염화 코발트 종이를 붉게 변화시킨다.
⑤ 물이 상태 변화를 거쳐도 물의 성질을 잃지 않는다는 것을 확인할 수 있다.

11 그림은 고체 아이오딘이 들어 있는 비커 위에 얼음물이 들어 있는 둥근바닥 플라스크를 올려놓고 비커를 가열하는 모습을 나타낸 것이다.

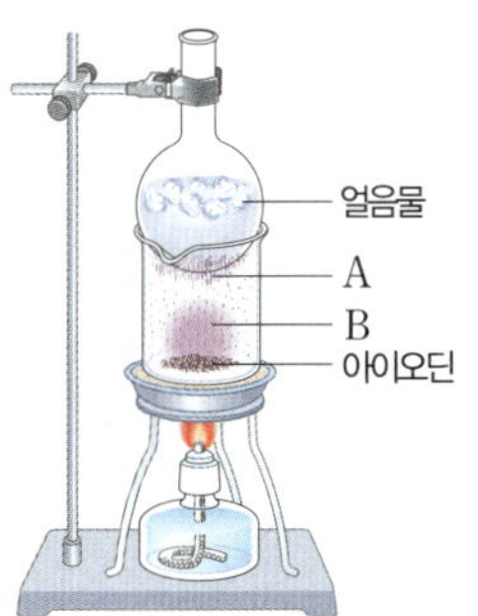

이에 대한 설명으로 옳은 것을 보기 에서 모두 고른 것은?

보기
ㄱ. B에 존재하는 물질은 입자 사이의 거리가 매우 멀다.
ㄴ. A에 존재하는 물질은 고체 아이오딘과 성질이 다르다.
ㄷ. 나프탈렌과 드라이아이스는 아이오딘과 비슷한 상태 변화 과정을 거친다.

① ㄱ　　　② ㄷ　　　③ ㄱ, ㄴ
④ ㄱ, ㄷ　　　⑤ ㄴ, ㄷ

CT 대단원 문제

12 그림은 양초가 타고 있는 모습을 나타낸 것이다. 이에 대한 설명으로 옳은 것을 보기 에서 모두 고른 것은?

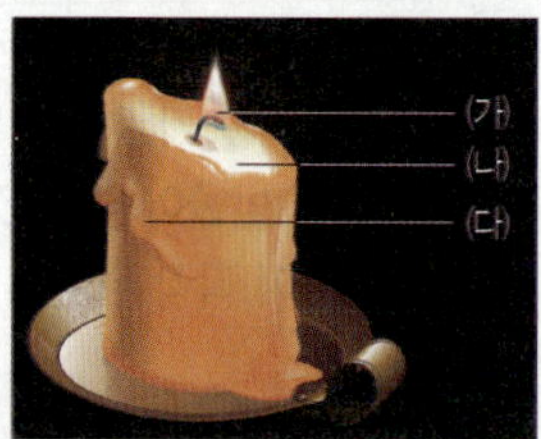

> **보기**
> ㄱ. (가)에서는 입자의 운동이 둔해지는 상태 변화가 일어난다.
> ㄴ. (나)에서는 입자 사이의 거리가 가까워지는 상태 변화가 일어난다.
> ㄷ. 물이 얼어 얼음이 되는 것은 (다)에서 일어나는 상태 변화의 종류와 같다.

① ㄱ   ② ㄷ   ③ ㄱ, ㄴ
④ ㄴ, ㄷ   ⑤ ㄱ, ㄴ, ㄷ

13 그림은 어떤 고체의 가열 곡선을 나타낸 것이다.

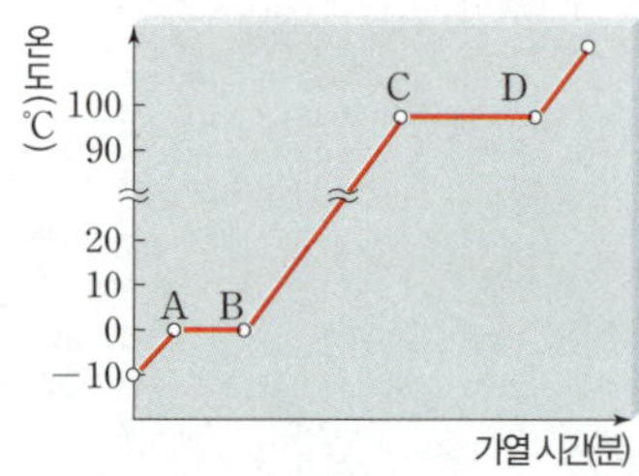

각 구간에 대한 설명으로 옳지 않은 것은?

① AB 구간: 융해가 일어난다.
② AB 구간: 고체와 액체 상태가 함께 존재한다.
③ BC 구간: 가해 준 열이 온도를 높이는 데 쓰인다.
④ CD 구간: 물질의 입자 배열이 점점 불규칙적으로 변한다.
⑤ CD 구간: 기화하며 열에너지를 방출한다.

14 그림은 밀폐된 용기에서 어떤 기체 물질을 냉각하면서 측정한 온도 변화를 나타낸 것이다.

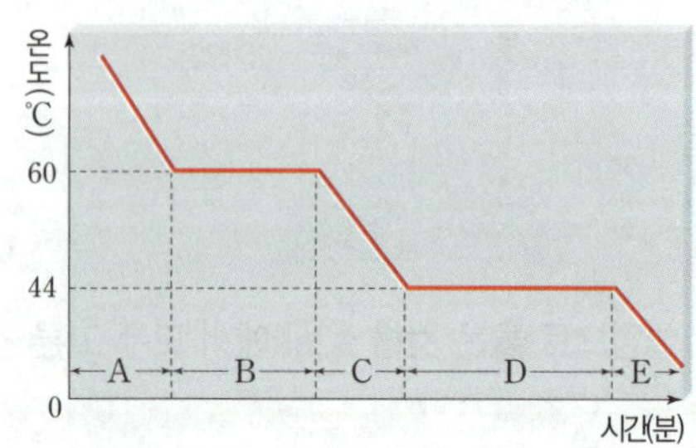

이에 대한 설명으로 옳지 않은 것은?

① 액체에서 고체 상태로 변할 때의 온도는 44 ℃이다.
② 물질의 입자 사이의 거리는 A 구간에서 가장 멀다.
③ 물질의 상태 변화는 B 구간과 D 구간에서 일어난다.
④ C 구간에서 물질은 액체와 고체 상태 모두 존재한다.
⑤ E 구간 이후에는 고체 상태의 물질만 존재한다.

15 상태 변화에 따른 입자 운동과 주위의 온도 변화에 대한 설명으로 옳은 것을 모두 고르면?

① 얼음 조각상 옆에 있으면 시원해지는 것은 얼음이 녹으면서 열에너지를 흡수하기 때문이다.
② 응고, 액화, 승화(기체 → 고체)가 일어나면 입자 운동이 활발해진다.
③ 융해, 기화, 승화(고체 → 기체)가 일어나면 주위의 온도가 높아진다.
④ 열에너지를 방출하는 상태 변화가 일어나면 입자의 배열이 자유로워진다.
⑤ 열에너지를 흡수하는 상태 변화가 일어나면 입자 사이의 거리가 멀어진다.

16 그림은 얼음을 가열하는 과정을 나타낸 것이다.

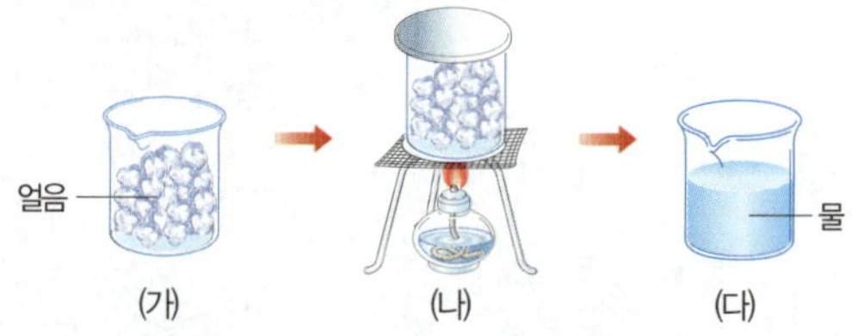

이에 대한 설명으로 옳은 것을 보기 에서 모두 고른 것은?

> **보기**
> ㄱ. 부피가 증가한다.
> ㄴ. 얼음이 융해할 때 주위로 열에너지가 방출된다.
> ㄷ. 얼음에 가해 준 열에너지는 물질의 입자 운동을 활발하게 하는 데 사용되었다.

① ㄱ   ② ㄷ   ③ ㄱ, ㄴ
④ ㄴ, ㄷ   ⑤ ㄱ, ㄴ, ㄷ

17 열에너지를 흡수하는 상태 변화가 일어나는 경우를 보기 에서 모두 고른 것은?

> **보기**
> ㄱ. 빨래를 햇볕에 말린다.
> ㄴ. 처마 끝의 고드름이 녹는다.
> ㄷ. 냉장고 벽에 성에가 끼어 있다.
> ㄹ. 비가 오기 전날 날씨가 후텁지근해진다.
> ㅁ. 추운 겨울 따뜻한 실내로 들어가면 안경에 김이 서린다.
> ㅂ. 겨울철 오렌지의 냉해를 막기 위해 오렌지 나무에 물을 뿌린다.

① ㄱ, ㄴ   ② ㄴ, ㅂ   ③ ㄷ, ㅁ
④ ㄱ, ㄴ, ㄹ   ⑤ ㄷ, ㅁ, ㅂ

18 다음은 스테아르산의 온도 변화를 알아보기 위한 실험을 나타낸 것이다.

[실험 과정]
(가) 비어 있는 시험관에 약 10 g의 스테아르산을 넣는다.
(나) 80 ℃ 정도의 물이 들어 있는 비커 속에 시험관을 넣어 스테아르산을 녹인다.
(다) 스테아르산이 녹아 있는 시험관을 찬물이 들어 있는 비커 속에 넣고, 2 분마다 온도를 측정한다.

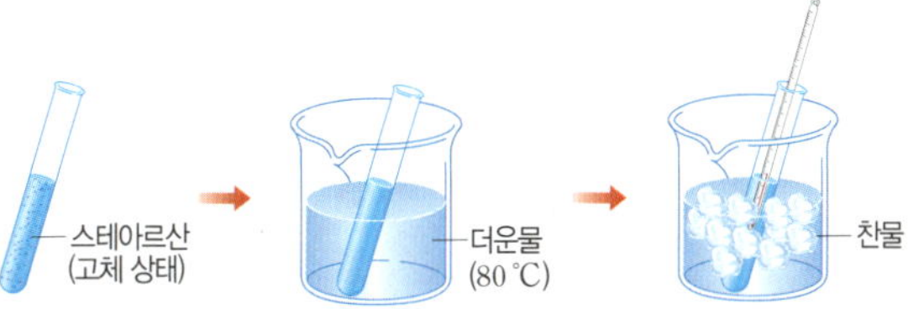

[실험 결과]

시간(분)	0	2	4	6	8
온도(℃)	79.5	77.3	71.1	69.4	69.4
시간(분)	10	12	14	16	18
온도(℃)	69.4	69.4	69.4	66.7	61.7

이에 대한 설명으로 옳지 <u>않은</u> 것은?

① 스테아르산이 액체에서 고체로 상태 변화가 일어나는 온도는 80 ℃ 이상이다.
② 75 ℃에서 스테아르산은 액체 상태이다.
③ 스테아르산의 양이 많아지면 온도가 일정하게 유지되는 시간이 길어질 것이다.
④ 온도가 일정한 6~14 분 사이 스테아르산은 열에너지를 방출한다.
⑤ 온도가 일정한 6~14 분 사이에 스테아르산은 고체와 액체 두 상태의 물질이 동시에 존재한다.

19 그림은 더운 여름 사막에서 물을 시원하게 보관하는 용도로 사용하는 양가죽 주머니의 모습을 나타낸 것이다. 이에 대한 설명으로 옳은 것을 보기 에서 모두 고른 것은?

보기
ㄱ. 주머니 겉의 작은 구멍들로 새어 나온 물이 기화하면서 주머니 안의 물이 시원해지는 원리이다.
ㄴ. 얼음을 이용해 음식물을 시원하게 보관할 때 출입하는 열에너지와 같은 종류의 열에너지가 출입한다.
ㄷ. 물이 상태 변화할 때 열에너지가 방출되는 것을 이용한 예이다.

① ㄱ　　　　② ㄴ　　　　③ ㄱ, ㄷ
④ ㄴ, ㄷ　　　⑤ ㄱ, ㄴ, ㄷ

20 그림 (가)는 고체 드라이아이스를, (나)는 물이 담긴 용기에 고체 드라이아이스를 넣었을 때의 모습을 나타낸 것이다.

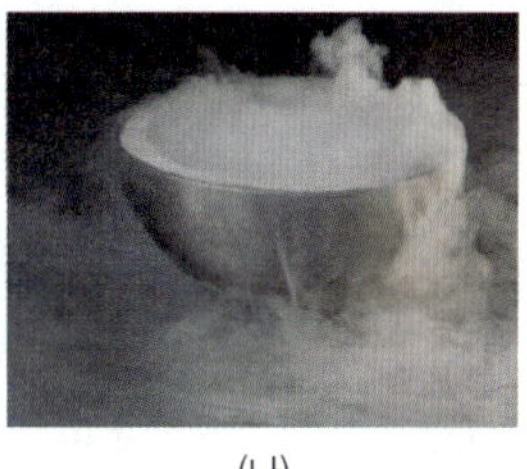

(가)　　　　　　　　　　(나)

이에 대한 설명으로 옳지 <u>않은</u> 것은?

① 고체 드라이아이스는 액체 상태를 거치지 않고 바로 기체로 승화한다.
② 고체 드라이아이스는 주위로부터 열에너지를 흡수하여 상태 변화한다.
③ 고체 드라이아이스를 물속에 넣었을 때 수조의 물속에서 발생하는 기포는 수증기이다.
④ 고체 드라이아이스 주위에 생기는 흰 연기는 공기 중의 수증기가 액화하여 생긴 것이다.
⑤ 비닐봉지 안에 고체 드라이아이스를 넣고 입구를 묶어 가만히 놓아두면 서서히 비닐봉지가 부풀어 오른다.

[21~22] 그림은 증기 난방기의 구조를 나타낸 것이다.

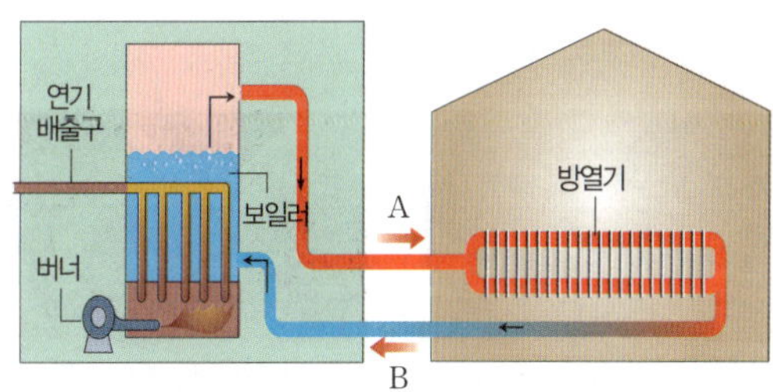

21 이에 대한 설명으로 옳지 <u>않은</u> 것은? (단, →는 물이 순환하는 방향을 나타낸 것이다.)

① A는 기체 상태이다.
② A는 B보다 온도가 낮다.
③ 보일러에서 기화가 일어난다.
④ 방열기에서 열에너지를 방출한다.
⑤ 방열기에서 출입하는 열에너지는 액화로 생성된다.

22 증기 난방기의 보일러와 방열기에서 일어나는 물질의 상태 변화와 같은 상태 변화가 일어나는 곳을 옳게 짝 지은 것은?

① 보일러 - 냉장고의 응축기　② 보일러 - 에어컨의 실외기
③ 보일러 - 냉장고의 증발기　④ 방열기 - 에어컨의 실내기
⑤ 방열기 - 냉장고의 압축기

서술형

23 그림과 같이 물에 잉크를 1 방울 떨어뜨리면 잠시 뒤 잉크는 물 전체로 퍼져 나간다. 이때 일어나는 현상을 쓰고, 예를 한 가지 서술하시오.

KEY 확산

24 다음과 같은 현상을 무엇이라고 하는지 각각 쓰고, 그 현상이 일어나는 까닭을 서술하시오.

> (가) 국에 소금을 넣으면 국 전체에서 짠맛이 느껴진다.
> (나) 물웅덩이에 고여 있던 물이 점점 줄어든다.

KEY 입자 운동

25 그림은 물질의 상태 변화로 인해 나타나는 여러 가지 현상들을 나타낸 것이다.

(가) 호수 주변에 안개가 생긴다.

(나) 햇볕에 고추를 말린다.

(다) 늦가을 새벽에 서리가 내린다.

(라) 추운 겨울에 언 명태가 마른다.

(가)~(라)에서 일어난 상태 변화의 종류를 쓰시오. (단, 승화일 때 승화의 방향도 함께 쓰시오.)

26 물질의 상태 변화가 일어날 때 변하지 않는 것을 두 가지 이상 서술하시오.

KEY 물질, 입자

27 에탄올을 비닐봉지에 조금 넣고 입구를 밀봉한 후, 헤어 드라이어로 따뜻한 바람을 쐬어 주었더니 에탄올이 들어 있던 비닐봉지에서 에탄올의 상태 변화가 일어났다.

(1) 에탄올이 든 비닐봉지는 어떻게 변하는지 서술하시오.

(2) (1)의 결과가 나타난 까닭을 입자 운동과 관련지어 서술하시오.

KEY 기화, 입자 사이의 거리

28 그림과 같이 비커에 담긴 액체 상태의 양초를 서서히 식히면 고체 상태로 변한다.

이때 양초의 질량과 부피의 변화를 입자의 변화와 관련지어 서술하시오.

KEY 입자의 종류, 입자의 개수, 입자 사이의 거리

29 그림은 주전자에 물을 담아 가열하였을 때 물이 끓는 모습을 나타낸 것이다.

(1) 주전자 입구에서 보이는 하얀 김은 물질의 세 가지 상태 중 어떤 상태인지 쓰시오.

(2) 물이 끓을 때 주전자 입구에서 보이는 하얀 김의 생성 과정을 서술하시오.

KEY 수증기, 기화, 액화

30 그림과 같이 고체 아이오딘을 가열하였을 때 아이오딘의 상태 변화 과정을 서술하시오.

31 그림은 물질의 상태 변화를 입자 모형으로 나타낸 것이다.

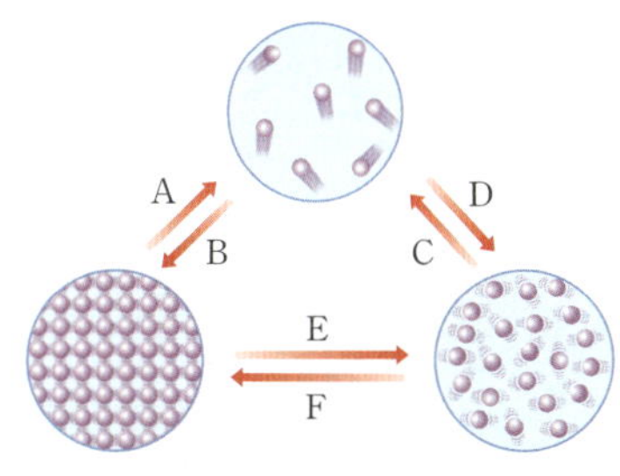

A~F 과정에서 일어나는 상태 변화의 종류와 열에너지의 출입 방향(흡수, 방출)을 각각 쓰시오.

32 그림은 에탄올을 가열하는 실험 장치와 시간에 따른 에탄올의 온도 변화를 나타낸 것이다.

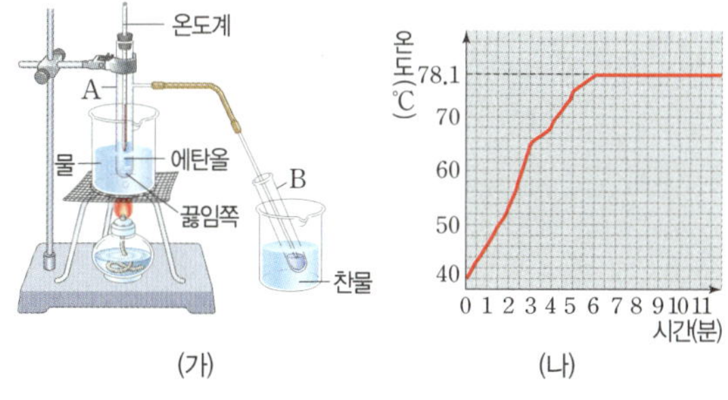

⑴ (가)의 시험관 A와 B에서 일어나는 상태 변화를 각각 쓰시오.

⑵ (나)에서 온도가 78.1 ℃에서 일정해지는 까닭을 상태 변화와 관련지어 서술하시오.

33 그림 (가)~(다)는 얼음, 얼음을 녹인 물, 얼음을 녹인 물을 끓일 때 생기는 김에 각각 푸른색 염화 코발트 종이를 대어 보는 실험을 나타낸 것이다.

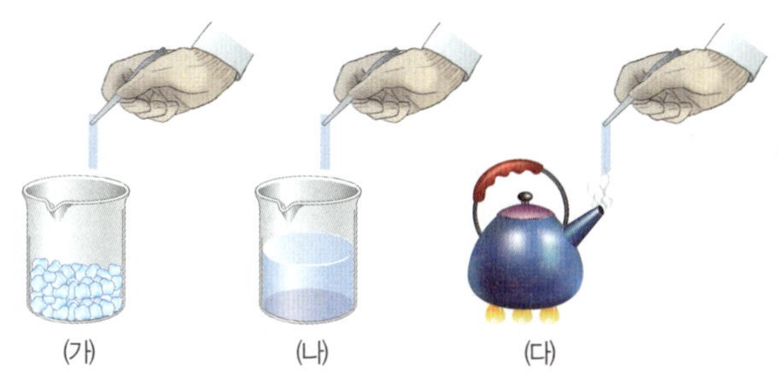

(가)~(다)에서 푸른색 염화 코발트 종이의 색이 어떻게 변하는지 쓰고, 그렇게 생각한 까닭을 서술하시오.

34 그림과 같이 종이컵에 물을 넣고 알코올램프로 가열하여도 물이 끓고 있는 동안에는 종이컵이 타지 않는다. 그 까닭을 서술하시오.

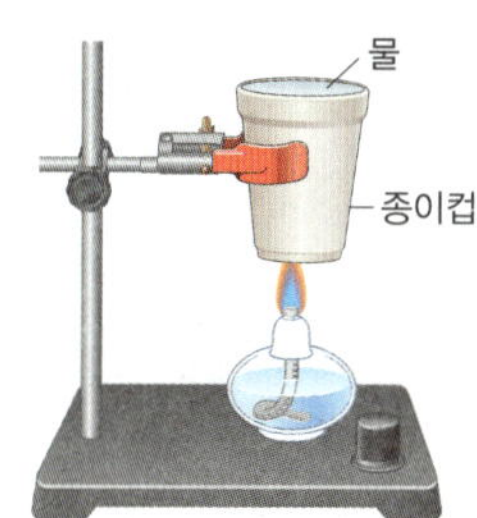

35 그림과 같이 여름철 날씨가 너무 더우면 살수차가 도로에 물을 뿌리고, 겨울철 날씨가 너무 추우면 오렌지 나무에 물을 뿌린다.

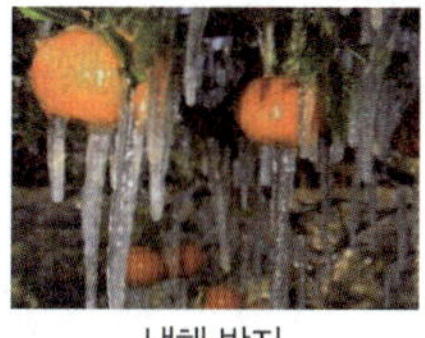

여름철과 겨울철에 물을 뿌리는 까닭을 각각 물의 상태 변화와 열에너지의 출입과 관련지어 서술하시오.

MEMO

장풍쌤의 과학 백점 맞는 비법 수록!

넥신

중학 과학 1.1

너만바

너의 만점을 위한 바람

너만바 과학적 탐구 방법

1. 과학적 탐구 방법

1) 과학적 탐구 방법의 과정

   예 에이크만의 과학적 탐구

① 문제 인식 : ??

② 가설 설정 : 잠정적 결론

   └ 문제를 해결하기 위해 내리는 잠정적인 결론

③ 탐구 설계 및 수행 : 변인 통제 → 실험의 타당성

   변인 : 탐구의 조건이나 결과와 같이 실험과 관련된 요인

   같게 해야할 조건 VS 다르게 해야할 조건

④ 자료 분석 및 해석

   : 표와 그래프로 정리 → 관계나 규칙 비교

⑤ 결론 도출

   : 가설의 오류로 판단 → 다시 가설 설정

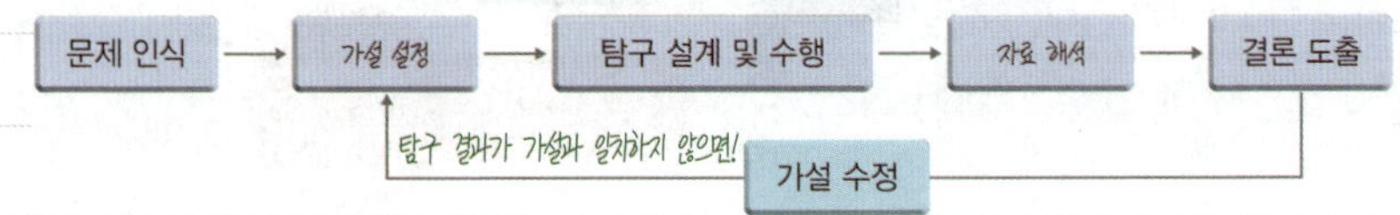

2) 탐구 계획서 작성

① 탐구 문제 설정

② 탐구 설계

③ 탐구 계획서 작성

1. 과학의 발전과 인류 문명

1) 과학의 발전이 인류 문명에 미친 영향

① 과학적 원리 발견

i) 태양 중심설 : 관측 → 경험 중심의 과학적 사고 중요시
　　┌ 지구가 태양 주위를 돌고 있다는 이론

　　　* 지구가 우주의 중심이라고 생각했던 인류의 생각이 바뀜

ii) 백신, 항생제 : 질병의 예방과 치료 → 평균 수명 연장

② 기술의 발달

i) 암모니아 생산 기술 : 비료 대량 생산 → 식량 문제 해결
　　└ 질소 비료

ii) 정보 통신 기술 : 정보를 쉽고 빠르게 이용　예 인터넷, 인공위성

iii) 농업 기술 : 기계화 → 식량 생산량 증가
　　└ 드론, 기계 이용

③ 기기의 발명

i) 증기 기관 : 산업 혁명, 교통 수단의 발달
　　* 증기 기관 이용한 기계 → 공장에서 제품 대량 생산
　　　증기 기관차 → 먼 곳까지 많은 물건을 빠르게 이동

ii) 전지, 발전기 : 전기 에너지 생산

2) 첨단 과학기술과 미래 사회

① 인공지능 (AI)　예 로봇, 자율주행 자동차, 맞춤형 의료 진단

② 사물 인터넷 (IoT)　예 스마트폰으로 가전제품 원격 제어

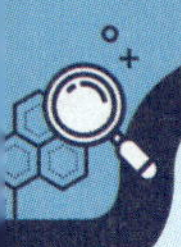

너만바 과학의 발전과 인류 문명

2. 지속가능한 삶 → 지구의 환경을 보전하면서 더 나은 환경을 만드는 삶

1) 지속가능한 삶을 위협하는 문제

① 환경 문제 : 환경 오염, 지구 온난화, 기후 변화

② 에너지 부족 문제

2) 지속가능한 삶을 위한 과학기술의 역할

① 신재생 에너지 개발 : 친환경적, 고갈 염려 X 예 태양광, 풍력, 수소 연료 전지

② 환경 오염 물질을 줄이는 노력 : 전기 자동차, 탄소 포집 장치, 해양 쓰레기 수거 로봇

*지속가능한 삶을 위한 활동 방안 {
개인적 차원 : 분리 수거, 대중 교통 이용, 물 절약 등
사회적 차원 : 생태 습지, 공원 조성, 친환경 제품 개발 등
└ 전기 자동차

우리 풍마너들! 1단원이 끝났습니다.

이제 본격적인 중1 과학을 시작합니다!

중등 과학을 잘해놓으면 고등 과학이 정말

쉽고 편해지니까 정말 열심히 해보자~~

잘할거라 믿어요!!!

꾸준히 장풍이랑 즐겁게 공부합시다!! 2단원으로 GoGo

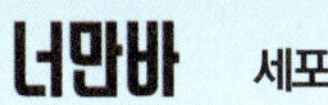 세포

1. 세포

1) 생물체를 구성하는 구조적, 기능적 기본 단위
   └ 생명 활동

2) 단세포 vs 다세포생물

　① 단세포생물 : 하나의 세포 - 아메바, 짚신벌레, 유글레나 등

　② 다세포생물 : 여러 개의 세포 - 장풍, 풍마니, 댕댕이, 소나무 등

3) 세포의 구조

　① 핵 : 유전물질(DNA), 세포의 생명활동 조절

　② 세포질 : 핵과 세포막 사이를 채우는 물질, 세포소기관 포함

　③ 세포막 : 세포 안 보호, 물질 출입 조절

　④ 마이토콘드리아 : 에너지 생성

　⑤ 엽록체 : 광합성, 양분 생성

　⑥ 세포벽 : 세포 형태 유지, 보호

구분	식물 세포	동물 세포
핵	○	○
세포질	○	○
세포막	○	○
마이토 콘트리아	○	○
세포벽	○	×
엽록체	○	×

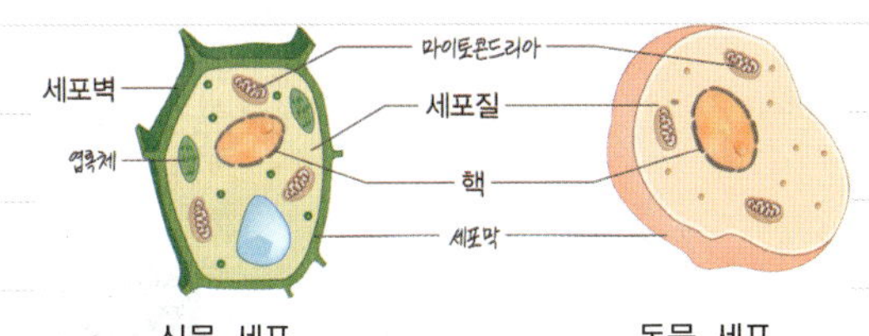

4) 세포의 종류와 기능 ― 종류에 따라 모양과 크기가 다양

구분	신경세포	적혈구	상피세포
특징			
모양	사방으로 길게 뻗은 모양	가운데 오목한 원반 모양	넓고 얇게 퍼진 모양
기능	신호를 받아들이고 다른 곳으로 전달	온몸에 산소 운반	몸의 표면, 몸속 기관 보호

너만바   생물의 구성 단계

1. 생물의 구성 단계

: 세포 → 조직 → 기관 → 개체

1) 동물의 구성 단계

┌ 동물에만!
① 세포 → 조직 → 기관 → 기관계 → 개체

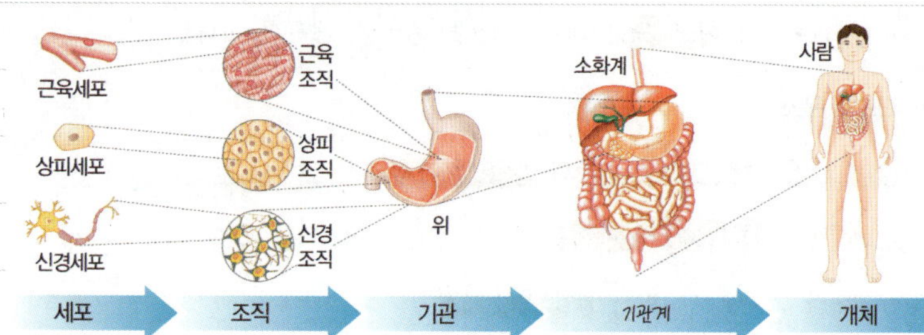

* 사람의 기관계 : 소화계, 순환계, 호흡계, 배설계 등

구분	동물	식물
세포	○	○
조직	○	○
조직계	X	○
기관	○	○
기관계	○	X
개체	○	○

2) 식물의 구성 단계

┌ 식물에만!
① 세포 → 조직 → 조직계 → 기관 → 개체

* 식물의 기관 〈 영양 기관 (뿌리, 줄기, 잎)
　　　　　　　　生식 기관 (꽃과 열매)

조직계 → 식물
기관계 → 동물

"조식기동!!!"

1. 생물다양성

1) 생물다양성 → 특정 지역에 살고 있는 생물의 다양한 정도

   ① 생태계 : 숲, 갯벌, 사막, 바다 등 생태계 다양 ⇒ 생물의 종류 ↑

   ② 생물의 종류 : 한 생태계 내 생물의 수 ↑, 고르게 분포 ⇒ 생태계 안정

   ③ 같은 종류에 속하는 생물의 특징 : 같은 종류의 생물 사이 특징이 다양 ⇒ 멸종 가능성 ↓
                    └ 생김새, 크기, 색깔

생태계의 다양함

생물 종류의 다양함

같은 종류 생물 사이에서 나타나는 특징의 다양함

       생태계가 다양할수록,
한 생태계에 살고 있는 생물의 종류가 많을수록, ⇒ 생물다양성이 크다!!
같은 종류의 생물에서 나타나는 특징이 다양할수록,

2) 생물다양성의 형성

   ① 변이 : 같은 종류의 생물 사이에서 나타나는 특성의 차이

    ⅰ) 생존과 번식에 영향, 환경이 달라지면 생존에 유리한 변이도 달라짐
          └ 빛, 온도, 물, 먹이 관계

    ⅱ) 생물의 변이와 환경에 적응하는 과정 ⇒ 생물다양성 증가
       └ 생물이 환경에 적응하면서 변이 차이가 점점 커질 수 있음

   ② 갈라파고스제도의 핀치의 부리 모양

너만바 생물분류의 목적과 기준, 생물의 분류체계

1. 생물의 분류

1) 생물분류의 목적과 기준

① 다양한 생물 ──기준──▶ 무리지어 구분

② 목적 : 생물 사이 가깝고 먼 관계 파악
  └ 유연 관계

③ 기준 : 생물 고유의 특징

  – 몸의 구조, 광합성 여부, 번식 방법, 한살이 등

  (기준 X : 먹을 수 있는가, 키울 수 있는가, 식용 VS 약용, 육상 VS 수중)

2) 생물의 분류체계

① 종 : 생물 분류의 기본 단위 자연 상태에서 짝짓기 → 생식 능력이 있는 자손을 낳을 수 있는 생물

② 종 〈 속 〈 과 〈 목 〈 강 〈 문 〈 계

  i) 종 ──▶ 계 : 생물이 다양

  ii) 계 ──▶ 종 : 유연 관계 가깝다

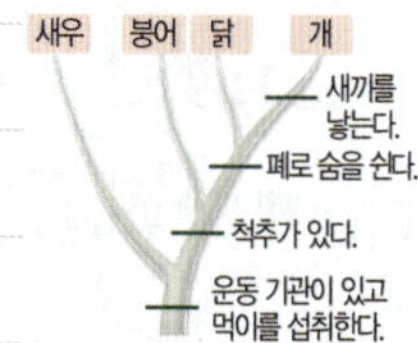

예 고양이종 → 고양이속 → 고양잇과 → 식육목 → 포유강 → 척삭동물문 → 동물계

1. 생물의 5계 분류

1) 5계 분류법

① 원핵생물계, 원생생물계, 균계, 식물계, 동물계

② 기준 : 세포 내 핵(핵막)의 유무, 세포벽의 유무, 광합성 여부, 기관 발달 정도 등

2) 생물의 분류

① 원핵생물계

ⅰ) 핵막 X → 뚜렷한 핵 X 원핵 생물계만의 유일한 특징!

ⅱ) 대부분 단세포

ⅲ) 세포벽 ○

ⅳ) 일부 광합성 (염주말, 남세균)

ⅴ) 예 염주말, 남세균, 유산균, 젖산균, 대장균, 폐렴균, 포도상구균 등

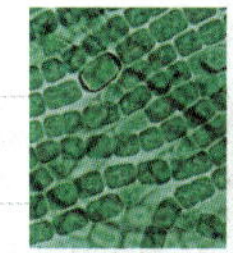
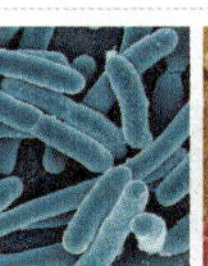
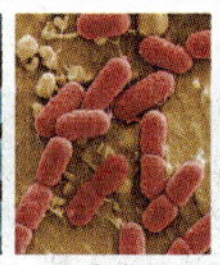
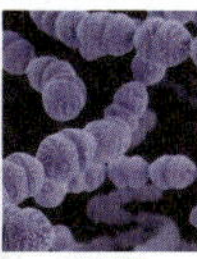
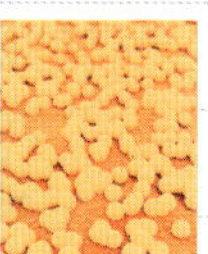

| 남세균 | 유산균 | 대장균 | 폐렴균 | 포도상구균 |

② 원생생물계 — 핵이 있는 생물 중 균계, 식물계, 동물계에 속하지 않는 생물 무리

ⅰ) 핵막 ○, 뚜렷한 핵

ⅱ) 대부분 단세포(아메바, 짚신벌레, 유글레나) 다세포 생물도 존재 (다시마, 미역)

ⅲ) 세포벽 있기도, 없기도

ⅳ) 광합성 하기도(유글레나, 다시마, 미역), 안하기도

ⅴ) 조직, 기관 발달 X

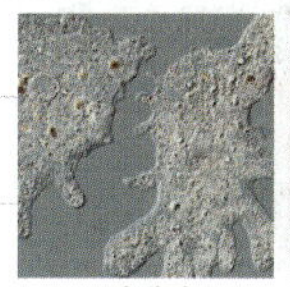
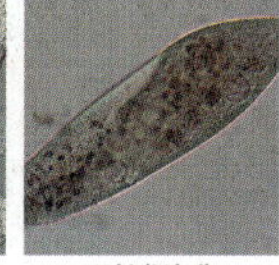

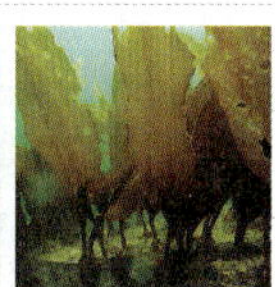

| 아메바 | 짚신벌레 | 유글레나 | 미역 | 다시마 |

너만바 생물의 5계 분류

③ 균계

i) 핵막 ○, **뚜렷한 핵** ○, 대부분 다세포

ii) **균사** → 세포벽 존재

iii) 운동성 ✕, **광합성** ✕ - 다른 생물의 사체나 배설물 분해 → 양분 섭취

iv) 예 버섯류, 곰팡이류, 효모 등

| 표고버섯 | 송이버섯 | 누룩곰팡이 | 푸른곰팡이 | 효모 |

└ 단세포

④ 식물계

i) **뚜렷한 핵** ○, 다세포, **세포벽**

ii) **엽록체** → 광합성 ○, 스스로 양분 생산

iii) 뿌리, 줄기, 잎 기관 발달, 운동성 ✕

iv) 예 이끼류, 고사리, 쇠뜨기, 소나무, 은행나무, 보리 등

| 우산이끼 | 고사리 | 쇠뜨기 | 해바라기 | 은행나무 |

⑤ 동물계

i) **뚜렷한 핵** ○, 다세포

ii) **운동성** ○

iii) 광합성 ✕ → **먹이 섭취**

iv) 기관 발달 → 다양한 기능 수행

v) 예 해파리, 메뚜기, 금붕어, 갈매기, 호랑이, 잠풍, 풍마너 등

| 해파리 | 메뚜기 | 금붕어 | 갈매기 | 호랑이 |

스스로 정리하기 | 생물 5계 특징

구분	핵(핵막)	세포벽	광합성	세포 수	운동성	예
원핵생물계	X	O	남세균	단세포		대장균
원생생물계		O,X	유글레나, 미역, 다시마	대부분 단세포	O,X	아메바
균계	O	O	X	대부분 다세포	X	곰팡이
식물계			O	다세포		민들레
동물계		X	X		O	호랑이

우리 풍마니들!!!

암기 할게 너무 많아서 부담 되지???

하지만 너무 중요한 부분이니

욕심내서 암기해보자!!

암기의 기본은 뭐라고???

바로~~~반복!!

외우고 외우고 또 외우고

떠들고 떠들고 또 떠들고!!!

힘내자 화이팅!!!

너만바 생물다양성의 중요성

1. 생물다양성의 중요성

1) 생태계평형 유지

① 생물다양성 ↑

┌ 멸종 가능성↓, 생태계평형 잘 유지

: 먹이그물 복잡 ⇒ 생태계 안정적 유지

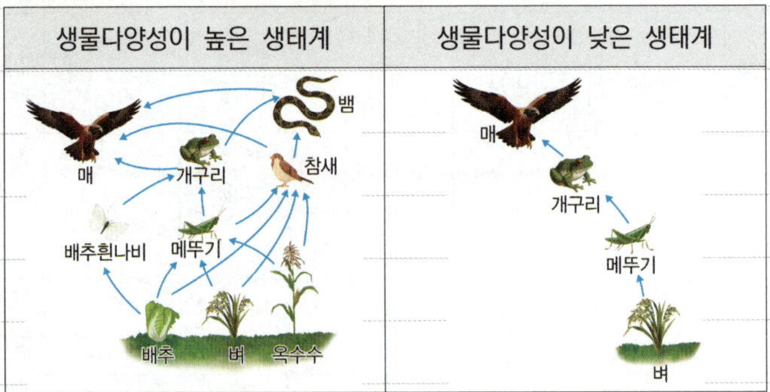

2) 생물다양성이 주는 혜택

① 생활에 필요한 재료 제공 : 식량, 섬유(목화),

의약품 (푸른곰팡이 – 항생제, 주목 – 항암제, 버드나무 – 진통 해열제), 산업용 재료 등

② 아이디어 제공 : 생체 모방 기술(고양이 눈 – 반사판, 도꼬마리 – 밸크로)

③ 휴식 공간과 관광 자원 제공

3) 생물다양성보전의 필요성

① 생물은 그 자체로 소중함

② 모든 생물은 생태계 구성원으로 살아갈 권리가 있음

③ 생물다양성 감소 → 생태계 파괴 → 인간 생존 위협

⇒ 생물다양성 유지는 지속가능한 삶을 위해 반드시 필요!

1. 생물다양성 유지

1) 생물다양성의 감소 원인

① **서식지파괴**   대책 : 지나친 개발 자제, 보호 구역 지정, 생태 통로 설치

② **불법 포획과 남획**   대책 : 불법 포획 및 거래 단속 강화, 멸종 위기종 지정

③ **외래종 유입** : 천적 X, 토종 생물 위협 - 가시박, 배스, 뉴트리아 등   대책 : 무분별한 유입 방지, 유입 경로 관리 및 퇴치

④ **환경오염**   대책 : 환경 정화 시설 설치, 쓰레기 배출량 줄이기

⑤ **기후 변화**   대책 : 다회용품 사용, 신재생 에너지 사용

| 서식지파괴 | 불법 포획과 남획 | 환경오염 | 기후 변화 |

2) 생물다양성보전 방안

① **개인적 차원**

- 자연 보호, 일회용품 사용 자제

② **국가 및 사회적 차원**

- 생물 복원 사업, 생태통로, 환경오염 정화, 환경캠페인 등

③ **국제적 차원** : 생물다양성 협약, CITES, 람사르 협약

| 생태통로 | 종자 은행 |

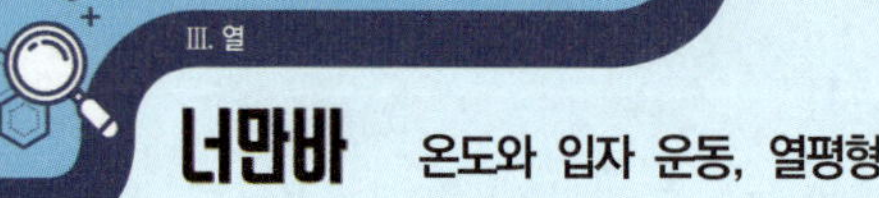

1. 온도와 입자 운동

1) (입자) — 물질은 매우 작은 입자로 구성!

① 끊임없이 스스로 운동

② 온도 → 입자 운동의 활발한 정도 차이 발생

③ 입자 운동 활발 → 입자 사이 거리 멀어짐

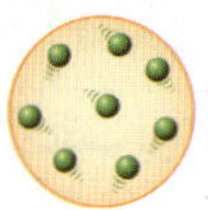

    * 입자 모형 : 둥근 공과 같은 간단한 모형

         활발한 정도는)) 의 개수 차이로 표현

2) 온도

① 물질의 차갑고 따뜻한 정도를 숫자로 표현,

입자 운동이 활발한 정도 (온도 ↑ → 입자 운동 활발, 입자 사이 거리 → 멀어짐)

② ℃(섭씨도), K(켈빈) 사용

차가운 물 온도↓	뜨거운 물 온도↑
· 물 입자 움직임 : 둔하다	· 물 입자 움직임 : 활발하다
· 물 입자 사이 거리 : 가깝다	· 물 입자 사이 거리 : 멀다

2. 열평형

1) 온도가 다른 두 물체를 접촉할 때 → 열이 이동, 온도가 같아짐

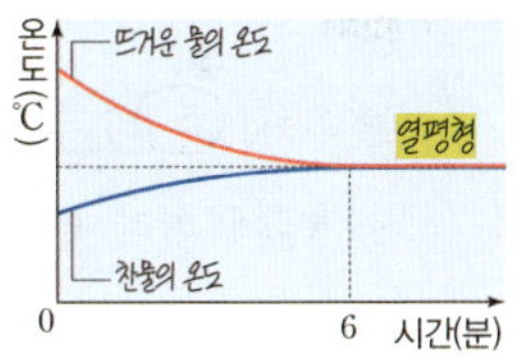

① 뜨거운 물체 : 온도↓

차가운 물체 : 온도↑

뜨거운 물체 ——— 열이 이동 ———→ 차가운 물체

2) 열평형과 입자 운동

① 뜨거운 물체 : 열을 잃어 입자 운동 둔해짐 → 입자 사이 거리 가까워짐

② 차가운 물체 : 열을 얻어 입자 운동 활발해짐 → 입자 사이 거리 멀어짐

③ 시간 흘러 두 물체의 입자 운동 정도가 같아짐 → 열평형 상태 도달
 └ 두 물체의 온도가 같아진 상태

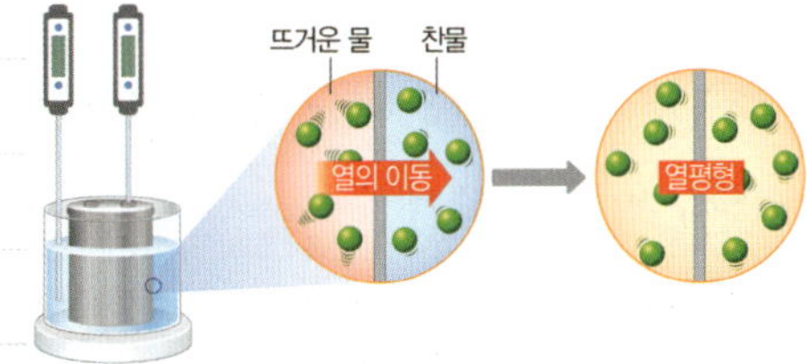

3) 열평형을 이용한 예

① 냉장고 음식물을 차갑게 보관

② 접촉식 체온계

③ 뜨거운 삶은 달걀을 찬물에 식힘

너만바 열의 이동

1. 열의 이동

1) 전도

┌ 입자 직접 이동 X

① 이웃한 입자의 움직임이 전달되면서 열을 전달 → 접촉, 고체 상태

② 물질에 따라 열이 전도되는 정도가 다름

구리, 철과 같은 금속 : 열의 전도 정도 ↑, 유리나 나무 : 열의 전도 정도 ↓

예 손난로, 프라이팬 손잡이, 겨울철 나무 벤치와 철봉 — 금속인 철봉이 더 차갑게 느껴짐

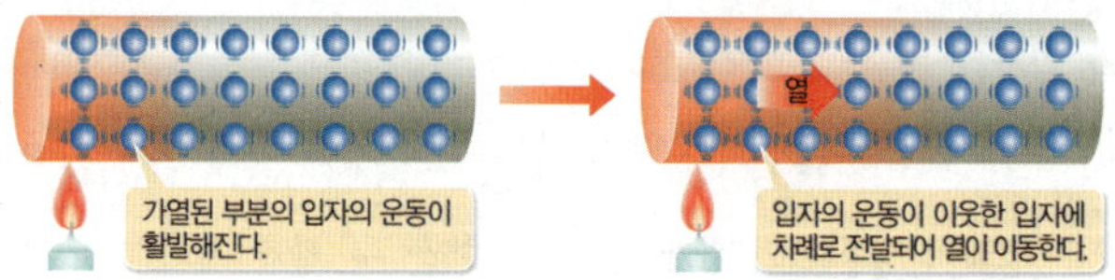

2) 대류

① 입자가 직접 이동하면서 열을 전달 → 액체나 기체(유체) 상태

② 밀도 : 찬 물(공기) > 따뜻한 물(공기) → 밀도 크면 가라앉고 작으면 떠요~~

예 에어컨은 위쪽에, 난로는 아래쪽에 설치

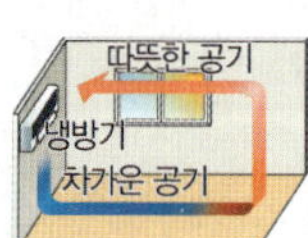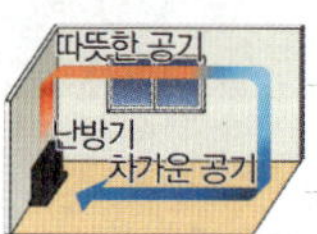

3) 복사

① 열이 직접 이동

② 모든 물체 → 복사의 형태로 열을 방출

예 태양 복사 에너지, 열화상 카메라

* 열의 이동 방법 비유

전도

대류

복사

1. 비열

1) 열량 (Q)

① 온도 차에 의해 이동하는 열의 양

② 단위 : J, kcal

③ 같은 시간 동안 가한 Q ↑ ⇒ 온도 변화 ↑

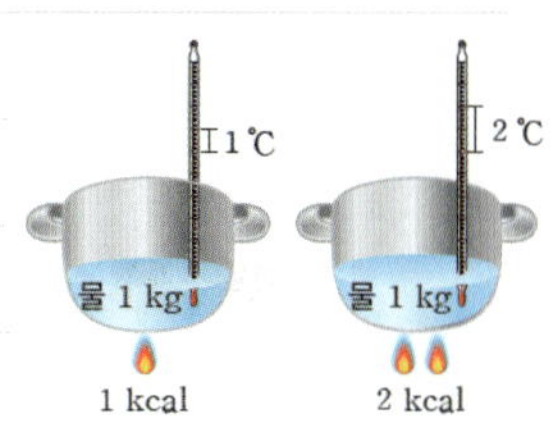

2) 비열 (c)

① 어떤 물질 1 kg 의 온도를 1 ℃ 만큼 높이는 데 필요한 (열량)

② 단위 : J/(kg·℃), kcal/(kg·℃)

③ 물질의 특성 : 물질마다 고유한 값으로 물질 구분에 사용 – 겉보기 비슷한 철, 알루미늄도 비열 다름!

* 비열이 크다 → 온도를 높이는 데 많은 열량이 필요하다
  비열이 클수록 온도가 잘 변하지 않는다!
  (물)은 비열 매우 큼

3) 열량, 비열, 온도 변화의 관계

① 질량 일정, 같은 온도 변화 : 비열 ↑ ⇒ 열량 ↑

② 질량 일정, 같은 열량 : 비열 ↑ ⇒ 온도 변화 ↓ $Q = cm\Delta t$

③ 열량(Q) = 비열(c) × 질량(m) × 온도 변화(Δt)

$$비열(c) = \frac{열량(Q)}{질량(m) \times 온도\ 변화(\Delta t)} \qquad c = \frac{Q}{m\Delta t}$$

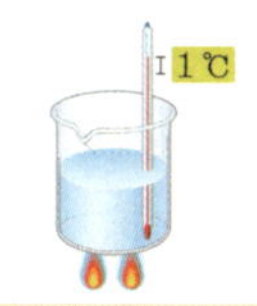

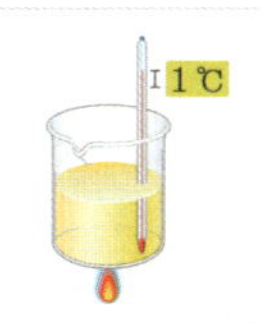

물 1 kg의 온도를 1℃ 높이는 데 필요한 열량 > 식용유 1 kg의 온도를 1℃ 높이는 데 필요한 열량

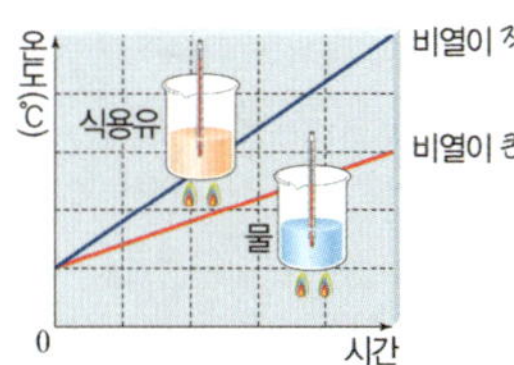

비열

4) 비열의 활용 ┌비열 큰 물 활용┐

　① 큰 비열 : 냉각수, 찜질팩, 뚝배기, 전통 한옥

　② 작은 비열 : 난방용 온수관, 프라이팬

　* 해풍과 육풍 : 육지와 바다의 비열 차 (비열 : 육지 < 바다)

　　낮에는 (해풍), 밤에는 (육풍)

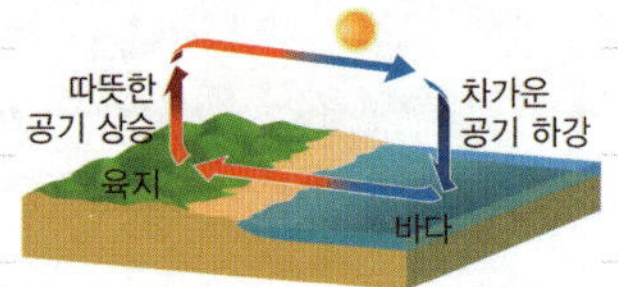

1. 열팽창

1) 열팽창

① 온도 ↑ ⇒ 길이나 부피가 증가하는 현상

② 가열 → 입자 운동 활발 → 입자 사이 거리 멀어짐 ⇒ 물질의 부피 증가

③ 물질 종류마다 열팽창 정도 다름

   물질 상태따라 열팽창 정도 다름 ⇒ 고체 〈 액체 〈 기체

2) 고체의 열팽창

① 바이메탈 : 열팽창 정도가 다른 두 금속을 붙여서 만든 장치

– 열팽창 정도 차 ↑ ⇒ 더 많이 변형

– 가열 ⇒ 열팽창 정도가 작은 쪽으로 휘어!

– 냉각 ⇒ 열팽창 정도가 큰 쪽으로 휘어~~

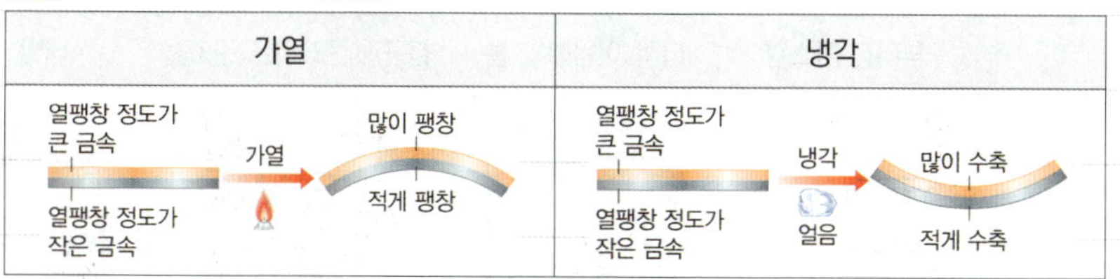

② 예 전기 다리미, 화재경보기, 토스터, 전기 밥솥 등

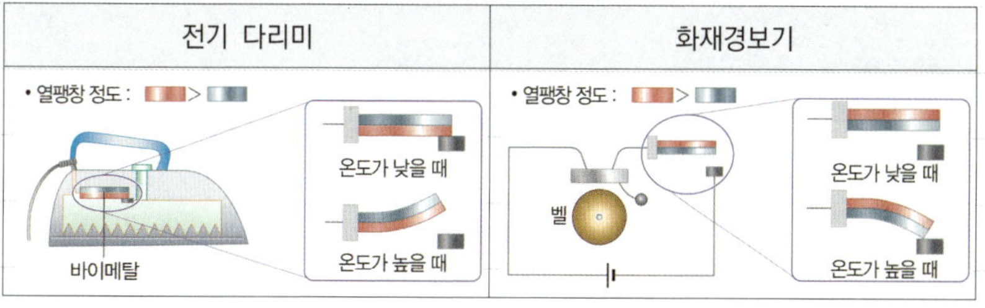

3) 액체의 열팽창

① 액체 온도계

- 열팽창 정도 커야 함

- 일정한 비율로 부피 변화 예 알코올, 수은

② 음료수 병 : 가득 채우지 않음

4) 열팽창과 우리 생활

① 구부러진 가스관

② 다리 이음매의 틈

③ 철근과 콘크리트 구조물

④ 내열 유리

- 그 외 : 전깃줄, 철로의 틈, 안경테, 치아 충전재 등

구부러진 가스관	다리 이음매의 틈	철근과 콘크리트 구조물	내열 유리

너만바 입자의 운동

1. 입자의 운동

1) 입자 운동

① 모든 물질은 매우 작은 입자로 구성

② 스스로 끊임없이 운동 ⇒ 모든 방향, 불규칙, 무질서
    ┌ 가만히 정지 ✕

– 입자 운동의 (증거) : ★확산, 증발

– 입자 운동의 증거가 아닌 현상 : 파동, 복사, 중력에 의한 운동

2) 확산

① 모든 방향으로 퍼져 나가는 현상 (고농도 → 저농도)

– 확산 Gooood! : 온도↑, 입자 질량↓, 고〈액〈기, 액체 속 〈 기체 속 〈 진공 속

② 액체에서의 확산 : 차 티백, 잉크, 냉면 식초, 설탕물 등
    ┌ 물 입자, 잉크 입자 스스로 운동

③ 기체에서의 확산 : 향기, 연기, 냄새 등

3) 증발

① 액체 표면에서 기체로 변하는 현상

– 증발 Gooood! : 온도↑, 습도↓, 바람↑ , 표면적↑

② 젖은 빨래나 머리카락, 가뭄, 이슬, 염전 등

③ ★증발 vs 끓음

– 증발 : 액체 표면에서만, 모든 온도, 스스로 운동

– 끓음 : 액체 표면+내부, 특정 온도 이상, 열 흡수

증발	끓음
액체 표면에서 일어난다.	액체 전체 (표면+내부)에서 일어난다.
모든 온도에서 일어난다.	액체가 끓기 시작하는 온도 이상에서 일어난다.
입자가 스스로 운동하여 발생한다.	외부에서 열을 흡수하여 발생한다.

너만바 물질의 세 가지 상태, 상태 변화

1. 물질의 세 가지 상태

1) 물질의 세 가지 상태의 특징

★ 물질의 상태에 따라 입자 배열, 입자의 운동, 입자 사이 거리가 달라짐 ⇒ 물질의 상태에 따라 특징이 다름!

구분	고체	액체	기체
모양과 부피		200 mL 200 mL	
	모양 일정	모양 변함	모양 변함
	부피 일정	부피 일정	부피 변함
흐르는 성질	✕	○	○
기타	단단함, 거의 압축 ✕	거의 압축 ✕	용기 가득 채움, 쉽게 압축 ○
예	얼음, 설탕, 드라이아이스	물, 아세톤, 식초	공기, 수증기, 산소, 헬륨

2) 물질의 상태에 따른 입자 배열

구분	고체	액체	기체
입자 모형			
입자 사이의 거리	매우 가까움	비교적 가까움	매우 멂
입자 배열	매우 규칙적	불규칙	매우 불규칙
입자 운동	제자리에서 진동	비교적 활발	매우 활발
압축할 때	압축 ✕	거의 압축 ✕	쉽게 압축

* 정리

• 규칙성 : 고 > 액 > 기

• 거리 : 고 < 액 < 기

• 인력 : 고 > 액 > 기

2. 물질의 상태 변화

1) 물질의 상태 변화

① 다른 상태로 변화하는 현상 (고체, 액체, 기체)

② 원인 : 온도와 압력 (주로 온도)

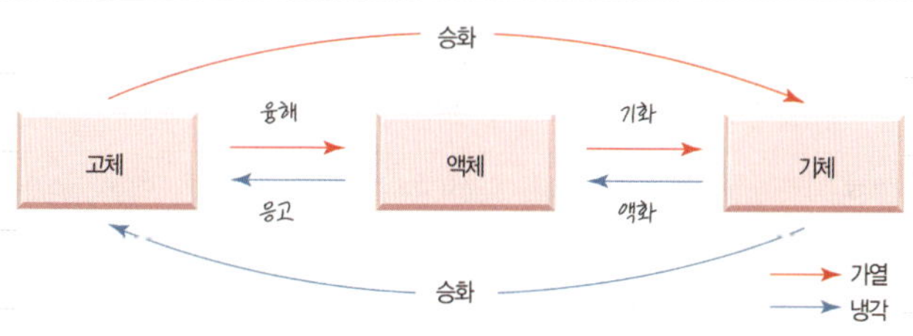

★ 가열할 때 : 융해, 기화, 승화(고 → 기)
  냉각할 때 : 응고, 액화, 승화(기 → 고)

2) 상태 변화의 예

가열할 때(온도가 높아질 때)	냉각할 때(온도가 낮아질 때)
융해(고체 → 액체)	응고(액체 → 고체)
• 아이스크림이 녹는다. • 용광로에서 철이 녹는다. • 뜨거운 프라이팬 위에서 버터가 녹는다.	• 마그마가 굳어 암석이 된다. • 고드름이 생긴다. • 뜨거운 고깃국을 식히면 기름이 굳는다.
기화(액체 → 기체)	액화(기체 → 액체)
• 젖은 빨래가 마른다. • 찌개를 끓일수록 국물이 줄어든다. • 가뭄이 들어 논바닥이 갈라진다.	• 호수 주변에 안개가 생긴다. • 새벽 풀잎에 이슬이 맺힌다. • 목욕탕 유리에 김이 서린다. • 뜨거운 차를 따를 때 하얀 김이 서린다.
승화(고체 → 기체)	승화(기체 → 고체)
• 드라이아이스가 점점 작아진다. • 옷장에 넣어 둔 나프탈렌이 점점 작아진다. • 냉동실에 넣어 둔 얼음이 점점 작아진다.	• 냉동실에 성에가 생긴다. • 늦가을 새벽에 서리가 내린다. • 추운 겨울철 유리창에 성에가 생긴다.

너만바 물질의 상태 변화에 따른 여러 가지 변화

1. 물질의 상태 변화에 따른 여러 가지 변화

1) 입자 배열 변화 : 입자 배열이 달라짐

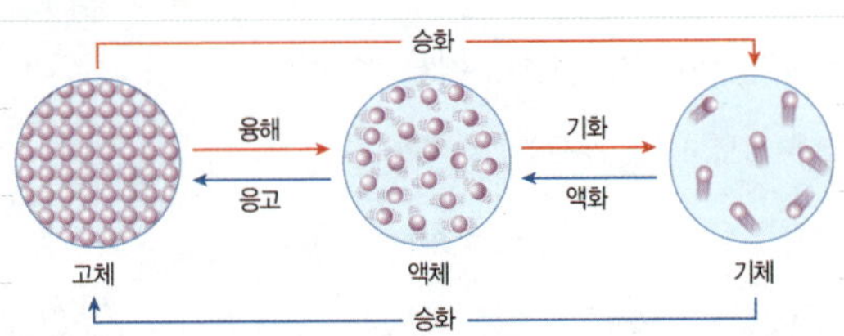

구분	융해, 기화, 승화(고→기)	응고, 액화, 승화(기→고)
입자 운동	활발해짐	둔해짐
입자 배열	불규칙해짐	규칙적으로 배열
입자 사이의 거리	멀어짐	가까워짐
부피	증가(물 예외)	감소(물 예외)

2) 질량과 성질 변화

① 절대 불변 : 입자의 종류나 개수, 모양, 크기는 절대 변하지 않음

3) 부피 변화 : 입자 사이의 거리의 변화

① 대부분의 물질 : 고 < 액 << 기 순으로 부피 증가

- 부피 증가 : 융해, 기화, 승화(고 → 기)

- 부피 감소 : 응고, 액화, 승화(기 → 고)

② 물은 예외! ★★★

- 물(액체) < 얼음(고체) < 수증기(기체)

- 부피 증가 : 응고(물 → 얼음), 기화, 승화(얼음 → 수증기)

- 부피 감소 : 융해(얼음 → 물), 액화, 승화(수증기 → 얼음)

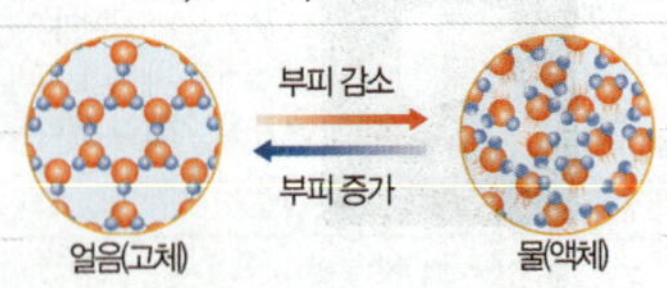

1. 상태 변화와 열에너지

1) 열에너지를 흡수하는 상태 변화 (가열)

① 상태 변화 구간 : 온도가 일정해지는 구간

⇒ 흡수한 열에너지가 입자 배열을 변화시켜 상태 변화하는 데 모두 사용

– 녹는 온도 : 융해(고 → 액)되는 온도

– 끓는 온도 : 기화(액 → 기)되는 온도

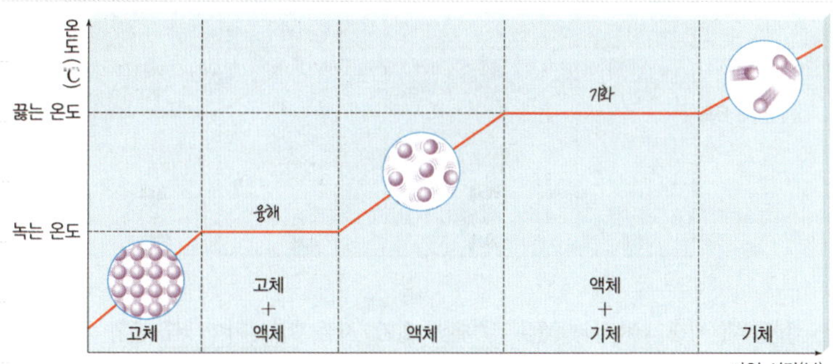

② 열에너지 흡수 ⇒ 입자 운동 활발, 입자 사이 거리 멀어짐(인력 감소), 불규칙 배열

③ 융해(고 → 액), 기화(액 → 기), 승화(고 → 기)

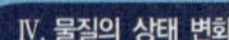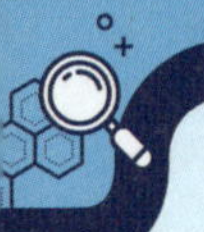

너만바 열에너지를 흡수, 방출하는 상태 변화

2) 열에너지를 방출하는 상태 변화 (냉각)

① 상태 변화 구간 : 온도가 일정해지는 구간

⇒ 방출한 열에너지가 상태 변화하는 동안 온도가 낮아지는 것을 막음

– 어는 온도 : 응고(액→고) 되는 온도

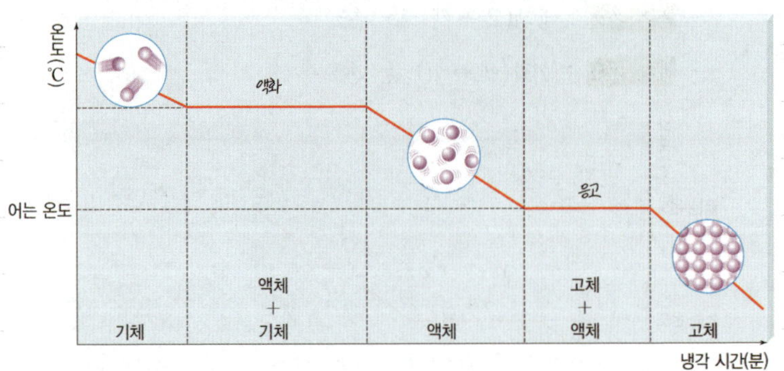

② 열에너지 방출 ⇒ 입자 운동 둔해짐, 입자 사이 거리 가까워짐(인력 증가), 규칙 배열

③ 응고(액→고), 액화(기→액), 승화(기→고)

1. 상태 변화에 따른 열에너지의 이용

1) 상태 변화와 열에너지의 출입

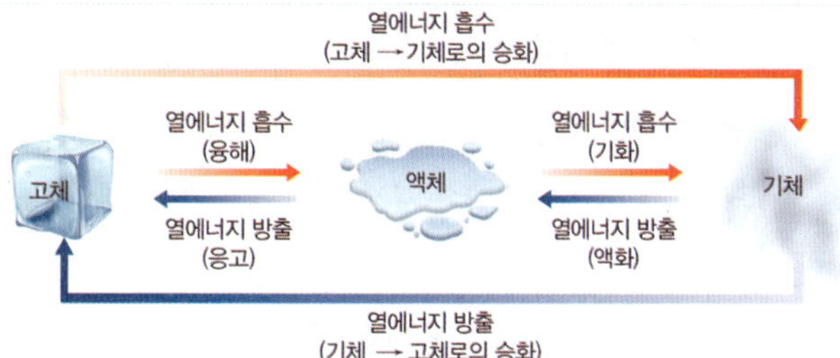

2) 열에너지를 흡수하는 상태 변화의 이용 (흡열)

: 융해, 기화, 승화(고 → 기), 주위로부터 열 흡수 ⇒ 주위 온도↓

① 융해 : 음료수 얼음, 생선가게 얼음, 아이스박스 얼음팩

② 기화 : 여름철 마당에 물 뿌리기, 이마 물수건, 사막 양가죽 물통, 예방 접종 알코올

③ 승화(고 → 기) : 드라이아이스 포장

3) 열에너지를 방출하는 상태 변화의 이용 (발열)

: 응고, 액화, 승화(기 → 고), 주위로 열 방출 ⇒ 주위 온도↑

① 응고 : 액체 파라핀 온열치료, 이글루 물 뿌리기, 냉해 방지

② 액화 : 소나기 내리기 전, 목욕탕 안, 증기 오븐

③ 승화(기 → 고) : 눈 내리는 날 포근

너만바 상태 변화에 따른 열에너지의 이용

4) 상태 변화 과정에서 출입하는 열에너지의 이용

① 우주복 안감 : 주위 온도 높아지면 융해(흡열), 주위 온도 낮아지면 응고(발열)

② 인공 안개 : 기화 ⇒ 주변 온도 ↓

③ 냉장고 : 증발기 ⇒ 냉매 기화하여 열에너지 흡수(냉장고 안 온도 ↓)

　　　　　　응축기 ⇒ 냉매 액화하여 열에너지 방출(냉장고 뒤 온도 ↑)

④ 증기 난방기 : 보일러 ⇒ 기화하여 열에너지 흡수

　　　　　　　방열기 ⇒ 액화하여 열에너지 방출 (내부 온도 ↑)

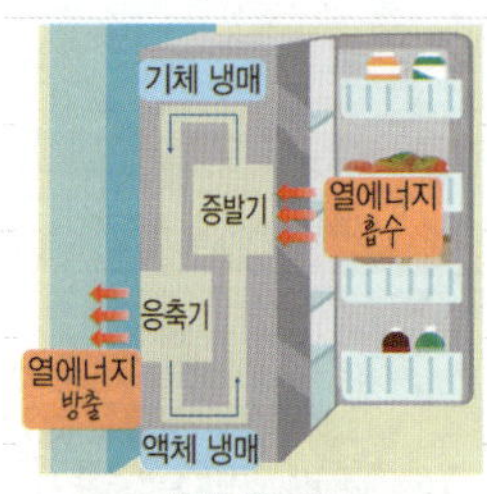

냉장고의 구조

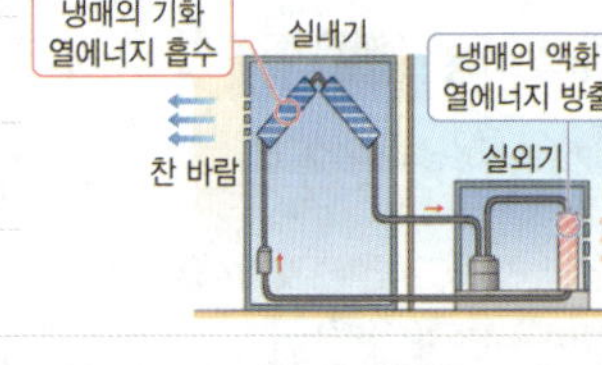

에어컨의 구조

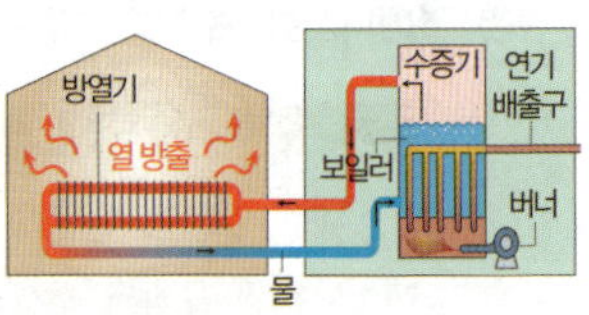

증기 난방기의 구조

우리 풍마너들! 벌써 1학년 1학기 내용이 마무리 되었네요

이 요약집은 절대 학년이 올라간다고 버리면 안돼!!

중등과학과 고등과학은 내용의 깊이 차이가 있는 것이지, 내용은 다르지 않으므로

나중에 중2, 중3, 그리고 고등학생 때도 다 활용을 할거야~

우리 풍마너들!!

항상 최선을 다하면 최고가 될수 있어요!!

매순간 자기 자신이 감동하는 최선을 다해 보도록 해봅시다!!

장풍이가 열심히 응원할게요!!!

2학기때도 더 열심히 해보자요!!!! 우리 풍마너들 Forever!!!!

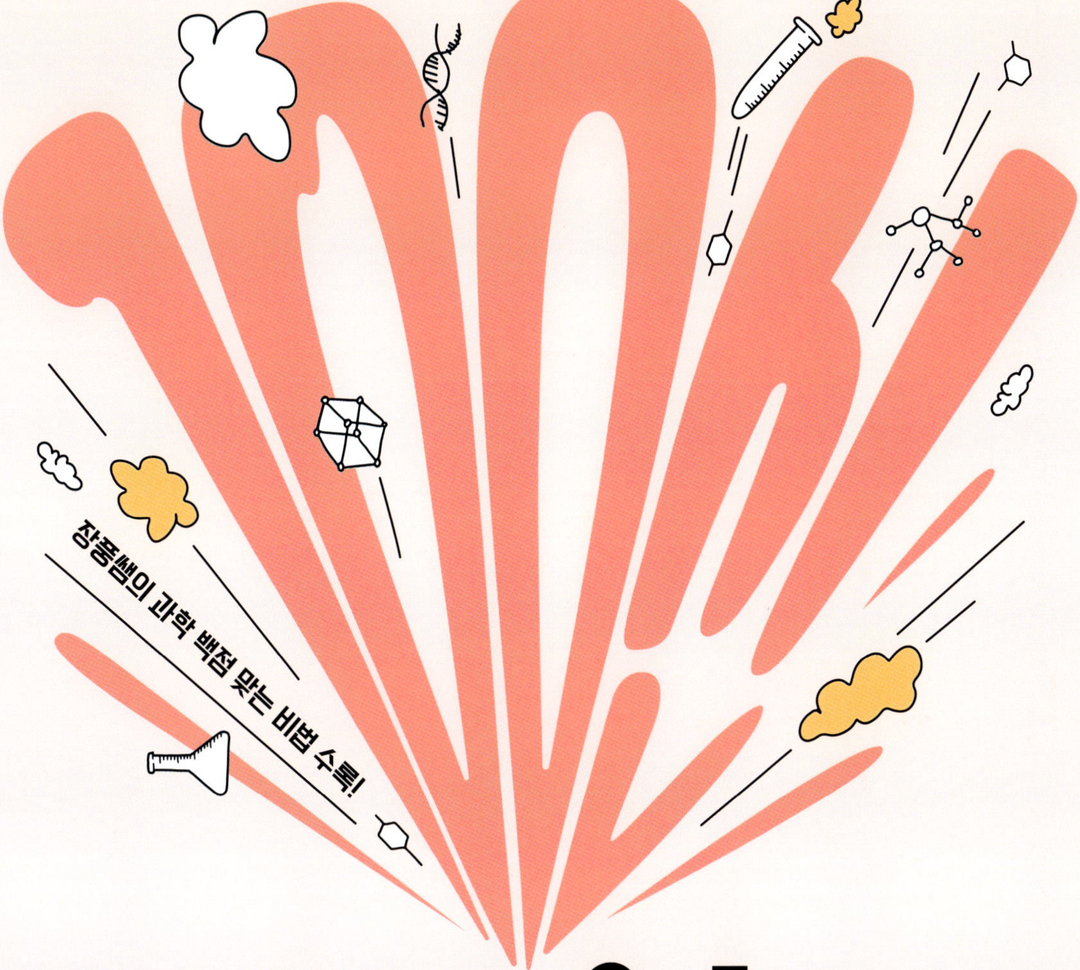

백신

중학 과학 1.1

부록

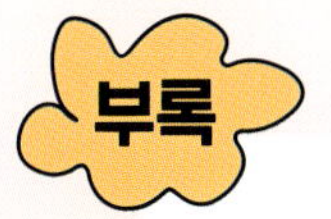

- 수행 평가 대비
- 중간 · 기말고사 대비

수행평가 대비

5분 테스트 01 과학과 인류의 지속가능한 삶

Ⅰ 과학과 인류의 지속가능한 삶

이름　　　　날짜　　　　점수

01 탐구 문제를 해결하기 위해 내리는 잠정적인 결론을 (　　　　　)이라고 한다.

02 보기 를 과학적 탐구 방법의 과정 순서대로 나열하시오.

> 보기
> ㄱ. 자료 해석　　　　ㄴ. 가설 설정　　　　ㄷ. 문제 인식
> ㄹ. 결론 도출　　　　ㅁ. 탐구 설계 및 수행

03 빈칸에 과학적 탐구 방법의 과정으로 알맞은 것을 쓰시오.

❶ (　　　　　　　): 자연 현상이나 어떤 현상을 관찰하고 의문을 가지는 과정
❷ (　　　　　　　): 탐구를 수행하여 얻은 자료를 정리하고 분석해 결과를 얻는 과정
❸ (　　　　　　　): 문제를 해결할 수 있는 가설을 설정하는 과정
❹ (　　　　　　　): 탐구 결과로부터 가설이 맞는지 판단하고 탐구의 결론을 내리는 과정
❺ (　　　　　　　): 가설이 옳은지 옳지 않은지 확인하는 탐구 계획을 세우고 실험을 진행하는 탐구 과정

04 실험에서 다르게 해야 할 조건과 같게 해야 할 조건을 확인하고 통제하는 것을 (　　　　　) 통제라고 한다.

05 과학의 발전이 인류 문명에 미친 영향에 대한 설명으로 옳은 것은 ○, 옳지 않은 것은 ×로 표시하시오.

❶ 증기 기관 발명으로 산업이 발달하게 되었다. 　　　　　　　　　　　　　　　　　　(○, ×)
❷ 인쇄 기술의 발달로 인해 지식과 정보의 확산이 감소하였다. 　　　　　　　　　　　(○, ×)
❸ 암모니아 합성 기술이 개발되어 결핵과 같은 질병을 치료할 수 있게 되었다. 　　　　(○, ×)

06 코페르니쿠스는 망원경으로 천체를 관측하면서 (　　　　　　　　　)의 증거를 발견했다.

07 (　　　　　　　　)은 컴퓨터가 인간처럼 학습하고 일을 처리할 수 있는 지능을 가지는 첨단 과학기술이다.

08 (　　　　　　　　)은 현재 생활을 유지하고 발전시키면서 더 나은 환경을 만들어, 미래 세대를 위해 지구의 환경을 보전하는 삶이다.

09 보기 에서 지속가능한 삶을 위한 개인적 실천 방안으로 옳은 것을 모두 고르시오.

> 보기
> ㄱ. 생태 습지나 환경 공원을 조성한다.　　　　ㄴ. 자가용 대신 대중교통이나 자전거를 탄다.
> ㄷ. 업사이클링 제품을 이용한다.　　　　　　　ㄹ. 환경 오염을 줄이는 캠페인 활동을 한다.

서술형·논술형 평가　　**01 과학과 인류의 지속가능한 삶**

1 다음은 풍식이가 탐구한 탐구 과정의 일부를 나타낸 것이다.

> 풍식이는 학교 운동장에 있는 화분의 식물보다 교실에 있는 화분의 식물이 더 느리게 자라는 것을 발견했다. 식물을 잘 키우기 위해서는 어떤 조건이 필요한지 궁금해진 풍식이는 '빛의 세기에 따라 식물이 자라는 정도가 다르다.'라는 가설을 세우고 탐구 과정을 설계했다.

위 가설에 대한 탐구를 설계할 때 다르게 해야 하는 조건과 같게 해야 하는 조건을 설명해 보자.

2 전구가 만들어지기 전에 사람들은 어둠을 밝히기 위해 양초나 석유 램프 등을 이용하여 어두운 곳을 밝혔다. 이후 에디슨은 지금과 같이 필라멘트를 이용하여 40 시간 이상 빛을 낼 수 있는 백열 전구를 발명했다. 백열 전구가 도입되면서 당시의 생활에는 어떤 변화가 생겼을지 설명해 보자.

3 플레밍은 푸른곰팡이를 배양하다가 곰팡이가 생산해내는 어떤 물질이 강력한 항균 작용을 한다는 사실을 발견하여 항생제를 개발하였다. 이 발견이 인류 문명에 미친 영향에 대해 설명해 보자.

4 지속가능한 삶을 위해서는 에너지와 환경 문제를 해결하기 위해 노력해야 한다. 태양광 발전이 석탄이나 석유와 같은 화석 연료를 이용한 발전보다 지속가능한 삶에 더 적합한 까닭을 설명해 보자.

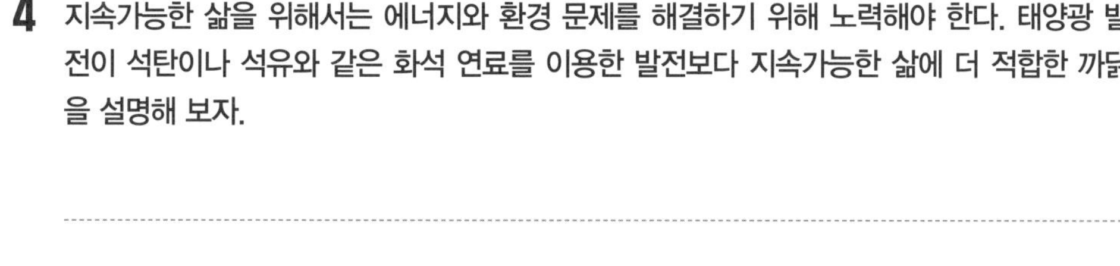

5분 테스트　　01 생물의 구성

Ⅱ 생물의 구성과 다양성

이름　　　　날짜　　　　점수

01 생물체를 구성하는 구조적·기능적 기본 단위를 (　　　　　)라고 한다.

02 세포의 모양과 크기는 세포의 기능에 (따라 다양하다, 관계없이 동일하다).

03 세포의 구조에 대한 설명으로 옳은 것은 ○, 옳지 <u>않은</u> 것은 ×로 표시하시오.

❶ 모든 생물은 세포로 이루어져 있다.　　　　　　　　　　　　　　　　　　(○, ×)
❷ 세포벽은 세포를 둘러싸고 있는 얇은 막이다.　　　　　　　　　　　　　　(○, ×)
❸ 엽록체는 세포의 생명활동을 조절한다.　　　　　　　　　　　　　　　　　(○, ×)
❹ 세포벽은 식물 세포에서만 관찰할 수 있는 세포 구조이다.　　　　　　　　　(○, ×)

04 그림은 식물 세포와 동물 세포의 구조를 나타낸 것이다. 빈칸에 알맞은 명칭을 쓰시오.

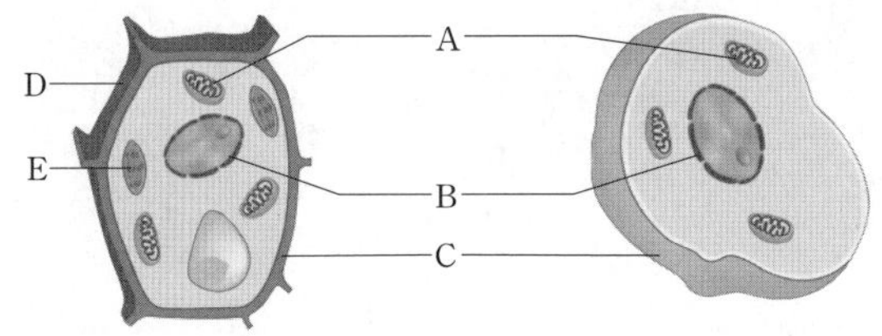

A: ____________　　　B: ____________　　　C: ____________　　　D: ____________　　　E: ____________

05 나뭇가지처럼 사방으로 길게 뻗은 모양으로, 여러 방향에서 신호를 받아들이고 다른 곳으로 빠르게 신호를 전달하는 세포는 (　　　　　　　　　)이다.

06 납작하고 평평한 모양으로, 피부나 기관의 표면을 덮어 보호하기 적합한 세포는 (　　　　　　　　　)이다.

07 동물의 구성 단계는 세포 → (　　　　　) → (　　　　　) → (　　　　　) → 개체 순서이다.

08 식물의 구성 단계는 세포 → (　　　　　) → (　　　　　) → (　　　　　) → 개체 순서이다.

09 식물 세포의 배열은 (규칙적이고, 불규칙적이고), 동물 세포의 배열은 (규칙적이다, 불규칙적이다).

5분 테스트 02 생물의 다양성

Ⅱ 생물의 구성과 다양성

이름　　　　　날짜　　　　　점수

01 다양한 환경에서 다양한 생물이 서식하는 정도를 (　　　　　)이라고 한다.

02 생물다양성이 높은 생태계일수록 (　　　　)의 변화에 대처하는 능력이 높다.

03 생물다양성은 (　　　　)가 다양할수록, 일정한 지역에 살고 있는 생물의 (　　　　)가 많을수록, 같은 종류에 속하는 생물의 특성이 다양할수록 높다.

04 같은 종류의 생물 중 개체에 따라 나타나는 특성의 차이를 (　　　　)라고 한다.

05 다음은 생물다양성이 형성되는 과정을 순서 없이 나타낸 것이다.

> (가) 생물다양성이 증가한다.
> (나) 한 종류의 무리가 다양한 환경으로 흩어져 살아간다.
> (다) 다양한 변이가 있는 한 종류의 생물 무리가 살아간다.
> (라) 같은 종류의 생물 사이에서 차이가 커져 새로운 종류의 생물이 생긴다.
> (마) 환경에 맞게 적응하면서 생존에 유리한 개체들이 후손을 남기는 것을 반복한다.

이 과정을 순서대로 배열하시오.

06 생물이 먹이나 온도 등 주위 환경에 맞게 자신의 형태나 기능을 맞추는 과정을 (　　　　)이라고 한다.

07 그림은 갈라파고스제도의 여러 섬에 사는 핀치의 모습을 나타낸 것이다.

핀치의 부리 모양과 크기가 다르게 변화한 환경적 요인은 (　　　　)의 종류이다.

08 생물다양성에 대한 설명으로 옳은 것은 ○, 옳지 않은 것은 ×로 표시하시오.

❶ 생물의 수가 많을 때보다 생물의 종류가 다양할 때 생물다양성이 높다. (○ , ×)
❷ 한 종류에 속하는 생물의 특성이 같으면 환경이 변하더라도 멸종할 위험이 낮다. (○ , ×)
❸ 초원, 사막, 바다, 숲 등 생태계가 다양할수록 생물다양성이 높아진다. (○ , ×)

09 그림은 서식하는 곳이 다른 소라의 모습을 나타낸 것이다. 껍데기 모양이 이렇게 다르게 변한 환경적 요인은 무엇인지 쓰시오.

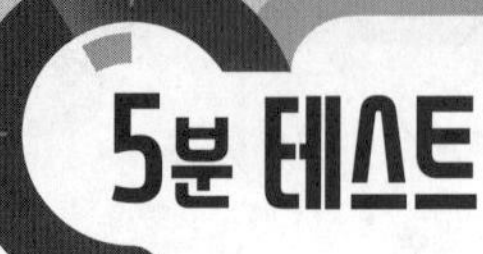 5분 테스트 ○3 생물의 분류

Ⅱ 생물의 구성과 다양성

이름 ___ 날짜 ___ 점수 ___

01 생물을 일정한 기준에 따라 특징이 같은 생물끼리 무리지어 나누는 것을 ( )라고 한다.

02 생물을 사람의 편의에 따라 분류하게 되면, 분류하는 사람에 따라 결과가 달라질 수 있다. 따라서 생물을 분류할 때는 생물이 가지고 있는 고유의 ( )을 기준으로 한다.

[**03~04**] 보기 는 생물을 분류하는 여러 가지 기준을 나타낸 것이다.

보기
ㄱ. 광합성을 하는가? ㄴ. 어디에 살고 있는가? ㄷ. 영양분을 어떻게 얻는가?
ㄹ. 먹이는 어떤 것을 주로 먹는가? ㅁ. 사람이 키울 수 있는가? ㅂ. 척추를 가지고 있는가?
ㅅ. 먹어도 되는 생물인가? ㅇ. 호흡은 어떤 방식으로 하는가? ㅈ. 핵을 가지고 있는가?

03 사람의 편의에 따라 분류하는 기준을 보기 에서 <u>모두</u> 골라 기호를 쓰시오.

04 생물이 가지고 있는 고유의 특징에 따라 분류하는 기준을 보기 에서 <u>모두</u> 골라 기호를 쓰시오.

05 생물의 분류 단계는 종 < ( ) < 과 < 목 < ( ) < 문 < ( )이며, 분류의 기본 단위는 ( )이다.

06 표는 생물의 5계의 특성을 나타낸 것이다. 빈칸을 알맞게 채우시오.

구분	핵(핵막)	세포벽	광합성	세포 수	운동성
원핵생물계	❶ ( )	○	○, ×	단세포	○, ×
원생생물계		○, ×		대부분 단세포	
❷ ( )	❸ ( )	❹ ( )	❺ ( )	대부분 다세포	❾ ( )
식물계			❻ ( )	❽ ( )	
동물계		×	❼ ( )		○

07 다음 무리에 속하는 생물을 보기 에서 찾아 그 기호를 쓰시오.

보기
ㄱ. 개 ㄴ. 효모 ㄷ. 버섯 ㄹ. 다시마
ㅁ. 곰팡이 ㅂ. 은행나무 ㅅ. 유글레나

❶ 원생생물계: ___ ❷ 균계: ___ ❸ 식물계: ___ ❹ 동물계: ___

08 핵막으로 구분된 핵을 가지고 있지 않은 생물의 무리를 ( )라고 한다.

09 생물의 분류에 대한 설명으로 옳은 것은 ○, 옳지 <u>않은</u> 것은 ×로 표시하시오.
❶ 형태가 비슷한 무리는 모두 같은 종이다. (○, ×)
❷ 고양잇과는 고양이속보다 작은 분류 단계이다. (○, ×)
❸ 생물을 분류하면 생물 사이의 가깝고 먼 관계를 알 수 있다. (○, ×)

5분 테스트　○4 생물다양성보전

Ⅱ 생물의 구성과 다양성

이름　　　날짜　　　점수

01 생물다양성이 높으면 (　　　　　　　)이 복잡하여 생태계가 더 안정적으로 유지된다.

02 사람은 생물을 통해 살아가는 데 필요한 다양한 (　　　　)을 얻는다.

03 멸종이 일어나 생물 (　　　　)이 줄어들면 사람을 포함한 다른 생물도 영향을 받아 생태계평형이 파괴될 수 있으므로, 이를 보전하기 위해 노력해야 한다.

04 원래 살고 있던 지역을 벗어나서 새로운 지역으로 들어가 자리를 잡고 사는 생물을 (　　　　)이라고 한다.

05 생물다양성을 감소시키는 가장 심각한 원인은 인간이 자연을 개발하는 과정에서 일어나는 (　　　　)파괴이다.

[**06~08**] 다음 설명에 해당하는 생물다양성 감소 원인을 **보기** 에서 골라 기호로 쓰시오.

> **보기**
> ㄱ. 환경오염　　　　ㄴ. 서식지 감소　　　　ㄷ. 외래종 유입　　　　ㄹ. 불법 포획과 남획

06 개발 등으로 인해 생물이 살아가던 터전이 사라져 생물의 다양성이 감소하는 경우

07 법에 어긋나게 야생 동물을 잡거나, 지나치게 많은 생물을 잡게 되어 생물다양성이 감소하는 경우

08 천적이 없는 생물이 유입되어 개체수가 급격히 증가하고, 토종 생물이 밀려나 생태계에 교란을 가져오는 경우

[**09~10**] **보기** 는 생물다양성을 보전할 수 있는 방법을 나타낸 것이다.

> **보기**
> ㄱ. 쓰레기를 분리수거 한다.
> ㄴ. 외래종의 유입을 감시하여 방지한다.
> ㄷ. 생물다양성보전에 대한 협약을 맺는다.
> ㄹ. 희귀 동물을 애완용으로 키우지 않는다.
> ㅁ. 플라스틱 사용을 줄이고, 일회용품 대신 다회용품을 사용한다.
> ㅂ. 생물보호구역 및 서식지를 국립공원으로 지정해서 관리한다.

09 국가 및 지역 사회 수준에서 생물다양성을 보전할 수 있는 방법을 **보기** 에서 <u>모두</u> 고르시오.

10 개인 수준에서 생물다양성을 보전할 수 있는 방법을 **보기** 에서 <u>모두</u> 고르시오.

서술형·논술형 평가　**○1** 생물의 구성

[**1~2**] 그림은 식물과 동물이 양분을 얻는 방법을 나타낸 것이다.

1　식물이 스스로 양분을 만들 수 있는 까닭을 세포 구조를 이용하여 설명해 보자.

2　식물과 달리 동물에 기관계가 발달한 까닭을 설명해 보자.

3　식물의 뿌리에서 흡수된 물은 줄기의 물관을 통해 잎까지 전달된다. 물관을 구성하는 세포의 모양은 어떠할지 쓰고, 그렇게 생각한 까닭을 설명해 보자.

[**4~5**] 그림은 식물의 구성 단계를 순서 없이 나타낸 것이다.

(가)　　(나)　　(다)　　(라)　　(마)

4　식물의 구성 단계를 순서대로 나열해 보자.

5　(가)~(마) 중 식물에만 있는 구성 단계를 쓰고, 해당 단계의 이름과 구성상의 특징에 대해 설명해 보자.

서술형·논술형 평가   **02** 생물의 다양성

1 그림은 생물다양성에 영향을 주는 요인을 나타낸 것이다. (1)~(3)을 생물다양성과 연관 지어 설명해 보자.

(1)   (2)   (3)

[2~3] 그림은 사막여우와 북극여우를 나타낸 것이다.

사막여우

북극여우

2 각 여우의 생김새와 사는 곳의 특징을 쓰고, 각 여우의 생김새가 다른 까닭을 사는 곳의 환경과 연관 지어 표를 완성해 보자.

구분	사막여우	북극여우
생김새의 특징	(1)	(2)
사는 곳의 특징	(3)	(4)
생김새가 다른 까닭	(5)	(6)

3 북극여우, 사막여우, 붉은여우와 같이 지구상의 생물이 다양하게 형성된 과정을 설명해 보자.

4 선인장은 다른 식물과 달리 잎이 가시 형태를 띠고 있다. 그 까닭을 환경과 연관 지어 설명해 보자.

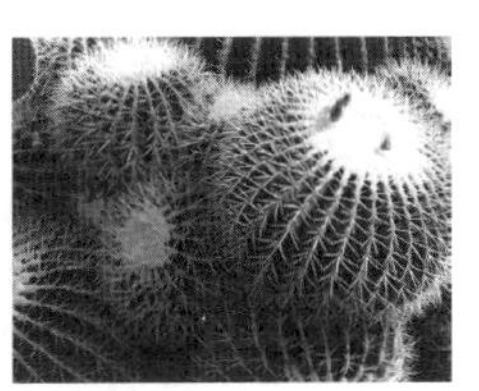

서술형·논술형 평가　　03 생물의 분류

1 생물분류의 정의를 쓰시오.

2 생물을 분류하는 목적을 쓰시오.

3 생물의 분류 단계를 작은 단위부터 쓰시오.

[4~5] 다음 생물 사진을 보고 물음에 답하시오.

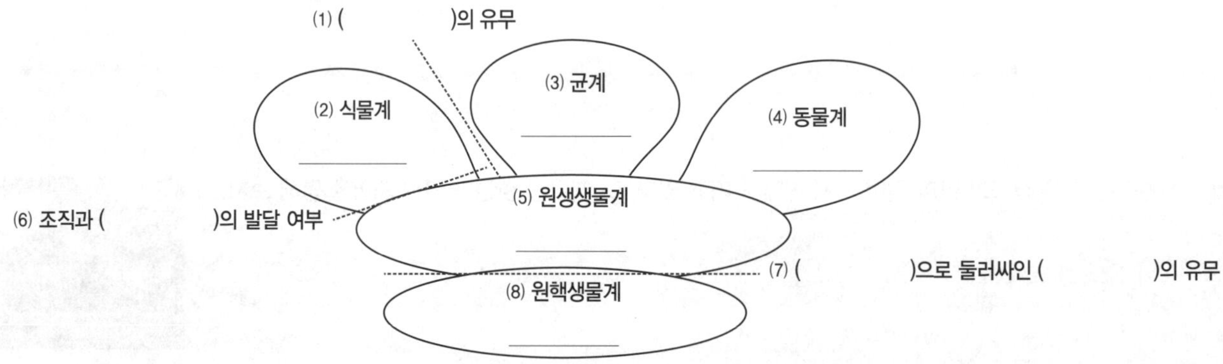

4 위 생물의 특징을 표의 빈칸에 써 보자.

구분	핵(핵막)	세포벽	광합성	세포 수	운동성	균사
[A] 은행나무						
[B] 고사리						
[C] 이끼						
[D] 남세균						
[E] 대장균						
[F] 김						
[G] 개미						
[H] 송이버섯						
[I] 짚신벌레						
[J] 푸른곰팡이						

5 4의 내용을 바탕으로 5계에 해당하는 생물의 기호를 써 보자. 또, 빈칸에 들어갈 계의 분류 기준을 써 보자.

(1) ( )의 유무

(2) 식물계　　(3) 균계　　(4) 동물계

(5) 원생생물계

(6) 조직과 ( )의 발달 여부

(7) ( )으로 둘러싸인 ( )의 유무

(8) 원핵생물계

서술형·논술형 평가   **04** 생물다양성 보전

1 표에 제시된 각각의 생물에서 얻을 수 있는 자원을 써 보자.

벼	목화	푸른곰팡이	나무	숲
(1)	(2)	(3)	(4)	(5)

2 그림은 어떤 해양 생태계를 나타낸 것이다.

(1) 해달, 성게, 다시마의 먹이 관계를 화살표로 나타내 보자.

(2) 해달을 집중적으로 사냥할 때 이 생태계에서 일어날 수 있는 변화를 설명해 보자.

(3) 생물다양성이 생태계에 중요한 까닭을 설명해 보자.

3 생물다양성이 줄어들었을 때 우리 주변에서 일어날 수 있는 문제점을 <u>세 가지</u> 이상 설명해 보자.

4 다음은 생물다양성이 감소하는 원인을 나타낸 것이다. 각각 어떻게 생물다양성을 감소시키는지 설명해 보자. 또, 각 원인을 해결하기 위한 대책을 써 보자.

구분	서식지 파괴	불법 포획 및 남획	외래종 유입	환경오염
생물다양성 감소 원인				
작용	(1)	(2)	(3)	(4)
대책	(5)	(6)	(7)	(8)

창의적 문제 해결 능력   O1 생물의 구성 ~ O2 생물의 다양성   Ⅱ 생물의 구성과 다양성

1 그림은 태양 전지를 나타낸 것이다. 태양 전지는 태양의 빛에너지를 이용하여 전기를 만들어내는 장치이다. 세포의 구성 요소 중 엽록체는 태양 전지에 비유할 수 있는데, 엽록체의 기능과 관련지어 설명해 보자.

[2~3] 그림은 자동차 공장의 구조를 나타낸 것이다.

2 자동차 공장의 중앙 통제실, 자동차 조립 공간, 발전기, 담장, 출입문과 비슷한 기능을 하는 세포의 구조를 써 보자.

(1) 중앙 통제실: _______________

(2) 자동차 조립 공간: _______________

(3) 발전기: _______________

(4) 담장: _______________

(5) 출입문: _______________

3 자동차 공장은 동물 세포와 식물 세포 중 어느 세포에 비유할 수 있는지를 쓰고, 그 까닭을 세포의 구조를 이용하여 설명해 보자.

4 밝은색 모래가 많은 바닷가에 사는 올드필드쥐의 털 색깔은 밝은색인데 반해 어두운 색 흙이 많은 산림 지대에 사는 올드필드쥐의 털 색깔은 어두운 색이다. 같은 종이지만 사는 곳에 따라 털 색깔이 다른 까닭을 변이와 관련지어 설명해 보자.

창의적 문제 해결 능력 03 생물의 분류 ~ 04 생물다양성보전

Ⅱ 생물의 구성과 다양성

1 풍식이는 지금까지 밝혀지지 않은 생물을 발견하고, 이 생물의 특성을 관찰하여 표와 같이 정리하였다.

구분	핵(핵막)	세포벽	광합성	세포 수	운동성
특성	○	×	×	다세포	○

(1) 이 생물의 특성 중 다음 각 계와 같은 특성을 나타내면 ✔로 표시해 보자.

구분	핵(핵막) 유무	세포벽 유무	광합성 여부	세포 수	운동성 여부
원핵생물계					
원생생물계					
균계					
식물계					
동물계					

(2) (1)을 근거로 풍식이가 발견한 생물이 5계 중 어디로 분류되는지 설명해 보자.

[2~3] 그림 (가)는 벌이 생태계에서 하는 역할을 나타낸 것이고, 그림 (나)는 벌이 있을 때와 사라졌을 때 마트의 모습을 나타낸 것이다.

(가)

벌이 있을 때 　　 벌이 사라졌을 때

(나)

2 벌이 사라진 경우 생태계의 생물다양성이 어떻게 변했는지 벌의 역할과 연관 지어 설명해 보자.

----

3 그림은 꽃에서 꿀을 얻는 여러 가지 생물을 나타낸 것이다. 이러한 생물이 존재하지 않는 생태계와 존재하는 생태계 중 벌이 사라졌을 때 생물다양성 감소 효과가 더 큰 생태계를 쓰고, 그 까닭을 설명해 보자.

나비

등에

동박새

4 멸종 위기 생물의 종류를 조사하고, 조사한 생물이 생태계 내에서 하는 역할과, 그 생물이 멸종할 경우 생태계에 미치는 영향에 대해 설명해 보자.

목표	세포를 현미경으로 관찰하고, 각 세포의 특징을 설명할 수 있다.
준비물	양파, 여러 가지 영구표본(신경세포, 근육세포), 물, 메틸렌 블루 용액, 아세트올세인 용액, 현미경, 덮개 유리, 스포이트, 핀셋, 거름종이, 받침 유리, 면봉, 비커, 안전 면도날, 실험복, 실험용 장갑, 보안경

과정

〈세포 표본 만들기〉

동물 세포: 입안 상피세포

❶ 입안을 물로 헹군 뒤, 면봉으로 볼 안쪽 면을 가볍게 긁어낸다.

❷ 면봉을 받침 유리 위에 문지르고 물을 1 방울 떨어뜨린다.

❸ ❷에서 만든 받침 유리 위에 덮개 유리를 공기가 들어가지 않도록 천천히 덮는다.

❹ 덮개 유리 한쪽에 메틸렌 블루 용액을 1 방울 떨어뜨린 뒤 반대편에 거름종이를 대고 염색액을 흡수시킨다.

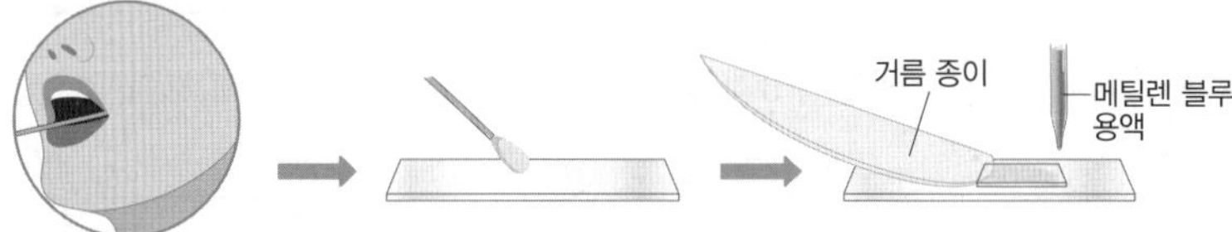

식물 세포: 양파 표피세포

❶ 안전 면도날로 양파 껍질 안쪽을 격자 모양으로 긋는다.

❷ 핀셋으로 양파 껍질의 얇은 표피만 떼어 내어 받침 유리 위에 올려놓고 물을 1 방울 떨어뜨린다.

❸ ❷에서 만든 받침 유리 위에 덮개 유리를 공기가 들어가지 않도록 천천히 덮는다.

❹ 덮개 유리 한쪽에 아세트올세인 용액을 1 방울 떨어뜨린 뒤 반대편에 거름종이를 대고 염색액을 흡수시킨다.

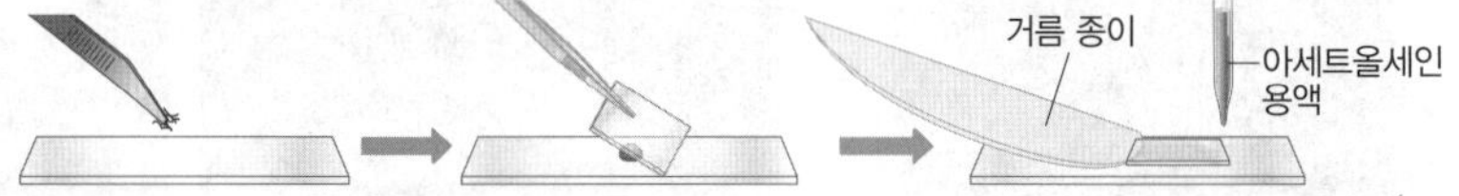

〈관찰하기〉

1 완성된 입안 상피세포와 양파 표피세포 표본을 현미경으로 낮은 배율부터 높은 배율의 순서로 관찰한다.

2 신경세포 영구표본과 근육세포 영구표본을 현미경으로 관찰한다.

결과

입안 상피세포	( )	( )	근육세포
( )적으로 흩어져 있다.	규칙적으로 배열되어 있다.	나뭇가지처럼 사방으로 길게 뻗어 있다.	길쭉한 튜브 모양이다.

정리

구분	핵	세포벽	엽록체	세포 모양
입안 상피세포	있음	( )	없음	불규칙적
양파 표피세포	( )	있음	있음	( )
신경세포	( )	없음	( )	나뭇가지처럼 길게 뻗은 모양
근육세포	있음	( )	없음	길쭉한 튜브 모양

| 탐구 | 보고서 작성 | O2 생물의 분류 | Ⅱ 생물의 구성과 다양성 |

목표	생물의 특성을 이용하여 여러 생물들을 분류할 수 있다.
준비물	조사한 여러 생물의 특성, 필기구, 생물 카드

과정 및 결과

❶ 두 사람씩 짝을 지어 이름과 몇몇 항목을 가린 생물 카드를 서로 교환한다.
❷ 각 계의 특성을 이용하여 생물 카드의 빈칸을 채워 넣는다.

이름	유글레나
핵(핵막)	☐ 있다. ☐ 없다.
세포벽	☐ 있다. ☐ 없다.
세포 수	☐ 단세포 ☐ 다세포
광합성	☐ 한다. ☐ 안 한다.
특징	
계	

이름	닭
핵(핵막)	☐ 있다. ☐ 없다.
세포벽	☐ 있다. ☐ 없다.
세포 수	☐ 단세포 ☐ 다세포
광합성	☐ 한다. ☐ 안 한다.
특징	
계	

이름	이끼
핵(핵막)	☐ 있다. ☐ 없다.
세포벽	☐ 있다. ☐ 없다.
세포 수	☐ 단세포 ☐ 다세포
광합성	☐ 한다. ☐ 안 한다.
특징	
계	

이름	버섯
핵(핵막)	☐ 있다. ☐ 없다.
세포벽	☐ 있다. ☐ 없다.
세포 수	☐ 단세포 ☐ 다세포
광합성	☐ 한다. ☐ 안 한다.
특징	
계	

이름	대장균
핵(핵막)	☐ 있다. ☐ 없다.
세포벽	☐ 있다. ☐ 없다.
세포 수	☐ 단세포 ☐ 다세포
광합성	☐ 한다. ☐ 안 한다.
특징	
계	

이름	미역
핵(핵막)	☐ 있다. ☐ 없다.
세포벽	☐ 있다. ☐ 없다.
세포 수	☐ 단세포 ☐ 다세포
광합성	☐ 한다. ☐ 안 한다.
특징	
계	

정리

구분	핵(핵막)	세포벽	광합성	세포 수	운동성	특징
원핵생물계						
원생생물계						
균계						
식물계						
동물계						

5분 테스트   **01 열의 이동**

Ⅲ 열

이름   날짜   점수

01 물체의 차갑고 뜨거운 정도를 숫자로 나타낸 값을 (   )라고 하며, (   )는 물질을 이루는 입자의 운동이 활발한 정도를 수치로 나타낸 것이다.

02 그림은 서로 다른 두 물체가 접촉했을 때, 접촉한 물체 사이에 이동하는 열의 방향을 나타낸 것이다.

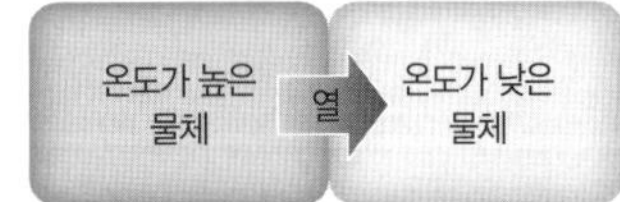

❶ 열을 얻은 물체는 온도가 (높아, 낮아)지고, 입자의 운동이 (활발해, 둔해)진다.
❷ 열을 잃은 물체는 온도가 (높아, 낮아)지고, 입자의 운동이 (활발해, 둔해)진다.

03 온도가 서로 다른 두 물체가 접촉한 후 시간이 지나면 두 물체의 온도가 같아져 더 이상 열이 이동하지 않는 상태를 (   ) 상태라고 한다.

04 열평형 상태를 우리 생활에 이용하는 예로 옳은 것을 보기에서 모두 고르시오.

> **보기**
> ㄱ. 라면을 끓일 때 금속 냄비를 사용한다.
> ㄴ. 보온병에 물을 담아 온도를 일정하게 유지한다.
> ㄷ. 더운 여름에는 계곡물에 수박을 넣어 시원하게 한다.
> ㄹ. 체온계를 사람의 몸에 접촉하고 잠시 기다려 온도를 확인한다.
> ㅁ. 갓 삶은 달걀을 찬물에 넣어 식힌다.

05 온도가 서로 다른 두 물체 사이에서 열이 이동할 때 외부와의 열 출입을 무시한다면, 고온의 물체가 잃은 열의 양은 저온의 물체가 얻은 열의 양과 (같다, 다르다).

06 열의 이동 방법 중 (   )는 다른 물질을 거치지 않고 열이 직접 이동하는 방법이고, (   )는 물질을 이루는 입자가 직접 이동하여 열을 전달하는 방법이다.

07 물체를 구성하는 입자의 움직임이 이웃한 입자에 차례로 전달되며 열이 이동하는 (   )는 입자가 직접 이동하지 않는다.

08 난로 근처에 있을 때 그 주변이 따뜻해지는 것은 (   )에 의한 열 이동의 예이다.

09 그림 (가)~(다)는 열의 이동 방법에서 열의 이동을 화살표로 나타낸 것이다. (가)~(다)의 열의 이동 방법을 각각 쓰시오.

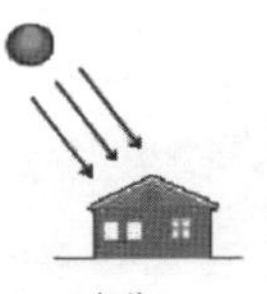 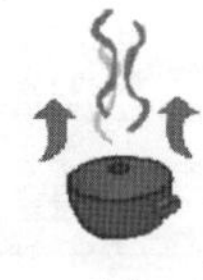 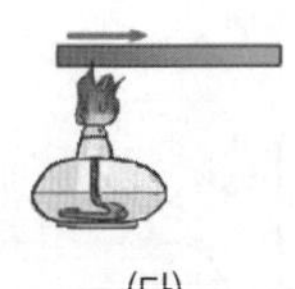

(가)   (나)   (다)

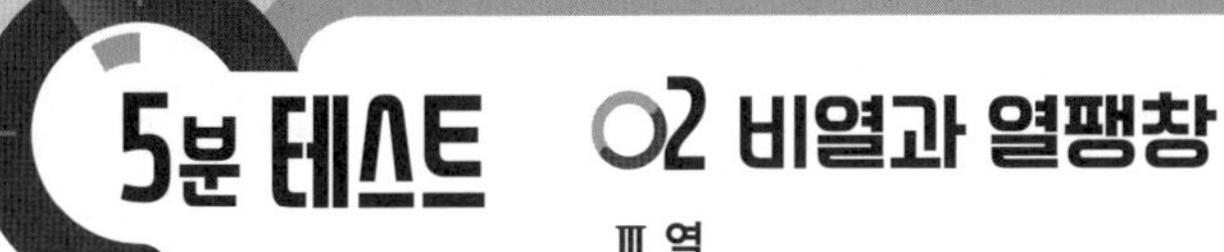

이름　　　날짜　　　점수

01 (　　　　　　)은 온도가 다른 두 물체 사이에서 온도 차에 의해 이동하는 열의 양이다.

02 (　　　　　　)은 어떤 물질 1 kg의 온도를 1 ℃ 높이는 데 필요한 열량이다.

03 질량이 같은 물질에 같은 열량을 가할 때 온도 변화는 비열이 (　　　　)수록 작다.

04 비열에 대한 설명으로 옳은 것은 ○, 옳지 않은 것은 ×로 표시하시오.

❶ 비열의 단위는 kcal이다. 　　　　　　　　　　　　　　　　　　　　　(○, ×)
❷ 비열이 작은 물질은 가열할 때 온도가 잘 변하지 않는다. 　　　　　　　(○, ×)
❸ 모래사장의 모래는 바닷물보다 비열이 작다. 　　　　　　　　　　　　　(○, ×)
❹ 비열은 물질의 종류에 따라 고유한 값을 가진다. 　　　　　　　　　　　(○, ×)

05 질량이 같은 물질을 같은 온도만큼 높이기 위해 필요한 열량은 (　　　　)이 클수록 많다.

06 비열이 큰 물질을 활용한 예로 옳은 것을 **보기**에서 **모두** 고르시오.

> **보기**
> ㄱ. 자동차 엔진이 뜨거워지는 것을 막기 위해 냉각수를 이용한다.
> ㄴ. 무더운 날 땅 위에 아지랑이가 피어난다.
> ㄷ. 금속으로 만든 프라이팬을 가열하여 음식을 익힌다.
> ㄹ. 도자기로 만든 뚝배기에 음식을 조리한다.
> ㅁ. 전통 한옥에서 지낼 때 여름에는 시원하고 겨울에는 따뜻하다.

07 물질에 열을 가할 때 물질의 길이가 길어지거나 부피가 커지는 현상을 (　　　　)이라고 한다.

08 열팽창 정도가 다른 두 금속을 붙여 만든 (　　　　　　)은 온도 조절 장치의 부품으로 사용한다.

09 바이메탈을 가열하면 열팽창 정도가 (작은, 큰) 금속 쪽으로 휘어지고, 냉각하면 열팽창 정도가 (작은, 큰) 금속 쪽으로 휘어진다.

10 열팽창 현상에 대한 설명으로 옳은 것은 ○, 옳지 않은 것은 ×로 표시하시오.

❶ 유리컵에 뜨거운 물을 부으면 유리컵이 깨진다. 　　　　　　　　　　　(○, ×)
❷ 전깃줄의 전선이 겨울에는 늘어졌다가 여름이 되면 팽팽해진다. 　　　　(○, ×)
❸ 철로나 다리 이음매의 틈은 겨울에는 넓어졌다가 여름이 되면 좁아진다. (○, ×)
❹ 가스관의 파손을 막기 위해 가스관은 구부러지는 부분 없이 일자로 설치해야 한다. (○, ×)

서술형·논술형 평가　01 열의 이동

1 시스템 에어컨은 냉방과 난방 기능을 모두 갖춰 공간을 효과적으로 사용할 수 있다. 하지만 겨울철 시스템 에어컨의 난방 기능은 가스나 석유로 바닥을 데우는 난방보다 효율이 약 40 % 이상 낮아진다. 그 까닭을 열의 이동과 관련지어 설명해 보자.

2 그림과 같이 금속 냄비 사이에 냉동된 고기를 넣어 두면 상온에 그냥 두었을 때보다 빠르게 해동된다. 그 까닭을 쓰고, 각각 알루미늄과 스테인리스로 만든 금속 냄비 중 어떤 재질의 금속 냄비를 사용했을 때 더 빠르게 해동되는지 설명해 보자. (단, 열의 전도 정도는 알루미늄이 스테인리스보다 크다.)

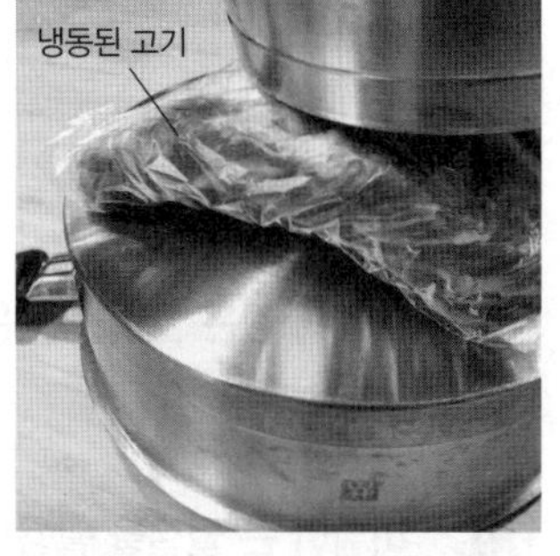

3 한여름 야외 활동을 할 때 천막을 쳐서 그늘을 만들거나 양산을 써 더위를 피하기도 한다. 그 까닭을 열의 이동과 관련지어 설명해 보자.

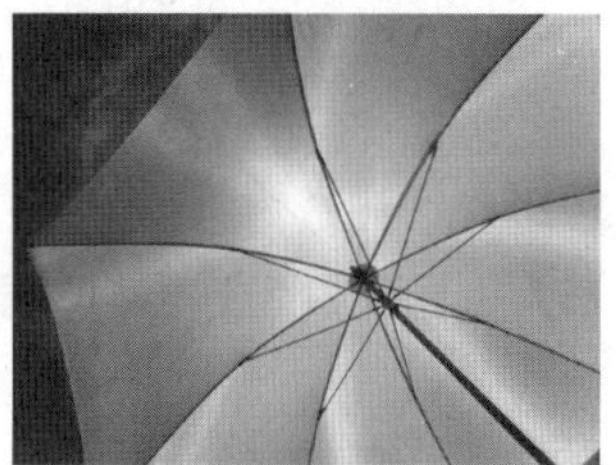

4 그림은 보온병의 내부 구조를 나타낸 것이다. 이중벽 사이에 진공 층을 두는 까닭을 열의 이동과 관련지어 설명해 보자.

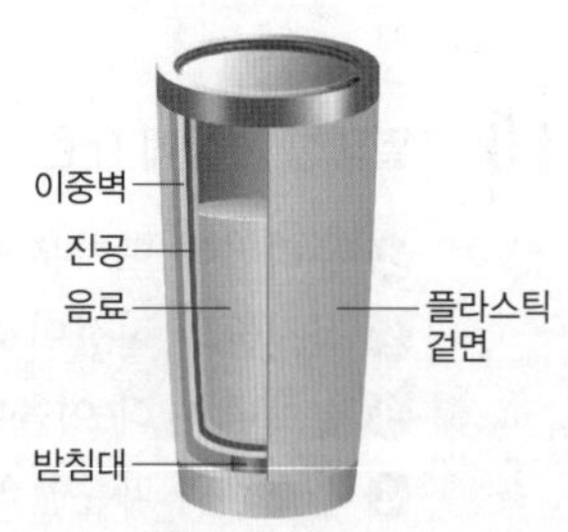

서술형·논술형 평가　　**02 비열과 열팽창**　　Ⅲ 열

1 사람의 몸은 약 $60 \sim 70 \%$가 물로 이루어져 있어서 체온을 유지하는 데 도움이 된다. 그 까닭을 물의 비열과 관련지어 설명해 보자.

2 해수면이 상승하는 원인 중 한 가지는 지구 평균 기온이 높아져 빙하가 녹는 것이다. 또 다른 원인은 수온의 상승과 관련이 있다. 수온이 높아지면 해수면이 상승하는 까닭을 열팽창과 관련지어 설명해 보자.

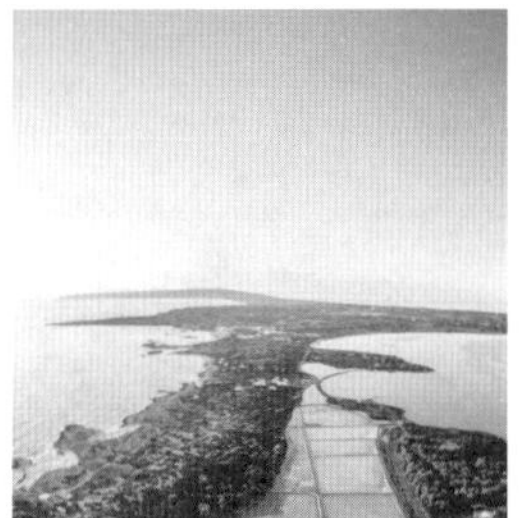

3 튀김을 만들 때는 식용유를 충분히 달군 다음 재료를 넣어 만든다. 이때 차가운 재료를 한꺼번에 넣지 않도록 주의해야 하는데, 한꺼번에 넣으면 안되는 까닭을 식용유의 비열로 설명해 보자.

4 유리병의 금속 뚜껑이 잘 열리지 않을 때 뚜껑 부분을 뜨거운 물에 넣었다가 빼면 뚜껑을 쉽게 열 수 있다. 그 까닭을 열팽창과 관련지어 설명해 보자.

창의적 문제 해결 능력　　○1 열의 이동 ~ ○2 비열과 열팽창　　Ⅲ 열

1 접촉식 체온계는 비접촉식 체온계와 달리 물체의 온도를 측정할 때 체온계를 꽂고 잠시 기다린 뒤에 측정해야 한다. 접촉식 체온계와 비접촉식 체온계의 온도 측정 시간에 차이가 나는 까닭을 열 이동 방식과 비교하여 설명해 보자.

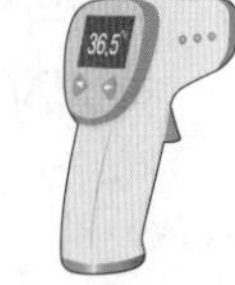

접촉식 체온계　　비접촉식 체온계

2 동그란 화덕 안에 피자를 넣으면 불이 직접 닿지 않아도 피자가 알맞게 구워진다. 이를 열의 이동 방법 세 가지와 관련지어 설명해 보자.

3 건물을 지을 때 콘크리트 내부에 철근을 넣어 건물의 뼈대를 만든다. 콘크리트와 철근의 열팽창 정도가 비슷하면 어떤 점이 좋을지 생각해 보고, 만약 열팽창 정도가 크게 다르면 어떤 일이 일어날지 설명해 보자.

마인드맵　　Ⅲ 열

온도가 높아질수록 입자의 운동이 ❷ (　　)지고, 온도가 낮아질수록 입자의 운동이 ❸ (　　)진다.

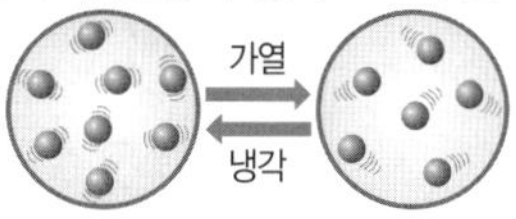

물체의 차갑고 뜨거운 정도를 숫자로 나타낸 값

❶ (　　)

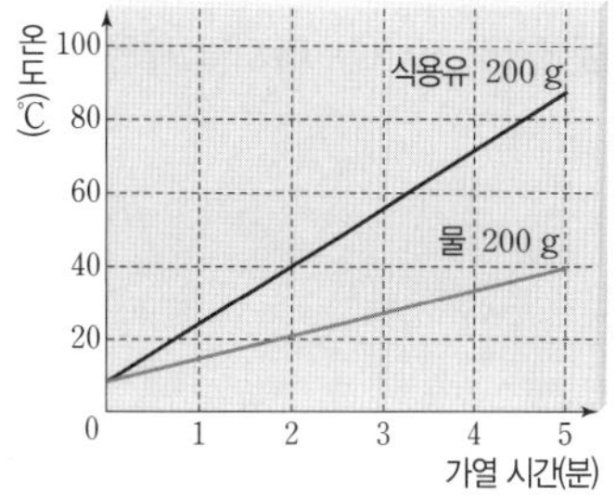

• 온도 변화
➡ 식용유 ⓮ (　　) 물
• 비열의 크기
➡ 식용유 ⓯ (　　) 물

어떤 물질 ⓬ (　　)의 온도를 ⓭ (　　) 높이는 데 필요한 열량

⓫ (　　)

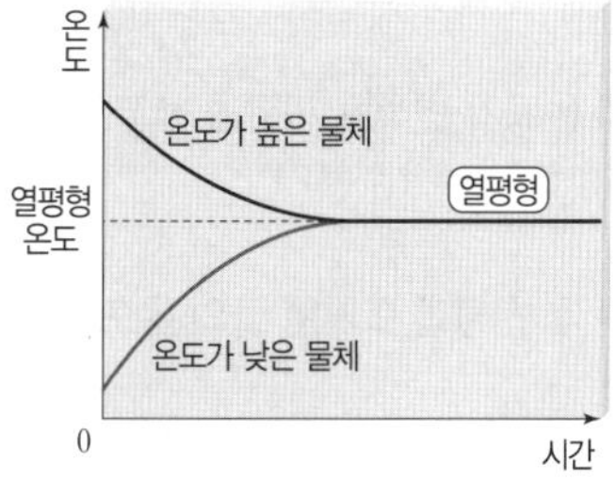

온도가 ❺ (　　) 물체에서 온도가 ❻ (　　) 물체로 이동하는 에너지

열

열팽창

물질에 열을 가할 때 물질의 길이가 길어지고 ⓰ (　　)가 커지는 현상

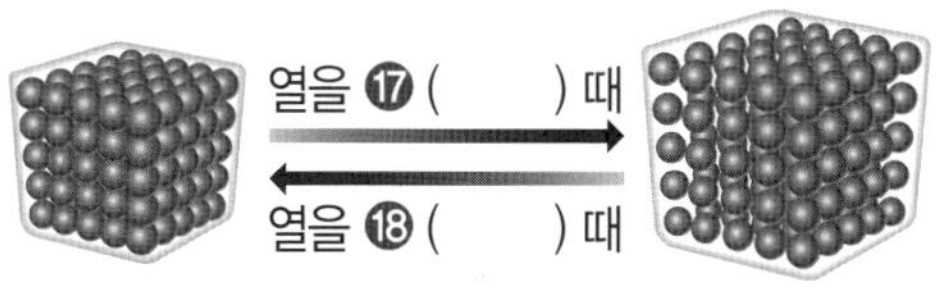

❹ (　　)

열의 이동 방법

전도　　대류　　복사

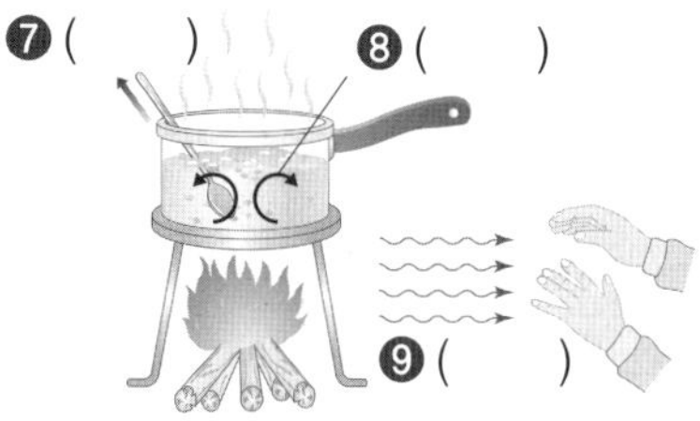

❼ (　　)　　❽ (　　)

❾ (　　)

⓾ (　　)

탐구 설계하기

보고서 작성

O1 열의 이동

목표	온도가 다른 두 물체가 접촉했을 때 두 물체의 온도 변화를 온도 – 시간 그래프로 나타낼 수 있다.
준비물	찬물(약 10 ℃), 뜨거운 물(약 60 ℃), 디지털 체온계 2 개, 열량계, 초시계, 내열 장갑

과정

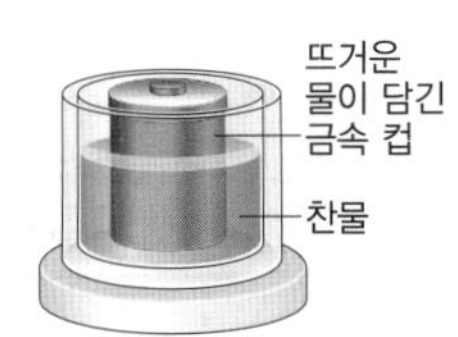
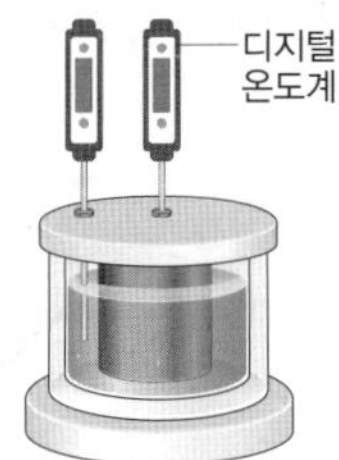

❶ 열량계에 찬물을 넣는다.

❷ 뜨거운 물이 담긴 금속 컵을 열량계에 넣는다.

❸ 열량계의 뚜껑을 닫은 후 찬물과 뜨거운 물에 각각 디지털 온도계를 꽂는다.

결과

찬물과 뜨거운 물의 온도 변화를 1 분 간격으로 측정한 결과는 다음과 같다.

시간(분)	0	1	2	3	4	5	6	7	8	9
찬물(℃)	24.5	28.0	29.7	30.5	32.0	32.7	33.0	33.2	33.2	33.2
뜨거운 물(℃)	62.0	52.4	45.2	38.4	35.2	34.2	33.4	33.2	33.2	33.2

정리

1 시간에 따른 온도 변화를 찬물은 점선, 뜨거운 물은 실선으로 그래프에 표시해 보자.

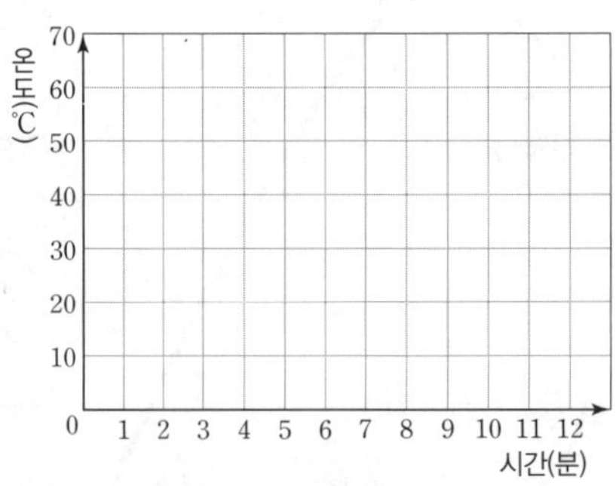

2 찬물과 뜨거운 물의 온도는 각각 어떻게 변하는지 설명해 보자.

3 찬물과 뜨거운 물의 온도가 변하는 까닭을 쓰고, 언제까지 변하는지 설명해 보자.

4 충분한 시간이 지난 후 찬물과 뜨거운 물의 온도가 더 이상 변하지 않는 까닭을 설명해 보자.

목표	서로 다른 액체가 같은 양의 열을 얻거나 잃을 때 비열의 크기를 비교할 수 있다.
준비물	적외선 체온계, 수조 2 개, 식용유, 뜨거운 물, 찬물, 크기가 같은 용기 2 개, 전자저울, 초시계, 기록표, 실험복, 내열 장갑, 실험용 장갑, 보안경

과정

❶ 크기가 같은 두 용기에 물과 식용유를 각각 100 g씩 넣는다.

❷ 적외선 온도계로 물과 식용유의 온도를 각각 측정하여 표에 기록한다.

❸ 두 용기를 동시에 뜨거운 물이 담긴 수조에 넣고, 2 분 후 과정 ❷를 반복한다.

❹ 과정 ❸의 두 용기를 동시에 찬물이 담긴 수조에 넣고, 2 분 후 과정 ❷를 반복한다.

결과

실험 과정에서 물과 식용유가 같은 양의 열을 얻거나 잃을 때 온도가 변하는 정도는 다음과 같다.

구분	과정 ❷에서의 온도(℃)	뜨거운 물에 넣고 2 분 뒤 측정한 온도(℃)	찬물에 넣고 2 분 뒤 측정한 온도(℃)
물(100 g)	20.0	22.6	20.7
식용유(100 g)	20.0	25.8	19.8

정리

1 가열하는 동안 온도가 더 많이 높아진 액체와 식히는 동안 온도가 더 많이 낮아진 액체를 각각 쓰고, 그 까닭을 설명해 보자.

2 질량이 같은 물과 식용유를 각각 가열하여 같은 온도만큼 높일 때 필요한 열의 양이 더 많은 물질이 무엇인지 쓰고, 그 까닭을 설명해 보자.

3 식용유를 뜨거운 물이 담긴 수조에 넣지 않고 온도를 높일 수 있는 방법을 입자의 움직임과 관련지어 설명해 보자.

5분 테스트 　**01 입자의 운동**

Ⅳ 물질의 상태 변화

이름　　　　　　날짜　　　　　　점수

01　우리 주변의 모든 물질은 눈에 보이지 않는 매우 작은 (　　　　　)들로 이루어져 있다.

02　물질을 이루는 입자들이 스스로 움직이는 현상을 (　　　　　)이라고 한다.

03　입자 운동에 대한 설명으로 옳은 것은 ○, 옳지 <u>않은</u> 것은 ×로 표시하시오.

❶ 물질을 이루는 입자는 모든 방향으로 운동한다.　　　　　　　　　　　　　　　(○, ×)
❷ 진공 상태에서는 입자의 운동이 일어나지 않는다.　　　　　　　　　　　　　　(○, ×)
❸ 기체를 불어 넣은 고무풍선의 크기가 줄어드는 것은 고무풍선 내 기체 입자들이 바깥으로 빠져나오기 때문이다.
　　　　　　　　　　　　　　　　　　　　　　　　　　　　　　　　　　　　　　(○, ×)
❹ 증발과 확산이 일어나는 까닭은 물질을 이루는 입자들이 에너지를 얻어 운동하기 때문이다.　(○, ×)

04　물질을 이루는 입자가 스스로 운동하여 모든 방향으로 퍼져 나가는 현상을 (　　　　　)이라고 한다.

05　파스를 붙인 사람 근처에서 파스 냄새가 나는 것은 (　　　　　) 현상의 예이다.

06　액체 표면에 있던 입자들이 스스로 운동하여 기체로 변하는 현상을 (　　　　　)이라고 한다.

07　손 소독제를 거름종이에 떨어뜨리면 손 소독제 입자들이 액체 (　　　　　)에서 기체로 변한다.

08　풀잎에 맺혀 있던 이슬이 낮이 되면 사라지는 것은 (　　　　　) 현상의 예이다.

09　확산과 증발은 모두 입자들이 (　　　　　) 운동하여 나타나는 현상이다.

10　증발의 예로 알맞은 것을 **보기**에서 <u>모두</u> 고르시오.

> **보기**
> ㄱ. 가뭄에 논바닥이 갈라진다.
> ㄴ. 햇빛에 빨래를 널어 말린다.
> ㄷ. 마약 탐지견이 냄새로 마약을 찾는다.

 5분 테스트 ○2 물질의 상태 변화

Ⅳ 물질의 상태 변화

이름 ⬚ 날짜 ⬚ 점수 ⬚

01 우리 주변의 물질은 대부분 (　　　), (　　　), (　　　) 상태로 존재한다.

02 물질의 상태에 대한 설명으로 옳은 것은 ○, 옳지 <u>않은</u> 것은 ×로 표시하시오.

❶ 입자의 배열은 고체일 때 가장 규칙적이다. (○, ×)
❷ 입자 사이의 인력은 고체가 가장 강하다. (○, ×)
❸ 액체는 용기에 상관없이 모양과 부피가 일정하다. (○, ×)
❹ 쉽게 압축되고 흐르는 성질이 있는 것은 액체이다. (○, ×)
❺ 압력에 따라 부피가 가장 쉽게 변하는 것은 기체이다. (○, ×)
❻ 액체 입자는 자유롭게 움직이지 못하고 제자리에서 진동 운동을 한다. (○, ×)
❼ 밀가루는 용기에 따라 흐를 수 있고, 용기에 따라 모양이 달라지므로 고체와 액체의 중간 상태이다. (○, ×)

03 (　　　　　)는 물질이 (　　　)나 압력의 영향을 받아 물질 자체의 성질은 변하지 않고, 물질의 상태만 변하는 현상이다.

04 고체 물질의 온도를 높이면 고체 → (　　　) → (　　　) 순으로 상태가 변한다.

05 물질의 상태 변화가 일어날 때 대부분의 물질은 고체 → 액체 → 기체 순으로 부피가 커지지만, 물은 (　　　　) → (　　　) → 수증기 순으로 부피가 커진다.

06 아이오딘과 드라이아이스는 (　　　) 상태를 거치지 않고 고체 → 기체 또는 기체 → 고체로 상태가 변하는 물질이다.

07 그림은 상태 변화의 과정을 나타낸 것이다. 빈칸에 알맞은 상태 변화의 이름을 쓰시오.

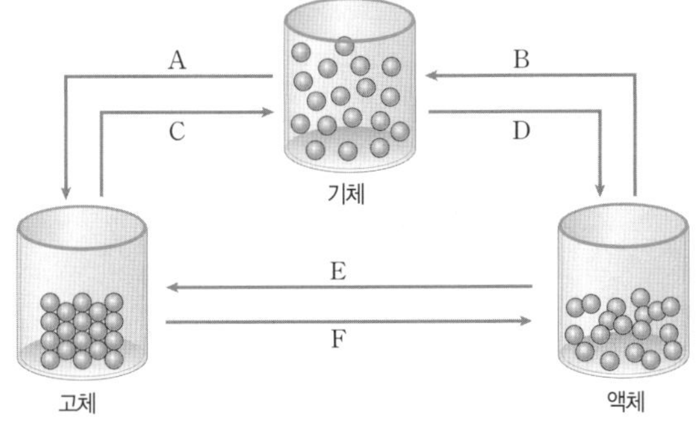

상태 변화	이름
A	(　　　)
B	(　　　)
C	(　　　)
D	(　　　)
E	(　　　)
F	(　　　)

5분 테스트 　03 상태 변화와 열에너지

Ⅳ 물질의 상태 변화

이름　　　　날짜　　　　점수

01 물질은 상태 변화가 일어날 때 (　　　　　　)를 흡수하거나 방출한다.

02 열에너지를 흡수하는 상태 변화가 일어날 때 입자 사이의 거리가 (　　　　)지고, 입자 운동이 (　　　　)해지며, 입자 배열이 (　　　　)적으로 변한다.

03 열에너지를 방출하는 상태 변화가 일어날 때 입자 사이의 거리가 (　　　　)지고, 입자 운동이 (　　　　)해지며, 입자 배열이 (　　　　)적으로 변한다.

04 열에너지를 방출하는 상태 변화는 응고, (　　　　), (　　　　)에서 (　　　　)로의 승화가 있다.

05 그림은 고체 물질을 가열, 냉각하면서 시간에 따른 온도 변화를 나타낸 것이다.

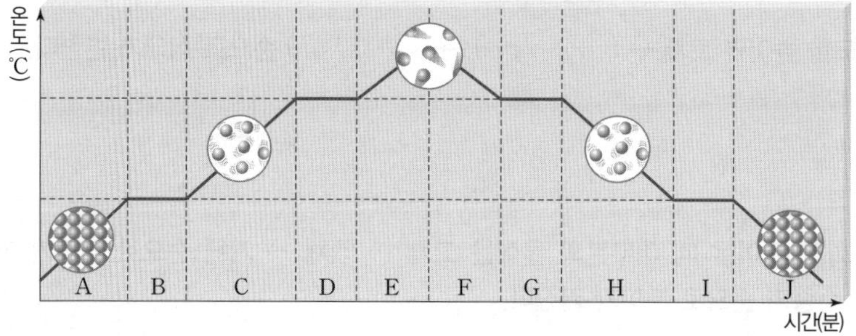

❶ 온도가 낮아지는 구간: (　　　　　　　　)
❷ 온도가 높아지는 구간: (　　　　　　　　)
❸ 물질의 상태 변화가 일어나는 구간: (　　　　　　　　)
❹ B, D 구간에서 일어나는 상태 변화의 종류와 열에너지의 출입 방향을 쓰시오.
❺ G, I 구간에서 일어나는 상태 변화의 종류와 열에너지의 출입 방향을 쓰시오.

06 열에너지를 방출하는 상태 변화의 예로 옳은 것을 **보기** 에서 <u>모두</u> 고르시오.

> **보기**
> ㄱ. 천연가스를 LNG로 만든다.
> ㄴ. 냉동고 벽면에 성에가 생긴다.
> ㄷ. 얼음을 이용하여 음식물을 시원하게 보관한다.
> ㄹ. 여름철 마당에 물을 뿌리면 주위가 시원해진다.
> ㅁ. 사골 국물을 끓여서 식히면 위쪽으로 지방이 굳는다.
> ㅂ. 아이스크림을 포장할 때, 드라이아이스를 함께 넣으면 아이스크림이 녹지 않는다.

서술형·논술형 평가 　01 입자의 운동

[1~2] 그림 (가)는 확산, (나)는 증발이 일어나는 모습을 나타낸 것이다.

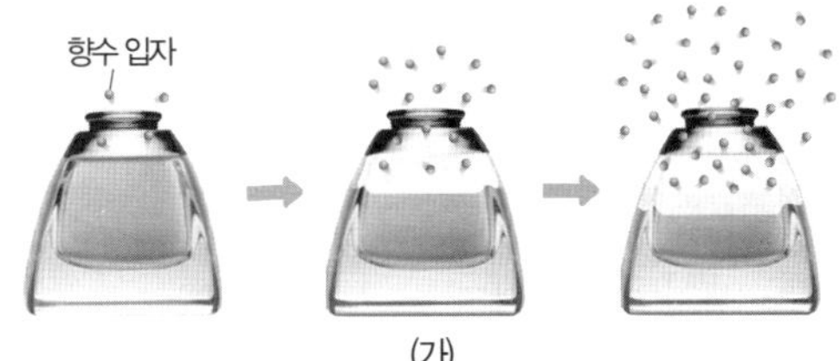

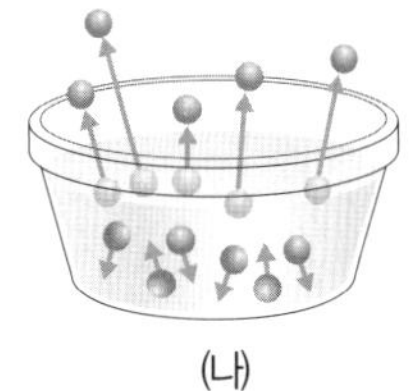

1 입자, 확산, 증발의 정의와 확산과 증발이 일어나는 까닭을 설명해 보자.

(1) 입자:

(2) 확산:

(3) 증발:

(4) 확산과 증발이 일어나는 까닭:

2 우리 주변에서 찾아볼 수 있는 확산과 증발 현상을 각각 <u>두 가지 이상</u> 써 보자.

생활 속의 확산 현상	생활 속의 증발 현상
(1)	(2)

3 다음은 새집 증후군에 대한 설명이다.

> 새집으로 이사하면 이전에 없던 비염, 피부염, 두통, 천식 등이 나타나는 경우를 볼 수 있는데, 이를 새집 증후군이라고 한다. 새집 증후군은 집을 지을 때 사용한 접착제나 방부제에 들어 있는 유해 물질이 기체로 변해 공기 중으로 퍼져서 발생한다.

(1) 새집 증후군을 일으키는 유해 물질이 기체로 변하는 현상과 관련 있는 현상을 써 보자.

(2) 새집 증후군을 일으키는 유해 물질이 공기 중으로 퍼져 나가는 현상과 관련 있는 현상을 써 보자.

(3) 새집 증후군은 유해 물질의 사용을 줄이고, 창문을 열어 환기를 잘 시켜 주는 등의 활동을 통해 예방할 수 있다. 이 때 환기가 중요한 까닭이 무엇인지 설명해 보자.

서술형·논술형 평가　　O2 물질의 상태 변화

1 그림은 학생들을 입자로 가정하고 물질의 상태를 학교생활에 비유하여 나타낸 것이다. 빈칸에 알맞은 물질의 상태를 쓰고, 각 상태의 특징을 설명해 보자.

물질의 상태	(1)	(3)	(5)
학생들을 입자로 가정하고 학교생활에 비유한 경우	수업 시간	방과 후	쉬는 시간
특징	(2)	(4)	(6)

2 그림은 일상생활에서 볼 수 있는 상태 변화의 예를 나타낸 것이다. 각각에서 일어나는 상태 변화에 대해 설명하고, 이때 일어나는 물질의 부피, 성질, 질량 변화에 대해 각각 입자와 입자의 배열로 설명해 보자.

예	아이스크림이 녹는다.	녹인 초콜릿을 모양 틀에 부어 굳혔다.
상태 변화	아이스크림이 녹아 액체가 되는 융해가 일어난다.	(1)
부피 변화	(2)	(3)
성질 변화	(4)	
질량 변화	(5)	

3 우리 주위에서 흔하게 볼 수 있는 물질인 물은 상태 변화를 하여 얼음, 빙하, 김, 안개, 이슬, 수증기 등의 다양한 형태로 존재한다. 물을 주인공으로 한 물의 여행을 글로 써 보자. (단, 물의 상태 변화 현상이 두 가지 이상 포함되도록 한다.)

서술형·논술형 평가 03 상태 변화와 열에너지

1 그림은 열에너지를 흡수하는 상태 변화와 열에너지를 방출하는 상태 변화를 나타낸 것이다. 빈칸에 알맞은 말을 쓰고, 각 상태 변화 과정에서 주위의 온도 변화를 열에너지의 출입으로 설명해 보자.

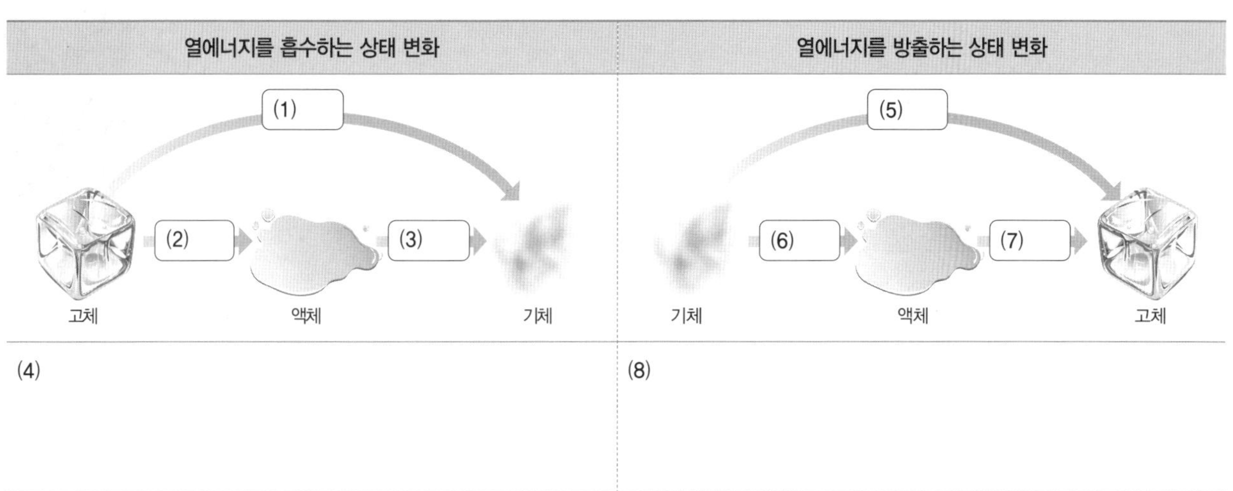

(4)

(8)

2 그림은 물의 상태 변화와 열에너지의 관계를 이용하여 일상생활에 적용한 예를 나타낸 것이다.

(가) 이글루 안쪽 벽면에 물을 뿌린다.

(나) 여름철 마당에 물을 뿌린다.

(가)와 (나)는 각각 물을 뿌리는 행동은 같지만 열에너지의 출입 방향은 서로 다르다. (가)와 (나)의 차이점을 열에너지의 출입 방향을 이용하여 설명해 보자.

3 물질의 상태 변화에 따른 열에너지의 이동을 확인하기 위해 다음과 같이 실험하였다.

왼쪽 팔은 아무것도 없는 상태에서, 오른쪽 팔은 에탄올에 적신 휴지를 팔에 올려놓은 상태에서 부채질을 하였다.

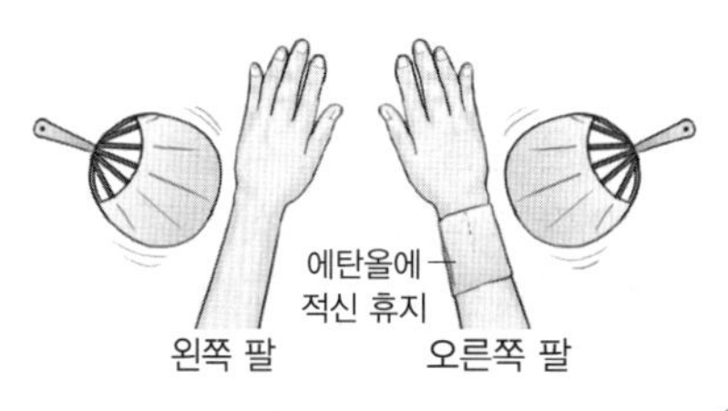

왼쪽 팔과 오른쪽 팔 중에 더 시원하게 느껴지는 쪽이 어디인지 고르고, 그렇게 생각한 까닭을 설명해 보자.

창의적 문제 해결 능력   O1 입자의 운동 ~ O3 상태 변화와 열에너지   IV 물질의 상태 변화

1 그림은 쇳물을 부어 금속 제품을 만드는 거푸집을 나타낸 것이다. 거푸집은 실제 제품의 크기보다 조금 더 크게 만들어야 하는데, 이를 입자 배열의 변화와 관련지어 설명해 보자.

2 실온에서 은백색의 고체로 존재하는 갈륨은 약 30 ℃에서 액체로 변하며 다른 물질과 잘 반응하지 않아 숟가락을 휘게 하는 마술에도 쓰일 수 있다. 갈륨을 실온에 두었을 때와 손으로 감싸 쥐었을 때 나타나는 상태의 특징을 설명해 보자.

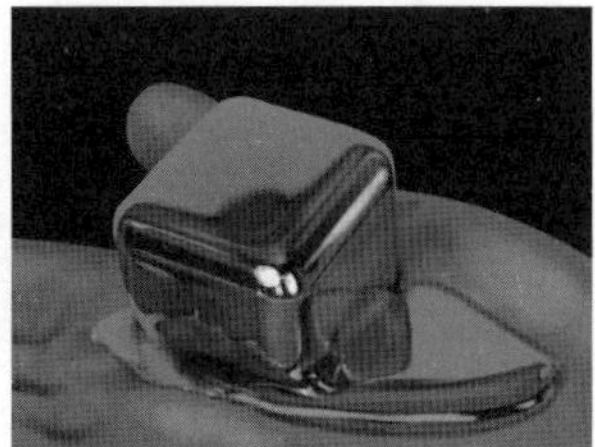

3 그림은 건물 외벽에 식물을 키우는 친환경적인 방법으로 폭염에 대비하는 모습을 나타낸 것이다. 외벽을 덮는 식물들은 건물 내부의 실내 온도를 낮춰 주는 역할을 하는데, 이를 열에너지의 출입과 관련지어 설명해 보자.

마인드맵

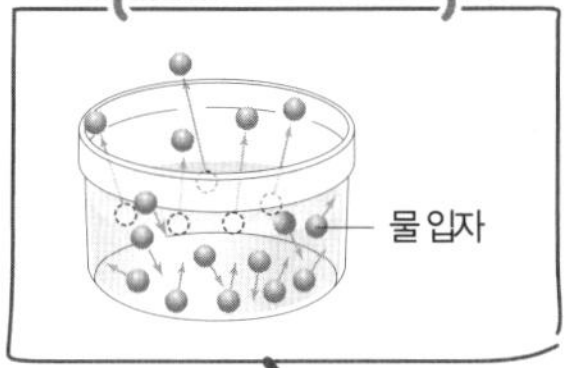

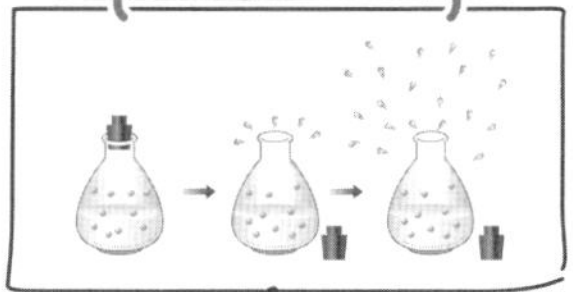

Ⅳ 물질의 상태 변화

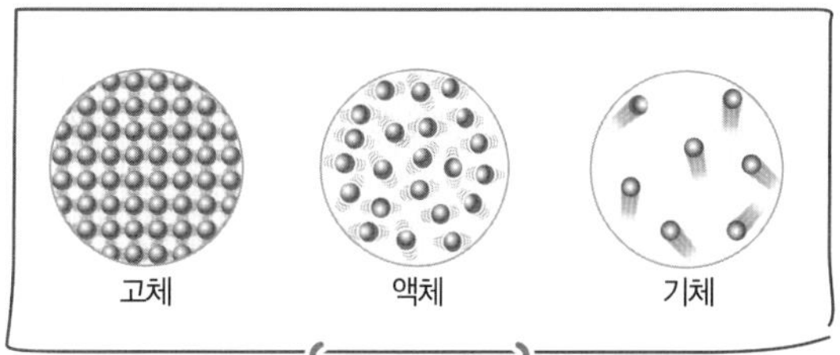

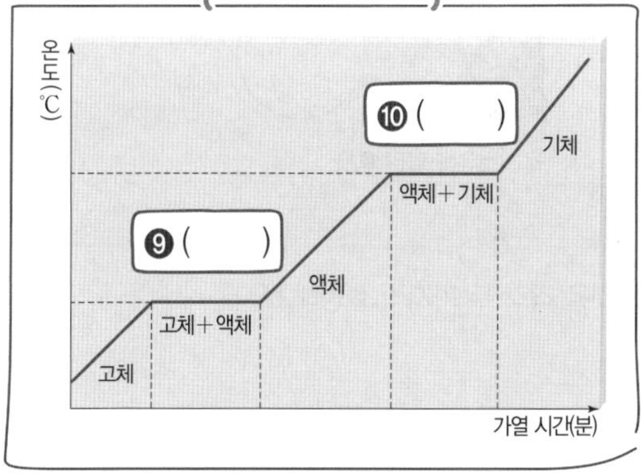

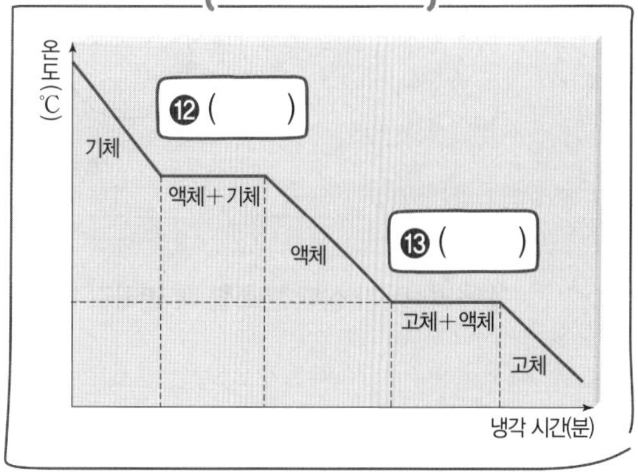

보고서 작성　　　　O2 물질의 상태 변화　　　　Ⅳ 물질의 상태 변화

목표	올리브유를 얼리기 전과 얼린 후의 질량과 부피를 측정하고, 질량과 부피 변화를 입자 모형으로 설명할 수 있다.
준비물	올리브유, 얼음, 소금, 5 mL 뚜껑 있는 유리병, 100 mL 비커, 스포이트, 약숟가락, 색깔이 다른 색 테이프 2 개, 전자저울, 실험복, 보안경, 실험용 장갑

과정

❶ 유리병에 올리브유를 넣고 뚜껑을 닫은 후 색 테이프를 붙여 올리브유의 부피를 표시하고 질량을 측정한다.

❷ ❶의 유리병이 잠길 만큼 얼음과 소금을 넣은 비커에 유리병을 넣어 올리브유를 얼린다.

❸ 얼린 올리브유 액면이 어떻게 변했는지 관찰하고, 색깔이 다른 색 테이프를 붙여 올리브유의 부피를 표시한다.

❹ ❸의 유리병 표면의 물기를 닦고 즉시 질량을 측정한다.

결과 및 정리

1 올리브유를 얼리기 전과 얼린 후 올리브유의 질량과 부피는 어떻게 변화하는지 설명해 보자.

2 올리브유의 상태에 따른 입자 모형을 그리고, 질량과 부피 변화를 입자 배열과 관련지어 설명해 보자.

3 올리브유가 상태 변화할 때 변하지 않는 것과 변하는 것을 각각 <u>두 가지씩</u> 설명해 보자.

보고서 작성 　**○3 상태 변화와 열에너지** 　Ⅳ 물질의 상태 변화

목표	액체 로르산이 응고할 때 온도 변화를 측정하고, 그 결과를 해석할 수 있다.
준비물	로르산, 뜨거운 물, 무선 온도 센서, 센서 분석 앱을 설치한 스마트 기기, 시험관, 비커, 스탠드, 집게, 집게 잡이, 실험복, 실험용 장갑, 보안경

과정

❶ 고체 로르산을 $\frac{1}{2}$ 정도 넣은 시험관을 뜨거운 물이 든 비커에 넣어 로르산을 모두 녹인다.

❷ 무선 온도 센서를 액체 로르산이 든 시험관에 넣고 그림과 같이 고정한다.

❸ 스마트 기기에서 센서 분석 앱을 작동하고 온도 자료를 수집한다.

❹ 액체 로르산이 모두 응고하고 2 분 정도 지난 뒤에 자료 수집을 종료하고, 시간에 따른 온도 변화 그래프를 확인한다.

결과

1 측정 결과를 그래프에 나타낸다.

2 로르산의 온도는 서서히 낮아지다가 약 44 ℃에서 일정하게 유지된다.

3 (　　) ℃에서 로르산이 얼기 시작한다.

정리

1 A∼C 각 구간에서 로르산의 상태를 써 보자.

2 A∼C 구간 중 로르산이 응고하는 구간을 쓰고, 이때 온도 변화의 특징을 설명해 보자.

3 로르산이 냉각되는 동안 입자의 운동이 어떻게 변화하는지 설명해 보자.

4 그래프에서 온도가 일정한 구간이 생기는 까닭을 설명해 보자.

가장 빛나는 별은 아직 발견되지 않은 별이고,

당신 인생 최고의 날은 아직 살지 않은 날들이다.

스스로에게 길을 묻고 스스로 길을 찾으라.

꿈을 찾는 것도 당신,

그 꿈으로 향한 길을 걸어가는 것은

당신의 두 다리,

새로운 날들의 주인은

바로 당신 자신이다.

토마스 바샵의, 〈파블로 이야기〉 중에서

중간·기말고사 대비

중단원
개념 정리

01 과학과 인류의 지속가능한 삶

❶ 과학적 탐구 방법

(1) 과학적 탐구 방법의 과정

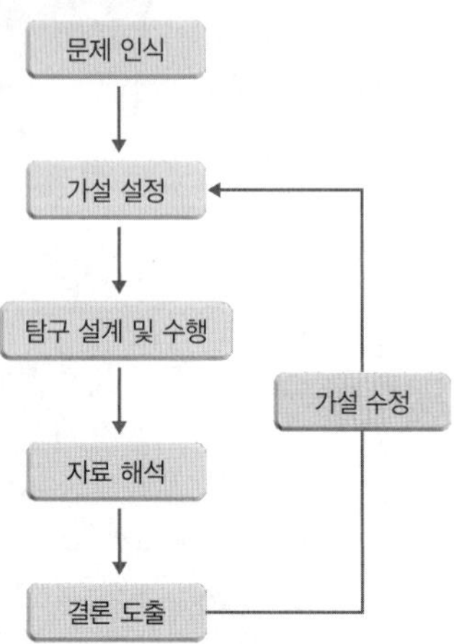

문제 인식	자연이나 일상생활에서 어떤 현상을 관찰하고 의문을 품는다. ⇨ 탐구 문제는 질문 형식으로 명확하고 간결하게 정한다.
가설 설정	문제를 해결할 수 있는 가설을 설정한다. ⇨ 지식과 경험을 바탕으로 탐구 문제에 대한 잠정적인 결론을 내린다.
탐구 설계 및 수행	가설이 옳은지 옳지 않은지 확인하는 탐구를 계획하고 실험을 진행한다. ⇨ 여러 변인을 통제하며 탐구를 수행한다.
자료 해석	탐구를 수행하여 얻은 자료를 정리하고 분석해 결과를 얻는다. ⇨ 실험 결과를 표와 그래프로 정리하면 자료 사이의 관계나 규칙을 한눈에 비교할 수 있다.
결론 도출	탐구 결과로부터 가설이 맞는지 판단하고 탐구의 결론을 내린다. ⇨ 결론이 가설과 맞지 않으면 탐구 수행 과정을 점검하고 가설을 수정하여 다시 탐구를 설계한다.

(2) 탐구 계획서 작성

① **탐구 문제 설정:** 주변에서 일어나는 현상을 살펴보고 의문이 생기거나 탐구를 하여 자세히 알고 싶은 것을 선택해 탐구 문제를 정한다.

② **탐구 설계:** 탐구 순서와 준비물, 탐구를 수행할 장소와 기간, 주의할 점을 생각하여 탐구를 설계한다.

③ **탐구 계획서 작성:** 탐구 문제를 해결할 수 있도록 탐구 동기, 가설, 탐구 설계 내용 등을 정리하고 탐구 계획서를 작성한다.

❷ 과학적 발전과 인류 문명

(1) 과학의 발전이 인류 문명에 미친 영향

① **과학적 원리 발견**

태양 중심설	망원경으로 천체를 관측하여 태양 중심설의 증거를 발견하면서 경험 중심의 과학적 사고를 중요시하게 되었다.
백신	백신의 원리를 발견하고 백신을 개발하여 질병을 예방할 수 있게 되었다.

② **기술의 발달**

암모니아 생산	암모니아 합성법이 개발된 후 질소 비료를 대량 생산할 수 있게 되면서 식량 생산량이 증가하였다.
항생제	세균에 감염되었을 때 치료할 수 있는 항생제가 개발되어 질병을 치료할 수 있게 되었다.
인쇄 기술	인쇄 기술의 발달로 많은 지식과 정보의 전달이 가능해졌다.

③ **기기의 발명**

증기 기관	증기 기관의 발명으로 기차나 배로 많은 물건을 먼 곳까지 옮길 수 있게 되어 산업이 크게 발달하였다.
발전기와 전지	전기 에너지를 생산하는 발전기와 저장하는 전지가 발명되어 일상생활에서 다양한 전기 제품을 사용할 수 있게 되었다.

(2) 과학과 다른 분야의 융합: 과학의 원리는 기술, 공학, 예술, 수학 등 여러 분야와 융합하여 인류 문명과 문화가 발달하는 데 큰 영향을 미친다.

(3) 첨단 과학기술과 미래 사회

인공지능 (AI)	컴퓨터가 인간처럼 학습하고 일을 처리할 수 있는 지능을 가지는 기술로 자율주행 자동차, 로봇 등에 이용된다.
사물 인터넷 (IoT)	무선 통신으로 우리 주변의 사물을 연결하여 상호 작용하고 정보를 교환하는 기술로 스마트폰을 이용한 가전제품 원격제어에 활용된다.

❸ 지속가능한 삶

(1) 지속가능한 삶: 현재의 생활을 유지하고 발전시키면서 더 나은 환경을 만들어, 미래 세대를 위해 자원을 유지하고 지구의 환경을 보전하는 삶

(2) 지속가능한 삶을 위한 과학기술의 역할: 석탄, 석유 등의 화석 연료 대신 친환경적이고 고갈될 염려가 적은 지속가능한 에너지원을 개발한다. ⇨ 바람, 햇빛, 물, 지열, 수소 연료 전지 등의 신재생 에너지

01 과학적 탐구 과정에 대한 설명으로 옳은 것은?

① 탐구 수행 후 결과를 예측하여 가설을 설정한다.
② 과학적 탐구 문제는 추상적이고 범위가 넓어야 한다.
③ 탐구로 알아내려는 조건 이외에 다른 조건들도 다르게 설정해야 한다.
④ 일상생활에서 어떤 현상에 대한 의문을 품는 것은 결론 도출 과정에 해당한다.
⑤ 탐구 결과가 처음 세운 가설과 맞지 않으면 가설을 수정하여 다시 탐구를 설계해야 한다.

02 다음은 과학적 탐구 방법을 순서 없이 나열한 것이다.

(가) 관찰을 통해 인식한 의문에 답이 될 수 있는 가설을 세운다.
(나) 가설에 대한 평가를 하고 보편적이고 타당한 결론을 도출한다.
(다) 가설이 옳은지를 판단하기 위해 실험 계획을 세우고 여러 변인을 통제하며 탐구를 수행한다.
(라) 자연 현상이나 사물을 관찰하는 과정에서 의문점을 발견한다.
(마) 탐구를 통해 얻은 자료를 표나 그래프로 정리하여 경향성과 규칙성을 찾는다.

(가)~(마)를 과학적 탐구 방법의 순서대로 옳게 나열한 것은?

① (가)→(나)→(다)→(마)→(라)
② (가)→(다)→(나)→(라)→(마)
③ (다)→(가)→(라)→(나)→(마)
④ (라)→(가)→(다)→(마)→(나)
⑤ (라)→(나)→(가)→(다)→(마)

03 탐구 결과로 얻은 결론이 가설과 일치하지 않을 때 해야 하는 것으로 옳지 <u>않은</u> 것은?

① 가설을 수정한 후 새로운 탐구를 수행한다.
② 탐구 설계 과정에서 통제한 변인들을 점검한다.
③ 탐구 수행 과정에서 실수가 없었는지 점검한다.
④ 결과가 가설과 일치할 때까지 계속 실험을 반복한다.
⑤ 자료를 해석하는 과정에서 오류가 없었는지 점검한다.

04 다음은 어떤 탐구 보고서의 내용 일부이다.

(가) 운동장에서 친구와 놀다가 검은 옷을 입은 친구가 흰 옷을 입은 나보다 더 덥게 느끼는 것에 의문을 가졌다.
(나) 햇빛을 받았을 때 옷의 색깔에 따라서 온도가 달라질 것이라고 생각했다.

(가), (나)에 해당하는 과학적 탐구 방법을 옳게 짝 지은 것은?

	(가)	(나)
①	문제 인식	가설 설정
②	문제 인식	탐구 설계
③	가설 설정	문제 인식
④	가설 설정	자료 해석
⑤	결론 도출	가설 설정

05 다음은 에이크만의 과학적 탐구 과정에 대한 내용이다.

에이크만은 각기병에 걸린 닭이 나은 것을 보고 닭이 어떻게 나았는지 의문을 품다가 닭의 모이가 백미에서 현미로 바뀐 것을 알아냈다. 그는 건강한 닭을 두 무리로 나누어 한 무리는 백미만, 다른 무리는 현미만 먹이면서 각기병 증상이 나타나는지를 살펴보았다. 그 결과 백미만 먹인 닭은 각기병에 걸리고 현미만 먹인 닭은 건강했다. 또한 각기병에 걸린 닭에게 현미를 주었더니 병이 낫는 것을 확인했다.

이에 대한 설명으로 옳은 것을 **보기** 에서 모두 고른 것은?

> **보기**
> ㄱ. 에이크만이 세운 가설은 '현미에 각기병을 낫게 하는 물질이 들어 있다.'이다.
> ㄴ. 실험의 통제 변인 중 같게 해야 하는 조건은 닭 모이의 종류이다.
> ㄷ. 에이크만의 실험 결과는 가설과 일치하지 않으므로 가설을 수정하고 새로운 탐구를 수행해야 한다.

① ㄱ   ② ㄷ   ③ ㄱ, ㄴ
④ ㄴ, ㄷ   ⑤ ㄱ, ㄴ, ㄷ

06 과학기술이 인류 문명의 발달에 미친 영향에 대한 설명으로 옳지 <u>않은</u> 것은?

① 컴퓨터의 발명으로 빠른 정보 처리가 가능해졌다.
② 백신 원리의 발견으로 질병을 예방할 수 있게 되었다.
③ 발전기가 발명되어 산업과 가정에서 전기를 이용할 수 있게 되었다.
④ 인쇄 기술이 발달되어 지식과 정보를 빠르게 전달할 수 있게 되었다.
⑤ 화학 비료가 개발되어 농산물을 먼 곳까지 빠르게 옮길 수 있게 되었다.

08 과학기술의 발달이 우리 생활에 미치는 부정적인 영향에 해당하는 것은?

① 인공지능을 이용한 스피커로 생활이 편리해졌다.
② 인터넷의 발달로 정보를 쉽게 찾을 수 있게 되었다.
③ 첨단 의료 기기로 정밀한 진단과 치료가 가능해졌다.
④ 농업 기술이 발달하면서 농산물의 품질이 향상되었다.
⑤ 과학기술의 발달로 개인 정보가 유출되는 현상이 늘어났다.

09 다음은 첨단 과학기술을 활용한 예를 나타낸 것이다.

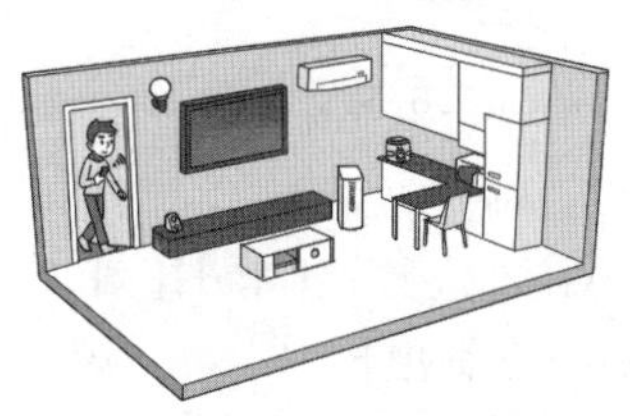

(㉠)는/은 모든 사물을 인터넷으로 연결하는 기술이다. 가전제품이 (㉠)(으)로 연결되면, 집에 도착하기 전에 스마트폰으로 거실의 불을 켜고 에어컨과 공기 청정기를 가동시킬 수 있다.

㉠으로 적절한 것은?

① 증강 현실(VR)　　　② 인공지능(AI)
③ 메타버스　　　④ 증기 기관
⑤ 사물 인터넷(IoT)

07 다음은 과학기술이 인류 문명의 발달에 미친 영향에 대한 설명이다.

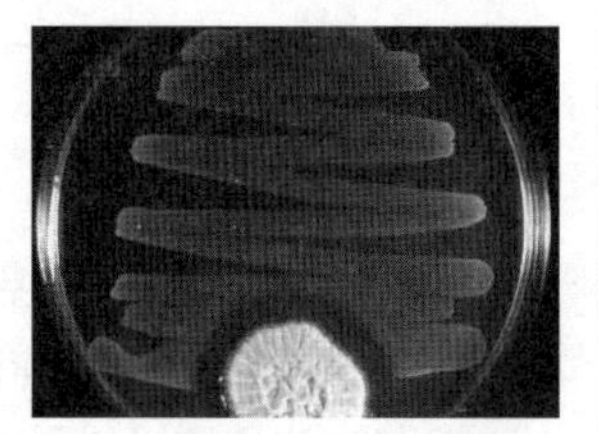

1929년 플레밍은 세균이 푸른곰팡이 주변에서 자라지 못하는 현상을 관찰했다. 이를 보고 플레밍은 곰팡이가 세균의 성장을 막는다는 것을 알아냈고, 이 곰팡이가 만든 물질을 (㉠)(이)라고 불렀다. (㉠)은/는 전염병을 일으키는 세균에 대해 항균 작용이 있어서 수많은 전염병 환자의 질병을 치료할 수 있게 되었다.

이에 대한 설명으로 옳은 것을 보기 에서 모두 고른 것은?

> **보기**
> ㄱ. ㉠은 페니실린이다.
> ㄴ. ㉠의 개발로 소아마비와 같은 질병을 예방할 수 있게 되었다.
> ㄷ. ㉠의 발견은 인류의 평균 수명을 증가시키는 데 큰 영향을 미쳤다.

① ㄱ　　　② ㄴ　　　③ ㄷ
④ ㄱ, ㄷ　　　⑤ ㄴ, ㄷ

10 지속가능한 삶에 대한 설명으로 옳은 것을 보기 에서 모두 고른 것은?

> **보기**
> ㄱ. 지속가능한 삶은 지구의 환경을 보전할 때 가능해진다.
> ㄴ. 지속가능한 삶을 위해서는 현재 세대가 누리는 생활의 편리함을 포기해야 한다.
> ㄷ. 지속가능한 삶을 위해서는 친환경적이고 고갈 염려가 적은 신재생 에너지원을 개발해야 한다.

① ㄱ　　　② ㄴ　　　③ ㄱ, ㄷ
④ ㄴ, ㄷ　　　⑤ ㄱ, ㄴ, ㄷ

서술형 문제

Ⅰ 과학과 인류의 지속가능한 삶

01 다음은 과학적 탐구 과정을 순서대로 나타낸 것이다.

> 문제 인식 → 가설 설정 → 탐구 설계 및 수행 → 자료 해석 → (가)

(가)에 들어갈 알맞은 말을 쓰고, (가)가 어떤 과정인지 서술하시오.

KEY 탐구 결론

----

02 다음은 어떤 탐구 계획서의 일부이다.

탐구 계획서	
문제 인식	탄산음료 캔을 흔든 후 캔을 바로 열었더니 음료가 흘러넘치는 것을 보고 탄산음료 캔을 언제 열면 넘치지 않을지 궁금해졌다.
가설 설정	탄산음료의 캔을 흔든 후 5 분 뒤에 열면 음료가 흘러 넘치지 않는다.
실험 조건	• 캔의 온도와 모양 • 캔을 흔드는 횟수 • 캔을 여는 시간

실험 조건 중 변인을 통제하기 위해 같게 해야 할 조건과 다르게 해야 할 조건을 쓰고, 그렇게 생각한 까닭을 서술하시오.

KEY 가설에 대한 답

----

03 독일의 인쇄업자인 구텐베르크는 납에 금속 원소들을 적절한 비율로 섞어 녹인 다음, 글자를 새긴 틀에 부어 활자를 만들어내는 방법을 고안해냈다. 이러한 인쇄술의 발달이 인류 문명에 어떤 영향을 미쳤는지 서술하시오.

KEY 대량 생산, 보급, 지식과 정보 확산

----

04 그림은 하버의 실험 장치를 나타낸 것이다. 하버는 공기 중에 존재하는 수소 기체와 질소 기체를 이용하여 암모니아를 대량으로 합성하는 방법을 발견하였다. 이 발견이 인류 문명에 미친 영향에 대해 서술하시오.

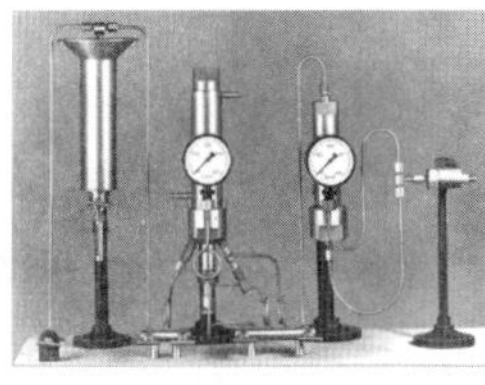

KEY 질소 비료, 농업 생산량 증가

----

05 그림은 컴퓨터가 사람처럼 학습하고 일을 처리할 수 있는 첨단 과학기술을 활용한 자율주행 자동차를 나타낸 것이다. 이러한 기술이 무엇인지 쓰고, 이 기술을 활용한 예를 한 가지 이상 서술하시오.

KEY 인공지능

----

06 다음은 인류가 직면한 환경 문제에 대한 내용이다.

> 플라스틱은 가볍고 여러 가지 형태의 물건을 만들 수 있어 널리 이용되고 있다. 하지만 버려진 플라스틱이 수백 년이 지나도 썩지 않아서 문제가 되고 있다. 세계 곳곳에서 버려진 플라스틱 쓰레기는 바닷물을 타고 수천 km를 이동해 북태평양으로 모여든다. 이 플라스틱으로 인해 환경이 파괴되고 해양 생태계가 무너지고 있다.

이러한 문제를 해결할 수 있는 지속가능한 삶을 위한 방안을 두 가지 이상 서술하시오.

KEY 일회용품, 플라스틱 분해, 해양 쓰레기 등

중단원 개념 정리

01 생물의 구성

❶ 세포

(1) 세포: 생물을 이루는 구조적 기본 단위이자 생명활동이 일어나는 기능적 기본 단위

(2) 세포의 구조와 기능

구분	특징	식물 세포	동물 세포
핵	유전물질이 있으며, 생명활동의 중심	○	○
세포질	세포에서 핵을 제외한 나머지 부분	○	○
세포막	세포 안팎으로의 물질 출입을 조절	○	○
마이토콘드리아	생명활동에 필요한 에너지를 합성하는 장소	○	○
엽록체	햇빛을 받아 광합성이 일어나는 장소	○	×
세포벽	세포막 밖의 단단한 벽, 세포 형태 유지	○	×
구조	식물 세포 / 동물 세포		

(3) 식물 세포와 동물 세포 관찰

구분	식물 세포 (검정말잎 세포)	동물 세포 (입안 상피세포)
모양		
핵	○	○
세포벽	○	×
엽록체	○	×
세포 모양	규칙적	불규칙적
사용한 염색액	아세트산 카민 용액	메틸렌 블루 용액

(4) 여러 가지 세포의 구조와 기능

구분	특징	기능
신경세포	나뭇가지처럼 여러 방향으로 가늘고 길게 뻗은 모양	여러 방향에서 신호를 받아들이고, 신호를 빠르게 전달한다.
적혈구	가운데가 오목한 원반 모양	혈관을 따라 이동하며, 온몸에 산소를 운반한다.
상피세포	넓고 얇게 퍼진 모양	몸의 표면이나 몸속 기관 안쪽 표면을 덮어 보호한다.

❷ 생물의 구성 단계

(1) 생물의 구성 단계: 세포 → 조직 → 기관 → 개체

(2) 동물의 구성 단계

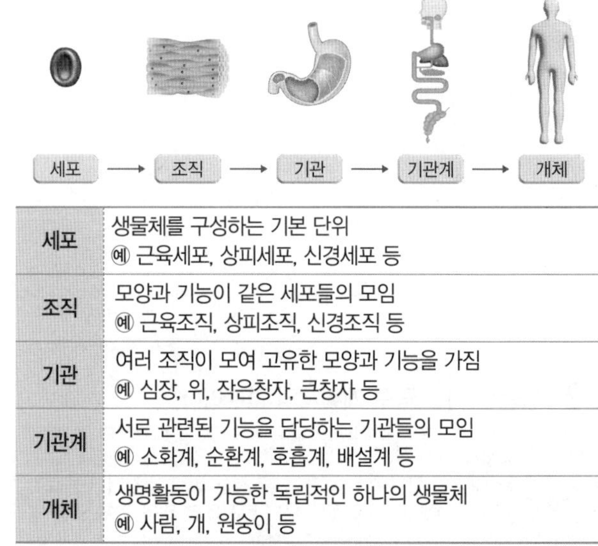

세포	생물체를 구성하는 기본 단위 예 근육세포, 상피세포, 신경세포 등
조직	모양과 기능이 같은 세포들의 모임 예 근육조직, 상피조직, 신경조직 등
기관	여러 조직이 모여 고유한 모양과 기능을 가짐 예 심장, 위, 작은창자, 큰창자 등
기관계	서로 관련된 기능을 담당하는 기관들의 모임 예 소화계, 순환계, 호흡계, 배설계 등
개체	생명활동이 가능한 독립적인 하나의 생물체 예 사람, 개, 원숭이 등

(3) 식물의 구성 단계

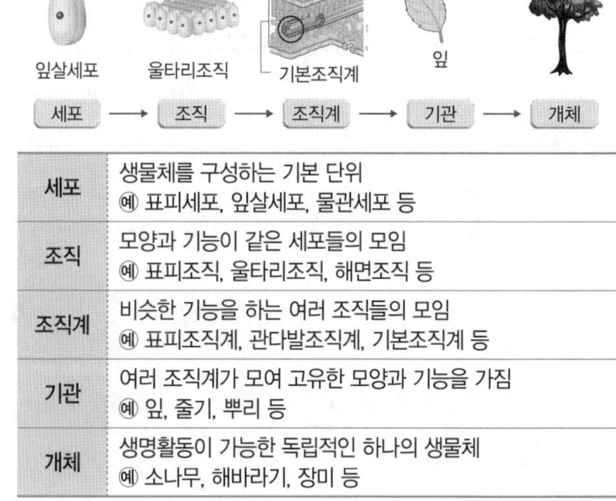

세포	생물체를 구성하는 기본 단위 예 표피세포, 잎살세포, 물관세포 등
조직	모양과 기능이 같은 세포들의 모임 예 표피조직, 울타리조직, 해면조직 등
조직계	비슷한 기능을 하는 여러 조직들의 모임 예 표피조직계, 관다발조직계, 기본조직계 등
기관	여러 조직계가 모여 고유한 모양과 기능을 가짐 예 잎, 줄기, 뿌리 등
개체	생명활동이 가능한 독립적인 하나의 생물체 예 소나무, 해바라기, 장미 등

01 세포에 대한 설명으로 옳지 <u>않은</u> 것은?

① 생물의 몸을 이루는 기본 단위이다.
② 한 생물을 구성하는 세포는 모두 같다.
③ 맨눈으로 관찰할 수 있는 세포도 존재한다.
④ 생물의 종류에 따라 세포의 모양이 다양하다.
⑤ 몸이 많은 수의 세포로 이루어진 생물을 다세포생물이라고 한다.

[02~03] 그림은 식물 세포를 나타낸 것이다.

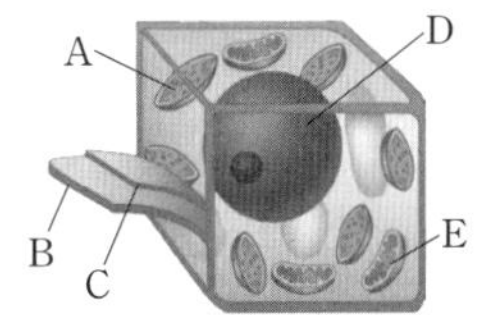

02 식물 세포의 각 구조에 대한 설명으로 옳은 것은?

① A – 생명활동의 중심이다.
② B – 식물 세포에만 있다.
③ C – 세포의 형태를 유지한다.
④ D – 물질의 출입을 조절하는 역할을 한다.
⑤ E – 광합성을 담당하는 기관으로 영양분을 만든다.

03 식물은 뼈와 같은 기관 또는 골격계가 없어도 매우 높게 자랄 수 있다. 이와 가장 관련 있는 세포 구성 요소로 옳은 것은?

① A, 엽록체　　　　② B, 세포막
③ B, 세포벽　　　　④ C, 세포막
⑤ C, 세포벽

04 어떤 사건의 범인을 잡거나 어떤 까닭으로 자녀가 친자식인지를 확인할 때는 머리카락이나 상피세포의 유전 물질을 이용하여 비교적 정확한 결과를 얻을 수 있다. 이와 가장 관련 있는 세포 구성 요소로 옳은 것은?

① 핵　　　　　　　② 세포막
③ 세포질　　　　　④ 엽록체
⑤ 세포벽

[05~06] 그림 (가)와 (나)는 양파 표피세포와 입안 상피세포를 각각 염색하여 관찰한 결과를 순서 없이 나타낸 것이다.

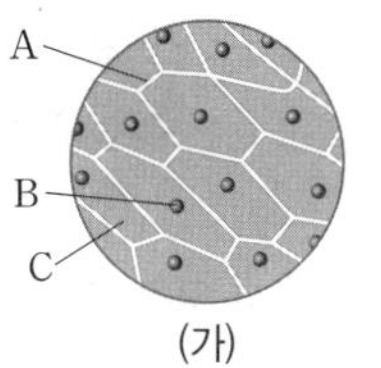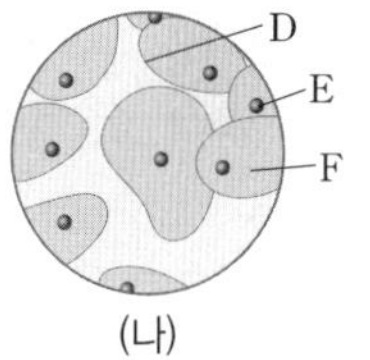

05 이에 대한 설명으로 옳지 <u>않은</u> 것은?

① (가)에만 세포벽이 관찰된다.
② (나)에서는 엽록체를 관찰할 수 없다.
③ (가)는 식물 세포, (나)는 동물 세포이다.
④ (가)와 (나)에서 세포질과 세포막이 관찰된다.
⑤ (가)의 세포 배열이 규칙적인 까닭은 세포막이 두 겹이기 때문이다.

06 세포에 염색액을 처리하지 않고 관찰했을 땐 잘 보이지 않다가 염색액을 처리하면 뚜렷하게 관찰되는 부분을 (가)와 (나)에서 각각 찾아 기호와 이름을 쓰시오.

07 그림은 양파 표피세포를 관찰하기 위해 현미경 표본을 만드는 과정을 순서 없이 나타낸 것이다.

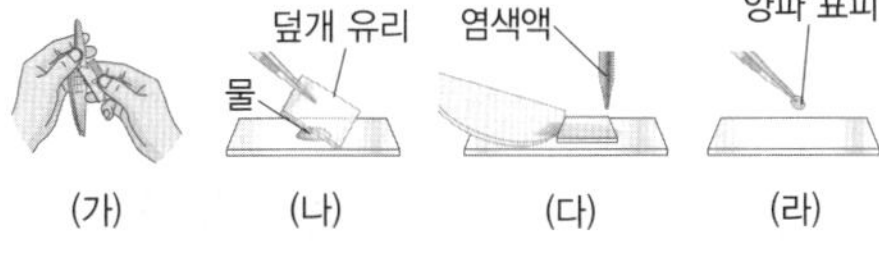

이에 대한 설명으로 옳은 것을 <u>모두</u> 고르면?

① 실험 순서는 (가) → (라) → (나) → (다)이다.
② (다) 과정에 사용된 염색액은 아세트산 카민이다.
③ (다) 과정을 생략하면 엽록체가 잘 보이지 않는다.
④ (나) 과정에서 덮개 유리는 빠르게 한번에 덮어야 한다.
⑤ 현미경 관찰 결과 세포의 배열이 불규칙적인 것을 볼 수 있다.

학교 시험 문제

08 다음은 현미경으로 관찰한 여러 가지 세포를 나타낸 것이다.

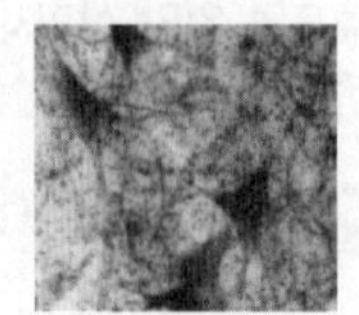 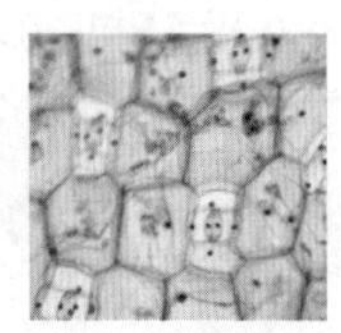 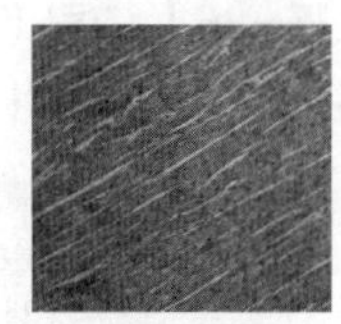

(가) 신경세포　　　(나) 잎 표피세포　　　(다) 근육세포

이에 대한 설명으로 옳은 것을 보기 에서 모두 고른 것은?

보기

ㄱ. 세포질은 (가), (나), (다)에서 모두 관찰된다.
ㄴ. 세포벽이 관찰되는 세포는 (나)와 (다)이다.
ㄷ. 길쭉한 튜브 같은 모양으로 수축성이 있는 세포는 (다)이다.

① ㄱ　　　　　② ㄴ　　　　　③ ㄱ, ㄷ
④ ㄴ, ㄷ　　　　⑤ ㄱ, ㄴ, ㄷ

09 다음은 식물의 구성 단계를 나타낸 것이다.

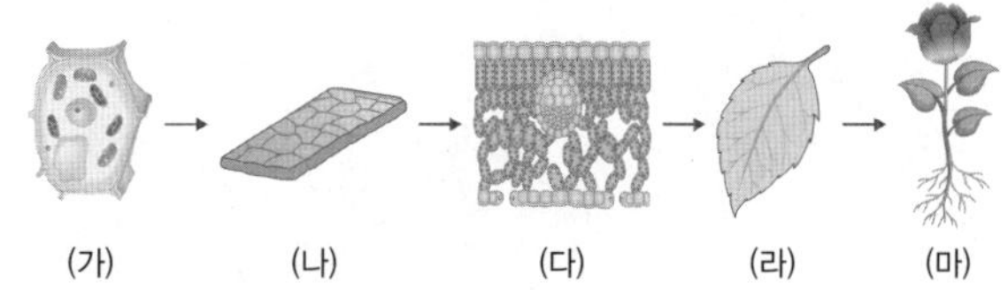

(가)　　　(나)　　　(다)　　　(라)　　　(마)

(나)에 해당하는 단계는?

① 세포　　　② 조직　　　③ 조직계
④ 기관　　　⑤ 개체

10 생물의 구성 단계에 대한 설명으로 옳지 <u>않은</u> 것은?

① 조직은 모양과 기능이 같은 세포들의 모임이다.
② 조직계는 비슷한 기능을 하는 여러 조직의 모임이다.
③ 동물과 식물의 공통 구성 단계는 세포, 조직, 기관, 개체이다.
④ 기관은 조직이나 조직계가 모여 일정한 형태와 기능을 나타내는 단계이다.
⑤ 식물에만 있는 구성 단계는 기관계이고, 동물에만 있는 구성 단계는 조직계이다.

11 다음 문장의 ㉠~㉤에 해당하는 생물의 구성 단계를 옳게 짝 지은 것은?

학교에서 점심 메뉴로 ㉠ 계란, ㉡ 멸치 볶음, ㉢ 삼겹살, ㉣ 풋고추, ㉤ 상추와 깻잎이 나왔다.

① ㉠ – 세포　　　　② ㉡ – 조직
③ ㉢ – 기관　　　　④ ㉣ – 기관계
⑤ ㉤ – 개체

[12~13] 그림 (가)~(라)는 동물의 구성 단계를 순서 없이 나타낸 것이다.

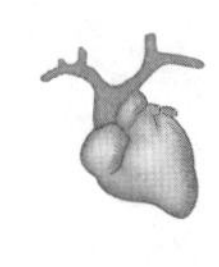 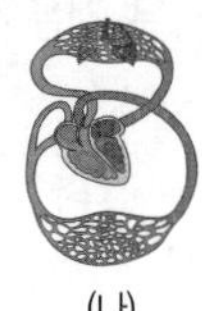  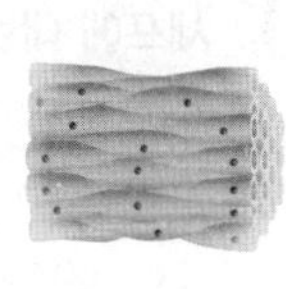

(가)　　　(나)　　　(다)　　　(라)

12 다음은 동물의 구성 단계를 나타낸 것이다.

세포 → (㉠) → (㉡) → 기관계 → 개체

㉠과 ㉡에 들어갈 구성 단계의 기호와 이름을 옳게 짝 지은 것은?

	㉠	㉡
①	(나) – 조직계	(다) – 기관
②	(나) – 기관	(라) – 조직계
③	(다) – 조직	(라) – 기관
④	(라) – 조직	(가) – 기관
⑤	(라) – 조직	(가) – 조직계

13 이에 대한 설명으로 옳지 <u>않은</u> 것은?

① (가)는 기관으로, 여러 조직이 모여 고유한 형태를 가지고 독립적으로 생명활동을 하는 단계이다.
② (나)는 기관계로, 관련된 기능을 하는 기관들로 이루어져 있다.
③ (다)는 세포로, 생물체를 구성하는 기본 단위이다.
④ (라)는 조직으로, 동물과 식물 모두에 존재하는 구성 단계이다.
⑤ 동물의 구성 단계는 (다) → (라) → (가) → (나) 순이다.

14 그림은 동물과 식물의 구성 단계를 나타낸 것이다. (가)와 (나)는 각각 동물의 구성 단계와 식물의 구성 단계 중 하나이다. 이에 대한 설명으로 옳은 것을 보기 에서 모두 고른 것은?

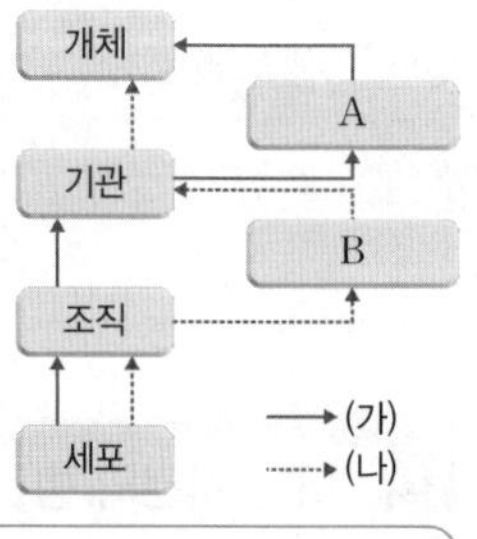

보기

ㄱ. (가)는 동물의 구성 단계이다.
ㄴ. 적혈구는 구성 단계 중 A에 해당한다.
ㄷ. 잎은 구성 단계 중 B에 해당한다.

① ㄱ　　　　　② ㄴ　　　　　③ ㄷ
④ ㄱ, ㄴ　　　　⑤ ㄴ, ㄷ

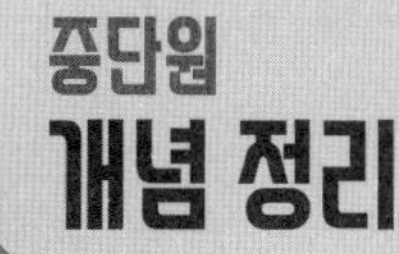

중단원 개념 정리

O2 생물의 다양성

❶ 생물다양성

(1) 생물다양성: 특정 지역에 살고 있는 생물의 다양한 정도
  ⇨ 생태계가 다양할수록, 일정한 지역에 살고 있는 생물의 종류가 많을수록, 같은 종류에 속하는 생물의 특징이 다양할수록 생물다양성이 높다.

생태계	숲, 갯벌, 사막, 바다 등 지구상에는 여러 생태계가 존재한다. 각 환경에 맞게 적응하여 다양한 생물이 살고 있으므로 생태계가 다양할수록 생물다양성이 높다.
생물 종류	한 생태계에 살고 있는 생물의 수가 많고, 여러 종류의 생물이 고르게 분포할수록 생물다양성이 높다.
같은 종류에 속하는 생물 특징	같은 종류의 생물 사이에서 몸의 생김새, 색깔, 크기와 같은 특징이 다양할수록 생물다양성이 높다.

생태계의 다양함

생물 종류의 다양함

같은 종류에 속하는 생물 특징의 다양함

❷ 생물다양성의 형성

(1) 변이: 같은 종류의 생물 중 개체에 따라 나타나는 특성의 차이

⑩ 달팽이의 껍질 무늬가 다르다. 강아지 품종마다 생김새가 다르다. 사람마다 생김새가 다르다. 얼룩말의 털 무늬가 조금씩 다르다. 코스모스의 꽃잎 색이 다양하다. 등

달팽이의 껍질 무늬

얼룩말의 줄무늬

코스모스의 꽃잎 색

① 변이는 생물의 생존과 번식에 영향을 미칠 수 있다.

② 빛, 온도, 물, 먹이 관계 등 환경이 달라지면 생존에 유리한 변이도 달라진다.

⑩ 북극여우와 사막여우

북극여우	사막여우

귀가 작고 몸집이 커 몸의 열을 쉽게 빼앗기지 않는다. ⇨ 낮은 기온에 적응한 결과	귀가 크고 몸집이 작아 몸의 열을 방출하기 쉽다. ⇨ 높은 기온에 적응한 결과

(2) 생물다양성 형성 과정

한 종류의 생물 무리에 다양한 변이가 있음

⬇

생물이 다양한 환경에서 살아감

⬇

환경에 적응하면서 생존에 유리한 개체들이 자손을 남김

⬇

같은 종류의 생물 사이에 차이가 커서 새로운 종류의 생물이 나타남

⬇

생물다양성 증가

(3) 핀치의 부리 모양이 다양해진 과정

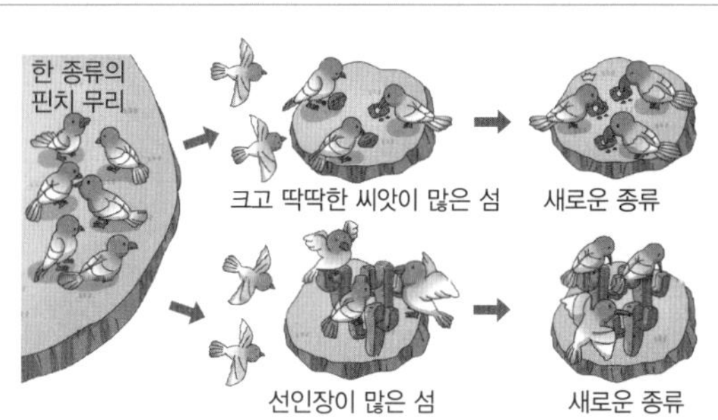

① 부리의 모양과 크기가 조금씩 다른 한 종류의 핀치가 있었다.

② 핀치가 갈라파고스제도의 여러 섬에 나뉘어 살게 되었다.

③ 각 섬마다 환경이 달라 구할 수 있는 먹이의 종류가 달랐고, 각 섬마다 먹이를 먹기에 유리한 부리의 모양을 가진 새들이 살아남게 되었다.

④ 오랜 시간이 지나 먹이에 따라 핀치 부리의 모양과 크기 차이가 커졌다. ⇨ 서로 완전히 다른 종으로 분화하였다.

곤충을 먹는 핀치　　작은 곤충을 먹는 핀치　　나무를 쪼는 핀치

땅에 사는 큰 크기의 핀치　　땅에서 선인장을 먹는 핀치

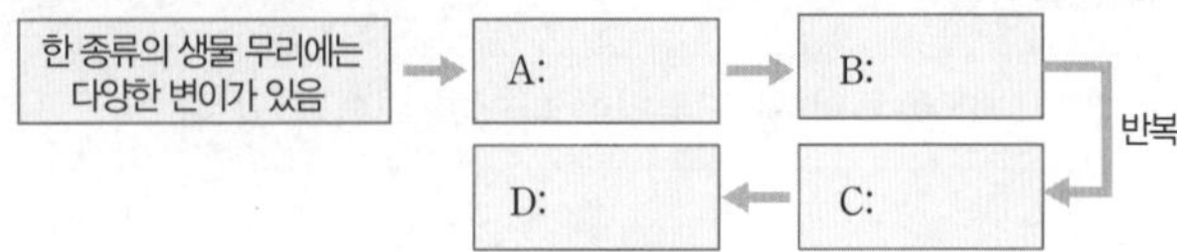

학교 시험 문제

01 다음은 생물다양성이 증가하는 과정을 나타낸 것이다.

```
한 종류의 생물 무리에는    →  A:   →  B:
다양한 변이가 있음                          ↓
                        D:   ←  C:   ←   반복
```

빈칸에 들어갈 알맞은 내용을 **보기**에서 골라 옳게 짝 지은 것은?

보기
- ㄱ. 생물다양성 증가
- ㄴ. 생물이 다양한 환경에서 살아감
- ㄷ. 같은 종류의 생물 사이에서 차이가 커져 새로운 종류의 생물이 생김
- ㄹ. 환경에 적응하면서 생존에 유리한 개체들이 자손을 남김

	A	B	C	D
①	ㄴ	ㄷ	ㄹ	ㄱ
②	ㄴ	ㄹ	ㄷ	ㄱ
③	ㄷ	ㄴ	ㄹ	ㄱ
④	ㄷ	ㄹ	ㄴ	ㄱ
⑤	ㄹ	ㄱ	ㄴ	ㄷ

02 그림은 숲과 밭의 모습을 나타낸 것이다.

 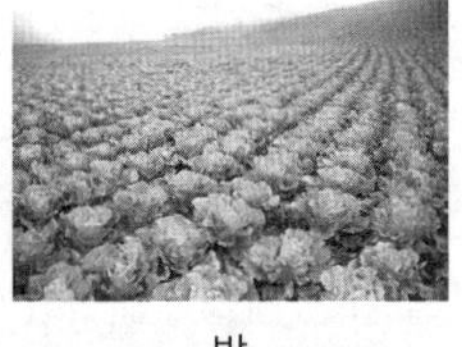

숲　　　　　　　밭

이에 대한 설명으로 옳은 것을 **보기**에서 모두 고른 것은?

보기
- ㄱ. 숲에 사는 생물종의 수는 밭에 사는 생물종의 수보다 많다.
- ㄴ. 숲을 밭으로 개간하면 생물다양성이 숲일 때보다 높아진다.
- ㄷ. 열대 지역의 숲과 온대 지역의 숲에 사는 생물의 종류는 비슷하다.

① ㄱ　　　　② ㄴ　　　　③ ㄷ
④ ㄱ, ㄴ　　　⑤ ㄴ, ㄷ

03 그림은 같은 종의 무당벌레 개체들이 가진 다양한 모습을 나타낸 것이다.

이에 대한 설명으로 옳은 것을 **보기**에서 모두 고른 것은?

보기
- ㄱ. 변이가 다양하게 나타날수록 생물다양성이 높아진다.
- ㄴ. 같은 부모에게서 태어난 무당벌레라도 서로 모습이 다를 수 있다.
- ㄷ. 같은 종류의 개체가 서로 다른 환경에 적응하면서 모습이 달라진 예이다.

① ㄱ　　　　② ㄴ　　　　③ ㄷ
④ ㄱ, ㄴ　　　⑤ ㄴ, ㄷ

04 생물다양성에 관련된 설명으로 옳은 것은?

① 생물의 종류 수는 생물다양성과 관련이 없다.
② 생물다양성이란 어떤 지역에 살고 있는 생물의 다양한 정도를 말한다.
③ 생물들이 살고 있는 환경이 얼마나 다양한지는 생물다양성에 포함되지 않는다.
④ 변이가 일어나고, 생물이 환경에 적응하는 과정에서 생물다양성은 일정하게 유지된다.
⑤ 한 생태계 내에서 살고 있는 한 종류의 생물의 특징이 얼마나 다양한지는 포함되지 않는다.

05 그림은 계절에 따른 호랑나비의 모습을 나타낸 것이다.

봄형　　　　　　　여름형

호랑나비의 몸 색깔과 크기에 영향을 미친 요인으로 옳은 것은?

① 물　　　② 온도　　　③ 일조 시간
④ 빛의 파장　　　⑤ 빛의 세기

06 그림은 삼림과 경작지의 면적에 따른 생물다양성의 변화를 나타낸 것이다.

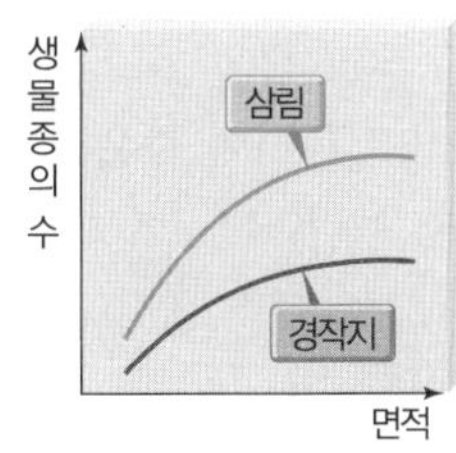

이에 대한 설명으로 옳은 것을 **보기** 에서 모두 고른 것은?

> **보기**
> ㄱ. 면적이 증가함에 따라 생물다양성이 높아진다.
> ㄴ. 삼림을 경작지로 변화시키면 생물다양성이 높아진다.
> ㄷ. 같은 면적의 삼림과 경작지 중 경작지에서 생태계가 안정적으로 유지된다.

① ㄱ　　　　　② ㄷ　　　　　③ ㄱ, ㄴ
④ ㄴ, ㄷ　　　　⑤ ㄱ, ㄴ, ㄷ

07 그림과 같이 같은 종류의 생물 중 개체에 따라 나타나는 특성의 차이를 나타내는 것은?

① 교배　　　　　② 변종
③ 변이　　　　　④ 진화　　　　　⑤ 이종

08 그림은 한 쌍의 부모에게서 태어난 새끼 새의 모습을 나타낸 것이다.

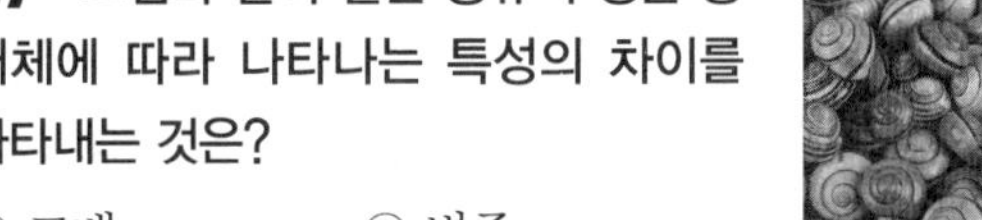

이에 대한 설명으로 옳은 것을 **보기** 에서 모두 고른 것은?

> **보기**
> ㄱ. 변이에 의해 다양한 특성을 가진 개체들이 생겨난다.
> ㄴ. 각 새들이 자라서 교배할 경우 생식 능력을 가진 자손이 태어날 수 없다.
> ㄷ. 비슷한 예로 한 생태계 내에 여러 종류의 생물이 살아가는 것을 들 수 있다.

① ㄱ　　　　　② ㄴ　　　　　③ ㄷ
④ ㄱ, ㄴ　　　　⑤ ㄴ, ㄷ

09 갈라파고스제도의 여러 섬에 사는 핀치의 부리 모양은 원래 비슷했지만, 지금은 그림과 같이 다양하게 변하였다.

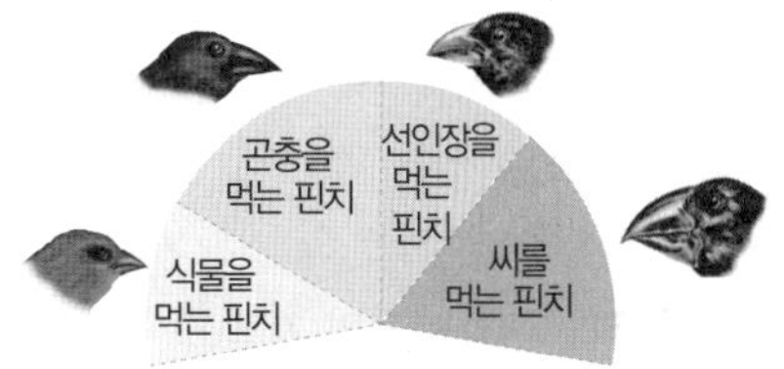

이에 대한 설명으로 옳은 것을 **보기** 에서 모두 고른 것은?

> **보기**
> ㄱ. 각 섬마다 먹이의 종류가 달라서 부리 모양이 다양하게 변하였다.
> ㄴ. 변이에 따라 핀치의 적응력과 생존력이 달라서 부리 모양이 다양해졌다.
> ㄷ. 자주 사용하는 기관은 발달하고, 사용하지 않는 기관은 퇴화하여 부리 모양이 다양해졌다.

① ㄱ　　　　　② ㄴ　　　　　③ ㄷ
④ ㄱ, ㄴ　　　　⑤ ㄴ, ㄷ

[10~11] 그림 (가)~(다)는 갈라파고스땅거북의 종이 다양해진 과정을 순서 없이 나타낸 것이다.

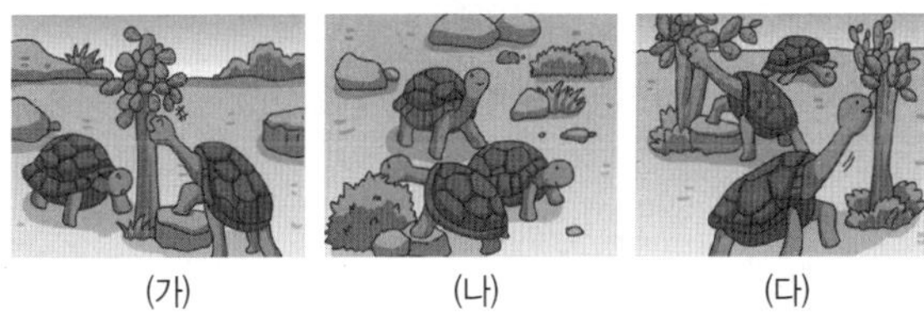

(가)　　　　　(나)　　　　　(다)

10 갈라파고스땅거북의 종이 다양해진 과정을 순서대로 옳게 나열한 것은?

① (가) － (나) － (다)　　　② (가) － (다) － (나)
③ (나) － (가) － (다)　　　④ (나) － (다) － (가)
⑤ (다) － (나) － (가)

11 이에 대한 설명으로 옳지 않은 것은?

① 이러한 과정은 오랜 세월에 걸쳐 일어난다.
② (가)에서 목이 조금 더 긴 개체는 생존에 유리하다.
③ (나)에서 각각의 개체들은 목 길이에 대한 변이를 가지고 있다.
④ (나)에는 목이 짧은 거북과 목이 긴 거북 두 종류가 모두 존재한다.
⑤ (가) ~ (다) 과정 중 생물다양성이 가장 높을 때는 (다) 과정일 때이다.

중단원 개념 정리

03 생물의 분류

❶ 생물분류의 목적과 기준

(1) 분류: 다양한 생물을 어떤 기준에 의해 공통점과 차이점에 따라 무리지어 나누는 것

(2) 생물분류의 목적: 생물 사이의 가깝고 먼 관계를 파악하기 위해서이다.

(3) 분류의 기준 : 분류하는 사람에 따라 결과가 달라지지 않게 하기 위해 생물이 가지고 있는 고유의 특징을 기준으로 삼는다.

❷ 생물의 분류체계

(1) 단계: 종＜속＜과＜목＜강＜문＜계

(2) 종: 생물분류의 기본 단위, 자연 상태에서 짝짓기하여 생식 능력을 가진 자손을 낳을 수 있는 생물의 무리

❸ 생물의 5계 분류

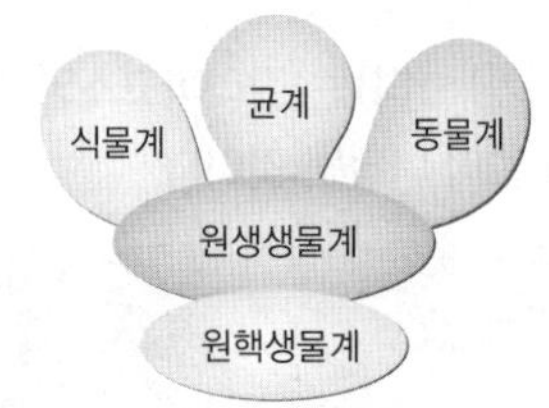

(1) 원핵생물계: 핵막이 없어 뚜렷한 핵이 없는 세포로 이루어진 생물

핵(핵막)	세포벽	세포 수	광합성	운동성
×	○	단세포	대부분 ×	○, ×

㉠ 남세균, 대장균, 젖산균, 폐렴균 등

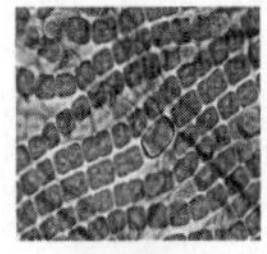
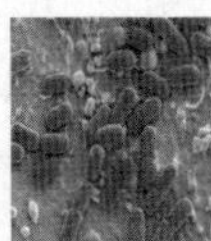
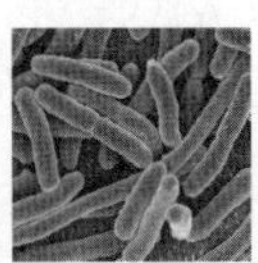
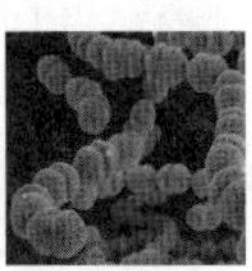

남세균	대장균	젖산균	폐렴균

(2) 원생생물계: 핵막으로 구분된 핵을 가진 세포로 이루어진 생물 중 균계, 식물계, 동물계에 속하지 않는 생물로 대부분 수중 생활을 한다.

핵(핵막)	세포벽	세포 수	광합성	운동성
○	○, ×	대부분 단세포	○, ×	○, ×

㉠ 아메바, 유글레나, 짚신벌레, 미역, 다시마 등

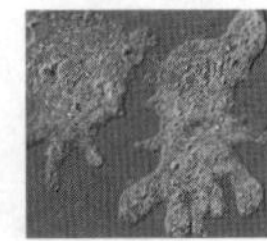

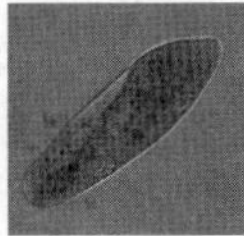

아메바	유글레나	짚신벌레	미역

(3) 균계: 핵막으로 구분된 핵을 가진 세포로 이루어진 생물 중 광합성을 하지 못하여 죽은 생물을 분해하여 영양분을 얻는 생물 무리이다. 버섯이나 곰팡이는 균사로 이루어져 있다.

핵(핵막)	세포벽	세포 수	광합성	운동성
○	○	대부분 다세포	×	×

㉠ 효모, 곰팡이, 버섯 등

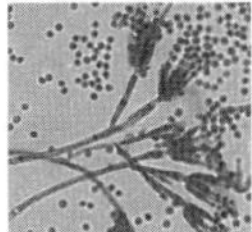
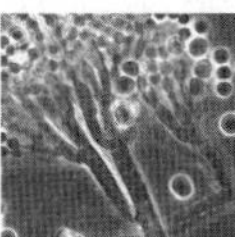

효모	푸른곰팡이	누룩곰팡이	버섯

(4) 식물계: 핵막으로 구분된 핵을 가진 세포로 이루어진 생물 중 광합성을 하여 스스로 양분을 만들고 기관이 발달한 생물 무리로, 운동성이 없다.

핵(핵막)	세포벽	세포 수	광합성	운동성
○	○	다세포	○	×

㉠ 고사리, 이끼, 해바라기, 은행나무, 민들레 등

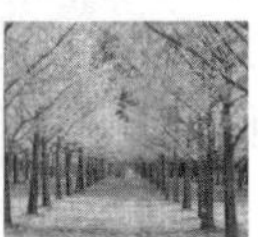

고사리	우산이끼	해바라기	은행나무

(5) 동물계: 핵막으로 구분된 핵을 가진 세포로 이루어진 생물 중 광합성을 못해 먹이를 먹어 양분을 얻는 생물 무리로, 다양한 기관이 발달해 있으며 운동성이 있다.

핵(핵막)	세포벽	세포 수	광합성	운동성
○	×	다세포	×	○

㉠ 해파리, 메뚜기, 고등어, 참새, 개구리, 호랑이 등

해파리	메뚜기	고등어	참새

(6) 생물의 5계 특징 정리

구분	핵(핵막)	세포벽	광합성	세포 수	운동성
원핵생물계	×	○		단세포	
원생생물계		○, ×	○, ×	대부분 단세포	○, ×
균계	○	○	×	대부분 다세포	×
식물계			○	다세포	
동물계		×	×		○

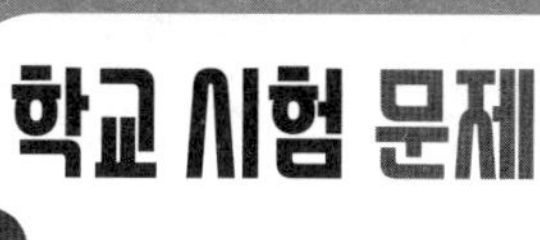

학교 시험 문제

01 표는 생물종 (가)~(마)의 특징 A~G의 유무를 조사한 것이다.

특징＼종	(가)	(나)	(다)	(라)	(마)
A	○	○	○	○	○
B	○	×	○	×	×
C	○	×	×	×	×
D	×	×	×	○	×
E	×	○	×	×	×
F	×	×	×	×	○
G	○	×	○	○	×

이에 대한 설명으로 옳은 것을 보기 에서 모두 고른 것은?

보기
ㄱ. (가)와 가장 가까운 관계에 있는 종은 (다)이다.
ㄴ. (나)와 가장 먼 관계에 있는 종은 (라)이다.
ㄷ. 특징 A는 (가)~(마)를 분류하는 중요한 기준이다.

① ㄱ　　　　② ㄴ　　　　③ ㄷ
④ ㄱ, ㄴ　　　⑤ ㄴ, ㄷ

02 생물 고유의 특징을 기준으로 하여 생물을 분류한 것으로 옳지 <u>않은</u> 것은?

① 미역은 수중 생물이다.
② 민들레는 광합성을 한다.
③ 버섯은 균사로 이루어져 있다.
④ 고양이는 척추가 있는 동물이다.
⑤ 대장균은 핵막으로 구분된 핵이 없다.

03 그림은 어떤 지역에 살고 있는 생물을 나타낸 것이다.

| 갈매기 | 곰 | 개 | 잠자리 | 지렁이 |

이에 대한 설명으로 옳지 <u>않은</u> 것은?

① 제시된 생물은 모두 동물계에 속한다.
② 털의 유무로 분류할 때 개와 곰은 같은 범주에 속한다.
③ 척추의 유무로 생물을 분류하면 잠자리와 지렁이는 같은 범주에 속한다.
④ 사람이 기를 수 있는지에 대한 분류 결과는 분류자에 따라 변화하지 않는다.
⑤ 하늘을 날 수 있는지의 여부에 따라 분류하면 새와 지렁이는 같은 범주에 속하지 않는다.

04 동물계의 특징으로 옳은 것은?

① 핵이 존재하지 않는다.
② 대부분 세포벽을 갖는다.
③ 운동 기관이 발달되어 있다.
④ 대부분 단세포로 이루어져 있다.
⑤ 몸이 대부분 균사로 이루어져 있다.

05 동물계에 속하는 생물을 보기 에서 모두 고르시오.

보기
ㄱ. 달팽이　　　　ㄴ. 짚신벌레
ㄷ. 지렁이　　　　ㄹ. 금붕어
ㅁ. 말미잘　　　　ㅂ. 오징어
ㅅ. 송이버섯　　　ㅇ. 폐렴균

06 원핵생물계의 특징으로 옳은 것은?

① 조직이나 기관이 발달했다.
② 세포벽을 가지고 있지 않다.
③ 광합성을 하는 생물로만 이루어져 있다.
④ 원핵생물계의 대표적인 예로는 효모, 아메바, 유글레나 등이 있다.
⑤ 막으로 구분된 핵이나 세포소기관을 가지고 있지 않은 세포로 이루어져 있다.

07 그림은 우리 주변의 생물을 나타낸 것이다.

 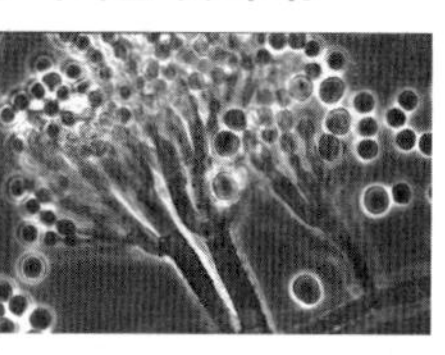

| 버섯 | 곰팡이 |

이 생물들의 공통적인 특징을 보기 에서 모두 고른 것은?

보기
ㄱ. 몸이 균사로 이루어져 있다.
ㄴ. 핵막으로 구분된 뚜렷한 핵이 있다.
ㄷ. 광합성을 하여 스스로 양분을 만든다.

① ㄱ　　　　② ㄷ　　　　③ ㄱ, ㄴ
④ ㄴ, ㄷ　　　⑤ ㄱ, ㄴ, ㄷ

학교 시험 문제

08 그림은 생물을 5계로 분류한 것을 나타낸 것이다.

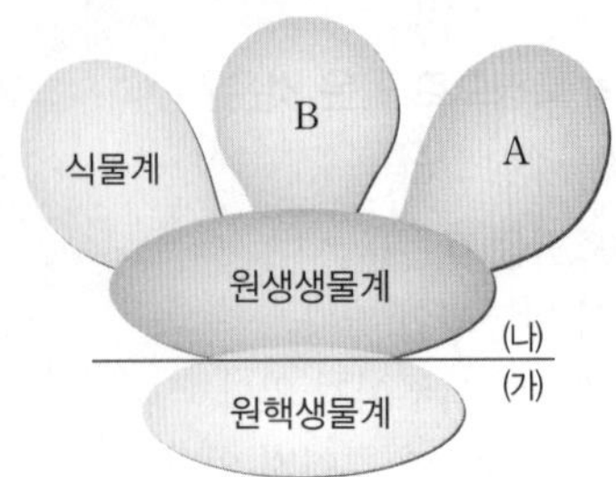

이에 대한 설명으로 옳지 <u>않은</u> 것은? (단, A는 운동성이 있다.)

① A의 생물은 다세포생물이다.
② A의 생물은 광합성을 하지 않는다.
③ B의 생물은 기관이 발달해 있지 않다.
④ A와 B를 나누는 기준은 광합성을 하는지 여부이다.
⑤ (가)와 (나)를 나누는 기준은 핵막으로 구분된 핵의 유무이다.

09 표는 (가)~(라) 생물의 특징을 조사한 것이다.

생물	세포 수	핵(핵막)	광합성	세포벽
(가)	다세포	○	×	×
(나)	단세포	×	×	○
(다)	단세포	○	×	×
(라)	다세포	○	○	○

이에 대한 설명으로 옳지 <u>않은</u> 것은? (단, (가)~(라) 생물은 5계 분류에서 모두 다른 종류에 속한다.)

① (가)는 기관이 발달해 있다.
② (가)가 속한 계에는 송이버섯이 포함된다.
③ (나)의 생물은 세포소기관을 가지고 있지 않다.
④ (라)는 운동성이 없다.
⑤ (가)~(라) 중 균계에 속하는 생물이 존재하지 않는다.

10 그림은 생물의 분류 단계를 나타낸 것이다.

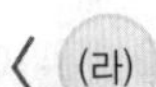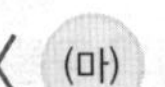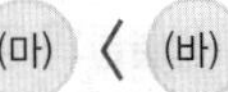

가장 세분화된 분류 단계인 (가)와 가장 단순하면서도 큰 분류 단계인 (바)를 옳게 짝 지은 것은?

	(가)	(바)		(가)	(바)
①	과	문	②	종	계
③	계	종	④	속	계
⑤	강	속			

11 다음은 몇 가지 생물을 나타낸 것이다.

> 유글레나, 염주말, 남세균

이 생물들의 공통적인 특징으로 옳은 것을 **보기**에서 모두 고른 것은?

보기
ㄱ. 핵막이 있다.　　　　ㄴ. 광합성을 한다.
ㄷ. 운동성이 있다.　　　ㄹ. 단세포생물이다.

① ㄱ, ㄴ　　　② ㄱ, ㄷ　　　③ ㄴ, ㄷ
④ ㄴ, ㄹ　　　⑤ ㄷ, ㄹ

[12~13] 그림은 여러 기준에 따라 생물을 분류하는 과정을 나타낸 것이다.

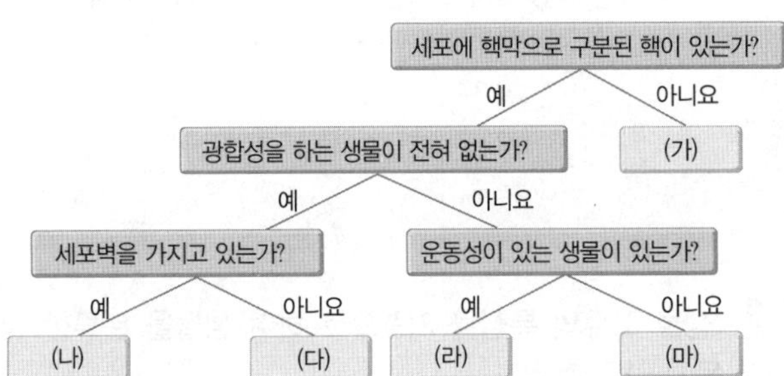

12 (가)~(마)는 생물의 분류체계에 따른 5계이다. 각각에 해당하는 계를 쓰시오.

13 (가)~(마)에 대한 설명으로 옳지 <u>않은</u> 것은?

① (가)는 핵막으로 구분된 핵을 가진 세포로 이루어진 생물이다.
② (나)는 균사로 이루어져 있다.
③ (다)와 (마)는 모두 다세포생물이다.
④ (라)는 균계, 식물계, 동물계에도 포함시키기 어려운 생물 무리이다.
⑤ (마)는 발달된 기관을 가지고 있다.

14 식물계와 균계를 구분할 수 있는 기준으로 옳은 것은?

① 핵의 유무　　　　② 세포벽의 유무
③ 세포막의 유무　　④ 엽록체의 유무
⑤ 운동성의 유무

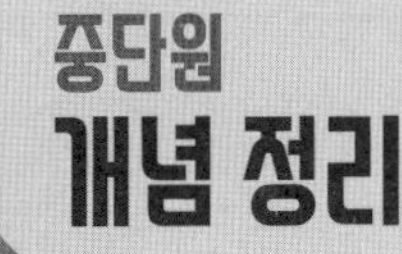

중단원 개념 정리
O4 생물다양성보전

❶ 생물다양성의 중요성

(1) 생태계평형 유지: 생물다양성이 높을수록 생태계의 먹이그물이 복잡하여 생태계가 더 안정적으로 유지된다.

생물다양성이 높은 생태계	생물다양성이 낮은 생태계
먹이그물이 복잡하다. ⇨ 어떤 생물이 멸종되어도 먹이 관계에서 멸종된 생물을 대체하는 생물이 있어 생태계가 안정적으로 유지된다.	먹이 그물이 단순하다. ⇨ 어떤 생물이 멸종되면 먹이 관계에서 멸종된 생물을 대체하는 생물이 없어 생태계가 쉽게 파괴된다.

(2) 생물다양성이 주는 혜택

① 식량 제공: 벼, 옥수수, 밀, 콩, 보리 등

② 의복 원료 제공: 목화, 누에고치 등

③ 주택이나 가구의 재료 제공: 나무, 풀 등

④ 의약품 원료 제공: 푸른곰팡이(항생제), 주목(항암제)

  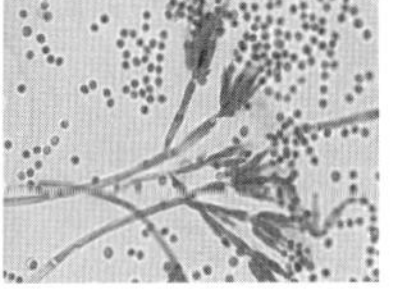

벼	목화	푸른곰팡이

⑤ 아이디어 제공: 고양이의 눈 ⇨ 도로 반사판

⑥ 건강하고 다양한 생태계: 맑은 공기, 깨끗한 물, 비옥한 토양 등 제공, 휴식 및 여가 활동 공간 제공

(3) 생물다양성 보전의 필요성

① 생물은 그 자체로 소중한 가치를 지닌다.

② 모든 생물은 생태계의 구성원으로서 지구에서 살아갈 권리가 있다.

③ 생물다양성이 감소하면 생태계가 쉽게 파괴되고, 인간을 포함한 생물의 생존이 위태로워질 수 있다.
⇨ 생물다양성을 보전하는 것은 생태계를 안정적으로 유지하고 지구 환경을 보전하여 지속가능한 삶을 살기 위해 반드시 필요하다.

고양이 눈	도로 반사판

❷ 생물다양성 유지

(1) 생물다양성 감소 원인: 생물다양성이 빠르게 낮아지는 원인은 인간의 활동과 관계가 깊다.

서식지파괴	무분별한 개발로 생물의 서식지가 파괴되거나 분리되면 서식지를 잃은 생물의 개체수가 급격히 감소한다. • 대책 : 지나친 개발 자제, 보호 구역 지정, 소형 동물 사다리 설치, 생태통로 설치
불법 포획과 남획	야생 동물을 불법적으로 포획하거나 번식으로 개체수를 회복하지 못할 만큼 남획하면 생물이 멸종되거나 멸종될 위기에 놓인다. • 대책 : 불법 포획 및 거래 단속 강화, 멸종 위기종 지정, 법률 강화
외래종 유입	천적이 없는 외래종이 유입되면, 폭발적으로 개체수가 늘어나기 때문에 토종 생물을 위협하여 생물다양성이 낮아진다. • 대책 : 무분별한 유입 방지, 유입 경로 관리 및 퇴치
환경오염	인간의 활동으로 환경이 오염되면 오염에 약한 생물들이 사라진다. • 대책 : 환경 정화 시설 설치, 쓰레기 배출량 줄이기
기후 변화	지구 평균 기온과 수온 상승으로 인해 서식지 환경이 변하거나 사라져 생물다양성이 낮아진다. • 대책 : 다회용품 사용, 신재생 에너지 사용

배스	가시박

(2) 생물다양성보전 방법

개인	• 쓰레기 분리수거 잘하기 • 자연환경을 훼손하지 않고 보호하고 가꾸기 • 옥상 정원 등의 생물 서식지 조성 • 희귀 동물을 애완용으로 기르지 않기
국가 및 지역 사회	• 생물 보호 구역 및 서식지를 국립공원으로 지정 • 개체수가 줄어든 동물을 멸종 위기종으로 지정 • 생물다양성을 보호하는 법률 제정 • 외래종 유입을 감시하여 방지 • 쓰레기 배출량 감소 및 환경 정화 시설 설치를 통한 환경 정화 • 생태통로 설치 • 지나친 개발 자제
국제적	생물다양성보전에 대한 협약을 맺어 국가 간 야생 동물 보호 및 생물 자원을 공동 관리 예 생물다양성 협약, 야생 동물의 국제 거래에 관한 협약, 람사르 협약

학교 시험 문제

01 그림은 (가)와 (나) 두 지역의 먹이 관계를 나타낸 것이다.

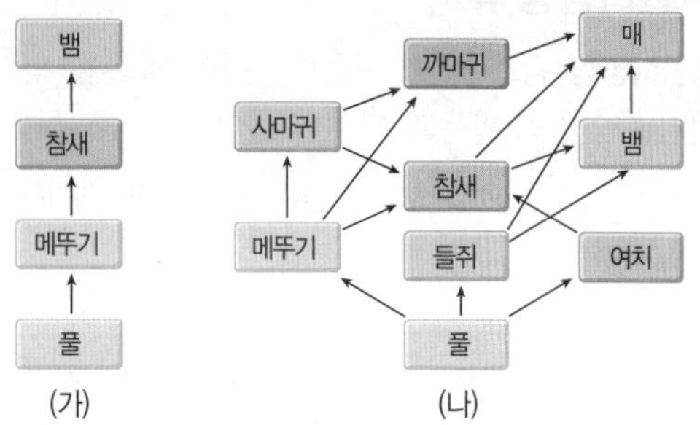

이에 대한 설명으로 옳지 <u>않은</u> 것은?

① (나) 지역이 (가) 지역보다 생물다양성이 높다.
② (가) 지역은 (나) 지역보다 먹이그물이 단순하다.
③ (가) 지역은 (나) 지역보다 생태계가 안정적으로 유지된다.
④ (가) 지역에서 메뚜기가 멸종하게 되면 참새가 멸종한다.
⑤ (나) 지역에서 풀이 멸종하면 생태계 유지에 치명적이다.

02 그림은 생물다양성을 위협하는 요인에 의해 영향을 받아 멸종된 생물종 수를 나타낸 것이다.

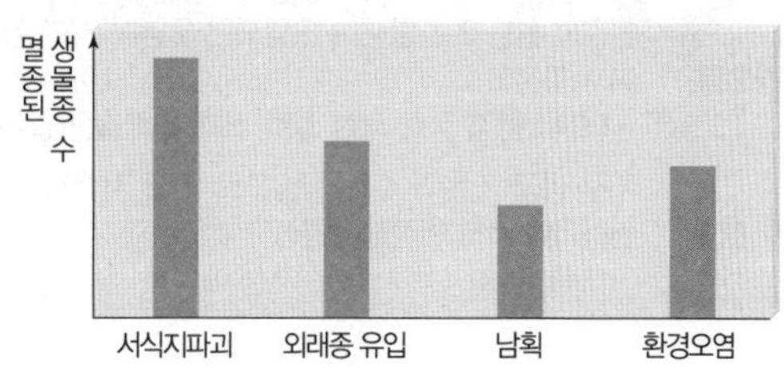

이에 대한 설명으로 옳은 것은?

① 남획에 의한 생물다양성 감소가 가장 크다.
② 환경오염에 의한 생물다양성 감소는 크지 않으므로 중요하지 않다.
③ 외래종의 유입 효과를 줄이기 위해서 생태통로를 건설할 수 있다.
④ 삼림을 경작지로 개발하는 것은 하천에 공장 폐수를 버리는 것보다 생물다양성을 더 크게 감소시킨다.
⑤ 생물종의 멸종이 우리에게 주는 피해는 크지 않으므로 생물다양성을 보전하기 위해 노력하지 않아도 된다.

03 생물자원이 지닌 가치에 대한 설명으로 옳은 것을 **보기** 에서 모두 고른 것은?

> **보기**
> ㄱ. 인류가 사용하는 의약품의 재료로 쓰인다.
> ㄴ. 인간에게 즐길 수 있는 공간과 대상을 제공한다.
> ㄷ. 자정 작용을 통해 수질을 정화하는 등 환경을 조절한다.

① ㄱ   ② ㄴ   ③ ㄱ, ㄷ
④ ㄴ, ㄷ   ⑤ ㄱ, ㄴ, ㄷ

04 생물다양성을 보존해야 하는 까닭으로 옳은 것을 **보기** 에서 모두 고른 것은?

> **보기**
> ㄱ. 먹이그물에 의해 사람도 피해를 볼 수 있기 때문이다.
> ㄴ. 생물다양성이 높을수록 멸종의 위험성이 낮아지기 때문이다.
> ㄷ. 생물다양성이 높은 생태계는 사람들의 휴식 공간이 되어주기 때문이다.

① ㄱ   ② ㄷ   ③ ㄱ, ㄴ
④ ㄴ, ㄷ   ⑤ ㄱ, ㄴ, ㄷ

[05~06] 다음은 미국 옐로스톤 지방에서 일어난 일을 나타낸 것이다.

> 미국 옐로스톤 지방에는 초식 동물인 엘크와 엘크를 잡아먹는 회색늑대가 살고 있었다. 옐로스톤에 사람이 정착하게 되면서 소와 양 등 가축의 보호를 위해 사람들은 회색늑대를 사냥하기 시작했다. 결국 1930 년대에 회색늑대가 멸종했다.

05 회색늑대가 멸종하게 된 원인은 생물다양성의 감소 원인 중 무엇에 해당하는가?

① 남획   ② 환경오염
③ 서식지파괴   ④ 외래종 유입
⑤ 서식지 감소

06 위와 같은 생물다양성의 감소 원인에 따른 대책으로 옳은 것은?

① 생태통로를 설치한다.
② 쓰레기 배출량을 줄인다.
③ 멸종 위기 생물을 지정한다.
④ 환경 정화 시설을 설치한다.
⑤ 외래종의 무분별한 유입을 방지한다.

07 외래종의 유입이 생태계에 주는 영향으로 옳은 것을 보기에서 모두 고른 것은?

> **보기**
> ㄱ. 토종 생물의 멸종 원인이 되기도 한다.
> ㄴ. 생물다양성이 높아져 생태계의 안정성이 높아진다.
> ㄷ. 천적이 없어 대량으로 번식하여 먹이그물에 변화를 일
> 　으킨다.

① ㄱ　　　　　② ㄴ　　　　　③ ㄷ
④ ㄱ, ㄷ　　　　⑤ ㄴ, ㄷ

08 생물다양성을 잘 보전하였을 때의 특징으로 옳은 것은?

① 변종이 생겨 사람의 생존에 위협이 된다.
② 경쟁이 심해져 여러 생물들의 생존이 어렵다.
③ 생태계가 안정적이기 때문에 생물들의 지속적인 생존
　이 가능하다.
④ 생물들의 증가로 의약품으로 사용될 수 있는 물질이 감
　소한다.
⑤ 과학의 발전으로 인하여 생물다양성은 사람의 삶과 큰
　관계가 없다.

09 생물다양성이 잘 보존된 생태계에서 얻을 수 있는 것
으로 옳지 않은 것은?

① 맑은 공기, 깨끗한 물을 얻을 수 있다.
② 다양하고 풍족한 식량을 제공받을 수 있다.
③ 의약품의 원료를 제공받아 의료 기술 발전에 도움이 될
　수 있다.
④ 섬유와 목재 등의 생활에 쓰이는 물건의 재료를 제공받
　을 수 있다.
⑤ 인간에게 해가 되는 곤충이 멸종되어 더 풍요로운 삶을
　살 수 있다.

10 생물다양성을 보전하기 위한 노력으로 옳지 않은 것을
모두 고르면?

① 외래종을 들여와 생물다양성을 높인다.
② 쓰레기를 분리배출하고, 자원을 재활용한다.
③ 고속도로 중간 중간에 생태통로를 설치한다.
④ 갯벌과 습지를 매립하여 생태 공원을 조성한다.
⑤ 생물다양성을 보전하기 위한 국제 협약을 체결한다.

11 생물다양성의 중요성과 보전에 대한 설명으로 옳은 것
을 보기에서 모두 고른 것은?

> **보기**
> ㄱ. 생물다양성이 높을수록 생물자원이 풍부해진다.
> ㄴ. 무분별한 외래종의 도입은 생물다양성을 감소시킬 수
> 　있다.
> ㄷ. 생물종이 다양한 생태계가 생물종이 적은 생태계보다
> 　생태계평형이 쉽게 깨진다.

① ㄱ　　　　　② ㄴ　　　　　③ ㄷ
④ ㄱ, ㄴ　　　　⑤ ㄴ, ㄷ

12 생태계평형을 유지하기 위한 활동 중 활동 범위가 다
른 것은?

① 종자 은행을 만들어 식물 종자를 관리한다.
② 옥상 정원과 같은 생물 서식지를 조성한다.
③ 개체수가 줄어든 동물을 멸종 위기종으로 지정한다.
④ 생물 보호 구역 및 서식지를 국립공원으로 지정한다.
⑤ 쓰레기 배출량을 줄이고 환경 정화 시설을 설치하여 환
　경오염을 막는다.

01 다음은 풍식이와 풍돌이가 나눈 대화의 일부이다.

> 풍식: 에어컨 리모컨 전원을 아무리 눌러봐도 에어컨이 안 켜지네? 에어컨이 고장 난 건가?
> 풍돌: 리모컨 건전지 수명이 다 된 거 아니야? 건전지 한 번 바꿔봐~!
> 풍식: 오! 건전지를 바꾸니까 잘 된다! 건전지를 다 써서 리모콘 작동이 안된 거였구나!

위 대화에서 건전지와 같은 기능을 하는 세포의 구성 요소는 무엇인지 쓰고, 그렇게 생각한 까닭을 서술하시오.

KEY 에너지 생산

---

02 다음은 어떤 세포 구조에 대한 설명이다.

> • 식물 세포에만 있는 세포 구조이다.
> • 세포를 보호하고, 세포의 형태를 유지한다.

위 세포 구조가 무엇인지 쓰고, 만약 해당 세포 구조가 없다면 어떤 문제가 생기게 될지 서술하시오.

KEY 세포 형태 유지

---

03 그림은 삼림과 경작지의 면적에 따른 생물종의 수 변화를 나타낸 것이다.

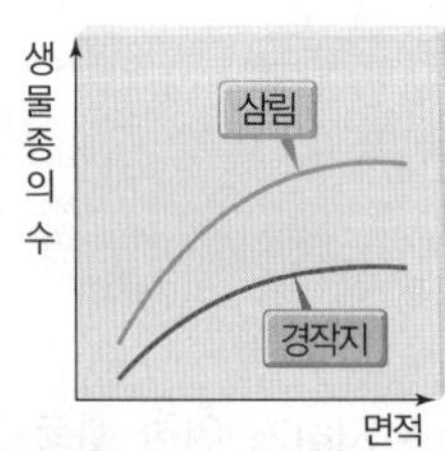

삼림을 경작지로 개간할 경우 생물다양성이 어떻게 변할지 근거를 들어 서술하시오.

KEY 생물종의 수, 생물다양성

---

04 표는 분류 단계에 따라 해당하는 생물을 나타낸 것이다.

식육목	호랑이	늑대	고양이	정글고양이
고양잇과	호랑이	고양이	정글고양이	
고양이속	고양이	정글고양이		
고양이	고양이			

고양이는 늑대와 호랑이 중 어느 동물과 더 가까운 관계일지 쓰고, 그렇게 생각한 까닭을 서술하시오.

KEY 계, 종, 같은 분류 단계

---

05 다음은 풍식이가 점심 시간에 먹은 반찬의 재료로 쓰인 생물을 계 수준으로 분류한 것을 나타낸 것이다.

점심 메뉴는 ㉠ 총 3 개의 계로 분류한다. ㉡ 제육볶음과 소고기는 동물계, ㉢ 고사리나물, 깍두기, 버섯볶음, 밥은 식물계, ㉣ 김과 미역국은 원생생물계에 속한다.

위 내용 중 잘못된 곳을 고르고, 바르게 수정하시오.

KEY 버섯, 균계

---

06 그림은 생물을 기준에 따라 두 무리로 분류한 것이다.

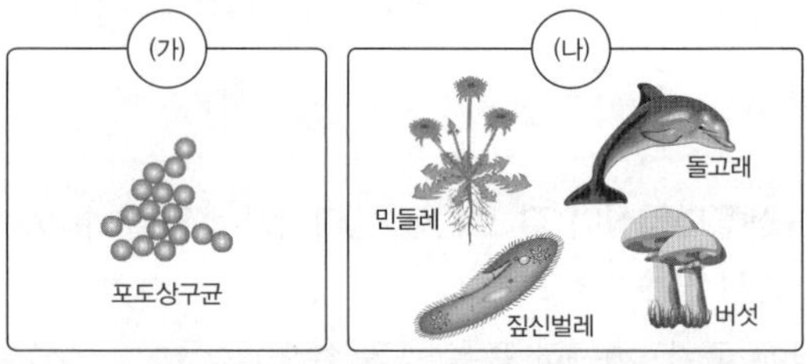

(가)와 (나)의 분류 기준을 쓰고, 그렇게 생각한 까닭을 서술하시오.

KEY 핵(핵막), 원핵생물계

---

07 표는 풍식이가 관찰한 어떤 생물의 특징을 나타낸 것이다.

핵(핵막)	○
세포 수	다세포
엽록체	○
세포벽	○
균사	×
운동성	○
발견 위치	물가

풍식이는 이 생물이 균계에 속한다고 발표하였는데, 선생님께서 균계의 생물이 아니라고 하셨다. 이 생물이 균계에 속하지 않는 까닭과 이 생물이 어떤 계에 속하는지 서술하시오.

KEY 균계: 엽록체 ×, 식물계: 운동성 ×, 동물계: 세포벽 ×

08 다음은 생태계 내에서 생산자, 소비자, 분해자에 대한 역할을 설명한 것이다.

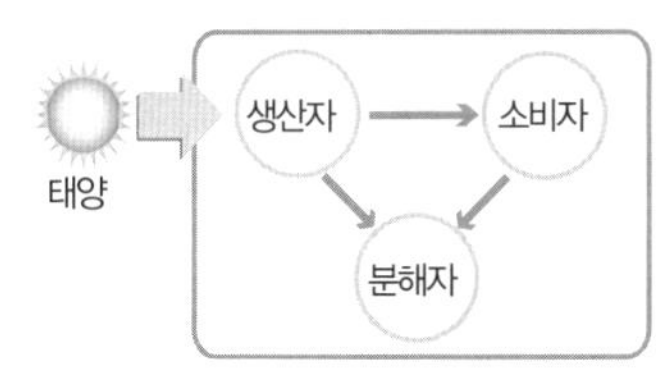

- 생산자: 태양으로부터 빛에너지를 받아 생물이 사용할 수 있는 에너지로 전환해 주는 역할을 한다.
- 소비자: 다른 생물을 먹이로 섭취하여 살아간다.
- 분해자: 여러 생물의 사체나 배설물을 체외에서 분해, 흡수하여 에너지를 얻는다.

식물계, 동물계, 균계의 생물은 각각 생산자, 소비자, 분해자 중 어떤 역할을 담당하는지 그 까닭과 함께 서술하시오.

KEY 광합성, 외부로부터 먹이 섭취, 사체 분해 흡수

09 그림은 어느 지역에서 발견된 생김새가 북극곰과 매우 비슷한 곰을 나타낸 것이다.
이 곰이 북극곰과 같은 종인지 다른 종인지 확인할 수 있는 방법을 서술하시오.

KEY 번식 능력이 있는 자손

10 그림은 애완용으로 판매하기 위하여 해외에서 국내로 밀반입되는 도중에 발견된 생물이다.

희귀 동물을 애완용으로 기르게 되면 생물다양성이 감소하는 까닭을 서술하시오.

KEY 희귀 동물에 대한 수요, 밀렵

11 그림은 멸종 위기에 놓여 있는 생물종의 치어(알에서 깬 지 얼마 안 되는 어린 물고기)를 방류하는 모습을 나타낸 것이다.

치어를 방류하게 되면 생물다양성이 어떻게 증가하게 되는지 서술하시오.

KEY 멸종 위기, 개체수, 생물다양성

중단원 개념 정리

01 열의 이동

❶ 온도와 입자의 운동

(1) **입자:** 물질을 구성하는 매우 작은 입자

(2) **입자 모형:** 물질을 구성하는 입자를 간단한 모형으로 나타낸 것

(3) **온도:** 물체의 차갑고 뜨거운 정도를 숫자로 나타낸 값

① 섭씨온도: 1 기압에서 물의 어는점을 0 ℃, 끓는점을 100 ℃로 하고 그 사이를 100등분한 온도 [단위: ℃]

② 절대 온도: 입자의 운동이 활발한 정도를 수치로 나타낸 것으로, 과학에서는 −273 ℃를 0 K으로 정한 절대 온도를 사용 [단위: K(켈빈)]

(4) **온도와 입자의 운동:** 온도가 높을수록 입자의 운동이 활발하다.

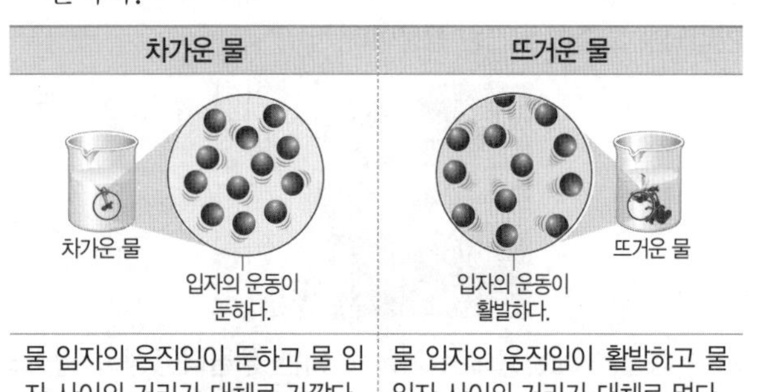

차가운 물	뜨거운 물
차가운 물 / 입자의 운동이 둔하다.	입자의 운동이 활발하다. / 뜨거운 물
물 입자의 움직임이 둔하고 물 입자 사이의 거리가 대체로 가깝다.	물 입자의 움직임이 활발하고 물 입자 사이의 거리가 대체로 멀다.

❷ 열평형

(1) **열평형:** 온도가 다른 두 물체가 접촉할 때 온도가 높은 물체에서 온도가 낮은 물체로 열이 이동하여 두 물체의 온도가 같아진 상태

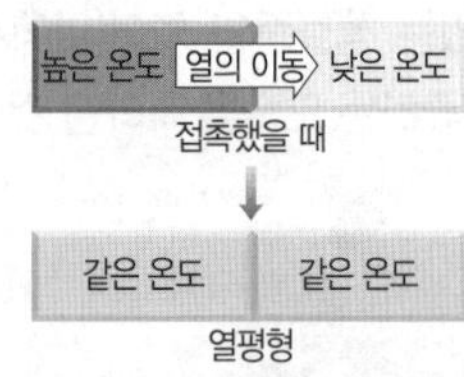

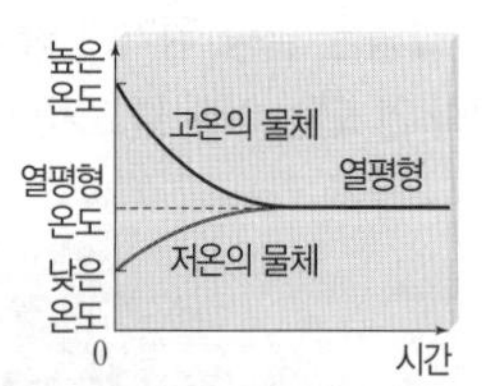

> 고온의 물체가 잃은 열량＝저온의 물체가 얻은 열량

(2) **열평형과 입자 운동**

① 온도가 높은 물체는 열을 잃어 입자 운동이 둔해지고, 입자 사이의 거리가 가까워진다.

② 온도가 낮은 물체는 열을 얻어 입자 운동이 활발해지고, 입자 사이의 거리가 멀어진다.

③ 충분한 시간이 지난 후 두 물체의 입자 운동 정도는 같아지며 열평형에 도달한다.

(3) 열평형을 이용한 예

① 갓 삶은 뜨거운 달걀을 찬물에 넣어 식힌다.

② 음식을 냉장고에 넣어 차갑게 보관한다.

③ 체온계를 사람의 몸에 접촉하여 체온을 측정한다.

❸ 열의 이동

(1) **열의 이동 방법**

① 전도: 주로 고체에서 물질을 이루고 있는 입자의 운동이 이웃한 입자에 전달되어 열이 이동하는 방법

• 입자의 움직임이 전달된다.

• 열이 전달되는 정도는 물질의 종류에 따라 다르다.

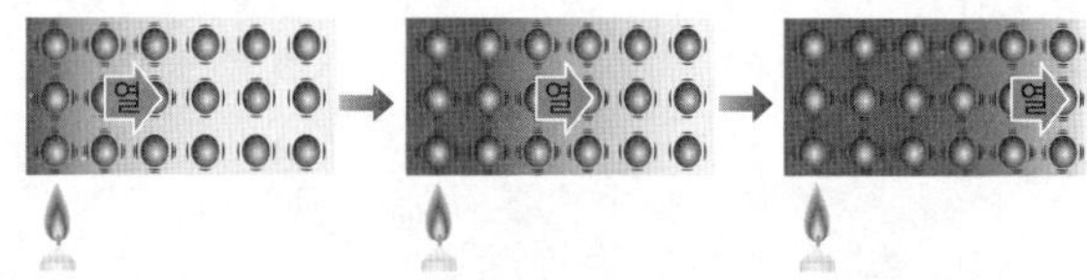

② 대류: 주로 액체나 기체에서 물질을 이루는 입자가 직접 이동하면서 열이 이동하는 방법

③ 복사: 열이 다른 물질을 거치지 않고 직접 이동하는 방법

⇨ 모든 물체는 온도의 높고 낮음과 관계없이 열을 방출한다.

대류　　　　　복사

(2) **열의 이동의 예**

전도	• 손난로를 쥐고 있으면 손이 따뜻해진다. • 프라이팬을 가열하면 프라이팬 전체가 뜨거워진다. • 추운 날 운동장에 있는 나무 의자보다 철봉이 더 차갑게 느껴진다.
대류	• 에어컨은 위쪽에, 난로는 아래쪽에 설치한다. • 무더운 날 땅 위의 공기가 데워져 올라가며 아지랑이가 피어난다. • 지구에서는 해류와 대기의 순환 운동이 일어난다.
복사	• 햇빛이 비치는 곳은 그늘진 곳보다 더 따뜻하다. • 열화상 카메라가 달린 드론으로 화재 현장의 불씨를 포착한다.

학교 시험 문제

01 온도에 대한 설명으로 옳지 <u>않은</u> 것을 <u>모두</u> 고르면?

① 온도의 단위는 cal, kcal를 사용한다.
② 물체가 열을 얻으면 온도가 높아진다.
③ 사람의 감각으로 정확한 온도를 측정할 수 있다.
④ 절대 온도는 물체를 구성하는 입자의 운동이 활발한 정도를 나타낸다.
⑤ 섭씨온도는 1 기압에서 물의 어는점을 0 ℃, 끓는점을 100 ℃로 했을 때 그 사이를 100등분한 온도이다.

02 그림은 온도가 서로 다른 물 A와 B의 입자 운동을 나타낸 것이다.

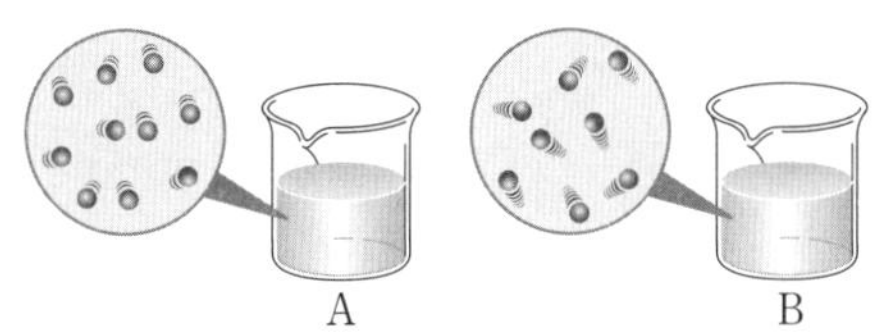

이에 대한 설명으로 옳은 것은?

① 섭씨온도는 A가 B보다 높다.
② 절대 온도는 A가 B보다 높다.
③ 입자 운동은 A가 B보다 활발하다.
④ 입자 사이의 거리는 A가 B보다 멀다.
⑤ A의 온도를 높이면 B와 같은 상태가 된다.

03 그림과 같이 온도가 서로 다른 두 물체 A와 B를 접촉시켰다. 이에 대한 설명으로 옳은 것을 (보기)에서 모두 고른 것은? (단, 외부와의 열 출입은 무시한다.)

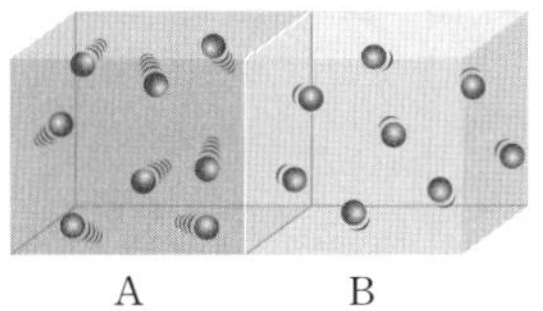

보기
ㄱ. A의 처음 온도는 B보다 높다.
ㄴ. A는 온도가 낮아지고, B는 온도가 높아져 열평형 상태에 도달한다.
ㄷ. 열평형 상태에 도달하는 동안 A와 B 모두 입자의 운동이 활발해진다.

① ㄱ
② ㄷ
③ ㄱ, ㄴ
④ ㄴ, ㄷ
⑤ ㄱ, ㄴ, ㄷ

04 그림과 같이 고온의 물체 A와 저온의 물체 B를 접촉시켰다. 이에 대해 옳은 설명을 한 학생은? (단, 외부와의 열 출입은 무시한다.)

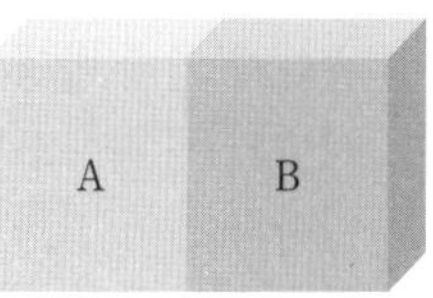

① 풍식: 열은 A에서 B로 이동해.
② 풍순: 온도가 같아도 열은 이동해.
③ 장돌: 시간이 지날수록 이동하는 열의 양은 점점 많아져.
④ 장순: 열은 입자의 수가 많은 물체에서 입자의 수가 적은 물체로 이동해.
⑤ 장풍: 열은 물체를 구성하는 입자들의 운동이 활발한 정도를 나타낸 값이야.

05 다음에서 설명하는 열의 이동 방법으로 옳은 것은?

> 주로 액체와 기체에서 열이 이동하는 방법으로, 물질을 이루는 입자가 직접 이동하여 열을 전달한다.

① 전도
② 대류
③ 복사
④ 단열
⑤ 열평형

06 그림과 같이 알루미늄 막대, 유리 막대, 구리 막대에 열변색 붙임딱지를 붙이고 한쪽 끝을 가열하였더니 구리 막대, 알루미늄 막대, 유리 막대의 순으로 가열한 쪽부터 열변색 붙임딱지의 색이 변하였다. 이에 대한 설명으로 옳지 <u>않은</u> 것은?

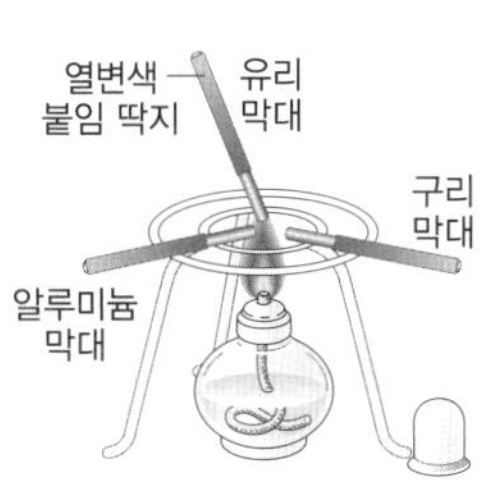

① 고체에서 열의 전도를 알아보는 실험이다.
② 고체를 이루는 입자가 직접 이동하여 열을 전달한다.
③ 구리 막대의 열변색 붙임딱지가 가장 먼저 변했으므로 구리가 열을 가장 잘 전달한다.
④ 가열한 쪽부터 열변색 붙임딱지의 색이 변하므로 물체를 따라 열이 전도됨을 알 수 있다.
⑤ 막대마다 열변색 붙임딱지의 색이 변하는 데 걸리는 시간이 다르므로 물체마다 열이 전도되는 정도가 다름을 알 수 있다.

07 감기에 걸려 체온이 높은 사람의 이마를 만져 보면 따뜻한 느낌을 받는다. 그 까닭으로 가장 옳은 것은?

① 손에서 열이 발생하기 때문
② 사람의 체온은 모두 같기 때문
③ 이마와 손이 열평형을 이루기 때문
④ 열이 이마에서 손으로 전도되기 때문
⑤ 이마의 입자가 손의 입자보다 크기 때문

08 다음은 양지에 있는 눈이 음지에 있는 눈보다 빨리 녹는 것을 관찰한 후, 풍식이가 작성한 내용이다. 풍식이의 작성 내용 중 옳지 <u>않은</u> 것은?

> 양지에 있는 눈이 음지에 있는 눈보다 빨리 녹는 까닭은 태양열이 ① 복사의 방법으로 전달되기 때문이다. 복사는 ② 다른 물질의 도움 없이 열이 직접 이동하는 방법으로, 열의 이동 방법 중에서 ③ 가장 느리다. ④ 열화상 카메라가 달린 드론으로 화재 현장을 찾거나 ⑤ 난로 앞에서 따뜻함을 느끼는 것은 복사와 관련이 있다.

09 그림은 열전달 방식을 체육복을 전달하는 것에 비유하여 나타낸 것이다.

이와 같은 방법의 예로 옳은 것은?

① 손난로를 쥐고 있으면 손이 따뜻해진다.
② 햇빛이 비치는 곳은 그늘보다 따뜻하다.
③ 전기장판 위에 있으면 몸이 따뜻해진다.
④ 에어컨은 위쪽에, 난로는 아래쪽에 설치한다.
⑤ 에어프라이어를 이용하여 음식을 따뜻하게 데운다.

10 그림은 온도가 서로 다른 두 물체 A와 B를 접촉시켰을 때 시간에 따른 온도 변화를 나타낸 것이다. 이에 대한 설명으로 옳은 것을 보기에서 모두 고른 것은? (단, 외부와의 열 출입은 무시한다.)

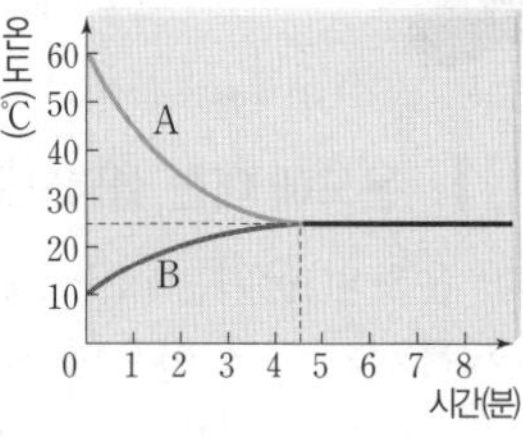

> 보기
> ㄱ. 열의 이동 방향은 A → B이다.
> ㄴ. A가 잃은 열량과 B가 얻은 열량은 같다.
> ㄷ. 열평형 온도는 두 물체의 처음 온도의 평균이다.

① ㄱ ② ㄷ ③ ㄱ, ㄴ
④ ㄴ, ㄷ ⑤ ㄱ, ㄴ, ㄷ

11 그림과 같이 물과 온도가 다른 금속을 물속에 넣고, 물의 온도를 1 분 간격으로 측정하여 표와 같은 결과를 얻었다.

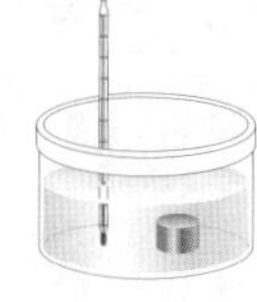

시간(분)	0	1	2	3	4
물의 온도(°C)	30	27	26	25	25

이에 대한 설명으로 옳은 것을 보기에서 모두 고른 것은? (단, 외부와의 열 출입은 무시한다.)

> 보기
> ㄱ. 금속의 온도는 약 3 분 동안 높아졌다.
> ㄴ. 열은 물에서 금속으로 약 3 분 동안 이동했다.
> ㄷ. 약 3 분 이후 물의 온도와 금속의 온도는 같다.

① ㄱ ② ㄴ ③ ㄱ, ㄷ
④ ㄴ, ㄷ ⑤ ㄱ, ㄴ, ㄷ

중단원 개념 정리

02 비열과 열팽창

❶ 비열

(1) **열량:** 온도가 다른 두 물체 사이에서 온도 차에 의해 이동하는 열의 양으로, 단위는 J, kcal를 사용한다.

(2) **비열:** 어떤 물질 1 kg의 온도를 1 ℃ 높이는 데 필요한 열량으로, 단위는 kcal/(kg · ℃)를 사용한다.

(3) **비열의 특징**

① 물질의 종류에 따라 고유한 값을 가진다.

② 비열이 큰 물질일수록 온도를 높이는 데 더 많은 열량이 필요하다.

(4) **비열, 열량, 온도 변화의 관계**

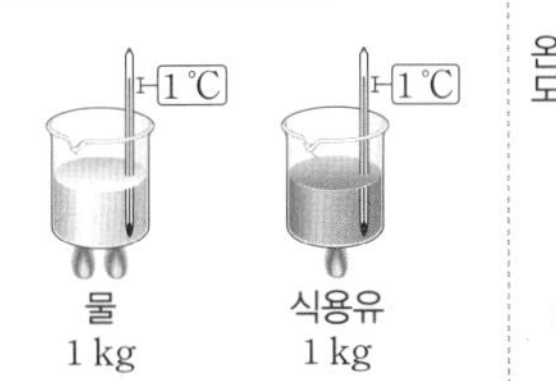
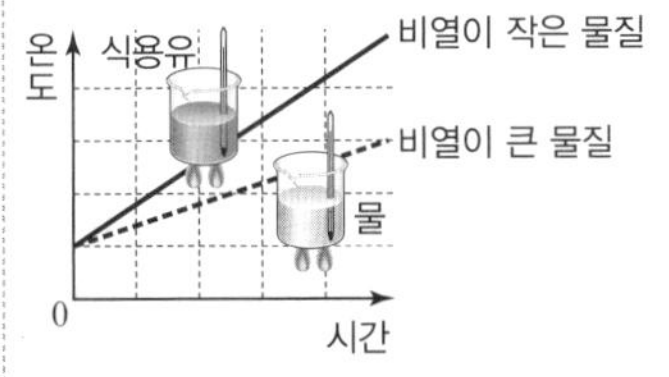

질량이 같은 물질을 같은 온도만큼 높이기 위해 필요한 열량은 비열이 클수록 많다.	질량이 같은 물질에 같은 열량을 가할 때의 온도 변화는 비열이 클수록 작다.

(5) **비열의 활용**

① 비열이 큰 물질을 활용하는 예

냉각수	비열이 큰 물이 많이 포함되어 있어 자동차 엔진이 지나치게 뜨거워지는 것을 막는다.
찜질팩	비열이 큰 물은 온도가 오랫동안 유지되어 찜질팩에 사용한다.
뚝배기	비열이 큰 도자기로 이루어져 음식을 오랫동안 따뜻하게 유지시킬 수 있다.
전통 한옥	비열이 큰 나무로 지어진 한옥은 여름에 시원하고 겨울에 따뜻하다.

② 비열이 작은 물질을 활용하는 예

난방용 온수관	비열이 작은 물질로 만들어져 있어 따뜻한 물이 지날 때 온수관이 빠르게 데워져 열을 전달한다.
프라이팬	비열이 작은 금속으로 이루어져 음식을 빠르게 익힌다.

❷ 열팽창

(1) **열팽창:** 물질의 온도가 높아질 때 물질의 길이나 부피가 늘어나는 현상

(2) **열팽창의 원인:** 물질이 열을 받으면 물질을 이루는 입자의 운동이 활발해져 입자 사이의 거리가 멀어지기 때문이다.

(3) **열팽창 정도**

① 온도 변화가 클수록 열팽창 정도가 크다.

② 물질의 종류마다 열팽창 정도가 다르다.

③ 물질의 상태에 따라 열팽창 정도가 다르다.
　⇨ 고체 < 액체 ≪ 기체

(4) **고체의 열팽창**

① **바이메탈:** 열팽창 정도가 서로 다른 금속을 붙여 만든 장치로, 온도에 따라 휘어지는 방향이 다르며 두 금속의 열팽창 정도의 차가 클수록 많이 휘어진다.

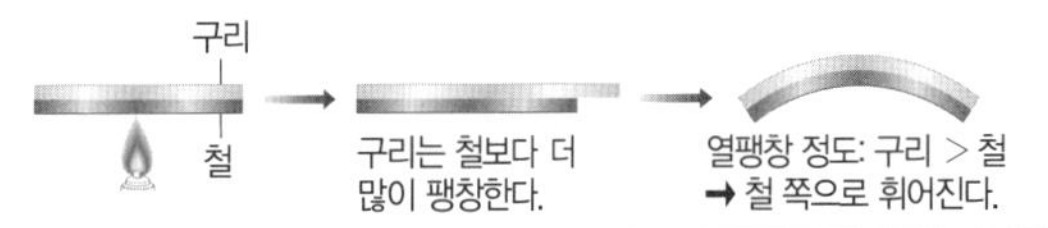

② **바이메탈의 이용:** 전기다리미, 화재 경보기, 토스터, 전기밥솥 등

(5) **액체의 열팽창**

① **액체 온도계:** 온도가 높아지면 온도계 속 액체의 부피가 커져 눈금이 올라가고, 온도가 낮아지면 부피가 작아져 눈금이 내려간다.

② 온도계에 사용되는 액체는 열팽창 정도가 커야 한다.

③ 온도에 따라 일정한 비율로 부피가 변하는 알코올이나 수은을 사용한다.

(6) **열팽창과 우리 생활**

구부러진 가스관	다리 이음새의 틈
온도가 올라가면 가스관이 파손될 수 있으므로 중간에 구부러진 부분을 만든다.	여름철 온도가 높아져 다리가 휘거나 갈라지는 것을 막기 위해 다리의 중간에 틈을 만든다.
철근과 콘크리트 구조물	**내열 유리**
철근은 콘크리트와 열팽창 정도가 비슷해 온도 변화에도 건물에 균열이 잘 생기지 않는다.	일반유리보다 열팽창 정도가 작아서 가열하거나 냉각해도 잘 깨지지 않는다.

학교 시험 문제

01 비열에 대한 설명으로 옳지 <u>않은</u> 것은?

① 온도가 다른 두 물체 사이에서 이동하는 열의 양이다.
② 어떤 물질 1 kg을 1 ℃ 높이는 데 필요한 열량이다.
③ 질량과 열량이 같은 경우 온도 변화는 비열에 반비례한다.
④ 비열이 클수록 온도를 높이는 데 더 많은 열량이 필요하다.
⑤ 온도 변화가 같을 때 동일한 물체의 질량이 클수록 물체에 가한 열량은 크다.

02 그림은 질량이 같은 물질 A와 B에 같은 열량을 가해 주었을 때, A와 B의 시간에 따른 온도 변화를 나타낸 것이다.

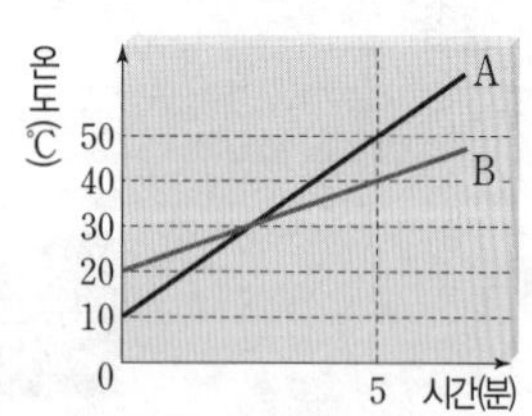

이에 대한 설명으로 옳은 것을 보기 에서 모두 고른 것은?

보기
ㄱ. 비열은 A가 B보다 작다.
ㄴ. 5 분 동안 얻은 열량은 A가 B보다 크다.
ㄷ. A와 B의 질량을 2 배로 늘리면 같은 시간 동안 온도 변화는 작아진다.

① ㄱ   ② ㄴ   ③ ㄱ, ㄷ
④ ㄴ, ㄷ   ⑤ ㄱ, ㄴ, ㄷ

03 비열에 의한 현상이 <u>아닌</u> 것은?

① 물이 얼면 부피가 커져서 밀도가 작아진다.
② 자동차나 발전소의 냉각수로 물을 사용한다.
③ 물을 빨리 끓이기 위해 금속으로 된 냄비를 사용한다.
④ 밤에는 모래가 바닷물보다 차가워서 육지에서 바다로 육풍이 분다.
⑤ 음식을 오랫동안 따뜻하게 유지하기 위해 뚝배기나 돌솥을 사용한다.

04 열팽창에 대한 설명으로 옳지 <u>않은</u> 것은?

① 물질의 종류에 따라 열팽창하는 정도가 다르다.
② 열팽창이 일어나면 물체의 길이나 부피가 늘어난다.
③ 온도 변화가 클수록 열팽창 정도는 커진다.
④ 일반적으로 물질이 열팽창하는 정도는 고체가 액체보다 크다.
⑤ 여름철 테니스 라켓의 줄을 팽팽하게 조이는 것은 열팽창과 관련이 있다.

05 그림은 구리, 철, 알루미늄 막대의 열팽창을 알아보기 위한 실험 장치를 나타낸 것이다.

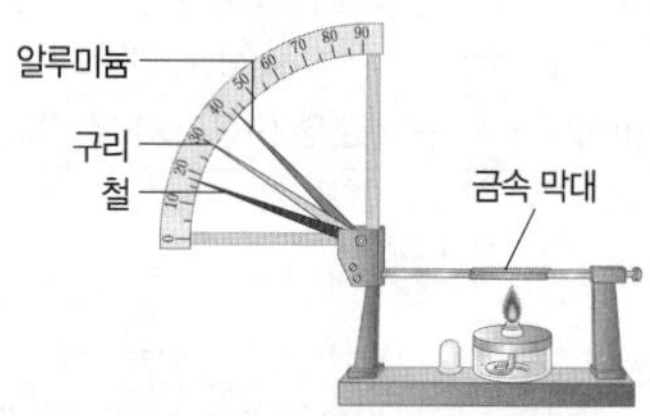

이 실험에 대한 설명으로 옳지 <u>않은</u> 것은? (단, 열팽창 정도는 알루미늄＞구리＞철 순이다.)

① 가열하면 금속 막대의 입자가 커진다.
② 막대의 길이가 늘어나 바늘이 움직인다.
③ 알루미늄 막대에 연결된 바늘이 가장 많이 움직인다.
④ 세 막대 모두 가열 시간이 길어질수록 막대가 더 많이 늘어난다.
⑤ 금속의 종류에 따라 열팽창 정도가 다르다는 사실을 알 수 있다.

06 보기 의 물체들을 가열하였을 때 열팽창 정도가 큰 물체부터 순서대로 나열한 것은?

보기
ㄱ. 5 m의 철근　　　　ㄴ. 1 L의 수증기
ㄷ. 1 kg의 식용유　　　ㄹ. 1 m의 철근

① ㄱ－ㄴ－ㄷ－ㄹ　　　② ㄴ－ㄷ－ㄱ－ㄹ
③ ㄴ－ㄷ－ㄹ－ㄱ　　　④ ㄷ－ㄴ－ㄱ－ㄹ
⑤ ㄹ－ㄱ－ㄴ－ㄷ

07 고체의 열팽창과 관련된 현상으로 옳지 **않은** 것은?

① 한겨울에는 전깃줄이 팽팽해진다.
② 여름에는 에펠탑의 높이가 더 높아진다.
③ 밤에는 육지에서 바다 쪽으로 바람이 분다.
④ 여름에는 ㄷ자 모양의 가스 수송관이 더 구부러진다.
⑤ 오븐에 사용하는 유리는 일반 유리보다 열에 강한 내열 유리를 사용해야 한다.

08 그림 (가)와 (나)는 여름과 겨울의 전깃줄을 나타낸 것이다.

(가)　　　　　　　　(나)

이에 대한 설명으로 옳은 것을 보기 에서 모두 고른 것은?

보기
ㄱ. 전깃줄 입자의 운동은 (나)가 (가)보다 활발하다.
ㄴ. 전깃줄 입자 사이의 거리는 (나)가 (가)보다 가깝다.
ㄷ. 전깃줄은 온도가 높아질수록 더 늘어진다.

① ㄱ　　　　② ㄴ　　　　③ ㄱ, ㄷ
④ ㄴ, ㄷ　　　⑤ ㄱ, ㄴ, ㄷ

09 둥근 금속판의 가운데 부분에 동그란 구멍을 뚫고 열을 골고루 가하였다. 열을 받은 금속판의 모양으로 옳은 것은? (단, 점선 모양은 가열 전의 모습이다.)

①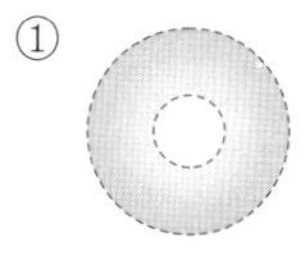　②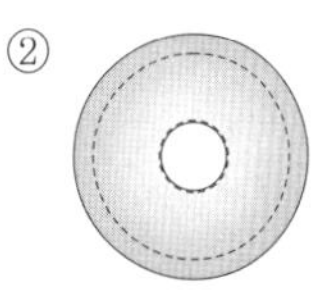　③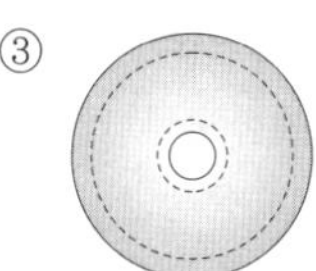

④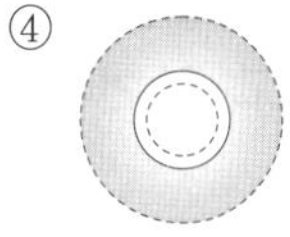　⑤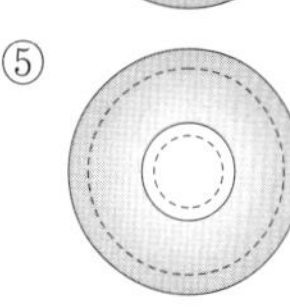

10 그림은 구리와 납을 사용해 만든 바이메탈을 나타낸 것이다. 이 바이메탈을 가열 또는 냉각할 때, 바이메탈이 휘어지는 방향을 옳게 짝 지은 것은? (단, 납이 구리보다 열팽창 정도가 크다.)

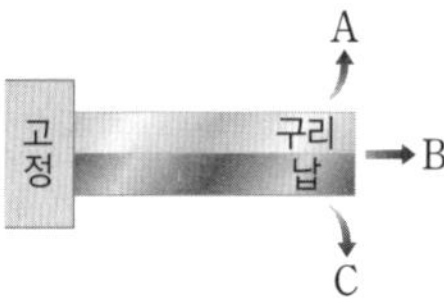

	가열	냉각		가열	냉각
①	A	B	②	A	C
③	B	B	④	C	A
⑤	C	B			

11 액체 온도계에 사용하는 액체(알코올, 수은)의 특징에 대한 설명으로 옳은 것을 보기 에서 모두 고른 것은?

보기
ㄱ. 비열이 클수록 좋다.
ㄴ. 온도 변화에 따른 열팽창 정도가 일정해야 한다.
ㄷ. 온도를 측정하는 구간에서 물질의 상태가 변하지 않아야 한다.

① ㄱ　　　　② ㄴ　　　　③ ㄱ, ㄷ
④ ㄴ, ㄷ　　　⑤ ㄱ, ㄴ, ㄷ

01 표는 온도가 서로 다른 네 물체 A~D를 접촉시켰을 때 열의 이동 방향을 나타낸 것이다.

접촉한 물체	A와 B	A와 C	B와 D
열의 이동 방향	B → A	A → C	D → B

A~D의 처음 온도를 비교하고, 그렇게 생각한 까닭을 서술하시오. (단, 첫 번째와 두 번째 A의 온도는 같고, 첫 번째와 세 번째 B의 온도는 같다.)

KEY 열의 이동 방향: 고온 → 저온

----

02 그림과 같이 온도가 서로 다른 두 물체 A와 B를 접촉시켰다.

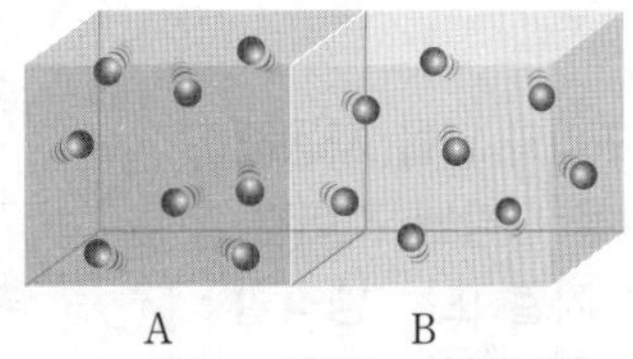

이때 열의 이동과 물체를 구성하는 입자 운동의 변화에 대해 서술하시오.

KEY 열의 이동 방향: 고온 → 저온

----

03 그림은 물을 가득 채운 사각 유리관의 입구에 잉크를 떨어뜨린 후, 사각 유리관의 왼쪽 아래 부분을 가열한 모습을 나타낸 것이다.

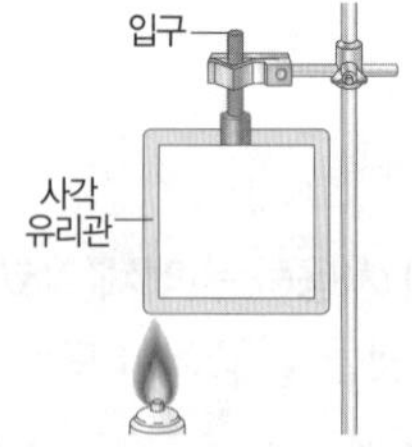

시간이 지난 후, 사각 유리관 안에서 일어나는 물의 순환과 잉크의 이동 방향에 대해 서술하시오.

KEY 뜨거운 물: 위로 이동, 차가운 물: 아래로 이동

----

04 그림은 풍만이의 집 거실을 나타낸 것이다.

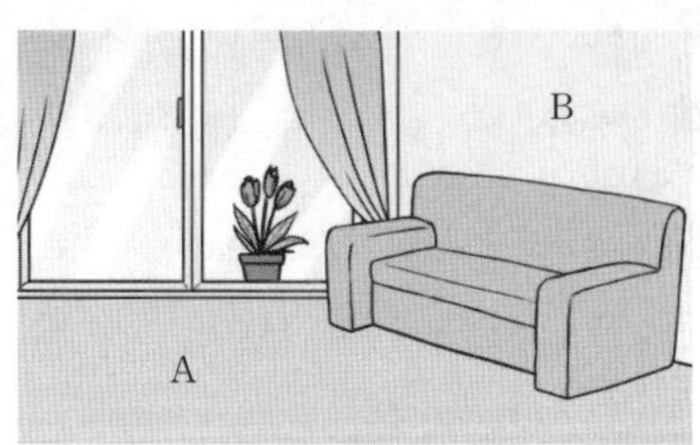

거실에 냉방기와 난방기를 설치할 때 A와 B 중 효율적인 위치를 각각 쓰고, 그렇게 생각한 까닭을 서술하시오.

KEY 차가운 공기: 아래로 이동, 따뜻한 공기: 위로 이동

----

05 그림과 같이 건물의 유리창을 이중으로 설치하면 유리창을 한 겹으로 설치했을 때보다 실내 온도가 잘 유지된다. 그 까닭을 열의 이동과 관련지어 서술하시오.

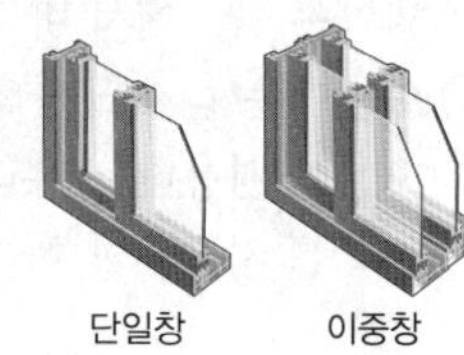

KEY 전도

----

06 표는 서로 다른 세 물질 A~C를 같은 세기의 불꽃으로 10 분 동안 가열한 결과를 나타낸 것이다.

물질	처음 온도(℃)	나중 온도(℃)	질량(g)
A	20	50	50
B	20	50	100
C	20	30	50

실험 결과를 바탕으로 세 물질의 비열을 비교하고, 그 까닭을 서술하시오.

KEY 물질의 질량↑ ⇨ 온도 변화↓

----

07 그림은 겨울철 길을 잃은 사람이 비상용 은박 담요를 사용해 체온을 유지하는 모습을 나타낸 것이다.

체온 유지를 위해 은박 담요를 사용하는 까닭을 열의 이동과 관련지어 서술하시오.

----

08 그림과 같이 해안 지역에서 낮에는 바다에서 육지로 해풍이 부는 반면 밤에는 육지에서 바다로 육풍이 분다.

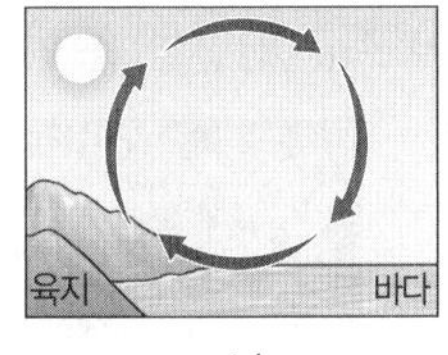 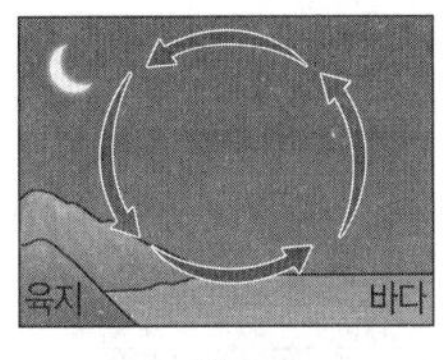

해안 지역에서 하루 동안 바람의 방향이 변하는 까닭을 육지와 바다의 비열과 관련지어 서술하시오.

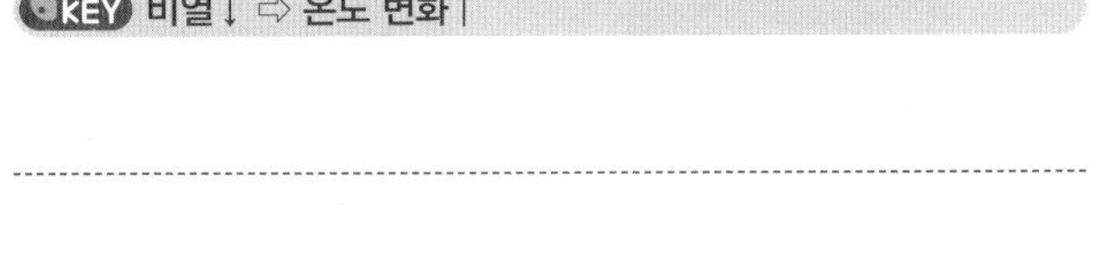

----

09 그림과 같이 쇠고리를 가열하였더니, 쇠고리 구멍의 지름보다 지름이 약간 큰 쇠구슬을 쇠고리에 통과시킬 수 있었다.

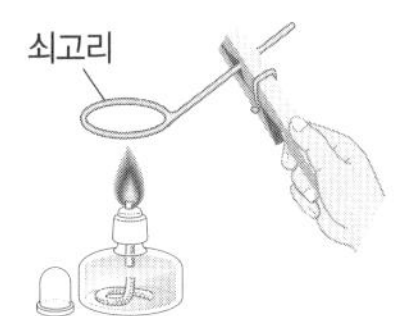

쇠구슬을 쇠고리에 통과시킬 수 있었던 까닭을 서술하시오.

----

10 그림은 서로 다른 네 금속 A~D를 서로 붙여 만든 바이메탈을 가열하였을 때의 모습을 나타낸 것이다.

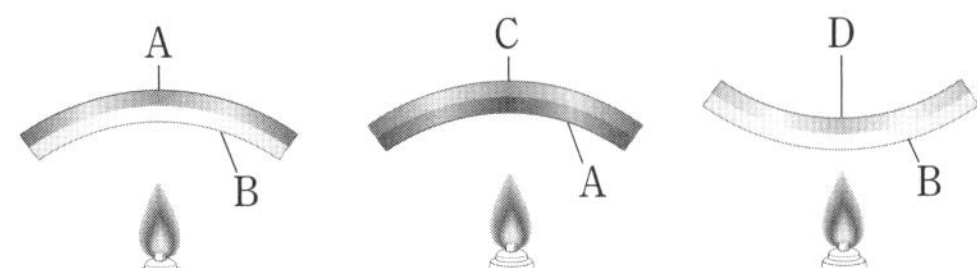

A~D 중에서 휘어지는 정도가 가장 큰 바이메탈을 만들기 위해서 사용해야 할 두 금속을 고르고, 그렇게 생각한 까닭을 서술하시오.

KEY 바이메탈: 열팽창 정도의 차가 클수록 많이 휘어짐

----

11 그림과 같이 실온에서 부피가 같은 콩기름, 물, 알코올을 뜨거운 물속에 담갔더니 각각의 액체가 유리관을 따라 위로 올라왔다.

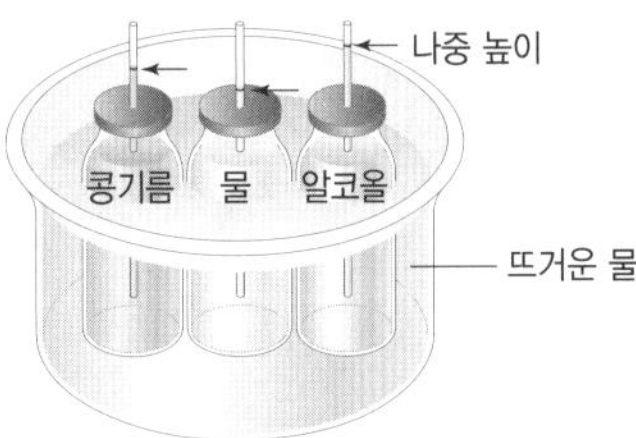

액체마다 유리관을 따라 올라온 높이가 다른 까닭을 각각의 액체를 이루는 입자의 상태와 관련지어 서술하시오.

KEY 열팽창 정도

----

12 그림은 화재 경보기 안에 바이메탈이 들어 있는 모습을 나타낸 것이다.

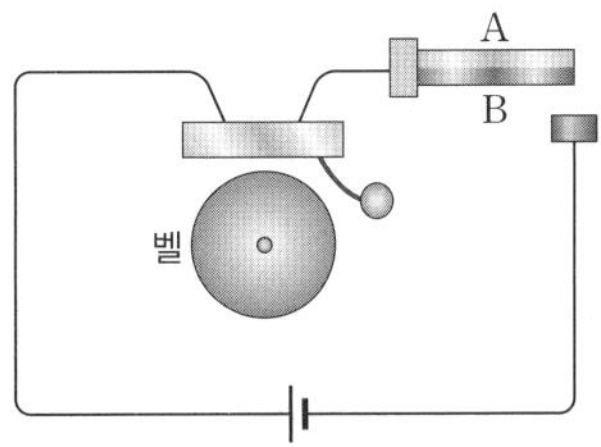

A와 B 중 열팽창 정도가 더 큰 것이 무엇인지 쓰고, 그 까닭을 화재 경보기의 작동 원리와 함께 서술하시오.

KEY 열팽창↑ ➡ 금속 많이 휨

----

01 입자의 운동

❶ 입자의 운동

(1) **입자:** 모든 물질은 눈에 보이지 않는 매우 작은 입자들로 이루어져 있다.

(2) **입자 운동:** 물질을 이루는 입자는 스스로 끊임없이 모든 방향으로 움직인다.

(3) **입자 운동의 증거:** 증발, 확산 등

❷ 확산

(1) **확산:** 물질을 이루는 입자들이 스스로 운동하여 넓게 퍼져 나가는 현상

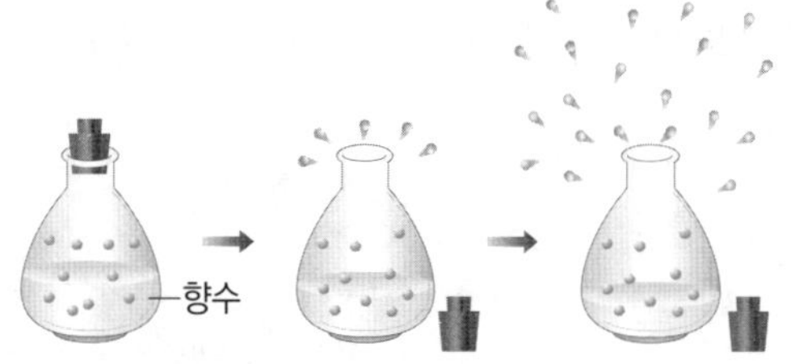

(2) **생활 속 확산의 예**

① 액체에서의 확산

- 물에 차 티백을 넣으면 물 전체에 차가 우러난다.
- 물에 잉크를 떨어뜨리면 물 전체가 잉크 색이 된다.
- 냉면에 식초를 넣으면 국물 전체에서 신맛을 느낄 수 있다.
- 물에 설탕 덩어리를 넣고 저어 주지 않아도 물 전체에서 단맛이 난다.

② 기체에서의 확산

- 꽃 가게에 들어가면 꽃향기로 가득하다.
- 모기향을 피우면 모기를 쫓을 수 있다.
- 굴뚝에서 나온 연기가 사방으로 퍼진다.
- 마약 탐지견이 냄새를 맡아 마약을 찾는다.
- 부엌에서 음식을 하면 냄새가 온 집 안에 퍼진다.
- 방 안 구석에 향수병 뚜껑을 열어놓으면 방 전체로 향수 냄새가 퍼진다.
- 울창한 숲길을 걸으면 피톤치드 냄새를 맡을 수 있다.

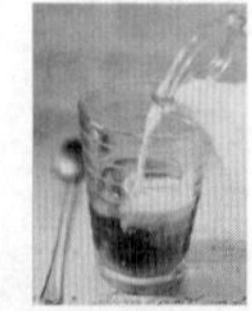
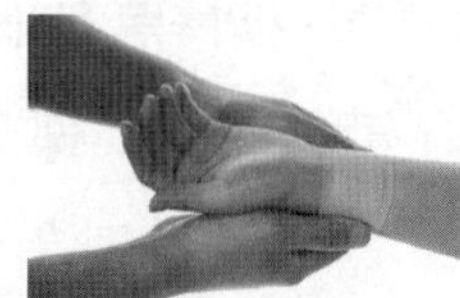

홍차에 우유를 넣어 밀크 티를 만든다.　　파스를 붙인 사람 주변에서 파스 냄새가 난다.

❸ 증발

(1) **증발:** 액체 표면에 있던 입자들이 스스로 운동하여 기체로 변하는 현상

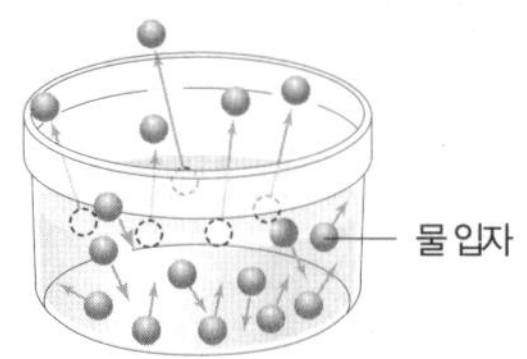

(2) **생활 속 증발의 예**

① 어항 속의 물이 줄어든다.

② 꺼내놓은 빵이 딱딱해진다.

③ 젖은 빨래나 머리카락이 마른다.

④ 껍질을 벗긴 감을 말려 곶감을 만든다.

⑤ 가뭄으로 물이 말라 논바닥이 갈라진다.

⑥ 새벽에 풀잎에 맺혀 있던 이슬이 낮이 되면 사라진다.

⑦ 염전에서 바닷물을 증발시켜 소금(천일염)을 얻는다.

딱딱해진 빵

곶감

갈라진 논바닥

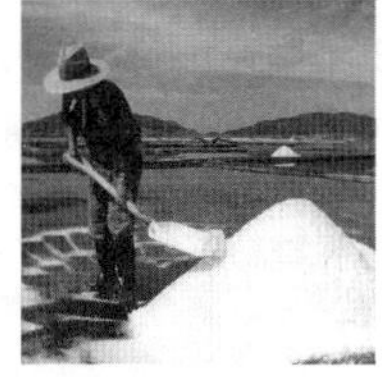

염전

(3) **증발과 끓음 비교**

증발	끓음
증발과 끓음은 모두 액체가 기체로 변하는 현상이다.	
액체 표면에서 일어난다.	액체 전체(표면＋내부)에서 일어난다.
모든 온도에서 일어난다.	액체가 끓기 시작하는 온도 이상에서 일어난다.
입자가 스스로 운동하기 때문에 발생한다.	외부에서 열을 흡수하여 발생한다.

01 입자가 스스로 운동하여 나타나는 현상으로 옳지 <u>않은</u> 것은?

① 나무에 달려 있던 과일이 떨어진다.
② 음식점 앞을 지나가면 음식 냄새가 난다.
③ 국에 소금을 넣었더니 국 전체에서 짠맛이 난다.
④ 공장에서 나온 연기가 공기 중으로 퍼져 나간다.
⑤ 물에 잉크를 떨어뜨리면 물 전체가 잉크 색으로 변한다.

02 그림은 기체를 이루는 입자를 모형으로 나타낸 것이다.

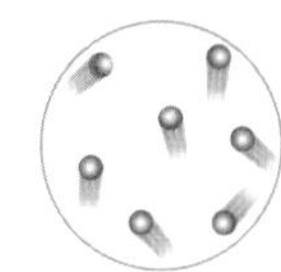

기체의 입자 운동에 대한 설명으로 옳은 것을 **보기**에서 모두 고른 것은?

> **보기**
> ㄱ. 입자는 가만히 정지해 있다가 열을 받으면 움직인다.
> ㄴ. 기체 입자는 운동과 멈추기를 반복한다.
> ㄷ. 입자는 불규칙하고 무질서한 방향으로 움직인다.

① ㄱ ② ㄷ ③ ㄱ, ㄴ
④ ㄴ, ㄷ ⑤ ㄱ, ㄴ, ㄷ

03 확산에 대한 설명으로 옳은 것은?

① 확산은 액체 상태에서만 일어난다.
② 확산은 진공 속에서 가장 빠르게 일어난다.
③ 확산하는 입자는 어느 한 방향으로 퍼져 나간다.
④ 가뭄으로 논바닥이 갈라지는 것은 확산 현상의 예이다.
⑤ 거름종이에 떨어뜨린 아세톤이 줄어드는 것은 확산 현상의 예이다.

04 그림은 적갈색의 브로민 기체가 들어 있는 용기에서 브로민이 퍼져 나가는 현상을 나타낸 것이다.

브로민 기체가 퍼져 나가는 속도를 빠르게 하는 방법으로 옳은 것을 **보기**에서 모두 고른 것은?

> **보기**
> ㄱ. 용기의 길이를 길게 한다.
> ㄴ. 용기의 두께를 굵게 한다.
> ㄷ. 용기를 위아래로 흔들어 준다.
> ㄹ. 용기 내부를 진공으로 만든다.

① ㄱ, ㄴ ② ㄷ, ㄹ ③ ㄱ, ㄴ, ㄷ
④ ㄱ, ㄴ, ㄹ ⑤ ㄴ, ㄷ, ㄹ

05 그림과 같이 윗접시저울의 양쪽 접시에 거름종이를 올려놓고 수평을 맞춘 후 같은 양의 물과 에탄올을 양쪽에 떨어뜨리고 변화를 관찰하였더니 저울이 물을 떨어뜨린 쪽으로 점점 기울었다.

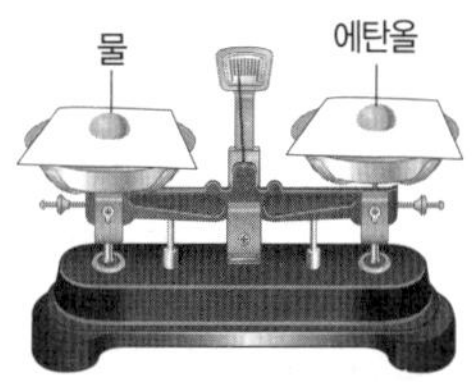

이에 대한 설명으로 옳지 <u>않은</u> 것은?

① 증발은 입자 운동의 증거가 된다.
② 온도에 따른 입자 운동의 속도를 알 수 있다.
③ 에탄올의 증발 속도가 물의 증발 속도보다 빠르다.
④ 물 입자와 에탄올 입자의 증발 현상을 알 수 있다.
⑤ 충분한 시간이 지나면 저울은 다시 수평이 된다.

06 다음 (가)~(라)는 입자 운동의 증거에 대한 예이다.

> (가) 염전에서 소금을 얻는다.
> (나) 가을에 고추를 따서 말린다.
> (다) 모기향을 피워 모기를 쫓아 낸다.
> (라) 뜨거운 우유에 차 티백을 넣으면 우유 전체에 차가 우러난다.

증발과 확산에 대한 입자 운동을 옳게 짝 지은 것은?

	증발	확산
①	(가)	(나), (다), (라)
②	(다)	(가), (나), (라)
③	(가), (나)	(다), (라)
④	(나), (라)	(가), (다)
⑤	(다), (라)	(가), (나)

07 그림 (가)와 (나)는 증발과 끓음의 입자 모형을 순서 없이 나타낸 것이다.

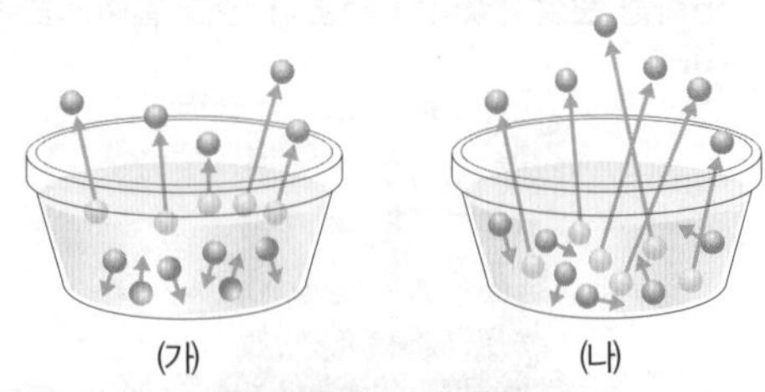

이에 대한 설명으로 옳은 것은?

① (가)는 끓음, (나)는 증발이다.
② (가)와 (나)는 모두 액체가 기체가 되는 현상이다.
③ (가)는 액체 전체, (나)는 액체 표면에서 일어난다.
④ (가)는 액체가 끓기 시작하는 온도 이상에서, (나)는 모든 온도에서 일어난다.
⑤ (가)와 (나)는 모두 입자 운동의 증거가 된다.

08 그림은 거름종이에 아세톤을 떨어뜨리고 아세톤의 질량 변화를 관찰하는 모습을 나타낸 것이다.

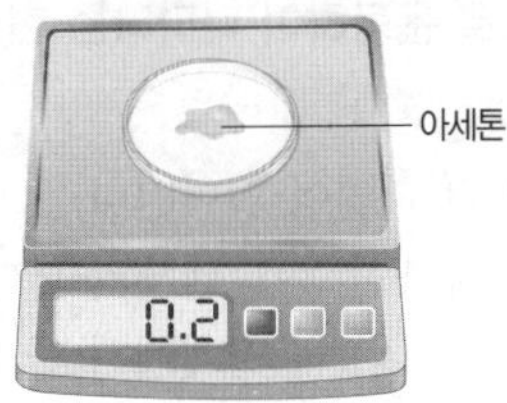

이에 대한 설명으로 옳은 것을 보기 에서 모두 고른 것은?

> **보기**
> ㄱ. 아세톤은 스스로 운동하여 공기 중으로 날아간다.
> ㄴ. 시간이 지날수록 조금 떨어진 곳에서도 아세톤 냄새를 맡을 수 있다.
> ㄷ. 시간이 지나면서 전자 저울의 숫자는 점점 감소한다.

① ㄱ   ② ㄴ   ③ ㄱ, ㄷ
④ ㄴ, ㄷ   ⑤ ㄱ, ㄴ, ㄷ

09 그림과 같이 페트리 접시에 페놀프탈레인 용액을 적신 솜을 일정한 간격으로 올려놓고, 페트리 접시 가운데에 암모니아수 한 방울을 떨어뜨린 후 솜의 색깔 변화를 관찰하였다.

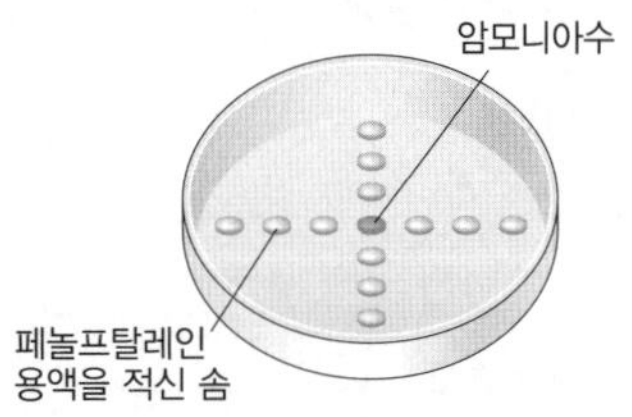

이에 대한 설명으로 옳은 것을 보기 에서 모두 고른 것은?

> **보기**
> ㄱ. 암모니아 입자의 확산 방향을 알아보기 위한 실험이다.
> ㄴ. 암모니아 입자는 페놀프탈레인 용액을 적신 솜을 붉은색으로 변하게 한다.
> ㄷ. 암모니아수에서 가장 가까운 쪽의 솜부터 색깔이 변한다.

① ㄱ   ② ㄴ   ③ ㄱ, ㄷ
④ ㄴ, ㄷ   ⑤ ㄱ, ㄴ, ㄷ

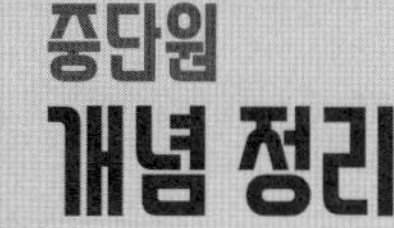

중단원 개념 정리

02 물질의 상태 변화

❶ 물질의 세 가지 상태

(1) 물질의 상태: 우리 주변의 물질은 대부분 고체, 액체, 기체의 세 가지 상태 중 한 가지 상태로 존재한다.

(2) 물질의 상태에 따른 특징

구분	고체	액체	기체
용기에 따른 모양과 부피 변화	모양 일정	모양 변함	모양 변함
	부피 일정	부피 일정	부피 변함
성질	일정한 형태	흐르는 성질	흐르는 성질, 퍼지는 성질

(3) 물질의 상태에 따른 입자 배열

구분	고체	액체	기체
입자 모형			
입자 사이의 거리	매우 가까움	비교적 가까움	매우 멂
입자 운동	제자리에서 진동	비교적 자유로움	매우 자유로움
입자 배열	매우 규칙적	불규칙적	매우 불규칙적
압축할 때	압축되지 않음	거의 압축되지 않음	쉽게 압축됨

❷ 물질의 상태 변화

(1) 물질의 상태 변화: 물질이 한 가지 상태에서 다른 상태로 변화하는 현상

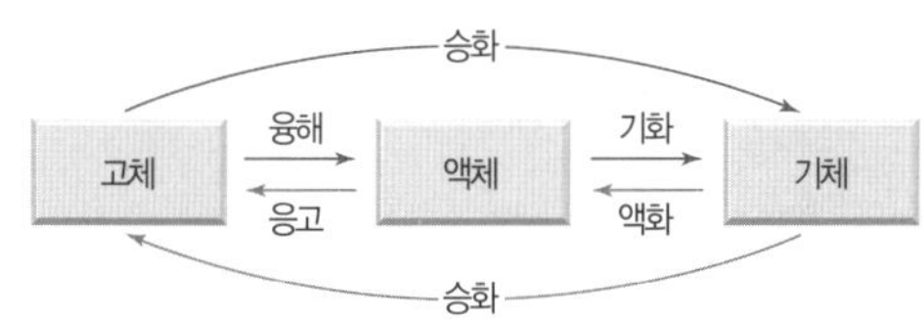

(2) 상태 변화의 종류

① 기화: 액체가 열에너지를 얻어 기체가 되는 현상

② 액화: 기체가 열에너지를 잃어 액체가 되는 현상

③ 융해: 고체가 열에너지를 얻어 액체가 되는 현상

④ 응고: 액체가 열에너지를 잃어 고체가 되는 현상

⑤ 승화: 고체가 열에너지를 얻어 기체가 되는 현상, 기체가 열에너지를 잃어 고체가 되는 현상

(3) 상태 변화의 원인: 물질의 온도가 높아지면 입자 운동이 활발해지고, 온도가 낮아지면 입자 운동이 둔해지기 때문에 온도에 따라 입자 배열이 변화면서 물질의 상태가 변한다.

① 온도를 높일 때 : 고체 → 액체 → 기체
(승화성 물질은 액체를 거치지 않고 고체 → 기체)

② 온도를 낮출 때 : 기체 → 액체 → 고체
(승화성 물질은 액체를 거치지 않고 기체 → 고체)

(4) 상태 변화의 예

가열할 때(온도가 높아질 때)	냉각할 때(온도가 낮아질 때)
융해(고체 → 액체)	**응고(액체 → 고체)**
• 아이스크림이 녹는다. • 용광로에서 철이 녹는다. • 뜨거운 프라이팬 위에서 버터가 녹는다.	• 마그마가 굳어 암석이 된다. • 겨울철 처마 끝에 고드름이 생긴다. • 뜨거운 고깃국을 식히면 기름이 굳는다.
기화(액체 → 기체)	**액화(기체 → 액체)**
• 젖은 빨래가 마른다. • 찌개를 끓일수록 국물이 줄어든다. • 가뭄이 들어 논바닥이 갈라진다. • 손등에 바른 알코올이 마른다.	• 호수 주변에 안개가 생긴다. • 새벽 풀잎에 이슬이 맺힌다. • 목욕탕 유리에 김이 서린다. • 뜨거운 차를 따를 때 하얀 김이 서린다.
승화(고체 → 기체)	**승화(기체 → 고체)**
• 드라이아이스가 점점 작아진다. • 옷장에 넣어 둔 나프탈렌이 점점 작아진다. • 냉동실에 넣어 둔 얼음이 점점 작아진다.	• 냉동실에 성에가 생긴다. • 늦가을 새벽에 서리가 내린다. • 추운 겨울철 유리창에 성에가 생긴다.

❸ 물질의 상태 변화에 따른 여러 가지 변화

(1) 입자 배열 변화: 상태 변화가 일어날 때에는 입자의 종류가 아닌 입자 배열이 바뀐다.

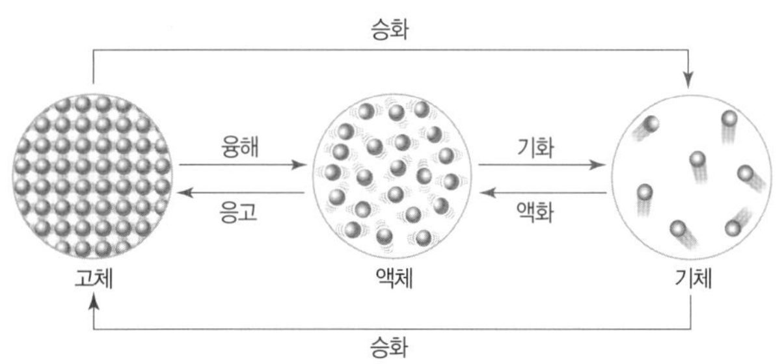

구분	융해, 기화, 승화(고체 → 기체)	응고, 액화, 승화(기체 → 고체)
입자 운동	활발해짐	둔해짐
입자 배열	불규칙적으로 배열	규칙적으로 배열
입자 사이의 거리	멀어짐	가까워짐
부피 변화	증가 (물: 융해할 때 부피 감소)	감소 (물: 응고할 때 부피 증가)

(2) 질량과 성질 변화: 물질의 상태가 변해도 물질의 질량과 성질은 변하지 않는다. 상태 변화가 일어나도 물질을 이루는 입자의 종류나 개수, 모양, 크기 등이 변하지 않기 때문이다.

학교 시험 문제

01 표는 여러 가지 물질을 (가)~(다) 세 그룹으로 분류하여 나타낸 것이다.

(가)	(나)	(다)
볼트, 향초, 분필	참기름, 물, 에탄올	질소, 헬륨

물질을 분류한 기준은?

① 물질의 모양　　② 물질의 질량　　③ 물질의 부피
④ 물질의 크기　　⑤ 물질의 상태

02 그림 (가)~(다)는 물질의 상태에 따른 입자 배열을 모형으로 나타낸 것이다.

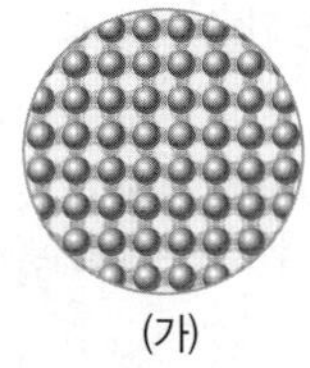 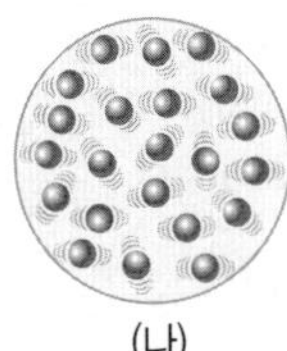 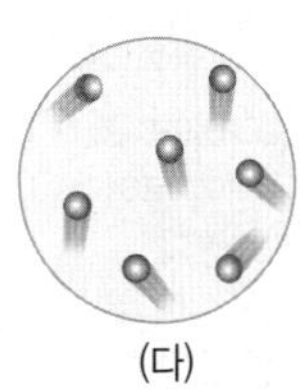

(가)　　　　　(나)　　　　　(다)

(가)~(다)에 대한 설명으로 옳은 것은?

① (가)는 가열해도 부피가 일정하다.
② (가)의 입자는 매우 활발하게 운동한다.
③ 입자 사이의 거리는 (가)＞(나)＞(다) 순이다.
④ 입자의 배열이 가장 불규칙한 것은 (다)이다.
⑤ (다)를 가열하면 입자 개수가 많아져 부피가 커진다.

03 다음은 실온에서 어떤 물질의 특징을 나타낸 것이다.

> 모양은 변하지만 부피는 일정하다.

이에 대한 설명으로 옳은 것을 보기 에서 모두 고른 것은?

보기
ㄱ. 흐르는 성질을 가지고 있다.
ㄴ. 입자 사이의 인력이 거의 없다.
ㄷ. 위 물질의 예로는 밀가루, 설탕이 있다.

① ㄱ　　　　② ㄴ　　　　③ ㄱ, ㄷ
④ ㄴ, ㄷ　　　⑤ ㄱ, ㄴ, ㄷ

04 그림은 각각의 주사기에 물과 공기를 넣고 주사기의 입구를 고무마개로 막은 모습을 나타낸 것이다.

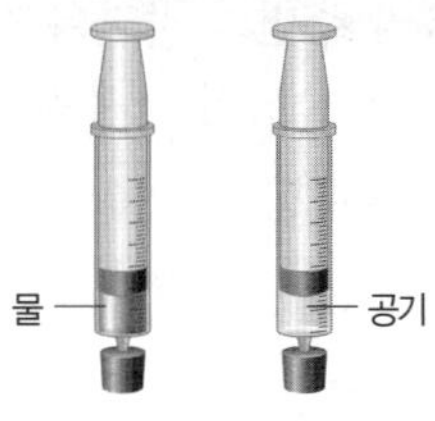

같은 힘으로 주사기의 피스톤을 누를 때에 대한 설명으로 옳은 것을 보기 에서 모두 고른 것은?

보기
ㄱ. 물보다 공기를 넣은 주사기의 피스톤이 더 많이 눌린다.
ㄴ. 물 대신 모래를 넣고 동일한 실험을 진행하면 주사기의 피스톤이 눌리지 않는다.
ㄷ. 물과 공기의 압축 정도에 차이가 생기는 까닭은 물이 공기보다 입자 사이의 거리가 가깝기 때문이다.

① ㄱ　　　　② ㄷ　　　　③ ㄱ, ㄴ
④ ㄴ, ㄷ　　　⑤ ㄱ, ㄴ, ㄷ

05 냉동실에서 꺼낸 얼음의 표면이 하얗게 되는 현상을 설명할 수 있는 상태 변화는?

① 기화　　　　② 액화　　　　③ 응고
④ 승화　　　　⑤ 융해

06 빈칸에 들어갈 알맞은 말은?

> 물이 수증기로 변하는 동안 (　　)은/는 변하지 않는다.

① 부피　　　　　　② 입자의 운동
③ 입자의 개수　　　④ 입자의 배열
⑤ 입자 사이의 거리

[07~08] 그림은 물질의 상태 변화를 나타낸 것이다.

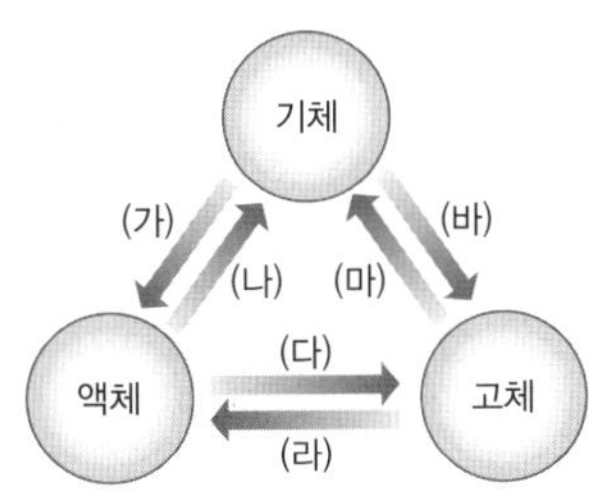

07 (가)~(바) 중 부피가 커지는 상태 변화를 모두 고른 것은? (단, 물은 제외한다.)

① (가), (나), (다)
② (가), (라), (바)
③ (나), (다), (라)
④ (나), (라), (마)
⑤ (다), (마), (바)

08 (가)~(마)와 상태 변화의 예를 옳게 짝 지은 것은?

① (가) - 냉동실에 성에가 낀다.
② (나) - 국을 끓일수록 국물이 줄어든다.
③ (다) - 뜨거운 프라이팬 위의 버터가 녹는다.
④ (라) - 드라이아이스가 작아진다.
⑤ (마) - 겨울철 처마 끝에 고드름이 생긴다.

09 그림은 양초가 타고 있는 모습을 나타낸 것이다.

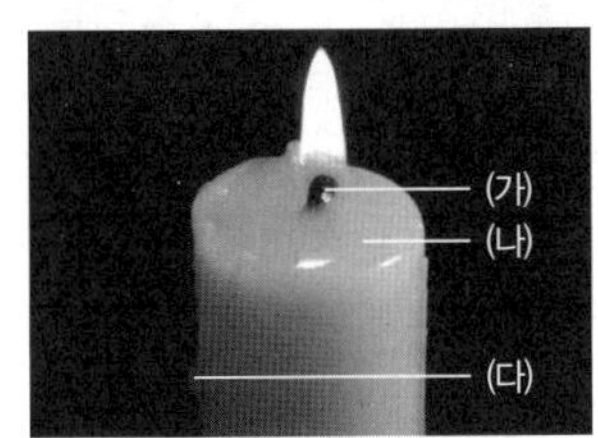

불을 붙인 양초의 (가)~(다) 부분에서 일어나는 상태 변화를 옳게 짝 지은 것은?

	(가)	(나)	(다)
①	기화	액화	융해
②	기화	융해	응고
③	액화	융해	응고
④	승화	융해	응고
⑤	승화	액화	융해

10 물질의 입자 사이의 거리가 멀어지는 상태 변화의 예를 <u>모두</u> 고르면?

① 전기장판 위에 놓아둔 초콜릿이 녹는다.
② 옷장에 넣어둔 나프탈렌이 점점 작아진다.
③ 얼음물이 담긴 유리컵 표면에 물이 맺힌다.
④ 안경을 쓴 채로 뜨거운 라면을 먹으면 안경이 뿌옇게 흐려진다.
⑤ 이동이 어려운 기체 상태의 가스를 액화시켜 캔에 담아 이동한다.

11 그림은 고체 아이오딘을 담은 비커 위에 얼음물이 담긴 둥근바닥 플라스크를 올려놓고 비커를 가열하는 모습을 나타낸 것이다. 이에 대한 설명으로 옳은 것을 **보기**에서 모두 고른 것은?

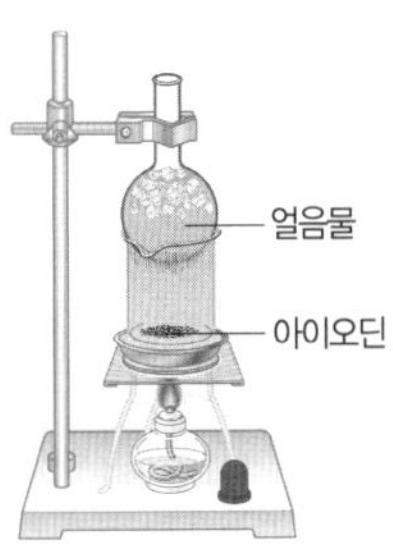

보기
ㄱ. 아이오딘은 두 가지의 상태 변화가 나타난다.
ㄴ. 얼음물은 아이오딘의 액화를 돕는 역할을 한다.
ㄷ. 고체 아이오딘은 액체로 상태 변화한 후 기체로 승화한다.

① ㄱ
② ㄴ
③ ㄱ, ㄷ
④ ㄴ, ㄷ
⑤ ㄱ, ㄴ, ㄷ

12 그림은 실온에서 얼음과 드라이아이스를 지퍼 백에 넣고 밀봉한 상태로 넣어둔 모습을 나타낸 것이다.

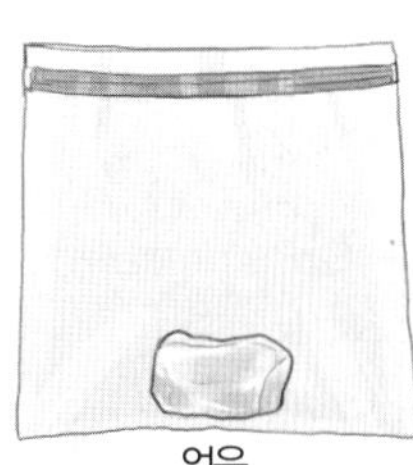

이에 대한 설명으로 옳은 것을 **보기**에서 모두 고른 것은?

보기
ㄱ. 얼음을 넣은 지퍼 백의 질량은 변하지 않는다.
ㄴ. 드라이아이스는 액화 현상이 일어난다.
ㄷ. 드라이아이스를 넣은 지퍼 백의 부피가 커진다.

① ㄱ
② ㄴ
③ ㄱ, ㄷ
④ ㄴ, ㄷ
⑤ ㄱ, ㄴ, ㄷ

중단원 개념 정리

O3 상태 변화와 열에너지

❶ 열에너지를 흡수하는 상태 변화

(1) 열에너지를 흡수하는 상태 변화: 융해, 기화, 승화(고체 → 기체)

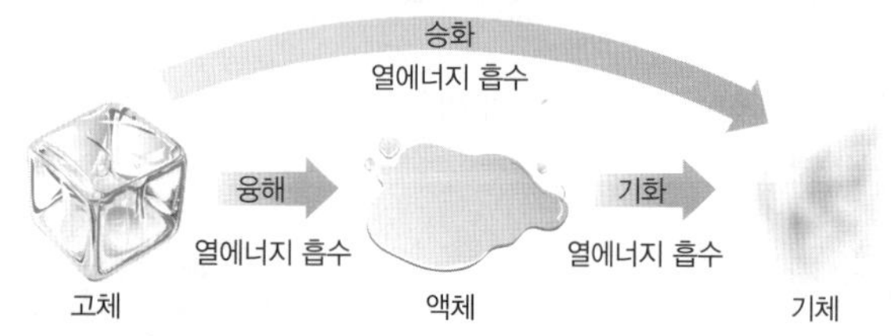

(2) 온도 변화: 증가 → 일정

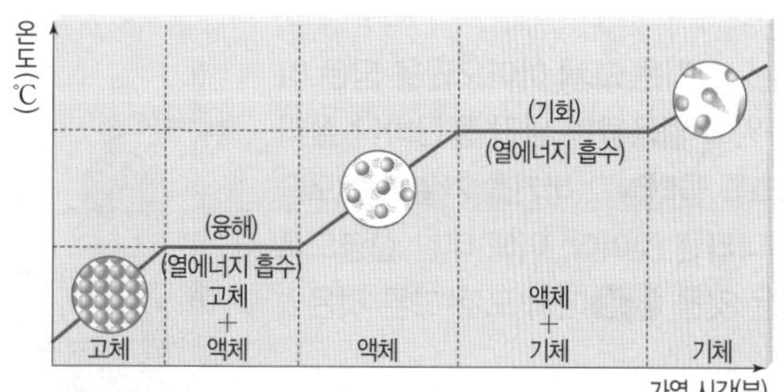

온도가 일정한 구간이 나타나는 것은 외부에서 가해 준 열에너지가 물질의 온도를 높이는 데 쓰이지 않고 상태 변화하는 데 쓰이기 때문이다.

(3) 입자 운동의 변화: 입자 운동이 활발해지고, 입자 사이의 거리가 멀어지며, 불규칙적으로 배열된다.

(4) 주위 온도의 변화: 주위로부터 열을 흡수하므로 주위의 온도가 낮아진다.

❷ 열에너지를 방출하는 상태 변화

(1) 열에너지를 방출하는 상태 변화: 액화, 응고, 승화(기체 → 고체)

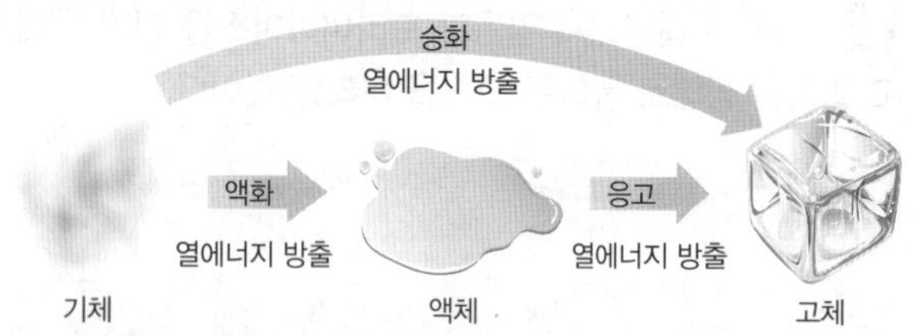

(2) 온도 변화: 감소 → 일정

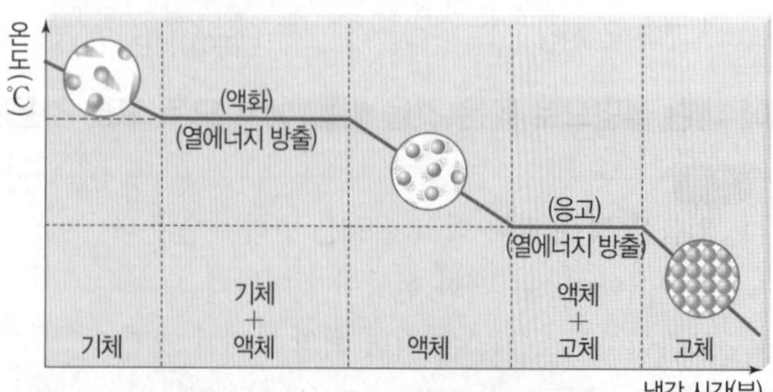

온도가 일정한 구간이 나타나는 것은 물질이 상태 변화를 하면서 열에너지를 방출하기 때문이다.

(3) 입자 운동의 변화: 입자 운동이 둔해지고, 입자 사이의 거리가 가까워지며, 규칙적으로 배열된다.

(4) 주위 온도의 변화: 주위로 열을 방출하므로 주위의 온도가 높아진다.

❸ 상태 변화에 따른 열에너지의 이용

(1) 열에너지를 흡수하는 상태 변화: 융해, 기화, 승화(고체 → 기체)가 일어날 때 주위로부터 열에너지를 흡수하므로 주위의 온도가 낮아진다.

융해	• 생선 가게의 진열대에 얼음을 깔아 생선을 시원하게 보관한다. • 아이스박스에 얼음 팩과 음식물을 함께 넣어 음식물을 시원하게 보관한다.
기화	• 여름철 마당에 물을 뿌리면 주위가 시원해진다. • 사막에서 물을 시원하게 보관하기 위해 작은 구멍이 뚫린 양가죽 물통을 이용한다.
승화 (고체 → 기체)	아이스크림이 녹지 않게 아이스크림과 드라이아이스를 함께 포장해 보관한다.

(2) 열에너지를 방출하는 상태 변화: 응고, 액화, 승화(기체 → 고체)가 일어날 때 주위로 열에너지를 방출하므로 주위의 온도가 높아진다.

응고	• 액체 파라핀을 이용하여 온열 치료를 한다. • 이글루 내부에 물을 뿌리면 내부 온도가 따뜻해진다.
액화	• 소나기가 내리기 전 날씨가 후텁지근하다. • 증기 오븐을 이용하여 식품을 조리한다.
승화 (기체 → 고체)	눈이 내리는 날은 날씨가 포근하다.

(3) 상태 변화 과정에서 출입하는 열에너지의 이용

우주복 안감	우주복 안감에 들어 있는 상태 변화 물질은 주위의 온도가 높아지면 융해하며 열에너지를 흡수하고, 주위의 온도가 낮아지면 응고하며 열에너지를 방출한다.
인공 안개	더운 여름날 인공 안개 장치로 매우 작은 물방울을 분사 ⇨ 물방울이 기화하면서 열에너지를 흡수
냉장고	증발기: 액체 냉매가 열에너지를 흡수하며 기화 ⇨ 냉장고 안이 차가워진다. 응축기: 기체 냉매가 열에너지를 방출하며 액화 ⇨ 냉장고 뒤쪽이 따뜻해진다.
에어컨	실내기: 액체 냉매가 열에너지를 흡수하며 기화 ⇨ 차가운 바람이 실내 온도를 낮춘다. 실외기: 기체 냉매가 열에너지를 방출하며 액화 ⇨ 뜨거운 바람이 발생한다.
증기 난방기	보일러: 물이 열에너지를 흡수하며 수증기로 기화한다. 방열기: 보일러에서 생성된 수증기가 열에너지를 방출하며 액화 ⇨ 건물 내부를 따뜻하게 한다.
식물의 증산 작용	식물의 잎에서 증산 작용이 일어날 때 물이 수증기로 기화하며 열에너지를 흡수한다.

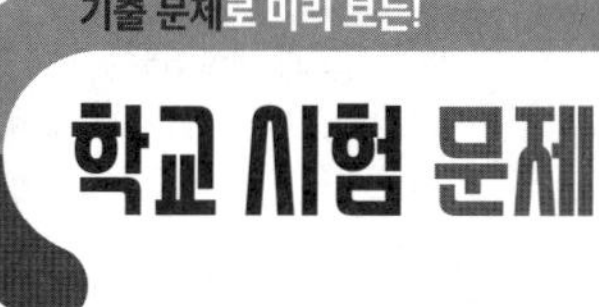

학교 시험 문제

01 물의 상태 변화에 따른 주위의 온도 변화에 대한 설명으로 옳은 것은?

① 물이 응고될 때 주위의 온도가 낮아진다.
② 물이 기화될 때 주위의 온도가 낮아진다.
③ 얼음이 융해될 때 주위의 온도가 높아진다.
④ 얼음이 승화될 때 주위의 온도가 높아진다.
⑤ 수증기가 액화될 때 주위의 온도가 낮아진다.

02 그림은 어떤 고체 물질의 가열 곡선을 나타낸 것이다.

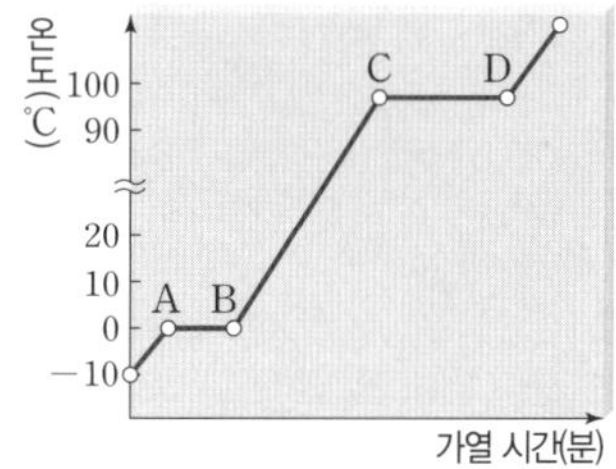

각 구간에 대한 설명으로 옳은 것은?

① AB 구간 : 고체와 액체 상태가 모두 존재한다.
② BC 구간 : 응고가 일어난다.
③ CD 구간 : 입자 배열은 규칙적으로 변한다.
④ CD 구간 : 가해 준 열은 온도를 높이는 데 쓰인다.
⑤ 시간이 지날수록 물질을 이루는 입자 운동은 둔해진다.

03 실온의 물을 0 ℃까지 냉각하면서 온도를 측정하였다. 그래프로 가장 적절한 것은?

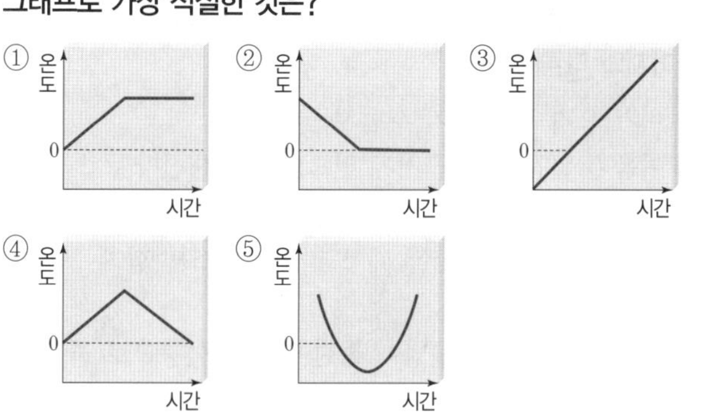

[04~05] 그림은 밀폐된 공간에서 어떤 기체 물질을 냉각할 때의 온도 변화를 나타낸 것이다.

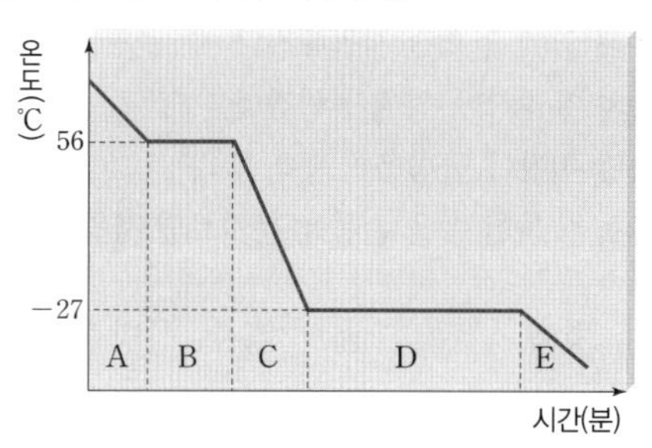

04 이에 대한 설명으로 옳은 것은?

① A 구간에서 입자 사이의 거리가 가장 가깝다.
② B 구간에서는 승화 현상이 일어난다.
③ C 구간에서는 물질이 고체 상태로만 존재한다.
④ D 구간에서 입자의 배열은 규칙적으로 변한다.
⑤ 이 물질이 액체에서 고체로 변하는 온도는 56 ℃이다.

05 A~E 구간 중 다음과 같은 상태 변화가 일어나는 구간을 쓰고, 이에 해당하는 상태 변화의 종류를 쓰시오.

> 소나기가 내리기 전 날씨가 후텁지근하다.

(   )

06 그림은 질량이 같은 두 액체 물질 (가)와 (나)를 같은 조건에서 냉각할 때 시간에 따른 온도 변화를 각각 나타낸 것이다.

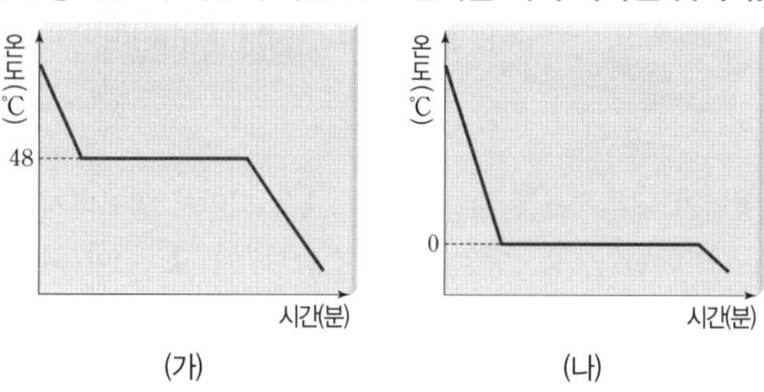

(가)   (나)

이에 대한 설명으로 옳은 것을 **보기** 에서 모두 고른 것은?

보기

ㄱ. (가)와 (나)는 주위로 열에너지를 방출한다.
ㄴ. 상태 변화하는 온도는 (가)가 (나)보다 높다.
ㄷ. (가)와 (나) 모두 입자 사이의 거리가 가까워진다.

① ㄱ   ② ㄴ   ③ ㄱ, ㄷ
④ ㄴ, ㄷ   ⑤ ㄱ, ㄴ, ㄷ

07 우리 생활 주변에서 일어나는 여러 가지 상태 변화 중 열에너지를 흡수한 경우와 방출한 경우를 보기 에서 골라 옳게 짝 지은 것은?

> **보기**
> ㄱ. 분수대 옆에 있으면 시원해진다.
> ㄴ. 자동차 유리창에 성에가 생겼다.
> ㄷ. 목욕탕 천장에 물방울이 맺혀 있다.
> ㄹ. 알코올을 묻힌 솜을 손등에 문지르면 시원해진다.

	흡수	방출		흡수	방출
①	ㄱ, ㄴ	ㄷ, ㄹ	②	ㄱ, ㄷ	ㄴ, ㄹ
③	ㄱ, ㄹ	ㄴ, ㄷ	④	ㄴ, ㄷ	ㄱ, ㄹ
⑤	ㄴ, ㄹ	ㄱ, ㄷ			

08 다음은 증기 난방기의 구조와 원리를 나타낸 것이다.

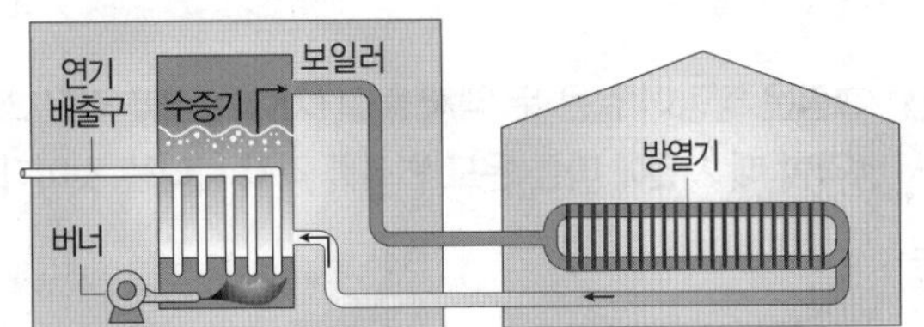

> 방열기 내부에서는 수증기가 (A)되면서 열에너지를 (B)한다. 즉, 방열기에서 수증기가 (C)이 되면서 방 안이 따뜻해지고, 이것은 다시 보일러 내부로 들어간다.

A~C에 알맞은 말을 옳게 짝 지은 것은?

	A	B	C
①	기화	흡수	물
②	기화	방출	물
③	기화	방출	얼음
④	액화	방출	물
⑤	액화	흡수	물

[09~10] 그림은 물질의 상태 변화를 입자 모형으로 나타낸 것이다.

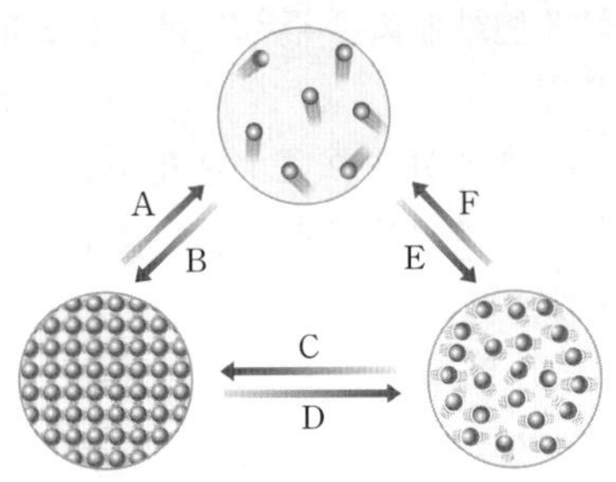

09 상태 변화가 일어날 때의 변화에 대한 설명으로 옳지 <u>않은</u> 것은? (단, 물은 제외한다.)

① A: 입자 운동이 활발해진다.
② B: 입자 사이의 거리는 가까워진다.
③ C: 부피가 작아진다.
④ E: 주위의 온도가 높아진다.
⑤ F: 열에너지를 방출한다.

10 각각의 상태 변화와 현상을 옳게 짝 지은 것을 <u>모두</u> 고르면?

① A – 눈이 내리는 날은 날씨가 포근해진다.
② B – 이글루 내부에 물을 뿌리면 따뜻해진다.
③ D – 오렌지 나무에 물을 뿌리면 영하의 기온에서도 오렌지가 얼지 않는다.
④ E – 목욕탕의 거울이 김이 서려 뿌옇게 흐려진다.
⑤ F – 더운 날 마당에 물을 뿌리면 시원해진다.

11 상태 변화가 일어날 때 출입하는 열에너지의 방향이 나머지와 <u>다른</u> 것은?

① 비가 오기 전 날씨가 후텁지근하다.
② 여름철 얼음 조각 근처에 있으면 시원해진다.
③ 수영을 하다 물 밖으로 나오면 추위를 느낀다.
④ 아이스크림을 포장할 때 드라이아이스를 함께 포장해 보관한다.
⑤ 사막에서는 작은 구멍이 뚫린 양가죽 물통으로 물을 시원하게 보관한다.

 **서술형 문제** Ⅳ 물질의 상태 변화

01 그림과 같이 비커에 잉크 2~3 방울을 떨어뜨렸더니 잉크가 퍼졌다.

잉크가 퍼지는 현상을 무엇이라고 하는지 쓰고, 일상생활에서 이와 같은 현상의 예를 한 가지 서술하시오.

KEY 확산

02 그림은 물질의 상태를 입자 모형으로 나타낸 것이다.

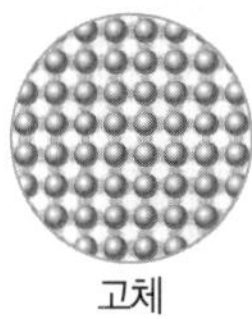 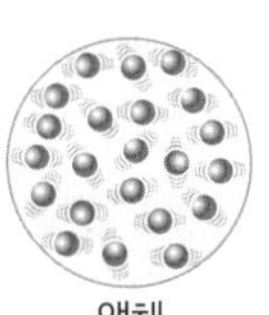 
고체 액체 기체

입자의 운동 속도가 가장 빠른 상태를 고르고, 그렇게 생각한 까닭을 서술하시오.

KEY 입자의 운동 속도: 고체 < 액체 < 기체

03 그림과 같이 밀가루는 용기에 따라 모양이 달라지고 흐르지만 고체이다.

밀가루가 고체인 까닭을 서술하시오.

KEY 모양 일정, 흐르지 않음

04 그림은 적당한 크기로 자른 초콜릿을 물중탕으로 서서히 가열한 후 모양 틀에 부어 굳히는 모습을 나타낸 것이다.

초콜릿의 상태 변화 과정을 서술하고, 이때 초콜릿의 맛은 어떻게 변하는지 서술하시오.

KEY 고체, 액체, 융해, 응고

05 기체가 고체나 액체에 비해 압축이 쉽게 일어나는 까닭을 서술하시오.

KEY 입자 사이의 거리, 입자 사이의 빈 공간

06 그림과 같이 유리병에 물을 가득 채운 채로 냉동실에 넣어두었더니, 유리병이 깨졌다.

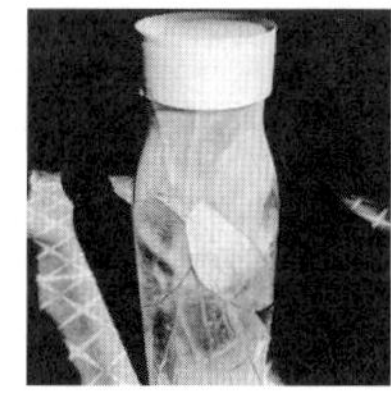

(1) 이 과정에서 나타나는 물질의 상태 변화 과정을 서술하시오.

KEY 온도↓, 응고

(2) 유리병이 깨진 까닭을 물질의 상태 변화와 부피 변화의 관계와 관련지어 서술하시오.

KEY 물, 얼음, 빈 공간이 많은 구조, 부피

서술형 문제

07 그림은 물이 담긴 비커에 드라이아이스를 넣은 모습을 나타낸 것이다. 비커에 드라이아이스를 넣자 물속에는 기포가, 비커 주위에는 흰 안개가 발생했다. 이때 기포와 흰 안개의 발생 과정을 상태 변화를 이용하여 서술하시오.

KEY 승화, 액화

-----

08 물질의 상태 변화에서 변하지 않는 것을 <u>모두</u> 고르고, 그렇게 생각한 까닭을 서술하시오.

| (가) 물질의 질량 | (나) 물질의 부피 |
| (다) 물질의 성질 | (라) 입자의 배열 |

KEY 입자의 종류, 개수, 모양, 크기

-----

09 그림은 어떤 액체 물질을 가열할 때 시간에 따른 온도 변화를 나타낸 것이다.

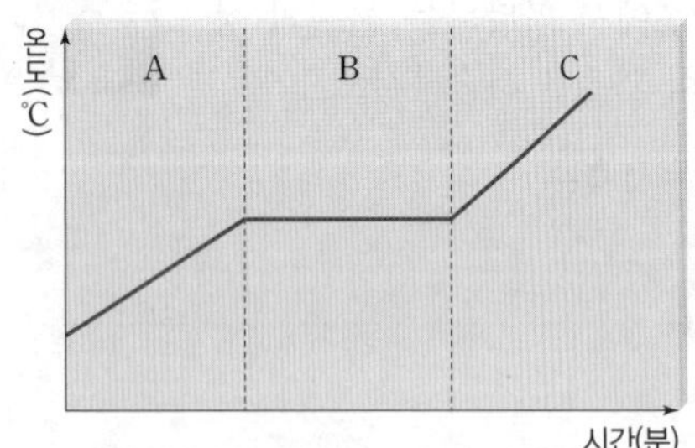

A~C 중 상태 변화가 일어나는 구간을 쓰고, 그렇게 생각한 까닭을 서술하시오.

KEY 열에너지, 상태 변화, 온도 일정

-----

10 그림은 일정량의 액체 물질을 가열할 때 시간에 따른 온도 변화를 나타낸 것이다.

동일한 조건에서 불의 세기를 더 세게 하여 물질을 가열할 때 상태 변화가 일어나는 온도의 변화를 쓰고, 그렇게 생각한 까닭을 서술하시오.

KEY 불의 세기, 상태 변화, 시간

-----

11 그림과 같이 얼음으로 만든 조각상 주위에 있으면 시원함을 느낀다.

그 까닭을 상태 변화와 관련지어 서술하시오.

KEY 융해, 열에너지 흡수

-----

12 그림과 같은 나프탈렌을 화장실에 놓아둘 때, 나프탈렌의 크기가 여름과 겨울 중 어느 계절에 더 빨리 작아지는지 쓰고, 그렇게 생각한 까닭을 서술하시오.

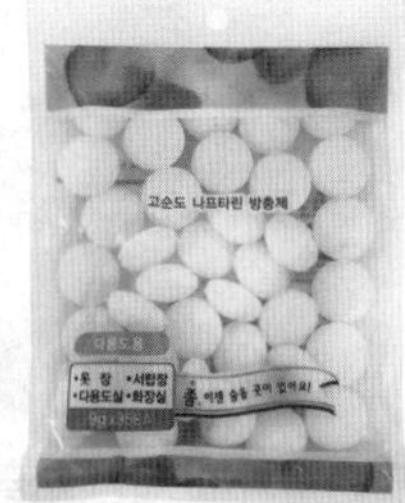

KEY 승화, 열에너지 흡수

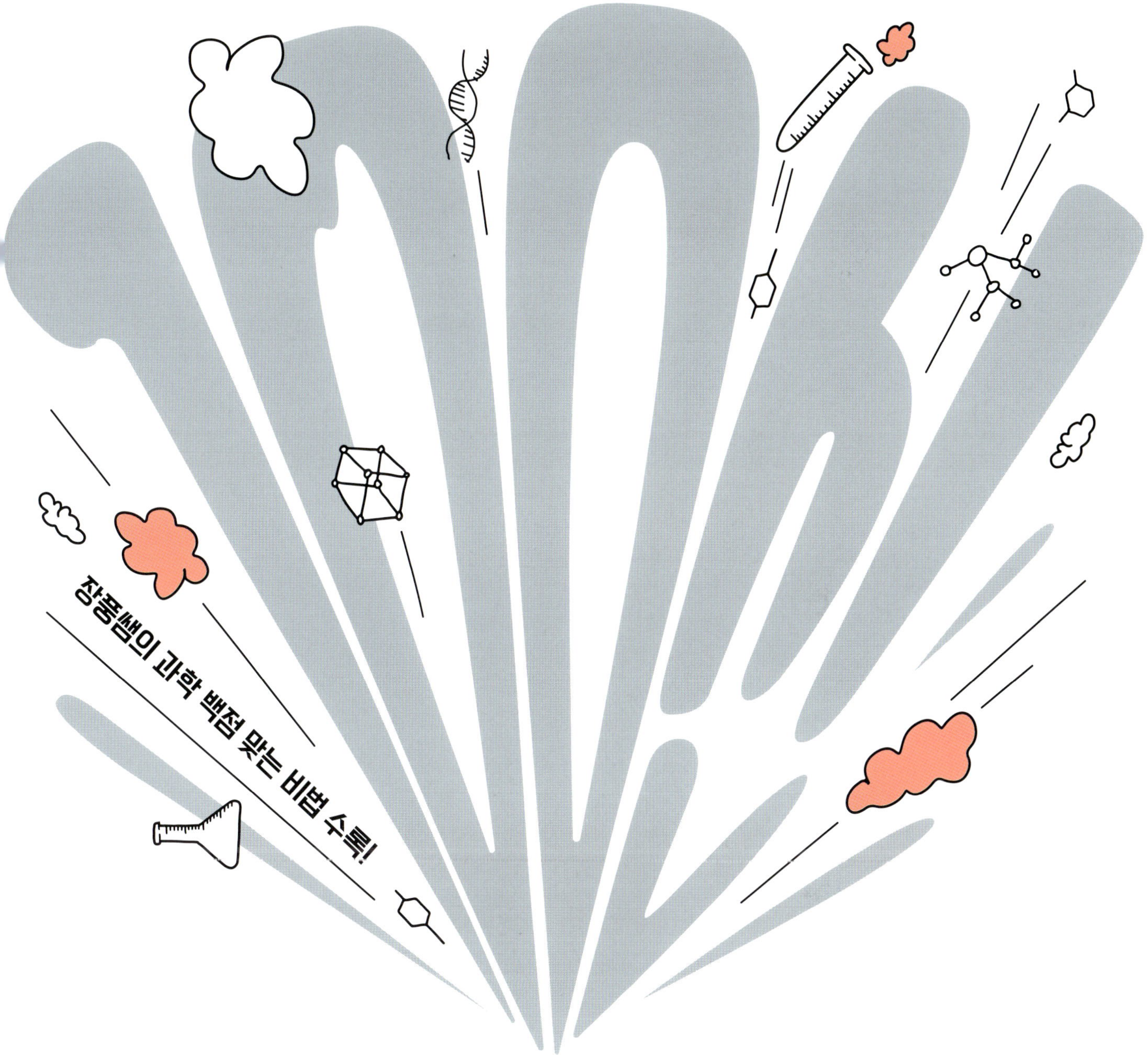

백신

중학 과학 1.1

정답과 해설

100점
장풍쌤의 과학 백점 맞는 비법 수록!
백신
중학 과학 1.1
정답과 해설

Ⅰ 과학과 인류의 지속가능한 삶

01 과학과 인류의 지속가능한 삶

바로 복습
011, 013, 015쪽

01 문제 인식 **02** 가설　**03** 탐구 설계 **04** 변인　**05** 자료 해석
06 ×　**07** ○　**08** ×　**09** ×　**10** ○
11 기술 발달 **12** 태양 중심설　**13** 첨단 과학기술
14 인공지능 **15** 사물 인터넷　**16** ○　**17** ×
18 ×　**19** 지속가능한 삶　**20** 과학기술
21 신재생 에너지　**22** ○　**23** ×　**24** ○
25 ○

개념 알약
011, 013, 015쪽

01 (다)−(라)−(마)−(가)−(나)　**02** (가)　**03** (라)
04 문제 인식　**05** (가) ㄹ (나) ㄱ, ㄴ, ㄷ, ㅁ, ㅂ
06 (1) ㉢ (2) ㉡ (3) ㉠　**07** ㉠ 증기 기관 ㉡ 산업 혁명
08 ②　**09** ⑤　**10** 지속가능한 삶　**11** ㄱ, ㄹ, ㅂ
12 (1) × (2) ○ (3) × (4) ×　**13** ㄱ, ㄹ

01

과학적 탐구 과정은 문제 인식 → 가설 설정 → 탐구 설계 및 수행 → 자료 해석 → 결론 도출 순으로 이루어진다.

02

자료 해석 과정에서 탐구를 수행하여 얻은 자료를 정리하고 분석하여 결과를 얻는다.

03

가설 설정 과정에서 이미 알고 있는 지식이나 경험을 바탕으로 탐구 문제에 대한 잠정적인 결론을 내린다.

04

과학적 탐구 과정 단계 중 문제 인식은 자연이나 일상생활에서 어떤 현상을 관찰하다가 의문을 품는 것이다. 에이크만이 닭을 관찰하던 중 나타난 현상에 대해 의문을 가지는 것이므로 문제 인식 과정에 해당한다.

05

음료수의 종류에 따라 음료수에 넣은 얼음이 녹는 데 걸리는 시간이 다를 것이라고 가설을 정했으므로 음료수의 종류 외 모든 조건을 같게 해야 한다.

06

(1) 암모니아 생산 기술이 발달하여 질소 비료를 대량으로 생산이 가능하게 되면서 농산물의 품질이 향상되고 생산량이 증가하였다.
(2) 증기 기관이 발명되면서 먼 곳까지 많은 물건을 옮길 수 있게 되었고 산업이 크게 발전되었다.
(3) 백신으로 질병을 예방할 수 있게 되었다.

07

증기 기관은 사람이나 동물의 힘 대신 움직이는 기계를 사용하여 교통을 발전시켰고 산업이 크게 발달하였다.

08

인공위성에 적용된 과학 원리에 대한 설명이다.

09

사물 인터넷(IoT)이란 모든 사물을 인터넷으로 연결하는 기술로, 사람과 사물뿐만 아니라 사물과 사물 사이에서도 정보를 주고받을 수 있다.

10

지속가능한 삶은 현재의 인류가 더 나은 환경을 유지하며 풍요로운 사회를 이루고 다음 세대까지 지속되도록 고민하고 실천하는 삶이다.

11

과학기술의 발전으로 과학기술과 예술이 융합하여 문화가 발달하고 식량 생산량이 증가했으며 인간의 평균 수명은 증가했다. 하지만 수질오염, 대기오염 등의 환경오염과 지하자원의 고갈, 지구 온난화로 인한 기후 변화 등의 문제점이 발생하게 되었다.

12

바로 알기 > (1) 지속가능한 삶을 위해서 자원의 사용량을 줄여야 한다.
(3) 지속가능한 삶은 현재의 생활을 유지하면서 더 나은 환경을 만들어 미래 세대에게 물려주는 것이다.
(4) 과학기술의 발전은 인류의 삶을 풍요롭게 하지만 에너지 부족, 기후 변화와 같은 다양한 부정적인 영향을 미치기도 한다.

13

바로 알기 > ㄴ. 지속가능한 삶을 위해 에너지 효율이 높은 등급의 전기 제품을 구입하여 사용한다.
ㄷ. 지속가능한 삶을 위해 전기 제품을 사용하지 않을 때에는 플러그를 뽑아 두어 에너지 사용량을 줄인다.

탐구 알약
016쪽

01 (다) 탐구 설계 (바) 결론 도출　**02** 해설 참조

01

과학적 탐구는 문제 인식 → 가설 설정 → 탐구 설계 → 탐구 수행 → 자료 해석 → 결론 도출 과정을 통해 이루어진다.

02 서술형

모범 답안 > 가설이 맞다. 실험 결과 검은색 컵 속 물의 온도가 가장 높고 흰색 컵 속의 물의 온도가 가장 낮으므로 물체가 햇빛을 받을 때 검은색, 파란색, 흰색 순으로 온도가 높아진다는 것을 알 수 있다.

채점 기준	배점
가설이 맞다는 것을 쓰고, 그렇게 생각한 까닭을 컵 속의 물의 온도를 비교하여 옳게 서술한 경우	100 %
가설이 맞다고만 쓴 경우	30 %

실전 백신 `019~021쪽`

01 ②　　02 ④　　03 ③　　04 ②　　05 ②
06 ①　　07 ④　　08 ④　　09 ③　　10 ①
11 ④　　12 ②　　13 ③　　14 ⑤
15~17 해설 참조

01

의문을 가진 문제에 잠정적인 답을 예상해 보는 것은 가설 설정 과정이다.

02

자료 해석 과정은 실험을 통해 얻은 결과를 정리하고 분석하는 과정이므로 ④가 자료 해석 과정에 해당한다. ①은 문제 인식, ②는 가설 설정, ③은 탐구 설계 및 수행, ⑤는 결론 도출 과정을 나타낸 것이다.

03

실험 결과가 가설과 다르면 탐구 수행 과정에서 실수가 없었는지 점검하고 가설을 수정하여 탐구를 수행해야 한다.

04

(가)는 문제 인식, (나)는 결론 도출, (다)는 탐구 설계 및 수행, (라)는 가설 설정, (마)는 자료 해석 과정에 해당한다.

05

과학적 탐구 과정은 문제 인식 → 가설 설정 → 탐구 설계 및 수행 → 자료 해석 → 결론 도출의 순이다.

06

문제 인식은 현상을 관찰하고 의문을 갖는 과정이다. 종이비행기의 크기에 따라 비행시간이 달라지는 것에 대해 의문을 가졌으므로 문제 인식 과정에 해당한다.

07

종이비행기의 크기가 클수록 비행시간이 길어진다는 가설에 대한 탐구를 설계하는 것이므로 종이비행기의 크기 외에 다른 조건은 같게 해야 한다.

08

바로 알기 > ④ 과학 원리는 기술, 공학, 예술, 수학 등의 여러 분야와 융합하여 인류의 문명과 문화를 더 풍요롭게 만든다.

09

(가)는 백신, (나)는 인쇄 기술, (다)는 증기 기관차를 나타낸다.

ㄱ. 여러 가지 백신이 개발되면서 인류의 평균 수명이 연장되었다.
ㄷ. 증기 기관을 이용한 증기 기관차가 개발되어 먼 곳까지 물건을 빠르게 운송할 수 있게 되었다.
바로 알기 > ㄴ. 인쇄 기술이 발달하면서 많은 지식과 정보를 빠르게 전달할 수 있게 되었다.

10

ㄱ. 암모니아를 합성하는 기술을 이용하여 개발된 질소 비료는 농업 생산력을 증가시킴으로써 식량 생산력을 증대하는 데 큰 역할을 하였다.
바로 알기 > ㄴ. X선 등을 이용하여 질병에 대한 정밀한 진단이 가능하게 되었다.
ㄷ. 암모니아 합성 기술과 항생제의 개발은 관련이 없다.

11

(가)는 항생제, (나)는 고속 열차, (다)는 컴퓨터에 대한 설명이다. 페니실린과 같은 항생제의 개발로 세균에 감염되었을 때 치료할 수 있게 되었고, 고속 열차 등으로 과거보다 먼 거리를 빠르게 이동할 수 있게 되었다. 인터넷으로 세계 여러 나라의 정보를 쉽고 빠르게 이용할 수 있게 되었다.

12

인공지능(AI)은 컴퓨터가 사람처럼 지능을 가지고 학습하면서 일을 처리할 수 있게 만드는 기술로, 로봇, 자율주행 자동차 등에 이용된다.

13

바로 알기 > ① 지속가능한 삶을 위해서는 화석 연료의 사용량을 줄여야 한다.
② 개인적 차원의 활동 방안뿐만 아니라 사회적인 방안도 실천해야 한다.
④ 지속가능한 삶은 미래 세대를 위해 현재의 자원을 유지하고 지구의 환경을 보전하는 삶이다.
⑤ 지속가능한 삶은 현재 세대가 누리는 생활의 편리성을 모두 포기해야 하는 것이 아니라 현재 생활을 유지하면서 발전시키는 삶이다.

14

과학기술은 에너지와 환경 문제를 해결하는 데 중요한 역할을 한다. 플라스틱 쓰레기 문제를 해결하기 위해 과학자들은 쓰레기를 먹는 미생물을 찾아내고, 해양 쓰레기를 제거할 수 있는 로봇을 개발하고 있다. 과학자들의 노력 외에도 개인적 차원에서 일회용품 사용을 줄이고 재활용을 하면서 지속가능한 삶을 위해 노력해야 한다.

서술형

15

모범 답안 > 탐구로 알아내려는 조건 이외에 다른 조건을 모두 같게 유지하지 않으면 탐구 결과가 어떤 요인에 의해 나타난 것인지 정확하게 알 수 없으므로 변인을 통제해야 한다.

채점 기준	배점
변인을 통제하는 까닭을 탐구 결과와 연결하여 옳게 서술한 경우	100 %

16

모범 답안 〉 감자가 빛을 받아 초록색으로 변했다.

채점 기준	배점
빛을 받는다는 조건을 포함하여 가설을 옳게 서술한 경우	100 %

17

모범 답안 〉 (나), 태양 빛은 석탄이나 석유 같은 화석 연료보다 자원이 고갈될 염려가 적다. 또한 화력 발전은 대기오염과 지구의 평균 기온을 높이는 원인이 되므로 신재생 에너지인 태양광 발전이 지속가능한 삶에 더 적합하다.

채점 기준	배점
지속가능한 삶에 더 적합한 것을 고르고 그 까닭을 옳게 서술한 경우	100 %
지속가능한 삶에 더 적합한 것만 고른 경우	30 %

1등급 백신   022쪽

01 ③   02 ⑤   03 ③   04 ④

01

탐구를 통해 알아보고자 하는 조건 이외에 다른 조건은 모두 같게 해야 한다. 배즙에는 단백질을 분해하는 물질이 들어 있다고 가설을 설정했으므로 배즙을 넣는 것만 다르게 하고 나머지 조건은 모두 동일하게 해야 한다. 따라서 시험관 B에는 배즙을 제외한 달걀흰자를 넣고 시험관 A와 동일하게 온도를 25 ℃로 맞춰줘야 한다.

02

(가)는 지구 중심의 천동설, (나)는 태양 중심의 지동설이다.

바로 알기 〉 ㄱ. 코페르니쿠스가 주장한 가설은 태양 중심의 지동설 (나)이다.

03

증기 기관에 대한 설명이다.

ㄱ. 증기 기관은 수증기에 의해 피스톤이 움직이는 원리를 이용한 기기이다.

ㄴ. 증기 기관의 발명은 산업 혁명에 영향을 미쳐 농경 사회에서 공업 사회로 사회의 모습을 변화시켰다.

바로 알기 〉 ㄷ. 증기 기관의 발명으로 공장에서 제품을 대량 생산할 수 있게 되었다.

04

스마트폰 비서를 사용하는 것과 로봇이 음식을 가져다 준 것은 인공지능(AI)을 이용한 예이다. 애플리케이션으로 책상을 배치하는 것은 증강 현실(AR)을 이용한 것이다. 스마트폰을 이용하여 집의 가전제품을 제어하는 것은 사물 인터넷(IoT)을 이용한 것이다.

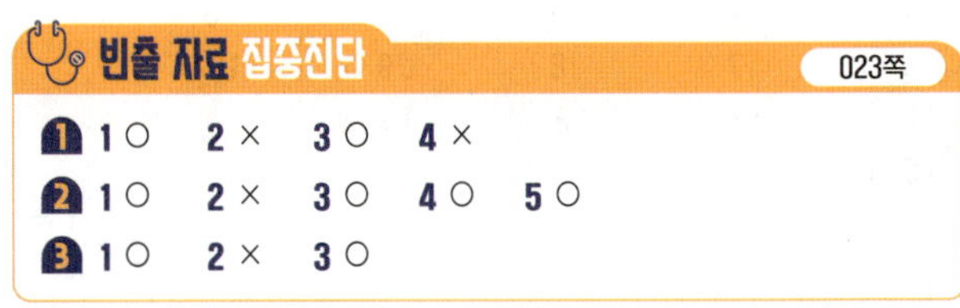

빈출 자료 집중진단   023쪽

❶ 1 ○   2 ×   3 ○   4 ×
❷ 1 ○   2 ×   3 ○   4 ○   5 ○
❸ 1 ○   2 ×   3 ○

❶ 2 변인은 탐구의 조건이나 결과와 같이 실험과 관련된 요인을 나타낸다. 어떤 현상을 설명하기 위해 미리 가정하는 것은 가설에 해당한다.

    4 결론과 가설이 맞지 않으면 탐구 수행 과정을 점검하고 가설을 수정한 후 다시 탐구를 설계해야 한다.

❷ (가)는 증기 기관차, (나)는 인쇄 기술, (다)는 반도체, (라)는 백신이다.

    2 인쇄 기술의 발달로 지식과 정보의 전달 속도가 빨라져 새로운 사상과 지식이 널리 퍼지게 되었다.

❸ 2 (나)와 같이 전기 자동차를 사용하면 이산화 탄소 배출량이 줄어든다.

CT 대단원 문제   024~025쪽

01 ④   02 ③   03 ④   04 ⑤   05 ④
06 ①   07 ②   08 ③   09~11 해설 참조

01

(가)는 가설 설정, (나)는 자료 해석, (다)는 탐구 설계 및 수행, (라)는 결론 도출, (마)는 문제 인식 과정이다. 과학적 탐구 방법의 과정은 문제 인식 → 가설 설정 → 탐구 설계 및 수행 → 자료 해석 → 결론 도출의 순이다.

02

ㄱ, ㄴ. 파스퇴르가 실험에서 양 두 그룹 중 한 그룹에만 탄저병 백신을 주사하고 다른 그룹에는 탄저병 백신을 주사하지 않았으므로 탄저병 백신이 탄저병을 예방하는 효과가 있을 것이라고 가설을 세웠다는 것을 알 수 있다.

바로 알기 〉 ㄷ. 실험 결과 탄저병 백신을 접종한 양이 살아남았으므로 탄저병 백신이 탄저병을 예방하는 효과가 있다는 가설이 옳다는 것을 알 수 있다.

03

바로 알기 > ①, ② 과학적 탐구는 과학자만 할 수 있거나 실험실과 같은 실내에서만 이루어지는 것이 아니다.
③, ⑤ 탐구 과정에서 연구 결과를 조작하지 않아야 하며 탐구 과정에서 가설이 틀린 것으로 판단되면 탐구 과정을 점검한 후에 가설을 수정해야 한다.

04

바로 알기 > ⑤ 증기 기관의 발명으로 사람 대신 기계가 일을 하게 되었고, 제품의 대량 생산이 가능해졌으며, 이로 인해 농업 중심 사회에서 공업 중심 사회로 바뀌었다.

05

ㄱ, ㄷ. 코페르니쿠스가 망원경으로 천체를 관측하여 태양 중심설(지동설)의 증거를 발견하였다. 이로 인해 우주관이 변화하였고, 경험 중심의 과학적 사고를 중시하게 되었다.
바로 알기 > ㄴ. 훅이 현미경으로 세포를 발견함으로써 생물체를 보는 관점이 달라졌다.

06

구텐베르크의 활판 인쇄술로 책을 대량으로 만들 수 있게 되었고, 이로 인해 책의 대량 생산과 보급이 가능해져 지식과 정보가 빠르게 확산되었다.

07

바로 알기 > ② 나노 백신은 10 억분의 1 m 크기의 나노 입자에 백신을 넣은 것으로 기존 백신보다 효과가 뛰어나다.

08

바로 알기 > ③ 신재생 에너지의 개발로 에너지 고갈 문제가 해결되는 것은 과학기술 발전의 긍정적인 영향에 해당한다.

서술형

09

모범 답안 > 종이 헬리콥터가 바닥에 떨어지는 데 걸리는 시간은 날개 길이에 따라 달라진다. 종이 헬리콥터를 만들 때 날개 너비, 꼬리 길이, 클립 수를 같게 하고 날개 길이만 다르게 하였으므로 날개 길이에 따라 종이 헬리콥터가 바닥에 떨어지는 데 걸리는 시간이 다르다고 가설을 설정한 것이다.

채점 기준	배점
(가)에 들어갈 말을 옳게 쓰고, 그렇게 생각한 까닭을 변인 통제를 예로 들어 옳게 서술한 경우	100 %
(가)에 들어갈 말만 옳게 쓴 경우	30 %

10

모범 답안 > 어디서든 정보를 검색할 수 있다, 어디서든 영상을 볼 수 있다 등

채점 기준	배점
편리한 점 두 가지를 모두 옳게 서술한 경우	100 %
편리한 점 한 가지만 옳게 서술한 경우	50 %

11

모범 답안 > 지속가능한 삶은 현재의 생활을 유지하고 발전시키면서 더 나은 환경을 만들어 미래 세대를 위해 자원을 유지하고 지구의 환경을 보전하는 삶이다. 지속가능한 삶을 위한 개인적 실천 방안으로는 자가용 대신 대중교통이나 자전거를 이용하기, 에너지 효율이 높은 전기 제품 구입하기, 업사이클링 제품 이용하기 등이 있다.

채점 기준	배점
지속가능한 삶이 무엇인지 쓰고, 지속가능한 삶을 위한 개인적 실천 방안을 두 가지 이상 서술한 경우	100 %
지속가능한 삶이 무엇인지 쓰고, 지속가능한 삶을 위한 개인적 실천 방안을 한 가지만 서술한 경우	60 %
지속가능한 삶이 무엇인지만 쓰거나, 지속가능한 삶을 위한 개인적 실천 방안을 한 가지만 서술한 경우	30 %

Ⅱ 생물의 구성과 다양성

01 생물의 구성

바로 복습   029, 031쪽

01 세포   **02** 핵   **03** 세포벽, 엽록체
04 마이토콘드리아   **05** 엽록체   **06** 적혈구   **07** ×
08 ○   **09** ×   **10** ×   **11** 조직   **12** 기관
13 기관계   **14** 조직계, 기관   **15** 기관계, 조직계
16 ×   **17** ×   **18** ○   **19** ○   **20** ×

개념 알약   029, 031쪽

01 (1) ○ (2) ○ (3) ○ (4) ×
02 (1) E, 세포질 (2) B, 핵 (3) A, 마이토콘드리아 (4) D, 엽록체
   (5) F, 세포벽 (6) C, 세포막
03 D 엽록체, F 세포벽   **04** (가) 상피세포, (나) 신경세포, (다) 적혈구
05 (1) (다) (2) (다) (3) (가) (4) (나)
06 (1) (가) 조직 (나) 기관 (다) 세포 (라) 개체 (마) 기관계
   (2) (라) − (마) − (나) − (가) − (다)
07 (1) ㉠ (2) ㉢ (3) ㉡ (4) ㉣   **08** 개체
09 ㄷ, ㄹ

01
(1) 세포는 생물체를 이루는 구조적 기본 단위이자 생명활동이 일어나는 기능적 기본 단위이다.
(2) 모든 세포는 세포막과 세포질을 공통적으로 가지고 있다.
(3) 세포는 다양한 종류가 있으며, 그 기능에 따라 모양과 크기가 다르다.
바로 알기 > (4) 아메바, 짚신벌레와 같은 생물은 하나의 세포로 이루어진 단세포생물이다.

02
A는 마이토콘드리아, B는 핵, C는 세포막, D는 엽록체, E는 세포질, F는 세포벽이다.
(1) 세포질(E)은 핵과 세포막 사이를 채우는 부분으로, 여러 가지 세포소기관을 포함하고 있다.
(2) 핵(B)은 유전물질(DNA)이 들어 있고, 세포의 생명활동을 조절하는 세포소기관이다.
(3) 마이토콘드리아(A)는 영양소를 분해하여 생명활동에 필요한 에너지를 생성한다.
(4) 엽록체(D)는 빛을 이용하여 양분을 만드는 광합성이 일어나는 장소이다.
(5) 세포벽(F)은 세포막 밖을 둘러싸고 있는 단단한 벽으로, 식물 세포의 형태를 유지하고 세포를 보호한다.
(6) 세포막(C)은 세포를 둘러싸고 있는 얇은 막으로, 세포 안과 밖의 물질의 출입을 조절한다.

03
엽록체(D)와 세포벽(F)은 식물 세포에만 존재하는 세포 구조이다.

04
(가)는 상피세포, (나)는 신경세포, (다)는 적혈구이다.

05
(1), (2) 적혈구(다)는 가운데가 오목한 원반 모양으로, 혈관을 따라 이동하며 온몸에 산소를 운반한다.
(3) 상피세포(가)는 넓고 얇게 퍼진 모양으로, 몸의 표면이나 몸 속 기관 안쪽을 덮어 보호한다.
(4) 신경세포(나)는 나뭇가지처럼 여러 방향으로 뻗어 있어 여러 방향에서 오는 신호를 받아들이고 다른 곳으로 신호를 빠르게 전달한다.

06
(2) 사람 몸의 구성 단계를 가장 큰 단계부터 순서대로 나열하면, 개체(라) − 기관계(마) − 기관(나) − 조직(가) − 세포(다) 순이다.

07
㉠은 기관, ㉡은 조직, ㉢은 개체, ㉣은 조직계에 대한 설명이다.
(1) 잎은 조직계가 모여 일정한 기능을 하는 기관(㉠)에 해당한다.
(2) 나무는 생명활동이 가능한 독립적인 하나의 생물체인 개체(㉢)에 해당한다.
(3) 표피조직은 모양과 기능이 같은 표피세포들의 모인 조직(㉡)에 해당한다.
(4) 관다발조직계는 여러 조직이 모여 고유한 기능을 수행하는 조직계(㉣)에 해당한다.

08
소화계, 순환계, 호흡계 등 여러 기관계가 모여 동물 개체를 이룬다.

09
A는 조직, B는 기관, C는 조직계이다.
ㄷ. 사람의 심장은 여러 조직이 모여 일정한 형태와 기능을 나타내는 기관(B)에 해당한다.
ㄹ. 조직계(C)는 식물에만 있는 구성 단계이다.
바로 알기 > ㄱ. (가)의 기관계는 동물에만 있는 구성 단계이므로, (가)는 동물, (나)는 식물의 구성 단계이다.
ㄴ. A는 모양과 기능이 유사한 세포들의 모임인 조직이다.

탐구 알약   032쪽

01 (1) ○ (2) ○ (3) ×   **02** (1) 엽록체, 세포벽 (2) 해설 참조

01
(1) 핵은 동물 세포와 식물 세포에서 모두 관찰된다.
(2) 입안 상피세포(동물 세포)에서는 엽록체가 관찰되지 않는다.
(3) 세포를 염색하는 까닭은 핵을 뚜렷하게 관찰하기 위해서이다.

02 서술형

(1) 엽록체, 세포벽

모범 답안 (2) (가)에는 세포벽이 있지만 (나)에는 세포벽이 없어 모양이 불규칙적이다.

채점 기준	배점
(나)가 불규칙적인 까닭을 옳게 서술한 경우	100 %

실전 백신 036~038쪽

01 ③	02 ④	03 ③	04 A, 마이토콘드리아
05 ④	06 ②	07 ②	08 ②	09 ②, ⑤
10 ①	11 ②	12 ⑤	13 ④	14 ⑤
15 ③	16~18 해설 참조		

01

ㄱ. 세포는 생물을 이루는 구조적·기능적 기본 단위이다.

ㄴ. 세포의 모양과 크기는 생물의 종류, 기능에 따라 다르다.

바로 알기 ㄷ. 대부분의 세포는 현미경을 이용해야 관찰할 수 있을 만큼 크기가 작지만, 달걀, 타조알과 같이 맨눈으로 볼 수 있을 만큼 크기가 큰 세포도 있다.

02

자료 해석 | 식물 세포의 구조

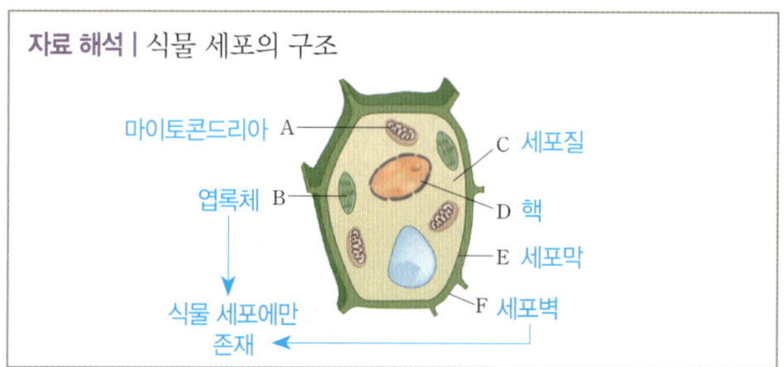

A는 마이토콘드리아, B는 엽록체, C는 세포질, D는 핵, E는 세포막, F는 세포벽이다.

④ 핵(D)은 유전물질(DNA)이 들어 있으며 생명활동의 중심이다.

바로 알기 ① 마이토콘드리아(A)는 생명활동에 필요한 에너지를 생성한다.

② 엽록체(B)는 광합성이 일어나는 곳으로 식물 세포에만 존재한다.

③ 세포질(C)은 핵을 제외한 나머지 부분으로 여러 가지 세포소기관이 존재한다.

⑤ 세포막(E)은 세포질(C)을 싸고 있는 얇은 막으로 세포 안팎으로 물질 출입을 조절한다.

03

ㄱ, ㄷ. 세포벽(F)은 세포막(E)의 바깥쪽을 둘러싸고 있는 단단한 벽으로 세포의 형태를 유지시키며 식물 세포에만 존재한다.

바로 알기 ㄴ. 세포 안팎으로 물질의 출입을 조절하는 것은 세포막(E)이다. 세포벽(F)은 물질의 출입을 조절하는 능력이 없다.

04

마이토콘드리아(A)는 동물 세포와 식물 세포에 모두 존재하며, 영양분을 분해하여 생명활동에 필요한 에너지를 생성한다.

05

식물체는 다세포생물로, 여러 개의 세포로 이루어져 있다. 세포의 기능에 따라 모양과 크기가 다양하다.

06

ㄷ. 식물 세포는 세포벽이 있기 때문에 세포가 규칙적으로 배열되어 있다.

바로 알기 ㄱ. (나)의 표본은 염색 과정을 거치지 않았기 때문에 핵이 뚜렷하게 관찰되지 않는다.

ㄴ. 염색액은 세포의 핵을 염색하여 뚜렷하게 관찰하기 위해 사용한다. 따라서 (다) 과정을 생략하면 핵이 잘 보이지 않는다.

07

①, ③, ⑤ (가)는 세포벽이 있어 세포의 배열이 규칙적이므로 양파 표피세포(식물 세포)이다. (나)는 세포벽이 없어 세포의 배열이 불규칙적이므로 입안 상피세포(동물 세포)이다.

④ 식물 세포는 아세트올세인 용액으로, 동물 세포는 메틸렌 블루 용액으로 핵을 염색한다.

바로 알기 ② 핵은 동물 세포와 식물 세포에서 모두 관찰된다.

08

ㄴ. 핵과 세포막은 식물 세포와 동물 세포에서 공통적으로 관찰되는 세포 구조이다.

바로 알기 ㄱ. (가)는 세포가 규칙적으로 배열되어 있으며, 세포벽이 있으므로 양파 표피세포를 관찰한 결과이다.

ㄷ A는 핵으로 세포의 생명활동을 조절한다. 세포의 활동에 필요한 에너지를 만드는 것은 마이토콘드리아이다.

09

(가)는 신경세포, (나)는 적혈구, (다)는 상피세포이다.

② 적혈구(나)는 둥근 원반 모양으로 혈관을 타고 산소를 운반하는 데 적합한 구조이다.

⑤ 모든 세포는 공통적으로 세포막을 가지고 있다.

바로 알기 ① 신경세포(가)는 사방으로 길게 뻗은 모양으로 신호를 전달하는 데 적합한 구조를 가지고 있다.

③ 상피세포(다)는 넓고 얇게 퍼진 모양으로 몸속 표면이나 기관의 표면을 덮어 보호하는 데 적합한 구조를 가지고 있다.

④ 세포의 종류에 따라 세포의 모양, 크기, 기능이 다양하다.

10

① (가)는 동물의 구성 단계에만 있는 기관계로 서로 관련된 기능을 담당하는 기관들의 모임이다.

바로 알기 ② (나)는 세포로 생명체를 구성하는 기본 단위이고, 상피세포나 적혈구 등이 세포에 해당한다.

③ (다)는 조직으로 모양과 기능이 유사한 여러 개의 세포가 모여서 이루어진다.

④ (마)는 기관으로 동물과 식물에 모두 있는 구성 단계이다.

⑤ (가)는 기관계, (나)는 세포, (다)는 조직, (라)는 개체, (마)는 기관이므로 동물의 구성 단계를 작은 것부터 순서대로 배열하면 (나) → (다) → (마) → (가) → (라)이다.

11

A는 조직, B는 기관, C는 기관계이다.
바로 알기 > ② 기관(B)은 여러 기능을 하는 조직이 모여 일정한 형태와 기능을 나타내는 단계이다. 기관은 여러 조직이 모여 형성되므로 세포의 종류가 다양하다.

12

바로 알기 > 식물은 세포 → 조직 → 조직계 → 기관 → 개체의 단계로 구성된다.

13

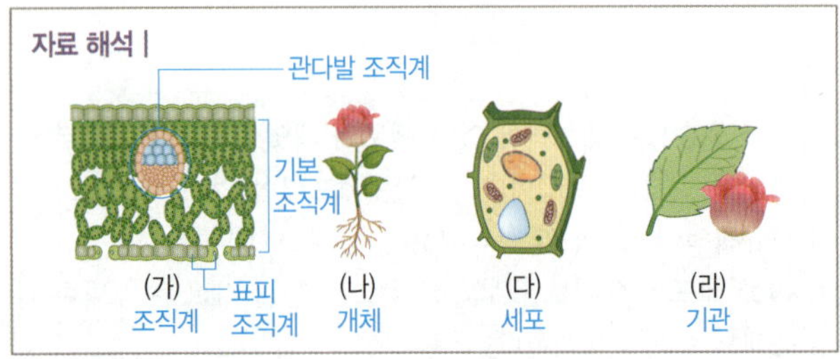

식물체에는 비슷한 기능을 하는 조직들의 모임인 조직계 (가)가 있다.

14

⑤ 식물의 구성 단계를 작은 것부터 순서대로 배열하면 세포(다) → 조직 → 조직계(가) → 기관(라) → 개체(나) 순이다.
바로 알기 > ① (가)는 조직계로 비슷한 기능을 하는 여러 조직들의 모임이다.
② (나)는 개체로 생명활동이 가능한 독립적인 하나의 생물체이다.
③ (다)는 세포로, 생물체를 구성하는 기본 단위이다.
④ (라)는 기관으로 여러 조직이나 조직계가 모여 일정한 형태와 기능을 나타낸다. 동물과 식물의 구성 단계에 모두 있다.

15

A는 기관, B는 기관계, C는 조직계, D는 기관이다.
ㄱ. A와 D는 기관으로 공통된 구성 단계이다.
ㄷ. C는 조직계로 식물에서만 존재하는 구성 단계이다.
바로 알기 > ㄴ. 사람의 코는 기관이므로 A에 해당한다.

16

모범 답안 > 식물 세포는 세포의 바깥쪽에 단단한 세포벽이 있어 세포를 보호하고 단단하게 지지해 주고 있기 때문이다.

채점 기준	배점
세포벽의 구조와 기능까지 모두 옳게 서술한 경우	100 %
세포벽 때문이라고만 쓴 경우	30 %

17

(1) **모범 답안 >** 핵, 핵은 유전물질을 가지고 있으며 생명활동을 조절하기 때문에 빵 공장의 전체 생산 과정을 조절하는 중앙 통제실에 비유할 수 있다.

채점 기준	배점
핵을 쓰고, 핵의 기능까지 모두 옳게 서술한 경우	100 %
핵만 쓴 경우	30 %

(2) **모범 답안 >** 마이토콘드리아, 기계를 작동하는 데 필요한 에너지를 만드는 발전기는 세포에서 생명활동을 하는 데 필요한 에너지를 생산하는 마이토콘드리아에 비유할 수 있다.

채점 기준	배점
마이토콘드리아를 쓰고, 마이토콘드리아의 기능까지 모두 옳게 서술한 경우	100 %
마이토콘드리아만 쓴 경우	30 %

18

모범 답안 > 신경세포, 신경세포는 나뭇가지 같이 길게 뻗은 모양으로 여러 방향에서 신호를 받아들이고, 다른 곳으로 신호를 빠르게 전달하는 데 알맞다.

채점 기준	배점
신경세포를 쓰고, 신경세포의 모양과 기능의 관계를 옳게 서술한 경우	100 %
신경세포만 쓴 경우	30 %

1등급 백신   039쪽

01 ④   **02** ①   **03** ④   **04** ⑤

01

ㄴ. 이자세포보다 근육세포에 존재하는 마이토콘드리아의 수가 많은 것으로 보아 근육세포에서 소비하는 에너지가 이자세포에서보다 더 많다는 것을 알 수 있다.
ㄷ. 마이토콘드리아는 생명활동에 필요한 에너지를 생성하는 곳으로, 에너지가 적게 필요한 곳보다 많이 필요한 곳에 더 많이 존재하여 더 많은 에너지를 생성한다.
바로 알기 > ㄱ. 마이토콘드리아는 양분을 분해하여 에너지를 생산하는 세포소기관이다. 스스로 양분을 생성하는 것은 엽록체이다.

02

ㄱ. (가)는 세포벽이 있고 세포의 모양이 규칙적이므로 식물 세포이다. 식물 세포에는 다수의 엽록체가 관찰된다.
바로 알기 > ㄴ. 식물 세포(가)를 관찰할 때는 염색액을 사용하지 않았으므로 핵이 뚜렷하게 관찰되지 않는다.
ㄷ. 세포막은 동물 세포와 식물 세포에서 모두 관찰된다.

03

A는 조직, B는 조직계, C는 기관계이다.

ㄴ. B는 조직과 기관 사이의 구성 단계이므로 조직계이다. 조직계는 여러 조직이 모여 일정한 기능을 수행한다.

ㄷ. C는 기관과 개체 사이의 구성 단계이므로 기관계이다. 기관계는 동물에만 있는 구성 단계이다.

바로 알기 ㄱ. 적혈구는 세포이므로 조직(A)에 해당하지 않는다.

04

ㄱ. (가)의 줄기에는 뿌리에서 물을 흡수하여 식물체로 전달하는 조직인 물관이 있다.

ㄴ. (나)는 인체의 소화계를 나타낸 것이다. 소화계의 각 기관은 근육조직이 있어 기관이 움직임으로 음식물을 아래로 내려보낸다. 근육조직은 근육세포의 모임이므로, (나) 소화계에는 근육세포가 있다는 것을 알 수 있다.

ㄷ. (가)는 줄기이므로 기관에 해당하고, (나)는 소화계이므로, 기관계에 해당한다.

02 생물의 다양성

01 생물다양성	02 생태계, 종류	03 변이, 적응
04 ○	05 ×	06 ○	07 ○	08 ×

01 ㉠ 생물다양성 ㉡ 변이 ㉢ 적응	02 변이	03 ①
04 (나)	05 해설 참조	

01

지구의 다양한 환경에 다양한 생물이 살고 있는 것을 생물다양성이라고 하며, 같은 종류의 생물 사이에서 나타나는 생김새나 특성의 차이를 변이라고 한다. 이러한 변이가 생김으로써 환경 변화에 적응하여 살아남을 수 있다.

02

같은 종류의 생물 사이에서 나타나는 생김새나 특성의 차이를 변이라고 한다.

03

원래 같은 종이었던 핀치가 갈라파고스제도의 여러 섬에 흩어져 살게 되었다. 각 섬은 환경에 따라 먹이의 종류가 달랐고, 핀치는 섬의 환경에 적응하면서 섬마다 다른 모양의 부리를 가지게 되었다. 즉, 같은 종의 생물이 오랜 시간 동안 다른 먹이 환경에 적응하면서 서로 다른 부리 모양으로 변화한 것이다.

04

(가)는 한 종류의 생태계로 이루어져 있고, (나)는 숲, 강, 습지 등 생태계가 다양하다. 생태계가 다양할수록 살고 있는 생물의 종류도 다양하므로 (나)가 (가)보다 생물다양성이 더 높다.

05

답 환경에 적응하면서 생존에 유리한 개체들이 자손을 남김

해설 변이를 지닌 생물이 환경에 적응하는 과정을 오랜 세월 반복한 결과 지구의 생물이 다양해졌다. ㉠은 변이를 지닌 생물이 환경에 적응하면서 생존에 유리한 개체들이 후손을 남기는 과정이다.

01 ③	02 기온(온도)	03 ③	04 ①
05 ⑤	06 ②, ③	07 ④	08 ③
09~11 해설 참조			

01

① 생물다양성이란 특정 지역에 살고 있는 생물의 다양한 정도를 나타낸다.

② 변이가 일어나고 환경에 적응하는 과정이 반복되면 생물의 종류가 증가하여 생물다양성이 증가한다.

④ 변이로 인해 나타나는 같은 종류의 생물 사이 특징의 다양함도 생물다양성에 포함된다.

⑤ 한 생태계에서 얼마나 다양한 종류의 생물이 살고 있는지도 생물다양성에 포함된다.

바로 알기 ③ 생태계를 이루는 환경이 다르면 살아가는 생물의 종류도 다르므로 생태계의 다양한 정도는 생물다양성에 포함된다.

02

북극여우는 서식지의 기온이 낮아서 체온을 유지하기 위해 귀 등 몸의 말단부가 작고, 사막여우는 서식지의 기온이 높아 체내의 열을 더 잘 방출하기 위해서 귀 등 몸의 말단부가 크다.

03

ㄱ. (가) 지역의 나무 종류는 5 종류, (나) 지역의 나무 종류는 4 종류이므로 (가) 지역이 생물 종류가 더 다양하다.

ㄴ. 생물다양성이 높은 생태계일수록 환경 변화에 대해 안정하다.

바로 알기 ㄷ. 생물다양성을 결정할 때는 생물의 수보다 종류가 더 중요하다. 즉, 생물의 수는 같지만 생물의 종류가 더 많은 (가) 지역의 생물다양성이 더 높다.

04

(가)는 무당벌레의 무늬가 개체마다 다른 것을, (나)는 일정 지역에 존재하는 다양한 종류의 생물을, (다)는 다양한 생태계를 나타낸다.

ㄱ. 같은 종류의 생물의 특성이 다양하면 급격한 환경 변화에도 살아남는 생물이 있어 멸종될 가능성이 낮다.

바로 알기 ㄴ. (나)는 생물 종류의 다양성을 나타낸 것이다. 얼룩말의 줄무늬가 개체마다 다른 것은 같은 종류에 속한 생물의 특징의 다양함의 예이다.

ㄷ. (다)의 생태계가 다양할수록 각 환경에 맞는 생물이 살고 있으므로, (다)가 다양해질수록 생물의 종류(나)가 많아진다.

05

ㄱ. (가)에서는 갈라파고스땅거북의 목이 원래 짧았으나 변이에 의해 목이 조금 긴 거북도 섞여 있었다고 설명한다.

ㄴ. (나)는 원래 한 종류였던 갈라파고스땅거북이 각각 다른 환경에 적응하는 과정이다. 이처럼 다양한 변이를 가진 생물이 각각 다른 환경에 적응하는 과정에서 서로 다른 특징을 갖는 생물이 나타나므로 변이는 다양한 생물이 나타나는 원인이 된다.

ㄷ. (다)의 결과로 새로운 종인 목이 긴 갈라파고스땅거북이 생겨 종이 다양해졌으므로 생물의 다양성이 높아졌다.

06

변이는 같은 종류의 생물 중 개체에 따라 나타나는 특성의 차이이다.

②, ③ 옥수수의 모양과 색깔이 다양한 것과 얼룩말 무늬가 다양한 것은 같은 생물 사이에 나타나는 변이의 예이다.

바로 알기> ① 참새와 비둘기는 다른 종류의 생물이다.

④ 여러 종류의 생태계에는 환경에 맞게 적응한 생물들이 살고 있으며, 이는 생태계의 다양함에 해당한다.

⑤ 잉어, 붕어, 자라는 모두 다른 종류의 생물이므로 생물 종류의 다양함에 해당한다.

07

④ A 종류의 생물은 개체수가 변화하지 않았으므로 모든 종류의 생물에서 개체수가 감소한 것은 아니다.

바로 알기> ① E 종류의 생물이 모두 사라졌다.

② 환경 변화를 겪으면서 E 종류의 생물은 모두 사라졌으므로 생물다양성이 감소했다.

③ 변이는 같은 종 내의 형질 차이이다. 생물의 종류가 다르면 변이라고 하지 않는다.

⑤ 생물다양성이 더 컸다면 환경 변화가 일어났을 때 생태계가 더 안정했을 것이다.

08

ㄱ. (가)에는 부리 모양이 비슷한 한 종류의 새가, (나)에는 부리 모양이 각기 다른 3 종류의 새가 존재하므로 (가)보다 (나)의 생물다양성이 더 높다.

ㄴ. 핀치새는 각 섬의 먹이와 종류에 따라 다른 부리 모양을 갖게 되었다.

바로 알기> ㄷ. (가)에서 (나)와 같은 여러 가지 형태의 부리를 가진 새가 나타나기 위해서는 변이와 적응이 반복되어 일어나야 하므로 긴 시간이 필요하다.

서술형

09

모범 답안> (나), (가) 지역에 살고 있는 생물의 종류는 3 종류, (나)지역에 살고 있는 생물의 종류는 4 종류로 (가) 지역보다 (나) 지역에 살고 있는 생물의 종류가 많고, 여러 종류의 생물이 고르

게 분포하기 때문이다.

채점 기준	배점
생물다양성이 더 높은 지역과 그 까닭을 옳게 서술한 경우	100 %
생물다양성이 더 높은 지역만 옳게 쓴 경우	30 %

10

모범 답안> 변이, 얼룩말의 줄무늬가 개체마다 조금씩 다르다. 바지락의 껍데기 무늬와 색깔이 조금씩 다르다. 등

채점 기준	배점
변이와 변이에 해당하는 예 한 가지를 옳게 서술한 경우	100 %
변이만 옳게 쓴 경우	30 %

11

모범 답안> 변이가 있는 토끼 무리가 다양한 환경에 적응하면서 각 환경에 적합한 특징을 지닌 개체가 살아남아 다양한 모습의 토끼가 나타났다.

채점 기준	배점
토끼의 모습이 차이나는 까닭을 옳게 서술한 경우	100 %
변이라고만 쓴 경우	20 %

1등급 백신

047쪽

01 ①   **02** ④, ⑤   **03** ①   **04** 해설 참조

01

ㄱ. 한 종류의 생물 내에서 특성의 변화가 생기는 것이므로 변이에 의해 고양이 귀 크기의 종류 수가 증가한다.

바로 알기> ㄴ. 그래프에서 고양이 무리가 일정 크기 이상이 되면 더 이상 귀 크기의 종류 수가 증가하지 않는다.

ㄷ. 일정 수준에서 고양이 무리의 크기가 커질수록 고양이 귀 크기의 종류 수가 증가함을 알 수 있다. 따라서 귀의 크기가 균일하지 않고 다양해진다. 또한, 고양이 무리의 크기가 커질수록 변이의 다양성이 커져 생물다양성이 증가하므로 변화에 대한 안정성이 커진다.

02

① A 지역은 B 지역보다 원의 크기와 색깔이 다양하므로 생물다양성이 높다.

② 같은 색의 원은 같은 종류의 생물을 의미하고 각 원의 크기는 특성의 차이를 나타내므로 원의 크기가 다른 것은 같은 종류의 생물 내에서 특성이 다른 변이에 해당한다.

③ A 지역은 B 지역보다 생물다양성이 높으므로, 환경 변화에 대한 적응력이 높다.

바로 알기> ④ A 지역과 B 지역에서 모두 환경 변화를 겪으며 생물의 종류가 적어지고, 개체수(원의 개수)도 줄었으므로 생물다양성이 감소했다.

⑤ A 지역의 보라색 원은 환경 변화를 겪기 전 3 개였는데, 환경 변화를 겪은 후 4 개로 증가하였으므로 모든 종류의 생물이 개체 수가 감소한 것은 아니다.

03

ㄱ. A 지역의 생물은 5 종류이지만, B 지역의 생물은 0인 e를 제외한 4 종류이다. 따라서 생물다양성은 A 지역이 B 지역보다 높다.

바로 알기 > ㄴ, ㄷ. 생물다양성이 높을수록 전염병 발병률이 낮아지고 환경 변화에 강하므로 생물다양성이 높은 A 지역이 B 지역보다 전염병 발병률이 낮고 환경 변화에 강하다.

04 서술형

모범 답안 > 서식지의 온도가 낮을수록 겉넓이를 부피로 나눈 값이 작다. 즉, 펭귄은 서식지의 온도가 낮을수록 몸의 크기가 커져 열 손실을 줄이는 방향으로 적응하였음을 알 수 있다. 따라서 펭귄의 크기를 결정한 환경적 요인은 서식지의 온도이다.

채점 기준	배점
겉넓이를 부피로 나눈 값과 서식지의 온도를 모두 옳게 서술한 경우	100 %
서식지의 온도에 따라 다르게 적응했다고만 서술한 경우	50 %

03 생물의 분류

바로 복습

049, 051, 053쪽

01 분류 02 고유의 특징 03 종
04 종, 과, 강, 계 05 ○ 06 × 07 ×
08 ○ 09 원핵생물계, 원생생물계, 균계, 식물계, 동물계
10 핵막, 단세포 11 동물계, 핵
12 핵, 광합성, 균사 13 ○ 14 × 15 ○
16 × 17 ○ 18 기관, 운동성 19 동물계
20 ○ 21 × 22 × 23 ×

개념 알약

049, 051, 053쪽

01 ③ 02 (1) ○ (2) × (3) ○ (4) × 03 ㄷ 04 ②
05 해설 참조 06 ③ 07 ②, ④ 08 균사
09 ④ 10 (1) ㄴ, ㅇ (2) ㄱ, ㄷ, ㅁ (3) ㅂ, ㅅ (4) ㄹ, ㅈ
11 ㄴ 12 ③, ④ 13 ④

01

③ 핵막으로 둘러싸인 핵이 있는지의 여부는 생물이 가지고 있는 고유의 특징으로 볼 수 있다.

바로 알기 > ①, ②, ④, ⑤ 서식지, 먹이, 가축화 여부, 사람에 도움이 되는지 등은 생물이 가지고 있는 고유의 특징이 아닌 사람의 편의에 의해 분류할 때의 기준이다.

02

종은 자연 상태에서 짝짓기하여 생식 능력이 있는 자손을 낳을 수 있는 생물 무리를 말한다.

(1) 말과 당나귀 사이에서 태어난 노새가 생식 능력이 없으므로 말과 당나귀는 다른 종이다.

(3) 진돗개와 풍산개 사이에서 태어난 풍진개가 새끼를 낳을 수 있으므로 진돗개, 풍산개, 풍진개는 모두 같은 종이다.

바로 알기 > (2) 노새는 새끼를 낳을 수 없으므로 독립적인 생물종이 아니다.

(4) 생김새가 비슷하다고 해서 같은 종으로 분류하지 않는다. 말과 당나귀는 생김새가 비슷하고, 짝짓기를 하여 자손을 낳을 수 있지만 그 사이에서 태어난 노새가 생식 능력이 없으므로 말과 당나귀는 같은 종이 아니다.

03

ㄷ. 속은 강보다 하위 단계에 해당하는 분류 단계이므로 같은 속에 속해 있는 두 생물은 같은 강에 속한다.

바로 알기 > ㄱ. 가장 작은 분류 단계는 생물 분류의 기본 단위인 종이다.
ㄴ. 하나의 과에는 여러 개의 속이 포함된다.

04

① 개는 고양이와 목 단계까지 같지만, 사람과는 강 단계까지만 같다. 따라서 개는 사람보다 고양이와 가깝다.

③ 사람과 개는 강 단계까지는 같지만 목 단계에서 다르다.

④ 사람과 원숭이는 목 단계까지 같지만, 사람과 개는 강 단계까지 같다. 따라서 사람은 원숭이와 더 가깝다.

⑤ 개, 고양이, 사람은 모두 포유강에 속한다.

바로 알기 > ② 개(개과)와 고양이(고양잇과)는 서로 다른 과에 속한다.

05

모범 답안 > (가)는 세포는 핵막으로 구분된 핵이 없으며, (나)는 핵막으로 둘러싸인 핵이 있다.

06

③ (가)는 원핵생물계에 속하는 생물이고, (나)는 원생생물계에 속하는 생물이다. 원핵생물계와 원생생물계를 분류하는 기준은 핵막(핵)의 유무이다.

07

② 원생생물계에는 광합성을 하는 생물도 있고 하지 않는 생물도 있다.

④ 원생생물계의 생물은 대부분 단세포생물이지만, 다세포생물도 존재한다.

바로 알기 > ① 원생생물계에 속하는 생물은 조직이나 기관이 발달하지 않았다.

③ 원생생물계의 생물은 세포벽이 있는 생물도, 없는 생물도 있다.
⑤ 염주말, 유산균, 폐렴균은 모두 원핵생물이다.

08

균계에 속하는 대부분의 생물의 몸을 구성하는 실 같은 구조물은 균사이다. 균사는 균계의 특징이다.

09

(가)는 세포에 핵이 있으나 균계, 식물계, 동물계에 속하지 않는 것은 원생생물계이다.
(나)는 세포에 핵이 없는 생물은 원핵생물계이다.
(다)는 세포에 핵이 있고, 죽은 생물의 몸을 분해하여 양분을 얻는 것은 균계에 대한 설명이다.

10

남세균(ㄴ)과 폐렴균(ㅇ)은 원핵생물계의 생물이고, 표고버섯(ㄱ), 효모(ㄷ), 푸른곰팡이(ㅁ)는 균계의 생물이다. 고사리(ㅂ)와 이끼(ㅅ)는 식물계 생물, 메뚜기(ㄹ)와 해파리(ㅈ)는 동물계의 생물이다.

11

A는 동물계, B는 원핵생물계이다.
ㄴ. 원핵생물계 생물은 핵(핵막)이 없고 동물계 생물은 핵(핵막)이 있으므로, 핵(핵막)의 유무에서 차이가 난다.
바로알기 ㄱ. 동물계의 생물은 광합성을 할 수 없다.
ㄷ. 아메바, 짚신벌레는 원생생물계에 속하는 생물이다.

12

③ 식물계의 생물은 엽록체가 있어 광합성을 통해 스스로 양분을 합성한다.
④ 식물계의 생물은 운동성이 없어서 스스로 이동할 수 없다.
바로알기 ① 식물계의 생물은 모두 핵막을 가진다.
② 식물계의 생물은 세포벽을 가지고 있다.
⑤ 식물계의 생물은 다세포생물이다.

13

동물계와 균계의 생물은 모두 엽록체가 없어 양분을 외부에서 얻어야 하는데, 동물계의 생물은 몸속(내부)으로 섭취하여 소화하는 반면, 균계의 생물은 몸 밖(외부)에서 분해한 후 흡수하여 양분을 얻는다.

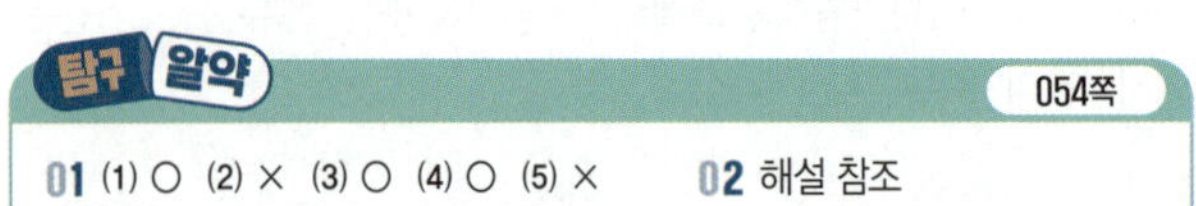

탐구 알약 054쪽

01 (1) ○ (2) × (3) ○ (4) ○ (5) ×　　**02** 해설 참조

01

바로알기 (2) 미역은 원생생물계, 고사리는 식물계에 속한다.
(5) 동물계에 속하는 생물은 광합성을 하지 않고, 기관이 발달하였다.

02 서술형

모범 답안 송이버섯은 광합성을 하지 않고, 해바라기는 광합성을 한다. 송이버섯은 몸이 균사로 이루어져 있고, 해바라기는 기관이 발달하였다. 등

채점 기준	배점
두 생물을 구분할 수 있는 기준 한 가지를 옳게 서술한 경우	100 %

실전 백신 056~058쪽

01 ②	**02** ⑤	**03** ②	**04** ②	**05** ③
06 ③	**07** ②, ④	**08** ⑤	**09** ④	**10** ③
11 ①, ⑤	**12** ②	**13** ③	**14** ①	

15~17 해설 참조

01

① 생물을 특정 기준에 따라 나누는 것을 분류라고 한다.
③ 몸의 구조, 광합성 여부, 번식 방법, 척추의 유무 등은 생물이 갖는 고유의 특징으로 생물 분류의 기준이 된다.
④ 생물을 분류하는 궁극적인 목적은 생물 사이의 가깝고 먼 관계를 밝히는 데 있다.
⑤ 생물이 가지고 있는 고유의 특징을 기준으로 분류하면 분류하는 사람에 따라 결과가 달라지지 않는다.
바로알기 ② 목은 속보다 상위 분류 단계로, 비슷한 특징을 가진 목이 모여 하나의 강을 이룬다.

02

ㄱ. 엽록체를 가지고 있는 식물인 보리는 광합성이 가능하지만, 엽록체가 없는 새, 지렁이, 송이버섯은 광합성이 불가능하다. 따라서 광합성 유무로 분류하면 (새, 지렁이, 송이버섯)과 (보리)로 나뉜다.
ㄴ. 새는 날 수 있는 반면, 지렁이, 보리, 송이버섯은 날지 못하므로 비행 가능 여부에 따라 분류한 것이다.
ㄷ. '집에서 키우기 쉬운 것'은 사람의 편의에 따른 기준으로 사람마다 분류 결과가 다를 수 있다.

03

② 광합성의 여부는 생물 고유의 특징이다.
바로알기 ①, ③, ④, ⑤ 사람에게 도움이 되는지, 먹이, 서식지 등은 생물 고유의 특징이 아닌, 분류하는 사람에 따라 분류 결과가 달라질 수 있는 분류 기준이다.

04

(가), (라), (마) 무리는 얼굴의 형태가 원형, (나), (다) 무리는 얼굴의 형태가 사각형이다.

05

(가), (다) 무리는 더듬이가 없고, (나), (마) 무리는 더듬이가 1 개, (라)는 더듬이가 2 개이다.

06

(가)에 해당하는 분류 단계는 종이다.
ㄱ. 종은 생물을 분류하는 기본 단위이다.
ㄴ. 다른 종에 속하는 생물이라도 그 상위 단계인 속에서는 같은 속으로 분류될 수 있다.
바로알기 ㄷ. 다른 종에 속하는 생물들 사이에서 태어난 자손은 생식 능력이 없다.

07

생물의 분류 단계는 종<속<과<목<강<문<계이다.

②, ④ 과는 속보다 상위 분류 단계이므로, 여러 개의 속이 모여 하나의 과를 이루고, 속은 종보다 상위 분류 단계이므로, 다른 종의 생물이라도 같은 속으로 분류될 수 있다.

바로 알기 > ① 강은 문보다 하위 분류 단계이다.

③ 여러 개의 목이 모여 하나의 강을 이루므로 같은 강에 속하더라도 다른 목에 속할 수 있다.

⑤ 자연 상태에서 짝짓기를 하여 낳은 자손이 생식 능력이 있으면 같은 종으로 분류한다.

08

① 개와 늑대는 속 단계까지 같은 무리에 속하므로 늑대는 개와 같은 포유강에 속한다. 따라서 ㉠에 들어갈 말은 포유강이다.

② 문은 강보다 상위 분류 단계이다. 포유강은 척삭동물문에 속한다.

③ 늑대, 개, 여우는 모두 개과이다.

④ 늑대와 개는 같은 속에 속하고, 여우는 다른 속이므로 개는 여우보다 늑대와 더 가까운 관계에 있다.

바로 알기 > ⑤ 개, 늑대, 여우가 같은 조상으로부터 갈라져 나왔다면 가장 먼저 갈라져 나온 것은 특성의 차이가 더 많은 여우이다.

09

④ 핵막을 가지고 있으므로 제시된 생물은 원핵생물계에는 속하지 않으며, 광합성을 할 수 있지만 식물계에 속하지 않으므로 동물계와 균계도 아닌 원생생물계에 속한다. 원생생물계에는 유글레나, 짚신벌레, 아메바, 미역, 다시마 등이 속한다.

바로 알기 > 남세균은 원핵생물계, 호랑이는 동물계, 단풍나무는 식물계, 누룩곰팡이는 균계에 속하는 생물이다.

10

A와 B는 균계와 동물계 중 하나이며, A는 세포벽을 가지므로 A는 균계이고, B는 동물계이다.

③ 균계(A)와 동물계(B)의 생물은 모두 엽록체가 없어 광합성을 하지 못한다.

바로 알기 > ① 균계(A)는 대부분 다세포생물이지만, 효모처럼 단세포생물도 포함된다.

② 운동 기관이 발달해 있는 것은 동물계(B)의 특징이다.

④ 동물계(B)와 균계(A)의 생물 모두 핵막이 있는 세포로 되어 있다. 따라서 핵막의 유무는 둘을 나누는 기준이 될 수 없다.

⑤ (가)와 (나)를 나누는 기준은 핵막의 유무이다.

11

① 동물계의 생물은 운동 기관이 발달하여 운동성을 가진다.

⑤ 동물계의 생물은 핵막으로 구분된 핵이 있는 세포들로 이루어져 있다.

바로 알기 > ② 동물계의 생물은 세포벽을 가지고 있지 않다.

③ 해파리와 사슴벌레는 동물계의 생물이다. 하지만 아메바는 운동성은 있지만 단세포생물이므로 원생생물계에 속한다.

④ 동물계의 생물은 엽록체를 가지고 있지 않으므로 광합성을 하지 않는다.

12

푸른곰팡이(가)는 균계, 미역(나)은 원생생물계, 우산이끼(다)는 식물계에 속한다.

13

③ (가)의 쇠뜨기와 유글레나는 엽록체가 있어 광합성을 할 수 있지만, (나)의 생물들은 광합성을 하지 못한다.

바로 알기 > ① 대장균을 제외한 모든 생물은 핵막을 가지고 있다.

② 쇠뜨기와 호랑이는 기관이 발달하였으나 유글레나, 대장균, 효모는 기관이 발달하지 않았다.

④ 쇠뜨기와 유글레나, 대장균과 효모는 모두 세포벽을 가지고 있으므로 (가)와 (나)를 나누는 기준이 될 수 없다.

⑤ 유글레나, 효모, 대장균은 단세포생물이고, 쇠뜨기와 호랑이는 다세포생물이므로 세포 수로는 (가)와 (나)를 나눌 수 없다.

14

핵(핵막)과 엽록체를 가지고 기관이 발달하였으며 다세포생물인 A는 식물계에 속하고, 핵(핵막)을 가지고 엽록체, 세포벽, 균사를 가지지 않으며 기관이 발달한 생물인 B는 동물계에 속한다. 핵(핵막)을 가지고 엽록체를 가지지 않으며 균사를 가진 생물인 C는 균계에 속한다.

15

모범 답안 > 같은 종, 종은 자연 상태에서 짝짓기하여 번식 능력이 있는 자손을 낳을 수 있는 생물 무리이다. 테리어와 불도그 사이에서 태어난 불테리어는 번식 능력이 있으므로, 테리어와 불도그는 같은 종이다.

채점 기준	배점
같은 종인지 다른 종인지 쓰고, 그 까닭을 옳게 서술한 경우	100 %
같은 종인지 다른 종인지만 옳게 쓴 경우	30 %

16

모범 답안 > 균계와 동물계의 생물 모두 광합성을 하지 못하므로 외부로부터 양분을 얻어야 한다. 이때 균계의 생물은 먹이를 몸 밖에서 분해하여 흡수하는 방식으로 양분을 얻는 반면, 동물계의 생물은 먹이를 몸속으로 섭취하여 소화하는 방식으로 양분을 얻는다.

채점 기준	배점
두 계의 양분 획득 방식의 공통점과 차이점을 모두 옳게 서술한 경우	100 %
두 계의 양분 획득 방식의 공통점과 차이점 중 한 가지만을 옳게 서술한 경우	50 %

17

(1) 답 > (나), 동물계

(2) 모범 답안 > 동물계(나)는 운동성이 있지만 균계(다)는 운동성이 없다. 동물계(나)는 다른 생물을 먹이로 섭취하여 양분을 얻고, 균계(다)는 다른 생물의 사체를 분해하여 양분을 얻는다. 등

채점 기준	배점
(나)와 (다) 무리를 구분할 수 있는 기준 두 가지를 모두 옳게 서술한 경우	100 %
(나)와 (다) 무리를 구분할 수 있는 기준을 한 가지만 옳게 서술한 경우	50 %

1등급 백신

059쪽

01 ① **02** ③ **03** ①, ⑤ **04** ③

01

(가)의 특징을 갖는 생물 A~C를 특징 (나)를 갖는 〈A, B〉와 특징 (다)를 갖는 〈C〉의 두 무리로 나누고, (나)의 특징을 갖는 무리 중 (라)의 특징을 갖는 A를 B와 다른 무리로 분류한 것이다.

ㄱ. A는 C와 공통적인 특징이 (가)뿐이지만 B와는 (가)와 (나)의 특징을 공통으로 가지고 있으므로 A는 C보다 B와 더 가까운 관계에 있다.

바로 알기 > ㄴ. (가)는 A~C가 공통적으로 가지고 있는 특징이므로 A~C를 분류하는 기준이 될 수 없다.

ㄷ. (가)에 속하는 생물은 (나), (다), (라) 특징을 모두 갖지만, C는 (나), (라) 특징은 갖지 않으므로 (가)에 속하는 모든 생물의 특징을 갖는 것이 아니다.

02

효모는 균계, 우산이끼는 식물계, 메뚜기는 동물계에 속한다.

ㄷ. 효모가 속한 균계와 메뚜기가 속한 동물계, 우산이끼가 속한 식물계는 모두 핵막으로 구분된 핵이 있는 세포로 이루어진 생물 무리이다. 따라서 C는 '핵막으로 둘러싸인 뚜렷한 핵이 있다.'가 가능하다.

바로 알기 > ㄱ. 우산이끼가 속한 식물계는 엽록체가 있어 광합성을 할 수 있지만, 효모가 속한 균계는 광합성을 하지 못한다.

ㄴ. 효모는 몸이 하나의 세포로 이루어진 단세포생물이다.

03

광합성을 하지 못하면서 세포벽을 가지고 있는 (가)는 균계에, 핵막이 없는 (나)는 원핵생물계에 해당한다. (다)는 대부분 단세포생물이며 광합성을 하기도 하므로 원생생물계에, (라)는 광합성을 하는 다세포생물이므로 식물계에 해당한다.

① (가)의 생물은 균계로, 몸이 균사로 이루어져 있다.

⑤ (가)~(라)는 각각 균계, 원핵생물계, 원생생물계, 식물계이므로 동물계는 존재하지 않는다.

바로 알기 > ② (나)는 원핵생물계이다. 따라서 원생생물계에 속하는 유글레나는 포함하지 않는다.

③ (다)는 원생생물계이므로 대부분 단세포생물이고, 기관이 발달되어 있지 않다.

④ (라)는 식물계이므로 운동성을 가지고 있지 않다.

04

핵막이 없는 (가)는 원핵생물계, 세포벽을 가지는 생물이 전혀 없는 (나)는 동물계, 광합성을 하는 생물이 전혀 없는 (다)는 균계, 운동성이 있는 생물이 있는 (마)는 원생생물계, 운동성이 있는 생물이 전혀 없는 (라)는 식물계이다.

③ 균계(다)에 속하는 생물들은 운동성이 없고 효모와 같은 생물을 제외한 대부분이 다세포생물이다.

바로 알기 > ①, ② 유글레나와 아메바는 원생생물계(마)에 속하는 생물이다.

④ 세포벽과 균사가 존재하며 운동성이 없는 것은 균계(다)에 속한 생물들의 특징이다.

⑤ 원생생물계(마)에 속하는 생물들은 대부분 단세포이고, 식물계(라)에 속하는 생물은 모두 다세포이다. 따라서 구분 기준을 '대부분 단세포생물인가?'로 바꾸면 결과가 (라)는 원생생물계, (마)는 식물계로 바뀌게 된다.

04 생물다양성보전

바로 복습

061, 063쪽

01 먹이그물 **02** 낮은 **03** ○ **04** ○ **05** ×
06 외래종, 서식지파괴, 남획 **07** 천적, 생태계평형
08 멸종 위기종 **09** 희귀 동물 **10** ○
11 × **12** × **13** ○

개념 알약

061, 063쪽

01 ㉠ 높 ㉡ 복잡 ㉢ 낮 ㉣ 잘 유지된다 **02** (나)
03 (1) ○ (2) ○ (3) ○ (4) × (5) ○ **04** 해설 참조
05 외래종 유입 **06** ⑤ **07** (1) ㄴ (2) ㄷ (3) ㄹ (4) ㄱ
08 ㄱ, ㄴ, ㄹ

01

(가)는 생물다양성이 높은 생태계, (나)는 생물다양성이 낮은 생태계이다. 생물다양성이 높은 생태계(가)는 생물다양성이 낮은 생태계(나)보다 먹이그물이 복잡하고, 멸종 가능성이 낮아 생태계평형이 잘 유지된다.

02

생물다양성이 낮은 생태계(나)는 먹이그물이 단순하여 개구리가 멸종되면 매의 유일한 먹이가 없어져 매도 멸종될 가능성이 높다.

03

바로 알기 > (4) 푸른곰팡이로부터 인간에게 필요한 항생제의 원료를 얻는다. 세균이나 원생생물 등의 작은 생물도 인간에게 유용하게 이용된다.

04

모범 답안 생물다양성은 지구 환경의 유지와 보전에 중요한 역할을 하므로 보전해야 한다.

05

천적이나 경쟁자가 없는 외래종이 유입되면 급격히 개체수가 늘어나 생태계 교란이 일어나고 생물다양성이 감소한다.

06

① 새로운 서식지에 외래종을 무단으로 방류하게 되면 먹이그물에 영향을 주어 생물다양성이 감소한다.
② 열대우림을 개발하면 서식지가 파괴되어 생물다양성이 감소한다.
③ 어떤 생물을 지나치게 많이 잡는 남획은 생물다양성을 감소시킨다.
④ 쓰레기를 태우면 공기 오염이 발생하므로 결과적으로 환경오염이 일어나 생물다양성이 감소한다.
바로 알기 ⑤ 생태통로를 만들면 야생 동물이 고립되는 것을 막아주어 생물다양성의 감소를 최소화할 수 있다.

07

(1) 생물을 남획하면 생물의 개체수가 줄어들어 생물다양성이 감소하기 때문에 멸종 위기 생물을 지정(ㄴ)하여 보호한다.
(2) 환경이 오염되면 오염에 약한 생물들이 사라져 생물다양성이 감소하기 때문에 환경 정화 시설을 설치(ㄷ)한다.
(3) 외래종이 유입되었을 때 천적이 없으면 폭발적으로 개체수가 늘어나 생물다양성이 감소하기 때문에 외래종의 무분별한 유입을 방지(ㄹ)해야 한다.
(4) 무분별한 개발로 생물의 서식지가 파괴되거나 분리되면 생물의 수가 줄어들어 생물다양성이 감소하기 때문에 생태통로를 설치(ㄱ)하여 생물다양성을 보전시킨다.

08

일회용품 사용 줄이기(ㄹ), 쓰레기 분리수거하기(ㅁ)는 개인적 차원의 활동이고, 생물다양성 협약 체결(ㅂ)은 국제적 차원의 활동이다.

실전 백신 （065~066쪽）

| 01 ④ | 02 ⑤ | 03 ③ | 04 ③ | 05 ⑤ |
| 06 ① | 07 ④, ⑤ | 08 ⑤ | 09~11 해설 참조 | |

01

④ (나)에서 외래종이 유입되면 생물다양성이 감소하여 (가)처럼 먹이사슬이 단순하게 변할 수 있다.
바로 알기 ① (나)가 (가)보다 생물의 종류가 많으므로 생물다양성이 높다.

② (가)에서 메뚜기가 사라지면 개구리는 먹이가 없어 멸종한다.
③ (나)에서 참새가 사라져도 매는 다른 생물을 먹고 생존한다.
⑤ (나)가 (가)보다 생물다양성이 높으므로 생태계를 안정적으로 유지할 수 있다.

02

① 생물로부터 식량, 섬유, 목재 등 생활에 필요한 다양한 재료를 제공받는다. 이를 생물자원이라고 한다.
②, ③ 생물다양성이 보전된 생태계에서 맑은 공기와 깨끗한 물 등을 얻고, 휴식과 여가 생활을 즐긴다.
④ 생물다양성이 보존된 생태계는 환경오염 물질을 흡수하거나 분해하여 깨끗한 환경을 유지하게 해준다.
바로 알기 ⑤ 주목나무에서 항암제의 원료를 얻고, 푸른곰팡이에서 항생제의 원료를 얻는 등 생물에서 의약품의 원료를 얻는다.

03

ㄷ. 사람이 아닌 생물들도 생태계에서 함께 살고 있는 이웃이라는 점도 생물다양성을 보전해야 하는 까닭 중의 하나이다.
바로 알기 ㄱ. 사람에게 도움이 되는 생물만을 남기면 생태계가 파괴되므로 효율성을 높이는 것은 생물다양성을 보전하는 까닭이 아니다.
ㄴ. 생물다양성이 높을수록 멸종의 위험성은 낮아진다.

04

ㄷ. (라)는 늑대가 방사되어 생태계가 원상태로 회복되었으므로 생물다양성이 복원된 사례이다.
바로 알기 ㄱ. (다)에서는 늑대가 사라지고, 이로 인해 늘어난 엘크로 인해 풀도 거의 멸종하게 되었으므로 (가)보다 생물다양성이 낮다.
ㄴ. (나)에서 인간에게 해를 입히는 늑대가 사라졌지만 생물다양성의 관점에서는 바람직하지 않다.

05

ㄱ. 외래종은 원래 살던 곳과 다른 환경인 새로운 서식지로 유입된 생물이다.
ㄴ. 외래종은 먹이그물에 변화를 일으켜 생물다양성을 감소시킨다.
ㄷ. 외래종은 천적이 없으면 폭발적으로 개체수가 늘어나기 때문에 토종 생물을 위협하여 생물다양성이 감소한다.

06

② 환경이 오염되면 오염에 약한 생물들이 사라져 생물다양성이 감소한다.
③ 외래종이 유입되었을 때 천적이 없으면 개체수가 급격히 늘어나 토종 생물을 무분별하게 포식할 수 있다. 이로 인해 토종 생물이 줄어 생물다양성이 감소한다.
④ 무분별한 개발로 생물의 서식지가 파괴되거나 분리되면 생물의 수가 줄어들어 생물다양성이 감소한다.
⑤ 야생 동물을 남획하면 생물의 개체수가 줄어들어 생물다양성이 감소한다.

바로 알기 〉 ① 인간의 과도한 활동으로 서식지가 파괴되고, 환경이 오염되는 등 인간의 활동은 생물다양성의 감소와 관계가 깊다.

07

④, ⑤ 서식지파괴를 막기 위한 대책으로는 개발 제한 구역 설정, 보호 구역 지정, 생태통로 건설 등이 있다.

바로 알기 〉 ① 생물 포획량 규제는 남획으로 인한 생물다양성 감소를 막기 위한 대책이다.
② 생태통로는 도로 건설로 인해 나누어진 서식지를 연결하기 위한 대책이다.
③ 환경 정화 시설 설치는 환경오염으로 인한 생물다양성 감소를 막기 위한 대책이다.

08

⑤ 외래종을 유입시키면 생물다양성이 감소한다.

바로 알기 〉 ① 자연 환경을 훼손하지 않고 보호하는 것은 생물다양성 보전을 위한 개인적 차원의 노력이다.
② 협약에 가입하는 행동은 생물다양성보전에 기여하는 행위이다.
③ 국립공원을 지정하면 서식지를 보호하는 방안이므로 생물다양성을 증가시킬 수 있다.
④ 멸종 위기종의 지정으로 생물다양성을 보전할 수 있다.

서술형

09

모범 답안 〉 외래종인 가시박은 천적이 없기 때문에 폭발적으로 개체수가 늘어나 토종 생물의 생존을 위협하여 먹이그물을 변화시키고, 생물다양성을 감소시킨다.

채점 기준	배점
천적이 없기 때문이라는 내용과 생물다양성 감소를 포함하여 옳게 서술한 경우	100 %
가시박이 과도하게 번식하게 된 까닭만 서술한 경우	50 %

10

모범 답안 〉 습지를 개발하면 관광 수입과 공장 수익으로 총 85 억 원의 이익을 얻을 수 있지만, 습지 생태계의 가치는 총 102 억 원이므로 습지 생태계를 보전하는 것이 더 이익이다.

채점 기준	배점
이익의 총합을 비교하여 옳게 서술한 경우	100 %
이익의 총합을 비교하지 않고 어느 쪽이 이득인지만 옳게 서술한 경우	50 %

11

모범 답안 〉 의식주에 필요한 재료가 부족해진다. 의약품 원료가 감소한다. 휴식 및 여가 생활을 위한 공간이 부족해진다. 등

채점 기준	배점
문제점을 두 가지 이상 옳게 서술한 경우	100 %
문제점을 한 가지만 옳게 서술한 경우	30 %

1등급 백신
067쪽

01 ③　　**02** 해설 참조　　**03** ④　　**04** 해설 참조

01

ㄱ. A 지역보다 B 지역의 먹고 먹히는 관계가 복잡하므로 B 지역의 먹이사슬이 복잡하다.
ㄷ. 환경오염이 진행되었을 때 먹이사슬은 생물다양성이 큰 B 지역에서 더 안정적으로 유지된다.

바로 알기 〉 ㄴ. (나)의 그래프를 통해 환경오염이 일어나면 개구리의 개체수가 감소하는 것을 알 수 있다.

02　서술형

모범 답안 〉 소형 어류와 대형 어류의 남획으로 인해 해파리의 천적이 줄어들어 해파리의 수가 급증하게 되었다.

해설 소형 어류는 해파리의 알을 잡아먹고, 대형 어류는 해파리를 잡아먹으므로 해파리의 개체수를 조절하는 역할을 하는데, 현대에 와서 어업 기술이 발달하고 대형 어류에 대한 수요가 증가하면서 소형 어류와 대형 어류의 남획으로 인해 해파리의 천적이 줄어들어 해파리의 수가 급증하게 되었다.

채점 기준	배점
해파리의 천적에 대한 서술과 함께 남획으로 인하여 해파리가 급증하였다고 옳게 서술한 경우	100 %
천적이나 남획에 대한 내용 중 하나만 옳게 서술한 경우	50 %

03

① ㉠은 호수에 살고 있던 토종 생물이다.
② 외래종인 ㉡의 유입으로 먹이그물에 변화가 일어나 생태계평형이 파괴되었다.
③ (다)에서 화학 비료가 호수로 유입되어 환경오염이 일어난 것도 시클리드 종류가 감소한 까닭 중 하나이다.
⑤ 외래종 유입(나), 환경오염(다), 남획(라) 등 여러 요인이 복합적으로 작용하여 시클리드 종류가 감소하였다.

바로 알기 〉 ④ 농업을 하지 못하는 사람들이 호수에서 여러 물고기를 잡아 생계를 유지했으므로 남획도 시클리드 종류가 감소한 까닭 중 하나이다.

04　서술형

모범 답안 〉 그림 (나)에서 서식지의 크기가 줄어들면 개체수가 급격히 줄어드는 것을 알 수 있다. 즉, 서식지가 분리되면 서식지 감소가 일어나게 되고 이로 인해 개체수가 감소한다. 개체수의 감소는 결국 생물다양성의 감소로 이어진다.

채점 기준	배점
서식지 감소에 의해 개체수가 감소하고 생물다양성이 감소함을 옳게 서술한 경우	100 %
서식지 감소나 개체수 감소 중 한 가지 요소만을 옳게 서술한 경우	50 %

빈출 자료 집중진단

1 1 ○ 2 × 3 × 4 ○ 5 × 6 × 7 ○ 8 ○
2 1 × 2 × 3 ○ 4 ○ 5 ○ 6 ○ 7 ×
3 1 × 2 × 3 × 4 × 5 ○ 6 ○ 7 ×
4 1 × 2 ○ 3 ○ 4 × 5 ○ 6 × 7 ○
5 1 × 2 ○ 3 × 4 ○ 5 ○
6 1 ○ 2 × 3 × 4 ○ 5 ○ 6 ○ 7 ○ 8 ×
　　 9 × 10 ○
7 1 × 2 × 3 ○ 4 × 5 × 6 ○
8 1 ○ 2 × 3 × 4 × 5 ○ 6 ○

1 2 생명활동에 필요한 에너지를 생성하는 세포소기관은 마이토콘드리아이다.

3 세포를 보호하고, 물질의 출입을 조절하는 세포소기관은 세포막이다.

5 세포는 기능에 따라 세포의 모양과 크기가 다양하다.

6 세포막은 동물 세포와 식물 세포에 모두 존재하는 세포 구조이다. 식물 세포에만 존재하는 세포 구조는 엽록체와 세포벽이다.

2 1 여러 기관계가 모여 독립적인 생명활동을 하는 하나의 생물체는 개체이다. 조직은 모양과 기능이 비슷한 세포가 모인 단계이다.

2 위, 폐, 간, 소장은 기관의 예이다.

7 뿌리, 줄기, 잎은 식물 구성 단계 중 기관에 해당한다.

3 1 배추 밭에는 배추 하나의 생물만 살고 있지만, 갯벌에는 다양한 생물이 살고 있기 때문에 갯벌이 생물다양성이 더 높다.

2 생물다양성이 높을수록 급격한 환경의 변화에도 살아남는 생물이 있다. 그에 반해 생물다양성이 낮을수록 작은 환경의 변화에도 살아남는 생물의 수가 적어 환경의 변화에 민감하다.

3 생태계 환경에 여러 생물들이 적응하여 살고 있기 때문에, 생태계가 다양할수록 생물다양성도 높아진다.

4 같은 생태계라도 지역에 따라 분포하는 생물 종류의 다양함에 따라 생물다양성이 다르다.

7 한 종류의 생물이 대부분을 차지하는 것보다 여러 종류의 생물이 고르게 분포하는 것이 생물다양성이 더 높다.

4 1 같은 종류의 생물들 사이에 나타나는 서로 다른 다양한 특징을 변이라고 한다.

4 강아지와 고양이는 다른 종이므로 둘 사이의 차이는 변이의 예가 아니다.

6 갈라파고스땅거북 무리에는 다양한 변이가 있었고, 다른 섬에 흩어져 살게 된 후 각 환경에 적합한 변이를 가진 개체들이 살아남게 되었다.

5 1 사람의 편의에 따라 생물을 분류하면 분류하는 사람에 따라 분류 결과가 달라질 수 있어 생물이 갖는 고유의 특징을 기준으로 생물을 분류한다.

3 어떤 두 생물이 서로 교배하여 번식 능력이 있는 자손을 낳을 수 있는 무리를 같은 종이라고 한다. 단순하게 자손을 낳을 수 있다고 해서 같은 종이라고 하는 것은 아니다.

6 2 원핵생물계에 속하는 생물 대부분은 광합성을 하지 않지만 남세균, 염주말과 같이 광합성을 하는 생물도 있다.

3 원생생물계는 대부분 단세포생물이고 조직이나 기관이 발달하지 않은 생물 집단이다.

4 아메바, 짚신벌레, 유글레나는 핵(핵막)이 있는 원생생물계에 속하는 생물이다. 원핵생물계는 핵(핵막)이 없는 생물로 세균이 속한다.

8 식물계의 생물에는 균사가 없으며, 균계에 속한 생물에 균사가 존재한다.

9 생물 5계 분류에서 원핵생물계와 원생생물계에 속하는 생물 중에도 운동성을 가진 생물이 있다.

7 1 (나)는 (가)보다 먹이그물이 복잡하므로 더 안정된 생태계이다.

2 생물의 종류가 많은 (나)의 생물다양성이 (가)보다 높다.

4 생물의 종류가 많아지면 생태계가 안정적으로 유지되어 생물종이 멸종할 확률이 낮아진다.

5 (가)에서 매는 개구리가 사라질 경우 먹이가 없어 멸종할 수 있지만 (나)에서는 참새와 뱀을 먹이로 할 수 있어 멸종되지 않을 것이다.

8 2 외래종은 토착 생물의 개체수를 줄여 생물다양성을 감소시키는 원인이 된다.

3 생태통로 설치는 생물다양성을 보전하기 위한 국가 차원에서의 노력이다.

4 갯벌을 매립하면 갯벌에 살고있는 생물들의 서식지가 파괴되기 때문에 생물다양성이 감소한다.

CT 대단원 문제

072~077쪽

01 ⑤	02 ④	03 ①	04 ⑤	05 ③
06 ②	07 ④	08 ②	09 ③	10 ⑤
11 ①	12 ⑤	13 ④	14 ④	15 ③
16 ④	17 A: 원핵생물계, B: 원생생물계, C: 동물계			
18 ②	19 ⑤	20 ④	21 ④	22 ⑤
23 ③	24 ②	25~34 해설 참조		

01

A는 핵, B는 엽록체, C는 마이토콘드리아, D는 세포벽, E는 세포막이다.

⑤ 식물의 형태를 유지하는 것은 세포벽인 D이다.

바로 알기 ▷ ① 엽록체와 세포벽이 있으므로 식물 세포의 모식도이다.

② A는 핵으로 생명활동을 조절한다. 에너지 생산은 마이토콘드리아에서 일어난다.

③ 식물 세포에만 존재하는 세포 구조는 엽록체(B)와 세포벽(D)이다.

④ C는 마이토콘드리아로 생명활동에 필요한 에너지를 생산한다.

02

(가)는 입안 상피세포(동물 세포)이고, (나)는 검정말잎 세포(식물 세포)이다. 염색되는 부분은 핵으로 (가), (나) 모두 같다. (가)는 메틸렌 블루 용액에 의해 푸르게 염색되고, (나)는 아세트올세인 용액에 의해 붉게 염색된다.

바로 알기 ④ (가)는 세포벽이 존재하지 않아 모양이 불규칙적이다.

03

핵, 세포막, 세포질은 두 세포에서 공통적으로 관찰된다. 마이토콘드리아는 두 종류의 세포에 모두 들어 있지만 현미경으로 관찰하기 어렵다.

04

(가)는 신경세포, (나)는 공변세포, (다)는 적혈구이다.

ㄴ. 적혈구(다)는 가운데가 오목한 원반 모양으로, 혈관을 따라 몸 속을 이동하기 알맞다.

ㄷ. 세포는 세포가 특정 기능을 하는 데 적합한 구조를 가진다.

바로 알기 ㄱ. 공변세포(나)는 식물 세포이므로 세포벽이 있지만, 신경세포(다)는 동물 세포이므로 세포벽이 없다.

05

ㄱ. 동물에만 있는 기관계가 있으므로, 동물의 구성 단계이다.

ㄴ. (가)는 세포가 모여 구성된 조직으로 상피조직, 근육조직, 신경 조직 등이 이에 해당한다.

바로 알기 ㄷ. (나)는 기관이다. 기관은 여러 조직이 모여 고유한 기능을 수행한다.

06

생물다양성이 높을 때보다 낮을 때 생태계가 불안정하므로 A의 의견은 옳지 않다. 생태계가 얼마나 다양한 형태를 갖고 있는지도 생물다양성에 포함된다. 또한, 특성을 다양하게 가지고 있는 종은 멸종 가능성이 낮으므로 C의 의견도 옳지 않다. 생태계다양성도 생물다양성의 예이므로 B의 의견은 옳다.

07

④ 오리너구리는 물가에 살아 발에 물갈퀴가 있고 주둥이가 넓적한 반면 가시두더지는 다른 특성을 가진다.

바로 알기 ① 천적은 언급되지 않았다.

② 두 종류의 생물은 비슷한 먹이를 먹는다.

③ 같은 지방에 서식하므로 서식지의 온도 차이가 크지 않다.

⑤ 활동하는 시간에 대해 언급된 자료가 존재하지 않는다.

08

ㄴ. 생물다양성이 증가하는 과정에서 변이가 중요한 역할을 한다.

바로 알기 ㄱ. 생물다양성이 높으면 생물의 멸종 가능성이 낮다.

ㄷ. 생태계가 다양할수록 서식하는 생물의 종이 다양해지므로 생태계가 다양한 정도는 생물다양성에 영향을 끼친다.

09

바로 알기 ㄷ. 부리 모양이 조금씩 다른(변이) 핀치가 갈라파고스 제도의 서로 다른 환경(먹이의 종류)에 적응하는 과정에서 각 환경에 적합한 부리 모양을 가진 핀치가 더 많이 살아남아 자손을 남기는 과정을 거치면서 섬마다 부리 모양이 다른 다양한 핀치가 생겨났다.

10

ㄱ, ㄴ, ㄷ. 종은 생물 분류의 기본 단위이다. 종은 생김새와 생활 방식이 비슷하며, 자연 상태에서 짝짓기하여 번식 능력이 있는 자손을 얻을 수 있는 무리를 말한다.

11

균계는 대부분 핵막으로 구분된 핵이 존재하는 다세포생물이며, 엽록체가 없어 광합성을 할 수 없다. 동물계와 달리 운동성이 없으며 곰팡이와 버섯의 경우 몸이 균사로 얽힌 구조가 나타난다.

12

A는 균계이고, B는 원핵생물계이다.

ㄴ. B의 생물은 핵이 없는 원핵생물계이므로, 세포질에 유전물질이 퍼져 있다.

ㄷ. 균계와 원핵생물계의 생물은 세포벽을 가지고 있다.

바로 알기 ㄱ. 균계의 생물은 대부분 다세포생물이다.

13

남세균은 원핵생물계, 효모는 균계, 다시마는 원생생물계에 속하는 생물이다.

14

② 식물계의 생물은 운동성을 가지지 않으며 세포벽을 가지고, 기관이 발달해 있다.

바로 알기 ① 원생생물계의 생물은 핵막으로 둘러싸인 핵을 가지기 때문에 유전물질이 핵에 존재한다.

③ 동물계의 생물은 다세포생물이다.

④ 균계의 생물은 기관계가 발달되어 있지 않다.

⑤ 원핵생물계의 생물은 광합성을 하는 생물도 있으며, 균사를 가지지 않는다.

15

(가)는 동물계, (나)는 원생생물계의 특징이다. 개구리, 사자, 호랑이, 원숭이, 오징어, 지렁이는 동물계의 생물이며, 짚신벌레, 미역, 아메바, 해캄은 원생생물계의 생물이다.

16

(가)는 핵막이 없는 생물이므로 원핵생물계, 나머지 계 중 대부분 단세포생물인 (나)는 원생생물계, (다)는 균사로 몸이 이루어진 균계이다.

④ 동물계는 운동 기관이 발달하였지만 식물계는 운동 기관이 발달해 있지 않으므로 '운동 기관이 발달해 있는가?'는 (라)의 분류 기준이 될 수 있다.

바로 알기 ① 원핵생물계(가)의 생물은 세포벽을 가지고 있다.

② 원생생물계(나)의 생물 중 일부는 광합성을 하지 않는다.

③ 균계(다)의 생물은 광합성을 하지 않는다.

⑤ 원핵생물계(가)와 원생생물계(나)의 생물 중 일부는 운동성을 가지지만 균계(다)는 운동성을 가지지 않는다.

A는 핵이 없으므로 원핵생물계이고, C는 핵이 있고 운동성이 있으나 광합성을 하지 못하므로 동물계이다. 따라서 B는 원생생물계이다.

18

제시된 생물 중 대장균은 원핵생물계(A)에 속하고, 다시마, 짚신벌레, 아메바는 원생생물계(B)에, 해면, 해파리는 동물계(C)에 속한다. 우산이끼는 식물계에, 효모, 검은빵곰팡이는 균계에 속한다.

19

주목나무에서 추출한 물질은 항암제를 만드는 원료로 사용된다.

20

ㄴ. 생태통로는 분리된 서식지를 연결하여 서식지의 면적이 감소하는 것을 방지하기 위한 생태계보전 방법이다.
바로 알기 ㄱ. 도로에 의해 분리된 (가)보다 생태통로로 연결된 (나)가 생물다양성이 높아 생태계의 평형이 안정적으로 유지된다.
ㄷ. 숲이 도로에 의해 분리되면 서식지의 갯수는 2개로 늘어나지만 각 서식지의 면적과 서식지 면적의 합이 모두 줄어들기 때문에 생물다양성이 감소한다.

21

① 농경지 개간은 서식지를 감소시키고, 한 종류의 작물만 재배하므로 생물다양성을 감소시킨다.
② 어획 기술의 발전은 남획으로 이어질 가능성이 높아 생물다양성을 감소시키는 요인 중 하나이다.
③ 철도와 도로는 생물이 다닐 수 없는 길이므로 서식지를 분리하여 서식지의 면적을 감소시킬 수 있다.
⑤ 외래종의 유입으로 인해 생태계의 교란이 발생하여 생물다양성이 감소한다.
바로 알기 ④ 마당에 텃밭을 가꾸어 새로운 생물의 서식지를 조성하는 것은 생물다양성을 높이는 요인이다.

22

ㄱ. (가) 지역과 (나) 지역의 생물종 수는 같다.
ㄴ. E 생물의 멸종 가능성은 개체수가 더 적은 (나) 지역이 (가) 지역보다 높다.
ㄷ. (가) 지역은 생물종들의 개체수가 비슷하므로 생물다양성이 높아 환경 변화에 대한 안정성이 높다.

23

① 희귀 애완동물이 보편화되면 희귀 동물의 수요 증가로 인해 희귀 동물의 불법 포획 및 남획을 조장하게 된다.
② 어선의 대형화 및 고성능화로 해양 생물의 남획이 증가한다.
④ 생물 자원의 가치가 높아지면 남획이 일어날 가능성이 높다.
⑤ 야생 동식물의 매매가 늘어나면 불법 포획 및 남획이 증가한다.
바로 알기 ③ 인공 부화로 태어난 치어를 방류하게 되면 개체수가 회복되어 생물다양성이 증가한다.

24

② 생태통로를 건설하면 서식지 면적 감소 영향이 줄어들어 생물다양성이 보전된다.
바로 알기 ① 외래종을 도입하게 되면 생태계 교란이 일어나 생물다양성이 감소한다.
③ 농작물을 단일 품종만 재배하면 생물다양성이 감소한다.
④ 인위적으로 포식자를 제거하면 생태계의 교란이 일어나 생물다양성이 감소한다.
⑤ 서식지가 분리되면 서식지 면적 감소로 생물다양성이 감소한다.

25

모범 답안 식물 세포에는 엽록체가 있어 광합성을 하여 양분을 스스로 만들 수 있지만, 동물 세포는 엽록체가 없어 양분을 스스로 만들지 못해 음식물을 섭취해야 한다.

채점 기준	배점
식물과 달리 동물은 세포에 엽록체가 없어 스스로 양분을 만들지 못한다고 서술한 경우	100 %
동물은 엽록체가 없기 때문이라고만 서술한 경우	50 %

26

모범 답안 (1) 캐번디시는 변이가 거의 없어 급격한 환경 변화나 전염병에 살아남는 생물이 있을 가능성이 낮아 멸종될 가능성이 높다.

채점 기준	배점
변이가 없어 급격한 환경 변화에 생물이 살아남는 생물이 있는 가능성이 낮아 멸종될 위험이 높다고 서술한 경우	100 %
변이가 없다고만 서술한 경우	50 %

(2) 캐번디시와 특성이 다른 종류의 바나나를 재배하여 생물 종류의 다양성을 높인다.

채점 기준	배점
다른 종류의 바나나를 심어 생물 종류의 다양성을 높인다고 서술한 경우	100 %
다른 종류의 바나나를 심는다고만 서술한 경우	50 %

27

모범 답안 다양한 변이를 가지고 있던 새가 서로 다른 환경에 떨어져 살게 되면서 각각 다른 환경에 적응하며 생존에 유리한 변이를 가진 개체들이 더 많은 자손을 남기게 되었다. 이러한 과정이 반복되면서 서로 다른 환경에 사는 새들 사이의 특징 차이가 커져 새의 종류가 다양해진다.

채점 기준	배점
변이, 적응, 반복과 같은 키워드를 모두 포함하여 옳게 서술한 경우	100 %
변이, 적응, 반복과 같은 키워드 중 1~2개를 포함하여 옳게 서술한 경우	60 %

28

모범답안 〉 같은 생물이라도 오랜 기간 서로 다른 환경에서 생활하면 형태가 달라질 수 있다.

채점 기준	배점
모범 답안과 같이 옳게 서술한 경우	100 %

29

(1) **답** 〉 습지

(2) **모범답안** 〉 습지에는 식물과 동물, 곤충 등 다양한 생물이 있으나, 밭에는 경작하는 몇 가지 식물과 곤충 등 생물의 종류가 적다. 따라서 밭보다 습지의 생물다양성이 더 크다.

채점 기준	배점
밭보다 습지에 다양한 생물이 산다는 내용을 옳게 서술한 경우	100 %

30

(1) **답** 〉 A: 균계, B: 원핵생물계

균사를 가진 생물은 균계이므로 A는 균계이고, B는 원핵생물계이다.

(2) **모범답안** 〉 (가)는 핵막으로 구분된 핵이 있고, (나)는 핵막으로 구분된 뚜렷한 핵이 없다.

채점 기준	배점
(가)와 (나)의 차이를 핵(핵막)의 유무로 옳게 서술한 경우	100 %

31

모범답안 〉 다른 종, 종은 자연 상태에서 짝짓기하여 번식 능력이 있는 자손을 낳을 수 있는 무리를 말한다. 조스는 번식 능력이 없으므로 말과 얼룩말은 서로 다른 종이다.

채점 기준	배점
말과 얼룩말의 종을 구분하고, 그 까닭을 번식 능력이 있는 자손을 낳지 못한다는 언급을 포함하여 옳게 서술한 경우	100 %

32

기린은 동물계의 생물이며 버섯은 균계의 생물이다.

모범답안 〉 (1) 기린과 버섯은 모두 핵막으로 구분된 핵이 있고, 다세포생물이며, 엽록체가 없어 광합성을 하지 못한다.

(2) 기린은 운동성이 있고, 버섯은 없으며, 버섯은 체외에서 양분을 분해·흡수하는 반면, 기린은 먹이를 섭취하여 양분을 얻는다.

채점 기준	배점
공통점과 차이점을 모두 옳게 서술한 경우	100 %
공통점 또는 차이점 중 한 가지만 옳게 서술한 경우	50 %

33

(1) **모범답안** 〉 엽록체를 가지고 있지만 운동성이 있어 식물계에 속하지 않는다.

채점 기준	배점
운동성의 유무를 통해 식물계가 아님을 옳게 서술한 경우	100 %

(2) **모범답안** 〉 이 생물은 몸이 균사로 이루어져 있지 않아 균계에 속하지 않으며, 세포벽을 가지고 있으므로 동물계에 속하지 않는다. 핵막으로 구분된 핵이 있으며 식물계, 동물계, 균계에 속하지 않으므로 이 생물은 원생생물계에 속한다.

채점 기준	배점
각 특성을 통해 속할 수 없는 계를 배제하면서 원생생물계로 옳게 분류한 경우	100 %
원생생물계라고만 서술한 경우	20 %

34

(1) **답** 〉 (가): 개구리, 뱀 (나): 개구리

(2) **모범답안** 〉 생물 종류가 적은 생태계 (가)는 먹이사슬이 단순하여 환경 변화가 생겨 메뚜기가 사라지면 개구리와 뱀이 살아갈 수 없지만, 생물 종류가 다양한 생태계 (나)는 먹이사슬이 복잡하여 메뚜기가 사라지면 개구리만 사라진다. 이처럼 생물다양성이 크면 급격한 환경 변화가 생겨 몇몇 종이 사라지더라도 다른 생물들은 생존이 가능하여 생태계가 더 안정적으로 유지된다.

채점 기준	배점
생물다양성이 높을수록 먹이사슬이 복잡하여 생태계가 안정적으로 유지된다는 언급을 옳게 서술한 경우	100 %

Ⅲ 열

01 열의 이동

01 입자	02 온도	03 높을	04 열평형	05 높, 낮
06 ×	07 ○	08 ○	09 ×	10 ○
11 열	12 전도	13 대류	14 복사	15 복사
16 ×	17 ○	18 ○	19 ○	20 ○

01 (1) ㉡ (2) ㉠　　　　**02** (1) (나) (2) (가)　　　**03** ㄱ, ㄷ
04 ㉠　　　**05** (1) ○ (2) ○ (3) ×
06 (가) 대류 (나) 전도 (다) 복사　　　**07** (1) ○ (2) × (3) ×
08 ㉠ 전도 ㉡ 위 ㉢ 아래 ㉣ 대류 ㉤ 복사
09 (1) A (2) 해설 참조 (3) B (4) 해설 참조
10 (1) 전도 (2) 대류 (3) 복사

01

온도가 낮은 물체는 입자의 운동이 둔하고, 온도가 높은 물체는 입자의 운동이 활발하다.

02

입자 모형 그림을 통해 (가)보다 (나)에서 입자의 움직임이 활발하고 입자 사이의 거리가 먼 것을 확인할 수 있다. 온도가 낮을수록 입자의 운동이 둔하므로 (가)의 온도가 낮다.

03

ㄱ. 섭씨온도의 단위는 ℃, 절대 온도의 단위는 K(켈빈)이다.
ㄷ. 열은 온도가 서로 다른 두 물체가 접촉했을 때 온도가 높은 물체에서 온도가 낮은 물체로 이동하는 에너지이다.
바로 알기 ㄴ. 온도가 높을수록 물체를 구성하는 입자들의 운동이 활발하다.

04

입자의 움직임이 활발하고 입자 사이의 거리가 멀수록 온도가 높다. 온도가 다른 두 물체가 접촉했을 때 열은 온도가 높은 물체에서 낮은 물체로 이동한다.

05

(1) 온도가 서로 다른 두 물체가 접촉했을 때 열은 온도가 높은 물체에서 온도가 낮은 물체로 이동한다.
(2) A는 열을 잃어 온도가 점점 낮아지고, B는 열을 얻어 온도가 점점 높아진다.
바로 알기 (3) A는 온도가 낮아지므로 입자 운동이 둔해지고, B는 온도가 높아지므로 입자의 운동이 활발해진다.

06

(가) 냄비 아래쪽만 가열해도 대류에 의해 물이 골고루 뜨거워져서 끓게 된다.

(나) 쇠막대의 한쪽만 가열해도 전도에 의해 열이 전달되면서 쇠막대 전체가 뜨거워진다.
(다) 모닥불의 열이 직접 이동하는 복사에 의해 모닥불 주위에 있으면 따뜻함을 느낄 수 있다.

07

(1) 전도는 입자의 움직임이 이웃한 입자로 전달되며 열이 이동하므로 떨어져 있는 물체 사이에서는 전도로 열이 이동할 수 없다.
바로 알기 (2) 고체에서 주로 일어나는 열의 이동 방법은 전도이다. 대류는 액체나 기체에서 일어난다.
(3) 복사는 다른 물질을 거치지 않고 열이 직접 이동하면서 열을 전달하는 방법이다.

08

냄비를 가열하면 열을 받은 부분의 냄비 입자가 충돌하면서 전도에 의해 열이 이동하여 냄비 표면에 열이 전달된다. 냄비 표면과 가까운 부분의 물이 가열되면 따뜻한 물이 위로 올라가고 위쪽에 있어 상대적으로 차가운 물은 아래로 내려가면서 대류에 의해 물이 전체적으로 뜨거워지게 된다. 이때 냄비 옆에 있는 숟가락은 열이 직접 이동하는 복사에 의해 온도가 높아지게 된다.

09

답 (2) 냉방기에 의해 차가워진 공기는 아래쪽으로 이동한다.
(4) 난방기에 의해 따뜻해진 공기는 위쪽으로 이동한다.
해설 (1), (2) 냉방기에 의해 상대적으로 차가워진 공기는 아래쪽으로 이동하므로 냉방기는 방 안에서 위쪽에 설치하는 것이 좋다.
(3), (4) 난방기에 의해 상대적으로 따뜻해진 공기는 위쪽으로 이동하므로 난방기는 방 안에서 아래쪽에 설치하는 것이 좋다.

10

(1) 전기장판 위에 있으면 장판에 닿아 있는 옷을 따라 열이 전도되어 몸이 따뜻해진다.
(2) 에어프라이어는 음식 주위로 뜨거운 공기를 순환시키면서 음식을 골고루 데우는 것이므로 대류에 의해 열을 전달한다.
(3) 난로 앞에 있으면 난로의 열이 직접 이동하는 복사의 방식으로 열이 전달되어 따뜻함을 느낀다.

01 (1) ○ (2) × (3) × (4) ○ (5) ○ (6) ×
02 (1) 해설 참조 (2) 해설 참조　　　**03** ⑤
04 (1) ○ (2) × (3) × (4) ○ (5) ○

01

바로 알기 (2) 뜨거운 물의 입자 운동은 둔해지고, 찬물의 입자 운동은 활발해진다.
(3) 찬물보다 뜨거운 물의 온도 변화가 더 크다.
(6) 외부와의 열 출입이 없고, 질량이 같을 때에만 열평형 온도가 접촉 전 두 물의 온도의 평균이 된다.

02 서술형

(1) **모범 답안** ➤ B, 시간이 흐른 후 입자의 운동이 둔해지는 A는 온도가 높은 물이고, 입자의 운동이 활발해지는 B는 온도가 낮은 물이다. 따라서 접촉했을 때 찬물의 입자 운동을 나타내는 것은 B이다.

채점 기준	배점
찬물의 입자 운동을 나타내는 것을 고르고, 그 까닭을 옳게 서술한 경우	100 %
찬물의 입자 운동을 나타내는 것만 옳게 고른 경우	30 %

(2) **모범 답안** ➤ 열은 온도가 높은 A에서 온도가 낮은 B로 이동한다.

채점 기준	배점
A와 B의 온도를 옳게 비교하고, 열의 이동 방향을 옳게 서술한 경우	100 %
열의 이동 방향만 옳게 서술한 경우	50 %

03

ㄴ. 열을 받아 뜨거워진 부분의 입자가 제자리에서 활발하게 진동하면서 주변의 다른 입자에 열을 전달하므로 가열한 부분과 가까운 쪽부터 온도가 높아진다.

ㄷ. 열변색 붙임딱지의 색이 가장 많이 변한 순서대로 열이 빠르게 전달된다는 것을 알 수 있다. 구리, 알루미늄, 유리 순으로 열이 잘 전도된다.

바로 알기 ➤ ㄱ. 막대를 이루는 입자가 직접 이동하지 않고 이웃한 입자에 움직임을 전달하는 방식으로 열이 전달된다.

04

바로 알기 ➤ (2) 금속 추가 가열되면 금속 추를 구성하는 입자 사이의 거리가 멀어진다.

(3) 금속 추가 가열되어 온도가 높아져도 금속 추를 구성하는 입자의 개수는 달라지지 않는다.

실전 백신

088~090쪽

01 ④	**02** ②	**03** ④	**04** ⑤	**05** ①
06 ④	**07** ③	**08** ④	**09** ①	**10** ③
11 ②	**12** ①	**13** ①, ⑤	**14** ④	**15** ⑤

16~18 해설 참조

01

① 온도가 높은 뜨거운 물에서는 입자의 운동이 활발하다.

② 온도가 낮으면 입자의 운동이 둔하다.

③ 섭씨온도의 단위는 ℃(섭씨도)이고, 절대 온도의 단위는 K(켈빈)이다.

⑤ 온도는 물체의 차갑고 뜨거운 정도를 숫자로 나타낸 값이다.

바로 알기 ➤ ④ 온도는 사람의 감각으로 상대적인 비교는 할 수 있지만 정확하게 측정할 수 없기 때문에 온도계를 사용해서 정확하게 온도를 측정한다.

02

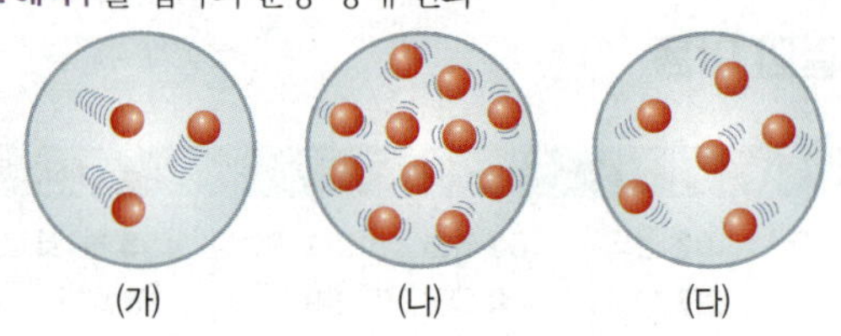

온도가 높을수록 입자의 운동이 활발하다.

03

온도는 물체를 구성하는 입자 운동의 활발한 정도를 나타내므로, 온도가 높을수록 입자의 운동이 활발하다.

04

물질은 매우 작은 입자로 구성되어 있으며 끊임없이 움직인다. 찬물보다 뜨거운 물에서 물 입자가 더 활발하게 움직이므로 찬물보다 뜨거운 물에서 잉크가 더 빨리 퍼진다.

05

ㄴ. 뜨거운 달걀을 찬물에 넣었을 때 뜨거운 달걀은 열을 잃고 온도가 점점 낮아지며 찬물은 열을 얻어 온도가 점점 높아진다. 시간이 흐른 후 달걀과 물의 온도가 같아지는 열평형에 도달한다.

바로 알기 ➤ ㄱ. 뜨거운 달걀의 온도는 점차 낮아지고, 물의 온도는 높아진다. 따라서 달걀을 이루는 입자의 운동은 둔해지고, 물을 이루는 입자의 운동은 활발해진다.

ㄷ. 열화상 카메라는 물체에서 복사의 형태로 방출되는 열을 감지한다.

06

바로 알기 ➤ ④ 열평형 온도가 ㉡의 처음 온도에 더 가까우므로 접촉 전 ㉠과 ㉡의 평균 온도가 아니다.

07

약 4분 후 ㉠과 ㉡의 온도가 같아지는 열평형 상태에 도달한다.

08

ㄱ, ㄷ. 80 ℃의 뜨거운 물이 담긴 금속 컵 속의 물 A를 20 ℃의 차가운 물 B가 담긴 열량계에 넣으면 금속 컵 속의 물의 온도는 점차 낮아지고 열량계 속의 물의 온도는 점차 높아지면서 충분한 시간이 흐른 후 온도가 같아지는 열평형 상태에 도달한다.

바로 알기 ➤ ㄴ. 열량계 속의 물 B의 온도는 점차 높아지므로 입자의 운동이 점점 활발해진다.

09

ㄱ. 열평형 상태에 도달했을 때의 온도는 30 ℃이다.

ㄷ. 뜨거운 물이 든 비커를 찬물이 든 수조에 넣으면, 열은 비커의 뜨거운 물에서 수조의 찬물로 이동한다.

바로 알기 〉 ㄴ. 8 분 이후 뜨거운 물과 차가운 물의 온도가 30 ℃로 같아지므로, 10 분 전에 열평형 상태에 도달한다.
ㄹ. 열은 뜨거운 물에서 차가운 물로 이동하며, 뜨거운 물이 잃은 열량과 차가운 물이 얻은 열량은 같다.

10

ㄱ. 고체 막대에서는 입자의 운동이 이웃한 입자에 전달되는 방식으로 열이 전달된다.
ㄷ. 뜨거운 국에 담긴 부분의 금속 숟가락의 입자가 열을 받아 입자의 움직임이 활발해져 이웃한 입자로 움직임이 전달된다.
바로 알기 〉 ㄴ. 전도는 주로 고체에서 물질을 이루고 있는 입자들이 이웃한 입자에 차례로 충돌하면서 열이 이동하는 방법이다.

11

열은 고온의 물체 A에서 저온의 물체 B로 이동한다. 이때 고온의 물체 A는 열을 잃어 입자의 운동이 둔해지고, 저온의 물체 B는 열을 얻어 입자의 운동이 활발해진다.

12

ㄱ. 열은 고온의 물체 A에서 저온의 물체 B로 이동하므로 고온의 물체 A의 온도는 점점 낮아진다.
바로 알기 〉 ㄴ. 물체를 구성하는 입자의 크기는 변하지 않으며 온도에 따라 입자의 운동 상태가 달라진다.
ㄷ. 시간이 지나면 열평형 상태에 도달하여 고온의 물체 A와 저온의 물체 B의 온도가 같아진다.

13

난로 앞에 서 있었을 때 따뜻함을 느끼는 것은 복사에 의한 열의 이동 때문이다.
① 적외선 카메라로 사진을 찍을 수 있는 것은 사람의 몸에서 복사의 방법으로 열을 내보내기 때문이다.
⑤ 양지에 있는 눈이 음지에 있는 눈보다 빨리 녹는 것은 태양에서 복사의 방법으로 열이 이동하기 때문이다.
바로 알기 〉 ② 에어컨을 켰을 때 방 전체가 시원해지는 것은 대류에 의해 열이 이동하기 때문이다.
③ 차가운 물에 손을 담갔을 때 차갑게 느껴지는 것은 전도의 방법으로 손에서 차가운 물로 열이 빠르게 빠져나가기 때문이다.
④ 물이 끓고 있는 주전자의 손잡이를 만지면 뜨겁게 느껴지는 것은 전도의 방법으로 손잡이에서 우리 몸으로 열이 빠르게 이동하기 때문이다.

14

A는 전도, B는 대류, C는 복사에 의한 열의 이동을 나타낸다.

바로 알기 〉 ④ 에어컨을 켜면 방 안 전체가 시원해지는 것은 대류(B)에 의한 현상이다.

15

사람은 입자, 공의 전달은 열의 전달에 비유한 것이다. 공을 던져서 열이 직접 이동하는 과정 A는 복사, 사람이 제자리에서 이웃한 사람에게 공을 전달하는 과정 B는 전도, 사람이 직접 이동하여 공을 전달하는 C는 대류를 의미한다.

서술형

16

모범 답안 〉 열평형, 뜨거운 달걀에서 찬물로 열이 이동하여 달걀은 열을 잃어 온도가 낮아지고 물은 열을 얻어 온도가 높아지므로 시간이 흐르면 달걀과 물의 온도가 같아지는 열평형을 이룬다.

채점 기준	배점
열평형과 뜨거운 달걀에서 찬물로 열이 이동한다는 것과 각 물체의 온도 변화를 옳게 서술한 경우	100 %
열평형이 된다고만 서술한 경우	30 %

17

모범 답안 〉 금속 의자, 나무 의자와 금속 의자는 추운 바깥 공기와 열평형 상태가 되어 온도가 같다. 그러나 금속은 나무보다 열을 더 잘 전도하므로 금속 의자에 앉았을 때가 나무 의자에 앉았을 때보다 몸의 열을 빨리 빼앗겨 더 차갑게 느껴진다.

채점 기준	배점
더 차갑게 느껴지는 의자를 쓰고 그 까닭을 전도에 의한 열의 이동 방법으로 옳게 서술한 경우	100 %
더 차갑게 느껴지는 의자만 쓴 경우	30 %

18

모범 답안 〉 대류, 냄비의 아래쪽에 열을 가하면 냄비 표면에 열이 전달되어 냄비 표면과 가까운 물이 가열되며 따뜻한 물은 위로 올라가고 상대적으로 찬물은 아래로 내려가면서 대류가 발생해 물의 온도가 전체적으로 높아져 끓게 된다.

채점 기준	배점
냄비 안의 물에서 일어나는 열의 이동 방법을 옳게 쓰고, 물이 끓는 원리를 열의 이동과 관련지어 옳게 서술한 경우	100 %
냄비 안의 물에서 일어나는 열의 이동 방법만 옳게 쓴 경우	30 %

1등급 백신 〒 — 091쪽

01 ④ 　 02 ② 　 03 ③ 　 04 ④ 　 05 ⑤

01

열기구 속 공기를 가열하면 열기구 속 공기 입자의 운동이 활발해져 부피가 커지므로 열기구가 부풀면서 떠오른다.

ㄱ. 열기구 속 공기를 가열하면 열기구 밖 공기보다 열기구 속의 공기의 온도가 높다.

ㄴ. 열기구 속 공기가 가열되면 열기구 밖 공기보다 온도가 높아져 입자 운동이 활발해지고 입자 사이의 거리가 멀어진다.

바로 알기 > ㄷ. 열기구가 부풀어 오르는 것은 가열된 공기 입자 사이의 거리가 멀어져서 부피가 커지기 때문이다.

02

ㄱ. 상온에 오랜 시간 동안 놓아 둔 나무판, 유리판, 구리판은 각각 공기와 열평형을 이루게 되므로 온도가 같다.

ㄷ. 고체인 판에서 얼음으로 열이 이동하는 것은 전도이다.

바로 알기 > ㄴ. 실험 결과 구리판에서 얼음이 가장 빨리 녹았으므로 나무, 유리, 구리 중 구리가 열이 가장 잘 전도된다는 것을 알 수 있다. 열이 잘 전도될수록 판에 손을 접촉했을 때 우리 몸의 열이 판으로 빠르게 빠져나가므로 온도가 같은 나무판, 유리판, 구리판을 만졌을 때 구리판(ㄱ)이 가장 차갑게 느껴진다.

ㄹ. 구리판에서 얼음이 가장 빠르게 녹으므로 열의 이동이 가장 빠르다는 것을 알 수 있다.

03

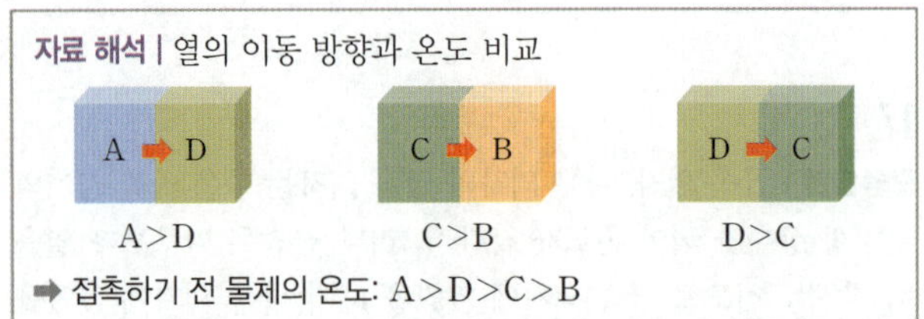

열은 온도가 높은 물체에서 온도가 낮은 물체로 이동한다. 따라서 (가)에서 온도는 A>D, (나)에서 온도는 C>B, (다)에서 온도는 D>C이다.

04

ㄱ. 유리관의 왼쪽 아래 부분을 가열하면 가열된 부분의 물 입자의 운동이 활발해지고 부피가 커져서 밀도가 작아지게 된다. 상대적으로 가벼워진 물 입자가 위로 상승하고 위에 있던 물은 상대적으로 무거워 아래로 내려오기 때문에 물은 시계 방향으로 순환한다.

ㄴ. 유리관 속에서 물의 대류가 일어난다. 대류는 입자가 직접 이동하면서 열을 전달하는 것이다.

바로 알기 > ㄷ. 알코올램프의 위치를 유리관 오른쪽 아래로 바꿔서 실험하면 오른쪽 아래 부분의 물이 가열되어 위로 올라가므로 물의 순환 방향은 시계 반대 방향으로 바뀐다.

05

ㄴ. 흡습제는 공기 중의 수분을 흡수한다. 이중창 사이에 수분이 존재하면 온도가 낮아졌을 때 수증기가 물로 변하여 유리에 이슬이 맺히게 된다. 따라서 흡습제는 기온이 낮아졌을 때 이슬이 맺히는 것을 막아 준다.

ㄷ. 공기 대신 유리와 유리 사이를 진공으로 만들면 전도와 대류에 의한 열의 이동을 막아 주므로 단열 효과가 더 좋아진다.

바로 알기 > ㄱ. 공기층에서는 대류가 일어나므로 대류에 의한 열의 이동은 막지 못하고, 전도에 의한 열의 이동을 막는다.

---

02 비열과 열팽창

바로 복습				093, 095쪽
01 열량	02 비열	03 1	04 크	05 작은
06 ×	07 ○	08 ×	09 ○	10 ×
11 활발	12 멀어	13 열팽창	14 바이메탈	15 기체
16 ○	17 ×	18 ×	19 ×	20 ○

개념 알약				093, 095쪽
01 (나)	02 (1) ○ (2) × (3) ○ (4) ○ (5) ×			
03 (1) A (2) A (3) B	04 납	05 ㄱ, ㄴ	06 열팽창	
07 (1) A (2) A	08 (1) × (2) ○ (3) × (4) ○			
09 (1) ○ (2) ○ (3) × (4) ○	10 ㄱ, ㄹ			

01

같은 시간 동안 더 많은 열량을 가했을 때 온도가 더 많이 변한다. 같은 질량의 물을 가열했을 때 (가)는 온도가 1 ℃ 높아졌고, (나)는 2 ℃ 높아졌으므로 가한 열량이 큰 것은 (나)이다.

02

(1) 열량의 단위는 J(줄) 또는 kcal(킬로칼로리)이다.

(3) 비열은 물질의 종류에 따라 고유한 값을 가지므로 물질을 구분하는 데 이용할 수 있다.

(4) 1 kcal는 물 1 kg의 온도를 1 ℃ 높이는 데 필요한 열량이다.

바로 알기 > (2) 비열이 작은 물질일수록 온도 변화가 크다.

(5) 질량이 같은 두 물질에 같은 열량을 가할 때 비열이 클수록 같은 온도를 높이는 데 더 많은 열량이 필요하다.

03

(1) 2 분일 때 A의 온도는 60 ℃, B의 온도는 40 ℃이므로 같은 시간 동안 온도 변화는 A가 더 크다.

(2) A는 60 ℃까지 도달하는 데 걸린 시간이 2 분이고, B는 60 ℃까지 도달하는 데 걸린 시간이 4 분이다.

(3) 같은 열량을 가해 주었을 때 B의 온도 변화가 A보다 작으므로 B의 비열이 더 크다는 것을 알 수 있다.

04

같은 시간 동안 같은 세기의 불꽃으로 가열했을 때 비열이 작을수록 온도 변화가 크다. 납은 비열이 0.03 kcal/(kg · ℃)로 비열이 가장 작으므로 온도 변화가 가장 크다.

05

ㄱ. 물보다 모래의 비열이 더 작아서 물보다 모래의 온도 변화가 크므로 햇빛이 비칠 때 물보다 모래가 더 따뜻하게 느껴진다.

ㄴ. 물은 비열이 커서 온도 변화가 잘 일어나지 않으므로 냉각수로 많이 이용된다.

바로 알기 > ㄷ. 프라이팬은 비열이 작은 물질로 만들어져 가열되었을 때 온도가 빠르게 높아지므로 음식을 빠르게 익힐 수 있다.

ㄹ. 비열이 큰 물질로 만들어진 뚝배기는 데우는 데 시간이 오래 걸리지만 쉽게 식지 않는다.

06

열팽창은 물질에 열을 가했을 때 물질의 길이가 길어지고 부피가 커지는 현상이다. 열팽창 정도는 온도 변화가 클수록 크며, 물질의 종류와 상태에 따라 다르다.

07

(1) 바이메탈을 가열했을 때 열팽창 정도가 큰 금속이 많이 팽창하여 열팽창 정도가 작은 금속 쪽으로 휘어진다. 따라서 열팽창 정도는 A가 B보다 크다.
(2) 바이메탈을 냉각하면 열팽창 정도가 큰 금속이 많이 수축하여 열팽창 정도가 큰 금속 쪽으로 휘어지므로 A 쪽으로 휘어지게 된다.

08

(2) 액체 온도계는 액체의 열팽창을 이용한 것이다.
(4) 알코올과 수은은 온도에 따라 일정한 비율로 부피가 변하기 때문에 온도계 속 액체로 사용할 수 있다.
바로 알기 (1) 액체 온도계에 사용되는 액체는 열팽창 정도가 커야 한다.
(3) 온도가 높아지면 알코올과 수은의 부피가 커지지만 질량은 변하지 않는다.

09

(1) 물질의 종류마다 열팽창 정도는 다르다.
(2) 액체가 열을 받으면 액체를 이루는 입자의 운동이 활발해지고 입자 사이의 거리가 멀어진다.
(4) 뜨거운 물에 넣었을 때 물, 글리세린, 에탄올 중 에탄올의 부피가 가장 크게 증가하였다. 에탄올의 열팽창 정도가 가장 크므로 냉각했을 때도 부피가 가장 많이 감소한다.
바로 알기 (3) 열팽창 정도가 클수록 열을 받았을 때 부피 변화가 크므로 부피가 가장 많이 증가한 에탄올이 열팽창 정도가 가장 크다.

10

ㄱ. 여름철 다리나 철로가 열팽창하여 휘어지는 것을 막기 위해 다리나 철로의 이음새 부분에 틈을 만든다.
ㄹ. 겨울철에는 전깃줄이 수축하여 팽팽해지고 여름철에는 전깃줄이 열팽창하여 늘어진다.
바로 알기 ㄴ. 국에 담긴 그릇에 넣어 둔 숟가락이 전체적으로 따뜻해지는 것은 전도의 방법으로 열이 이동하기 때문이다.
ㄷ. 뜨거운 물을 넣은 찜질팩의 온도가 따뜻하게 유지되는 것은 비열을 이용한 예이다.

탐구 알약 096~097쪽

01 (1) ○ (2) × (3) × (4) × (5) ○
02 (1) 해설 참조 (2) 해설 참조
03 (1) ○ (2) ○ (3) × (4) × (5) ○ **04** ④

01

(1) 물과 식용유의 온도 변화 그래프를 확인해 보면 같은 시간 동안 가열했을 때 물의 온도 변화보다 식용유의 온도 변화가 크다.
(5) 물과 식용유의 질량을 2배로 늘리면 같은 시간 동안 더 많은 양의 온도를 올려야 하므로 물과 식용유의 온도 변화는 모두 작아진다.
바로 알기 (2) 같은 시간 동안 가열했으므로 식용유와 물이 얻은 열량은 같다.
(3) 온도를 1 ℃ 높이는 데 필요한 열량은 물이 식용유보다 많으므로 물의 온도가 식용유보다 잘 변하지 않는다.
(4) 같은 시간 동안 가열했을 때 물의 온도 변화가 식용유의 온도 변화보다 작으므로 물의 비열이 식용유보다 크다.

02 서술형

(1) **모범 답안** 1 : 1, A와 B를 같은 세기의 불꽃으로 가열했으므로 5분 동안 A와 B가 얻은 열량은 서로 같다.

채점 기준	배점
A와 B가 얻은 열량의 비를 구하고, 그렇게 생각한 까닭을 옳게 서술한 경우	100 %
A와 B가 얻은 열량의 비만 옳게 구한 경우	50 %

(2) **모범 답안** A와 B의 질량이 같고 가한 열량이 같으므로 비열과 온도 변화는 반비례한다. A의 온도 변화는 (60−20) ℃ = 40 ℃이고 B의 온도 변화는 (40−20) ℃ = 20 ℃이므로, A와 B의 온도 변화의 비는 2 : 1이고, 비열의 비는 1 : 2이다.

채점 기준	배점
A와 B의 비열의 비를 쓰고 과정을 옳게 서술한 경우	100 %
A와 B의 비열의 비만 구한 경우	50 %

03

(1) 물질의 종류마다 열팽창 정도가 다르다.
(2) 고체가 열을 받으면 입자 운동이 활발해지고, 입자 사이의 거리가 멀어진다.
(5) 열팽창 정도가 큰 물질이 냉각할 때 부피가 더 많이 작아진다.
바로 알기 (3) 종이 쪽으로 접은 알루미늄 테이프를 가열했을 때는 알루미늄 테이프가 오므라들고, 알루미늄박 쪽으로 접은 알루미늄 테이프를 가열하면 벌어진다. 열팽창 정도가 다른 두 물질을 붙여서 가열하면 열팽창 정도가 작은 쪽으로 휘어지므로 종이보다 알루미늄박의 열팽창 정도가 크다는 것을 알 수 있다.
(4) 물과 에탄올이 들어 있는 삼각 플라스크를 뜨거운 물에 넣었을 때 물과 에탄올이 열팽창하여 유리관 속 액체의 높이가 높아진다. 물보다 에탄올의 유리관 속 액체의 높이 변화가 크기 때문에 물보다 에탄올의 열팽창 정도가 크다는 것을 알 수 있다.

04

ㄱ. 금속 막대가 열을 받아 열팽창하면 금속 막대의 길이가 길어진다.
ㄴ. 물질마다 열팽창 정도가 다르므로 열을 받았을 때 금속 막대가 늘어지는 정도는 물질의 종류에 따라 다르다.

바로알기 ㄷ. 알루미늄과 연결된 바늘이 가장 많이 회전하고, 철과 연결된 바늘이 가장 적게 회전하였다. 열팽창 정도는 알루미늄>구리>철 순이다.

실전 백신
100~102쪽

01 ③	02 ③	03 ②	04 ⑤	05 ⑤
06 ①	07 ④	08 ③	09 ④	10 ①
11 ③	12 ⑤	13 ④	14 ③	15 ②

16~18 해설 참조

01

③ 비열은 어떤 물질 1 kg을 1 ℃ 높이는 데 필요한 열량이다.

바로알기 ① 비열은 질량과 관계없는 물질의 특성이다.
② 비열은 물질의 특성이므로 물질의 종류에 따라 값이 달라진다.
④ 질량이 같을 때 비열이 클수록 온도를 높이는 데 더 많은 열량이 필요하다.
⑤ 질량이 같을 때, 같은 열량을 가하면 비열이 큰 물질일수록 온도 변화가 작다.

02

질량과 가해 준 열량이 같을 때, 비열과 온도 변화는 서로 반비례하므로 비열이 작을수록 온도 변화가 크다. 따라서 A~D의 비열의 크기는 D>B>C>A이므로, 온도 변화의 정도는 A>C>B>D이다.

03

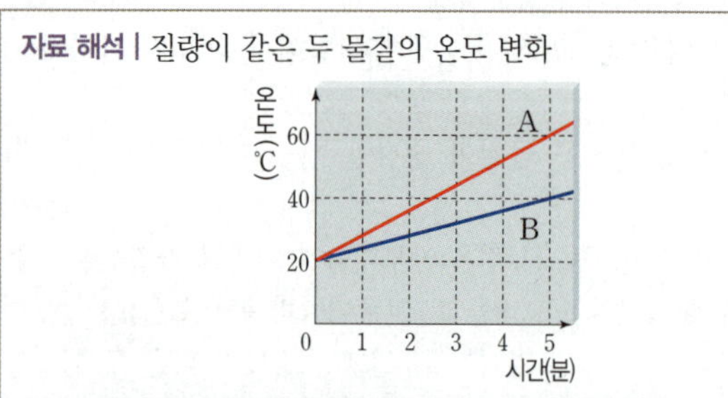

자료 해석 | 질량이 같은 두 물질의 온도 변화

5 분 동안 물질의 온도 변화는 (나중 온도－처음 온도)로 알 수 있다. 5 분 동안 A의 온도 변화는 (60－20) ℃＝40 ℃이고 B는 (40－20) ℃＝20 ℃이다. 5 분 동안 A의 온도 변화는 40 ℃이고, B의 온도 변화는 20 ℃이므로 A가 B보다 온도 변화가 크다.
➡ A의 비열 < B의 비열

ㄴ. 같은 시간 동안 A의 온도가 B보다 더 많이 변했다.

바로알기 ㄱ. A와 B의 질량이 동일하고 얻은 열량이 같으므로 온도 변화가 작을수록 비열이 크다. 온도 변화는 A가 B보다 크므로 비열은 A가 B보다 작다.
ㄷ. 비열이 클수록 같은 온도까지 도달하는 데 열량이 더 많이 필요하다. A보다 B의 비열이 더 크기 때문에 같은 온도까지 도달하는 데 필요한 열량은 B가 A보다 크다.

04

비열은 물질 1 kg의 온도를 1 ℃ 높이는 데 필요한 열량으로 같은 질량일 때 비열이 클수록 온도를 높이기 위해 더 많은 열량이 필요하다.

바로알기 ⑤ A가 B보다 비열이 크기 때문에 같은 양의 온도를 1 ℃ 높이기 위해서는 B보다 A에 더 많은 열량을 가해야 한다.

05

(가)는 해풍, (나)는 육풍이다.
ㄱ. 태양의 열에너지는 복사에 의해 바다와 육지로 직접 전달된다.
ㄴ. 밤에는 비열이 작은 육지가 빨리 식어서 바닷물보다 온도가 낮아지므로 바다의 공기가 상승하고 육지로부터 바람이 불어오는 육풍(나)이 분다.
ㄷ. 해풍(가)과 육풍(나)은 육지와 바다의 비열 차에 의해 나타나는 현상이다.

06

바로알기 ① 프라이팬을 가열하면 전도에 의해 열이 이동하면서 프라이팬이 전체적으로 뜨거워진다.

07

열을 받은 금속 막대의 입자 운동이 활발해지면 입자 사이의 거리가 멀어져서 금속 막대의 길이가 길어진다.

08

ㄱ, ㄷ. 금속 구가 금속 고리를 통과하지 못하고 있으므로 금속 고리를 가열하거나 금속 구를 냉각해야 금속 구가 금속 고리를 통과할 수 있다.

바로알기 ㄴ. 금속 고리를 냉각하면 금속 고리를 이루는 입자의 운동이 둔해지고, 입자와 입자 사이의 거리가 가까워져 금속 고리의 구멍 크기가 줄어들게 되므로 금속 구가 통과하지 못한다.

09

ㄱ, ㄷ. 열을 가하면 입자의 운동이 활발해지고, 열팽창 정도가 다른 종이와 알루미늄박을 붙인 알루미늄 테이프는 가열했을 때 열팽창 정도가 작은 종이 쪽으로 휘어진다.

바로알기 ㄴ. 종이 쪽으로 휘어지므로 열팽창 정도는 알루미늄보다 종이가 작다.

10

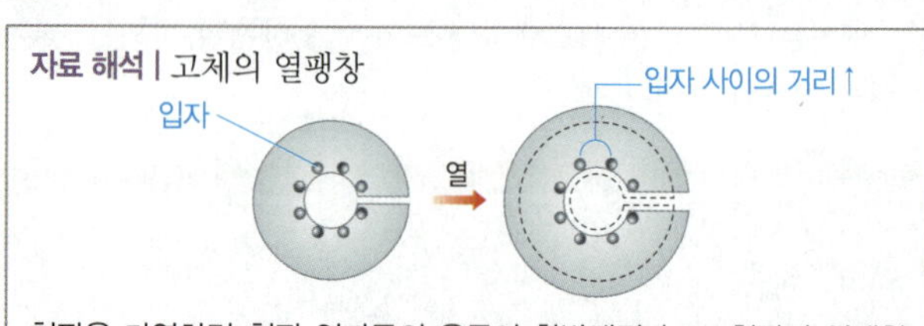

자료 해석 | 고체의 열팽창

철판을 가열하면 철판 입자들의 운동이 활발해진다. ➡ 철판이 열팽창을 한다.

철판에 열을 가하면 입자들의 운동이 활발해지면서 열팽창을 하게 된다. 이때 가운데 구멍이 커지고 철판 틈이 넓어지며, 철판의 전체적인 크기도 커지게 된다.

11

ㄱ. 불이 나서 온도가 높아지면 화재 경보기의 바이메탈은 열팽창 정도가 작은 B 쪽으로 휘어져 회로가 연결된다. 따라서 열팽창 정도는 A가 B보다 크다.

ㄴ. 바이메탈을 냉각하면 열팽창 정도가 큰 쪽이 많이 수축하여 더 짧아진다. 따라서 냉각하면 A의 길이가 B보다 더 많이 줄어든다.

바로 알기 ㄷ. 가열 부분과 관계없이 바이메탈은 열팽창 정도가 작은 쪽으로 휘어진다. 따라서 A 쪽을 가열해도 바이메탈은 B 쪽으로 휘어져 화재 경보기의 경보음이 울린다.

12

① 열팽창 정도가 클수록 열을 받았을 때 유리관 속 액체의 높이가 높아진다.

② 열은 온도가 높은 물체에서 온도가 낮은 물체로 이동하므로 온도가 높은 뜨거운 물에서 온도가 낮은 세 액체로 열이 이동한다.

③ 세 액체는 모두 뜨거운 물로부터 열을 받아 입자 운동이 활발해지고 입자 사이의 거리가 멀어진다.

④ 충분한 시간이 흐른 뒤에 수조 속 물과 삼각 플라스크 속 액체의 온도가 같아지는 열평형에 도달한다.

바로 알기 ⑤ 열팽창 정도가 클수록 열을 받았을 때 부피가 크게 변하고 냉각했을 때 부피가 많이 수축한다. 열팽창 정도는 B>A>C이므로 세 액체를 모두 얼음물에 담그면 B의 부피가 가장 많이 줄어든다.

13

④ 상대적으로 높은 온도의 손에서 낮은 온도의 온도계로 열이 이동하여 알코올 입자의 운동이 활발해진다. 따라서 알코올이 열팽창을 하여 온도계의 눈금이 올라간 것이다.

바로 알기 ① 유리도 열팽창하지만 알코올에 비해 열팽창 정도가 크지 않으므로 유리의 열팽창은 눈에 잘 보이지 않는다.

② 알코올의 부피가 커지므로 밀도는 감소한다.

③ 손의 온도는 온도계와 열평형을 이루기 위해 낮아진다. 따라서 열팽창을 하지 않는다.

⑤ 알코올이 열팽창을 하면 알코올 입자 사이의 거리는 더 멀어진다.

14

ㄱ, ㄴ. 겨울에는 온도가 낮아 전깃줄을 이루는 입자 사이의 거리가 가까워져 전깃줄이 팽팽해지고, 여름에는 온도가 높아 전깃줄을 이루는 입자 사이의 거리가 멀어지므로 전깃줄의 길이가 길어져 느슨해진다. 이는 고체의 열팽창에 의한 현상이다.

바로 알기 ㄷ. 바닷가에서 낮과 밤에 부는 바람의 방향이 바뀌는 것은 육지와 바다의 비열 차 때문이다.

15

바로 알기 ② 온풍기를 낮은 곳에 설치하는 것은 공기의 대류에 의한 열의 이동을 이용한 것이다.

16

모범 답안 A, 질량이 같은 두 물질 A와 B를 같은 세기의 불꽃으로 가열했을 때, 비열이 작은 물질일수록 온도 변화가 크기 때문이다.

채점 기준	배점
비열이 작은 물질을 옳게 쓰고, 그 까닭을 옳게 서술한 경우	100 %
비열이 작은 물질만 옳게 쓴 경우	30 %

17

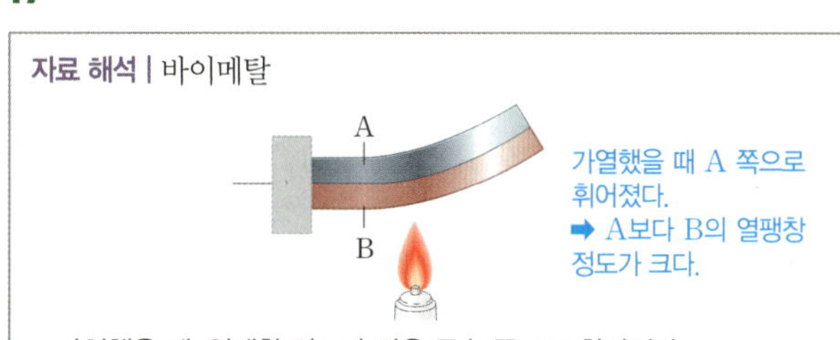

모범 답안 B, 바이메탈을 가열하면 열팽창 정도가 작은 쪽으로 휘어진다. 따라서 열팽창 정도는 B가 A보다 크다.

채점 기준	배점
열팽창 정도가 더 큰 금속을 옳게 쓰고, 그 까닭을 옳게 서술한 경우	100 %
열팽창 정도가 더 큰 금속만 옳게 쓴 경우	30 %

18

모범 답안 물과 에탄올에 열을 가하면 액체의 부피가 커져 각각의 유리관 속 액체의 높이가 높아지며, 유리관 속 액체의 높이 변화는 물보다 열팽창 정도가 큰 에탄올이 더 크다.

채점 기준	배점
유리관 속 액체의 높이 변화를 열팽창 정도를 이용하여 옳게 서술한 경우	100 %
유리관 속 액체의 높이 변화만 비교한 경우	30 %

1등급 백신 ㄱ · 103쪽

01 ③, ④ **02** ① **03** ③ **04** ⑤

01

① 과정 (3)에서 금속 도막을 비커에 넣고 가열하므로 비커의 물과 금속 도막은 100 °C로 온도가 같은 열평형을 이룬다.

② 뜨거운 금속 도막과 차가운 열량계 속의 물은 열평형을 이룬다.

⑤ 외부 열 출입을 무시했을 때, 금속 도막이 잃은 열량과 열량계 속의 물이 얻은 열량은 서로 같다.

바로 알기 ③ 열량계 속의 물과 비커의 물은 서로 접촉하지 않으므로 열평형을 이룰 수 없다.

④ 비커의 물과 금속 도막은 동시에 가열되므로 비커의 물이 잃은 열량은 없다.

02

금속 도막이 잃은 열량은 열량계 속의 물이 얻은 열량과 같으므로 금속 도막의 비열은 $\dfrac{\text{금속 도막이 잃은 열량}}{\text{금속 도막의 질량}\times\text{금속 도막의 온도 변화}}$ 에서

$$\dfrac{1\ \text{kcal/(kg}\cdot{}^{\circ}\text{C)}\times 0.2\ \text{kg}\times(14.8-10)\ {}^{\circ}\text{C}}{0.1\ \text{kg}\times(100-14.8)\ {}^{\circ}\text{C}}\fallingdotseq 0.11\ \text{kcal/(kg}\cdot{}^{\circ}\text{C)}$$

이다.

03

ㄱ. A와 B가 접촉하여 3 분 후 열평형 상태에 도달하였다. A와 B의 비열은 같지만 3 분 동안 A의 온도 변화는 B보다 크다. 따라서 A가 B보다 질량이 작다는 것을 알 수 있다.

ㄷ. 두 물의 온도 차가 클수록 두 물 사이에 이동하는 열의 양이 많아서 각 물의 온도가 빨리 변한다. 하지만 시간이 지나면 두 물 사이의 온도 차가 작아지므로 두 물 사이에 이동하는 열의 양도 점점 줄어든다.

바로알기 ㄴ. A와 B의 비열은 같지만 질량이 다르므로 같은 열량을 가해 주었을 때 질량이 작은 A의 온도 변화가 B보다 더 크다.

04

ㄱ, ㄷ. 물을 채운 후 가열하면 처음에는 둥근바닥 플라스크가 먼저 팽창하여 물의 높이가 조금 낮아지고, 계속 가열하면 물의 부피가 커져 물의 높이가 높아진다.

ㄴ. 액체의 열팽창으로 음료수 병이 깨지는 것을 방지하기 위해 음료수 병에 음료수를 가득 채우지 않는다.

빈출 자료 집중진단 104~105쪽

❶ 1 ×　2 ×　3 ○　4 ○
❷ 1 ○　2 ×　3 ×　4 ○　5 ○　6 ×
❸ 1 ×　2 ×　3 ○　4 ○　5 ×　6 ○　7 ○
❹ 1 ○　2 ×　3 ×　4 ○　5 ○　6 ○　7 ○　8 ×
❺ 1 ○　2 ×　3 ○　4 ○　5 ×　6 ○　7 ×　8 ○
　9 ×　10 ○

❶ 1 (가)는 잉크 입자가 느리게 퍼지는 것으로 보아 찬물, (나)는 잉크 입자가 빠르게 퍼지는 것으로 보아 뜨거운 물이다.
2 찬물에서는 느리지만 잉크 입자가 퍼진다.

❷ 온도가 높은 물체 A와 온도가 낮은 물체 B가 접촉하면 A에서 B 쪽으로 열이 이동한다.
2 A에서 B로 열이 이동하면서 A의 온도가 낮아지므로 A의 입자 운동은 점점 둔해진다.
3 A에서 B로 열이 이동하면서 B의 온도가 높아지므로 B의 입자 운동은 점점 활발해진다.

6 충분한 시간이 지나면 A와 B의 온도가 같아지는 열평형 상태에 도달한다.

❸ A는 전도, B는 대류, C는 복사에 의한 열의 이동을 나타낸다.
1 A는 전도에 의한 열의 이동이다.
2 B는 대류에 의한 열의 이동이다.
5 A에서 금속 막대는 열을 받으므로 금속 막대를 구성하는 입자의 운동은 활발해진다.

❹ 2 비열은 물질의 종류에 따라 달라지므로 물질을 구별하는 데 사용할 수 있다.
3 비열이 큰 물질일수록 열을 얻거나 잃을 때 온도 변화가 작다.
8 같은 온도에 도달하는 데 필요한 열량은 B가 A보다 많다.

❺ 2 바이메탈을 가열하면 열팽창 정도가 작은 금속 쪽으로 휘어진다.
5 바이메탈을 냉각하면 열팽창 정도가 큰 A의 부피가 더 많이 수축하므로 A 쪽으로 휘어진다.
7 열은 온도가 높은 곳에서 낮은 곳으로 이동하므로 뜨거운 물에서 C와 D로 열이 이동한다.
9 뜨거운 물로부터 C와 D가 열을 받으므로 뜨거운 물에 넣기 전보다 C와 D를 이루는 입자 사이의 거리가 멀어진다.

CT 대단원 문제 106~109쪽

01 ④	02 ③	03 ④	04 ②	05 ④
06 ①	07 ⑤	08 ⑤	09 ②	10 ⑤
11 ③	12 ①	13 ①	14 ⑤	15 ④
16 ⑤	17 ②	18 ⑤	19 ④	20 ③

21~28 해설 참조

01

바로알기 ④ 온도와 입자 개수는 관련이 없다.

02

자료 해석 | 온도가 서로 다른 두 물체의 열의 이동과 입자의 운동

· 두 물체의 처음 온도: A>B　　· 열의 이동 방향: A → B
· 물체 A: 열을 잃음 ➡ 온도 낮아짐 ➡ 입자의 운동 둔해짐
· 물체 B: 열을 얻음 ➡ 온도 높아짐 ➡ 입자의 운동 활발해짐
· 시간이 흐른 후: 입자의 운동이 같아진 열평형 상태에 도달함

ㄷ. 시간이 흐른 후 A와 B는 입자의 운동과 온도가 같은 열평형 상태에 도달한다.

바로알기 ㄱ. A의 입자 운동이 B보다 활발하므로 처음 온도는 A가 더 높다.

ㄴ. 시간이 흐른 후 A는 입자의 운동이 둔해졌고, B는 입자의 운동이 활발해졌으므로 열은 A에서 B로 이동한다.

03

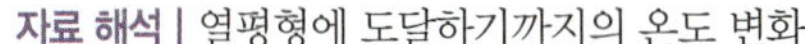

자료 해석 | 열평형에 도달하기까지의 온도 변화

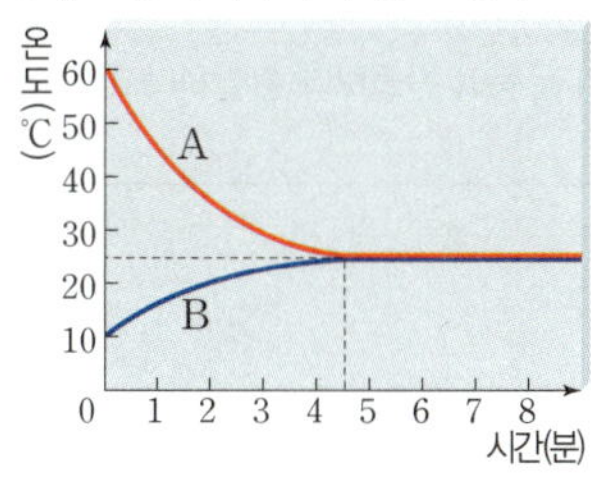

• 열의 이동 방향: A → B
• 시간이 흐른 후: 입자의 운동이 같아진 열평형 상태에 도달

① A와 B를 접촉시켰을 때 열은 고온의 물체인 A에서 저온의 물체인 B로 이동한다.

② A는 약 35 ℃ 낮아지고, B는 약 15 ℃ 높아졌다. 따라서 A의 온도 변화가 B보다 크다.

③ 4∼5 분 사이에 약 25 ℃에서 열평형 상태에 도달한다.

⑤ 열평형 이후 A와 B는 온도가 같으므로 더 이상 열의 이동이 없는 상태가 된다.

바로알기 ④ 열평형 이후 A와 B는 온도가 같으므로 입자 운동 정도가 같다.

04

열평형 온도는 10 ℃와 70 ℃ 사이의 값인데, 뜨거운 물보다 찬물의 질량이 더 크므로 두 온도의 중간값인 40 ℃보다 낮은 온도에서 열평형 상태가 이루어질 것이다.

05

구리, 알루미늄, 유리 순으로 열이 잘 전도되므로 A는 구리 막대, B는 알루미늄 막대, C는 유리 막대이다.

바로알기 ④ 막대를 이루는 입자는 직접 이동하지 않고 이웃한 입자에 움직임을 전달하는 방식으로 열을 전달한다.

06

겨울 날 바깥에 있는 금속 철봉에 매달릴 때 손이 철봉에 닿으면 온도가 높은 손에서 온도가 낮은 철봉 쪽으로 열이 이동한다.

바로알기 ① 철봉이 차갑게 느껴지는 것은 철봉을 잡은 손에서 철봉으로 몸의 열이 빠져나가기 때문이다.

07

손으로 열이 전달되어 화상을 입는 것을 막기 위해 금속으로 만든 주방 기구의 손잡이는 플라스틱과 같이 열을 잘 전달하지 않는 물질을 사용하여 만든다.

08

ㄱ. 멀리 떨어진 사람에게 공을 던지는 것을 나타낸 A는 복사에 의한 열의 이동을 비유하여 나타낸 것이다.

ㄴ. 햇볕을 쬐면 몸이 따뜻해지는 것은 복사(A)의 예이다.

ㄷ. 복사(A)는 다른 물질의 도움 없이 열이 직접 이동하며 전달된다.

09

② B는 사람이 직접 이동하여 공을 전달하므로, 입자가 직접 이동하여 열을 전달하는 대류를 비유하여 나타낸 것이다. 에어컨을 켜면 차가운 공기는 하강하고 뜨거운 공기는 상승하는 대류(B) 현상이 나타나 열이 이동하므로 방 전체가 시원해진다.

바로알기 ① 난로의 앞에 있을 때 따뜻함을 느끼는 것은 복사(A)의 예이다.

③ 뜨거운 물에 넣은 숟가락이 따뜻해지는 것은 전도의 예이다.

④ 음료수 병에 음료수를 가득 채우지 않는 것은 열팽창을 이용한 예이다.

⑤ 뚝배기는 비열이 커서 데우는 데 오래 걸리지만 쉽게 식지 않는다. 데우는 데 오래 걸리지만 쉽게 식지 않는 뚝배기는 비열을 활용하는 예이다.

10

①, ② 비열은 물질마다 고유한 값을 가지며 물은 구리, 철, 알루미늄과 같은 금속에 비해 비열이 매우 크다.

③ 물의 비열은 1 kcal/(kg · ℃)이므로 물 1 kg의 온도를 1 ℃ 높이는 데 1 kcal의 열량이 필요하다.

④ 물의 비열이 가장 크므로 같은 온도만큼 높이는 데 열량이 가장 많이 필요하다.

바로알기 ⑤ 물, 구리, 철, 알루미늄 중 비열이 가장 작은 것은 구리이다. 질량이 모두 같을 때, 가열하면 비열이 가장 작은 구리의 온도가 가장 빠르게 높아진다.

11

ㄱ. 약 3 분부터 A와 B의 온도가 같아지는 열평형 상태가 된다.

ㄴ. A와 B를 접촉시켰을 때 외부와의 열 출입이 없으므로 온도가 높은 A에서 B로 열이 이동한다. 따라서 A가 잃은 열량은 B가 얻은 열량과 같다.

바로알기 ㄷ. 비열이 클수록 온도 변화가 작다. A가 B보다 온도 변화가 크게 나타나므로 비열은 B가 A보다 크다.

12

(가), (나)는 비열이 작은 물질을 활용하는 예, (다), (라)는 비열이 큰 물질을 활용하는 예이다.

13

물질이 열을 받으면 물질을 이루는 입자의 운동이 활발해져 입자와 입자 사이의 거리가 멀어지므로 열팽창이 일어난다.

② 바이메탈은 금속인 고체의 열팽창을 이용한 것이다.

③ 일반적으로 열팽창 정도는 고체<액체<기체 순이다.

⑤ 비커도 물질로 이루어져 있으므로 열팽창이 일어난다.

바로알기 ① 열팽창이 일어날 때 입자의 개수와 입자의 크기는 변하지 않는다.

14

바이메탈을 가열하면 열팽창 정도가 작은 쪽으로 휘어진다. 따라서 금속 A는 알루미늄보다 열팽창 정도가 큰 금속이므로 마그네슘이다.

15

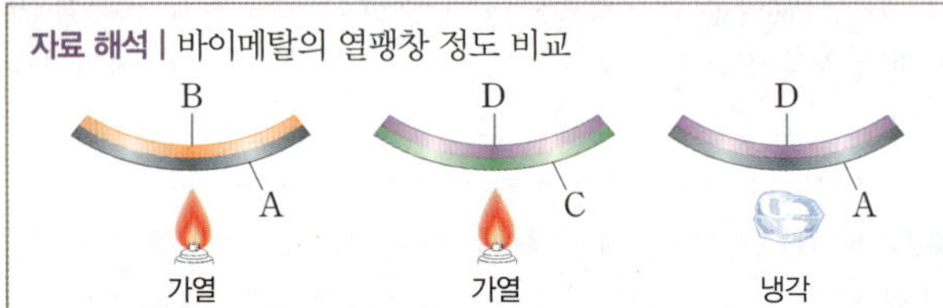

자료 해석 | 바이메탈의 열팽창 정도 비교

• 바이메탈을 가열할 때: 열팽창 정도가 작은 쪽으로 휘어진다.
• 바이메탈을 냉각할 때: 열팽창 정도가 큰 쪽으로 휘어진다.
• 열팽창 정도 비교: A>B, C>D, D>A
  ➡ C>D>A>B

바이메탈을 가열할 때는 열팽창 정도가 작은 쪽으로, 냉각할 때는 열팽창 정도가 큰 쪽으로 휘어진다. 따라서 열팽창 정도를 비교하면 A>B, C>D, D>A이므로, 열팽창 정도는 C>D>A>B이다.

16

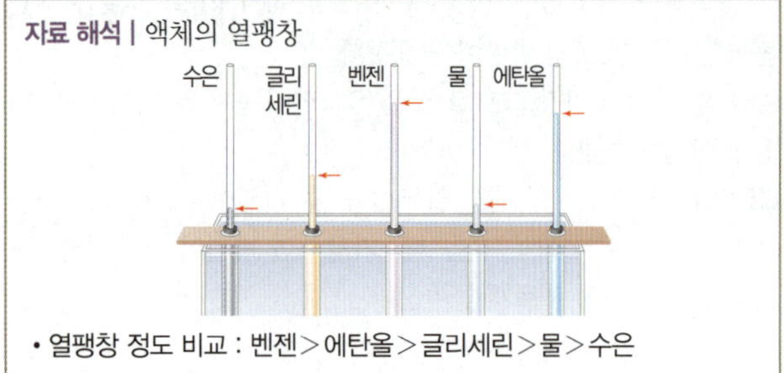

자료 해석 | 액체의 열팽창

• 열팽창 정도 비교 : 벤젠>에탄올>글리세린>물>수은

액체의 종류에 따라 열팽창 정도가 다르기 때문에 유리관 속 액체의 높이가 각각 다르게 나타난다.

17

①, ③, ④, ⑤ 여름에 일어날 수 있는 열팽창 현상이다.
바로 알기 ② 여름에는 기차선로가 팽창하여 틈이 좁아지고, 겨울에는 기차선로가 수축하여 틈이 넓어진다.

18

금은 치아와 열팽창 정도가 비슷하기 때문에 치아 충전재로 많이 사용된다.

19

영하 5 ℃에서 자가 줄어들었으므로 물체의 길이가 실제 길이보다 길게 측정된다. 따라서 물체의 실제 길이는 21.1 cm보다 짧다.

20

30 ℃에서 자가 늘어났으므로 물체의 길이가 실제 길이보다 짧게 측정된다. 따라서 물체의 실제 길이는 13.2 cm보다 길다.

21

모범 답안 온도가 높을수록 입자의 운동이 활발하기 때문에 뜨거운 물에서 녹차가 더 잘 우러난다.

채점 기준	배점
녹차가 뜨거운 물에서 잘 우러나는 까닭을 온도와 입자의 운동 관계와 관련지어 옳게 서술한 경우	100 %
뜨거운 물의 입자의 운동이 찬물보다 활발하다고만 서술한 경우	60 %

22

모범 답안 사람의 체온과 온도계의 액체가 열평형을 이루어야 정확한 체온을 측정할 수 있기 때문이다.

채점 기준	배점
사람의 체온과 온도계의 액체가 열평형을 이루는 것을 옳게 서술한 경우	100 %
열평형만을 언급한 경우	50 %

23

모범 답안 A: 복사, B: 전도, C: 대류 / A(복사)는 다른 물질의 도움 없이 열이 직접 이동한다. B(전도)는 이웃한 입자로 입자의 운동을 전달하여 열이 이동한다. C(대류)는 물질을 이루는 입자가 직접 이동하여 열을 전달한다.

채점 기준	배점
A~C에 해당하는 열의 이동 방법과 특징을 모두 옳게 서술한 경우	100 %
A~C에 해당하는 열의 이동 방법과 특징 중 두 가지만 옳게 서술한 경우	60 %
A~C에 해당하는 열의 이동 방법과 특징 중 한 가지만 옳게 서술한 경우	30 %

24

모범 답안 냉방기를 위쪽에 설치하면 차가운 공기는 아래로 내려오고 따뜻한 공기는 위로 올라가면서 방 전체가 고르게 냉방이 된다. 난방기를 아래쪽에 설치하면 따뜻한 공기는 위로 올라가고 차가운 공기는 아래로 내려오면서 방 전체가 고르게 난방이 된다.

채점 기준	배점
냉방기와 난방기의 설치 위치를 열의 이동과 관련지어 옳게 서술한 경우	100 %
냉방기와 난방기의 설치 위치만 옳게 쓴 경우	40 %

25

모범 답안 물과 같이 비열이 큰 물질은 질량이 같고 비열이 작은 다른 물질보다 더 많은 양의 열을 가질 수 있으며, 온도 변화가 작으므로 오랜 시간 동안 일정한 온도를 유지할 수 있기 때문이다.

채점 기준	배점
비열이 클수록 온도 변화가 작아 오랜 시간 동안 일정한 온도를 유지할 수 있다고 옳게 서술한 경우	100 %
온도 변화가 작다고만 서술한 경우	50 %

26

모범 답안 > 뚝배기는 구리 냄비보다 비열이 커서 온도가 잘 변하지 않기 때문이다.

채점 기준	배점
까닭을 뚝배기와 구리 냄비의 비열과 온도 변화를 관련지어 옳게 서술한 경우	100 %
비열의 비교만 쓴 경우	50 %

27

모범 답안 > 금속 테를 가열하면 금속 테를 이루는 입자의 운동이 활발해져 열팽창을 하므로 부피가 커진다. 이때 금속 테를 바퀴에 씌운 후 냉각하면 금속 테의 부피가 작아져 바퀴에 꼭 맞게 된다.

채점 기준	배점
금속 테를 씌울 수 있는 방법을 금속의 열팽창과 관련지어 옳게 서술한 경우	100 %
방법은 썼으나, 열팽창과 연관지어 설명하지 못한 경우	30 %

28

모범 답안 > 온도계 안에 들어 있는 액체는 열팽창을 하므로 온도가 높아지면 부피가 커져 눈금이 올라가고, 온도가 낮아지면 부피가 작아져 눈금이 내려가기 때문이다.

채점 기준	배점
눈금의 위치 변화를 액체의 열팽창 및 부피 변화와 관련지어 옳게 서술한 경우	100 %
눈금의 위치 변화를 열팽창 및 부피 변화 중 한 가지만 연관지어 서술한 경우	50 %

Ⅳ 물질의 상태 변화

01 입자의 운동

바로 복습   113쪽

01 입자   **02** 입자 운동   **03** 확산   **04** 증발   **05** 운동
06 ○   **07** ○   **08** ×   **09** ×   **10** ○

개념 알약   113쪽

01 (1) × (2) ○ (3) ○ (4) ○   **02** (1) ○ (2) × (3) ○
03 ②   **04** ㄴ, ㄷ   **05** (1) ㄴ, ㄹ, ㅁ (2) ㄹ, ㅁ (3) ㄴ

01

바로 알기 > (1) 입자는 모든 방향으로 움직인다.

02~03

확산은 액체나 기체 속에서 모여 있던 입자들이 스스로 운동하여 넓게 퍼져 나가는 현상이다.

04

감을 말리면 수분이 증발하여 곶감이 만들어진다. 이처럼 증발의 원리를 이용한 것은 ㄴ, ㄷ이다.
바로 알기 > ㄱ. 여름에 모기향을 피우면 향이 주위로 확산하여 모기를 쫓을 수 있다.

05

입자의 운동으로 일어나는 현상에는 증발(ㄴ)과 확산(ㄹ, ㅁ)이 있다.
바로 알기 > 복사(ㄱ)와 파동(ㄷ)은 입자 운동으로 일어나는 현상이 아니다.

탐구 알약   114~115쪽

01 (1) ○ (2) ○ (3) ○ (4) × (5) ×   **02** 해설 참조
03 해설 참조   **04** (1) ○ (2) × (3) ○ (4) × (5) ○
05 해설 참조

01

바로 알기 > (4) 확산은 액체 속 < 기체 속 < 진공 속 순으로 잘 일어난다.
(5) 교실이 현재보다 넓어져도 향수 입자는 모든 방향으로 퍼져 나간다.

02 서술형

모범 답안 > 물 전체가 잉크 색으로 변하는 것과 향수를 뿌린 곳에서 멀리 있는 학생도 냄새를 맡을 수 있는 것은 입자가 스스로 끊임없이 운동하기 때문이다.

채점 기준	배점
입자 운동으로 옳게 서술한 경우	100 %

03 서술형

모범 답안 입자의 운동이 모두 멈춘다면 잉크 입자는 퍼지지 않고 떨어진 모양 그대로를 유지할 것이며, 향수 냄새를 맡은 학생은 없을 것이다.

채점 기준	배점
두 가지 실험 결과를 모두 옳게 예측하여 서술한 경우	100 %
두 실험 중 한 가지 실험 결과만 옳게 예측하여 서술한 경우	50 %

04

(2) 아세톤 입자가 기체로 변해 공기 중에서 이동하는 확산 현상의 예이다.

(5) 거름종이 위 아세톤 입자는 공기 중으로 날아가 그 수가 줄어들 뿐 입자는 사라지지 않는다.

05 서술형

모범 답안 충분한 시간이 지난 후 전자저울의 숫자는 0이 된다. 향수 입자가 스스로 운동하여 공기 중으로 증발하기 때문이다.

채점 기준	배점
키워드를 사용하여 까닭을 옳게 서술한 경우	100 %
키워드를 사용하지 않고 옳게 서술한 경우	30 %

실전 백신 117~118쪽

01 ④	02 ①	03 ④	04 ①, ③	05 ②
06 ①	07 ⑤	08 ①	09 ②	

10~12 해설 참조

01

①, ② 젖은 빨래가 마르는 것과 어항의 물이 줄어드는 것은 액체 입자가 스스로 운동하여 공기 중으로 이동하는 현상이다.

③ 냄새 입자가 스스로 운동하므로 꽃집을 지나갈 때 꽃향기가 난다.

⑤ 알코올 입자가 스스로 운동하여 증발하므로 시간이 지나면 사라진다.

바로 알기 ④ 다른 물질을 거치지 않고 열이 직접 이동하는 복사 현상이다.

02

ㄱ. 입자는 스스로 끊임없이 움직인다.

바로 알기 ㄴ. 입자는 한 방향이 아닌 모든 방향으로 운동한다.

ㄷ. 시간이 지남에 따라 기체를 불어 넣은 고무풍선이 작아지는 것은 기체 입자가 스스로 운동하여 고무풍선 입자 사이로 빠져나가기 때문이다.

03

ㄴ. 모기향을 피워 모기를 쫓아내는 것은 확산의 예이다.

ㄷ. 냉면에 식초를 넣으면 식초 입자가 냉면 전체로 퍼져 나가는 것은 확산의 예이다.

바로 알기 ㄱ. 온도가 높을수록 확산이 잘 일어나 향기가 더 잘 퍼진다.

04

①, ③ 소금으로 국의 간을 맞추는 것과 물감으로 물 전체의 색이 바뀌는 현상은 입자가 스스로 운동해 퍼지는 확산의 예로, 입자 운동의 증거가 될 수 있다.

바로 알기 ② 확산할 때 입자의 크기는 달라지지 않는다.

④ 물감 입자와 같이 물 입자도 스스로 운동한다.

⑤ 시간이 지날수록 어항 속의 물이 줄어드는 현상은 증발의 예이다.

05

② 입자의 확산 방향을 알아보기 위한 실험으로, 실험을 통해 확산이 모든 방향으로 동시에 일어난다는 것을 알 수 있다.

06

바로 알기 ① 물이 높은 곳에서 아래로 떨어지는 것은 중력에 의한 현상이다.

07

바로 알기 ⑤ 증발은 입자가 스스로 운동하여 일어나는 현상으로, 모든 온도에서 일어난다.

08

① 꺼내 놓은 빵이 딱딱해지는 것은 빵 속에 있는 수분이 증발하였기 때문이다.

바로 알기 ② 차가운 컵을 쥔 손이 차가워지는 것은 전도 현상과 관련이 있다.

③ 마약 탐지견이 냄새로 마약을 찾아내는 것은 확산 현상의 예이다.

④ 파스를 붙인 사람 근처에서는 냄새 입자가 퍼져 파스 냄새가 난다.

⑤ 물이 담긴 비커에 잉크를 떨어뜨리면 확산으로 물 전체가 잉크색으로 변한다.

09

액체의 표면에서 입자가 스스로 운동하여 공기 중으로 날아가는 증발 현상을 나타낸 입자 모형이다.

바로 알기 ② 굴뚝에서 연기가 퍼져 나가는 것은 모여 있던 입자가 퍼져 나가는 확산의 예이다.

서술형

10

모범 답안 (가)와 (나)는 같은 암모니아수를 묻힌 솜을 넣었으므로 암모니아 입자가 같은 속도로 확산한다. 따라서 (가)와 (나)에서 거름종이의 색깔이 변하는 속도는 같다.

채점 기준	배점
변하는 속도를 까닭을 포함하여 모두 옳게 서술한 경우	100 %
변하는 속도만 옳게 서술한 경우	30 %

11

모범 답안 바닷물을 가두어 놓고 햇빛을 쬐어 주면 바닷물 표면의 물 입자가 스스로 운동하여 기체로 변하는 증발이 일어난다. 바닷물이 모두 증발하면 남은 소금을 얻을 수 있다.

채점 기준	배점
키워드를 이용하여 소금을 얻는 원리를 옳게 서술한 경우	100 %
키워드를 이용하지 않고 옳게 서술한 경우	30 %

12

모범 답안 액체 아세톤이 증발하여 기체로 되면서 아세톤 입자가 공기 중으로 날아갔기 때문에 아세톤을 떨어뜨린 거름종이가 점점 가벼워지다가 모두 증발하면 윗접시저울이 수평이 된다.

채점 기준	배점
키워드를 모두 이용하여 까닭을 옳게 서술한 경우	100 %
키워드를 이용하지 않고 까닭을 옳게 서술한 경우	30 %

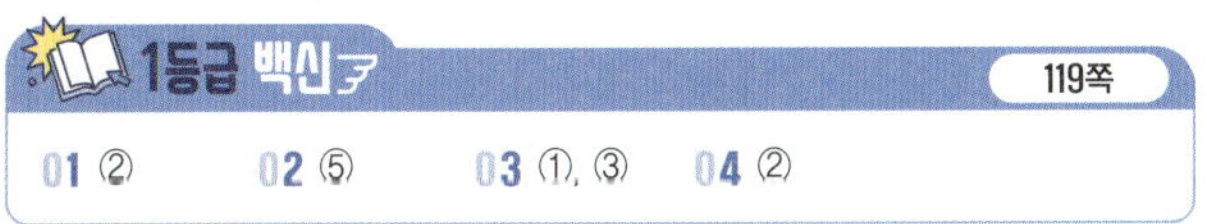

01

① 염기성인 암모니아 입자를 만난 페놀프탈레인 용액을 묻힌 솜은 붉게 변한다.
③ 암모니아수의 표면에서 암모니아 입자가 증발하여 기체로 변한다.
④ 시험관 속 암모니아 입자는 증발하여 확산한다.
⑤ 페놀프탈레인 용액을 묻힌 솜은 암모니아수에 가까운 것부터 순서대로 붉게 변한다.
바로 알기 ② 확산은 모든 방향으로 일어난다.

02

ㄱ. 물 입자와 에탄올 입자는 증발하여 공기 중으로 날아가므로 거름종이 위 물과 에탄올의 질량은 모두 줄어든다.
ㄴ. 온도가 높을수록 증발이 더 빠르게 일어난다.
ㄷ. 증발이 잘 일어날수록 공기 중으로 입자가 잘 날아가 질량이 더 빠르게 줄어든다. 윗접시저울이 물을 떨어뜨린 쪽으로 기울었으므로 에탄올의 증발 속도는 물의 증발 속도보다 빠르다.

03

② (가) 증발은 입자가 스스로 운동하여 액체 표면에서 기체로 변하는 현상이다.

④ 증발은 외부에서 열을 가하지 않아도 나타난다.
⑤ (가) 증발과 (나) 끓음은 모두 액체가 기체로 변하는 현상이다.
바로 알기 ① (가)는 증발, (나)는 끓음 모형이다.
③ (나) 끓음은 특정 온도(끓는 온도) 이상에서 일어난다.

04

ㄷ. 입자는 끊임없이 움직이기 때문에 1 분보다 시간이 더 지나면 진한 염산을 떨어뜨린 페트리 접시 위의 지시약 색이 모두 붉게 변할 것이다.

바로 알기 ㄱ. 만능 지시약의 색이 변한 것을 통해 암모니아수와 염산의 입자가 모두 액체 표면에서 증발하여 확산한다는 것을 알 수 있다.
ㄴ. 1 분 동안 진한 암모니아수를 떨어뜨린 페트리 접시에서는 모든 만능 지시약의 색이 푸른색으로 변했지만, 진한 염산을 떨어뜨린 페트리 접시에서는 색이 변하지 않은 만능 지시약이 존재한다. 이를 통해 확산 속도는 암모니아 입자가 염화 수소 입자보다 빠르다는 것을 알 수 있다. 이것은 암모니아 입자가 염화 수소 입자보다 질량이 작기 때문이다.

O2 물질의 상태 변화

바로 복습　　121, 123쪽

01 모양, 부피	**02** 고체, 기체	**03** 상태 변화
04 응고	**05** 액화	**06** ×	**07** ○	**08** ×
09 ○	**10** ○	**11** 기화	**12** 승화	**13** 질량
14 작아, 커	**15** 고체, 액체, 기체	**16** ×	**17** ○
18 ×	**19** ×	

개념 알약　　121, 123쪽

01 기체　　**02** ②, ④　　**03** (1) ○ (2) ○ (3) × (4) × (5) ×
04 (가) 고체 (나) 액체 (다) 기체　　**05** (1) (다) (2) (나)
06 ⑤　　**07** ㄱ, ㄴ, ㄷ, ㄹ
08 (1) (가) 기체 (나) 고체 (다) 액체
　　(2) A: 승화　B: 승화　C: 기화　D: 액화　E: 융해　F: 응고
09 ㄱ: 승화(고체 → 기체), ㄴ: 액화, ㄷ: 융해, ㄹ: 응고, ㅁ: 기화,
　　ㅂ: 승화(기체 → 고체)
10 ㄱ, ㄷ, ㄹ, ㅁ　　　　　**11** ㄱ, ㄷ, ㅁ
12 (1) ○ (2) ○ (3) ○ (4) × (5) ×

01

기체는 입자 사이의 거리가 매우 멀어 입자 사이의 인력이 거의 작용하지 않고, 입자들이 매우 자유롭고 활발한 운동을 한다. 따라서 기체는 흐르는 성질이 있고 용기에 따라 모양과 부피가 모두 달라진다.

02

바로 알기 ① 물은 액체이다.
③ 수증기는 기체이다.
⑤ 아세톤은 액체이다.

03

바로알기 (3) 물질의 세 가지 상태 중 액체와 기체는 흐르는 성질이 있지만 고체는 흐르는 성질이 없다.
(4) 물은 액체 상태의 물질로, 용기에 따라 모양은 달라지지만 부피는 변하지 않는다.
(5) 얼음은 고체 상태의 물질로, 용기에 따라 모양이 변하지 않고 일정한 형태를 가진다.

04~05

(가)는 입자가 규칙적으로 배열되어 있으므로 고체, (나)는 입자 사이의 거리가 비교적 가까운 것으로 보아 액체, (다)는 입자가 불규칙하게 배열되고 입자 사이의 거리가 매우 먼 것으로 보아 기체 상태를 나타내는 입자 모형이다.

06

입자 사이의 거리는 기체 (다)>액체 (나)>고체 (가)이다.

07

기화, 승화, 액화, 응고는 모두 물질의 상태가 변하는 현상이다.

08

(1) 입자 배열이 가장 규칙적인 (나)는 고체, 입자 배열이 불규칙한 (다)는 액체, 입자 배열이 매우 불규칙한 (가)는 기체이다.
(2) 고체가 기체로 상태가 변하는 것을 승화(A), 기체가 고체로 상태가 변하는 것을 승화(B), 액체가 기체로 상태가 변하는 것을 기화(C), 기체가 액체로 상태가 변하는 것을 액화(D), 고체가 액체로 상태가 변하는 것을 융해(E), 액체가 고체로 상태가 변하는 것을 응고(F)라고 한다.

09

ㄱ. 드라이아이스(고체)가 작아지는 것은 승화하여 이산화 탄소(기체)가 되었기 때문이다.
ㄴ. 새벽에 수증기(기체)는 액화하여 풀잎의 이슬(액체)로 맺힌다.
ㄷ. 양초에 불을 붙이면 양초(고체)가 융해하여 촛농(액체)이 흘러내린다.
ㄹ. 눈이 녹아 흐른 물(액체)은 처마 밑에서 응고하여 고드름(고체)이 된다.
ㅁ. 어항 속의 물(액체)이 줄어드는 것은 기화하여 수증기(기체)가 되었기 때문이다.
ㅂ. 겨울철 공기 중의 수증기(기체)는 유리창 표면에서 승화하여 성에(고체)가 된다.

10

대부분 물질은 고체<액체<기체 순으로 부피가 커지기 때문에 승화(고체 → 기체), 융해, 기화가 일어날 때 부피가 커진다. 하지만 물의 경우는 물(액체)일 때보다 얼음(고체)일 때 부피가 크다.

11

대부분 물질은 고체 → 액체 → 기체 순으로 상태가 변하면서 입자 운동이 활발해지므로 승화(고체 → 기체), 융해, 기화는 물질의 입자 운동이 활발해지면서 나타나는 현상에 해당한다.

12

바로알기 (4) 기체 상태 물질의 입자 사이의 거리는 액체 상태 물질의 입자 사이의 거리보다 멀기 때문에 액체에서 기체로 상태가 변하면 부피가 커진다.
(5) 양초와 같은 대부분의 물질은 고체<액체<기체 순으로 부피가 커지는데, 물은 액체 상태일 때보다 고체 상태인 얼음이 될 때 부피가 커진다. 따라서 같은 부피의 액체 양초와 물을 응고시키면 고체 양초의 부피보다 얼음의 부피가 크다.

탐구 알약 124~125쪽

01 (1) × (2) ○ (3) ○ (4) × (5) ○　**02** 온도
03 해설 참조　**04** 해설 참조
05 (1) ○ (2) × (3) ○ (4) ○ (5) ○　**06** 해설 참조

01

(2) 얼음이 담긴 시계 접시 아래쪽에 수증기가 부딪히며 액화하여 물방울이 맺힌다.
(3) 얼음이 녹으면 물이 되는데 물은 액체이므로 고체인 얼음보다 입자 배열이 불규칙적이다.
(5) 과정 ❶, ❸에서 모두 푸른색 염화 코발트 종이의 색이 붉은색으로 변하였으므로, 물의 상태가 변해도 물의 성질은 변하지 않는다는 것을 알 수 있다.
바로알기 (1) 비커 속의 액체 상태였던 뜨거운 물은 기체 상태의 수증기로 기화한다. 승화는 고체에서 바로 기체가 되는 과정 또는 기체에서 바로 고체가 되는 과정이다.
(4) 시계 접시 위에 담긴 얼음이 녹은 물 또한 물의 성질을 띠므로 푸른색 염화 코발트 종이를 붉은색으로 변하게 한다.

02

물질의 상태 변화를 일으키는 주된 요인은 온도이다. 물은 온도 변화(열의 출입)에 의해 얼음(고체), 물(액체), 수증기(기체)의 형태로 상태가 변한다.

03

답 물질의 성질, 물질의 질량, 입자의 종류, 입자의 개수, 입자의 크기 등

해설 물질의 상태가 변할 때는 물질을 이루는 입자의 배열만 달라질 뿐 입자의 종류, 개수, 크기 등이 변하지 않아 물질의 성질과 질량이 변하지 않는다.

04 서술형

모범 답안 비커의 뜨거운 물이 기화하여 기체 상태의 수증기가 되었다가 차가운 시계 접시와 만나 냉각되면서 액화하여 다시 액체 상태의 물이 된 것이다.

채점 기준	배점
생성 과정과 상태 변화를 모두 옳게 서술한 경우	100 %
생성 과정만 옳게 서술한 경우	30 %

05

(1) 실온에서 드라이아이스는 고체에서 기체로 승화가 일어난다.
(3) 드라이아이스는 이산화 탄소 기체로 승화하며 크기가 줄어든다.
(4) 냉동실에 넣어 둔 얼음이 작아지는 것은 드라이아이스와 같이 고체 → 기체로 승화하는 현상이다.
(5) 유리컵에 드라이아이스를 넣고 컵 입구를 비누막으로 막으면 드라이아이스가 기체로 승화하며 부피가 증가해 비누막이 부풀어 오를 것이다.
바로 알기 > (2) 비닐 주머니 속 입자의 개수는 실험 전과 후가 같다.

06 서술형

모범 답안 > (가) 융해, (나) 승화 / 상태 변화가 일어나도 물질을 이루는 입자의 종류와 개수는 변하지 않으므로 (가)와 (나)에서 전자저울의 숫자는 변하지 않는다.

채점 기준	배점
상태 변화의 종류와 전자저울의 숫자 변화를 모두 옳게 서술한 경우	100 %
상태 변화의 종류와 전자저울의 숫자 변화 중 한 가지만 옳게 서술한 경우	50 %

실전 백신 128~130쪽

01 ③	**02** ②, ⑤	**03** ③	**04** ②	**05** ②
06 ②	**07** ④	**08** ①	**09** ③	**10** ⑤
11 ①, ③	**12** ③	**13** ⑤	**14** ⑤	

15~17 해설 참조

01

① (가)는 입자 사이의 거리가 매우 가깝고, 입자 배열이 규칙적인 고체이다.
② 밀가루, 드라이아이스는 고체인 (가)에 해당한다.
④ 고체인 (가)는 일정한 형태를 지니며 대부분 단단하다.
⑤ 고체인 (가)는 용기에 상관없이 모양과 부피가 일정하다.
바로 알기 > ③ 고체인 (가)는 흐르는 성질이 없고 압축이 잘 되지 않는다. 흐르는 성질이 있고 쉽게 압축되는 물질의 상태는 기체인 (다)이다.

02

(나)는 (가)보다는 입자 배열이 불규칙하고, (다)보다는 입자 배열이 규칙적인 액체이다.
②, ⑤ 식초와 에탄올은 실온에서 액체인 (나)이다.
바로 알기 > ① 설탕은 실온에서 고체인 (가)이다.
③, ④ 산소와 수증기는 실온에서 기체인 (다)이다.

03

(다)는 입자 사이의 거리가 가장 먼 것으로 보아 기체이다.
ㄷ. 기체 (다)는 담는 용기에 따라 모양과 부피가 달라진다.

바로 알기 > ㄱ. 입자 운동은 기체일 때 가장 활발하다.
ㄴ. 기체는 입자 사이에 빈 공간이 많아 쉽게 압축된다.

04

② 얼음, 소금, 암석은 모두 고체 상태의 물질이다. 고체 상태의 물질은 입자 배열이 규칙적이다.
바로 알기 > ① 고체 상태의 물질은 흐르는 성질이 없다.
③ 고체 상태의 물질은 입자 사이의 거리가 매우 가까워서 입자의 운동이 매우 둔하고 제자리에서 진동만 한다.
④, ⑤ 고체 상태의 물질은 일정한 형태를 가지고 있어 담는 용기에 따라 모양과 부피가 변하지 않는다.

05

① 물질은 온도나 압력의 영향으로 입자의 배열이 바뀌며 상태가 변한다.
③ 마그마는 액체 상태의 물질이고, 화성암은 고체 상태의 물질이므로 마그마가 굳어 화성암이 되는 것은 응고이다.
④ 고체 상태의 물질이 액체 상태를 거치지 않고 바로 기체가 되는 것을 승화라고 하며, 반대로 기체 상태의 물질이 액체 상태를 거치지 않고 바로 고체가 되는 것도 승화이다.
⑤ 성에는 공기 중의 수증기가 겨울철 차가운 유리창 표면과 만나 승화한 것이다.
바로 알기 > ② 물질의 상태 변화가 일어날 때 물질을 이루는 입자의 종류는 변하지 않는다.

06

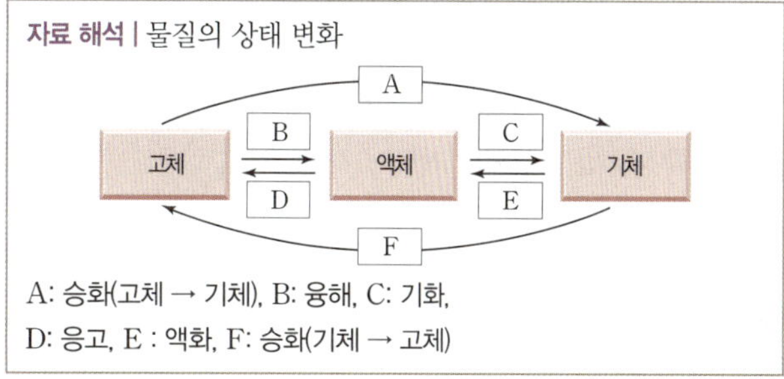

물질에 열을 가하면 대부분의 물질은 고체 → 액체 → 기체 순서로 상태가 변하고, 승화성 물질은 고체 → 기체로 상태가 변한다. 따라서 물질에 열을 가할 때의 상태 변화는 고체에서 기체로의 승화(A), 융해(B), 기화(C)이다.

07

(가) 가뭄이 들어 논바닥의 물이 기화하여 논바닥이 갈라진다.
(나) 겨울철 그늘에 있는 눈사람의 크기가 작아지는 것은 승화(고체 → 기체)에 해당한다.
(다) 새벽에 호수 주변의 수증기가 액화하여 안개를 형성한다.
(라) 얼어 있던 호수가 녹는 것은 융해에 해당한다.

08

지붕에 쌓인 눈(고체)이 녹아 물(액체)이 되는 것은 융해에 해당하고, 물(액체)이 처마 끝에서 얼어 고드름(고체)이 되는 것은 응고에 해당한다.

09

ㄱ, ㄷ. (가) 이슬은 공기 중의 수증기가 액화하여 물방울이 된 것이고, (나) 서리는 공기 중의 수증기가 승화하여 얼음 결정이 된 것이다.

바로 알기 > ㄴ. (나) 서리는 액체 상태를 거치지 않고 기체 상태의 수증기가 바로 고체로 승화하여 형성된 것이다.

10

⑤ 따뜻한 바람을 불어 주면 얼음은 융해하여 물(액체)이 되고, 드라이아이스는 승화하여 이산화 탄소(기체)가 된다. 액체와 기체 모두 용기에 따라 모양이 달라지므로 비닐봉지의 모양을 바꾸면 물질의 모양이 달라진다.

바로 알기 > ① 물질의 상태가 변해도 물질의 질량은 변하지 않는다.
② 얼음이 융해하면 부피가 작아지지만, 드라이아이스가 승화하여 기체가 되면 부피가 커져 비닐봉지가 부풀어 오른다.
③ 드라이아이스는 액체 상태를 거치지 않고 기체가 된다.
④ 얼음과 드라이아이스 조각의 크기는 상태가 변하면서 작아진다.

11

A는 승화(고체 → 기체), B는 승화(기체 → 고체), C는 융해, D는 응고, E는 기화, F는 액화이다.
① 승화(A)와 기화(E) 과정에서 입자 사이의 거리가 멀어지므로, 입자 배열의 규칙성은 약해진다.
③ 냉각할 때 일어나는 상태 변화는 B, D, F이다.

바로 알기 > ② 상태 변화가 일어나도 물질을 이루는 입자의 종류나 개수, 모양, 크기 등은 변하지 않는다.
④ 목욕탕 유리에 김이 서리는 현상은 액화(F)이다.
⑤ F 과정은 기체가 액체로 상태가 변하는 액화이다. 기체에서 액체로 변할 때, 입자 사이의 거리가 가까워지므로 물질의 부피는 감소한다.

12

ㄷ. 양초를 포함한 대부분의 물질은 고체 상태일 때보다 액체 상태일 때 부피가 크다. 따라서 양초의 부피는 액체 상태 (나)일 때가 고체 상태 (다)일 때보다 크다.

바로 알기 > ㄱ. (가)에서 고체 양초를 가열하면 융해하여 액체 상태의 양초가 된다. 액화는 기체가 액체로 상태가 변하는 것이다.
ㄴ. 양초의 상태가 변하여도 입자의 종류, 개수, 크기 등은 변하지 않으므로 양초의 질량은 변하지 않는다.

13

자료 해석 | 물의 상태 변화

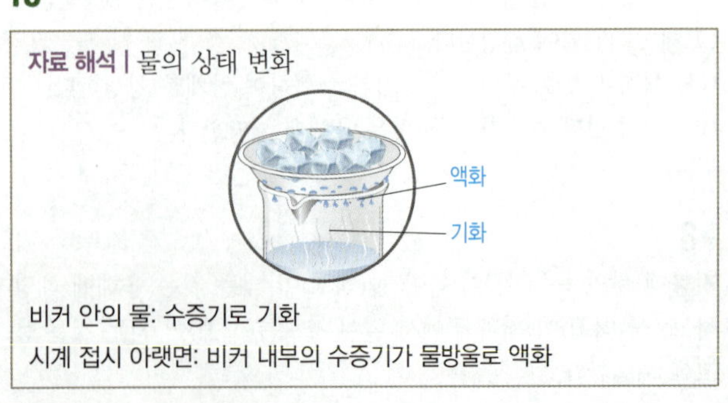

비커 안의 물: 수증기로 기화
시계 접시 아랫면: 비커 내부의 수증기가 물방울로 액화

ㄱ. 물은 푸른색 염화 코발트 종이를 붉은색으로 변화시키는 성질이 있다.
ㄴ. (나)에서 비커 속의 물은 수증기로 기화하여 시계 접시의 아랫면에서 물방울로 액화한다.
ㄷ. (다)에서 시계 접시의 아랫면에 생긴 물방울은 비커 속의 수증기가 물로 상태 변화한 것이므로 성질이 같다.

14

⑤ 비닐장갑 안에 있던 아세톤은 액체에서 기체로 기화하여 아세톤 입자 사이의 거리가 멀어졌고, 이에 따라 부피가 커져 비닐장갑을 부풀게 했다.

바로 알기 > ① 아세톤은 액체에서 기체로 기화한다.
②, ③, ④ 물질의 상태가 변해도 입자의 크기와 개수, 질량은 달라지지 않는다.

서술형

15

모범 답안 > 물: 부피가 거의 변하지 않는다. 공기: 부피가 작아진다. / 액체인 물은 입자 사이의 거리가 비교적 가까워 거의 압축되지 않지만, 기체인 공기는 입자 사이의 거리가 매우 멀어 입자 사이에 빈 공간이 많으므로 쉽게 압축되어 부피가 작아진다.

채점 기준	배점
부피의 변화와 그 까닭을 옳게 서술한 경우	100 %
부피의 변화만 옳게 서술한 경우	50 %

16

모범 답안 > (가)에서는 액체 양초(촛농)가 심지를 타고 올라가 기체로 변하는 기화 현상이 일어나고, (나)에서는 고체 양초가 녹아 액체 양초(촛농)가 되는 융해 현상이 일어나며, (다)에서는 액체 양초(촛농)가 굳어 고체 양초가 되는 응고 현상이 일어난다.

채점 기준	배점
(가), (나), (다)에서 일어나는 상태 변화 과정을 모두 옳게 서술한 경우	100 %
(가), (나), (다)에서 일어나는 상태 변화 과정 중 두 가지만 옳게 서술한 경우	50 %

17

모범 답안 > 안경에 서리는 김은 공기 중의 수증기가 차가운 안경 표면에서 액화하여 물방울로 맺혀서 생긴 것이다. 이때 뜨거운 바람을 불어 주면 안경의 물방울이 수증기로 기화하여 김을 제거할 수 있다.

채점 기준	배점
김이 서리는 까닭과 제거 방법을 상태 변화와 관련지어 옳게 서술한 경우	100 %
김이 서리는 까닭과 제거 방법 중 한 가지만 옳게 서술한 경우	50 %

01 ③, ④ 02 ③ 03 ① 04 ③

01

① 찌개를 끓일 때 국물의 양이 줄어드는 것은 국물이 기화하였기 때문이다.
② 물을 끓이면 물이 기화하여 수증기가 되었다가 찬 공기에 닿으면 액화하여 눈에 보이는 김이 된다.
⑤ 뜨거운 음식이 식으면 그릇 안의 수증기가 액화하여 물방울이 된다.
바로 알기 ③ 냉면에 식초를 떨어뜨리면 국물 전체에서 신맛이 나는 것은 액체에서의 확산에 의한 현상이지 물질의 상태가 변하는 것이 아니다.
④ 설탕을 물에 넣고 저어 주었을 때 설탕이 눈에 보이지 않는 것은 설탕과 물이 균일하게 섞였을 뿐 상태가 변하는 것이 아니다.

02

(가)는 기화, (나)는 액화, (다)는 융해, (라)는 응고에 해당한다.
③ 고체<액체<기체 순으로 입자 사이의 거리가 멀기 때문에 액체가 기체로 상태가 변하는 기화 (가), 고체가 액체로 상태가 변하는 융해 (다)가 입자 사이의 거리가 멀어지는 상태 변화이다.
바로 알기 ① 대부분의 물질을 가열하면 고체 → 액체 → 기체 순서로 상태가 변하고, 냉각하면 기체 → 액체 → 고체 순서로 상태가 변한다.
② 모든 물질은 상태 변화 후 입자의 배열이 변한다.
④ 모든 물질은 상태 변화 후 물질의 성질이 변하지 않는다.
⑤ 고체<액체<기체 순으로 입자의 운동이 활발해진다.

03

자료 해석 | 아이오딘의 승화
비커 바닥: 고체 아이오딘의 승화(고체 → 기체)
비커 중간: 기체 아이오딘
둥근바닥 플라스크의 아랫면: 기체 아이오딘의 승화(기체 → 고체)

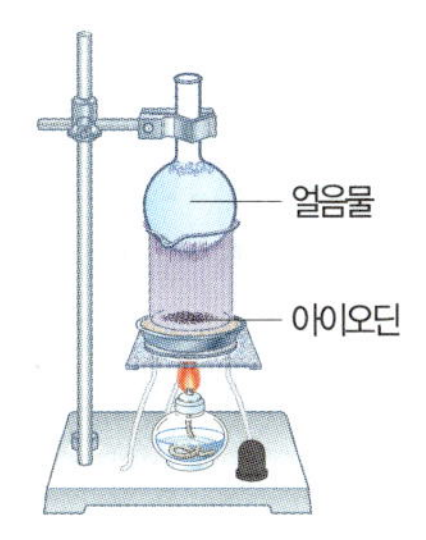

① 비커 내부에서는 고체 아이오딘의 승화(고체 → 기체)와 기체 아이오딘의 승화(기체 → 고체)가 모두 일어난다.
바로 알기 ② 비커의 바닥에서 고체 아이오딘은 기체 아이오딘으로 승화한다.
③ 가열하는 동안 아이오딘은 액체 상태를 거치지 않고 고체 → 기체로 상태가 변하는 승화성 물질이다.
④ 둥근바닥 플라스크에 들어 있는 얼음물은 기체 아이오딘의 승화를 돕는 역할을 한다.
⑤ 비커의 바닥에 있는 아이오딘과 둥근바닥 플라스크의 아랫면에 붙은 아이오딘은 모두 같은 물질이므로 성질이 같다. 물질이 상태 변화할 때 물질의 성질은 변하지 않는다.

04

ㄱ. 물은 기온이 낮아지면 응고하여 고체 상태의 얼음이 되고, 기온이 높아지면 얼음이 융해하여 물이 된다.
ㄷ. 물은 얼음이 되면서 빈 공간을 갖는 규칙적인 배열을 하게 되기 때문에 얼음일 때의 부피가 더 크다. 따라서 암석의 틈에 물이 스며들면 물이 얼음이 될 때 부피가 팽창하여 암석의 틈을 넓히는 것이다.
바로 알기 ㄴ. 물이 얼어서 얼음이 되면 입자 운동이 둔해지고 입자 사이의 거리가 가까워지며 입자 사이의 인력은 강해진다.

03 상태 변화와 열에너지

01 고체, 기체, 흡수 02 흡수 03 상태 변화
04 기체, 고체, 방출 05 규칙적 06 ○ 07 ×
08 × 09 ○ 10 ○ 11 낮아 12 높아
13 흡수 14 기화 15 액체, 흡수 16 ×
17 × 18 ○ 19 ○ 20 ○

01 (1) × (2) ○ (3) × (4) ○ (5) ○
02 (1) A: 고체 B: 고체와 액체 C: 액체 D: 액체와 기체 E: 기체
   (2) B: 융해 D: 기화 (3) E
03 (1) A: 기체 B: 기체와 액체 C: 액체 D: 액체와 고체 E: 고체
   (2) B: 액화 D: 응고
04 B, D, E 05 (1) A (2) A (3) D (4) C (5) E
06 (1) 기화, 열에너지 흡수 (2) 액화, 열에너지 방출
   (3) 융해, 열에너지 흡수 (4) 응고, 열에너지 방출
   (5) 기화, 열에너지 흡수
07 (1) ① 기화 ② 낮아 ③ 액화 ④ 따뜻한
   (2) ① 기화 ② 흡수 ③ 액화 ④ 방출

01

바로 알기 (1) 물질이 상태 변화할 때 온도는 일정하게 유지된다.
(3) 액화가 일어나는 동안 물질은 열에너지를 방출한다.

02

고체 물질을 가열하면 온도가 높아지다가 어느 지점에서부터 온도가 일정한 구간이 나타나며, 그 구간에서부터 고체 → 액체 → 기체의 순서대로 상태 변화가 일어난다.
(1) A 구간은 상태가 변하기 전이므로 고체만 존재하고, B 구간은 고체가 액체로 융해하는 구간이므로 고체와 액체가 함께 존재하며, C 구간은 고체가 모두 융해하여 액체만 존재하고, D 구간은 액체가 기체로 기화하는 구간이므로 액체와 기체가 함께 존재한다. 마지막으로 E 구간은 액체가 모두 기화하여 기체만 존재한다.
(2) 온도가 높아지다가 일정해지는 구간인 B에서는 융해가, D에서는 기화가 일어난다.
(3) A~E 구간 중 입자 사이의 거리가 가장 먼 구간은 물질이 기체 상태로 존재하는 E 구간이다.

03

수증기를 냉각하면 온도가 낮아지다가 어느 지점에서부터 온도가 일정한 구간이 나타나며, 그 구간에서부터 기체 → 액체 → 고체의 순서대로 상태 변화가 일어난다.

(1) A 구간은 상태가 변하기 전이므로 기체만 존재하고, B 구간은 기체가 액체로 액화하는 구간이므로 기체와 액체가 함께 존재하며, C 구간은 기체가 모두 액화하여 액체만 존재하고, D 구간은 액체가 고체로 응고하는 구간이므로 액체와 고체가 함께 존재한다. E 구간은 액체가 모두 응고하여 고체만 존재한다.

(2) 온도가 낮아지다가 일정해지는 구간인 B에서는 액화가, D에서는 응고가 일어난다.

04

융해(B), 승화(고체 → 기체)(D), 기화(E)가 일어날 때 열에너지를 흡수하여 주위의 온도가 낮아진다.

05

(1) 날씨가 추워지면 오렌지 나무에 물을 뿌려 물이 응고(A)할 때 방출되는 열로 오렌지의 냉해를 막는다.

(2) 이글루 내부에 물을 뿌리면 물이 응고(A)하면서 열을 방출하여 내부의 온도가 높아진다.

(3) 아이스크림 케이크를 포장할 때 드라이아이스를 같이 넣으면 드라이아이스가 승화(고체 → 기체)(D)하면서 열을 흡수하여 아이스크림을 차갑게 보관할 수 있다.

(4) 겨울철 눈이 내리면 눈이 만들어질 때 승화(기체 → 고체)(C)가 일어나 열을 방출하여 날씨가 포근해진다.

(5) 열이 날 때 물수건으로 몸을 닦아 주면 물이 기화(E)하면서 열을 흡수해 체온이 낮아진다.

06

(1) 여름철 마당에 물을 뿌리면 물이 기화하면서 열에너지를 흡수하여 주위가 시원해진다.

(2) 비가 오기 전에는 수증기가 액화하면서 열에너지를 방출하여 날씨가 후텁지근해진다.

(3) 음료수에 얼음을 넣으면 얼음이 융해하면서 열에너지를 흡수하여 음료수가 시원해진다.

(4) 액체 파라핀에 손을 담갔다 빼면 액체 파라핀이 응고하면서 열에너지를 방출하여 온열 찜질이 가능하다.

(5) 폭포 근처에 가면 폭포의 물이 기화하면서 열에너지를 흡수하여 주위가 시원해진다.

07

(1) 에어컨의 실내기에서는 액체 냉매가 기화하면서 열에너지를 흡수하여 실내 온도가 낮아진다. 반대로 실외기에서는 기화한 냉매가 다시 액화하면서 열에너지를 방출하여 따뜻한 바람이 발생한다.

(2) 증기 난방기의 보일러에서는 물이 기화하면서 열에너지를 흡수하고, 방열기에서는 수증기가 다시 액화하면서 열에너지를 방출한다.

탐구 알약 136~137쪽

01 (1) × (2) ○ (3) × (4) ○ (5) ○　　**02** 액체
03 기화, 열에너지 흡수　　**04** 해설 참조
05 (1) × (2) ○ (3) × (4) ○ (5) ×　　**06** B　　**07** 해설 참조

01

(2) 물은 온도가 높아지다가 약 100 ℃에서 일정하게 유지되며, 이때 상태 변화가 일어난다.

(4) 9 분 이후 물은 열에너지를 흡수하며 기화한다.

바로 알기 > (1) 물을 가열하면 온도가 높아지다가 100 ℃에 이르면 상태 변화가 일어나며 온도가 더 이상 높아지지 않고 일정하게 유지된다.

(3) 9 분까지 가해 준 열에너지는 물의 온도를 높이는 데 사용된다.

02

A 구간에서 물은 상태 변화하기 전이므로 액체 상태로 존재한다.

03

B 구간에서 물은 액체에서 기체로 기화하고, 이때 열에너지를 흡수한다.

04 서술형

모범 답안 > B 구간에서 가해 준 열에너지를 흡수하여 물이 액체에서 기체로 상태 변화하며 입자 배열이 변하는 데 모두 사용되므로 온도는 높아지지 않고 일정하게 유지된다.

채점 기준	배점
키워드를 모두 포함하여 옳게 서술한 경우	100 %
키워드 중 한 가지만 포함하여 옳게 서술한 경우	50 %

05

(2) B 구간에서는 물이 얼음으로 상태가 변하기 때문에 시험관 안에 물과 얼음이 함께 존재한다.

(4) 입자 사이의 운동은 고체보다 액체에서 활발하므로 C 구간보다 A 구간에서 활발하다.

바로 알기 > (1) A 구간에서는 온도가 점점 낮아진다. 물의 상태 변화는 온도가 일정하게 유지되는 B 구간에서 일어난다.

(3) C 구간은 물의 상태 변화가 끝난 후, 얼음으로 존재하는 구간이다. 따라서 C 구간에서 갖고 있는 열에너지가 가장 작다.

(5) 물이 어는 동안에는 열에너지를 방출한다.

06

물이 응고하여 얼음으로 상태가 변할 때 열에너지를 방출한다. 이때 방출하는 열에너지로 인해 주위 온도가 높아지므로 과일이 어는 것을 막을 수 있다.

07 서술형

모범 답안 > 물이 얼음으로 상태가 변하면서 방출된 열에너지가 빼앗긴 열을 보충해 주기 때문에 온도가 일정하게 유지된다.

채점 기준	배점
키워드를 모두 포함하여 옳게 서술한 경우	100 %
키워드 중 한 가지만 포함하여 옳게 서술한 경우	50 %

실전 백신

01 ②	**02** ②	**03** ②	**04** ③	**05** ②
06 ④	**07** ⑤	**08** ⑤	**09** ②	**10** ④
11 ④	**12** ⑤	**13** ②	**14** ③	

15~17 해설 참조

01

① 물질이 기화할 때 주위로부터 열에너지를 흡수하여 주위의 온도가 낮아진다.
③ 고체가 액체로 상태가 변하는 것을 융해라고 하며, 이때 열에너지를 흡수한다.
④ 액체를 가열할 때 온도가 높아지다가 일정하게 유지되는 구간이 존재하며, 이때 액체의 기화가 일어난다.
⑤ 열에너지를 흡수하는 상태 변화가 일어나면 물질의 입자 배열이 불규칙해진다.
바로 알기 ② 기체에서 고체로 승화할 때 열에너지를 방출하고, 고체에서 기체로 승화할 때 열에너지를 흡수한다.

02

액체 물질을 가열하면 물질은 액체에서 기체로 기화하며 상태가 변하는 동안 온도는 일정하게 유지된다. A 구간은 아직 상태 변화하기 전이므로 물질이 액체 상태로 존재하고, B 구간은 상태 변화가 진행 중이므로 액체와 기체 상태 모두 존재한다. C 구간은 상태 변화가 끝난 이후이므로 기체 상태의 물질만 존재한다.

03

② A 구간은 물질이 액체 상태이고, C 구간은 기체 상태이므로, 입자 배열은 A 구간에서 가장 규칙적이다.
바로 알기 ① 물질이 가열되는 동안 열에너지를 흡수하며, 주위의 온도는 낮아진다.
③ A 구간에서 가해 준 열에너지는 물질의 온도를 높이는 데 사용되어 온도가 계속 높아진다.
④ B 구간에서 가해 준 열에너지는 액체 물질을 기체 상태로 변화시키는 데 사용된다.
⑤ A 구간은 물질이 액체 상태이고, C 구간은 기체 상태이므로, 입자 사이의 거리는 C 구간에서 가장 멀다.

04

① 물은 열에너지를 흡수하며 기화한다.
② 시간이 지날수록 물 입자는 액체 상태에서 기체 상태로 변하며 불규칙적으로 배열된다.
④ A 구간에서는 물만 존재하고, B 구간에서는 물과 수증기가 함께 존재한다.
⑤ B 구간에서 온도가 일정하게 유지되는 까닭은 물질이 흡수한 열에너지를 상태 변화하는 데 모두 사용하기 때문이다.
바로 알기 ③ 물질이 상태 변화하는 동안 온도는 일정하게 유지된다. A 구간에서는 액체, B 구간에서는 액체와 기체로 존재한다.

05

① 물질이 액체에서 고체로 상태가 변하는 동안 열에너지를 방출한다.

③ 일반적으로 액체에서 고체로 상태 변화할 때 입자 사이의 거리가 가까워져서 물질의 부피가 감소한다.
④ 액체를 냉각하면 입자 사이의 거리가 매우 가까워지면서 입자 사이의 인력이 강해진다.
⑤ 물질이 응고할 때는 입자의 배열이 규칙적으로 변한다.
바로 알기 ② 액체에서 고체로 응고할 때 입자의 운동이 둔해진다.

06~07

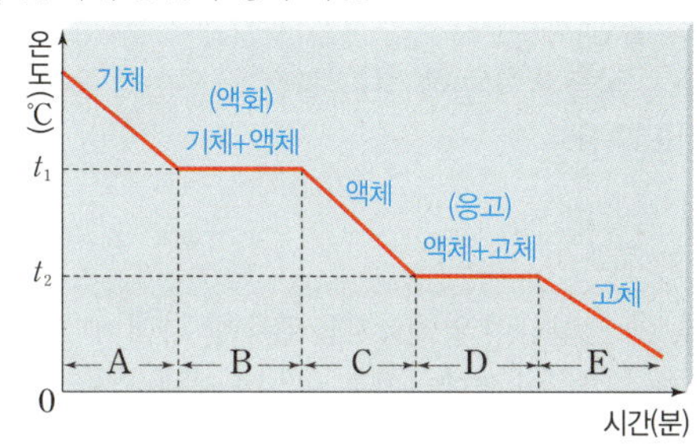

- t_1: 액화가 일어나는 온도
- t_2: 응고가 일어나는 온도
- A: 기체, B: 기체 → 액체(액화), C: 액체, D: 액체 → 고체(응고), E: 고체
- 상태 변화가 일어나는 구간: B, D

06

냉동실에 넣은 물이 어는 것은 액체에서 고체로 상태가 변하는 응고 현상이므로, D 구간에서 일어난다.

07

ㄱ. B 구간에서 액화가 일어날 때 열에너지를 방출한다.
ㄴ. C 구간에서 물질은 기체가 모두 액화하여 액체 상태로 존재한다.
ㄷ. D 구간은 온도가 일정하므로 물질은 액체가 고체로 상태 변화하며 두 가지 상태로 존재한다.

08

⑤ 물을 냉각할 때 B 구간에서 온도가 일정하게 유지되는 것은 물이 응고하면서 열에너지를 방출하기 때문이다.
바로 알기 ① 물의 상태 변화가 일어나는 온도는 일정하게 유지되는 온도인 0 ℃이다.
② 물은 응고하면서 열에너지를 방출해 고체로 상태가 변한다.
③ 물은 A 구간에서 액체, B 구간에서 액체와 고체, C 구간에서 고체로 존재한다.
④ 물은 고체로 상태가 변하므로 물의 입자 배열은 규칙적으로 배열된다.

09

ㄷ. 샤워를 하고 나오면 몸에 묻은 물기가 기화하며 열에너지를 흡수하므로 체온이 낮아져 서늘함을 느낀다.
바로 알기 ㄱ. 눈이 내릴 때 수증기가 얼음으로 승화하면서 열에너지를 방출하므로 날씨가 포근해진다.
ㄴ. 비가 오기 전에는 공기 중의 수증기가 물방울로 액화하면서 열에너지를 방출하므로 날씨가 후텁지근하다.

10

실온에서 에탄올은 주위로부터 열에너지를 흡수하여 기화하므로 주위의 온도가 낮아진다. 따라서 (나) 온도계의 눈금이 더 낮아진다.

11

ㄱ. 이글루 벽면에 뿌린 물(액체)이 얼음(고체)으로 상태 변화하면서 입자 배열은 규칙적으로 변한다.
ㄷ. 구름에서 눈이 생성될 때는 수증기가 눈으로 승화하면서 열에너지를 방출한다.
바로 알기 ㄴ. 이글루 벽면에 뿌린 물은 얼음으로 응고하면서 열에너지를 방출한다.

12

①, ②, ③, ④ 기화하며 열에너지를 흡수한 사례이다.
바로 알기 ⑤ 승화하며 열에너지를 흡수한 사례이다.

13

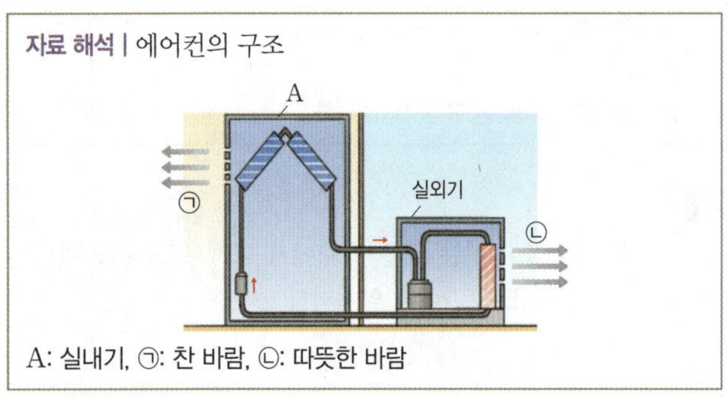

② 실내기(A)에서는 액체 냉매가 기화하며 열에너지를 흡수한다.
바로 알기 ① 실내기(A)에서는 액체 냉매가 기화한다.
③ 실외기에서는 실내기에서 이동한 기체 냉매가 액화하며 열에너지를 방출한다.
④ 실내기(A)에서 열에너지를 흡수하므로 ㉠은 찬 바람이다.
⑤ 실외기에서 기체 냉매가 액화하며 열에너지를 방출하므로 ㉡은 따뜻한 바람이다.

14

냉장고의 증발기에서는 기화, 응축기에서는 액화, 증기 난방기의 방열기에서는 액화, 보일러에서는 기화가 일어난다.

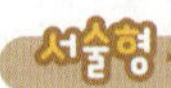
서술형

15

모범 답안 BC 구간, 고체가 액체로 융해할 때 열에너지를 흡수하여 고체와 액체가 함께 존재하고, 온도가 일정하게 유지된다.

채점 기준	배점
열에너지를 흡수하는 구간과 그 까닭을 옳게 서술한 경우	100 %
열에너지를 흡수하는 구간만 옳게 쓴 경우	30 %

16

모범 답안 67.0 ℃, 액체가 고체로 응고하는 동안 열에너지가 방출되어 온도는 일정하게 유지된다. 3~5 분 사이의 온도가 67.0 ℃로 일정하게 유지되므로, 이 물질이 상태 변화하는 온도는 67.0 ℃이다.

채점 기준	배점
상태 변화하는 온도와 그 까닭을 옳게 서술한 경우	100 %
상태 변화하는 온도만 옳게 쓴 경우	30 %

17

모범 답안 아이스박스에 얼음 팩과 음식물을 함께 넣으면 얼음이 물로 융해할 때 열에너지를 흡수하므로 음식물을 시원하게 보관할 수 있다.

채점 기준	배점
열에너지 출입과 관련지어 까닭을 옳게 서술한 경우	100 %
열에너지 출입 없이 까닭을 옳게 서술한 경우	30 %

1등급 백신

143쪽

01 ②　　**02** ③　　**03** ④　　**04** ②

01

② 액체 상태의 로르산을 냉각하면 로르산의 온도가 낮아지다가 일정하게 유지되는 구간이 나타나는데, 이 구간에서 로르산은 액체에서 고체로 상태 변화한다.
바로 알기 ① 고체 상태의 로르산을 가열하면 로르산의 온도가 높아지다가 일정하게 유지되는 구간이 나타난다.
③ 고체 상태의 로르산을 가열하면 고체가 액체로 상태가 변하며 열에너지를 흡수한다.
④ 액체 상태의 로르산을 냉각하면 액체가 고체로 상태가 변하며 열에너지를 방출한다.
⑤ 물을 끓이는 과정에서 물이 수증기로 기화할 때 열에너지를 흡수한다.

02

① 물이 끓는 동안 물이 흡수한 열은 액체에서 기체로 상태가 변하는 데 사용된다.
② 종이가 타는 온도는 물의 끓는 온도보다 높아 종이로 만든 냄비에 라면을 끓여도 종이는 타지 않는다.
④, ⑤ 물이 끓을 때 가해 준 열은 물 입자 운동을 활발하게 하고, 입자 사이의 거리를 넓혀 물의 상태를 기체로 변화시킨다.
바로 알기 ③ 가해 준 열이 종이에 전혀 전달되지 않는 것은 아니다.

03

① 드라이아이스의 승화와 드라이아이스 주위 공기 중의 수증기
의 액화 두 가지 상태 변화가 일어난다.

②, ③ 드라이아이스가 승화할 때 열에너지를 흡수하면서 주위의
온도가 낮아진다. 이때 낮아진 온도에 의해 주위 공기 중의 수증
기가 액화하면서 수증기는 작은 물방울들이 된다.

⑤ 수증기가 액화할 때는 열에너지를 방출한다.

바로 알기 > ④ 눈에 보이는 하얀색의 연기는 드라이아이스의 승화
로 낮아진 온도에 의해 공기 중의 수증기가 액화하여 생긴 작은
물방울이다.

04

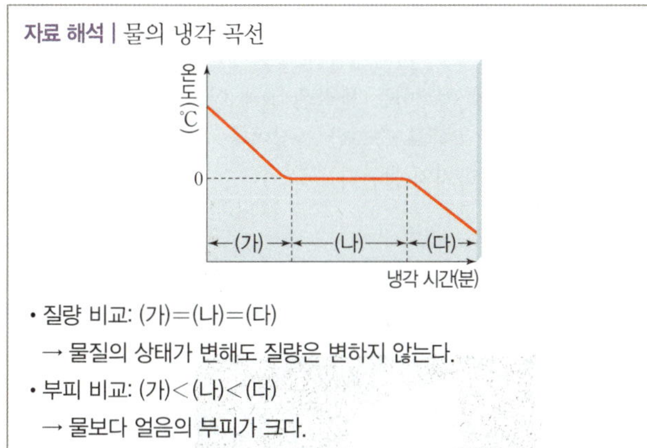

- 질량 비교: (가)=(나)=(다)
  → 물질의 상태가 변해도 질량은 변하지 않는다.
- 부피 비교: (가)<(나)<(다)
  → 물보다 얼음의 부피가 크다.

ㄷ. 물의 부피는 고체일 때가 액체일 때보다 크다. (가) 구간은
액체만, (나) 구간은 액체와 고체, (다) 구간은 고체만 존재하므
로 물의 부피는 (다) 구간에서 가장 크다.

바로 알기 > ㄱ. 물의 질량은 물질의 상태가 변해도 변하지 않는다.
ㄴ. (나)는 물이 응고하며 열에너지를 방출하는 구간이고, 항아
리 냉장고의 원리는 흙에 뿌린 물이 기화하면서 열에너지를 흡수
하여 음식을 시원하게 보관하는 것이다.

빈출 자료 집중진단   144~145쪽

❶ 1 ○ 2 × 3 × 4 ○ 5 ○
❷ 1 × 2 × 3 ○ 4 ○ 5 ×
❸ 1 × 2 ○ 3 ○ 4 ○ 5 ×
❹ 1 ○ 2 ○ 3 ○ 4 ×
❺ 1 × 2 ○ 3 ○ 4 × 5 ○ 6 ○
❻ 1 ○ 2 × 3 ○ 4 ○

❶ 2 (가)에서 입자는 모든 방향으로 퍼져 나간다.
3 (나)는 액체 표면에서 일어나는 증발이다.

❷ 1 입자 배열은 A, C, E 과정을 거치며 불규칙적으로 변한다.
2 물질의 상태가 변할 때 물질의 성질은 변하지 않는다.
5 물의 부피는 액체 (다)인 물<고체 (나)인 얼음<기체 (가)
인 수증기이다.

❸ 1 (가)는 융해로 액체가 생성되고, (나)는 승화로 기체가 생
성된다.
5 (가)와 (나)에서 모두 상태 변화가 일어나며, 이때 물질의
입자 개수는 변하지 않는다.

❹ 4 물질의 상태 변화가 일어나는 AB 구간, CD 구간에서는
흡수한 열에너지가 입자 배열을 변화시키는 데 모두 사용
되어 온도가 일정하게 유지된다.

❺ 1 A는 액체가 고체로 변하는 응고 현상으로 열에너지를 방
출해 주위의 온도가 높아진다.
4 E는 액체가 기체로 변하는 기화로, 상태 변화가 일어나는
동안 물질은 액체와 기체 상태로 존재한다.

❻ 2 ㉠은 찬 바람, ㉡은 따뜻한 바람이다.

CT 대단원 문제   146~151쪽

01 ②	02 ①, ⑤	03 ③	04 ③	05 ①
06 ②	07 ③	08 ①	09 ⑤	10 ②
11 ④	12 ②	13 ⑤	14 ④	15 ①, ⑤
16 ②	17 ①	18 ①	19 ①	20 ③
21 ②	22 ③	23~35 해설 참조		

01

바로 알기 > ② 입자는 모든 방향으로 운동한다.

02

입자들이 스스로 운동하기 때문에 나타나는 현상으로는 증발, 확
산 등이 있다.

②, ④ 액체의 표면에서 입자들이 스스로 운동하여 증발한 것이다.
③ 음식 냄새 입자가 확산하기 때문에 음식점 주변에서 음식 냄
새를 맡을 수 있다.

바로 알기 > ① 풀잎에 이슬이 맺히는 것은 기온이 낮아지면서 공기
중의 수증기가 물로 상태가 변하기 때문이다.
⑤ 소리가 울리는 것은 파동에 의한 현상이다.

03

ㄱ. 모여 있던 입자들이 스스로 운동하여 퍼지는 확산 현상을 나
타낸 그림이다.
ㄷ. 입자의 질량이 작을수록 입자 운동의 속도가 빨라서 확산이
더 잘 일어난다.

바로 알기 > ㄴ. 입자는 모든 방향으로 불규칙하게 운동한다.

04

(가)는 증발, (나)는 확산의 입자 모형이다.

바로 알기 > ③ 상온에 둔 빵이 딱딱해지는 것은 증발 현상인 (가)와
관련이 있다.

05

(가) 수업 시간에 질서 정연하게 의자에 앉아 있는 것은 고체의 입자 배열에 비유할 수 있고, (나) 쉬는 시간에 학생들이 교실과 복도를 걸어다니는 것은 액체의 입자 배열에 비유할 수 있으며, (다) 점심 시간에 학생들이 운동장에서 자유롭게 뛰어다니는 것은 기체의 입자 배열에 비유할 수 있다.

06

① 고체는 일정한 형태를 가지며 용기의 모양에 따라 모양이 변하지 않는다.
③ 기체는 입자 사이의 거리가 매우 멀다.
④, ⑤ 기체는 입자 사이의 인력이 매우 약하고 입자 사이의 거리가 매우 멀어 자유롭고 활발한 운동을 하며, 쉽게 압축된다.
바로 알기 ② 액체는 용기에 따라 모양은 달라지지만, 부피는 일정하다.

07

ㄴ, ㄷ. 물질의 상태가 변한다고 해서 입자의 개수와 크기, 종류가 바뀌는 것이 아니기 때문에 물질의 질량과 성질은 변하지 않는다.
바로 알기 ㄱ, ㄹ, ㅁ, ㅂ. 물질의 상태가 변할 때는 입자의 운동이 바뀌면서 입자 사이의 인력과 거리, 입자 배열이 달라진다. 이에 따라 물질의 부피 또한 달라진다.

08

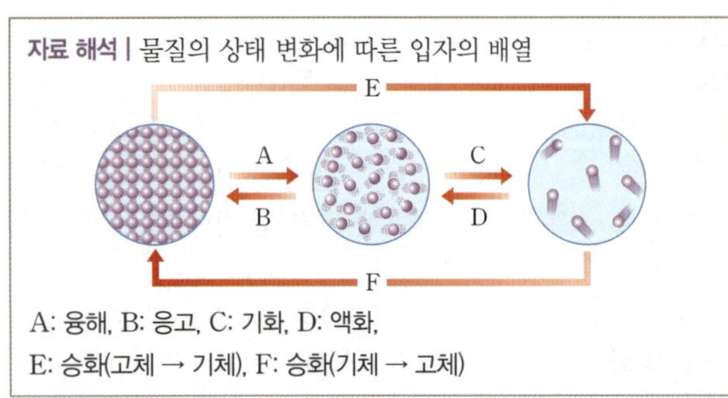
자료 해석 | 물질의 상태 변화에 따른 입자의 배열

② 응고(B)가 일어날 때는 입자의 운동이 둔해진다.
③ 기화(C)가 일어날 때는 입자 배열이 자유로워진다.
④ 기체에서 액체로 상태가 변하는 것을 액화(D)라고 한다.
⑤ 승화성 물질인 드라이아이스는 실온에서는 고체에서 기체로 상태가 변하는 승화(E)가 일어난다.
바로 알기 ① 고체에서 액체로 상태가 변하는 것은 융해(A)이다.

09

⑤ 눈은 구름 속에서 수증기가 얼음으로 승화(F)하여 만들어진다.
바로 알기 ① 안개는 대기 중의 수증기가 액화(D)하여 생긴 작은 물방울이다.
② 성에는 공기 중의 수증기가 승화(F)하여 생긴 것이다.
③ 김은 공기 중의 수증기가 액화(D)하여 생긴 것이다.
④ 풀잎에 맺혀 있던 이슬이 오후가 되니 사라지는 것은 기화하였기(C) 때문이다.

10

① A에서는 얼음이 융해하여 물이 된다.
③ C에서는 물이 열에너지를 흡수해 수증기가 된다.
④, ⑤ A~C의 물질은 물의 서로 다른 상태이고, 물질은 상태 변화를 거쳐도 성질을 잃지 않으므로 A~C는 모두 푸른색 염화 코발트 종이를 붉게 변화시킨다.
바로 알기 ② B에 맺힌 액체 방울은 C의 물이 기화하여 생성된 수증기가 액화한 것이다.

11

ㄱ. B에 존재하는 물질은 기체 아이오딘으로, 기체는 입자 사이의 거리가 매우 멀다.
ㄷ. 나프탈렌, 드라이아이스, 아이오딘 모두 액체 상태를 거치지 않고 고체에서 기체로, 기체에서 고체로 상태가 변한다.
바로 알기 ㄴ. A에 존재하는 물질은 고체 아이오딘이 기체로 승화하였다가 다시 고체로 승화한 물질이다. 물질은 상태 변화를 거쳐도 성질이 달라지지 않는다.

12

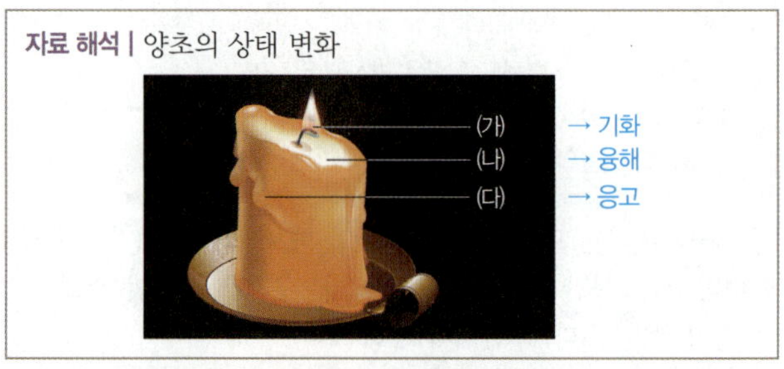
자료 해석 | 양초의 상태 변화

ㄷ. 물이 얼어 얼음이 되는 것은 응고이며, (다)에서는 (나)에서 만들어진 액체 양초가 흘러내리면서 응고하여 촛농이 굳는다.
바로 알기 ㄱ. (가)에서는 (나)에서 고체 양초가 녹아 만들어진 액체 양초가 심지를 타고 올라와 기체가 되어 탄다. 이때 입자 운동은 활발해진다.
ㄴ. (나)에서는 고체 양초가 액체 양초로 융해하여 입자 사이의 거리가 멀어진다.

13

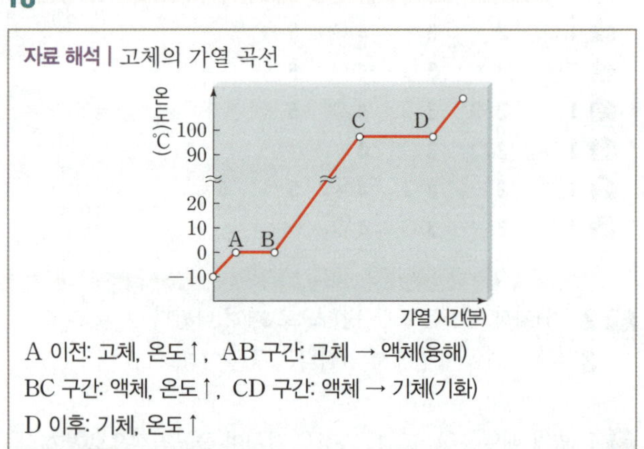
자료 해석 | 고체의 가열 곡선

A 이전: 고체, 온도↑, AB 구간: 고체 → 액체(융해)
BC 구간: 액체, 온도↑, CD 구간: 액체 → 기체(기화)
D 이후: 기체, 온도↑

① 그래프에서 온도가 일정한 AB 구간에서 물질은 고체가 액체로 상태가 변하는 융해가 일어난다.
② AB 구간은 융해가 일어나며, 고체와 액체가 모두 존재한다.

③ AB 구간에서 물질의 상태 변화가 끝나고 나면 가해 준 열은 다시 물질의 온도를 높이는 데 사용된다.

④ CD 구간에서 물질이 액체에서 기체로 상태 변화하므로 입자는 불규칙적으로 배열된다.

바로 알기 ⑤ 온도가 일정한 CD 구간에서 물질은 액체에서 기체로 상태가 변하는 기화가 일어나며, 이때 열에너지를 흡수한다.

14

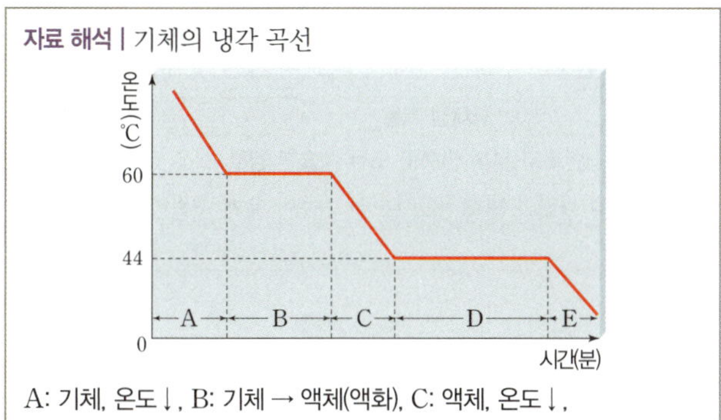

자료 해석 | 기체의 냉각 곡선

A: 기체, 온도↓, B: 기체 → 액체(액화), C: 액체, 온도↓,
D: 액체 → 고체(응고), E: 고체, 온도↓, 어는 온도 : 44 ℃

① 이 그래프에서 온도가 일정한 구간은 총 두 곳이며, 기체 → 액체 → 고체 순으로 상태가 변한다. 액체가 고체로 응고할 때의 온도는 두 번째 상태 변화인 D 구간의 44 ℃이다.

② A 구간에서 물질은 기체 상태로 존재하므로, 입자 사이의 거리가 가장 멀다.

③ 물질의 상태 변화는 일정하게 온도가 유지되는 구간인 B, D 구간에서 일어난다.

⑤ E 구간은 모든 상태 변화가 끝난 이후로 고체 상태의 물질만 존재한다.

바로 알기 ④ C 구간은 기체가 액체로 모두 상태가 변한 이후, 액체가 고체로 상태가 변하기 이전이므로 액체 상태의 물질만 존재한다.

15

① 얼음 조각상이 물로 융해하며 열에너지를 흡수해 주위의 온도가 낮아지므로 시원하게 느껴진다.

⑤ 열에너지를 흡수하는 상태 변화가 일어나면 물질의 온도는 높아지므로 입자 사이의 거리가 멀어진다.

바로 알기 ②, ④ 응고, 액화, 승화(기체 → 고체)가 일어나면 열에너지가 방출되어 입자 운동이 둔해지고, 입자가 규칙적으로 배열된다.

③ 융해, 기화, 승화(고체 → 기체)가 일어나면 열에너지를 흡수하여 주위의 온도가 낮아진다.

16

ㄷ. 얼음에 가해 준 열에너지는 얼음이 흡수하여 입자 운동을 활발하게 하는 데 사용되었다.

바로 알기 ㄱ. 물은 얼음보다 부피가 작다.

ㄴ. 얼음이 물로 융해할 때 주위로부터 열에너지를 흡수한다.

17

열에너지를 흡수하는 상태 변화는 기화(ㄱ), 융해(ㄴ), 승화(고체→ 기체)이고, 열에너지를 방출하는 상태 변화는 승화(기체 → 고체)(ㄷ), 액화(ㄹ, ㅁ), 응고(ㅂ)이다.

18

② 더운물에 녹인 액체 상태의 스테아르산을 찬물에 넣으면 온도가 점차 낮아지다가 약 69.4 ℃에서 상태 변화하므로 75 ℃에서 스테아르산은 액체 상태로 존재한다.

③ 스테아르산의 양이 많아지면 상태 변화하는 데 걸리는 시간이 길어지므로 온도가 일정하게 유지되는 시간이 길어질 것이다.

④, ⑤ 온도가 일정한 구간에서 스테아르산은 응고하여 열에너지를 방출하며 액체에서 고체로 상태가 변한다. 따라서 고체와 액체 두 상태의 물질이 동시에 존재한다.

바로 알기 ① 스테아르산이 액체에서 고체로 상태 변화하는 온도는 69.4 ℃로, 80 ℃보다 낮다.

19

ㄱ. 양가죽 주머니의 작은 구멍에서 새어 나온 물은 주위로부터 열에너지를 흡수하면서 기화하기 때문에 양가죽 주머니 안의 물은 열을 빼앗겨 시원해진다.

바로 알기 ㄴ. 얼음이 융해하며 열에너지를 흡수해 음식물을 시원하게 보관할 수 있다.

ㄷ. 액체가 기체로 상태가 변하는 기화가 일어날 때 열에너지를 흡수하는 것을 이용한 예이다.

20

① 고체 드라이아이스는 액체 상태를 거치지 않고 바로 기체로 승화하는 승화성 물질이다.

②, ④ 고체 드라이아이스가 주위로부터 열에너지를 흡수하며 승화하여 주위의 온도가 낮아지므로 주위에 있던 공기 중의 수증기가 액화하여 흰 연기로 우리 눈에 보이게 된다.

⑤ 비닐봉지 안에 고체 드라이아이스를 넣고 입구를 묶어 가만히 놓아두면 고체 드라이아이스가 서서히 기체로 승화하면서 입자 사이의 거리가 멀어져 부피가 커지기 때문에 비닐봉지가 부풀어 오른다.

바로 알기 ③ 고체 드라이아이스를 물속에 넣었을 때 수조의 물속에서 발생하는 기포는 고체 드라이아이스가 승화한 이산화 탄소 기체이다.

21

①, ③ 보일러에서는 물을 끓여 기화가 일어나 수증기가 발생하고 수증기는 방열기 쪽으로 이동한다. 이때 주위의 열에너지를 흡수하여 기화하였기 때문에 보일러에서 방열기로 이동하는 수증기(A)의 온도는 높다.

④, ⑤ 방열기에서는 수증기가 액화하여 열에너지를 방출한다.

바로 알기 ② 보일러에서는 열을 흡수하며 상태 변화했고, 방열기에서는 열을 방출하며 상태 변화했기 때문에 방열기에서 보일러로 이동하는 물(B)의 온도는 보일러에서 방열기로 이동하는 수증기(A)의 온도보다 낮다.

22

냉장고의 증발기, 에어컨의 실내기, 증기 난방기의 보일러에서는 기화가 일어난다. 냉장고의 응축기, 에어컨의 실외기, 증기 난방기의 방열기에서는 액화가 일어난다. 냉장고의 압축기에서는 상태 변화가 일어나지 않는다.

23

모범 답안 확산, 급식실에서 먼 곳에서도 음식 냄새를 맡을 수 있다. 뜨거운 물에 티백을 넣으면 차 성분이 퍼져 나간다. 등

해설 잉크 입자가 물에서 모든 방향으로 퍼져 나가는 것은 확산이다.

채점 기준	배점
현상과 예를 모두 옳게 서술한 경우	100 %
현상과 예 중 한 가지만 옳게 서술한 경우	50 %

24

모범 답안 (가) 확산, (나) 증발 / 확산과 증발은 모두 입자들이 스스로 운동하기 때문에 일어난다.

채점 기준	배점
현상과 까닭을 모두 옳게 서술한 경우	100 %
현상과 까닭 중 한 가지만 옳게 서술한 경우	50 %

25

답 (가): 액화 (나): 기화 (다): 승화(기체 → 고체) (라): 승화(고체 → 기체)

해설 (가)에서 안개는 공기 중의 수증기가 액화한 작은 물방울들이고, (나)에서 고추의 물기가 기화하여 고추가 마른다. (다)에서 서리는 공기 중의 수증기가 승화하여 생긴 것이며, (라)에서 명태는 얼어있는 상태에서 얼음이 승화하여 마른다.

채점 기준	배점
각 현상에서의 상태 변화를 옳게 서술한 경우	100 %
각 현상에서 상태 변화를 두 가지만 옳게 서술한 경우	50 %

26

모범 답안 물질의 성질, 물질의 질량, 입자의 종류, 입자의 크기, 입자의 개수는 변하지 않는다.

해설 물질의 상태 변화가 일어날 때 입자의 종류와 크기, 개수 등은 변하지 않으므로 물질의 성질과 질량은 변하지 않는다.

채점 기준	배점
변하지 않는 것을 두 가지 이상 모두 옳게 서술한 경우	100 %
변하지 않는 것을 한 가지만 옳게 서술한 경우	30 %

27

답 (1) 부풀어 오른다.

모범 답안 (2) 에탄올이 기화하면서 입자 운동이 활발해지고 입자

사이의 거리가 멀어져 부피가 커지기 때문이다.

채점 기준	배점
(1)과 (2)를 모두 옳게 서술한 경우	100 %
(1)과 (2) 중 한 가지만 옳게 서술한 경우	30 %

28

모범 답안 물질의 상태가 변하여도 입자의 종류와 개수, 크기 등은 변하지 않으므로 양초의 질량은 변하지 않는다. 하지만 액체에서 고체로 상태가 변할 때 입자 사이의 거리가 가까워지므로 액체 상태의 양초가 고체 상태가 되면 부피는 작아진다.

채점 기준	배점
양초의 질량 변화와 부피 변화를 모두 서술한 경우	100 %
양초의 질량 변화와 부피 변화 중 한 가지만 옳게 서술한 경우	50 %

29

(1) **답** 액체

(2) **모범 답안** 물이 끓을 때 물이 수증기로 기화하여 주전자 입구로 나오고, 이 수증기가 공기 중에서 냉각되면 다시 물로 액화하여 우리 눈에 하얗게 보이는 김이 된다.

채점 기준	배점
(1)과 (2)를 모두 옳게 서술한 경우	100 %
(1)만 쓴 경우	30 %

30

모범 답안 고체 아이오딘을 가열하면 액체를 거치지 않고 바로 기체로 승화하였다가 얼음물이 든 둥근바닥 플라스크의 밑바닥에 기체 아이오딘이 닿으면서 다시 냉각되어 고체 아이오딘으로 승화한다.

채점 기준	배점
아이오딘의 상태 변화 과정을 옳게 서술한 경우	100 %
승화가 일어났다고만 서술한 경우	30 %

31

답 A: 승화, 열에너지 흡수 B: 승화, 열에너지 방출 C: 기화, 열에너지 흡수 D: 액화, 열에너지 방출 E: 융해, 열에너지 흡수 F: 응고, 열에너지 방출

채점 기준	배점
상태 변화의 종류와 열에너지의 출입 방향을 옳게 서술한 경우	100 %
상태 변화의 종류만 옳게 서술한 경우	30 %

32

(1) **답** A: 기화 B: 액화

(2) **모범 답안** 가해 준 열에너지가 에탄올이 액체에서 기체로 기화하는 데 모두 사용되었기 때문이다.

32

(1) 답 A: 기화 B: 액화

(2) 모범답안 가해 준 열에너지가 에탄올이 액체에서 기체로 기화하는 데 모두 사용되었기 때문이다.

채점 기준	배점
⑴과 ⑵를 모두 옳게 서술한 경우	100 %
⑴만 쓴 경우	30 %

33

모범답안 세 가지 경우 모두 푸른색 염화 코발트 종이의 색이 붉게 변한다. 물질의 상태가 변하더라도 물질의 성질은 변하지 않기 때문이다.

채점 기준	배점
색 변화와 까닭을 모두 옳게 서술한 경우	100 %
푸른색 염화 코발트 종이의 색이 붉게 변했다는 것만 서술한 경우	30 %

34

모범답안 물이 끓고 있는 동안에는 물질에 가해 준 열에너지가 물이 수증기로 상태 변화하는 데 사용되기 때문에 물은 고체가 액체로 상태 변화하는 온도인 100 ℃에 머무른다. 이때 종이의 타는 온도는 100 ℃ 이상이기 때문에 종이컵은 타지 않는다.

채점 기준	배점
종이의 타는 온도와 물의 상태 변화 온도를 비교하여 까닭을 옳게 서술한 경우	100 %
상태 변화만을 포함하여 까닭을 옳게 서술한 경우	50 %

35

모범답안 여름철 도로에 물을 뿌리면 물이 기화하면서 주위로부터 열에너지를 흡수하여 주위의 공기가 시원해지고, 겨울철 오렌지 나무에 물을 뿌리면 물이 응고하면서 열에너지를 방출하여 오렌지가 어는 것을 방지할 수 있기 때문이다.

채점 기준	배점
여름철과 겨울철 물을 뿌리는 까닭을 모두 옳게 서술한 경우	100 %
여름철과 겨울철 중 한 가지만 까닭을 옳게 서술한 경우	50 %

Ⅰ 과학과 인류의 지속가능한 삶

5분 테스트

01 과학과 인류의 지속가능한 삶 부록 02쪽

01 가설　02 ㄷ-ㄴ-ㅁ-ㄱ-ㄹ
03 ❶ 문제 인식 ❷ 자료 해석 ❸ 가설 설정 ❹ 결론 도출
　　❺ 탐구 설계 및 수행
04 변인　05 ❶ ○ ❷ × ❸ ×　06 태양 중심설
07 인공지능(AI)　08 지속가능한 삶　09 ㄴ, ㄷ

서술형·논술형 평가

01 과학과 인류의 지속가능한 삶 부록 03쪽

1

모범 답안 > 빛의 세기에 따라 식물이 자라는 정도가 다르다는 가설을 확인하기 위해서는 빛의 세기를 다르게 해야 한다. 빛의 세기를 제외한 식물의 종류, 화분의 크기와 재질, 식물에 주는 물의 양은 같게 해야 한다.

2

모범 답안 > 백열 전구가 도입되면서 밤에도 자유롭게 활동할 수 있게 되었고, 하루 동안의 활동 시간이 늘어나는 등 우리 생활에 많은 편의를 제공하였다. 또한, 근대화와 산업화를 일으켜 현대 문명의 바탕이 되었다.

3

모범 답안 > 항생제로 결핵과 같은 질병 치료가 가능해졌고, 이로 인해 질병으로 인한 사망률이 급격하게 줄어들어 인간의 수명이 길어지고, 인구가 증가하게 되었다.

4

모범 답안 > 석탄, 석유 등의 화석 연료는 고갈될 염려가 크지만 태양광 발전은 고갈될 염려가 작은 태양빛을 이용하여 에너지를 얻으므로 태양광 발전이 화석 연료를 이용한 발전보다 지속가능한 삶에 더 적합하다.

Ⅱ 생물의 구성과 다양성

5분 테스트

01 생물의 구성 부록 04쪽

01 세포　02 따라 다양하다　03 ❶ ○ ❷ × ❸ × ❹ ○
04 A: 마이토콘드리아, B: 핵, C: 세포막, D: 세포벽, E: 엽록체
05 신경세포　06 상피세포　07 조직, 기관, 기관계
08 조직, 조직계, 기관　09 규칙적이고, 불규칙적이다

02 생물의 다양성 부록 05쪽

01 생물다양성　02 환경　03 생태계, 종류
04 변이　05 (다) → (나) → (마) → (라) → (가)　06 적응
07 먹이　08 ❶ ○ ❷ × ❸ ○　09 물살의 세기

03 생물의 분류 부록 06쪽

01 분류　02 특징　03 ㄴ, ㄹ, ㅁ, ㅅ
04 ㄱ, ㄷ, ㅂ, ㅇ, ㅈ　05 속, 강, 계, 종
06 ❶ × ❷ 균계 ❸ ○ ❹ ○ ❺ × ❻ ○ ❼ × ❽ 다세포 ❾ ×
07 ❶ ㄹ, ㅅ ❷ ㄴ, ㄷ, ㅁ ❸ ㅂ ❹ ㄱ　08 원핵생물계
09 ❶ × ❷ × ❸ ○

04 생물다양성보전 부록 07쪽

01 먹이그물　02 자원　03 종　04 외래종　05 서식지
06 ㄴ　07 ㄹ　08 ㄷ　09 ㄴ, ㅂ　10 ㄱ, ㄹ, ㅁ

서술형·논술형 평가

01 생물의 구성 부록 08쪽

1

모범 답안 > 식물은 엽록체를 가지고 있어 빛에너지를 이용하여 양분을 만들 수 있다.

2

모범 답안 > 동물은 식물과 달리 엽록체가 없어 스스로 양분을 만들지 못한다. 따라서 먹이를 찾아 이동하고, 소화시키고, 배설하는 등 다양한 기능이 필요하기 때문에 기관계가 발달하였다.

3

모범 답안 > 물관은 뿌리에서 흡수한 물이 이동하는 통로의 역할을 한다. 따라서 물이 잘 이동할 수 있도록 빨대와 같이 속이 빈 긴 관 모양으로 생겼을 것이다.

4

답 > (마) → (나) → (가) → (라) → (다)

5

모범답안 > (가) 조직계, 몇 개의 조직이 모여 일정한 기능을 한다.

1

모범답안 > (1) 빛, 물, 온도, 토양 등 생태계를 이루는 환경이 다르면 그 속에서 살아가는 생물의 종류도 다르므로 생태계가 다양할수록 생물다양성이 높다.
(2) 생물의 종류가 많을수록 생물다양성이 높다.
(3) 같은 종류에 속하는 생물이더라도 생물의 특징이 다양할수록 생물다양성이 높다.

2

모범답안 > (1) 귀가 크고 몸집이 작은 편이다.
(2) 귀가 작고 몸집이 큰 편이다.
(3) 사막에 살며, 사막은 기온이 높다.
(4) 북극에 살며, 북극은 기온이 낮다.
(5) 기온이 높은 곳에서 서식하기 때문에 몸의 열을 방출하기 쉽도록 귀 같은 몸의 말단 부위가 크게 발달하였다.
(6) 기온이 낮은 곳에서 서식하기 때문에 몸의 열을 빼앗기지 않도록 귀 같은 몸의 말단 부위가 작고 몸집이 크게 발달하였다.

3

모범답안 > 변이가 있는 한 종류의 생물 무리가 다양한 환경에 맞게 적응하면서 생존에 유리한 개체들이 후손을 남기기를 반복한다. 이 과정에서 같은 종류의 생물 사이의 차이가 커져 새로운 종류로 구분되어 생물다양성이 증가한다.

4

모범답안 > 선인장은 물이 적은 지역인 사막에서 서식하기 때문에 잎을 통해 물이 공기 중으로 증발하는 것을 막기 위해 잎이 가시 모양으로 변하였다.

1

답 > 다양한 생물을 어떤 기준에 대한 공통점과 차이점에 따라 무리지어 나누는 것

2

답 > 생물 사이의 가깝고 먼 관계를 파악하기 위해서이다.

3

답 > 종 < 속 < 과 < 목 < 강 < 문 < 계

4

답 >

구분	핵(핵막)	세포벽	광합성	세포 수	운동성	균사
[A]	○	○	○	다세포	×	×
[B]	○	○	○	다세포	×	×
[C]	○	○	○	다세포	×	×
[D]	×	○	○	단세포	×	×
[E]	×	○	×	단세포	×	×
[F]	○	○	○	다세포	×	×
[G]	○	×	×	다세포	○	×
[H]	○	○	×	다세포	×	○
[I]	○	×	×	단세포	○	×
[J]	○	○	×	다세포	×	○

5

답 > (1) 엽록체　(2) A, B, C　(3) H, J　(4) G　(5) F, I　(6) 기관
(7) 막, 핵　(8) D, E

1

예시답안 > (1) 식량　(2) 섬유　(3) 항생제와 같은 의약품의 재료
(4) 목재　(5) 깨끗한 공기, 생물다양성 및 생태계평형 유지

2

답 > (1) 다시마 → 성게 → 해달
모범답안 > (2) 성게를 잡아먹는 해달이 사라지므로 성게의 수가 늘어나고, 성게의 수가 늘어나면 다시마의 수가 줄어들다 결국 멸종하게 되어 먹이가 없는 성게도 멸종할 것이다.
(3) 생태계가 안정하게 유지되기 위해서 생물다양성이 중요하다.

3

모범답안 > 생태계평형이 무너진다. 생물에서 얻을 수 있는 자원의 종류가 줄어든다. 다양한 생물로 이루어진 생태계는 휴식과 여가 활동을 위한 공간이 되는데, 생물다양성이 줄어들면 이를 누리지 못한다. 등

4

모범답안 > (1) 인간이 길을 내고, 집을 지으며, 경작지를 만들고, 목재를 얻기 위해 자연을 파괴하는데, 이때 생물의 서식지가 사라지게 된다. 서식지를 잃은 생물은 사라져 생물다양성이 감소한다.
(2) 남획을 하여 특정 생물이 사라지면 생물다양성이 감소한다.
(3) 큰입배스, 뉴트리아와 같은 외래종은 천적이 없어서 우리나라의 하천 생태계에서 생물다양성을 위협한다.

(4) 환경이 오염되면 오염에 특히 약한 생물들이 사라지게 되어 생물다양성이 감소한다.
(5) 지나친 개발 자제, 서식지 보존, 보호 구역 지정, 생태통로 설치
(6) 법률 강화, 멸종 위기 생물 지정, 불법 포획 및 거래 단속 강화
(7) 외래종의 무분별한 유입 방지, 외래종의 꾸준한 감시와 퇴치 활동
(8) 쓰레기 배출량을 줄이는 생활 습관, 환경 정화 시설 설치

창의적 문제 해결 능력

01 생물의 구성 ~ 02 생물의 다양성 부록 12쪽

1

예시 답안 > 태양 전지는 태양의 빛에너지를 이용하여 우리가 살아가는 데 필요한 전기 에너지를 만드는 장치이다. 엽록체도 태양의 빛에너지를 이용하여 식물이 살아가는 데 필요한 양분을 만들어내기 때문에 태양 전지를 엽록체에 비유할 수 있다.

2

답 > (1) 핵 (2) 엽록체 (3) 마이토콘드리아 (4) 세포벽 (5) 세포막

3

예시 답안 > 식물 세포, 자동차 공장에서 자동차의 조립 공간은 발전기에서 만든 에너지를 활용하여 자동차를 만들어내는 곳이며, 담장은 공장 내부를 보호하는 단단한 벽이다. 식물 세포에서도 빛에너지를 이용하여 양분을 만드는 공간인 엽록체가 있고, 식물 세포를 보호하고 모양을 유지하는 세포벽이 있으므로 식물 세포에 비유할 수 있다.

4

예시 답안 > 털 색깔이 주변과 다르면 천적의 눈에 쉽게 띄어 살아남기 어렵지만, 털 색깔이 주변과 비슷하면 천적의 눈에 잘 띄지 않아 살아남을 확률이 높아진다. 따라서 주변 환경과 비슷한 털 색깔의 변이를 가진 올드필드쥐가 더 많이 살아남아 자손을 남기게 되어 그 결과 같은 종이라도 사는 곳에 따라 털 색깔의 차이가 나게 되었다.

03 생물의 분류 ~ 04 생물다양성보전 부록 13쪽

1

모범 답안 >

(1)

구분	핵(핵막)	세포벽	광합성	세포 수	운동성
원핵생물계			✔		✔
원생생물계	✔	✔	✔	✔	✔
균계	✔		✔	✔	
식물계	✔			✔	
동물계	✔	✔		✔	✔

(2) 5계의 특징 중 원생생물계, 동물계와 5가지 특징이 모두 일치한다. 그런데 원생생물계의 생물 중 다세포인 미역, 김, 다시마 등은 운동성이 없고, 운동성이 있는 짚신벌레, 아메바 등은 단세포이므로 동물계로 분류되는 것이 가장 적합하다.

2

모범 답안 > 벌이 사라지게 되면 꽃가루가 암술머리에 도달하는 수분을 매개하는 역할을 해 주지 못하여 생태계에서 많은 식물이 열매를 맺지 못하게 되어 사라진다. 따라서 생물다양성이 크게 감소하게 된다.

3

모범 답안 > 나비, 등에, 동박새는 꽃에서 꿀을 얻는 과정에서 꽃가루를 몸에 묻혀 암술머리에 전달하는 벌의 역할을 대신할 수 있다. 따라서 이러한 생물이 존재하는 생태계에서는 벌이 사라지더라도 생물다양성이 비교적 안정적으로 유지되지만, 이러한 생물이 존재하지 않는 생태계에서는 벌이 사라졌을 때 생물다양성이 크게 감소한다.

4

모범 답안 > 회색머리날여우박쥐는 과일, 꽃가루, 꿀 등을 주로 먹는데, 먹이를 먹는 과정에서 꽃가루와 씨를 퍼뜨려 식물의 번식을 돕는다. 그런데 최근 사람들이 회색머리날여우박쥐를 섭취하기 위해 남획한 결과, 멸종 위기에 놓였다. 회색머리날여우박쥐가 멸종할 경우 회색머리날여우박쥐가 번식을 돕는 식물들도 멸종할 수 있다.

탐구 보고서 작성

01 생물의 구성 부록 14쪽

결과 모범 답안 >

입안 상피세포	양파 표피세포	신경세포	근육세포
(불규칙)적으로 흩어져 있다.	규칙적으로 배열되어 있다.	나뭇가지처럼 사방으로 길게 뻗어 있다.	길쭉한 튜브 모양이다.

정리 모범 답안 >

구분	핵	세포벽	엽록체	세포 모양
입안 상피세포	있음	(없음)	없음	불규칙적
양파 표피세포	(있음)	있음	있음	(규칙적)
신경세포	(있음)	없음	(없음)	나뭇가지처럼 길게 뻗은 모양
근육세포	있음	(없음)	없음	길쭉한 튜브 모양

과정 및 결과 모범 답안 >

이름	유글레나
핵(핵막)	✔ 있다.　□ 없다.
세포벽	□ 있다.　✔ 없다.
세포 수	✔ 단세포　□ 다세포
광합성	✔ 한다.　□ 안 한다.
특징	광합성을 하면서도 운동성이 있다.
계	원생생물계

이름	닭
핵(핵막)	✔ 있다.　□ 없다.
세포벽	□ 있다.　✔ 없다.
세포 수	□ 단세포　✔ 다세포
광합성	□ 한다.　✔ 안 한다.
특징	운동 기관이 발달되어 있다.
계	동물계

이름	이끼
핵(핵막)	✔ 있다.　□ 없다.
세포벽	✔ 있다.　□ 없다.
세포 수	□ 단세포　✔ 다세포
광합성	✔ 한다.　□ 안 한다.
특징	육상에서 생활한다.
계	식물계

이름	버섯
핵(핵막)	✔ 있다.　□ 없다.
세포벽	✔ 있다.　□ 없다.
세포 수	□ 단세포　✔ 다세포
광합성	□ 한다.　✔ 안 한다.
특징	몸이 균사로 되어 있다.
계	균계

이름	대장균
핵(핵막)	□ 있다.　✔ 없다.
세포벽	✔ 있다.　□ 없다.
세포 수	✔ 단세포　□ 다세포
광합성	□ 한다.　✔ 안 한다.
특징	복통과 설사를 일으킨다.
계	원핵생물계

이름	미역
핵(핵막)	✔ 있다.　□ 없다.
세포벽	□ 있다.　✔ 없다.
세포 수	□ 단세포　✔ 다세포
광합성	✔ 한다.　□ 안 한다.
특징	주로 수중에서 생활한다.
계	원생생물계

정리 모범 답안 >

구분	핵(핵막)	세포벽	광합성	세포 수	운동성	특징
원핵생물계	×	○		단세포		대부분의 세균류가 이에 해당한다.
원생생물계		○, ×	○, ×	대부분 단세포	○, ×	대부분 수중 생활을 한다.
균계	○	○	×	대부분 다세포	×	대부분 균사가 있다.
식물계			○	다세포		기관이 발달되어 있다.
동물계		×	×	다세포	○	운동 기관이 발달되어 있다.

III 열

5분 테스트

01 열의 이동　부록 16쪽

01 온도, 절대 온도　02 ❶ 높아, 활발해 ❷ 낮아, 둔해
03 열평형　04 ㄷ, ㄹ, ㅁ　05 같다　06 복사, 대류
07 전도　08 복사　09 (가) 복사 (나) 대류 (다) 전도

02 비열과 열팽창　부록 17쪽

01 열량　02 비열　03 클　04 ❶ × ❷ × ❸ ○ ❹ ○
05 비열　06 ㄱ, ㄹ, ㅁ　07 열팽창　08 바이메탈　09 작은, 큰
10 ❶ ○ ❷ × ❸ ○ ❹ ×

서술형·논술형 평가

01 열의 이동　부록 18쪽

1

모범 답안 > 차가운 공기는 주변 공기보다 밀도가 커 아래로 내려가고 따뜻한 공기는 밀도가 작아 위로 올라간다. 천장에 설치한 시스템 에어컨에서 나오는 따뜻한 바람은 아래쪽으로 잘 내려오지 못해 실내 공기의 대류가 잘 일어나지 않아 가스나 석유로 바닥을 데우는 난방보다 효율이 떨어진다.

2

모범 답안 > 냉동된 고기를 금속 냄비 사이에 넣어 두면 상대적으로 온도가 높은 금속 냄비에서 상대적으로 온도가 낮은 냉동 고기로 열이 전도되기 때문에 상온에 그냥 두었을 때보다 빠르게 해동된다. 또한 열의 전도 정도는 알루미늄이 스테인리스보다 더 크기 때문에 알루미늄 냄비를 사용하면 냉동된 고기가 더 빠르게 해동된다.

3

모범 답안 > 햇빛은 열이 물질을 거치지 않고 직접 전달된다. 따라서 천막이나 양산 등을 통해 햇빛이 비치는 범위를 조절하여 태양 복사 에너지를 막아 더위를 피한다.

4

모범 답안 > 이중벽 사이의 공간을 진공으로 하여 벽면과의 전도와 대류에 의한 열의 이동을 막는다. 진공 상태에서는 운동하는 기체 입자가 거의 존재하지 않으므로 대류에 의한 열의 이동을 막을 수 있고, 안쪽과 바깥쪽 용기에 접근하는 입자가 거의 없으므로 전도로 일어나는 열의 이동도 막을 수 있다.

02 비열과 열팽창

부록 19쪽

1

모범 답안 > 물은 비열이 커 온도가 잘 변하지 않는다. 따라서 외부 온도의 변화에도 사람의 몸은 체온을 일정하게 유지할 수 있다.

2

모범 답안 > 수온이 높아질수록 해수가 열팽창하여 부피가 증가해 해수면이 높아지기 때문이다.

3

모범 답안 > 기름은 비열이 작아 한 번에 온도가 낮은 재료를 많이 넣으면 기름의 온도가 낮아져 제대로 튀겨지지 않는다. 따라서 한 번에 튀기는 재료의 양을 적게 해야 기름의 온도가 거의 일정 하게 유지되어 제대로 튀길 수 있다.

4

모범 답안 > 유리보다 금속의 열팽창 정도가 더 크기 때문에 금속 뚜껑을 뜨거운 물에 넣었다가 빼면 유리병보다 금속 뚜껑이 많이 팽창되므로 뚜껑을 쉽게 열 수 있다.

창의적 문제 해결 능력

01 열의 이동 ~ 02 비열과 열팽창

부록 20쪽

1

모범 답안 > 접촉식 체온계는 열을 방출하는 물체에 접촉하여 열이 전도되는 방식을 이용하기 때문에 열평형이 일어날 때까지 기다 려야 한다. 비접촉식 체온계는 물체가 방출하는 적외선 복사 에 너지에 따라 달라지는 온도를 측정하기 때문에 물체에 직접 접촉 하지 않으며, 접촉식 체온계처럼 열평형 상태가 될 때까지 기다 릴 필요 없이 빠르게 측정할 수 있다.

2

모범 답안 > 화덕 안쪽에서 불을 피우면 복사에 의해 화덕 바닥과 천장이 뜨거워진다. 화덕이 충분히 달궈진 후 피자를 넣으면 열 이 전도되어 피자 아랫면부터 구워지기 시작하며, 화덕의 입구로 들어오는 공기는 화덕 내에서 대류하며 화덕 내에 열이 고르게 퍼질 수 있도록 한다. 또한 화덕의 불은 복사로 전달되어 피자의 표면까지 구워지게 된다.

3

모범 답안 > 철근과 콘크리트의 열팽창 정도가 비슷하면 외부 온도 가 크게 변해도 서로 떨어지지 않고 건물을 잘 지탱할 수 있다. 만약 두 물질의 열팽창 정도가 크게 다르다면 온도 변화가 일어 날 때 서로 늘어나는 정도가 달라 건물에 균열이 가거나 뒤틀릴 수 있다.

마인드맵

III 열

부록 21쪽

❶ 온도 ❷ 활발해 ❸ 둔해 ❹ 열 ❺ 높은 ❻ 낮은 ❼ 전도
❽ 대류 ❾ 복사 ❿ 열평형 ⓫ 비열 ⓬ 1 kg ⓭ 1 ℃ ⓮ >
⓯ < ⓰ 부피 ⓱ 얻을 ⓲ 잃을

탐구 보고서 작성

01 열의 이동

부록 22쪽

정리 모범 답안 >

1

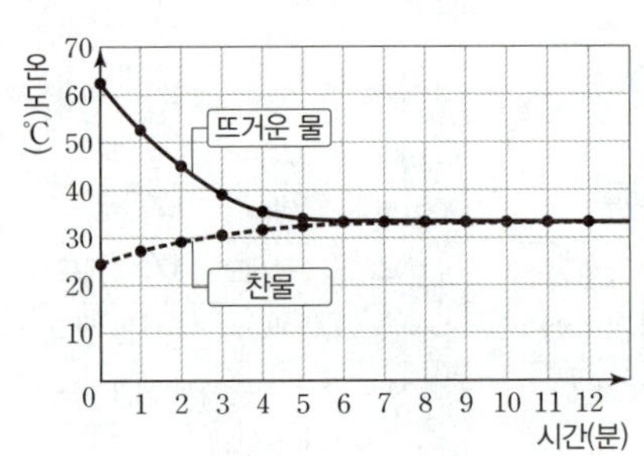

2

찬물의 온도는 높아지고 뜨거운 물의 온도는 낮아지다가 두 물체 의 온도가 같아진다.

3

열은 뜨거운 물에서 찬물로 이동하기 때문이며, 물의 온도가 같 아지는 7 분 이후부터 물의 온도는 변하지 않는다.

4

충분한 시간이 지난 다음 두 물의 온도가 같아지면 더 이상 열이 어느 한쪽으로 이동하지 않기 때문에 열평형을 이루며, 온도가 변하지 않는다.

02 비열과 열팽창

부록 23쪽

정리 모범 답안 >

1

식용유, 같은 시간 동안 가열하고 식혔을 때 식용유의 온도 변화 가 물보다 큰 까닭은 식용유가 물보다 비열이 작기 때문이다.

2

물, 물은 식용유보다 비열이 커 온도가 잘 변하지 않는다. 따라서 물과 식용유를 같은 온도만큼 높일 때 필요한 열량은 물이 식용유보다 많다.

3

물질에 마찰을 일으키거나 충격을 주어 입자의 움직임이 활발해지면 온도가 높아진다. 따라서 식용유를 보온병에 넣어 충분히 흔들어주면 식용유 입자의 움직임이 활발해져 온도가 높아질 것이다.

Ⅳ 물질의 상태 변화

5분 테스트

01 입자의 운동 　　　　　부록 24쪽

01 입자　**02** 입자 운동　　　**03** ❶ ○ ❷ × ❸ ○ ❹ ×
04 확산　**05** 확산　**06** 증발　**07** 표면　**08** 증발
09 스스로　**10** ㄱ, ㄴ

02 물질의 상태 변화 　　　　　부록 25쪽

01 고체, 액체, 기체
02 ❶ ○ ❷ ○ ❸ × ❹ × ❺ ○ ❻ × ❼ ×
03 상태 변화, 온도　　　**04** 액체, 기체　　　**05** 물, 얼음
06 액체　**07** A: 승화, B: 기화, C: 승화, D: 액화, E: 응고, F: 융해

03 상태 변화와 열에너지 　　　　　부록 26쪽

01 열에너지 **02** 멀어, 활발, 불규칙　**03** 가까워, 둔, 규칙
04 액화, 기체, 고체
05 ❶ F, H, J　❷ A, C, E　❸ B, D, G, I
　　❹ B 구간: 융해, D 구간: 기화, 열에너지 흡수
　　❺ G 구간: 액화, I 구간: 응고, 열에너지 방출
06 ㄱ, ㄴ, ㅁ

서술형·논술형 평가

01 입자의 운동 　　　　　부록 27쪽

1
모범 답안 > (1) 우리 주변의 모든 물질을 이루는 기본적인 단위이다.
(2) 물질을 이루는 입자가 스스로 운동하여 모든 방향으로 퍼져 나가는 현상이다.
(3) 입자가 스스로 운동하여 액체 표면에서 기체로 변하는 현상이다.
(4) 입자들이 스스로 운동하기 때문이다.

2
모범 답안 > (1) • 꽃 향기가 멀리 퍼져 나간다.
• 마약 탐지견이 냄새를 맡아 마약을 찾는다.
• 설탕 덩어리를 물에 넣고 저어 주지 않아도 물 전체에서 단맛이 난다.
(2) • 젖은 빨래가 마른다.
• 어항 속의 물이 점점 줄어든다.
• 이른 아침 풀잎에 맺혀 있던 이슬이 오후에는 사라진다.
• 염전에 가두어 놓은 바닷물에서 물이 증발하여 소금이 남는다.

3
모범 답안 > (1) 유해 물질이 기체로 변하는 것은 증발 현상과 관련이 있다.

(2) 유해 물질이 공기 중으로 퍼져 나가는 현상은 확산 현상과 관련이 있다.
(3) 창문을 열면 공기 중에 퍼져 있는 유해 물질 입자를 창문 밖으로 확산시켜 집 안의 유해 물질을 줄일 수 있기 때문이다.

02 물질의 상태 변화
부록 28쪽

1
모범 답안 (1) 고체
(2) 입자들이 규칙적으로 배열되어 있고, 입자의 운동이 자유롭지 않고 제자리에서 진동한다.
(3) 기체
(4) 입자들이 매우 불규칙하게 배열되어 있고, 입자의 운동이 매우 자유롭고 활발하다.
(5) 액체
(6) 입자들이 불규칙하게 배열되어 있고, 입자의 운동이 비교적 자유롭다.

2
모범 답안 (1) 액체 초콜릿이 굳어 고체 초콜릿이 되는 응고가 일어난다.
(2) 입자 사이의 거리가 멀어져 부피가 커진다.
(3) 입자 사이의 거리가 가까워져 부피가 작아진다.
(4) 상태 변화가 일어나도 물질을 이루는 입자 자체는 변하지 않으므로 물질의 성질은 변하지 않는다.
(5) 물질의 상태 변화가 일어나도 물질을 이루는 입자의 종류와 개수, 크기는 변하지 않으므로 물질의 질량은 변하지 않는다.

3
예시 답안 난 구름 속의 작은 물방울이야. 우리 엄마, 아빠는 바닷물 속에 있지. 나는 바닷물에서 증발하여 수증기가 되었다가 액화하여 다시 작은 물방울이 되었어. 우리 구름 속의 작은 물방울 친구들이 모여서 커지면 점점 무거워지고 다시 땅으로 뚝 떨어져서 빗방울이 되지. 빗방울이 되니까 참 좋지! 여기저기 세계 여행도 하고 말이야. 우리 물방울들은 아름다운 꽃잎에 떨어지기도 하고, 하늘을 날아다니는 독수리의 등에 타기도 하고, 우산이 없는 사람들의 머리카락을 적시기도 하지. 그리고 온 세상을 물 청소하면서 깨끗하게 만들기도 해. 이렇게 물방울들은 여기저기 돌아다니다가 서로 모여 강으로 흘러가서 바다에 돌아가. 엄마와 아빠 품으로 말이야. 그런데 우리 빗방울 중에서 모험을 즐기는 일부 친구들은 기화하여 곧 수증기로 변해. 어때, 이야기만 들어도 신나지? 그런데 우리의 본모습이 뭐냐고? 우린 그냥 물이야! 우리가 모습이 달라져도 너희들에게 없어서 안 될 소중한 친구라는 것을 기억하고, 우리를 소중하게 여겨 줘!

03 상태 변화와 열에너지
부록 29쪽

1
모범 답안 (1) 승화 (2) 융해 (3) 기화
(4) 융해, 기화, 고체에서 기체로의 승화가 일어날 때에는 주위로부터 열에너지를 흡수하므로 주위의 온도가 낮아진다.
(5) 승화 (6) 액화 (7) 응고
(8) 응고, 액화, 기체에서 고체로의 승화가 일어날 때에는 주위로 열에너지를 방출하므로 주위의 온도가 높아진다.

2
모범 답안 (가)는 뿌린 물이 응고하면서 열에너지를 방출하므로 이글루 안쪽의 온도가 높아져 실내가 따뜻해지는 원리이고, (나)는 뿌린 물이 기화하면서 열에너지를 흡수하므로 주위의 열을 흡수해 온도가 낮아져 시원해지는 원리이다.

3
모범 답안 오른쪽 팔, 오른쪽 팔은 에탄올이 기체로 상태가 변하는 과정에서 팔의 체온을 흡수하므로 왼쪽 팔보다 더 시원하게 느껴진다.

창의적 문제 해결 능력

01 입자의 운동 ~ 03 상태 변화와 열에너지
부록 30쪽

1
모범 답안 쇳물을 거푸집에 부어 냉각하면 액체에서 고체로 상태가 변하면서 부피가 약간 줄어든다. 액체 상태는 고체 상태일 때보다 입자 사이의 거리가 먼데, 쇳물이 식어 고체 상태가 되면 입자 사이의 거리가 매우 가까워지고 규칙적으로 배열되면서 부피가 줄어들기 때문이다.

2
모범 답안 갈륨을 실온에 두었을 때 고체 상태이며 흐르지 않고 형태를 유지한다. 하지만 갈륨을 손으로 감싸 쥐었을 때 손의 온기로 인해 액체 상태로 변하며 흐르는 성질을 가지게 된다.

3
모범 답안 외벽을 덮으며 자라는 식물은 직접적인 햇빛을 막아 주어 벽이 흡수하는 열에너지를 감소시키고, 실내 온도 상승을 막아 준다. 또한 식물의 잎에서 증산 작용이 일어날 때 물이 수증기로 기화하며 열에너지를 흡수하므로, 건물 외벽에 식물을 키우면 건물 내부의 온도를 낮추는 데 도움이 된다.

마인드맵

IV 물질의 상태 변화
부록 31쪽

❶ 증발 ❷ 확산 ❸ 고체 ❹ 액체 ❺ 기체 ❻ 액화 ❼ 고체
❽ 흡수 ❾ 융해 ❿ 기화 ⓫ 방출 ⓬ 액화 ⓭ 응고

02 물질의 상태 변화

부록 32쪽

결과 및 정리 모범 답안 〉

1

올리브유의 질량은 변하지 않고, 올리브유를 얼리기 전 액체일 때의 높이보다 얼린 후 고체일 때의 높이가 낮으므로 부피가 감소한다.

2

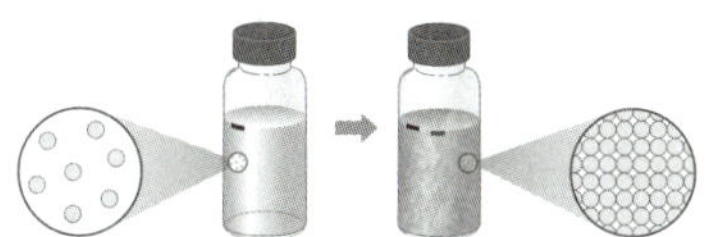

올리브유를 얼리기 전 / 올리브유를 얼린 후

액체 올리브유가 고체로 응고할 때 입자의 개수와 크기는 변하지 않으므로 질량은 일정하며, 입자 배열이 달라지므로 부피가 감소한다.

3

올리브유가 응고할 때 입자의 크기, 개수, 종류와 물질의 성질은 변하지 않고, 입자의 배열과 입자 사이의 거리, 입자의 운동성은 변한다.

03 상태 변화와 열에너지

부록 33쪽

결과 답 〉

3

44

정리 모범 답안 〉

1

A: 액체, B: 액체와 고체, C: 고체

2

B 구간, B 구간에서는 온도 변화가 일어나지 않고 일정하게 유지된다.

3

액체 로르산이 고체 로르산으로 냉각되는 동안 입자의 운동은 둔해지고, 입자 사이의 거리는 가까워지며, 규칙적으로 배열된다.

4

액체 로르산이 고체 로르산으로 상태 변화하는 동안 열에너지가 방출되어 온도가 낮아지지 않고 유지되기 때문이다.

Ⅰ 과학과 인류의 지속가능한 삶

01 과학과 인류의 지속가능한 삶

학교 시험 문제

부록 37~38쪽

| 01 ⑤ | 02 ④ | 03 ④ | 04 ① | 05 ① | 06 ⑤ |
| 07 ④ | 08 ⑤ | 09 ⑤ | 10 ③ | | |

01

바로 알기 〉 ① 가설은 탐구 수행 전 탐구 문제를 해결하기 위해 내리는 잠정적인 결론이다.
② 과학적 탐구 문제는 구체적이고 범위가 좁아야 한다.
③ 탐구로 알아내려는 조건 이외에 다른 조건들은 모두 같게 설정해야 한다.
④ 일상생활에서 어떤 현상에 대한 의문을 품는 것은 문제 인식 과정에 해당한다.

02

(가)는 가설 설정, (나)는 결론 도출, (다)는 탐구 설계 및 수행, (라)는 문제 인식, (마)는 자료 해석 과정이다. 과학적 탐구 방법은 (라) → (가) → (다) → (마) → (나) 순서이다.

03

탐구 결과로 얻은 결론이 가설과 일치하지 않을 때 탐구 설계 및 수행 과정, 자료 해석 등에서 오류가 없었는지 점검하고 탐구 과정에서 오류가 없었다면 가설을 수정한 후 새로운 탐구를 수행해야 한다.

04

흰옷을 입은 나보다 검은 옷을 입은 친구가 더 덥게 느끼는 것에 대해 의문을 갖는 것은 문제 인식 과정이고, 햇빛을 받았을 때 옷의 색깔에 따라 온도가 달라질 것이라고 잠정적인 결론을 내린 것은 가설 설정에 해당한다.

05

ㄱ. 에이크만은 닭의 모이가 백미에서 현미로 바뀐 후 각기병에 걸린 닭이 나은 것을 보고 '현미에 각기병을 낫게 하는 물질이 들어 있다.'라고 가설을 세운 후 실험을 진행하였다.
바로 알기 〉 ㄴ. 닭을 두 무리로 나누어 닭의 모이를 현미와 백미로 다르게 주었기 때문에 닭 모이의 조건은 변인 통제 중 다르게 해야 하는 조건에 해당한다.
ㄷ. 실험 결과 현미를 먹인 닭은 각기병에 걸리지 않거나, 각기병이 나았으므로 에이크만의 가설이 실험 결과와 일치한다.

06

바로 알기 〉 ⑤ 화학 비료가 개발되어 농산물의 품질이 향상되었고 식량을 대량으로 생산할 수 있게 되었다.

07

ㄱ, ㄷ. 페니실린이라는 항생제가 개발되면서 결핵과 같은 질병을 치료할 수 있게 되었고 인류의 평균 수명을 증가시키는 데 영향을 미쳤다.

바로 알기 ㄴ. 항생제가 아닌 백신의 발견으로 소아마비와 같은 질병을 예방할 수 있게 되었다.

08

과학기술이 발달하면서 개인 정보 유출에 따른 사생활 침해 현상이 늘어나고 있는 것은 과학기술의 발달이 우리 생활에 미치는 부정적인 영향에 해당한다.

09

사물 인터넷(IoT)으로 스마트폰을 이용하여 가전 제품을 원격으로 조정할 수 있다.

10

ㄱ. 지속가능한 삶은 미래 세대를 위해 지구의 환경을 보전하는 삶이다.

ㄷ. 지속가능한 삶을 위해서는 고갈 염려가 큰 화석 연료의 사용을 자제하고 태양 빛, 바람 등을 이용한 신재생 에너지원을 개발해야 한다.

바로 알기 ㄴ. 지속가능한 삶은 우리의 생활을 발전시키면서도 미래 세대가 이용할 수 있는 자원을 유지하고 지구의 환경을 보전하는 삶이다.

서술형 문제

부록 39쪽

Ⅰ 과학과 인류의 지속가능한 삶

01

모범 답안 결론 도출, 결론 도출(가)은 탐구 결과로부터 가설이 맞는지 판단하고 탐구의 결론을 내리는 과정이다.

채점 기준	배점
(가)에 들어갈 말과 그 까닭을 옳게 서술한 경우	100 %
(가)에 들어갈 말만 옳게 쓴 경우	30 %

02

모범 답안 같게 해야 할 조건: 캔의 온도와 모양, 캔을 흔드는 횟수, 다르게 해야 할 조건: 캔을 여는 시간, 탄산음료 캔을 5 분 뒤에 열면 음료가 흘러넘치지 않는다고 가설을 세웠으므로 가설에 대한 답을 찾기 위해서는 캔을 여는 시간만 다르게 하고 그 외의 조건들은 모두 같게 해야 한다.

채점 기준	배점
같게 해야 할 조건과 다르게 해야 할 조건 및 그 까닭을 옳게 서술한 경우	100 %
같게 해야 할 조건과 다르게 해야 할 조건만 옳게 쓴 경우	30 %

03

모범 답안 인쇄술이 발달하면서 책을 대량으로 빠르게 생산하고 보급할 수 있게 되었고, 지식과 정보가 빠르게 확산될 수 있었다.

채점 기준	배점
책의 대량 생산과 보급, 지식과 정보의 빠른 확산을 모두 옳게 서술한 경우	100 %
두 가지 중 한 가지만 옳게 서술한 경우	50 %

04

모범 답안 하버가 발견한 암모니아 합성법을 이용하여 질소 비료를 대량으로 생산할 수 있게 되면서 농업 생산량이 증가하여 인구 증가에 따른 식량 부족 문제 해결에 도움을 주었다.

채점 기준	배점
질소 비료의 대량 생산, 농업 생산량 증가, 식량 부족 문제 해결을 모두 옳게 서술한 경우	100 %
세 가지 중 한 가지만 서술한 경우	30 %

05

모범 답안 인공지능(AI), 인공지능(AI)은 음식을 옮기거나 길을 안내하는 로봇, 사람과 대화하는 프로그램 등에 활용된다.

채점 기준	배점
자율주행 자동차에 적용된 첨단 과학기술을 옳게 쓰고 활용의 예를 한 가지 이상 옳게 서술한 경우	100 %
자율주행 자동차에 적용된 첨단 과학기술만 옳게 쓴 경우	30 %

06

모범 답안 플라스틱으로 만들어진 일회용품 사용을 줄인다. 플라스틱을 분해하는 미생물을 연구한다. 해양 쓰레기 수거 로봇을 개발한다. 등

채점 기준	배점
제시된 환경 문제를 해결할 수 있는 지속가능한 삶을 위한 실천 방안을 두 가지 이상 옳게 서술한 경우	100 %
한 가지만 옳게 서술한 경우	30 %

Ⅱ 생물의 구성과 다양성

01 생물의 구성

01

① 세포는 생물을 이루는 구조적 기본 단위이며, 생명활동이 일어나는 기능적 기본 단위이다.
③ 달걀, 타조알, 개구리알과 같이 동물의 알은 크기가 커서 맨눈으로 볼 수 있는 세포이다.
④ 세포는 생물의 종류에 따라 모양이 다양하다.
⑤ 몸이 많은 수의 세포로 이루어진 생물을 다세포생물이라 하고, 몸이 하나의 세포로 이루어진 생물을 단세포생물이라고 한다.
바로 알기 ② 한 생물체에서도 몸의 부위에 따라 세포의 모양과 크기가 다양하다.

02

A는 엽록체, B는 세포벽, C는 세포막, D는 핵, E는 마이토콘드리아이다.
② 식물 세포에만 있는 세포 구조는 엽록체(A)와 세포벽(B)이다.
바로 알기 ① 생명활동의 중심은 핵(D)이다.
③ 세포의 형태를 유지하고, 보호하는 것은 세포벽(B)이다.
④ 물질의 출입을 조절하는 역할을 하는 것은 세포막(C)이다.
⑤ 광합성이 일어나 영양분을 만드는 것은 엽록체(A)이다.

03

식물은 세포를 보호하고, 형태를 유지시켜 주는 세포벽이 있어 골격계가 없어도 높은 높이까지 자랄 수 있다.

04

핵에는 유전물질(DNA)이 들어 있어 세포의 생명활동을 조절한다.

05

①, ②, ③ (가)는 세포 모양이 규칙적이므로 양파 표피세포(식물 세포)이고, (나)는 세포 모양이 불규칙적이므로 입안 상피세포(동물 세포)이다. (가)에서 세포벽(A)이 관찰되고, 엽록체는 식물 세포에서만 관찰된다.
④ 핵, 세포막, 세포질은 동물 세포와 식물 세포에서 모두 관찰된다.
바로 알기 ⑤ (가)의 세포 배열이 규칙적인 까닭은 세포벽이 있기 때문이다.

06

세포를 염색하는 목적은 핵을 뚜렷하게 관찰하기 위해서이다.

07

① 실험 순서는 (가) → (라) → (나) → (다)이다.
② 양파 표피세포는 식물 세포이므로 아세트산 카민 용액이나 아세트올세인 용액을 이용하여 세포의 핵을 염색한다.
바로 알기 ③ (다) 과정은 염색 과정이므로 이 과정을 생략하면 핵이 염색되지 않아 핵을 뚜렷하게 관찰할 수 없다.
④ (나) 과정에서 덮개 유리는 공기가 들어가지 않도록 비스듬히 기울여서 천천히 덮어야 한다.
⑤ 식물 세포인 양파 표피세포는 세포벽이 있으므로 현미경 관찰 결과 세포가 규칙적으로 배열된 것을 볼 수 있다.

08

ㄱ. 세포질은 세포막으로 둘러싸인 부분으로 동물 세포와 식물 세포에서 모두 관찰되는 세포 구조이다.
ㄷ. 근육세포는 길쭉한 튜브 같은 모양으로 수축성이 있어 몸의 움직임을 가능하게 한다.
바로 알기 ㄴ. 세포벽은 식물 세포에서만 관찰되는 세포 구조로, (나)에서만 관찰된다. 근육세포는 동물 세포에 해당하므로 세포벽을 가지고 있지 않아 세포벽을 관찰할 수 없다.

09

(가)는 세포, (나)는 조직, (다)는 조직계, (라)는 기관, (마)는 개체이다.

10

② 조직계는 여러 조직이 모여 이루어진 식물에만 있는 구성 단계이다.
③ 다세포생물은 세포 → 조직 → 기관 → 개체의 단계로 구성된다.
바로 알기 ⑤ 식물에만 있는 구성 단계는 조직계이고, 동물에만 있는 구성 단계는 기관계이다.

11

㉠ 달걀을 포함한 동물의 알들은 하나의 세포이다.
바로 알기 ㉡ 멸치는 개체, ㉢ 삼겹살은 조직, ㉣ 풋고추는 기관, ㉤ 상추와 깻잎도 기관에 해당한다.

12

동물의 구성 단계는 세포 → 조직 → 기관 → 기관계 → 개체 순이다. 심장(가)은 기관, 순환계(나)는 기관계, 적혈구(다)는 세포, 근육조직(라)은 조직에 속한다.

13

심장(가)은 기관으로, 여러 조직이 모여 고유한 형태와 기능을 나타내는 단계이다. 생명활동이 가능한 독립적인 생물체는 개체라고 한다.

14

ㄱ. 동물과 식물은 공통적으로 세포 → 조직 → 기관 → 개체로 구성된다. 식물은 조직과 기관 사이에 조직계가 존재하고, 동물

은 기관과 개체 사이에 기관계가 존재한다. 따라서 기관계인 A가 있는 (가)는 동물의 구성 단계이며, 조직계인 B가 있는 (나)는 식물의 구성 단계이다.

바로 알기> ㄴ. 적혈구는 구성 단계 중 세포에 해당한다.

ㄷ. 잎은 구성 단계 중 기관에 해당한다.

02 생물의 다양성

<table><tr><td colspan="6">학교 시험 문제   부록 44~45쪽</td></tr><tr><td>01 ②</td><td>02 ①</td><td>03 ④</td><td>04 ②</td><td>05 ②</td><td>06 ①</td></tr><tr><td>07 ③</td><td>08 ①</td><td>09 ④</td><td>10 ③</td><td>11 ④</td><td></td></tr></table>

01

한 종류의 생물 무리에는 다양한 변이가 있다. 다양한 환경(ㄴ)에서 생물들이 환경에 맞게 적응하면서 생존에 유리한 개체들이 후손을 남긴다(ㄹ). 이 과정을 반복하면 같은 종류의 생물 사이에서 차이가 커져 새로운 종류의 생물(ㄷ)이 나타나는데, 이 과정에서 생물다양성이 증가(ㄱ)하게 된다.

02

ㄱ. 숲에는 다양한 식물들이 있어 다양한 동물과 곤충들이 함께 산다. 이에 비해 밭에는 비슷한 작물들을 심어 대량으로 기르기 때문에 숲보다는 적은 종류의 생물들이 산다.

바로 알기> ㄴ. 숲이 밭보다 생물다양성이 높기 때문에 숲을 밭으로 개간하면 생물다양성은 숲일 때보다 낮아진다.

ㄷ. 열대 지역의 숲과 온대 지역의 숲은 서로 다른 생태계이므로 환경의 차이가 많이 나며 살아가는 생물의 종류도 차이가 난다.

03

ㄱ. 같은 종류의 생물 사이에서 서로 다른 특징이 나타나는 것을 변이라고 한다. 변이는 생물다양성을 높이는 요인으로 작용한다.

ㄴ. 같은 부모에게서 태어난 자손 사이에도 변이는 존재하므로 같은 부모에게서 태어난 무당벌레라도 서로 모습이 다를 수 있다.

바로 알기> ㄷ. 무당벌레의 날개 색과 무늬가 다양한 것은 변이의 예이며, 환경에 적응한 예는 아니다.

04

② 생물다양성이란 어떤 지역에 살고 있는 생물의 다양한 정도를 나타낸다.

바로 알기> ① 생물의 종류 수는 생물다양성에 포함되는 개념이다.

③ 생물들이 살고 있는 생태계가 얼마나 다양한지는 생물다양성에 포함되는 개념이다.

④ 변이가 일어나고, 생물이 환경에 적응하는 과정에서 생물다양성이 증가한다.

⑤ 한 생태계 내에서 살고 있는 한 종류의 생물이 얼마나 다양한 특징을 가지고 있는지는 생물다양성에 포함된다.

05

봄에 태어난 호랑나비(봄형)는 여름에 태어난 호랑나비(여름형)보다 몸의 크기가 작고 색깔이 연하다. 계절에 따라 몸의 크기, 형태, 색이 달라지는 것은 온도의 영향 때문이다.

06

ㄱ. 삼림과 경작지 모두 그래프에서 면적이 증가함에 따라 생물다양성이 높아짐을 알 수 있다.

바로 알기> ㄴ. 삼림을 경작지로 변화시키면 생물다양성이 낮아진다.

ㄷ. 같은 면적에서 경작지보다 삼림에서 생물다양성이 높으므로 삼림의 생태계 안정성이 크다.

07

같은 종류의 생물 중 개체에 따라 나타나는 다양한 특성의 차이를 변이라고 한다.

08

ㄱ. 변이에 의해 한 쌍의 부모에게서 털색이 서로 다른 새끼가 태어난 것이다.

바로 알기> ㄴ. 한 쌍의 부모에게서 태어났으므로 같은 종이며, 생식 능력을 가진 자손이 태어난다.

ㄷ. 한 생태계 내에 여러 종류의 생물이 살아가는 것은 생물 종류의 다양함의 예이다.

09

ㄱ, ㄴ. 갈라파고스제도에서 핀치는 같은 환경에서 다양한 부리 모양을 갖는 변이가 있었는데, 각 섬의 먹이 환경에 적합한 부리를 가진 핀치가 환경에 적응하여 살아남아 섬마다 다른 부리 모양을 갖는 핀치가 나타난 것이다.

바로 알기> ㄷ. 자주 사용하는 기관은 발달하고, 사용하지 않는 기관은 퇴화한다는 것은 핀치 부리 모양 변화와는 관계없는 내용이다.

10

키 작은 풀이 많은 곳에 살던 갈라파고스땅거북 무리에 다른 거북보다 목이 조금 더 긴 변이를 지닌 거북이 있었고, 이 거북이 환경이 다른 섬으로 흩어져 살게 되면서 키가 큰 선인장이 자라는 환경에서는 목이 긴 거북이 생존에 유리해졌다. 더 많이 살아남은 목이 긴 거북이 자손을 낳아 오늘날과 같이 목이 긴 종류의 거북이 나타나게 되었다. 따라서 진화의 순서는 (나) → (가) → (다)이다.

11

③ (나)에서 각각의 갈라파고스땅거북 개체들은 목 길이에 대한 변이를 가지고 있어 (가)와 같이 키가 큰 선인장이 많은 환경에서 목이 조금 더 긴 거북이 살아남을 수 있었다.

⑤ (다)에서 새로운 종이 생겨났으므로 생물다양성이 가장 높다.

바로 알기> ④ (나)에는 목 길이에 대한 변이를 가진 같은 종류의 거북이 있을 뿐, 아직 목이 긴 종류의 거북은 나타나지 않았다.

부록 47~48쪽

01 ①	02 ①	03 ④	04 ③	05 ㄱ, ㄷ, ㄹ, ㅁ, ㅂ
06 ⑤	07 ③	08 ④	09 ②	10 ② 11 ④

12 (가) 원핵생물계 (나) 균계 (다) 동물계 (라) 원생생물계 (마) 식물계
13 ① 14 ④

01

공통적인 특징을 많이 가질수록 생물 사이의 관계가 가깝다.
ㄱ. (가)와 공통적인 특징의 수가 (나)는 3가지, (다)는 6가지, (라)는 4가지, (마)는 3가지이므로 공통적인 특징이 가장 많은 (다)가 (가)와 가장 가까운 관계에 있다.
바로 알기 > ㄴ. (나)와 공통적인 특징이 가장 적은 것은 (가)이다. (가)와는 공통적인 특징이 3가지이고, (라)와는 4가지이다.
ㄷ. 특징 A는 (가)~(마)가 모두 공통적으로 가지고 있는 특징이므로 (가)~(마)를 분류하는 기준이 될 수 없다.

02

② 광합성의 여부, ③ 균사의 유무, ④ 척추의 유무, ⑤ 핵막의 유무를 기준으로 하는 분류는 생물 고유의 특징을 분류 기준으로 하여 분류한 것이다.
바로 알기 > ① 미역이 수중 생물이라는 것은 서식지로 분류한 것이다. 서식지로 분류하는 것은 생물 고유의 특징으로 분류한 것이 아니다.

03

① 제시된 생물은 모두 동물계에 속한다.
② 개와 곰은 모두 털을 가지고 있는 생물이므로 털의 유무로 분류할 때 같은 범주에 속한다.
③ 잠자리와 지렁이는 모두 척추가 없다.
⑤ 새는 날 수 있는 생물이지만, 지렁이는 날 수 없다.
바로 알기 > ④ 사람이 기를 수 있는지에 대한 분류 결과는 분류하는 사람에 따라 변한다.

04

③ 동물계의 생물은 운동 기관이 발달하여 운동성을 가진다.
바로 알기 > 동물계의 생물은 핵을 가지고 있으며, 세포벽이 존재하지 않고, 다세포생물이며 몸은 균사로 이루어져 있지 않다.

05

동물계의 생물은 달팽이, 지렁이, 금붕어, 말미잘, 오징어이다.
바로 알기 > 짚신벌레는 원생생물계, 송이버섯은 균계, 폐렴균은 원핵생물계에 속한다.

06

⑤ 원핵생물계의 생물은 핵막으로 구분된 핵과 세포소기관이 없는 세포로 이루어져 있다.
바로 알기 > ① 조직이나 기관이 발달하지 않았다.
② 세포벽을 가지고 있다.

③ 대부분의 원핵생물계의 생물은 광합성을 하지 않지만, 남세균과 같이 광합성을 하는 것도 있다.
④ 효모는 균계, 아메바와 유글레나는 원생생물계의 생물이다.

07

ㄱ, ㄴ. 균계의 생물은 핵막으로 구분된 뚜렷한 핵을 가지고 있으며, 대부분 균사라고 하는 실 모양의 구조로 이루어져 있다.
바로 알기 > ㄷ. 균계의 생물은 엽록체가 없어 광합성을 하지 못해 죽은 생물을 분해하여 양분을 얻는다.

08

① A는 운동성을 가지고 있으므로 동물계의 생물이다. 동물계는 다세포생물이다.
② 동물계의 생물은 엽록체가 없어 광합성을 하지 못한다.
③ A가 동물계이므로, B는 균계이다. 균계의 생물은 기관이 발달해 있지 않다.
⑤ 원핵생물계와 나머지 4 개의 계를 나누는 기준은 핵의 유무이다.
바로 알기 > ④ 균계와 동물계는 모두 광합성을 할 수 없는 생물이므로 광합성의 여부는 분류 기준이 될 수 없고, 균사의 유무나 운동성의 유무가 분류의 기준이 될 수 있다.

09

(가)는 광합성을 하지 않으면서 세포벽을 가지지 않으므로 동물계, (나)는 핵막으로 구분된 핵을 가지지 않으므로 원핵생물계, (다)는 단세포생물이면서 핵막이 있으므로 원생생물계, (라)는 광합성을 하는 다세포생물이므로 식물계이다.
① 동물계(가)의 생물은 기관이 발달해 있다.
③ 원핵생물계(나)의 생물은 세포소기관을 가지지 않는다.
④ 식물계(라)의 생물은 운동성이 없다.
⑤ (가)~(라) 중에는 균계가 없다.
바로 알기 > ② (가)는 동물계로 송이버섯은 균계에 속하는 생물이다.

10

생물의 분류 단계는 가장 큰 분류 단계인 계(바)로부터 가장 작은 분류 단계인 종(가)의 7단계로 되어 있다.

11

유글레나는 원생생물계, 염주말과 남세균은 원핵생물계이지만 모두 하나의 세포로 되어 있는 단세포생물이고, 광합성을 한다.
바로 알기 > ㄱ. 염주말과 남세균은 핵막으로 구분된 핵이 없다.
ㄷ. 유글레나는 운동성이 있다.

12

(가)는 핵막으로 구분된 핵이 없는 생물이므로 원핵생물계, 광합성을 하는 생물이 없고 세포벽이 있는 (나)는 균계, 광합성을 못하면서 세포벽이 없는 (다)는 동물계, 광합성을 하는 생물이 있고 운동성이 있는 생물이 있는 (라)는 원생생물계, 광합성을 하고 운동성이 없는 (마)는 식물계이다.

13

② (나)는 균계이다. 균계의 생물은 균사로 이루어져 있다.
③ 식물계와 동물계의 생물은 모두 다세포생물이다.
④ 원생생물계는 핵막으로 구분된 핵이 있는 세포로 이루어진 생물 중에서 균계, 식물계, 동물계에도 포함시키기 어려운 생물 무리이다.
⑤ 식물은 꽃, 줄기, 뿌리와 같은 기관이 발달되어 있다.
바로 알기 ① (가)는 원핵생물계로 핵막으로 구분된 핵이 없는 세포로 이루어져 있다.

14

식물계와 균계 모두 핵막으로 구분된 핵을 가지고 있고 세포벽과 세포막을 가지고 있으며 운동성을 가지고 있지 않다. 하지만 식물계에만 엽록체가 있으므로, 둘을 구분할 수 있는 기준으로는 엽록체의 유무가 알맞다.

04 생물다양성보전

학교 시험 문제
부록 50~51쪽

01 ③	02 ④	03 ⑤	04 ⑤	05 ①	06 ③
07 ④	08 ③	09 ⑤	10 ①, ④	11 ④	12 ②

01

① (나) 지역이 (가) 지역보다 먹이그물이 복잡하므로 생물다양성이 높다.
② (가) 지역이 (나) 지역보다 먹이그물이 단순하다.
④ (가) 지역에서 메뚜기가 멸종하게 되면 메뚜기를 먹이로 하는 상위 단계인 참새도 멸종한다.
⑤ (나) 지역에서 풀이 멸종하게 되면 다른 생물들이 순차적으로 멸종하게 되어 생태계 유지에 치명적이다.
바로 알기 ③ (가) 지역보다 (나) 지역의 생물다양성이 높으므로 (나) 지역에서 생태계가 안정적으로 유지된다.

02

④ 삼림을 경작지로 개발하는 것은 서식지파괴에 해당하고, 하천에 공장 폐수를 버리는 것은 환경오염에 해당한다. 서식지파괴에 의해 멸종된 생물종 수가 환경오염에 의해 멸종된 생물 종 수보다 많으므로 삼림을 경작지로 개발하는 것은 하천에 공장 폐수를 버리는 것보다 생물다양성을 더 크게 감소시킨다.
바로 알기 ① 서식지파괴로 인해 멸종된 생물종 수가 가장 크므로 남획보다 서식지파괴에 의한 생물다양성 감소가 가장 크다.
② 생물다양성 감소 영향이 다른 요인에 비해 크지 않다고 해서 중요하지 않은 것은 아니다.
③ 생태통로는 서식지파괴에 의한 영향을 줄이기 위한 것이다.
⑤ 생물종의 멸종은 생물다양성을 감소시키고, 생물다양성이 감소하면 사람이 생물을 통해 이용할 수 있는 자원이 줄어든다. 따라서 생물다양성을 보전하기 위해 생물종의 멸종을 유발하는 요인들을 줄여야 한다.

03

의약품의 재료 제공, 관광 자원으로의 이용, 환경 정화 역할 등은 모두 생물자원이 지닌 가치에 해당한다.

04

ㄱ. 생물다양성이 낮아져 생태계가 안정적으로 유지되지 않는다면 생태계에서 음식을 얻어먹고 사는 사람에게도 피해가 올 수 있다.
ㄴ. 생물다양성이 높을수록 생태계가 안정적으로 유지되어 멸종의 위험성이 낮아진다.
ㄷ. 산, 바닷가 등 다양한 생태계는 사람들의 휴식 공간이 되어 준다.

05

회색늑대를 집단 사냥한 것이므로 회색늑대의 멸종은 사람의 남획이 원인이다.

06

불법 포획 및 남획을 막기 위한 법률을 강화하고, 멸종 위기 생물을 지정하여 불법 포획 및 남획을 막을 수 있다.

07

ㄱ, ㄷ. 외래종은 원래의 서식지에서 벗어나 다른 지역으로 유입된 생물로, 천적이 없어 대량으로 번식하여 토종 생물의 멸종 원인이 되기도 한다.
바로 알기 ㄴ. 외래종을 유입하면 토종 생물이 멸종할 수 있으므로 생물다양성이 낮아져 생태계의 평형을 깨뜨린다.

08

③ 생물다양성이 잘 보전되면 생태계가 안정되어 지속적인 생존이 가능하다.
바로 알기 ① 생물다양성이 높아지면 사람의 생존에 유리하다.
② 생물다양성이 높아지면 생태계의 안정성이 증가하여 여러 생물의 생존이 쉬워진다.
④ 생물 중에서는 의약품으로 사용될 수 있는 것들도 있으므로 생물들의 증가로 인해 의약품으로 사용될 수 있는 물질이 증가한다.
⑤ 과학의 발전이 이루어지더라도 생물다양성은 사람의 삶과 밀접한 관계를 맺는다.

09

① 생물다양성이 보전된 생태계에서 인간은 맑은 공기, 깨끗한 물, 비옥한 토양 등을 얻을 수 있다.
② 쌀, 보리, 밀 등 다양한 식량을 제공받을 수 있다.
③ 푸른곰팡이에서 항생제를 얻는 것과 같이 의약품의 원료를 제공받는다.
④ 목화, 누에고치 등에서 섬유를 얻을 수 있고, 다양한 나무로부터 목재를 얻을 수 있다.
바로 알기 ⑤ 인간에게 해가 되는 곤충이라도 먹이그물 안에서 역할을 수행하고 있기 때문에 멸종되면 생태계평형이 깨지게 된다.

10

쓰레기를 분리배출하고, 자원을 재활용하는 것, 생태통로를 설치하는 것, 국제 협약을 체결하는 것은 모두 생물다양성을 보전하기 위한 노력들이다.
바로 알기 > ① 외래종을 무분별하게 들여오면 천적이 없어 토종 생물이 멸종될 수 있으므로 생물 종류의 다양함을 낮출 수 있는 원인이 될 수 있다.
④ 갯벌과 습지는 다양한 생물이 사는 곳으로 매립하면 서식지가 파괴되어 생태계 다양함이 줄어든다.

11

생물다양성이 높을수록 다양한 생물로부터 식량, 의복의 재료, 의약품의 재료 등 풍부한 생물자원을 얻을 수 있다.
바로 알기 > ㄷ. 생물종이 적은 생태계가 생물종이 다양한 생태계보다 평형이 쉽게 깨진다.

12

① 종자 은행 설립과 종자 관리, ③ 멸종 위기종 지정, ④ 국립공원 지정, ⑤ 환경 정화 시설 설치 등은 모두 국가적 수준에서 생태계평형을 유지하기 위한 활동이다.
바로 알기 > ② 옥상 정원을 설치하여 생물 서식지를 조성하는 것은 개인적 수준에서의 활동이다.

서술형 문제
부록 52~53쪽

Ⅱ 생물의 구성과 다양성

01

모범 답안 > 마이토콘드리아, 건전지는 리모컨이 작동할 수 있도록 에너지를 제공한다. 세포의 구성 요소 중 세포가 생명활동을 할 수 있도록 에너지를 만드는 것은 마이토콘드리아이다.

채점 기준	배점
마이토콘드리아라고 쓰고, 기능도 옳게 서술한 경우	100 %
마이토콘드리아만 쓴 경우	30 %

02

모범 답안 > 세포벽, 식물 세포의 형태를 유지시키지 못해 식물이 위로 곧게 자라지 못한다.

채점 기준	배점
세포벽을 쓰고, 세포벽이 없을 때 어떤 문제가 생길지 옳게 예측하여 옳게 서술한 경우	100 %
세포벽만 쓴 경우	30 %

03

모범 답안 > 그림에서 같은 면적일 때 삼림에서의 생물종의 수는 경작지에서의 생물종의 수보다 많다. 따라서 삼림을 경작지로 개간한다면 생물종의 수가 감소할 것이다. 생물의 종류는 생물다양

성을 결정짓는 가장 중요한 요소이므로 생물종의 수가 감소하면 생물다양성 또한 감소하게 된다.

채점 기준	배점
생물종의 수와 생물다양성의 관계를 옳게 서술한 경우	100 %

04

모범 답안 > 호랑이, 생물분류 단계는 계에서 종으로 갈수록 같은 분류 단계에 속한 생물들 사이의 관계가 가깝다. 호랑이는 같은 고양잇과에 속하지만, 늑대는 식육목에 속하고 고양잇과에는 속하지 않는다. 따라서 같은 과에 속하는 호랑이가 고양이와 더 가까운 관계이다.

채점 기준	배점
생물분류 단계에 따라 생물의 가깝고 먼 관계를 옳게 서술한 경우	100 %
호랑이만 쓴 경우	30 %

05

모범 답안 > ㉠, ㉢ / ㉠: 총 4 개의 계, ㉢: 버섯볶음은 균계에 속한다.

채점 기준	배점
잘못된 곳을 고르고 옳게 수정한 경우	100 %
잘못된 곳만 옳게 고른 경우	30 %

06

모범 답안 > 핵막으로 구분된 핵의 유무, 포도상구균은 원핵생물계에 속하는 생물로 핵막으로 구분된 핵이 없는 세포로 구성된다. 짚신벌레는 원생생물계, 버섯은 균계, 민들레는 식물계, 돌고래는 동물계에 속하며, 이들은 모두 핵막으로 구분된 핵이 있는 세포로 구성된다.

채점 기준	배점
(가)와 (나)의 생물 분류 기준을 핵(핵막)의 유무를 포함하여 옳게 서술한 경우	100 %

07

모범 답안 > 이 생물은 엽록체를 가지고 있고, 운동성을 가지고 있으므로 균계와 식물계에 속하지 않으며, 세포벽을 가지고 있으므로 동물계에 속하지 않는다. 핵막으로 구분된 핵이 있으면서 식물계, 동물계, 균계에 속하지 않으므로 이 생물은 원생생물계이다.

채점 기준	배점
속할 수 없는 계를 배제하고 분류하여 속하는 계를 서술한 경우	100 %
원생생물계만 쓴 경우	20 %

08

모범 답안 > 식물계의 생물은 엽록체가 있어서 광합성을 하여 태양으로부터 온 빛에너지를 생물이 사용할 수 있는 에너지로 전환하므로 생산자에 해당한다. 동물계의 생물은 다른 생물을 먹이로 섭취하여 생활하므로 소비자이다. 균계의 생물은 생물의 사체 등

을 체외에서 분해한 후 흡수하여 에너지를 얻어 살아가므로 분해
자이다.

채점 기준	배점
각 생물계와 생태계 내에서 역할을 옳게 서술한 경우	100 %
각 생물계와 생태계 내에서 역할을 한 가지만 서술한 경우	30 %

09

모범 답안 > 같은 종 사이에서 태어난 자손은 번식 능력이 있고, 다
른 종 사이에서 태어난 자손은 번식 능력이 없다. 따라서 이 곰
과 북극곰이 자연 상태에서 자손을 낳았을 때 그 자손이 번식 능
력이 있는지를 확인하면 된다.

채점 기준	배점
이 곰과 북극곰이 자연 상태에서 번식 능력이 있는 자손을 낳을 수 있는지 확인한다고 옳게 서술한 경우	100 %

10

모범 답안 > 많은 사람들이 희귀 동물을 애완용으로 기르게 되면 희
귀 동물에 대한 수요가 증가하여 희귀 동물에 대한 가치가 올라가
고, 이러한 희귀 동물을 잡기 위해서 밀렵이 증가한다. 그렇게 되
면 여러 동물들의 개체수가 줄어들어 생물다양성이 감소한다.

채점 기준	배점
희귀 동물에 대한 수요가 증가하여 희귀 동물의 개체수가 감소할 수 있다고 옳게 서술한 경우	100 %
생물다양성이 감소한다고만 서술한 경우	30 %

11

모범 답안 > 치어를 방류하면 멸종 위기에 놓여 있을 정도로 개체
수가 줄어 있던 생물종의 개체수가 회복되어 안정적인 수준에 도
달하게 되어 생물다양성이 증가한다.

채점 기준	배점
개체수가 회복되어 생물다양성이 증가한다고 서술한 경우	100 %

Ⅲ 열

01 열의 이동

학교 시험 문제 부록 55~56쪽

01 ①, ③	02 ⑤	03 ③	04 ①	05 ②	06 ②
07 ④	08 ③	09 ②	10 ③	11 ⑤	

01

② 물체가 열을 얻으면 온도가 높아져 입자 운동이 활발해지고,
물체가 열을 잃으면 온도가 낮아져 입자 운동이 둔해진다.

바로 알기 > ① 온도의 단위는 ℃, K 등을 사용한다. cal, kcal는
열량의 단위이다.

③ 사람의 감각은 주관적이므로 정확한 온도를 측정할 수 없다.

02

⑤ 입자의 운동이 활발하지 않은 A의 온도를 높이면 B와 같이
입자의 운동이 활발한 상태가 된다.

바로 알기 > ①, ②, ③ B의 입자 운동이 A보다 활발하므로 B의 온
도가 A보다 높다.

④ B의 온도가 A보다 높으므로 B의 입자 사이의 거리는 A보다
멀다.

03

ㄱ. 입자의 운동이 더 활발한 A의 처음 온도는 B보다 높다.

ㄴ. A와 B의 접촉 후 시간이 흐르면 A는 온도가 낮아지고, B는
온도가 높아져 A와 B는 열평형 상태에 도달한다.

바로 알기 > ㄷ. 열평형 상태에 도달하는 동안 온도가 낮아진 A는
입자의 운동이 둔해지고, 온도가 높아진 B는 입자의 운동이 활
발해진다.

04

① 열은 온도가 높은 물체(A)에서 낮은 물체(B)로 이동한다.

바로 알기 > ② 온도가 같아지면 열평형 상태가 되어 열의 이동이
없어진다.

③ 시간이 지날수록 A와 B의 온도 차이가 점점 작아지므로 이
동하는 열의 양도 점점 줄어든다.

④ 열은 물체의 온도가 높은 곳에서 낮은 곳으로 이동한다.

⑤ 물체를 구성하는 입자들의 운동이 활발한 정도를 나타낸 값은
온도이다.

05

대류는 주로 액체와 기체에서 열이 이동하는 방법으로, 물질을
이루는 입자가 직접 이동하여 열을 전달한다.

06

바로 알기 > ② 전도는 고체를 이루는 입자의 운동이 이웃한 입자에
차례로 전달되며 열 이동하는 방법이다. 입자가 직접 이동하여
열을 전달하는 것은 대류이다.

체온이 높은 사람의 이마에서 손으로 열이 전도되기 때문이다.

08

바로알기 > ③ 복사는 다른 물질을 거치지 않으므로 열이 가장 빠르게 이동한다.

09

② 체육복을 열에 비유했을 때 입자의 이동 없이 열이 직접 이동하는 복사이다. 햇빛은 복사로 열을 전달하며, 그늘은 햇빛의 열이 닿지 않아 햇빛이 비치는 곳보다 시원하다.
바로알기 > ①, ③ 전도 현상의 예이다.
④, ⑤ 대류 현상의 예이다.

10

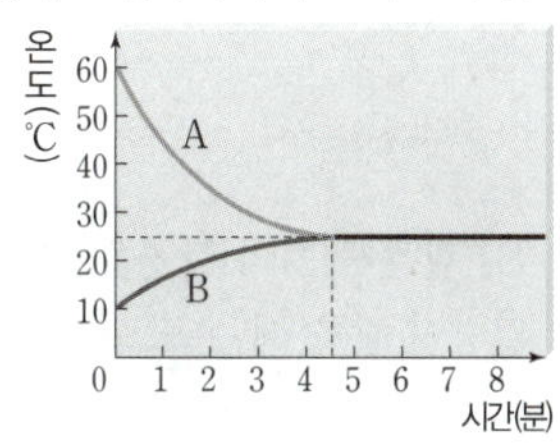

• 열의 이동 방향: A → B
• 시간이 흐른 후: 입자의 운동 정도가 같아진 **열평형** 상태에 도달

ㄱ. 열은 고온의 물체인 A에서 저온의 물체인 B로 이동한다.
ㄴ. 온도가 서로 다른 두 물체 A와 B가 열평형 상태에 도달하였으므로, A가 잃은 열량과 B가 얻은 열량은 같다.
바로알기 > ㄷ. 열평형 온도는 약 25 ℃이므로 두 물체의 처음 온도의 평균이 아니다.

11

ㄱ, ㄴ. 물의 온도가 시간이 지남에 따라 낮아진 것으로 보아 물의 처음 온도가 금속의 처음 온도보다 높다. 따라서 금속의 온도는 약 3 분 동안 높아졌고, 열은 물에서 금속으로 약 3 분 동안 이동했다.
ㄷ. 약 3 분 이후 물과 금속이 열평형 상태에 도달했으므로 물과 금속의 온도는 같다.

02 비열과 열팽창

01

바로알기 > ① 온도가 다른 두 물체 사이에서 이동하는 열의 양은 열량이다.

02

ㄱ. 비열은 온도 변화가 큰 A가 B보다 작다.
ㄷ. A와 B의 질량을 2 배로 늘리면 같은 시간 동안 온도 변화는 현재보다 작아진다.
바로알기 > ㄴ. 5 분 동안 가열했으므로 A와 B가 얻은 열량은 같다.

03

바로알기 > ① 물과 얼음의 부피 변화에 의한 밀도 차는 비열과 관련이 없다.

04

①, ②, ③ 열팽창은 물질의 온도가 높아질 때 물질의 길이나 부피가 커지는 것을 말한다. 열팽창하는 정도는 물질에 따라 다르며, 온도 변화가 클수록 열팽창 정도는 커진다.
⑤ 여름철 테니스 라켓의 줄은 열팽창하여 줄이 늘어나기 때문에 조여주어야 한다.
바로알기 > ④ 일반적으로 물질이 열팽창하는 정도는 액체가 고체보다 크다.

05

금속의 열팽창 정도를 비교하는 실험에서 열팽창 정도가 큰 금속일수록 바늘이 많이 움직인다.
바로알기 > ① 금속을 가열하면 입자 사이의 거리가 멀어지며, 입자의 크기는 변하지 않는다.

06

일반적으로 고체<액체<기체 순으로 열팽창 정도가 크고, 고체의 경우 길이가 길수록, 부피가 클수록 열팽창 정도가 크다.

07

바로알기 > ③ 밤에 육지에서 바다 쪽으로 부는 육풍은 바다와 육지의 비열 차이로 발생한다.

08

ㄴ, ㄷ. (가)는 여름, (나)는 겨울의 전깃줄의 모습이다. 온도가 높은 여름에는 전깃줄 입자의 운동이 활발하여 입자 사이의 거리가 멀어지기 때문에 열팽창을 하여 (가)와 같이 늘어진다.
바로알기 > ㄱ. 전깃줄 입자의 운동은 (가)가 (나)보다 활발하다.

09

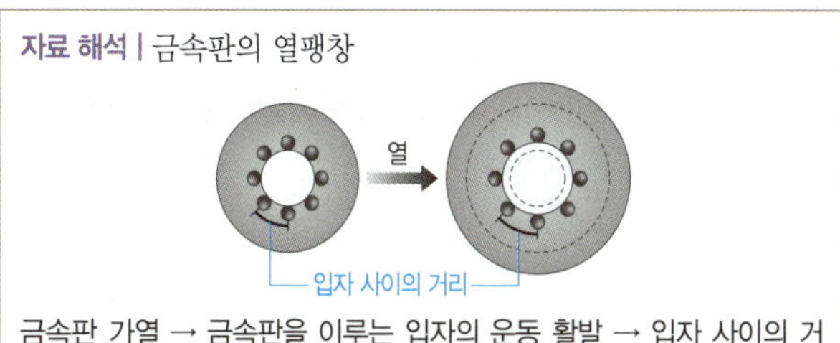

금속판 가열 → 금속판을 이루는 입자의 운동 활발 → 입자 사이의 거리 증가

동그란 구멍이 뚫린 원형 금속판을 가열하면 금속판을 이루는 입자와 입자 사이의 거리가 멀어져 금속판과 구멍 둘 다 커진다.

10

납의 열팽창 정도가 구리보다 크므로 열을 가하여 온도가 높아지면 구리 쪽(A)으로 휘어지고, 냉각하여 온도가 낮아지면 납 쪽(C)으로 휘어진다.

11

바로 알기 > ㄱ. 비열이 큰 물체는 주변의 온도가 변해도 민감하게 반응하지 못하기 때문에 액체 온도계의 재료로 적당하지 않다.

서술형 문제

부록 60~61쪽

Ⅲ 열

01

모범 답안 > D>B>A>C, 열은 온도가 높은 물체에서 낮은 물체로 이동하므로 열의 이동 방향을 근거로 A~D의 처음 온도를 비교하면 B>A, A>C, D>B이다.

채점 기준	배점
A~D의 처음 온도를 옳게 비교하고, 열의 이동 방향 근거를 옳게 서술한 경우	100 %
A~D의 처음 온도만 옳게 비교한 경우	50 %

02

모범 답안 > 온도가 서로 다른 두 물체를 접촉시키면 온도가 높은 A에서 온도가 낮은 B로 열이 이동한다. 이때 온도가 높은 A는 열을 잃어 입자의 운동이 둔해지고, 온도가 낮은 B는 열을 얻어 입자의 운동이 활발해진다.

채점 기준	배점
열의 이동 방향과 물체의 입자 운동 변화를 모두 옳게 서술한 경우	100 %
둘 중 하나만 옳게 서술한 경우	50 %

03

모범 답안 > 뜨거운 물 입자는 위로 올라가고, 차가운 물 입자는 아래로 내려온다. 사각 유리관의 왼쪽 아래 부분을 가열하면 가열한 부분의 물이 뜨거워져 위로 올라가고 입구에 떨어뜨린 잉크가 오른쪽 아래로 내려오면서 시계 방향으로 순환한다.

채점 기준	배점
가열된 물의 순환과 잉크의 이동 방향을 옳게 서술한 경우	100 %
둘 중 하나만 옳게 서술한 경우	50 %

04

모범 답안 > 냉방기: B, 난방기: A, 차가운 공기는 아래로 이동하고 따뜻한 공기는 위로 이동하므로, 공기의 온도를 낮추는 냉방기는 위쪽에 설치하고, 공기의 온도를 높이는 난방기는 아래쪽에 설치하는 것이 효율적이다.

채점 기준	배점
냉방기와 난방기의 효율적인 위치를 옳게 쓰고, 그 까닭을 온도에 따른 공기의 흐름을 근거로 옳게 서술한 경우	100 %
냉방기와 난방기의 효율적인 위치만 옳게 쓴 경우	40 %

05

모범 답안 > 유리창을 통해 전도되는 열량은 실내와 실외의 온도 차가 작을수록, 유리창의 두께가 두꺼울수록 작다. 이중창은 단일창보다 유리창의 두께가 두꺼우며, 사이에 들어 있는 공기는 유리보다 열전도율이 매우 낮아 전도로 일어나는 열의 이동을 줄일 수 있다.

채점 기준	배점
열의 이동 방법을 제시하고, 이동을 줄인다는 내용이 들어간 경우	100 %
열의 이동 방법은 제시하지 않고 열의 이동만 줄인다고 한 경우	40 %

06

모범 답안 > C>A>B, 같은 세기의 불꽃을 사용하였으므로 가한 열량은 같다. 가한 열량이 같을 때 온도 변화량이 같으면 질량과 비열은 반비례하므로 온도 변화량이 같은 A와 B 중 질량이 작은 A의 비열이 더 크다. 또한 가한 열량이 같을 때 질량이 같으면 비열과 온도 변화량은 반비례하므로 질량이 같은 A와 C 중 온도 변화량이 작은 C의 비열이 더 크다.

채점 기준	배점
A~C의 비열을 비교하고, 그 까닭을 옳게 서술한 경우	100 %
A~C의 비열만 옳게 비교한 경우	40 %

07

모범 답안 > 우리 몸에서는 복사의 형태로 열이 방출되는데, 은박 담요는 이 방출된 열이 빠져나가지 않고 내부에서 반사되면서 체온을 유지시켜 준다.

채점 기준	배점
열의 전달 방법을 들어 까닭을 옳게 서술한 경우	100 %
열의 전달 방법만 서술한 경우	30 %

08

모범 답안 > 낮에는 태양의 열에너지에 의해 육지와 바다가 데워질 때 비열이 작은 육지가 비열이 큰 바다보다 먼저 데워진다. 따라서 육지의 공기는 상승하고, 온도가 낮은 바다의 공기는 하강하며 해풍이 분다. 밤에는 비열이 작은 육지가 바다보다 먼저 식어 온도가 높은 바다의 공기가 상승하고, 육지의 공기는 하강하며 육풍이 분다.

채점 기준	배점
육지와 바다의 비열 차에 의한 온도 변화 차이로 바람의 방향이 변하는 것을 옳게 서술한 경우	100 %
비열 차 때문이라고만 서술한 경우	30 %

09

모범 답안 > 쇠고리를 가열하면 쇠고리가 열팽창을 하여 쇠고리 구멍의 지름이 커지기 때문이다.

채점 기준	배점
쇠고리가 열팽창을 하여 쇠고리 구멍의 지름이 커졌기 때문이라고 옳게 서술한 경우	100 %
열팽창만을 쓴 경우	30 %

10

모범 답안 > C와 D, 바이메탈을 가열할 때 열팽창이 작은 쪽으로 휘어진다. A~D의 열팽창 정도를 비교하면 C>A>B>D이므로, 열팽창 정도의 차가 가장 큰 C와 D를 사용해야 한다.

채점 기준	배점
금속의 열팽창 정도를 비교하여 휘어지는 정도가 가장 큰 바이메탈을 만들기 위한 금속의 조건을 옳게 서술한 경우	100 %
C와 D라고만 쓴 경우	30 %

11

모범 답안 > 물질의 종류에 따라서 열팽창 정도가 다르기 때문이다.

채점 기준	배점
물질의 종류에 따라 열팽창 정도가 다르다고 옳게 서술한 경우	100 %

12

모범 답안 > A, 온도가 높아지면 바이메탈은 열팽창 정도가 작은 금속 쪽으로 휘어서 경보음이 울리게 된다.

채점 기준	배점
A를 쓰고, 온도가 높아짐에 따라 바이메탈이 휘는 방향과 경보음을 연관지어 옳게 서술한 경우	100 %
A만을 쓴 경우	30 %

Ⅳ 물질의 상태 변화

01 입자의 운동

| 01 ① | 02 ② | 03 ② | 04 ② | 05 ② | 06 ③ |
| 07 ② | 08 ⑤ | 09 ⑤ | | | |

01

②~⑤ 입자가 스스로 운동하여 기체나 액체 속으로 퍼져 나가는 현상의 예이다.

바로 알기 > ① 나무에 달려 있던 과일이 떨어지는 것은 중력에 의한 현상이다.

02

ㄷ. 입자는 끊임없이 불규칙하고 무질서한 방향으로 움직인다.

바로 알기 > ㄱ. 입자는 가만히 정지해 있지 않고 스스로 끊임없이 운동한다.

ㄴ. 입자 운동은 끊임없이 일어난다.

03

② 확산은 입자 운동을 방해하는 물질의 수가 적을수록 빨리 일어나므로 진공 속에서 가장 빠르다.

바로 알기 > ① 확산은 액체와 기체 상태에서 일어난다.

③ 확산하는 입자는 모든 방향으로 퍼져 나간다.

④ 가뭄으로 논바닥이 갈라지는 것은 증발 현상의 예이다.

⑤ 거름종이에 떨어뜨린 아세톤이 줄어드는 것은 액체 표면에서 공기 중으로 아세톤 입자가 이동하는 증발 현상의 예이다.

04

ㄷ. 잉크를 떨어뜨린 물을 섞으면 빠른 확산 현상이 일어나듯 용기를 위아래로 흔들어 확산 속도를 빠르게 할 수 있다.

ㄹ. 용기 내부를 진공으로 만들어 다른 입자와의 충돌로 인한 방해를 적게 하면 브로민 기체의 확산 속도를 빠르게 할 수 있다.

바로 알기 > ㄱ, ㄴ. 용기의 길이와 두께는 브로민 기체의 확산 속도에 영향을 미치지 않는다.

05

자료 해석 | 물과 에탄올의 증발

에탄올이 물보다 빨리 증발하므로 물을 떨어뜨린 쪽으로 저울이 점점 기울어지며, 충분한 시간이 지나면 물과 에탄올이 모두 증발하여 저울이 수평이 된다.

①, ④ 물과 에탄올의 양이 줄어드는 것은 증발의 예이다. 증발은 입자 운동의 증거가 된다.

③ 윗접시저울이 물을 떨어뜨린 쪽으로 기울었으므로 에탄올의 증발 속도가 물의 증발 속도보다 빠른 것을 알 수 있다.
⑤ 충분한 시간이 지나면 물과 에탄올이 모두 증발하므로 저울은 다시 수평이 된다.
바로 알기 > ② 같은 환경에서 실험했으므로 온도에 따른 입자 운동의 속도는 비교할 수 없다.

06

(가) 염전에서 소금을 얻고, (나) 가을에 고추를 따서 말리는 것은 증발, (다) 모기향을 피우고, (라) 뜨거운 우유에 차 티백을 우리는 것은 확산에 의한 현상이다.

07

자료 해석 | 증발과 끓음의 입자 모형

(가)   (나)

(가)는 증발, (나)는 끓음이다. 증발은 모든 온도, 액체 표면에서 일어나는 현상이고, 끓음은 끓기 시작하는 온도 이상, 액체 전체에서 일어나는 현상이다.

바로 알기 > ⑤ 끓음(나)은 입자 운동의 증거가 되지 않는다.

08

ㄱ, ㄴ, ㄷ. 아세톤 입자가 스스로 운동하여 공기 중으로 증발하므로 시간이 지날수록 전자 저울의 숫자는 점점 줄어들고, 조금 떨어진 곳에서도 아세톤 냄새를 맡을 수 있다.

09

ㄱ, ㄷ. 암모니아 입자는 암모니아수에서 가까운 곳부터 모든 방향으로 퍼져 나간다.
ㄴ. 암모니아 입자는 스스로 운동하여 페놀프탈레인 용액을 적신 솜과 만나므로, 페놀프탈레인 용액을 붉게 만드는 것은 암모니아 입자이다.

02 물질의 상태 변화

학교 시험 문제

부록 66~67쪽

01 ⑤	02 ④	03 ①	04 ⑤	05 ④	06 ③
07 ④	08 ②	09 ②	10 ①, ②	11 ①	12 ③

01

(가)는 고체, (나)는 액체, (다)는 기체로, 대부분의 물질은 세 가지 상태 중 한 가지 상태로 존재한다.

02

(가)는 고체, (나)는 액체, (다)는 기체의 입자 배열 모형이다.
④ 기체 (다)는 입자가 활발히 운동하여 입자 사이의 거리가 매우 멀고 불규칙적으로 배열된다.
바로 알기 > ① 고체 (가)는 가열하면 대체로 부피가 커진다.
② 고체 (가)의 입자는 제자리에서 진동한다.
③ 입자 사이의 거리는 고체 (가)<액체 (나)<기체 (다) 순이다.
⑤ 물질을 가열하더라도 입자 개수는 일정하다. (다)를 가열하면 입자의 운동이 활발해져 부피가 커진다.

03

모양은 변하지만 부피가 일정한 것은 액체이다.
ㄱ. 액체는 흐르는 성질을 가지고 있으며, 입자 사이의 인력은 고체보다 약하다.
바로 알기 > ㄴ. 입자 사이의 인력이 거의 없는 것은 기체이다.
ㄷ. 밀가루, 설탕은 고체이다.

04

ㄱ. 공기는 물보다 입자 사이의 거리가 멀어 빈 공간이 많기 때문에 더 쉽게 압축된다.
ㄴ. 모래는 입자 사이의 거리가 매우 가까워서 빈 공간이 거의 없기 때문에 압축되지 않는다.
ㄷ. 물과 공기의 압축 정도에 차이가 생기는 까닭은 액체인 물이 기체인 공기보다 입자 사이의 거리가 더 가깝기 때문이다.

05

얼음의 표면이 하얗게 되는 것은 공기 중의 수증기가 열을 잃고 고체로 승화되기 때문이다.

06

물질의 상태 변화가 일어날 때 물질을 이루는 입자의 질량, 크기, 개수는 변하지 않는다.

07

물질의 상태 변화 과정에서 대부분의 물질은 고체<액체<기체 순으로 입자 사이의 거리가 멀어져 부피가 커진다.

08

(가)는 액화, (나)는 기화, (다)는 응고, (라)는 융해, (마)와 (바)는 승화이다.
② 국을 끓일수록 국물이 줄어드는 것은 액체가 기체로 상태가 변하는 기화(나)의 예이다.
바로 알기 > ① 냉동실에 성에가 끼는 것은 기체가 고체로 상태가 변하는 승화(바)의 예이다.
③ 뜨거운 프라이팬 위의 버터가 녹는 것은 고체가 액체로 상태가 변하는 융해(라)의 예이다.
④ 드라이아이스가 작아지는 것은 고체가 기체로 상태가 변하는 승화(마)의 예이다.
⑤ 겨울철 처마 끝에 고드름이 생기는 것은 액체가 고체로 상태가 변하는 응고(다)의 예이다.

09

고체 양초에 불을 붙이면 고체 양초가 융해(나)하여 액체 양초가 되고, 녹은 액체 양초는 심지를 타고 올라가 기화(가)하여 탄다. 녹았던 액체 양초가 흘러내리면 응고(다)하여 촛농이 굳는다.

10

대부분의 물질은 고체 → 액체 → 기체 순으로 상태가 변하면서 입자 사이의 거리가 멀어지므로 융해(①), 승화(고체 → 기체)(②) 현상이 물질의 입자 사이의 거리가 멀어질 때 나타나는 상태 변화의 예이다.

바로 알기 > ③, ④, ⑤ 액화가 일어날 때 입자 사이의 거리는 가까워진다.

11

ㄱ. 아이오딘은 고체에서 기체로의 승화, 기체에서 고체로의 승화 총 두 가지의 상태 변화가 나타난다.

바로 알기 > ㄴ, ㄷ. 고체 아이오딘을 가열하면 승화하여 기체 아이오딘으로 상태가 변하고, 기체 아이오딘은 얼음물과 만나 고체 아이오딘으로 승화하는 승화성 물질이다.

12

ㄱ. 얼음이 물로 상태 변화해도 입자의 크기, 개수는 변하지 않으므로, 얼음을 넣은 지퍼 백의 질량은 변하지 않는다.

ㄷ. 드라이아이스를 넣은 지퍼 백에서는 승화 현상이 일어나므로 이산화 탄소 기체에 의해 부피가 커진다.

바로 알기 > ㄴ. 드라이아이스는 승화 현상이 일어난다.

03 상태 변화와 열에너지

학교 시험 문제   부록 69~70쪽

01 ②	02 ①	03 ②	04 ④	05 B, 액화
06 ⑤	07 ③	08 ④	09 ⑤	10 ④, ⑤ 11 ①

01

기화, 융해, 승화(고체 → 기체)는 주위로부터 열에너지를 흡수하여 주위의 온도가 낮아지는 상태 변화이고, 액화, 응고, 승화(기체 → 고체)는 주위로 열에너지를 방출하여 주위의 온도가 높아지는 상태 변화이다.

02

① AB 구간에서는 고체가 액체로 상태가 변하는 융해가 일어나며, 고체와 액체 상태가 모두 존재한다.

바로 알기 > ② BC 구간에서 물질은 이미 고체에서 액체로 모두 융해된 상태이다.

③, ④ CD 구간에서는 가해 준 열은 상태 변화하는 데 사용되며, 이때 입자 배열은 불규칙적으로 변한다.

⑤ 시간이 지날수록 물질이 가열되어 입자 운동이 활발해진다.

03

실온에 있던 물을 냉각하면 온도가 낮아지다가 일정해지는 구간이 나타난다.

04

④ D 구간에서 액체가 고체로 상태가 변하고 있으므로 입자의 배열은 규칙적으로 변한다.

바로 알기 > ① A 구간에서는 물질이 기체 상태로 존재하므로 입자 사이의 거리가 가장 멀다.

② B 구간에서는 액화 현상이 일어난다.

③ C 구간에서는 물질이 액체 상태로만 존재한다.

⑤ 이 물질이 액체에서 고체로 변하는 온도는 −27 ℃이다.

05

소나기가 내리기 전 날씨가 후텁지근한 것은 수증기가 물로 액화하면서 열에너지를 방출하여 주위의 온도가 높아지기 때문이다. 따라서 기체가 액체로 상태가 변하고 있는 B 구간과 상태 변화가 같다.

06

ㄱ, ㄷ. (가)와 (나)는 액체가 고체로 상태가 변하므로 주위로 열에너지를 방출하여 주위의 온도가 높아지고, 입자 사이의 거리가 가까워진다.

ㄴ. 온도가 일정하게 나타나는 구간은 상태 변화가 일어나는 온도이며, (가)는 48 ℃, (나)는 0 ℃로 (가)가 (나)보다 높다.

07

ㄱ과 ㄹ은 기화하여 열에너지를 흡수하고, ㄴ은 기체에서 고체로 승화, ㄷ은 액화하여 열에너지를 방출한다.

08

방열기의 내부에서는 수증기가 액화(A)하면서 열에너지를 방출(B)한다. 즉, 방 안의 방열기에서 수증기는 액체인 물(C)이 되면서 열에너지를 방출하여 방 안이 따뜻해지고, 물은 다시 보일러 내부로 들어간다.

09

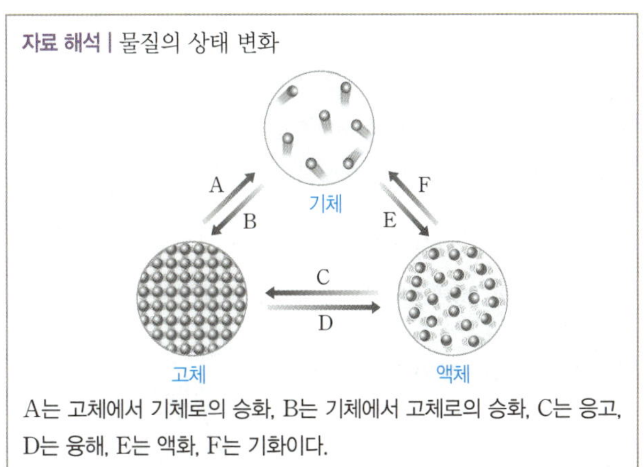

A는 고체에서 기체로의 승화, B는 기체에서 고체로의 승화, C는 응고, D는 융해, E는 액화, F는 기화이다.

바로 알기 > ⑤ 기화(F)는 물질이 열에너지를 흡수하는 과정이다.

10

④ 목욕탕의 뜨거운 수증기가 거울에 닿아 액체인 김으로 액화(E)하며 거울이 뿌옇게 흐려진다.

⑤ 더운 날 마당에 물을 뿌리면 물이 기화(F)하면서 열에너지를 흡수하여 주위의 온도가 낮아진다.

바로 알기 ① 공기 중의 수증기가 눈으로 승화(B)하면서 열에너지를 방출하여 날씨가 포근해진다.

② 이글루의 내부에 물을 뿌리면 물이 응고(C)하면서 열에너지를 방출하여 따뜻해진다.

③ 오렌지 나무에 물을 뿌리면 물이 응고(C)하면서 열에너지를 방출하여 오렌지가 얼지 않는다.

11

② 여름철 얼음 조각 근처에 있으면 시원해지는 것은 얼음 조각이 융해하면서 열에너지를 흡수하기 때문이다.

③ 수영을 하다 물 밖으로 나오면 몸에 묻은 물이 기화하며 열에너지를 흡수해 추위를 느낀다.

④ 아이스크림과 드라이아이스를 같이 포장하면 드라이아이스가 승화하면서 열에너지를 흡수해 차갑게 보관할 수 있다.

⑤ 양가죽 물통의 작은 구멍으로 물이 새어 나와 기화하면서 열에너지를 흡수해 사막에서 물을 시원하게 보관할 수 있다.

바로 알기 ① 비가 오기 전 날씨가 후텁지근한 것은 공기 중의 수증기가 액화하면서 열에너지를 방출하기 때문이다.

서술형 문제 부록 71~72쪽

Ⅳ 물질의 상태 변화

01

모범 답안 확산, 음식 냄새가 온 집 안에 퍼진다. 꽃집을 지날 때 꽃향기가 퍼진다. 마약 탐지견이 냄새로 마약을 찾는다. 냉면에 식초를 넣으면 국물 전체에서 신맛이 난다. 등

채점 기준	배점
현상을 쓰고, 현상의 예를 옳게 서술한 경우	100 %
현상만 쓴 경우	30 %

02

모범 답안 기체, 입자의 배열이 자유로울수록 입자가 움직이는 데 방해를 받지 않으므로 기체 상태일 때 입자의 운동 속도가 가장 빠르다.

채점 기준	배점
운동 속도가 가장 빠른 것을 고르고, 그 까닭을 옳게 서술한 경우	100 %
운동 속도가 가장 빠른 것만 고른 경우	30 %

03

모범 답안 밀가루와 같은 가루 물질은 용기에 따라 모양이 달라지고 흐르는 성질이 있지만, 밀가루 알갱이 자체의 모양은 변하지 않고 흐르지 않으므로 밀가루는 고체에 해당한다.

채점 기준	배점
밀가루 알갱이의 모양과 흐르는 성질을 모두 옳게 서술한 경우	100 %
밀가루 알갱이의 모양이나 흐르는 성질 중 한 가지만 서술한 경우	50 %

04

모범 답안 초콜릿은 가열하는 동안 고체에서 액체로 상태가 변하는 융해가 일어나고, 모양 틀에 넣어 굳히면 액체에서 고체로 상태가 변하는 응고가 일어난다. 이때 초콜릿 입자의 종류와 성질은 변하지 않으므로 맛은 변하지 않는다.

채점 기준	배점
초콜릿의 상태 변화와 맛의 변화를 모두 옳게 서술한 경우	100 %
초콜릿의 상태 변화와 맛의 변화 중 한 가지만 옳게 서술한 경우	50 %

05

모범 답안 기체는 고체나 액체에 비해 입자 사이의 거리가 매우 멀어 입자 사이에 빈 공간이 많아 쉽게 압축된다.

채점 기준	배점
키워드를 모두 포함하여 기체가 압축이 쉽게 일어나는 까닭을 옳게 서술한 경우	100 %
키워드 중 한 가지만 포함하여 옳게 서술한 경우	50 %

06

(1) **모범 답안** 유리병에 든 물은 온도가 낮아짐에 따라 응고하여 고체 상태의 얼음이 된다.

(2) **모범 답안** 물이 얼음으로 상태 변화하는 동안 입자는 빈 공간이 많은 구조로 입자 사이의 공간을 가지는 배열을 이루어 부피가 커진다. 따라서 유리병에 가득 찬 물이 얼음으로 될 때 부피가 커지면서 유리병이 깨지게 된다.

채점 기준	배점
(1)과 (2)를 모두 옳게 서술한 경우	100 %
(1)과 (2) 중 하나만 옳게 서술한 경우	50 %

07

모범 답안 물이 담긴 비커에 드라이아이스를 넣으면 드라이아이스가 이산화 탄소 기체로 승화하면서 비커 속에 기포가 발생한다. 비커 주위로는 흰 안개가 발생하는데, 이것은 드라이아이스가 승화하면서 주위의 온도가 낮아져 공기 중의 수증기가 액화하기 때문이다.

채점 기준	배점
드라이아이스와 공기 중 수증기의 상태 변화를 모두 옳게 서술한 경우	100 %
드라이아이스와 공기 중 수증기의 상태 변화 중 한 가지만 옳게 서술한 경우	50 %

08

모범답안 > (가), (다), 상태 변화가 일어날 때 물질을 이루는 입자의 종류와 개수, 모양, 크기가 변하지 않기 때문에 물질의 질량과 성질은 일정하다.

채점 기준	배점
변하지 않는 것을 모두 고르고, 까닭을 옳게 서술한 경우	100 %
변하지 않는 것만 모두 옳게 고른 경우	30 %

09

모범답안 > B 구간, 상태 변화가 일어날 때 외부에서 가해 준 열에너지가 물질의 온도를 높이는 데 쓰이지 않고 상태 변화하는 데 모두 쓰여 온도가 일정한 구간이 나타난다.

채점 기준	배점
상태 변화가 일어나는 구간을 쓰고, 까닭을 옳게 서술한 경우	100 %
상태 변화가 일어나는 구간만 쓴 경우	30 %

10

모범답안 > 온도는 일정하다. 불의 세기가 세지면 상태 변화가 일어나는 온도에 도달하는 시간이 짧아질 뿐 상태 변화가 일어나는 온도는 일정하다.

채점 기준	배점
상태 변화가 일어나는 온도 변화를 쓰고, 까닭을 옳게 서술한 경우	100 %
상태 변화가 일어나는 온도 변화만 옳게 쓴 경우	30 %

11

모범답안 > 얼음이 물로 융해하면서 주위로부터 열에너지를 흡수하므로, 얼음 조각상 주위의 온도가 낮아져 시원함을 느낀다.

채점 기준	배점
상태 변화와 열에너지 변화를 포함하여 까닭을 옳게 서술한 경우	100 %
상태 변화만 포함하여 까닭을 옳게 서술한 경우	40 %

12

모범답안 > 여름, 고체인 나프탈렌이 승화하려면 주위로부터 열에너지를 흡수해야 하는데, 온도가 높은 여름에 나프탈렌이 주위로부터 열에너지를 흡수하기 쉽기 때문이다.

채점 기준	배점
여름을 쓰고, 까닭을 옳게 서술한 경우	100 %
여름만 쓴 경우	30 %

MEMO

메가스터디**BOOKS**

내용 문의 02-6984-6915 | 구입 문의 02-6984-6868,9 | www.megastudybooks.com